陕西蔬菜

SHANXI SHUCAI

李建明 编著

中国科学技术出版社
·北 京·

图书在版编目（CIP）数据

陕西蔬菜 / 李建明编著 . —北京：中国科学技术出版社，2020.1

ISBN 978-7-5046-8614-5

Ⅰ. ①陕… Ⅱ. ①李… Ⅲ. ①蔬菜园艺—陕西 Ⅳ. ①S63

中国版本图书馆 CIP 数据核字 (2020) 第 003809 号

策划编辑	乌日娜
责任编辑	乌日娜
封面设计	中文天地
正文设计	中文天地
责任校对	焦　宁
责任印制	徐　飞

出　　版	中国科学技术出版社
发　　行	中国科学技术出版社有限公司发行部
地　　址	北京市海淀区中关村南大街 16 号
邮　　编	100081
发行电话	010-62173865
传　　真	010-62173081
网　　址	http://www.cspbooks.com.cn

开　　本	787mm × 1092mm　1/16
字　　数	538 千字
印　　张	31.25
版　　次	2020 年 1 月第 1 版
印　　次	2020 年 1 月第 1 次印刷
印　　刷	北京华联印刷有限公司
书　　号	ISBN 978-7-5046-8614-5 / S · 759
定　　价	158.00 元

参加编写人员

（按编写章节出现顺序排序）

李建明	巩振辉	张鲁刚	曹晏飞
胡晓辉	黑登照	乔宏喜	余　剑
李军见	谭根堂	杨建军	刘　勇
赵利民	陈志杰	张　锋	时春喜
杨福增	刘继展	周会玲	樊明涛
肖金鑫	吴加波		

蔬菜是重要的园艺作物，也是种植业中最具活力的经济作物，在农业生产中占有重要地位和优势。科技创新是实现蔬菜产业可持续发展的重要保障。近年来，我国在设施农业装备、设施环境调控、蔬菜育种、蔬菜生长发育、蔬菜抗逆调控、蔬菜病虫害绿色防控、蔬菜优质高效生产技术等领域取得了大批的科技成果，植物工厂、高效温室、物联网等现代设施园艺的新技术研究方面也取得了重要进展。蔬菜产业正朝着现代化的目标不断取得新的进步。

陕西省是蔬菜大省，蔬菜高等教育和科研机构齐全，研发实力雄厚，科研成果较多。陕西省不仅集聚并培养了大量的农业科技人才，而且近 10 年来，在大白菜、西瓜等蔬菜育种、设施设计与建造、设施蔬菜栽培技术、蔬菜病虫害防控等研究方面成果突出。这些研究成果的推广应用，对促进这一地区蔬菜产业的可持续发展起到了重要作用。

李建明教授作为陕西省现代农业蔬菜产业技术体系的首席科学家，国家大宗蔬菜产业技术体系的岗位专家，长期带领团队从事蔬菜产业技术的研究与推广工作，在蔬菜生理生态与设施农业工程方面进行了大量研究，取得了众多科研成果，积累了丰富的生产技术经验。为把这些成果和经验更好地应用于生产，李建明教授组织陕西省蔬菜产业技术体系及相关专家编写了《陕西蔬菜》这本著作。

该书全面介绍了目前国内外及陕西省蔬菜产业发展现状，汇集了品种引进筛选选育、栽培模式、病虫害防治、包装销售，设施结构设计与建造，机械化作业等全产业链的多个生产环节，较为系统地总结了近十年来陕西省蔬菜生产中推广应用的新设施、新品种、新技术。全书通俗易懂，便于操作，是一本较好的新技术应用图书。相信这本书的出版，会对推动我国蔬菜产业的科技进步，全面提升陕西省及类似生态区蔬菜生产技术水平起到积极作用。

中国工程院院士

序 2
foreword 2

习近平总书记指出，产业兴旺是乡村振兴的重要基础，是解决农村一切问题的前提。蔬菜是我国种植业中仅次于粮食的第二大农作物，总产量占据世界第一位。改革开放以来，我国蔬菜产业发展迅速，由供不应求到供求总量基本平衡，品种日益丰富，质量不断提高，设施栽培快速扩大，市场体系逐步完善。蔬菜产业已经从昔日的“家庭菜园”逐步发展成为主产区农村经济发展的支柱产业，在增加农民收入、提高人民生活水平、促进城乡居民就业以及保障社会经济稳定发展方面都发挥着重要作用。

近年来，在陕西省委省政府的高度重视和大力支持下，全省相继实施了“百万亩设施蔬菜工程”“现代设施农业工程”及“千亿级设施农业产业培育工程”，使设施蔬菜产业发展进一步加快，产业规模稳步扩大，品种结构更加优化，栽培技术日益成熟，市场供应逐年提升，蔬菜生产规模化、板块化、标准化日趋明显，初步形成了关中设施蔬菜和时令瓜果、陕北设施瓜菜、陕南设施食用菌、秦岭北麓高山有机蔬菜等优势特色产业带。

发展蔬菜产业不仅是脱贫攻坚和乡村振兴的重要抓手、农民增收的重要来源，也是陕西省农业和农村经济发展的基础性支撑，我们必须抢抓机遇乘势而上，全力推动蔬菜产业高质量发展。要实现蔬菜产业“绿色、循环、优质、高效、品牌”的发展目标，必须依靠科技进步与创新，加快新品种、新技术、新成果的推广应用，不断提高生产水平、管理水平、加工水平和市场化水平。

由陕西省蔬菜产业技术体系首席专家李建明教授主编，相关专家参与编写的

《陕西蔬菜》一书，较全面地总结了近10年来陕西蔬菜产业研究的技术成果，以及技术推广工作方面所取得的实践经验，这些研究成果和推广经验，是他们辛勤工作的结晶，具有较强的理论性和指导性。该书的正式出版，对从事蔬菜产业发展的科研、教学、农技推广人员和管理人员具有一定的参考价值。希望陕西省广大农业科技工作者与时俱进，开拓创新，不断更新知识结构，研究解决农业生产中的理论、技术和实践问题，加快新成果新技术的转化应用，为陕西省特色现代农业建设和乡村产业振兴做出新的贡献。

黄思光

陕西省农业农村厅厅长

前言

preface

蔬菜产业是一项生产周期短、产量高、产值高、效益高、投资高、技术含量高的劳动密集型农业产业。同时，由于大部分蔬菜贮藏时间短，容易出现周期性和地域性产品过剩、病虫害易发等特点，技术成为支撑蔬菜产业持续高效发展的重要保障。到2018年底，我国蔬菜播种面积约为3.3亿亩，其中设施蔬菜面积为5 600万亩；陕西省蔬菜产业总面积已达到810万亩，总产值500亿元，种植覆盖全省各县区。陕西省人民由20世纪70年代的“油泼辣椒一道菜”的有啥吃啥蔬菜供应现状，到现在的各类蔬菜齐全的吃啥有啥，四季不缺，还外销周边省市。蔬菜产业已成为大批农民脱贫致富的主导产业。陕西省已成为西北地区面积最大、效益较高的蔬菜产区，是全省农业“3+X”的千亿级产业之一。

2009年，陕西省农业厅实施“现代农业产业科技创新技术体系建设”项目，蔬菜产业是最早成立的产业技术体系之一。近10年来，在陕西省农业厅的大力支持下，陕西省蔬菜产业技术体系成员多方联合，密切合作各地市科研单位、生产技术推广单位，积极开展技术研发、技术组装集成与技术示范，科技助力全省各地方政府、企业及农民合作社，建立了一批农业科技示范基地，培训了一批农业科技干部与技术人员，产生了良好的社会效益。为了进一步促进陕西省蔬菜产业持续高效发展，以陕西蔬菜产业技术体系成员为主体，借力国家大宗蔬菜产业体系岗位专家体系成员和西安试验站技术人员力量，从品种引进筛选选育、栽培模式、病虫害防治、包装销售，设施结构设计与建造，机械化作业等方面较为全面地总结了全省蔬菜产业与技术成果，企望总结过去，展望未来，为陕西省蔬菜产业提档升级，持续发展做出贡献。

在党中央国务院实施科技扶贫、乡村振兴战略实施的背景与形势下，如何让技术更好地服务产业。本人从事蔬菜产业技术研究与推广近30年来，参与研究创新、组装集成、推广应用了大批蔬菜生产技术，经常思考我们的技术到底为产业产生多大效益？是否帮助了农民脱贫致富？在工作中越来越感觉到需要总结成熟、高效的技术，提炼产业链关键技术点，方可实现这一目标，并推而广之，让更多的人掌握与应用，才能为全面提升陕西蔬菜产业生产水平做出贡献。故组织编写本书。

蔬菜种类多，病害多，栽培管理技术难度大，特别是现代蔬菜产业发展中涉及设施农业工程技术、环境调控技术等内容，必须不断发展，有机组合，集成配套，方可有效发挥科技作用，提升生产效益。本书以陕西省蔬菜产业技术体系成员为主体，吸纳国家体系试验站站长赵利民团队，机电学院杨福增教授，以及部分地市农业科学研究所人员参加编写。全书分为八章，第一章由李建明主编，巩振辉教授及肖金鑫博士参编，主要介绍了国内外及陕西蔬菜产业发展现状，蔬菜新品种、新技术、新设施的总体现状，以及陕西省蔬菜产业，特别是对设施蔬菜产业的发展趋势进行了分析和规划布局。第二章由巩振辉和张鲁刚教授完成，主要介绍了国内外蔬菜研究及市场上应用的主要新品种及特点。第三章由李建明与曹晏飞博士完成，主要总结了近年来适宜陕西省蔬菜生产的主要温室大棚、能源利用研究与应用技术成果。第四章由产业体系主要成员李建明、胡晓辉、黑登照、乔宏喜、余剑、李军见、谭根堂、杨建军，以及汉中市农业科学研究所的刘勇完成，主要介绍了陕西、陕北、关中、陕南地区设施蔬菜、特色蔬菜、蔬菜有机栽培的主要新模式、新类型。第五章由赵利民研究员编写完成，主要阐述了陕西省露地蔬菜生产现状，栽培品种，生产技术及存在的问题与建议。第六章由蔬菜产业体系病虫害防治岗位专家陈志杰、张锋及时春喜教授完成，主要阐述了陕西省蔬菜主要病虫害发生规律、种类、防治措施等内容。第七章由西北农林科技大学机械与电子工程学院杨福增教授及李建明教授组织相关人员完成，江苏大学农业装备工程学院刘继展所长做了补充，主要介绍了蔬菜生产中使用的机械设备。第八章为蔬菜采后处理与销售，由周会玲副教授和蔬菜产业体系樊明涛教授完成。

在社会经济快速发展的今天，蔬菜产业是新时期我国农业产业发展的优势产业。陕西省委省政府把以设施蔬菜为主体的设施农业作为我省的千亿级农业产业之一。希望本书的出版能为推动陕西省“3+X”千亿级产业顺利完成做出贡献。

本书力求将陕西省近 10 年来蔬菜研究及生产应用的新设施、新品种、新技术、新模式呈现给广大读者，将陕西省各地具有特色的蔬菜生产现状、作物种类、高效生产模式介绍给大家，以便交流借鉴，聚智汇农，提高效益。本书适宜于蔬菜产业管理者、生产技术管理者、蔬菜研发人员与技术推广人员以及生产者选用。

历时近一年时间，各位参编老师为成书付出了大量心血，通过总结也收获了很多，在大家共同努力下这本书终于可以呈献给大家。在此恳请读者给予关注和斧正，使其更加完善。同时在书稿的编写中，引用了许多文献资料，由于编写人员多，任务重，部分文献未列入参考文献目录中的作者敬请谅解。作为本书主编，我非常感谢陕西省农业厅各位领导多年来的支持，感谢蔬菜产业技术体系各位情同兄弟姐妹的专家多年来的支持与辛勤工作，感谢体系首任首席邹志荣老师的关心和支持。

李建明

目录
CONTENTS

第一章 绪论

导读： 蔬菜是人们日常生活中必不可少的鲜活农产品。我国幅员辽阔，人口众多，对蔬菜需求量大。由于蔬菜不耐贮运，宜采取就地生产就地供应为主，适地生产长途运输为辅的途径来满足全国各地的蔬菜需求。同时，蔬菜的周年供应必须靠周年生产来实现，设施蔬菜发展必不可少。本章简要阐述了我国蔬菜，特别是设施蔬菜产业的发展现状、存在问题、科技创新等内容，重点分析了陕西省蔬菜产业发展现状、技术进步、产业布局，以便为蔬菜产业发展决策与技术交流学习提供帮助。

第一节　我国设施蔬菜产业发展历程

一、我国设施蔬菜产业发展现状

蔬菜是人们日常生活中必不可少的重要食品。蔬菜以鲜活产品供应市场，不耐贮运，周年供应必须靠周年生产来实现。我国幅员辽阔，人口众多，对蔬菜需求量大，宜采取就地生产就地供应为主，适地生产长途运输为辅的途径，来满足全国各地的蔬菜需求。

受北方地区冬季寒冷干燥、南方地区夏季高温多雨等气候条件的制约，北方地区冬春季和南方地区夏秋季蔬菜生产困难曾长期困扰我国蔬菜的周年均衡供应。因此，要实现就地生产，需要在不适宜露地蔬菜种植的季节，利用日光温室、塑料拱棚、遮阳棚、网棚等设施，创造适宜蔬菜生产的环境条件，进行设施蔬菜生产。

近年来，随着我国国民经济发展水平的不断提高，人们的生活质量也得到了明显的改善，对饮食的要求也越来越高。设施园艺是现代农业和园林艺术相结合的形式。它充分利用大棚、温室等现代化设施手段，改善蔬菜、花卉、水果等作物的生长条件，充分调节水分、光照、热量，面向广大消费市场对一些蔬菜、水果进行反季节生产，不仅满足了人们的消费需求，而且促进了我国农业生产的发展，让农业生产不再受到气候、土壤的影响。与露地种植相比，设施园艺通过对生产环境调控大幅度提高了单产效益，产值比露地生产提高 3 ~ 5 倍。日光温室全国平均产投比为 2.62，以北方中部地区最高，为 3.17，北方西部地区最低，为 2.05；塑料大棚全国平均产投比为 2.63，南方地区最高，为 3.63，北方中部和东部地区相差较小。设施园艺的迅速发展，创造了近 7 000 万个就业岗位，为园艺产品的均衡稳定供给、农民的持续增收、农业现代化水平的持续提升作出了巨大贡献。

经过 30 多年的发展，我国设施蔬菜产业取得了巨大成就，形成了节能、低碳、低成本的独具特色的发展道路。2017 年，我国蔬菜产业继续平稳发展。蔬菜产业规模稳中有增，2017 年蔬菜播种面积 30 万亩（1 亩 ≈ 667 米^2），同比增长 2.1%。由于蔬菜种植面积增长，2017 年多数月份蔬菜价格处于低位。全国农产品质量安全例行监测结果显示，2017 年全年未出现重大蔬菜质量安全事件，表明蔬菜质量安全状况稳定。2017 年蔬菜出口量额双增，蔬菜出口总量共计 1 095.2 万吨，同比增长 8.5%，出口总额 155.2 亿美元，同比增长 5.4%。2017 年我国蔬菜贸易顺差高达 149.7 亿美元，同比增长 5.5%。2018 年蔬菜生产总体局势蔬菜种植面积稳中有升，蔬菜价格波动较大，种类价格波动最大，例如春季番茄及辣椒价格较高，秋季辣椒价格显著下降等问题突出。与此同时，我国蔬菜产业仍存在一些问题，主要体现在：品种局部性滞销、部分地区菜农种植意愿下降、灾害性天气影响较大、质量安全隐患依然存在、“用工难，用工贵”现象益发明显等。

（一）发展成效巨大

1. 保障了蔬菜周年供应

目前全国设施蔬菜面积 5 700 多万亩，产量 2.6 亿多吨，占蔬菜总产量的 1/3。设施栽培的主要蔬菜种类包括茄果类、瓜类、豆类、甘蓝类、白菜类、葱蒜类、叶菜类、多年生类、食用菌类等 10 余大类的上百种。设施蔬菜产业的发展为缓解冬春淡季蔬菜供需矛盾，为我国蔬菜周年均衡供应提供了重要保障。

2. 促进了农民增收

设施蔬菜产业的技术装备水平、集约化程度、科技含量以及比较效益都很高，目前投入产出比可达 1∶4.5，是一个高投入、高技术集成、高产出的产业。设施蔬菜单位面积产值是大田作物的 25 倍以上，是露地蔬菜的 3 ～ 5 倍，因此，从事设施蔬菜生产的农民人均年收入显著提高。设施蔬菜在保证农民持续增收方面发挥了重要作用。

3. 带动了城乡劳动力就业

设施蔬菜产业是劳动密集型产业。据调查，在农户间互换帮工情况下，每个劳动力可经营 1.5 ～ 2 亩设施蔬菜，全国 5 700 多万亩设施蔬菜至少可解决 2 700 多万人就业。同时，带动了农资、建材、温室制造和商业物流等相关产业发展，创造了近 7 000 万个就业岗位，为各地妥善缓解城乡就业压力做出了重要贡献。

4. 提高了资源利用效率

我国南方地区采用避雨栽培，可以在夏季高温、高湿季节进行蔬菜生产，提高了设施和土地的利用率。设施蔬菜使北方冬闲变冬忙，其中日光温室可在 −28℃以上地区不加温全季节生产蔬菜，充分利用了太阳光能和土地，大幅度提高了能源和土地等资源的利用率。特别是设施蔬菜生产对荒坡荒滩等非耕地的开发利用，为我国解决食品安全问题开辟了新的重要途径。

（二）发展特色明显

1. 以低碳节能生产为主

基于经济基础较弱、消费水平偏低、能源短缺等基本国情，我国设施蔬菜选择了一条低碳节能的发展道路。独创的高效节能日光温室蔬菜配套栽培模式与技术，在冬春日照百分率≥ 50%、最低温度 −28℃以上的地区，可常年不加温生产喜温蔬菜。这种节能日光温室与传统加温温室相比，平均年节省标准煤 375 吨 / 公顷以上，全国 95 万余公顷节能日光温室每年可节省近 36 000 万吨标准煤，相当于减少了 83 000 余万吨 CO_2、270 余万吨 SO_2、230 余万吨氮氧化物的排放量。与现代化加温温室相比，其节能减排贡献额还要提高 2 ～ 4 倍。在全球携手应对气候变化挑战的今天，此项温室节能技术，受到国际相关学者和业界人士的高度关注。

2. 以低成本简易设施为主

我国蔬菜价位偏低，农民投资能力弱，蔬菜设施多以造价低的简易设施为主。如目前用于蔬菜生产的近 2 550 万亩塑料大中棚，大部分为简易型棚体结构，没有抗灾能力和环境调控能力。目前，虽然已经发展了部分钢骨架结构日光温室，但墙体仍以土墙为主。

3. 以多种茬口果菜栽培为主

我国设施类型多样，为节省能源，主要按设施结构性能安排适宜茬口和蔬菜种类。节能日光温室的温光性能能够满足喜温果菜安全越冬生产，多采取一年一大茬的长季节栽培；普通日光温室的温光性能难以满足喜温果菜安全越冬生产，多采取早春和秋冬两茬栽培；夏季凉爽和冬季温暖地区多采取日光温室冬春茬和夏秋茬果菜栽培；塑料大中棚除华南和江南部分地区可通过多层内保温覆盖进行果菜长季节栽培外，其他地区多实行春提前和秋延后两茬栽培。

（三）发展问题突出

1. 缺乏科学统一规划

设施蔬菜发展的统筹规划与科学引导不足。各地设施蔬菜产业发展的盲目性和随意性较大，设施类型、栽培制度、作物种类、栽培技术等缺乏区域特色，比较优势不明显。一些设施蔬菜生产园区规划设计不科学，田间布局不合理，水电路不配套，生产效益不高。设施设计与建造缺乏标准，同一地区设施类型和结构五花八门，一些地区盲目照搬其他地区设施结构类型，未能按照当地的地理位置和环境进行设施结构科学设计，日光温室采光、蓄热和保温设计及建造不合理，室内环境不理想。

2. 环境调控能力不足

设施结构普遍比较简陋，设施环境调控仍以人工为主，缺乏环境自动调控，总体环境调控能力较差。设施结构及其环境调控的现状，不仅制约了设施蔬菜的规范化和标准化生产，而且导致频发的冷、冻、风、雪、涝等自然灾害影响了设施蔬菜生产的稳定性。

3. 土壤连作障碍严重

随着设施蔬菜连作年限增加，特别是肥水管理不科学，导致设施蔬菜土壤连作障碍越来越重。一方面，土壤酸化和次生盐渍化加重，一些地区土壤 pH 值已降至 5.0 以下，土壤 EC 值超过蔬菜发生生育障碍临界值的 2 倍以上，微量元素缺乏，生理病害趋重，蔬菜产量和品质降低。另一方面，设施蔬菜病虫种类增多，新病虫害或疑难病虫害不断出现，加大了蔬菜病虫害安全防控难度，导致病虫害发生重、用药多、防效差，严重影响产量、品质和安全性。

4. 生产效率普遍较低

一方面，设施蔬菜专用品种不足，集约化育苗的供苗率低，优质高产高效栽培技术体系不完备，缺乏适合不同地区和不同设施类型与栽培模式的蔬菜栽培量化技术标准，设施蔬菜产前、产中、产后服务体系不完善，技术推广到位率不高，导致蔬菜产量和品质低。另一方面，蔬菜生产机械化水平低，劳动强度大，经营规模小，产业化程度低，导致劳动生产率低。一家一户设施蔬菜生产与大市场尚未形成有效的衔接体系，也导致产品营销效益低。

二、优势区域布局

近年来，我国设施蔬菜呈现出生产面积稳步增加、栽培范围不断扩大、生产效益明显提升、管理水平逐步提高的良好势头。我国设施面积稳居世界第一，无论是设施占地面积还是播种面积都有了一定的增加，其中播种面积增加了 13.7%，至 2015 年达到 6 000 万亩以上，产值约 9 800 亿元，约占农业总产值的 17.9%，为乡村居民提供了近 7 000 万个就业岗位，人均增收约 993.45 元，占农村居民可支配收入的 9.5%。根据《全国蔬菜产业发展规划（2011—2020 年）》，全国设施蔬菜产业正在向重点区域聚集，新增的设施主要以塑料大棚和节能日光温室为主，区域化分布日趋合理，产业结构不断优化。其中，环渤海湾及黄淮地区是我国设施蔬菜主要产地，占总面积的 60%；长江中下游地区占总面积的 20%；近年来，西北地区设施蔬菜发展迅猛，目前已占总面积的 10%。北方地区设施蔬菜栽培以高效节能的日光温室为主；南方地区则多采用塑料大棚多重覆盖以及夏季简易设施栽培；一些经济发达地区或企业也发展了一些现代化温室。此期间还研发了多种类型、性能各异、用途广泛的配套设施及栽培技术体系，如新型加温与保湿设施、降温设施、遮阳设施以及灌溉设施、无土栽培、节水灌溉、CO_2 增施装备等。这些新设施、新装备和新技术的应用与推广有力地提高了设施蔬菜产业的机械化水平，推动了产业的健康发展。此外，近年来我国在设施蔬菜立体栽培、蔬菜树栽培、植物工厂等方面进行了积极探索，并取得了一些重要进展，满足了人们对设施蔬菜产品新奇特和观光休闲的要求。

中国蔬菜产业布局演化中呈现出以下三个特征：

一是蔬菜生产区域化特征明显，逐步向优势区域集中。我国蔬菜生产基地逐步向优势区域集中，形成华南与西南热区冬春蔬菜、长江流域冬春蔬菜、黄土高原夏秋蔬菜、云贵高原夏秋蔬菜、北部高纬度夏秋蔬菜、黄淮海与环渤海设施蔬菜六大优势区域。

二是冬春季节蔬菜生产由南部、中部向北部逐渐推移。长期以来，受气候条件的制约，我国蔬菜生产的季节性、结构性矛盾突出，特别是冬春季节蔬菜生产主要集中于南部和中部地区。随着设施技术尤其是节能日光温室的快速发展，实现了在北纬 33° ~ 43°地区，冬春不加温可以生产喜温蔬菜，蔬菜生产区域由南部、中部向北部逐渐推移，提高了冬春季节蔬菜均衡供应能力。据 2012 年底农业部的信息，北方 15 个省、区、市蔬菜设施面积达到 3 460 万亩，黄淮海与环渤海设施蔬菜优势区冬春季节蔬菜调出量已超过南菜北运基地。

三是大中城市周边蔬菜生产面积萎缩，蔬菜生产由城郊向农区转移。由于工业和城市用地剧增对菜地的挤压，以及生产投入要素成本的上升，大中城市蔬菜的供给从农区为辅变为以农区为主，我国大中城市近郊的蔬菜播种面积持续下降，蔬菜自给能力下降。

三、科技创新

（一）科技创新概况

我国开展了设施蔬菜科技的系统研究：一是以节能为核心，消化吸收和改造国外连栋温室蔬菜生产技术，虽已经实现了国产化，但在节能改进方面效果不大。

二是研制出新型高效节能设施蔬菜生产模式与技术体系。其主要科技创新有：园艺作物栽培技术、集约化育苗、无土栽培、土壤生态修复、作物逆境调控、作物生长模型。设施园艺园区管理、温室能源利用、无土栽培技术、水肥一体化技术、人工补光技术、二氧化碳施肥技术和设备等。同时在光伏温室、物联网设施园艺、植物工厂等新技术手段的研究与探索已经取得进展。

（二）种苗工厂化生产技术

种苗工厂化生产关键技术已初步实现了种苗的产业化生产。比如，针对番茄、黄瓜、辣椒等市场需求量比较大的重要果菜，建立工厂化育苗标准体系。同时对各种育苗载体进行研究，发展新型高分子树脂容器结合二氧化碳施肥等微繁殖技术。通过对种苗工厂化生产水分控制技术、施肥管理技术、环境调控技术等的应用，有效提高种苗的质量和产量。在对瓜类、茄果类蔬菜进行嫁接苗生产时，研究新的嫁接砧木技术、嫁接新技术等，使其能够自动识别砧木和接穗的空间。此外，根据国内设施蔬菜的生产发展情况，研究适合其发展的嫁接机器人，可将嫁接成活率提高到 90% 以上。

（三）温室结构优化设计及环境控制技术

在温室结构方面主要进行了减少日光温室中墙体或不需要墙体的前提下，提高室内的采光和保温性能。同时，研发大跨度的日光温室自动化全季节安全利用技术，能有效提高空间利用率，减少蔬菜发生病虫害的概率。研究开发了大跨度拱棚结构，有效提高了土地利用率和劳动生产率。设施环境调控在蔬菜生产中起着重要作用，适宜的环境和正确的调控技术是设施蔬菜生产顺利进行的有利保证。由于我国的设施相对简陋，环境可控性差，设施蔬菜生长过程中不同程度存在一个亚适宜环境问题。因此，设施蔬菜的抗逆机制及其抗逆栽培技术是一个研究热点。设施环境调控的一个重要进展是智能化程度的提高，在该领域开展了较多的探索。新型通风控制系统及操作模式的研究，并建立自动化日光温室降温系统，随时调节室内通风和温度，将温室中的湿度和温度保持在合理范围内，从而促进蔬菜的生长。

（四）设施蔬菜病虫害抗性机制与防治技术

设施生产因环境高温高湿、通风性较差、种植密度大等特点，更容易遭受病虫害的侵害。以烟粉虱为传播媒介的番茄黄化曲叶病毒（Tomato yellow leaf curl virus，TYLCV）病近年来在我国由南向北迅速扩张，危害加剧，造成番茄大面积减产甚至绝收。我国科学家通过杂交育种培育出多个抗TYLCV的番茄品种。Shi等研究发现，烟粉虱Q可降低（JA）含量，降低蛋白酶抑制因子活性，下调JA相关基因表达，从而降低番茄对TYLCV的抗性。lncRNAs是一类被识别的新型调控因子，Wang等预测了番茄1 565个lncRNAs，确定了参与番茄黄化曲叶病毒侵染的lncRNAs，并发现lncRNAs在番茄对TYLCV的抗性中具有非常重要的作用。此外，烟草花叶病毒（Tobaccomosaic virus，TMV）病是茄科作物的重要病害，Liao等研究发现，α-酮戊二酸脱氢酶的亚基E2通过与水杨酸结合，影响线粒体氧化磷酸化和电子传递链，进而在番茄对烟草花叶病毒的基础抗性中发挥重要作用。番茄细菌性叶斑病是一种世界性病害，由丁香假单胞杆菌番茄致病变种Pseudomonas syringae pv. Tomato DC3000（Pst DC3000）引起，近年来发生日趋严重。Sun等研究发现，表达WRKY39基因可以通过激活病程相关基因SlPR1和SlPR1a1的表达来增加番茄对Pst DC3000的抗性。Wang等研究发现，番茄钙和钙调蛋白依赖的蛋白激酶（SlCCaMK）通过促进H_2O_2积累来增加番茄对Pst DC3000的抗性。Zhang等研究发现，高CO_2影响番茄植株JA和SA之间的相互作用，使得番茄对丁香假单胞杆菌番茄致病变种和烟草花叶病毒的抗性增加，对灰霉菌（Botrytis cinerea）的抗性降低。灰霉病是危害多种蔬菜作物的重要真菌性病害。Jin和Wu通过表达谱分析，发现miR319、miR394和miRn1参与了番茄叶片对灰霉菌侵染的响应。通过RNA-seq技术，Kong等鉴定了黄瓜在灰霉菌侵染前后的差异表达基因，加深了对病菌寄主间的相互作用机制的认识。番茄中两个WRKY33基因SlWRKY33A和SlWRKY33B能被灰霉菌强烈诱导；将这两个基因沉默后，植株对灰霉菌和热胁迫更敏感，而由AtWRKY33启动子驱动的SlWRKY33A和SlWRKY33B基因能完全恢复拟南芥atwrky33对灰霉菌和热胁迫的敏感性。青枯病由茄科劳尔氏菌（Ralstonia solanacearum）引起，是当前设施辣椒主要的土传病害，刘业霞等研究发现，嫁接可显著提高辣椒青枯病的抗性，其抗病机理与渗透调节能力增强有关。此外，通过高通量测序分析，Luan等揭示了番茄在接种晚疫病菌后的miRNA的差异化表达及miRNA介导的番茄抗晚疫病调控网络。根结线虫是一种严重危害设施生产的土传病害，在果菜类蔬菜尤为严重。目前市场上抗根结线虫的番茄品种均含有Mi-1基因，但是该抗性基因在土壤温度高于28℃即会失活。王银磊等对含有热稳定抗根结线虫基因的栽培番茄材料进行选育并对抗病基因进行精细定位。许小艳等采用群体分离分析法也对辣椒抗根结线虫基因Me3进行了精细定位。Zhao等对番茄野生型和JA突变体（spr2）接种根结线虫后miRNA进行分析，发现263条已知的和441条新的

miRNAs，明确了 miR319 负调控 TCP4 从而影响 JA 的合成和内源 JA 的含量介导根结线虫的防御。Zhou 等发现 NO 信号在 JA 介导的番茄根结线虫基础抗性中起着重要的作用。棉蚜（Aphisgossypiiglover）是黄瓜生产中最严重的害虫之一，常造成严重的产量损失。Liang 等通过转录组分析发现，蚜虫处理诱导了黄瓜类黄酮生物合成、氨基酸代谢和糖代谢途径相关基因的表达，并推测了可能的抗性基因。

（五）土壤生态系统修复与嫁接育苗技术

在设施蔬菜的种植过程中，土壤耕性会逐渐降低，土壤中积累的重金属会越来越多，使得盐渍化越来越严重，并积累越来越多的传染性病原菌。所以，加强对土壤生态系统修复技术研究，以提高土壤缓冲性，恢复土壤生态平衡。比如，加大投入力度，研究土壤太阳能消毒技术、土壤有益微生物增殖技术、土壤有机养分缓释平衡技术等，采用生物方法对土壤进行生态修复，以提高设施土壤的利用率，使其综合性能够与同地域中的露地水平相符。Huang 等提出，设施蔬菜连作土壤中积累的有机酚酸等自毒物质以及线虫、枯萎病和青枯病等土传病害是蔬菜连作障碍的主要内因，而设施的封闭环境和大肥大药盲目防控造成的盐渍化是外因。土壤盐渍化是设施蔬菜连作产生的一个突出问题，番茄亚硝基谷胱甘肽还原酶（GSNOR）能够通过调节活性氮（RNS）和 ROS 氧化还原信号调控高 Na^+ 下的 K^+−Na^+ 平衡。酚酸类物质是单一连作体系中重要的化感物质，可通过直接的自毒作用或间接的抑制或促进作用，影响土壤微生物的生长、改变土壤微生物群落结构从而影响作物的生产。利用具有化感作用的十字花科、葱蒜类及禾本科植物同设施蔬菜进行轮作或间套等方式优化种植制度，能有效减轻连作障碍对连作蔬菜的影响。如套作分蘖洋葱可以上调番茄植物叶片中抗性相关的功能性蛋白，从而促进番茄生长，增强抗逆性；套作禾本科植物及其秸秆、残茬还田，可以提高土壤有机质含量及脲酶活性，提高作物对无机氮的吸收利用，减少枯萎病致病菌数量，促进连作黄瓜和西瓜的生长；菇菜套作能使真菌群落结构发生变化，尖孢镰刀菌（Fusarium oxysporum）和稻黑孢菌（Nigrospora oryzae）等有害微生物群落显著减少。通过调节土壤中的微生物等生物防治手段，能有效增加土壤中有益微生物数量，以竞争营养和空间等途径抑制其他有害菌的繁殖。如施加芽孢杆菌、假单胞菌和角担子菌 B6 等生防菌能够改善土壤微环境，减轻土传病害引起的设施蔬菜连作障碍；添加丛枝菌根（Arbuscularmycorrhizal，AM）真菌能够改善连作土壤环境，提高植物吸收营养元素和水分的能力，诱导植物增强对连作土传病害的抗病性，缓减设施西瓜、大豆等作物的连作障碍。采用物理、化学等方法实施强还原土壤灭菌、消毒处理，可快速、高效杀灭土壤中的真菌、细菌、线虫、杂草等。如温湿石灰氮耦合土壤快速消毒技术及 1，3- 二氯丙烯等化学消毒物质的利用等环境友好型消毒技术。此外，增施有机肥能够保持较好的土壤团粒结构，维持均衡的土壤营养和微生物区系，以保持土壤健康。如施用木本泥炭及其他配合物料或生物炭对设施连作番茄、黄瓜根域基质酶活性和微生物及园艺作物的生长与土壤改良有良好的促进效果。利用砧木嫁接是设施蔬菜提高抗性和防治连作障碍的重要措施。李玉洪等发现，嫁接能提高苦瓜对枯萎病、蔓枯病、白粉病等病害的抗性，解决苦瓜生产中的连作障碍问题，同时丝瓜作砧木较黑籽南瓜、葫芦等效果更显著。刘业霞等发现，采用抗性砧木嫁接后，辣椒青枯病发病率显著降低，而叶片含水量、渗透势、可溶性糖含量及脯氨酸含量显著提高。苏荣存发现，甜椒和辣椒品种采用优良砧木嫁接后不仅生长势、产量有所提高，而且对疫病、枯萎病的抗性都有显著增强。此外，嫁接能够有效改善植株根际土壤微生态环境，减轻连作障碍的影响。如采用托鲁巴姆为砧木，茄子嫁接后与未嫁接相比，连作土壤中微生物群落基本维持稳定；嫁接还可以提高西瓜感病品种根际土壤细菌、放线菌微生物数量，抑制枯萎病菌的积聚，改善连作土壤根际微生物群落结构。

四、蔬菜市场分析

（一）2018 年我国蔬菜市场现状

2018 年全国蔬菜总体供给情况：总体过量，个别季节和地区出现滞销，同时部分地区及季节供应不足，个别蔬菜种类短缺。尽管蔬菜价格有所上升，但是扣除居民消费价格上涨因素后仍然处于低位运行。新发地批发市场蔬菜的加权平均价：2018 年 3 月 23 日为 2.52 元 /kg，3 月 30 日为 2.30 元 /kg，比下降 8.73%；比去年同期的 2.46 元 /kg 下降 6.50%。6 月的最高价是 2.24 元 /kg（6 月 2 日），比 5 月份的 2.46 元 /kg 下降 8.94%；月内的最低价是 1.64 元 /kg（6 月 27 日），比 5 月份的 2.10 元 /kg 下降 21.90%，最高价比最低价高出 36.59%，波动的幅度明显大于 5 月份的 17.14%。7 月份蔬菜的加权平均价是 1.80 元 /kg，比 6 月份的 1.92 元 /kg 下降 8.38%，比去年同期的 1.92 元 /kg 下降 8.38%。6 月份加权平均价同比上涨 3.78%，7 月份同比由小幅上涨转变为明显下降。2018 年 9 月份蔬菜的加权平均价是 2.12 元 /kg，比 8 月份的 2.04 元 /kg 上涨 3.92%，比上年同期的 2.02 元 /kg 上涨 4.95%。8 月份加权平均价同比下降 0.49%，9 月份同比由微幅下降转变为明显上涨。2018 年 11 月份蔬菜的加权平均价是 1.84 元 /kg，比 10 月份的 2.17 元 /kg 下降 15.21%，比上年同期的 2.01 元 /kg 下降 8.46%。10 月份加权平均价同比上涨 9.60%，11 月份同比由 10 月份的大幅上涨转换为大幅下降。12 月 7 日，新发地市场蔬菜的加权平均价是 1.95 元 /kg，比 11 月 30 日的 1.86 元 /kg 上涨 4.84%，比上年同期的 2.11 元 /kg 下降 7.58%。

（二）设施蔬菜产业市场分析

1. 市场前景分析

我国设施蔬菜生产以满足国内消费市场为主。近年来，国内蔬菜消费水平总体稳定，生产总量基本满足市场需求，个别蔬菜种类周年供应不均衡，总体质量有待进一步提高。随着我国人口的不断增长、城镇化进程的进一步推进以及人们对蔬菜商品质量和供应均衡度要求的不断提高，今后一个时期，我国蔬菜的需求仍将呈刚性增长。同时，随着农业产业结构调整较快、蔬菜面积增幅较大，蔬菜供应过剩不容忽视。但是寒冷季节设施蔬菜、炎热夏季、多雨季节遮阳和避雨设施蔬菜生产将会进一步增加，以提高逆境条件下的蔬菜产量。2020 年设施蔬菜需求量占蔬菜总产量比重由目前的约 32% 增至 40% 计算，则该环节设施蔬菜需求量将增加 6 800 余万吨。依据上述新增设施蔬菜需求总量，并按照 2020 年设施蔬菜单位面积产量提高 20% 计算，全国需新增设施蔬菜面积 600 万亩以上。另外，随着设施蔬菜产业的发展，塑料大中棚及日光温室蔬菜面积占蔬菜设施总面积的比重将进一步提高，塑料小棚的比重将逐渐减少。如果按照塑料大中棚及日光温室蔬菜面积占设施蔬菜总面积比重再提高 10 个百分点，即达到约 82% 计算，则日光温室和塑料大中棚面积需增加 1 050 余万亩，即达到约 5 040 万亩。

2. 设施蔬菜竞争力分析

（1）市场竞争力分析　设施蔬菜生产的设施、人工、种苗、农资等投入均高于露地蔬菜，因此设施蔬菜生产成本高于露地蔬菜生产成本。据调查，大棚番茄、黄瓜、茄子、青椒等生产成本约为当地露地生产的 1.5 倍左右。

然而，设施蔬菜主要是在露地不能生产的地区和季节进行生产，因此设施蔬菜的产销成本需要与外地调运的露地蔬菜产销成本比较。据调查，目前我国每千克蔬菜运输成本约为 0.50 元 /1 000km，按露地蔬菜生产成本低于设施蔬菜 1.00 元 / 千克计算，则最经济的运输销售半径约为 2 000km，这样海南省瓜菜的最远运销区域为华中地区。如果以北京市为目标消费市场，海南省到北京市的距离约为

3 100km，公路运输时间大致为 5 天，瓜菜运费每千克 1.40 元左右，这样海南省露地瓜菜运到北京市的成本将高于北京市本地设施瓜菜生产成本。此外，外运蔬菜途中损耗严重，鲜活度和营养价值大幅下降。多数蔬菜经 3 天贮运维生素含量会降低一半以上。尤其是当遭遇较重自然灾害导致交通困难时，靠远途运输难以保障蔬菜市场供应。由此可见，设施蔬菜的市场竞争优势和保障作用都十分明显。

（2）单产水平竞争力分析　设施蔬菜与露地蔬菜相比，提高了复种指数（大棚蔬菜生育期延长 60 ～ 90 天，节能日光温室延长半年），增加了土地和光热资源的利用率。如南方利用大中棚等设施可使蔬菜生产的复种指数达到 3.5 以上，而露地蔬菜生产的复种指数只有 2.7，因此设施蔬菜单产一般高于露地蔬菜单产。据调查，大棚番茄、黄瓜单产约为同地区露地单产的 1.2 倍、1.3 倍，设施蔬菜的单产具有明显竞争优势。目前，我国节能日光温室黄瓜、番茄等蔬菜平均单产仅是全国高产记录的 1/5 ～ 1/4，设施蔬菜的单产增长潜力仍很巨大。

（3）质量安全竞争力分析　同露地蔬菜相比，设施蔬菜可通过防寒保温、遮阳降温、阻隔防虫、避雨控湿等措施抑制病虫害发生，实现不用或少用农药，保障蔬菜质量安全。南方高温暴雨夏季，推广叶菜防虫网覆盖栽培技术，从播种到叶菜上市全程覆盖，避免害虫进入，可最大限度地减少农药用量，同时可避免高温暴雨等灾害天气的不利影响，保证产品品质优良。北方推广多功能防雾无滴棚膜和膜下滴灌（暗灌）配套技术，设施内空气相对湿度降低 20% ～ 30%，能有效抑制病害发生，农药用量减少 30% 以上。

（4）资源利用和应急能力竞争力分析　我国荒山荒坡、滩涂湖泊、沙漠沟坡区域较多，大约占我国国土面积的 1/3，大部分荒废不可利用。设施蔬菜可以在这些区域通过无土栽培、有机栽培、生态环境调控等技术，较好地有效利用并创造效益。在自然资源利用上，通过设施蔬菜栽培可以提高光、热、水、气、肥等利用率 50% 以上，可以生产出更多的绿色植物产品。同时，设施蔬菜不仅抗灾减灾功能突出，而且能在灾后快速恢复生产和抗灾育苗自救中发挥关键作用。2008 年初南方冰雪灾害、2009 年秋末冬初北方雨雪灾时，设施蔬菜生产都发挥了不可替代的抗灾保供作用。

（三）促进我国蔬菜市场及贸易发展的对策建议

1. 稳定蔬菜种植规模，提高蔬菜产业化水平

从我国目前蔬菜的整体供求形势来看，蔬菜生产供应基本能够满足消费需求。但随着蔬菜消费需求的升级以及农业供给侧结构性改革的深化，我国蔬菜生产应该在坚持市场导向的前提下，遵循“总量控制、优化布局、结构调整”的原

则推进蔬菜产业结构调整。在稳定蔬菜种植规模的同时，调整蔬菜产品的区域布局和品种结构，减少低端、过剩蔬菜品种的生产，增加符合市场需求增长趋势以及具有调节蔬菜季节性均衡供应功能的蔬菜产品的生产，实现由数量扩张向质量提高的转变，在满足消费者多样化需求和健康安全需求的同时，稳定蔬菜供应，防止蔬菜价格暴涨暴跌，促进蔬菜产业健康稳定发展。

2. 完善蔬菜产业信息化体系建设，加强蔬菜供求及价格监测

我国蔬菜出口在一定程度上受到蔬菜价格波动的影响，尤其是大蒜等在蔬菜出口中所占比重较大的品种。目前，我国对不同品种蔬菜的供给和需求统计还不够完善，对于蔬菜价格波动的监测预警工作还较为欠缺，不仅对蔬菜生产者的生产决策造成一定影响，还使蔬菜出口企业面临一定的市场价格风险。因此，需要加强我国蔬菜产业信息化建设，建立科学的蔬菜产业信息采集、分析、发布和风险监测预警体系。特别是针对那些出口量较大的蔬菜品种，应该有政府组织相关部门系统收集播种面积、产量及气候条件等信息，分析和预测蔬菜供给形势和价格走势，提前进行市场预警，降低出口企业的市场风险。

3. 结合“一带一路”倡议，优化蔬菜出口结构

利用“一带一路”倡议的机遇，积极开展与“一带一路”沿线国家的蔬菜贸易以及与蔬菜产业发展相关的投资与技术合作，优化我国蔬菜进出口结构，促进我国蔬菜出口的持续健康增长。系统收集“一带一路”沿线国家蔬菜产业发展动态以及蔬菜进出口贸易的相关信息，深入分析。

五、技术推广应用

（一）设施蔬菜新品种推广

设施蔬菜新品种不断涌现。巨大的市场需求吸引国内外种子公司在中国开展业务。同时我国每年自主培育成功蔬菜新品种预计在上千个，新品种推广、新品种展示观摩会在各地均大力开展，例如寿光蔬菜博览会、武汉蔬菜种子博览会、杨凌农业高新技术博览会及其相应的示范园区展示各类蔬菜新品种。

（二）新型设施结构推广

主要以温室及大棚大型化发展为方向，推广应用了大批新型棚体结构。日光温室由过去的 8m 跨度发展到了 12 ~ 16m 跨度，脊高相对提高。中小棚体比例减少，大棚面积增大，特别是大跨度大棚得到生产认可。以西北农林科技大学李建明教授团队推广的系列大跨度大棚引领我国北方地区大棚全面发展。分别为大跨度非对称大棚、大跨度非对称水控酿热大棚、大跨度双层内保温大棚。大棚跨度为 16 ～ 20m，长度为 100 ～ 200m，单体棚体占地面积达到 2 000 ～ 4 000m^2。

（三）水肥一体化技术推广

水肥一体化技术是一项老技术，同时也是一项新技术，每年都在不断更新发展。在蔬菜中不断得到广泛使用，节水节肥效果显著。

（四）无土栽培技术推广

以袋式基质栽培技术为代表的无土栽培技术在我国得到较大面积推广应用，这种栽培方式可改善设施蔬菜的栽培环境、促进设施蔬菜生产方式的转型升级，实现设施蔬菜生产的水肥精准化管理，节约土地，减少生产成本，提高单位面积的设施蔬菜产量，实现高产、高质、优效生产。农药施用量较常规土壤栽培减低 15%，肥料投入量降低 10%，有效改善了蔬菜果实品质，蔬菜产量增加 10% 以上，每亩增收 1 000 元以上。

（五）蔬菜机械化设备推广

我国的设施种植业机械化的发展水平处于稳步上升的阶段，农机科技的推动作用日益突出。2016 年增长至 31.49%。但设施种植业机械化起步晚，水平整体较低，较主要农作物综合机械化水平低了 30 多个百分点。设施种业机械化水平在全国各地区差异较大。近年来，我国大力开展设施蔬菜机械化技术研究与引进、召开新型机械观摩会。设施大棚卷膜机械、水肥一体化灌溉机械、田间作业机械、播种机械、喷药机械等得到一定推广应用。广泛用于旋耕、犁耕、开沟、作畦、起垄、中耕、培土、铺膜、打孔、播种、灌溉和施肥等作业项目。

（六）病虫害综合防控技术

病虫害综合防控是设施蔬菜生产中的一项重要技术。随着农业供给侧结构性改革进一步深入及种植业转型升级，对设施蔬菜病虫害的防控工作提出了新的要求，既要确保数量安全，也要兼顾质量安全。各地蔬菜病虫害防控工作坚持以绿色发展为导向，分区域开展蔬菜病虫绿色防控示范，集成创新绿色防控技术，扩大示范引领效果，推动蔬菜病虫害绿色防控。例如陕西省蔬菜产业技术体系制定了蔬菜病虫害防控目标为蔬菜主要病虫防治处置率达到 90% 以上，绿色防控覆盖率达到 27%，总体防治效果达到 85% 以上，病虫危害损失率控制在 10% 以内。全生育期化学农药使用次数下降 2 ~ 3 次。蔬菜产品农药残留不超标，产品质量进一步提高。防控策略是针对蔬菜害虫发生特点，以“预防为主，综合防治”为原则，以“公共植保、绿色植保、科学植保”理念为引领，保证产品质量安全，采取以“病虫基数控制、部分害虫诱杀、植物免疫诱导、安全药剂防治、高效药械应用”五大综合技术全程防控策略，将病虫为害损失控制在经济阈值以下。

六、设施类型、材料及功能研究进展

（一）设施类型研究进展

近年来，我国设施类型不断优化，因地制宜设计出适应不同地理气候条件、满足市场需求的设施。

1. 日光温室

日光温室发展经历由简易设施、原始节能日光温室，到第一代、第二代节能日光温室，在采光曲面优化、墙体材料、骨架结构的改进等方面取得了突出进展。目前采光曲面优化理论与实践已十分成熟；墙体采用复合异质墙体，大大改善了墙体的保温、蓄热性能；骨架结构采用无支柱钢桁架结构，承载能力、耐久年限、抵御自然灾害能力明显提高。2015 年由沈阳农业大学白义奎教授主持落地装配式全钢骨架结构日光温室项目，获得 2014 年度辽宁省科技进步三等奖。它解决了以往建造的日光温室建造成本高、标准化程度低、承载能力差等问题；以及在温室建设过程中，对土壤层破坏严重、产生不可再生建筑垃圾等对自然环境破坏等问题。落地装配式全钢骨架结构日光温室从日光温室骨架及采光、保温、蓄热、结构入手，解决承载能力问题；采用新型的保温、蓄热结构，摒弃砖石材料，最大可能不破坏土壤层，实现可持续发展；最终达到结构标准化、生产工厂化、建设装配化。落地装配式全钢骨架结构日光温室前坡面采用两段圆弧设计，改善种植床面光照均匀度和提高采光的同时，很好地解决了骨架结构的制作问题；采用的异型截面设计，平面内外刚度、强度适宜，优化的温室骨架结构具有良好的受力性能；具有结构件在工厂预制，现场安装，施工速度快，能拆卸并重新安装，重复利用；承载能力、抵抗变形能力强；在温室高湿环境下不易锈蚀，耐久性好等优点。同时，在一些日光温室设计的基础研究方面也开展了大量的研究，如张起勋等利用计算流体动力学（Computational fluid dynamics，CFD）模型研究日光温室内的空气流动，设计优化了东北型日光温室及其环境调控方式。管勇等对日光温室三重结构相变蓄热墙体传热特性进行研究，提出了该结构墙体传热性能分析方法及其评价指标。于锡宏等（CN 201110137294.9）发明了一种三弦式高采光日光节能温室，通过增加温室拱架顶部的仰角提高采光性能。刘立功等（CN 201120097105.5）构建了一种具有增光提温功能的日光温室，以最简洁的办法从采光角度和采光膜朝向两方面大幅度提高了日光温室的采光性能。在保温方面，李清明等（CN 201110196056.5）发明了一种二次下挖式高效节能日光温室，白天的蓄热性能和夜间保温性能均有较大提高。

2. 大跨度大棚

近年来大跨度大棚迅速发展并广泛应用于生产中，2010 年，西北农林科技大学李建明教授提出了大跨度大棚的设计思路，经过多年的试验研究与改进，研制出大跨度非对称大棚、大跨度非对称水控酿热大棚、大跨度双层内保温大棚。2016 年至今这种非对称大跨度大棚现如今已在陕西、宁夏、西藏、青海、新疆、山东、河南、河北、江苏等多个地区进行了大面积应用，大跨度大棚相对于普通的大棚，具有更大的生产面积，扩大大棚面积不仅可以增强温室对外界环境的缓冲性能、增加土地的利用率而且便于机械化操作。大跨度非对称大棚接收太阳辐射的总量大，提高了大棚的采光性能，在棚内空间增大的同时热容量增大，不仅可以减少昼夜温差，增加保温性能，而且可以减弱边际效应。这对于改善我国整体耕地资源紧张起到了极其重要的作用，同时还使温室种植作物的适用性大大加大，内部种植空间的增加使得各类果树也可以在大棚中进行种植，为广大农业从事者开辟了更广的市场空间。

3. 连栋温室

目前，我国温室的骨架多采用热镀锌管（板），覆盖材料多为玻璃、双层充气膜、PC 板等。文洛型玻璃温室（Venlo）是我国引进的玻璃温室主要类型，为荷兰研究开发后全世界应用最广泛的一种温室类型。其特点是小屋面、缓坡降、大跨度，室内形成大空间、构件截面小，所以光环境较好，同时其连栋数能大幅增加，适于建成大型温室，且成本较低。现我国厂家有在室外屋顶配置遮阳系统和室内配置湿帘通风降温系统的。这是由于 Venlo 型温室原来的设计只适于荷兰那种地理纬度虽高，但冬季温度并不低，夏季温度并不高的气候带。近年各地正针对亚热带地区气候特点，又在向加大温室高度，增大小屋面跨度，增加间柱的距离，加强抗台风、抗震基础的强化设计，加深天沟排水量，增加夏季通风降温效果而增设侧窗设置和外遮阳等方面进行改进创新。

拱圆型温室屋面呈拱圆形，是塑料温室中最常见的一种结构形式。一般单栋跨度为6m、8m、9m、10m，少数有12m的，檐高1.8 ~ 2.2m直至3.0 ~ 4.0m，开间3.0 ~ 4.0m，拱面矢高1.5 ~ 2.5m。温室侧长度不超过40 ~ 50m。屋面拱架一般都设置为主副梁结构主梁，直接与中柱连接，为主要承重结构，将屋面荷载通过中柱传递到独立基础，依不同地区抗风雪荷载要求，拱架主梁增设有加固补强拱梁设计；而副梁结构简单，一般直接连接在天沟板，主要起支撑塑料薄膜的作用，承力较小。主副梁拱管一般采用直径为19 ~ 22mm、管壁厚1.2mm的镀锌钢管，中柱一般采用壁厚2.3mm、50mm见方的方形柱或壁厚2.3mm、管直径48mm的圆管柱。但依栋跨度和开间大小或选用不同管径粗度与厚薄的材料。通风方式通常在顶、侧屋面用卷膜机向上卷膜通风，也有用齿条式或撑开式开窗的。

锯齿型温室在我国南方地区冬、夏季气温均较高、强台风侵袭很少的地区使用较多。由于其通风面大，自然通风效果要比拱圆形温室好。据测定，这种温室在外遮阳配合下，其自然通风效果基本能达到室内外温差1 ~ 3℃，在选择使用锯齿型温室时，还要注意当地主导风向，不要使温室通风口朝向位于下风口，以能形成较大的负压通风，避免冷风倒灌。但其天窗密封效果较差，在夏季燥热、冬季严寒的北方地区不太适用。

双层充气温室与普通拱圆形温室所不同的是采用双层充气膜覆盖保温的一种塑料温室。它比单层覆盖可节省能耗33%，但透光率也下降10%，且天窗设置较难，需采用强制通风。在我国冬春寒冷但光照充足的北方地区使用，是一种节能而高效的温室类型。

双层结构温室具有与双层充气温室一样的节能效果，而它只是结构上用层骨架内外分别支撑两层薄膜，取消了两层膜间用充气风机充气的结构。其优点是节省了充气的电耗成本，避免了双层充气膜间的结露，由于采用卷膜通风，可根据室外光照度和温度的变化，将两层膜分别打开或关闭，使温室在节能和采光两方面得以优化管理，一般节能效果要比双层充气温室提高5% ~ 10%，尤其适合南方光照不足地区使用。

插入式镀锌钢管温室是一种最简易的温室类型，不设基础，从肩部弯曲加工成的弓形镀锌钢管，2根左右分开，在中央顶部（屋脊）用套管连接，下端直管直接插入地下30 ~ 40cm，强风积雪地带拱架设横梁或桁架补强，即沿栋长向顶部、两肩部及两腰部等五部位配置直管，以稳固结构，迎风面也可适当配置拉筋加固。一般拱架间距为 50 ~ 65cm，沿栋长向两侧弓管腰部，依跨度不同设卡槽各 1 ~ 2 列，以使用卡簧固定塑料薄膜。此类型温室组装、拆卸、保管方便，依栽培作物的不同，可选择不同大小规格的产品，造价便宜，是我国主要塑料温室之一。发明的新型温室类型中，宛文华等（CN 201320180415.2）发明的组合式钢筋砼预制保温玻璃温室，可根据用户的需求面积进行组装，进行工业化批量生产，具有采光及保温性能好，运输、安装、拆卸方便的特点，使用寿命长。针对北方冬季多狂风暴雪等恶劣天气，李光宇等（CN 201420582932.7）发明的玻璃温室可以自动消融玻璃屋顶上的积雪，消除安全隐患，增大采光面积。吴松等（CN 201420373148.5）发明了一种温室用玻璃幕墙，该玻璃幕墙能提高玻璃温室的透光率、美观度并降低覆盖部分的成本。

4. 其他

下沉式大跨度大棚型温室，解决了春夏秋季后墙的遮挡问题，提高了温室冬季的保温性能；同时降低了温室成本，后屋面覆盖的 2 层保温被使温室的温度管理更加灵活，更好地满足了不同季节生产的需要。无论晴天还是阴天，温室的气温和地温均高于温室。可见新温室的成本低收益好，而且其钢架结构抵御外界恶劣环境的能力强。史晓君进行的基于蜻蜓翅膀的温室结构仿生设计研究，建立新型仿生温室空间结构体系，创新了温室结构设计方法。这些研究为今后设计新设施类型提供了有益的基础数据和案例。我国设施性能也得到了显著提升。

（二）设施材料研究进展

1. 塑料覆盖

覆盖材料分为软质和硬质两类。在我国，前者主要作大棚膜、小棚膜和地膜覆盖用，通常是 1 ~ 2 年使用寿命。硬质塑料薄膜，近年来农用氟素膜（FETE）在现代化连栋温室中使用渐增。软质塑料薄膜具有质地轻柔、透光性能优良、价格较低、使用和运输方便等优点，因而成为我国目前设施园艺中使用面积最大的覆盖材料。聚氯乙烯（PVC）薄膜是我国北方使用户最普遍的薄膜之一，现在许多产品还添加光稳定剂、紫外线吸收剂以提高耐候性和耐热性，添加表面活性剂以提高防雾效果。聚氯乙烯薄膜一般厚度 0.09 ~ 0.13mm，强度较大，不仅具有较好的柔性、弹性，透明度高，长波辐射透射率较小，保温性特优，且防雾滴效果持续时间长，耐酸碱，不易变性。缺点为容易发生增塑剂的缓慢释放，高温强光会加速释放，会分解释放氯气等有毒有害气体；且易静电吸尘，使得透光率下降迅速，降低了它的使用年限，现已很少使用。聚氯乙烯薄膜有透明和粉色之分，加工过程大多经过了防尘（外层涂布丙烯树脂）和防雾滴处理，新研发防尘防雾滴年限增至 3 ~ 4 年的超级耐老化 PVC 农膜，厚度达 0.15mm 红外线遮断率高、保温性能优，还能吸收一部分紫外线。目前市场上有许多光选择性 PVC 农膜出售，其中大多为通过在 PVC 原料中添加紫外线吸收剂从而改变紫外线透过率的抑制紫外线透过率的农膜。通过控制紫外线透过率不仅可促进一些植物的生长，同时也可减少叶霉病和菌核病以及一些害虫的发生。目前国内还有防老化无滴膜、防老化防尘无滴膜等。

气候适中的地区多用聚乙烯（PE）薄膜为覆盖材料。它是由低密度聚乙烯（LDPE）树脂或线形低密度聚乙烯（LDPE）树脂吹制而成。除作为地膜使用外，也广泛作为外覆盖和保温多重覆盖使用。与聚氯乙烯薄膜相比，聚乙烯薄膜具有密度低、幅宽大和覆盖比较容易的优点，且质地柔软，受气温影响少，天冷不发硬，耐酸碱、耐盐，成本也低。另外，聚乙烯薄膜还具有吸尘少，使用一段时间后的透光率下降要比聚氯乙烯膜不明显；而且无增塑剂释放，不产生有毒气体等特点。但 PE 膜红外线透过率偏高，保温性稍差；对紫外线的吸收率也较 PVC 膜要高，容易引起聚合物的光氧化而加速薄膜的老化，影响使用寿命。主要产品除用于棚室内外覆盖和地膜用的普通膜（无滴或有滴），还有有孔膜有色膜、双色膜、反光膜、光崩解膜、紫外线反射膜等多个品种。

乙烯一醋酸乙烯（EVA）多功能复合膜是我国新发展的第三代农膜，是以乙烯一醋酸乙烯的共聚物树脂为主原料，添加紫外线吸收剂、保温剂和防雾滴助剂等制造而成的 3 层复合功能膜，厚度 0.10 ~ 0.12mm，宽幅 212m。其外表层一般以 LDPE、IDPE 添加耐候、防尘等助剂，故机械性能良好，具有较强的耐候性，并能防止防雾滴剂等的渗出；在中层和内层以不同醋酸乙烯含量的 EVA 为主，添加保温和防雾滴剂，从而提高其保温性能和防雾滴性能，所以 EVA 膜能最大限度发挥外层 PE 树脂的耐候性和内层 EVA 树脂的保温和防雾滴性的优势。EVA 复合膜具有质轻、使用寿命长（3 ~ 5 年）、透明度高、防雾滴持效性长等特点。因此，EVA 复合膜既克服了聚乙烯薄膜无滴持效期短和保温性差的缺点，又克服了聚氯乙烯薄膜相对密度大、幅窄、易吸尘和耐候性差的缺点，是理想的 PVC 膜和 PE 膜更新换代的覆盖材料。

农用聚烯烃类树脂特殊膜（OP）系特殊膜国外利用聚烯烃类树脂（PE 与 EVA）多层复合（3 ~ 5 层），再配合红外线吸收剂研发出一种 PO 系特殊农膜，现已应用推广。这种农膜的保温性相当于 PVC 农膜，采光性好。特点是轻量而不黏，即使寒冷地区也适于使用。其伸缩率小，强度大，遇台风灾害时御膜和上膜都省工省力，耐老化，优等厚膜覆盖年限可达 3 ~ 4 年。

硬质塑料薄膜机械强度性能显著优于软质膜，作为大型连栋温室的覆盖资材，替代玻璃和硬质塑料板材的形势快速发展。硬质聚酯（PET）膜 PET 膜是氟素膜兴起前硬质膜的主流。其产品厚度多为 0.15 ~ 0.18mm。经防老化剂处理，覆盖年限分为 4 ~ 5 年、6 ~ 7 年和 8 ~ 10 年 3 个档次。紫外线阻隔波段分为 380nm 以下、350nm 以下和 315nm 以下 3 个类型，经防雾滴剂处理持效期可长达 10 年，且耐药性优，废弃物燃烧也不会产生有害气体

氟素膜（FETE）对可见光的透过率显著强于其他农膜，即使使用数年后可见光通过率仍可保持高水平。氟素膜的最大特点是耐老化，是目前使用寿命最长的农膜，厚 0.06mm 的耐用 10 ~ 15 年，厚 0.1mm 的耐用 15 ~ 20 年，厚 0.16mm 的耐用 20 年以上。具有强度韧性大、防尘、风沙雨雪都容易滑落、耐老化、具阻燃性等优点。另一优点是紫外线透过率大，近似自然光，而对红外线的透过率小，保温性好。但需要大约每隔 2 年进行 1 次防雾滴剂喷涂处理，以保持防雾滴效果。废弃物燃烧处理时会释放有害气体，故需厂家回收进行专业处理。氟素膜成本也较高，限制了其推广应用。

应国家环保的号召，研发了自然降解塑料覆盖材料，具有自然降解功能的塑料通常分为生物分解、光分解和崩坏性分解 3 大类。当今世界都十分注重生物降解覆盖资材的研发，这是指一类通过微生物产品合成、化学合成以及利用淀粉、乳酸脂等有机物制成的、能在土壤微生物的作用下分解成二氧化碳和水而回归自然的塑料覆盖物。它与以石化资源为原料的覆盖物不同，是一种环境友好型产品，在自然环境作用下或堆积时分解。国际上已对其产品质量制定严格标准，例如其废弃物堆制 6 个月以内需能分解 60%，塑料添加剂的安全性标准都有规定，从而有望能有效减轻全球面临的普通塑料废弃物“白色污染”的问题。我国在地膜覆盖上已开始应用生物分解膜，但有待进一步降低其成本。

2. 遮阳网材料

遮阳网作为园艺设施保护覆盖材料，能够迅速有效地遮光降温，防止高温强光对作物造成危害。目前在设施育苗和栽培上应用十分广泛。它除用于遮阳外，也可用于防虫和冬季的保温。新型白色遮阳网“明凉膜”在设施栽培上的应用：传统普通黑色遮阳网在降温的同时，也大大地降低了光照度。弱光可诱发植株叶片黄化，植株萎蔫、生长缓慢、落花落果，造成茄果类蔬菜果实着色不均，瓜类花粉授粉困难、果实膨大速度慢、品质不佳，造成严重损失。新型白色遮阳网“明凉膜”解决了遮阳网过度遮光的问题，在保证充足光照的条件下有效

降温，为植物生长创造适宜的温光环境。“明凉膜”的特殊添加剂能够反射红外辐射，透过其他色光，因而能达到透光降温的效果。在夏季高温强光条件下，设施温室覆盖“明凉膜”不仅可以降温遮光，同时避免了弱光对植株造成的不良影响。不同地区、不同气候条件、不同设施类型应当根据实际情况选用不同规格的“明凉膜”。

3. 保温被材料

目前市场上销售的保温被，其主芯材主要有以下几种。

（1）无纺布即非织造材料　又称不织布。包括针刺、水刺、热压、纺粘、化学黏合等工艺制成的产品。目前在设施园艺工程中使用的非织造材料主要有两大类。一类是使用热压或化学黏合制造的无纺布，这类材料主要是采用聚丙烯纤维、聚酯纤维、粘胶纤维等短纤维或者长丝，进行定向或随机排列，形成纤网结构，然后采用热粘或化学等方法加固而成。另一类是使用各种纤维材料采用针刺工艺制作的针刺毡，这类材料在日光温室保温被中采用较多，可用作保温芯材或面层。

（2）再生纤维针刺毡同为非织造材料　采用回收的废旧棉、毛、人造纤维制品或工业下脚料、纺织企业的布头和纱线头，利用开松机，将其破碎松解，生产出绒状的再生纤维，再通过针刺机进行加工生产出的毡状物。这些废弃物原料的利用，不仅有利于环保、节省资源，同时其保温性良好、成本也很低廉，因此，在保温被中应用最多。再生纤维针刺毡通常用作保温被的保温主芯材，也有一些针刺毡采用纤维强度较高且耐水、耐久性较好的原料，通过适当提高针刺密度等工艺制成，具有较为密实、抗拉强度较高和耐久性较好的特性，可兼用作保温被的面料。

（3）聚乙烯（PE）微孔泡沫塑料　是以聚乙烯树脂为主体，加化学发泡剂、交联剂和其他助剂制成。其化学性能稳定，不易受腐蚀，密度小（26 ~ 50kg/m^3）。闭孔的聚乙烯泡沫塑料吸水性小，根据发泡倍率不同，导热系数一般为 0.04 ~ 0.095W/（m·K）。用作保温芯材，具有良好的保温性与自防水性能。用作保温被 PE 闭孔发泡材料的厚度为 10 ~ 15mm 的单层整体材料，由于自身强度较低，在制成保温被时，必须在上、下表面粘贴抗拉强度与耐久性较好的材料，例如涤纶布等作为面层。

（4）橡塑保温材料　采用丁腈橡胶与聚氯乙烯（NBR/PVC）为主体材料，经复杂工艺发泡而成的软质保温节能材料。在工业与民用方面多用于各类冷热介质管道、容器的保温，近年也有些保温被将橡塑保温材料用作主保温芯材。橡塑保温材料为黑色海绵状，密度较小（40 ~ 60kg/m^3）。因其为密闭式发泡结构，导热系数小［一般为 0.035W/（m·K）］，具有良好的保温绝热性能，且密闭式发泡结构及致密的表皮使水汽不易透过，吸水率低。橡塑保温材料富有柔软性，用作保温被材料，卷放容易。此外，橡塑保温材料防火阻燃性好，适用温度范围广（−40 ~ 120℃），耐候性良好，耐酸抗碱，有防止真菌生长的特性，但价格较高一些。

（5）聚乙烯发泡棉　由低密度聚乙烯脂经物理发泡产生无数的独立气泡构成。化学性能稳定，密度小（约 30kg/m^3），吸水性小；不同发泡倍率珍珠棉的导热系数一般为 0.04 ~ 0.095W/（m·K）。因此，聚乙烯发泡棉具有良好的保温性与自防水性能。聚乙烯发泡棉材料通常为厚度 1 ~ 5mm 的片状，可以与其他保温材料组合，也可数片叠放一起，构成保温被的保温芯材。与其他保温材料组合使用时，通常放在保温被芯材的上、下部位，可兼具保温与防水、隔气的作用。

（6）喷胶棉　由天然棉纤维、人造纤维或合成纤维经拉松、梳理、喷胶、焙烘、固化而成。喷胶棉结构形成的方法是将黏合剂喷洒在蓬松纤维中，再经过烘燥、固化，使纤维间的交接点被粘接，形成蓬松的三维网状结构。无胶棉又称为热熔絮棉，是采用低熔点纤维，通过在热熔态交接点处的粘连，同样形成类似喷胶棉的蓬松三维网状结构。喷胶棉与无胶棉具有多孔性、高压缩回弹性和高蓬松性，质轻、保温性良好，适于用作保温芯材。同时由于其透气性高、抗拉强度与抗变形能力低，因此用作保温被材料时，表面必须结合具有较高抗拉强度与一定隔气作用的面层。

作为保温被的面层材料，需具有较高抗拉强度、一定的隔气和防水性能，以及良好的耐久性。前述无纺布（包括再生纤维针刺毡等非织造材料），除用作保温芯材以外，其抗拉强度和耐久性较好者，也较多用作保温被的面层材料。此外，还有各种材料的牛津布、编织帘材料、PE 薄膜以及淋膜面层等被用作保温被面层材料。牛津布多用涤纶丝编织，具有较高抗拉强度与耐久性。编织帘材料一般为通过抗老化处理的聚乙烯（HDPE）、聚丙烯（PP）等各种塑料，经热熔挤出、拉伸成扁丝，再经织造、编制而成。牛津布与编织帘均有一定透气性与透水性，因此为了使面层具有隔气、防水作用，需采用涂覆或粘接等工艺，形成隔气、防水层。例如涂覆丙烯酸油，或采用热熔工艺粘贴 PE 膜等方法。生产中也多采用流延工艺，形成与面层材料紧密结合的淋膜层的方法。这种淋膜工艺也可直接用于一些保温芯材表面，例如针刺毡或无纺布表面，使保温主材与隔气防水面层结合为一体。在保温被表面使用含铝的塑料薄膜，包括铝箔膜、镀铝膜或银灰色膜（掺入了铝粉）等，除具有防雨、隔气的作用以外，由于这些膜表面对红外辐射具有较高的反射率和较低的吸收率（发射率），因此，具有显著地阻止表面与环境热辐射交换的作用，用在保温被表面，可增加其保温性。

为寻找可替代草苫的外覆盖材料，近些年来有关部门做了多方面的探索，已经研制出一些价格适中、防水、保温性能优良、适于电动卷被的保温被。一般来说，这种保温被由 3 ～ 5 层不同材料组成，由外层向内层依次为防水布、无纺布、棉毯、镀铝转光膜等，几种材料用一定工艺缝制而成，具有重量轻、保温效果好、防水、阻隔红外线辐射、使用年限长等优点，预计规模生产后，会将成本降低。这种保温被非常适于电动操作，显著提高劳动效率，并可延长使用年限。但经常停电的地方不宜使用电动卷被。

新型保温被：编织膜型保温被采用超强、高保温新型材料多层复合加工而成，具有质轻、防水、抗老化、保温隔热等性能，使用寿命长，保温效果好。易于保管收藏，适用于日光温室、暖棚等设施保温覆盖，是草苫、蒲席等传统保温材料的最佳替代品。保温被每幅的宽度为 2.2m，有效覆盖宽度 2m；长度可根据使用要求定制，采用压膜线或者粘扣连接成片。编织膜型保温被结构：一层防水编织膜 + 一层 EPE+ 三层毛毡 + 一层透气编织膜。编织膜喷胶棉型保温被结构：一层防水编织膜 + 一层 EPE+ 喷胶棉（500 ～ 700g）+ 一层透气编织膜。

4. 墙体材料

传统的墙体主要以砖墙、土墙、复合异质墙体为主，随着我国设施农业的不断发展，对于墙体材料的研究取得了进一步的发展。

（1）秸秆块墙体　在保温性能上与土温室差异不显著，但昼夜温差大是秸秆块墙体日光温室的特点，昼夜温差大有利于作物养分的积累，有利于提高温室内作物的品质和产量。

（2）砾石材料墙体　以砾石为主要材料，由铅丝网笼固定，砾石之间的缝隙可以加强热空气的流动，从而增强墙体的蓄热性能，新型砾石墙体结构日光温室与普通砖墙日光温室相比，光照强度没有明显差异；提高了室内平均温度，墙体内部温度，其中距离内表面 40cm 处最为明显，在晴、阴、雪天分别平均提高 9.8℃、6.4℃、4.8℃。砾石适宜作为日光温室墙体蓄热材料，保温效果良好。

（3）固化沙墙体　固化沙主动蓄热后墙日光温室的热工性能明显优于固化沙被动蓄热后墙日光温室及当地普通砖墙日光温室，可满足喜温作物的越冬生产，在西北多沙地区具有一定的实用推广价值。

（4）相变材料墙体　随着相变蓄热技术不断进步，可利用相变材料具有较高的蓄热性能，白天充分吸收并蓄积照射在墙体表面的太阳热能，夜间再将蓄积的热量释放出来，以改善温室的热环境，提高温室墙体太阳能利用率、减薄温室墙体厚度、提高土地利用率。相变蓄热墙材料的蓄、放热性能显著优于普通砖墙材料，在晴天时，前者的蓄放热量是后者的 4.6 ~ 8 倍。相变蓄热材料依靠良好的蓄放热特性，以减缓室内环境温度的变化，特别是提高室内夜间温度，改善温室种植条件。相变蓄热技术引入日光温室后，改善了日光温室墙体的蓄热保温性能，相变材料良好的蓄放热特性，能减缓温室内环境温度的变化幅度，提高了太阳能利用效率，适宜在日光温室中应用。

（三）设施能源利用

我国温室的发展很好地解决了冬夏两季蔬菜短缺的问题，极大程度上丰富了人民的菜篮子，但温室本身是一种耗能建筑，北方冬季采暖成本更是占到了生产成本的 30% ~ 70%，同时产生大量污染物质。因此，能耗问题一直是制约温室发展的主要瓶颈。2018 年国内外诸多学者在温室能源利用中做了大量研究，包括太阳能、地热能、生物质能、风能等诸多清洁能源，旨在为以后温室能源利用提供参考。

太阳能的利用方式多以通过不同蓄热介质吸收太阳能进行蓄热，蓄热介质多为水和空气，也有卵石、吸热涂料等，所获得热量夜间低温情况下再释放出来。西北农林科技大学邹志荣教授团队针对日光温室后墙风道不同气流方向进行了传热 CFD 模拟，得出顶进顶出的气流运动方式最优。内蒙古农业大学崔世茂教授团队在温室后墙加装了蓄热水管，使后墙单位体积后蓄热量增加了 69.6MJ/m^3。墨西哥学者 López-Diaz，J.H. 等利用热管太阳能集热器对水进行加热，通过埋在地面下 10cm 处的聚乙烯水管对单跨温室进行夜间加温。同时随着光伏发电的兴起，也有部分利用光伏板发电供热的研究。意大利学者 Anifantis，Alexandros Sotirios 等结合光伏发电与地源热泵技术，对蘑菇温室进行夏季降温。于苗苗等结合光伏发电技术与太阳能集热，在光伏发电为温室供能时，利用太阳能集热器对温室进行蓄热，充分利用太阳能。马来西亚学者 Roslan，N 等利用材质透明且对低光照条件敏感的染料敏化太阳能电池（DSSC）作为温室屋面，进行温室作物栽培。西北农林科技大学李建明教授团队开展了地下深层蓄热、水体循环蓄热等技术研究。结果表明深层蓄热可以显著改善温室温度，冬季提高温室温度 2 ~ 3℃，夏季降低 2 ~ 3℃，成为温室的蓄热放热体。

生物质能主要通过沼气发酵、生物反应堆、水控酿热等形式产热。李建明等依据日光温室采光原理以及生物发酵酿热机理，设计建造了新型大跨度非对称水控酿热大棚。结果表明大跨度非对称水控酿热大棚日平均温度较大跨度双层内保温大棚和日光温室分别提高了 2.1 ~ 3.0℃和 0.7 ~ 1.9℃。在极端天气下，室外最低气温 −14.3℃时，大棚内最低温度为 5.3℃，夜间平均温度 7.3℃，比砖墙日光温室内温度略高，比大跨度双层内保温大棚最低温度高 3.9℃。研究认为大跨度非对称水控酿热大棚冬季夜间可以满足主要蔬菜生长要求，适合在黄河中下游及淮河流域气候条件地区推广应用。王昊等研究了玉米和水稻秸秆生物反应堆对日光温室番茄生长发育的影响，结果表明玉米秸秆和水稻秸秆分别使土壤温度提高 3.7℃和 2.7℃。张保全等通过研究园林绿化废弃物堆肥对蔬菜温室环境因素的影响，提出在发酵的第 15 ~ 40 天，发酵可将温室平均温度提高 1℃，最高可提高 2.5℃。且温度越高，CO_2 产生量越大。

在风能利用方面，以搅拌制热和风光互补两种形式为主。章庆等提出一种基于温室大棚的风光互补系统，同时利用风力发电和光伏发电为温室供能。西北农林科技大学李建明教授团队搭建了风能搅拌制热利用平台、确定了搅拌制热的介质最佳配比方案。

（四）设施蔬菜功能研究

目前，所有的省、自治区、直辖市都有设施园艺生产，从我国南端的海南三沙市永兴岛到最北端的素有北极之称的黑龙江漠河县北极村，从东端的抚远县到最西端的新疆乌恰市都在大力发展设施园艺。设施园艺栽培作物品种不断扩展，目前已从单一蔬菜拓展到花卉、瓜果、食用菌、中草药等多种经济作物领域，栽培茬口基本覆盖一年四季。设施蔬菜主要以果菜类、叶菜类、豆类、食用菌、芽苗菜及特菜等，设施果树主要以草莓、葡萄、桃、大樱桃、蓝莓为主，设施花卉主要以鲜切花为主。非耕地有效利用取得了显著进展，西部地区利用充足的光能资源和非耕地资源，利用秸秆和沙为栽培基质进行主要设施蔬菜的生产，实现了非耕地的有效利用。同时，设施园艺功能也从单一的农产品生产供应向观光旅游、休闲采摘、技术示范、生态保护、文化传承为标志的都市农业方向拓展的趋势越来越明显。随着我国供给侧结构性改革的深化，为了解决都市农业资源的先天不足及人口和环境带来的巨大压力，满足城市发展需求，我国东部沿海发达地区、北京市和上海市等特大城市已把重点转到发展都市型观光农业，有效缓解经济快速增长与环境资源保护的矛盾。设施园艺是都市农业的主要载体和技术支撑，都市农业的建设发展需要温室、大棚等设施和现代农业栽培技术作为依托，设施园艺作物的创意性栽培又为都市农业增添观赏性和经济效益。近年来，我国在都市型设施园艺关键技术方面进行了积极的探索，在设施园艺作物墙式栽培（立体栽培）、空中栽培、蔬菜树栽培、植物工厂化栽培、栽培模式与景观设计等关键技术和配套设备研究方面取得了一些重要进展，满足了人们对都市农业园艺产品新奇特和观光休闲的要求。

我国设施农业的发展，促进了许多现代化农业园区的建成，创造了许多新的工作岗位，减轻了国家的就业压力。现代农业园区是农科教、产学研紧密结合的一种新的组织形式，它包含农业生产、农业科研、农业推广、农业示范和农业观光等结构。不同类型的农业园区在功能上各有创新，可归纳为以下几种基本功能。

1. 生产加工功能

现代农业园区是农业科学技术研究和生产经营的“企业”，本质上是经济实体，产品的生产和加工是其最基本的功能。农业高新技术产品的生产和加工是农业科技园区企业化运作和获取经济效益的根本保证孵化试验功能我国农业园区最原始的功能是研究开发并引进高新农业技术和实用技术，并在园区内进行试验然后推广示范，同时培育农业高新技术企业。在现代农业园区的孵化器里，通过资金、信息、技术、人才、政策环境等的集成、可以培育农业高新技术产品和农业高新技术企业，帮助园区内的农业企业把高新技术成果“孵化”成适合市场需要的技术上较成熟的商品。

2. 集聚扩散功能

新技术产业所需的资源，如人力资源、财力资源、物力资源、信息资源及组织资源等掌握在不同的社会组织中。而现代农业园区一般具有良好的区位优势、雄厚的经济基础和宽松的政策环境，能够使农业高新技术产业所需的资源集聚、优化和组合，从而为形成农业高新技术产业莫定资源基础。使现代农业园区所产生的影响不局限于园区的狭小区域里，可以通过园区所具有的扩散功能，辐射到社会各个领域。

3. 教育示范功能

借助园区内的农业设施、先进的科学技术成果和科学管理模式，把科研单位的农业科技成果搬到园区内。另一方面通过示范培训，把国内外先进适用的生物工程技术、设施栽培技术、节水灌溉技术、集约化种养技术、农副产品深加工技术以及计算机管理与信息技术等引进示范园进行展示和示范，并通过展示、示范、参观学习、技术培训等手段培养农业科技人才，强化农业科技队伍的建设，同时带动周边地区农民科学文化素质和科学种田水平的提高。

4. 生态观光功能

现代农业园区通常是一个地区农业的“窗口”和“闪光点”，具有很强的观展功能。现代农业园区，既保持农业的自然属性，又具有农业新型设施的现代气息，再加上园林化的整体设计和长年生长的名特优新果蔬花卉、珍禽名鱼装点其间，形成融科学性、艺术性、文化性为一体的人地合的现代休闲观光景点。

第二节　陕西省蔬菜产业概况与技术进步

一、陕西省蔬菜产业发展概述

中华人民共和国成立以来，陕西省蔬菜生产经历了自给生产、半商品生产、商品性生产和产业化生产发展四个阶段，从小到大，逐渐成长为一个重要产业。全省蔬菜业的发展不仅保障了省内人民日常生活的食用，而且对西北地区及周边省份城乡居民的蔬菜供应做出了贡献，是西北地区的“菜园子”。蔬菜生产覆盖区广、见效快、商品率高，比较效益好，已愈来愈受到人们的重视。2010 年全省蔬菜播种面积 643.1 万亩，较“十五”末增长 29.3%，总产量 1 257.6 万吨，增长 44.6%。全年蔬菜总产值已突破 221 亿元，较“十五”末增长 102%。2017 年全省蔬菜种植面积发展到 765 万亩，总产量 1 760 万吨，产值 570 亿元，产业规模稳步扩大，市场供应能力逐年提升，蔬菜生产规模化、板块化特点日趋明显，集中连片百亩及以上的规模化设施基地 151 万亩，占设施蔬菜总面积的 50%，种植面积 10 万亩以上的县区有 29 个，较 5 年前增加了 9 个，面积和产量分别占蔬菜总面积和总产量的 63%、68%，分别较五年前提高 9 个百分点和 8 个百分点。随着农业产业结构的调整，脱贫攻坚战的推进及乡村振兴战略的实施。陕西省以蔬菜为主的设施农业发展迅速，播种面积持续增加，区域布局不断优化，市场体系初步建立，科学技术普及率显著提高。

（一）陕西设施蔬菜产业发展概述

设施农业是利用环境调控设施设备实现环境相对可控、作物可周年生产的现代农业生产方式。可有效提高资源利用率、劳动生产率、土地产出率及抗灾能力。具有高投入、高产出，资金、技术、劳动力密集的特点。设施化栽培作为一个地方农业现代化水平的重要标志之一。

据史料记载，早在 6000 多年前的西安半坡母系氏族社会遗址中，保留着新石器时代的芸薹类种子，两千多年前秦始皇时代临潼在骊山脚下采用温泉水来栽培“冬葵、温韭、葱蒜类、瓜类”蔬菜。唐代诗人王建有“御园分得温汤水，二月中旬已进瓜”的名句，说明蔬菜种植和食用自古以来就为人们所重视，皇室御园的“菜园子”和老百姓的“菜篮子”一样重要。陕西省设施农业起步于20世纪70年代，早期主要以塑料薄膜覆盖的小拱棚进行蔬菜早熟栽培。20世纪80年代初，咸阳市秦都区用竹木结构的日光温室进行蔬菜生产，之后其他地方也有发展。1990年冬季陕西省第一座节能日光温室在西安市东郊土门建成，并于来年元旦成功生产出黄瓜，市政府给予了3 000元的奖励。此后在全省达到快速发展，陕西省政府及西安市和咸阳市等地方政府实施了一批设施蔬菜产业化项目，例如咸阳市实施的“双万工程”即每亩地1万千克产量，1万元产值。1998—2002年，由陕西省科技厅牵头第一次在全省范围实施了百万亩设施农业产业化项目，全面促进了以节能日光温室为主体的陕西设施蔬菜产业快速发展，促进产业步入基地扩张和产业结构调整阶段，设施种植规模逐年扩大，全省30个县实施设施农业建设工程，使全省设施农业总面积由当初的22万亩扩展到102万亩。2009年，省政府实施了第二轮的“百万亩设施蔬菜工程”，全省5年新增设施面积106.25万亩，2013年改为实施“现代设施农业工程”，仍以发展设施蔬菜为主。截至2017年，全省设施蔬菜总规模达到219万亩，产量680万吨，设施面积占全国的5.2%，面积产量稳居西北地区第一，在满足省内市场供应的同时，辐射周边省份，并远销港澳及海外市场。

2018年，省委省政府围绕进一步贯彻落实习近平总书记来陕视察“五个扎实”重要讲话精神，提出陕西省农业重点发展“3+X”产业，即打造3个千亿级现代特色农业产业，助力全省农民增收和脱贫攻坚。以蔬菜为主的设施农业成为3个千亿级产业的其中之一。

（二）产业主要成就

1. 设施化水平稳步提升

随着全省社会经济水平的提高，人们对美好生活的向往不断增强，设施蔬菜产品的需求也在明显增加，蔬菜设施化水平显著提高，市场供给和保障民生功能日趋完善。“十二五”期间，全省设施规模以每年18万亩的增量扩张，面积、产量分别在全国排名第六、第七。2017年全省设施农业面积、总产（不含花卉）分别达到328.6万亩、1 023.7万吨，分别较5年前增长34%、22%。其中设施蔬菜219.4万亩，产量681.2万吨，分别较5年前增长9.7%和9.8%。设施结构更趋合理，日光温室约占总面积的25%，大中棚约占总面积的64%，小棚约占总面积的11%。

区域特点日趋明显，初步形成关中设施蔬菜和时令瓜果、陕北设施瓜菜、陕南设施食用菌、大中城市周边设施花卉、秦岭北麓高山有机蔬菜等优势特色产业带。

2. 设施农业装备及新技术应用步伐加快

卷帘机、机械耕作、滴灌、喷灌、补光、增温等设施设备在设施蔬菜上广泛应用，物联网和气象监测仪等现代化装备开始示范推广，水肥一体化、秸秆生物反应堆、病虫害绿色防控、多膜覆盖等技术推广 80 多万亩，形成了较成熟的配套栽培技术体系。集约化育苗技术全面推开，“十二五”期间，全省新建专业化育苗点 701 个，工厂化育苗中心 11 个，年育苗能力达到 15 亿株以上，截至目前，全省专业化育苗点总数达到 1 200 个以上，工厂化育苗中心 30 个以上，年育苗能力 20 亿株以上。技术培训与指导得到强化，年培育各类技术人员 10 万人次以上。生产水平显著提高，蔬菜单产达到 2.3 吨 / 亩，比“十二五”末增长 5.5%。其中设施蔬菜单产达到 3.1 吨，比“十二五”末增长 6.9%.

3. 社会经济效益日趋凸显

蔬菜产业的进一步发展壮大，在农业经济中的比重明显提高，占种植业的产值比例不断加大，已经成为产值最高、效益显著的产业。2017 年全省蔬菜产值 530亿元，较五年前增加115亿元，增长28%，在全省农业总产值中占比30%以上。其中设施蔬菜产值 290 亿元，占全省蔬菜总产值的 55%，较五年前增长 38%。以蔬菜为主的设施农业综合效益更为显著，据统计，2017 年全省设施农业综合产值 852 亿元，较五年前增长 54%，以占同类经济作物 12% 的规模，实现 46% 的产值，成为效益最好的农业产业，为从事设施生产的农民人均收入 3 000 元以上，以蔬菜为主的设施农业已成为繁荣农村经济、促进农民增收、助力产业脱贫的支柱产业。同时，也带动了加工、包装、农用塑料膜等相关产业发展，形成了“一业兴带来百业兴”的良好态势。

4. 区域特色优势凸显

全省蔬菜优势区域和功能特点进一步明朗。在设施蔬菜方面形成了以安塞、延川、甘泉为中心的山地温室蔬菜，以泾阳、三原、高陵为中心的关中平原设施蔬菜产区，以阎良、灞桥、鄠邑为中心的设施西甜瓜产区，以大荔、华县、临渭为中心的设施时令鲜果和瓜菜产区，以陕南和关中西部为主的设施食用菌产区，以西咸和关中南环线为主的秦岭北麓设施花卉产区；在冷凉蔬菜方面形成了以太白、靖边、定边、洛南等为中心的冷凉蔬菜优势特色产区；在特色蔬菜方面，形成了渭河流域的清水莲菜，大荔黄花菜，汉中茭白，陕北芝麻香瓜等特色蔬菜、瓜果。

二、陕西省蔬菜产业技术成果

陕西省蔬菜产业重点在蔬菜新品种选育、蔬菜节水灌溉、新型温室设计、新能源利用、新型栽培方式、病虫害防治等方面进行了大量研究，取得了一批科技成果。

（一）蔬菜育种技术

1. 番茄育种主要成就

番茄育种可追溯到中华人民共和国成立后，西北农学院于20世纪50年代选育的武魁1号和武魁2号。武魁系列番茄品种是我国最早选育的品种，20世纪50—60年代曾是我国的主栽品种，影响深远。20世纪70年代西北农学院陆帼一教授选育出品质优良的72-4番茄品种，西安市农科所王曦仪选育了P3和P5番茄品种，都在产业上发挥了重要作用。在20世纪80年代以前陕西省，乃至全国选育的番茄品种均为常规品种。进入20世纪70年代，番茄产业上存在的主要问题是“花叶、条斑、蕨斑”病毒病（TMV）十分严重，成片番茄由于病毒病几乎无收成，这一产业上的重大问题引起了农业部的高度重视，并于20世纪70年代初从美国引进了抗TMV的“玛娜佩尔”抗原。该抗原植株黄化、生长发育迟缓、果型小。虽然农业部将这一抗原分发当时全国7个育种单位，因其主要性状不佳，未受到科研人员的高度重视。西安市农科所的郁和平研究员，经过9年的回交转育、杂交组合配置，成功选育出了享誉全国早丰、早魁高抗TMV品种，这也是我国第一个大面积推广的番茄一代杂种品种。为此，郁和平研究员于20世纪80年代初在临潼县（现西安市临潼区）建立了番茄繁种基地，使早丰、早魁在全国的推广面积占当时番茄面积的40%以上。此后，全国陆续选育出52个高抗TMV的番茄品种，彻底解决了产业上TMV的问题。在此基础上，郁和平又先后选育出了毛粉802、西粉三号等抗CMV的番茄品种，这些品种在20世纪80年代、90年代一直是陕西省和全国的主栽品种。随着临潼番茄基地的发展，在90年代以后临潼已成为全国番茄制种基地。临潼县种子管理站李晓东经理抓住机遇，选育出适宜设施棚室栽培的抗叶霉品种宝罐1号、宝罐2号。随后，李晓东成立了“西安金鹏种苗有限责任公司”，专门从事番茄品种的选育与开发。

从20世纪90年代末期到21世纪初，陕西省以及全国设施栽培面积急剧增加。随着番茄产业耕作制度的改变，番茄的主要病害由大田的TMV、CMV、早疫病、晚疫病转变为叶霉病、根结线虫和番茄黄化曲叶病毒。同时，许多跨国种子公司，如先正达、瑞克斯旺等紧盯中国市场，推出了系列优良品种，在陕西番茄产业上占有重要地位。许多育种学家意识到仅利用传统育种技术，无法与跨国种子公司抗衡。必须走传统育种与分子标记设计育种技术相结合之路。于是，西安金鹏种苗有限责任公司李晓东与西北农林科技大学巩振辉合作，将分子标记设计育种技术与常规育种技术相结合，选育出了我国第一份具有自主知识产权的抗根结线虫、又抗番茄黄化曲叶病毒的番茄品种，如金棚M6、M158、M126等金鹏系列品种。这些品种的推广对陕西省，乃至全国番茄产业发挥了重大作用，推广面积最大时达到全国番茄种植面积60%以上，至今金鹏系列品种仍是陕西省和全国的主栽品种。梁燕主持选育番茄品种9个，其中樱桃番茄新品种3个（粉珠3号、红珠3号、西农186），大番茄新品种3个（西农205、西农206、西农207）和抗TY番茄新品种3个（西农2011、西农183、西农2015）。

2. 辣椒育种主要成就

辣椒可分为加工辣椒和鲜食辣椒。陕西加工辣椒（干制辣椒）俗称秦椒，20世纪50年代到90年代中期，秦椒以具有身条细长、皱纹均匀、色泽鲜红、辣味佳美等特点闻名于海内外，在我国蔬菜出口外贸上是久负盛名。60年代以前，陕西干制辣椒的主栽品种是耀县线辣椒等地方品种，随着国内外市场的发展，辣椒产业的持续扩大，耀县线辣椒品种退化严重。西北农学院李洪元教授利用选种方法从耀县线辣椒中选育出西农20号线辣椒，其产量、纯度、品质显著提高，在20世纪60—70代是国内外市场上信誉最高的干制辣椒品种。20世纪80年代初期，李洪元教授又对西农20号线辣椒进行了进一步提纯复壮，选育出了西农20-7线辣椒，是陕西省80年代初的主栽品种。20世纪80年代后期，陕西省农科院庄灿然联合岐山县农技中心、陕西省种子公司、宝鸡市经济作物研究所等单位利用选种方法从西农20号线辣椒中选育出8212线辣椒，该品种为中晚熟，抗旱性强，产量高，是20世纪80年代中后期陕西的主栽品种。此后，根据产业发展需求，庄灿然又联合多家单位，首次利用有性杂交育种的方法，选育出在国内市场声誉极高的8819线辣椒，在20世纪90年代至21世纪初在陕西省及全国大面积种植。进入20世纪90年代，利用有性杂交育种方法，西北农林科技大学赵尊练选育的陕椒系列线辣椒、宝鸡农科所与宝鸡农技中心选育的宝椒系列在陕西省及新疆自治区等地大面积推广，陕西线辣椒的育种目标已由原来的干制为主转化为以供应四川、湖南等地的酱用加工为主。进入21世纪，宝鸡市农业技术推广服务中心史联联、徐乃林等经过多年努力，于2012年首次利用辣椒雄性不育系三系配套成功育成宝椒10号线辣椒一代杂种。随后又选育出宝椒11号、12号、13号一代杂种，是陕西线辣椒育种基本实现了一代杂种化，极大地提高了种子的纯度，解决了制种的关键技术，这些品种仍是当前和今后一段时间的主栽品种。

相对于加工辣椒，陕西菜用辣椒育种较晚。20世纪90年代，西北农业大学的巩振辉教授首次将杂种优势育种技术应用于菜用辣椒育种，选育出著名的西杂4号、西杂7号鲜食辣椒品种。其中西杂7号转让于中国种子集团有限公司，在全国大面积推广。他发明的辣椒雄性不育性创制方法、分子标记方法、抗病、抗逆鉴定方法等数十项专利，极大地促进了陕西辣椒的现代育种进程。进入21世纪，他又选育出农城椒系列、碧螺系列和秦椒系列鲜食辣椒品种，在陕西乃至全国产生了极大的影响，这些品种至今仍是鲜食辣椒产业发展的主栽品种。

（二）日光温室中新能源的应用研究

1. 光伏发电日光温室应用研究

光伏发电日光温室是采用光伏电池组件作为屋面覆盖材料，部分替代传统的玻璃和PC板，实现温室作物生产与光伏发电的有机结合。在陕西安塞县、杨凌示范区陕西省设施农业工程研究中心对日光温室中光伏系统的应用进行模拟测试，使光伏发电日光温室集研究、示范、节能为一体，研究其对温室能源利用、作物生长期发育及产量的影响。

2. 风能、地热能及生物质能等可再生能源的综合利用及开发

风能在设施养殖中的作用主要是提水作业和发电，而在设施栽培中应用较少；地热能主要是浅层地热能的开发利用，采用地源热泵技术，冬季可以供给温室热量，夏季可以制冷使温室降温，但是地源热泵的利用目前处在初探阶段。生物质能在设施农业中的应用主要是“秸秆反应堆”工程技术。研究表明外置式秸秆反应堆能有效改善越冬茬番茄栽培过程中日光温室内的环境条件，缓解晴天日光温室内CO_2的亏缺，增加番茄的净光合速率和水分利用率，最终提高产量和经济效益。

（三）新型日光温室的设计研究

1990年以前，西北地区的设施结构主要是大中拱棚。1990年以后，从山东、东北开始引进了琴弦式节能日光温室，是当时西北地区节能日光温室的主要结构。随着生产的发展，发现该种温室结构并不完全适应西北地区气候环境，温室生产喜温性蔬菜越冬容易受冻害，病虫害严重。按照温室结构设计原理，经过

西北农林科技大学等科研单位的研究，发现由山东引进的琴弦式日光温室在西北地区的主要缺陷是温室前屋面采光角度设计不合理，后屋面的仰角不理想等因素造成。

1996 年西北农林科技大学提出并立项开展西北型日光温室优化结构研究，到目前已研制开发出 2 类 7 种适宜西北大部分生态区域气候环境特点的节能日光温室优化结构，其中双跨连栋日光温室比单跨节能日光温室建设提高土地利用率 30%，单跨日光温室采光量提高 75%，保温性能提高 3 ~ 4℃。从全国来看，有华北型、华南型、东北型温室结构，但缺乏西北型温室结构，西北型日光 2 温室优化结构的研究填补了我国西北地区生态环境温室类型的空白。

2012 年，西北农林科技大学设施农业工程课题组研制开发了多种新型日光温室：①双层幕日光温室，采用双层骨架，外层为普通日光温室骨架，承受温室所有的荷载；内部为单层轻骨架，承受内部保温被荷载。②山地日光温室，黄土高原主要采用山地日光温室，墙体依靠山体，墙体为无限厚度。③集雨日光温室，墙体采用相变砌块砖，后墙是普通黏土墙，在温室的一面山墙修筑蓄水池。④可变采光角日光温室，可变采光倾角温室前屋面倾角为 60°，机动屋面的倾角可以在 25° ~ 34°连续变化。⑤异质夹土后墙日光温室，墙体为两边砌块结构中间异质夹心结构，在后墙内部设计通风通道，通过机械动力通风达到蓄热和放热的功能。⑥相变后墙日光温室，墙体为空心砌块，然后在空心砌块内部填充复合相变材料，进而达到相变蓄热的功能；另外也可以在后墙内侧墙壁上安装 PE 管材，然后将相变材料充入 PE 管材内部。

2013—2018 年西北农林科技大学李建明教授开发研究出了大跨度大棚结构：①大跨度非对称水控酿热保温大棚，大棚跨度 17 ~ 20m，脊高 5.1 ~ 6.0m，东西走向，南屋面投影 10 ~ 12m，北屋面投影 7 ~ 8m，屋面保温被覆盖。北部内设 1m × 0.5m 酿热槽。冬春季南屋面保温被按常规温室保温被揭盖管理，北屋面保温被不揭起。该大棚依据日光温室采光蓄热原理，科学地利用了南部采光，北部蓄热及其保温被隔热的原理提高了普通大棚的蓄热能力和大棚温度。同时利用大棚北部设计了酿热槽，利用补水方式控制酿热物发酵放热，实现按温室热量要求补热的能力。与普通日光温室相比较，土地利用率提高到 80%，建造成本降低 40% 以上，温室跨度大，有利于机械化作业。②大跨度双层内保温塑料大棚（获批为国家实用技术专利，ZL201020254296.7），大棚跨度为 14 ~ 24m，外层高度为 3.8 ~ 6.0m，内层高度为 3.0 ~ 5.2m。内外两层均为钢骨架结构，并覆盖塑料薄膜。在内外两层骨架间覆盖自动保温被系统。大棚长度一般为 60 ~ 100m，大棚两端

采用 24 灰砖墙体结构建造。大棚单体占地面积为 840 ～ 2 000m^2。大棚两端采用 24 灰砖墙体结构建造，内外两层均为钢骨架结构，并覆盖塑料薄膜，在内外两层骨架间覆盖自动保温被系统。

（四）日光温室保温性能的优化

1. 日光温室跨度的优化

西北农林科技大学对陕西关中地区冬春茬种植番茄的 8m、10m 和 12m 三种跨度西北型日光温室的光照、温度、热流等环境参数进行测试，结果表明跨度为 10m 时温室的平均气温最高，番茄长势最好，对甘肃省河西走廊地区日光温室跨度进行了优化，设计建造了跨度为 10m 的西北型节能日光温室，比其他跨度的温室保温性能更佳。

2. 日光温室土墙厚度的优化

杨建军等（2009）对陕西、新疆、甘肃和宁夏各省区目前比较流行的日光温室土质墙体进行了研究。根据测试的环境温度、保温蓄热性能、土地利用率及建造成本得出日光温室土质墙体的最佳厚度分别为：陕西杨凌地区 1.0m，新疆塔城地区 1.4m，甘肃白银地区 1.3m，宁夏银川地区 1.5m。

（五）相变材料在日光温室墙体中的应用

陕西省设施农业工程研究中心研究表明，选用石蜡与硬脂酸正丁酯按质量比为 5∶5 制成的复合相变材料，通过在温室内栽培番茄试验，相变温室中番茄的生长状况明显优于普通温室。另有研究表明，真空吸附硬脂酸正丁酯 / 聚苯乙烯定型相变蓄热材料的相变温度合适、相变潜热大、热稳定性好，适合用于温室低温相变蓄热材料。

（六）抗盐碱技术逐步形成

西北地区由于降水量少，设施农业缺少雨水的淋溶，导致盐碱地普遍存在。目前主要通过土壤改良、育种、施用外源物质等方法来缓解盐碱胁迫等逆境对植物的伤害。施用外源物质是一种有效、简便的方法，目前研究较多的外源物质是多胺中的亚精胺。

（七）亚低温对温室蔬菜影响的研究

在我国西北地区大部分日光温室为了节约生产成本，基本无人工加温设备，导致日光温室冬春茬蔬菜生长经常处于亚低温胁迫下。增施一定量的钾肥能提高番茄抵抗亚低温胁迫能力，有利于番茄植株的生长和果实品质的提高；亚低温下，番茄开花坐果期以蒸腾蒸发量的100%补充灌溉有利于提高植株的抗寒性。

（八）水肥一体化技术

近年来，水肥一体化技术在西北日光温室中应用较广泛。它将灌溉和施肥融为一体，土壤水分和肥力达到最大化利用，实现设施农业的可持续发展。通过水钾耦合、水氮耦合及水磷耦合的试验，建立水肥耦合模型，合理进行水肥调控，充分利用水肥耦合技术，不仅能提高水肥利用效率，而且有利于番茄、甜瓜的生长发育，以及产量和品质的提高。

（九）温室作物蒸腾模型的研究

以温室番茄和甜瓜为例，研究了温室内气象环境因子、植株生理特性、土壤水分对作物蒸腾耗水量的影响，并且建立蒸腾量预测模型，模型可以较好地模拟各水分条件下番茄和甜瓜的蒸腾耗水量，具有重要推广应用价值。

（十）设施蔬菜“3+2”技术体系

设施农业“3+2”技术体系是指新型设施结构、水肥一体化、基质栽培、病虫害生物源农药防治及碳基营养等技术形成的设施蔬菜高效生产技术体系。一是新型大跨度双拱双膜保温大棚，该设施结构具有空间大、成本低、土地利用率高和便于机械化作业等优点；二是基质袋式栽培技术，利用农业废弃物解决了土壤病害和连作障碍问题；三是设施蔬菜水肥一体化技术，实现了精确灌溉和施肥，具有节水、节肥、节药、节地和省工、改善土壤及微生态环境的优点；四是设施蔬菜病虫害综合防治技术，利用生物源农药、诱虫灯和黄板等，并协调设施环境调控来减少病虫害发生，达到优质、高产、高效和绿色的目的；五是植物碳基营养肥料技术，依据活性有机物与无机物的配位增效理论，开发出新型碳基营养肥料，实现了作物优质高产、营养与健康同步和用地养地相统一的目的。设施农业“3+2”技术是国务院有关农业“一控、两减、三基本”政策的全面贯彻与落实，使设施农业规模化程度、机械化程度、土地利用率及劳动效率显著提高，实现了水分高效利用，化肥施用量显著减少，作物秸秆与畜禽粪便等农业废物循环利用，产品品质大幅度提高的目标。2017年7月10日国务院总理李克强冒着酷暑，在杨

凌职业农民创新创业园参观了生产现场。设施农业“3+2”技术已在陕西、甘肃、青海、宁夏等地推广应用。

第三节 陕西省蔬菜产业发展前景分析与建议

从发展机遇来看，当前正处于全面建成小康社会的决胜期、农业供给侧结构性改革的关键期、产业脱贫的攻坚期。各级党委政府空前重视“三农”工作，实施乡村振兴战略，实现产业兴旺，为设施农业高质量发展提供了重要机遇。全省80%的贫困县区都把设施农业作为产业脱贫第一选项。仅商南县设施食用菌生产规模近1亿袋，带动2 900户贫困户1万余人，人均增收5 000余元。从市场需求来看，我省每年冬春需调入反季节菜200多万吨，加之部分产品外销，有较大缺口，具洼地优势。随着人们对美好生活需求的升级，对农产品的需求更加品质化、多样化和个性化，特色优质产品需求更加旺盛，市场空间广阔。电子商务快速发展，线上线下销量逐年增加，为更多产品走向全国市场提供了条件。从产业效益来看，我省冬春设施菜具有新鲜度高、适合本地消费习惯、灾时保供给的特点，较调入菜更适合本地消费；夏秋蔬菜尤其是高山冷凉蔬菜生产成本低、品质优、市场享誉度高，比较效益明显。据调查，设施水果、瓜菜亩均收益分别达到2.7万元和1.5万元以上，是同类露地作物收益的3 ~ 5倍，农民积极性很高，前景广阔。

一、优势分析

（一）自然环境优势

陕西地处黄河中游，南北横跨8个纬度，兼有温带、暖温带及亚热带3种气候类型，在全国独树一帜。陕北黄土高原属温带干旱、半干旱气候区，光照资源丰富，气候干燥，昼夜温差大，为蔬菜瓜果糖分积累创造了有利条件，是设施农业发展的适宜区之一；关中平原属暖温带半干旱半湿润气候区，交通便利，热量资源充沛，是我国承东启西的重要门户，为陕西蔬菜生产的重要产区；陕南秦巴山地和平川盆地属亚热带湿润半湿润气候区，水资源丰富，兼有南北两大气候特点，品种资源尤其是野生蔬菜资源堪称全国之首，是多种蔬菜作物的最佳适宜区。陕西各具特色的三大自然气候区，从北到南气候渐暖，生长期变长，太阳辐射量自南向北增加，南北相差 209 ～ 250.8J/m^2。复杂多样的气候区带和山、川、塬、滩等复杂多变的地形地貌特征，为蔬菜排开播种、周年均衡上市创造了最佳的生态条件。

（二）丰富的种质资源及形式多样的栽培方式

蔬菜产业化发展的一大特色陕西蔬菜资源独具特色，多样的地理资源环境，孕育了陕西丰富的蔬菜种质资源。现有蔬菜栽培种类 13 类 97 种 823 个品种。繁多的种类和丰富多样的品种资源，对蔬菜新品种选育提供了丰富的遗传种质，一些驰名中外的名、特、优蔬菜在国内外市场享有盛誉。陕西露地传统的岐山辣椒、透析红胡萝卜、华县大葱、兴平大蒜、汉中冬韭、大荔黄花菜、陕南秦岭的各类食用菌等蔬菜名声享誉国内外。

露地栽培、设施栽培、软化栽培、无土栽培形式多种多样。目前陕西境内有技术集成度高、调控性好的现代化连栋温室 30 余处，面积约 40hm^2，主要有荷兰、日本、美国等温室结构，陕西已经成为西北地区连栋温室结构面积最大的省份。具有陕西特色的地方露地菜由于投资少，面积稳中有升，达 38.3 万公顷，成为陕西省农民增收的新亮点，许多地方一块高山菜地，就是农民的一个聚宝盆，一座日光温室，就是农民的一个绿色加工厂。目前，陕西的蔬菜产区面积更加集中，蔬菜大县不断增多，区域布局更趋合理，产业聚集优势更加明显，各主要产区都在最大限度地发挥自己的气候优势、区位优势，积极发展本地的优势蔬菜生产，力争扩大市场份额。

（三）雄厚的科技实力和众多的科研成果是陕西蔬菜产业发展优势之一

国家唯一农业高新技术产业示范区—杨凌农业高新技术产业示范区位于关中中部，聚集着大量的农业科技人才，区内的西北农林科技大学、杨凌职业技术学院拥有全国一流的农业科研仪器，有对蔬菜进行产前、产中、产后研究和技术指导的各类科研、教学、技术推广的专业人员 200 多人，陕西各地市直接从事蔬菜研究和技术推广人员及种菜能手近 2 000 余人，这些技术人才活跃在三秦大地，促进了蔬菜产业发展。陕西在白菜、西瓜育种技术方面处于国内领先水平，培育出拥有自主知识产权的优质、抗病新品种（白菜、番茄、辣椒、黄瓜、甘蓝、西瓜、大蒜、食用菌类、洋葱、韭菜、草莓等）50 余个，许多品种成为全国知名品牌。在蔬菜设施结构、能源利用、环境调控等方面进行了大量研究；在大棚蔬菜栽培技术、蔬菜病虫害发生机理与综合防治技术研究方面取得了显著成绩。在国内外优良品种引进和地方特色品种资源繁殖、保存、利用、研究、开发以及种子分级、包装技术研究等方面取得一批标志性成果，这些成果对促进产业可持续发展起到了积极的作用。

（四）地理位置优势

中国陆地地理位置中心位于陕西省泾阳县境内，交通发达，物流便利，是丝绸之路的起源地，地理位置优越。陕西地处欧亚大陆桥中段，是重要的东西方商贸往来通道，铁路、公路、航空建设发展迅速，全省“米”字形高速公路网的建成，为陕西蔬菜产业大发展提供了便利的交通条件，国家西部大开发战略的实施和退耕还林（草）工作的推进，为陕西蔬菜产业大发展奠定了良好的基础。

二、市场分析

虽然陕西蔬菜生产水平与发达省份比相对落后，但面对省内和西北地区市场，以日光温室为主的蔬菜生产仍有一定的发展空间和竞争力。线辣椒、芦笋等地方特色加工蔬菜产品在国际、国内还有着极强的竞争力和发展前景。

（一）日光温室蔬菜

陕西日光温室蔬菜生产从1991年以来，一直保持着较快的发展速度，2000年后在关中北部和陕北地区发展进一步加快。陕西日光温室蔬菜生产与甘肃、青海、新疆、内蒙古、山西、湖北等省、自治区相比具有较强的自然资源优势和技术优势。加之市场需求的巨大，满足省内市场，辐射西北、内蒙古、湖北、山西等省、自治区将是陕西今后较长的一个时期日光温室蔬菜业发展的方向。目前我省设施蔬菜发展、特别是日光温室蔬菜的供应尚未能满足本省蔬菜在寒冷季节的需要，发展空间较大。

（二）特色蔬菜

陕西省的特色蔬菜主要有线辣椒、芦笋、胡萝卜及太白山的夏季蔬菜。

辣椒是人们生活中重要的调味品和蔬菜。全世界2/3的国家种植和食用辣椒，种植面积达2100多万亩，产量880多万吨。我国每年辣椒种植面积250万亩左右，产量居世界第一，也是出口辣椒最多的国家。线辣椒又称“秦椒”，为我国独有，是陕西省传统的特色产品，在国际市场中被誉为“椒中之王”。与国内南方各省和东南亚各国相比，陕西线辣椒产业具有品种、品质等多方面的优势。秦椒以“身条细长、皱纹密细、色泽红亮、辣味鲜美”的特点深受国内外市场和消费者喜爱，内销四川、湖南等国内20多个省（区），外销新加坡、马来西亚和欧美市场。据调查，陕西辣椒面积、产量、内销和外贸出口量均居全国第一，出口量约占全国出口总量的40% ~ 50%，商品量占全国市场交易量的20%。

芦笋是重要的加工蔬菜品种。陕西省从20世纪80年代初开始在渭河、洛河沿岸的周至、大荔、华县等少数地区零星种植。80年代以后，中国芦笋生产迅速发展，到20世纪90年代中期已成为世界第一生产、加工大国。20世纪90年代中期以后，中国芦笋产业从东南沿海主产区向北方内陆地区迅速转移，陕西芦笋生产以渭南市为主规模得到快速扩大。从国际市场看，芦笋是长销不衰的世界十大名菜之一，具有极高营养和保健功能，欧洲国家及美、日等国家生产减少，主要依赖进口，而且需求量日益增加，每年以10%的速度递增；从国内市场看，鲜笋消费广泛地被城乡居民接受，国内消费量近年猛增。日益扩大的国内、国际市场对芦笋产业发展有着较大的拉动作用。与欧洲、日本等国及东南沿海芦笋生产省份相比，陕西芦笋产业具有几个优势：一是陕西属芦笋新产区，病虫害少，产品质量上乘。二是种植成本低。芦笋产业作为一种劳动密集型产业，在发达国家生产逐渐减少，产量逐步下降。陕西芦笋生产由于技术不断成熟，劳动力成本低，因此具有较大的价格优势。三是芦笋生产的产业化程度较高。目前芦笋主产区渭南市已有芦笋加工厂4个，年加工能力3.5万吨，产品以芦笋罐头制品为主，速冻青笋产量也逐步增加。咸阳市永寿县新发展芦笋300余亩，经济效益相对较高。陕西芦笋产品80%以上出口欧、美市场，出口量随生产规模扩大逐年增加。

（三）冷凉蔬菜

陕西冷凉蔬菜主要在太白、榆林及渭北地区。目前以太白县、榆林定边、靖边等县为代表的冷凉蔬菜发展迅速。主要蔬菜种类以甘蓝、萝卜、胡萝卜、白菜等为主体。

三、面临的主要问题

（一）缺乏战略规划，产业发展没有发挥出地域优势

陕西地域环境南北差异较大，气候环境特点突出，为生产不同类型蔬菜、不

同季节蔬菜奠定了基础，但是我们在蔬菜产业发展的过程中，由于缺乏全省战略规划，在温室结构建造、蔬菜种类选择、栽培茬口安排、栽培技术管理等方面没有充分发挥出各地的环境优势，显著降低了当地蔬菜生产效益。

（二）规模小，机械化程度低，没有发挥现代农业生产优势

由于陕西省地理环境的多样性，土地面积限制，蔬菜生产总体成片大面积还不多；蔬菜机械化程度还相当低，专用机械研制尚未列入政府支持范围。同时，由于蔬菜种类繁多、栽培方式多样、生产地域性强、专用机械市场空间小，所以大型农机制造商看不上、不愿意研制菜田专用机型，而中小型农机企业研制力量弱、水平低，导致国产蔬菜生产专用机械机型少、质量差。国产农用传感器质量稳定性和精准度差，已成为信息化、智能化蔬菜物联网发展的瓶颈。由于蔬菜机械化与规模化程度较低，没有发挥出现代农业优势，劳动成本相对较高，极大地限制了蔬菜劳动生产率及生产效益的提高。

（三）专业化科技人才短缺，限制产业提档升级

大量调查结果显示，大中城市郊区菜田劳动力的平均年龄在 60 岁，农区菜田劳动力平均年龄在 55 岁，80 后年轻菜农极为罕见，老弱劳力是当前蔬菜生产的主力军。不仅如此，蔬菜家庭农场、专业大户、科技示范园区和产加销、贸工农一体化的蔬菜专业公司雇请的临时工几乎都是兼业农民，而无职业菜农，生产技能较低。此外，还应该清醒地认识到，新生代农民不可能像祖辈们那样面朝黄土背朝天的去种田，必须解决蔬菜产业后继无人的问题。

（四）适应社会发展的蔬菜品种与系统化机械缺乏

育种目标与生产需求对接不够紧密，在感官品质、复合抗病虫、抗逆境等方面的育种水平与国外差距较大，难以适应蔬菜设施栽培、加工出口、长途运销快速发展的需要；适宜于机械化作业的蔬菜品种，降低劳动力成本的蔬菜品种缺乏。蔬菜生产、采收、包装专用机械还相对缺乏，技术的成熟度还尚待提高。

（五）蔬菜单产水平相对较低，管理水平不平衡，效益有待提高

近年来，蔬菜栽培技术水平有明显的提高，并创造了许多高产典型，但省内地区之间、同地区不同农户之间、高产与低产的农户之间差距较大，不均衡的发

展问题十分突出。由于各地在蔬菜质量标准体系建设方面严重滞后，农户对不利气候和复杂的市场应变能力不强，产出比差异较大，严重影响了产业化的进一步发展。

蔬菜单位面积生产效益还相对价低。与发达国家相比较我省蔬菜产量还相对较低，由于生产成本的不断上升，生产效益还有待提高。在生产效益提高的途径上应重视提高单产，推广节本增效技术，从而提高单位面积生产效益。

（六）组织化程度低，市场信息服务滞后，缺乏大型的加工和流通企业

全省的蔬菜专业合作社比例较低，即使有合作社的，也主要是以集体购买生产资料享受批发价的优惠，生产仍然是农户自己安排，依靠大大小小的批发市场销售。所以虽然是合作社，但是很松散，抵御市场的能力有限。受多种因素的限制，市场环境、流通秩序和信息服务等还不够完善，市场对生产的引导作用发挥有限，菜农由于缺乏供求信息的引导，难以预测蔬菜产销趋势。随着我国交通、信息的发展，蔬菜产品的国际市场化和国际大流通已形成，市场竞争不仅是本地、本省的竞争，更多的是国内大市场、国际大市场的竞争。而陕西蔬菜生产体制多是在家庭承包基础上的一家一户的小生产，农户的组织化程度低，而且大部分为多种经营，种类不确定，随意性大，造成蔬菜种类、产品的数量、质量稳定性差，很难适应市场要求，形成了小生产经营模式与大市场运作模式的矛盾。加之技术推广服务体系很不适应市场发展的需要，产业链条简单，结构松散，社会化服务水平不高，没有形成紧凑的利益共同体和有机协调的运行机制，严重制约了产业的发展。

（七）蔬菜采后处理技术薄弱，加工水平低

从发展的角度看，尽管蔬菜外观品质近年已较过去有了很大的提高，但仍未能赶上市场变化的节奏，在花色品种、时令、营养成分以及无污染产品的开发上，与消费者的需求相比，两者之间仍然存在相当大的差距。尤其是在人们饮食追求营养、安全、绿色的新理念下，蔬菜生产仍然停留在过去的种菜模式上，特别是远郊农区，生产上大量应用生长调节剂，农药使用不合理，化肥使用不当，栽培管理措施滞后等，都严重影响了蔬菜产品的商品品质、营养品质、风味品质及安全卫生品质，降低了商品价值，如不下工夫解决，必将影响陕西蔬菜产品在国内外市场的竞争能力。陕西蔬菜产业的产品质量、包装材料及营销手段比较落后，

特别是产后处理水平薄弱，加工水平较低，半成品菜、成品菜、名牌菜的数量很少，产品无质量标准，多数停留在筐装、麻袋装水平上，很不适应人们消费水平的提高和快节奏生活的需要。

（八）品牌建设落后，产品质量没保障，销售途径不畅

品牌是帮助消费者区分、解释、存储有关商品的信息，从而缩短购买决策过程，降低交易成本和购买风险，增强购买的信心，独特的品牌个性可以使消费者获得超出产品之外的社会和心理利益。目前，人们对蔬菜安全提出了更高的要求，市场竞争越来越排斥无品牌产品的进入，品牌无形中成为产品质量安全的保障。因此，蔬菜品牌建设工作迫在眉睫。

2017 年，我国参加百强农产品区域公用品牌推广活动的只有十几种蔬菜品牌，蔬菜品牌建设工作任务十分艰巨，蔬菜品牌竞争力严重不足。以往的文献研究农产品品牌建设和蔬菜质量的较多，但具体针对蔬菜品牌建设的研究较少。蔬菜不同于一般的农产品，具有利于种植、不利于运输和储藏、要求较高的新鲜度等固有特性，其自身的矛盾性要求对蔬菜品牌建设问题要进行特例研究，采取有针对性的措施解决问题。

适应市场经济发展的必然选择在市场经济条件下，消费者的一个显著行为特征就是以品牌来区别和选择同类产品和服务。市场已进入品牌时代，蔬菜作为一种商品，必然要遵循这一规律。另外，我国的蔬菜市场已由产品普遍推广进入了注重品牌质量的历史时期，蔬菜品牌化是蔬菜发展的必然趋势。满足消费者食用安全方便的要求，健康安全是消费者最为关心的问题，品牌是质量安全的象征，可以帮助消费者降低消费风险。快节奏的生活方式，需要人们在有限的时间内快速选择，品牌蔬菜能够帮助消费者缩短购买过程。随着移动互联网的发展，网上购物对蔬菜质量要求越来越高，品牌蔬菜的配送让人们更加放心，推进蔬菜品牌化建设是顺应消费升级的必然选择。

增加蔬菜生产者经济收入，提高产品市场竞争力。我国是一个农业大国，蔬菜的种植面积仅次于粮食作物，蔬菜生产一直面临销售难、售价低的问题，蔬菜品牌建设能够提升蔬菜的附加值，从而增加蔬菜生产者的经济收入。另外，市场竞争排斥无品牌生产者进入，潜在竞争者的进入障碍更大，容易形成自己的消费群体和市场，从而增加市场份额，增强品牌蔬菜的市场竞争力。

有利于保证蔬菜市场产销流通、安全健康的政府职能实现。蔬菜的季节性、区域性导致价格的变化幅度较大，产销问题是社会普遍关心的问题，也是政府一

直致力于解决的问题。蔬菜的品牌建设对于保证蔬菜质量安全，解决产品产销问题有明显效果，可稳定供给和采购数量，让顾客了解食物来源，食用更加放心，也让生产者为维护品牌声誉，更加自律，实现蔬菜安全顺利到达餐桌。

树立蔬菜品牌营销理念。引进专业品牌建设人才，为企业的蔬菜品牌建设提供专业知识支持，蔬菜品牌建设是产业长期发展的必然选择，是实现蔬菜生产现代化的重要环节。积极向种植农户、合作社等宣传普及品牌知识，开展品牌商标知识讲座，介绍成功案例，使人们逐渐对蔬菜品牌建设重视起来。品牌不仅是符号文字，更是企业精神的传承和认同，可通过举办产品展示会、经验交流会等，以及借助名人效应（如选择符合品牌形象的代言人等），提高蔬菜品牌的影响力。合理制定蔬菜品牌发展战略，走专业化品牌路线。

四、陕西省蔬菜产业高效发展途径与建议

（一）发展思路

1. 指导思想

面对国内外蔬菜产业生产面积快速增长，生产技术普遍提高，消费者对产品质量要求的不断提高，市场竞争更为激烈的形势下，陕西蔬菜要以建立现代蔬菜产业的生产体系、加工与销售体系为核心，以发展设施蔬菜、陕西特色蔬菜为重点，以提高标准化、机械化生产技术、生产能力与生产效益，实现产品优质、安全、特色和高效益为目标，初步完善蔬菜产后处理、加工和营销业体系，完善生产、市场和营销体系，提高蔬菜产品的科技含量和市场竞争力，巩固省内市场，拓展周边市场，开发国际市场，做大做强陕西蔬菜产业。

2. 发展重点

（1）设施蔬菜产业　重点发展以日光温室与大跨度拱棚为主体的设施蔬菜产业、形成日光温室、大棚和中小拱棚相互衔接和配套的设施蔬菜生产体系、技术体系和市场体系；建设标准化设施蔬菜生产基地；推广标准化日光温室与大跨度大棚设施结构和配套设施设备，提高机械化程度和设施环境调控能力；选育和开发设施专用蔬菜品种；推广集约化、规模化的工厂化育苗生产、规范化生产技术和采后处理技术；完善蔬菜质量安全保障体系；调整设施蔬菜区域布局，逐步向资源、技术、经济、基础条件好的优势区域集中，提高设施蔬菜产出率。

（2）陕西特色蔬菜　陕西特色蔬菜主要包括陕南的生姜、关中的大蒜、辣椒，渭南的大葱，陕北的洋葱等。名特优蔬菜以实现品牌化经营为中心，以粮菜套作为模式，抓好菜田基本建设，实现标准化生产，实行采后处理和品牌营销，培育名牌产品，发挥品牌效应。

（3）冷凉蔬菜　依据陕西太白、榆林等地冷凉气候资源，在夏秋季节发展冷蔬菜，以弥补夏秋季冷凉蔬菜供应不足，充分发挥当地“冷资源”优势，开发名牌特色冷凉蔬菜。

（二）布局规划

陕西省南北纬跨度大，地形多样，主要分为陕北高原、关中平原、秦巴山区三大自然区域，气候条件也特殊，横跨中温带、暖温带和亚热带 3 个气候带，因此陕西省各个区域设施蔬菜种植分布均不一致，设施蔬菜实际种植中也应根据气候条件做出相应调整。

1. 地理位置

陕西省位于中国中部黄河中游地区，南部兼跨长江支流汉江流域和嘉陵江上游的秦巴山地区。按照地理位置分为陕北、关中、陕南 3 个区域。陕北是中国黄土高原的中心部分，有榆林、延安 2 地级市；关中以平原为主，有西安、宝鸡、咸阳、渭南、铜川 5 个地级市和 1 个中国农业高新技术产业示范区杨凌；陕南以山地为主，有汉中、安康、商洛 3 个地级市。

2. 气候特点

陕西省南北延伸很长，达到 800km 以上，所跨纬度多，从而引起境内南北间气候的明显差异，包括中温带、暖温带、北亚热带 3 个温度带，各个温度带又有湿润、半湿润、半干旱甚至干旱气候等多种类型，多年均年总辐射量 3 681.9 ～ 6 276MJ/m^2，日照时数 1 350 ～ 2 900h。年平均气温 7 ～ 16℃；1 月气温 −10 ～ 3℃，7 月气温 21 ～ 27℃；无霜期 128 ～ 256 天，是最适合发展设施蔬菜的地区之一。

3. 布局规划

根据光照资源陕西可划分为四个区，陕北北部高原区，为光照资源丰富区，这一地区年光照时数在 2 700 ～ 2 900h，年太阳总辐射量 5 650 ～ 6 276MJ/m^2；陕北南部及渭北高原区，为光照资源充足区，主要包括榆林南部山区的绥德、清涧县以及延安和铜川北部、渭南北部地区，这一地区光照时数 2 300 ～ 2 600h，年太阳总辐射量 4 900 ～ 5 650MJ/m^2 的地区；关中地区，也可称为渭河流域区，为光照资源一般区，包括铜川南部、宝鸡、咸阳、西安、渭南等光照时数 1 900 ~ 2 200h，总辐射量 4 558 ~ 4 900MJ/m^2 的地区；陕南地区，为光照资源不足区，包括汉中、安康、商洛等光照时数 1 400 ~ 2 100h，年太阳总辐射量 3 980 ~ 4 591MJ/m^2 的地区。

陕北北部原光照丰富区，属于中温带区域，呈现温带干旱半干旱气候，无霜期 128 ~ 199 天，光照资源为陕西之最，年日照时数 2 600 ~ 2 900h，年日照百分率为 59% ~ 66%，太阳年总辐射量 5 650 ~ 6 276MJ/m^2，年平均温度 7 ~ 11℃，降水量 400 ~ 590mm；该区是陕西省冷凉蔬菜产业发展的优势区域。设施蔬菜产业发展以日光温室为主，拱棚为辅助，种植主要包括黄瓜、西葫芦、西瓜、甜瓜等喜温蔬菜。

陕北南部及渭北高原区，光照充足区属于暖温带，呈现暖温带半湿润气候。无霜期 141 ~ 186 天，年日照时数 2 300 ~ 2 743h，年日照百分率为 45% ~ 59%，太阳年总辐射量 4 900 ~ 5 650MJ/m^2，年平均温度 8 ~ 12℃，降水量 500 ~ 622mm；该亚区是日光温室与大跨度大棚发展最适宜区域，设施类型主要以日光温室为主、以拱棚为辅，设施蔬菜主要包括西甜瓜、黄瓜、辣椒和番茄。

关中平原光照适宜区属于暖温带，呈现暖温带半湿润气候。无霜期 158 ~ 225 天，年日照时数 1 900 ~ 2 300h，年日照百分率为 44% ~ 55%，太阳年总辐射量 4 558 ~ 4 900MJ/m^2，年平均温度 9 ~ 13℃，降水量 600 ~ 880mm；该亚区主要分为时令水果产业带和日光温室及大拱棚瓜菜带，设施类型主要以大型拱棚为主，设施蔬菜种类丰富包括番茄、黄瓜、辣椒、茄子、白菜等，冬季栽培以叶菜类类蔬菜及草莓等耐低温作物为主体，也可发展设施水果，主要包括西甜瓜、草莓、火龙果等。

陕南山地光照不足区属于北亚热带，呈现北亚热带季风性湿润气候。无霜期 210 ~ 280 天，年日照时数 1 400 ~ 2 000h，年日照百分率为 29% ~ 44%，太阳年总辐射量 3 980 ~ 4 591MJ/m^2，年平均温度 7.8 ~ 17℃，降水量 700 ~ 1 250mm。该亚区是设施食用菌产业带，设施类型以拱棚为主，早春可种植番茄、辣椒、马铃薯、生姜等。

陕西省典型县区光热自然资源见表 1–1。

表1-1　陕西省典型县区光热自然资源状况

区域	地理位置	代表县区	降水量（mm）	无霜期（天）	全年日照时数（h）	全年日照百分率（%）	冬季日照百分率（%）	太阳总辐射（MJ/m^2）	年平均气温（℃）	1月份平均气温（℃）	7月份平均气温（℃）
光照丰富区	榆林北部地区	府谷县	453.5	177	2894.9	65	65	6067	9.1	−8.4	23.9
		神木县	440.8	199	2875.9	65	65	5938	8.9	−9.9	23.9
		横山区	352	175	2800	60	60	5650	8.9	−8.2	23.4
		定边县	316.9	141	2743	58	60	5750	7.9	−7.8	22.8
		靖边县	443.5	193	2828.2	59	60	5820	10	−5.5	25
		绥德县	486	165	2700	57	59	5546	9.7	−7.5	24
			316.9~590	128~199	2700~2900	59~66	65~75	5650~6276	7.0~11.0	−11.0~2.0	17~30
光照充足区	榆林南部、延安、铜川、渭南北部	子长县	514.7	175	2570.9	56	58	5128	9.1	−6.5	24.5
		延川县	543	185	2558	50	56	5070	10.6	−6.8	24
		洛川县	622	167	2570	45	54	4980	9.2	−4.5	27.2
		黄陵县	596.3	172	2528.4	46	52	5000	9.4	−4.5	27.1
		印台区	582.5	190	2342	49	54	5296.96	10.6	−3	23
		白水县	577.8	218	2356	45	50	5363.52	11.4	−2.5	25
		平均	500~622	141~186	2300~2643	45~59	50~60	4900~5650	8.0~12.0	−8.0~5.0	18~31
光照一般区	西安、咸阳、宝鸡、渭南	周至县	700	200	1950	44	49	4591.2	13.2	−1.2	26.5
		鄠邑区	879	219	1900	45	48	4558	13	−0.6	27.5
		杨陵区	635.1	200	1980	44	48	4612	12.9	−1.0	28
		眉县	609.5	195	1935	44	48	4600	12.9	−0.5	25.5
		泾阳县	548.7	213	2195.2	46	51	4812	13	−1.5	27.5
			500~880	158~225	1900~2200	44~55	48~56	4558~4900	9.0~13.0	−4.0~7.0	19~32
光照不足区	汉中、安康、商洛	洋县	839.7	239	1752.2	39	41	4358	14.5	3.4	26
		镇安县	804.8	206	1947.4	37	40	4281	12.2	4	26.2
		紫阳县	1127.8	268	1606.8	36	40	3980	14.6	5.4	25.8
		汉台区	855.3	234	1478.4	40	43	4399.5	14.5	2.4	25.7
			700~1250	210~280	1400~2100	29~44	40~50	3980~4591	7.8~17.0	−1.0~11.0	19~28

（三）陕西蔬菜产业的发展策略

1. 做好规划，促进标准化、规模化蔬菜生产基地建设与发展

按照科学发展观原则，依据地域环境资源优势与特点，产业发展基础与条件，在陕南建立以拱棚结构为主设施蔬菜及水生蔬菜生产基地，在秦岭山脉局域建立喜凉类露地蔬菜基地，在关中渭河流域建立以西甜瓜、温室番茄、草莓为主的设施蔬菜生产基地，在渭北旱原地带建立以黄瓜、茄子为主的设施蔬菜生产基地，在陕北建立以辣椒和西甜瓜为主设施蔬菜生产基地。在基地建设中实施统一规划，初步实施，配套建设育苗场、产品交易市场等设施，达到生产基地建设标准化，配套设施系统化。

2. 重视技术，实现优质、高产、高效

近年来，在省农业厅、科技厅的支持下，陕西省蔬菜产业系统的广大干部、科技人员理论联系实际，在引进吸收国内外技术的基础上，大胆创新，刻苦攻关，密切配合，在日光温室建造、蔬菜栽培、无公害蔬菜生产等方面取得了大量成果，开展了大批蔬菜技术人员培训，制定了日光温室建造、主要蔬菜无公害生产等省级技术标准，提高了蔬菜质量和效益。但这些技术菜农的准确掌握率还不高。据有关专家测算，如果将目前已有的技术组装配套并能让 80% 的菜农应用到位，我省的蔬菜质量可大大提高，单产可提高二到三成，效益可增加 20% 以上。因此，让农业生产的一线农民掌握并应用这些实用技术，对全面提升我省的蔬菜生产水平至关重要。为此，建议成立专门的农业技术培训专家团队，应采取切实可行的措施，加强蔬菜技术推广服务体系的建设，搞好科技入户和技术服务。为了加快农民科技素质的提高，应初步建立省、市、县（市、区）、乡（镇）技术培训体系，定期开展分层次培训；省、市蔬菜科研部门应建立新成果、新技术、新品种发布制度，并编印发行科学性强、操作性强的科普书籍，以加快蔬菜生产规范化和标准化技术的普及。

3. 发展优质产品，推进品牌经营

无公害、无污染的绿色农产品是农业发展的主导方向，所以生产出优质产品是提高产品市场竞争能力的基础。但是，优质的产品要获得优等的价格还必须有一个品牌作保证，否则，是难以实现优质优价的。目前我省蔬菜生产是以农民家庭为单位，产品的销售主体是非包装的零散形式，消费者购买到的蔬菜既不知道是谁生产的，也不知道产地，更不知道生产日期等。这样，使消费者在第二次购买中无法选购，只能依靠日常的经验进行。所以，建立稳定可靠的无公害蔬菜、绿色食品蔬菜、有机蔬菜生产基地，严格按照商品质量标准采收、分级包装上市，并做到有商标、有承诺，实现树形象、创名牌、引导消费、扩大市场的战备目标的有效途径。今年以来，随着蔬菜价格的不断上升，全国蔬菜生产面积大幅度增加，全省蔬菜面积也有较大规模的发展，今后蔬菜的发展在稳定面积增长的基础上，必须不断提高质量，逐步实行品牌营销策略。面对蔬菜市场竞争不断加剧的新形势，只有提高产品质量，才能赢得市场竞争的主动权，而产品质量是靠品牌效应体现出来的，只有创造出在国内外市场上有较高知名度的名牌产品，才能使我省蔬菜产品在市场竞争中保持优势。为此，要进一步强化各级政府、蔬菜产销企业和广大农户的品牌意识，围绕具有资源优势、技术优势、特色优势的主导产品，特别是名、特、优、新蔬菜产品，实施规模化、专业化和标准化生产，加大培育和争创名牌的工作力度。对已确立的名牌产品，要加大宣传力度，制定名牌营销策略，搞好商标注册，制定商品标准，进行产后加工处理、分级、包装，搞好产品的质量认证，将名品变精品，创出名牌产品，不断提高我省蔬菜在国内外市场的占有率。

4. 推广友好型栽培管理模式，实现稳产高产

周年生产与连茬种植易使菜田土壤环境恶化、病虫害日趋严重，进而大量使用农药化肥，往往形成一种恶性循环。生产风险增大，不仅造成产品质量下降，而且带来生产成本增大。大力推广生态环境友好型栽培模式，对蔬菜产业的持续稳定高效发展十分重要，例如目前成熟的设施蔬菜“3+2”技术。应大力推广实施以物理防治、环境控制为主要措施的病虫害防控技术，以实现蔬菜生产与环境保护协调和谐发展为出发点，树立蔬菜生产与环境保护相互协调的理念，重视蔬菜产品质量、保护环境和改善劳动条件，建立充分利用农业管理措施结合环境调控的技术体系；全面普及蔬菜无公害标准化生产技术，推广机械化农事操作和管理。在病虫害防治上，严格贯彻“以防为主，综合防治”的原则，采用农业措施、生态控制、物理防治、生物防治和高效、低毒、低残留化学防治相结合的综合控防措施；在施肥上，降低氮素化肥的用量，增施有机肥，实行配方平衡施肥或测土施肥；大力推广机械耕作、卷帘、收获等机械和滴灌、施肥等设备，减小劳动强度，提高工作效率。积极发展绿色食品蔬菜和有机蔬菜，保护菜田生态环境，满足国内外高端市场需求，实现蔬菜可持续发展。

5. 壮大蔬菜运销、加工业，强化产业发展龙头

建设发达的蔬菜运销业和加工业，是现代蔬菜业发展的主要内容，也是全省蔬菜产业发展的迫切要求。在国内市场的运销方面，要以发展壮大农民运销队伍为突破口，推进流通体系建设。在产业发展中，加强农民运销队伍建设，对实现蔬菜流通增值，保障产销衔接，稳定和开拓省外销售市场，确保蔬菜产销具有重要意义。我省蔬菜生产虽然规模较大，但产品主要是初级产品，加工率低，产后增值潜力尚未发挥。为提高蔬菜产业效益，对鲜菜产品要强化产后的商品化处理，大力提倡净菜上市、包装上市、分级上市；并逐步开展精深加工，增加产品附加值和市场竞争力。要积极推进蔬菜加工业体系建设，重点是加强龙头企业建设，加快老企业的技术改造，新建企业要做到高起点，不搞低水平重复建设。按照国际市场需求，建立稳定的原料生产基地，开发适销对路产品，提高产品档次。扶持发展一批重点企业，使之尽快形成规模大、辐射带动面广、新产品研制开发能力强、市场占有率高的龙头企业。

创建以村或乡为经营单位的经营实体，促进设施蔬菜产品市场流通，单家独户的生产经营方式，极大地调动了广大农户的生产积极性，但是，与当今的大市场，大流通的市场经济运营机制不相适应，弥补这一缺点的出路的是建立菜农合作经营服务机构，有计划、有组织地面对市场进行产品销售，克服蔬菜产品销售中的分散性，费时费工性，实现产品的上档次，进入大市场，进行大流通。蔬菜产销合作组织是提高农民组织化程度的一种有效形式，是农村经营管理体制和制度上的创新。省、市、县（市、区）应按照《农民专业合作社法》的要求，积极引导和扶持菜农建立合作社、专业协会等合作组织，培育能够代表农民利益的法人团体，实现有组织、有计划的面向市场发展生产，进入市场流通，逐步改变目前千家万户搞生产、进市场的局面。通过典型带动，政策、资金扶持，推动农民产销合作组织的发展，以推进蔬菜产业化和品牌经营目标的逐步实现。

6. 加快蔬菜科技创新，发挥科技先导作用

实现全省蔬菜产业升级，必须以科技为先导，强化和完善蔬菜科技创新体系。重点做好以下技术推广与应用：

（1）蔬菜优良品种的推广应用　将根据市场的需求，特别是国外市场对产品质量要求的不同，不断调节种植品种种类，加强国外新品种的引进与开发。

（2）优质高产高效栽培模式的推广应用　主要通过栽培茬次的合理化安排，立体栽培，高密度栽培实现高效生产。

（3）周年长季节栽培技术的应用　实现一年一茬制，增加了采收时间，减小劳动强度，提高产量和效益。

（4）嫁接栽培技术的应用　通过该技术的应用，提高作物的抗病性，减少病害风险。

（5）有机基质无土栽培技术的应用　在养殖业发展较快的地区，小麦、玉米等粮食作物种植面积较大的县区，充分利用这些作物秸秆进行有机基质无土栽培。

（6）无公害病虫防治技术的推广与应用　主要包括合理施肥（以有机肥为主），运用无公害允许使用的农药，诱发杀虫，土壤添加剂及防虫剂的使用等。

（7）田间标准化管理技术　包括水肥管理，温光气标准化管理等。

（8）标准化采收分级包装技术　实现品牌化销售，做到有品牌，有承诺。

（9）推广协会＋农户的经营管理模式　促进农资购置优质化，产品销售稳定。

五、保障措施

（一）加大政策扶持

各级政府要高度重视蔬菜产业，制定出台促进蔬菜产业发展的政策措施。

一是建立以国家投资为引导，群众投资为主体的多元投入机制。各级财政每年要拿出一定资金，采取补助、奖励、贷款贴息等方式，对蔬菜基地建设、设施配套建设、新品种新技术的引进、应用和集中育苗建设等进行扶持。二是建立项目倾斜政策。各级农业科技、农业综合开发、能源、水利、公路等部门和单位要围绕蔬菜产业发展重点区域优先安排配套项目。三是实行行政领导负责制，层层分解任务，签订责任目标，严格督查考核。每年组织召开一次全市蔬菜工作会议，研究解决蔬菜发展相关事宜。

（二）强化科技支撑，树立科学发展观

各级各部门要把强化科技支撑作为推动蔬菜产业发展、促进农民收入增加的重要内容，抓住关键环节，着力发展壮大。

一是狠抓标准化生产。以各级无公害蔬菜示范园和高产高效示范村为平台，大力推进无公害蔬菜“棚型改良、保温增温、基质栽培、水肥一体、生物控防、机械作业”六大关键技术和先进实用技术实施，提高产业综合管理水平。要结合农村能源项目，大力推广设施农业“3+2”技术，广辟有机肥源，提高土地生产能力。

二是狠抓产品质量安全工作。按照高产、优质、高效、生态、安全的要求，加强对农药、化肥等生产投入品的监管，确保产品质量安全。三是狠抓品牌建设工作。

（三）加强组织领导

各级政府要以科学发展观为指导，坚持把发展蔬菜产业作为促进农民增收的重要内容抓紧抓好。在政策制定、工作部署、干部配备等方面予以倾斜。建立促进蔬菜产业发展的工作协调机制，加强统一领导，明确职责分工，搞好配合协作，强化服务意识，为蔬菜产业健康、持续发展提供组织保障。

第二章
陕西省种植的主要蔬菜种类与品种

导读：蔬菜品种不仅是蔬菜产业的基本生产资料，而且是现代蔬菜科技的载体、集成中心与制高点。不同地区，其生态环境条件不同，适宜的蔬菜品种不同；不同消费习惯，适宜栽培的品种不同；产业发展水平不同，对蔬菜品种的要求也不同。了解陕西不同地区适宜的主栽品种及其特色蔬菜品种，是政府管理人员和科技工作者进行蔬菜产业规划、科研项目安排的重要依据；蔬菜品种是现代蔬菜产业发展要素中科技集成与科技含量最高的物化形式，因此，调查与整理，以及分析与研究蔬菜种类和品种的分布，合理使用品种，对于合理布局陕西蔬菜产业结构，加快蔬菜品种选育，精准扶贫，实现可持续发展，加快经济社会发展，以及全面建设小康社会均具有重大意义。

第一节　茄果类蔬菜

茄果类蔬菜包括番茄、辣椒、茄子，是陕西种植的主要蔬菜。生产的主要茬次有早春设施栽培、夏秋露地栽培、秋延后设施栽培以及越冬栽培，不同茬口应用的品种不同，不同品种在不同茬口的表现也有差异。

一、番茄

番茄（*Solanum lycopersicum* L.），又称西红柿、洋柿子。原产于中美洲和南美洲，是茄科番茄属一年生或多年生草本植物，在陕西各地均有栽培。番茄的种类十分丰富，按其食用方式可分为大果番茄，以烹饪为主；樱桃番茄，以生食为主；加工番茄，主要用于加工。陕西栽培的番茄种类以前 2 类为主。近十年来，陕西种植的番茄品种百余个，以下列出 30 多个推广面积大、效益好，深受菜农喜爱的品种。当前及今后一段时间推荐在陕西推广的大果品种有 5343、西贝 2 号、金棚一号、西润 2007、金棚 M6、金棚秋盛、威敌 6 号、德贝丽、普罗旺斯和美卡丽亚；樱桃品种有粉贝贝、爱吉 301、爱吉红秀、福特斯、碧娇、千禧。

1. 西润 2007

主要特征特性：无限生长粉果类型，中熟。生长势强，茎秆粗壮，叶色绿，6 ~ 7 片真叶着生第一花序，以后每隔 2 ~ 3 片叶着生 1 个花序。坐果率高，连续结果能力强，每株可连续坐果 6 穗以上。果实高圆，果柄短，无绿色果肩，果脐小，表面光滑润泽，果色深粉，外形美观。果实商品率高，硬度好，耐贮运，货架期长，单果重 200g 左右，大小均匀。果实维生素 C 含量 18.52mg/100g，总糖 2.63%，可溶性固形物含量 4.8%，总酸 0.293%；抗病性中等，耐灰霉病和晚疫病。

在陕西种植表现：产量平均 7 502kg/ 亩，灰霉病发病率 5%，未见晚疫病发生的报导。适宜温室越冬及温室、拱棚早春栽培。

2. 金棚 1 号

主要特征特性：植株长势中等，叶片较稀，节间短。早熟性突出，低温期膨果快，前 3 穗结果集中。果实粉红色，高圆，果面光滑，均匀度高，颜色亮丽，口感好。一般单果重 200 ~ 250g。高抗番茄花叶病毒（ToMV），中抗黄瓜花叶病毒（CMV）和灰霉病，晚疫病发病率低。

在陕西种植表现：产量一般为7 000kg/亩左右，高抗番茄花叶病毒，灰霉病、晚疫病发病率在10%以下。适宜日光温室、大棚春提早栽培。

3. 金棚M6

主要特征特性：植株长势中等，果实粉红色，高圆，光泽度好。果实大小均匀，风味好。早熟性好，连续坐果能力和硬度均优于金棚一号，单果重250g左右。高抗南方根结线虫，高抗番茄花叶病毒（ToMV），中抗黄瓜花叶病毒（CMV），抗枯萎病。没有发现筋腐病。

在陕西种植表现：产量一般7 500kg/亩左右，高抗南方根结线虫和番茄花叶病毒，未发现筋腐病的报导。适宜日光温室、大棚春提早栽培。

4. 金棚M7

主要特征特性：植株长势强，叶量中大，连续坐果能力强。早熟，果实圆形或微扁圆，幼果有淡绿色果肩，成熟果深粉红，颜色亮丽，口感好。果实硬度较大，抗裂性较好。单果重250g以上，丰产性好。抗南方根结线虫、叶霉病等病害。

在陕西种植表现：产量一般7 600kg/亩左右，高抗南方根结线虫和叶霉病。适宜早春茬温室、大棚春提早栽培。

5. 金棚8号

主要特征特性：植株长势强，节间略长，连续坐果能力突出。果实高圆，特硬，果脐小，无绿肩，深粉红，亮度好。中熟，果实大小均匀，单果重230g左右。抗黄化曲叶病毒（TY）。果实商品率高，品质佳，耐贮运，适合长距离运输。

在陕西种植表现：产量一般7 300kg/亩左右，高抗番茄黄化曲叶病毒。适宜日光温室秋延后栽培，亦可作山区晚夏和冷凉地区大棚或露地栽培。

6. 金棚88

主要特征特性：植株长势强，叶量中大，花数多，易坐果。果实高圆，无绿肩，果脐小，硬度高，深粉红，亮度好。中早熟，连续坐果好，果实大小均匀，单果重200～250g。抗黄化曲叶病毒（TY）、南方根结线虫、叶霉病等病害（曾用名金棚8号B型）。

在陕西种植表现：产量一般7 000kg/亩左右，抗黄化曲叶病毒（TY）、南方根结线虫和叶霉病，适宜日光温室、大棚秋延后栽培，亦可作春季栽培。

7. 金棚秋盛

主要特征特性：植株长势强，单穗花数多，连续坐果能力强。果实高圆，果面光滑，深粉红，亮度好，硬度好，耐裂性好。中熟，耐热性好，抗逆性强。单果重220～250g，丰产性好。抗黄化曲叶病毒（TY）、南方根结线虫、叶霉病、番茄花叶病毒（ToMV）等病害。

在陕西种植表现：产量一般 7 200kg/ 亩左右，抗黄化曲叶病毒、南方根结线虫、叶霉病和番茄花叶病毒。适宜拱棚越夏和秋延后、日光温室秋延后栽培。

8. 金棚 14–8

主要特征特性：植株长势较强，叶量中大。果实高圆，果面光滑，深粉红，无绿肩，硬度好。中熟，果实大小均匀，商品性好，单果重 200 ~ 250g。高抗黄化曲叶病毒（TY），抗南方根结线虫、叶霉病等病害。

在陕西种植表现：产量一般 7 000kg/ 亩左右，高抗黄化曲叶病毒，抗南方根结线虫和叶霉病，适宜拱棚越夏和日光温室秋延后栽培，特别是在关中等 TY 病毒严重地区，表现突出。

9. 中研 988

主要特征特性：高秧无限生长型粉红果，平均单果重 300g 以上，植株生长旺盛，抗病性强，果个大小基本一致。上下果个整齐均匀、长势强、果实大、丰产性好。果实密度大，果皮厚、耐储运、商品性好。适应性广、抗逆性强、耐低温弱光能力强；高温季节露地栽培表现优良，果实膨大迅速，裂果极少。

在陕西种植表现：产量一般 5 000kg/ 亩左右，耐储运、商品性好、抗逆性强、耐低温弱光能力强。适宜保护地、露地栽培。

10. 中研 868

主要特征特性：粉红果，无限生长型，中等叶量。单果重 300 ~ 400g，最大可达 700g，属中早熟品种，耐低温性强，低温条件蘸花畸形果极少，连续坐果能力强，耐高温能力极强，没有空洞果。果实膨大迅速，产量高，果实高圆，上下果整齐均匀，着色鲜艳亮丽，商品性好，果皮厚、硬度高、耐储运，高抗番茄早、晚疫病和叶霉病、筋腐病、病毒病；对根结线虫也有一定抗性。

在陕西种植表现：产量一般 4 000kg/ 亩左右，高抗番茄早、晚疫病和叶霉病。适宜早春大棚、越冬温室及露地栽培。

11. 佳粉 17 号

主要特征特性：植株为无限生长型，叶片稀疏不易徒长，有利通风透光，100% 的植株上被有茸毛，对蚜虫、白粉虱具有一定驱避性。主茎 6 ~ 8 节着生第一花序，中早熟，果实稍扁圆和圆形，幼果具绿色果肩，成熟果粉红色，单果重 180 ~ 200g，品质优良。高抗叶霉病和病毒病。

在陕西种植表现：产量一般 4 000kg/ 亩左右，高抗叶霉病。适宜棚室栽培。

12. 金棚11号

主要特征特性：植株长势好，早熟，连续坐果能力强，果实粉红高圆，果面发亮，果形好，果脐小，一般单果重200～250g，果实均匀度较高。果实硬度、货架寿命显著优于金棚一号。抗黄化曲叶病毒，抗南方根结线虫。同时还兼抗番茄花叶病毒（ToMV）、枯萎病和叶霉病，中抗黄瓜花叶病毒，晚疫病、灰霉病发病率低。

在陕西种植表现：产量一般6 000kg/亩左右，高抗黄化曲叶病毒和南方根结线虫。适宜日光温室、大棚春提早栽培。

13. 天赐575

主要特征特性：无限生长类型，长势旺盛，坐果好，产量高。圆形果，单果重250～280g，硬度高，耐贮运。抗黄化曲叶病毒、烟草花叶病毒、抗叶霉、抗灰叶斑等番茄常见病害。

在陕西种植表现：产量一般6 000kg/亩左右，高抗黄化曲叶病毒病和叶霉病。

14. 希唯美

主要特征特性：无限生长、粉果。植株健壮，中熟、大果、果实高圆，硬度高，耐裂，耐贮运，抗TMV、ToMV、黄化曲叶病毒，中抗灰叶斑病。

在陕西种植表现：产量一般5 000kg/亩左右，抗TMV、ToMV和黄化曲叶病毒。

15. 威敌6号

主要特征特性：无限生长型，大果型粉果番茄，中早熟。果实近高圆形，幼果白绿，熟果浅粉红色，单果重250～300g左右。抗黄化曲叶病毒，高温条件下坐果性相对较好。

在陕西种植表现：产量一般8 000kg/亩左右。果硬耐运输，果大产量高。有裂果现象。适宜晚春棚及秋延保护地栽培。

16. 威敌3号

主要特征特性：无限生长型，高硬度、耐裂、抗线虫粉果番茄杂交品种。中早熟，节间短，长势中等，叶片深绿。果实近圆形，幼果青绿，熟果深粉红色，果脐小，单果重200～250g左右。

在陕西种植表现：产量一般4 000kg/亩左右。果实扁圆、粉红，果硬、耐运输，抗病毒、抗根结线虫。适宜非黄化曲叶病毒地区夏秋茬及秋延茬栽培。

17. 普罗旺斯

主要特征特性：无限生长型。生长势强，植株长势旺盛，不黄叶，不早衰，产量高。萼片平展，果皮颜色为粉果，果形高桩圆形，果实大小均匀，果形美观，硬度高，耐运输。单果质量250～300g，高抗根结线虫病、叶霉病、枯黄萎病、条斑病。适合早春茬、秋延茬和越冬一大茬栽培。

在陕西种植表现：产量一般7 500kg/亩。果实圆形，果型好，品质高，对叶霉、灰霉病抗性较差。突出特点果型好、品质优、市场价格高、好销售。

18. 金山一号

主要特征特性：无限生长型，中早熟品种，单果重250g左右，抗根结线虫、高温条件下连续结果性好、不易产生空洞果，硬度高、果色粉红亮丽、精品率高。

在陕西种植表现：产量一般4 000kg/亩左右。高桩圆形，果粉红色，果硬、耐运输。抗病毒、抗根结线虫。

19. 德贝丽

主要特征特性：无限生长型，植株长势旺盛，中早熟品种，单果重260～350g，硬度好，耐储运，果实粉红靓丽，色泽鲜艳，高圆形，果实大小均匀，耐低温弱光，连续坐果能力强，越冬可持续坐8～10穗果，产量极高，亩产可达1.5万kg，高抗TY病毒、抗灰叶斑，对灰霉等多种病害抗病突出，耐根结线虫，无青皮无青肩，不裂果不空心。

在陕西种植表现：产量一般10 000kg/亩左右，粉红果，扁圆形，口感好，不耐运输。抗病性好。但易于出现空洞果。突出特点是果大、产量高。适宜秋延迟、越冬、早春保护地种植。

20. 美卡丽亚

主要特征特性：无限生长型，植株长势强健，极早熟品种（比同类品种早熟7天以上），单果重260～300g，耐贮运，果实粉红靓丽，色泽鲜艳，圆形，果实大小均匀，耐低温弱光，连续坐果能力强，产量高、高抗TY病毒、抗线虫、抗叶霉病、抗叶斑病。低温条件下转色正常，无青皮无青肩，不裂果不空心，适宜秋延迟，越冬和早春保护地栽培。

在陕西种植表现：产量一般9 000kg/亩左右。粉红果，高桩果，果硬，耐运输。抗黄化曲叶病毒，抗线虫，不抗叶霉病。

21. 5343

主要特征特性：植株长势旺盛，叶量大，坐果特好，连续坐果力强，果实粉红色，果皮光滑平整，有光泽，果形长高圆形，硬度适中，三心室，果肉颜色深，糖度4.8，商品性好，平均单果重240g左右。

在陕西种植表现：产量平均5 340kg/亩。果形长高圆形，果个大。适宜早春大棚或日光温室栽培。

22. TV-2

主要特征特性：植株长势特旺盛，叶量大，耐热性好，坐果特繁，连续坐果好，果实粉红色，果皮有光泽，有放射线，花疤大，果大，果形高圆形，硬度好，四心室，果肉色浅，纤维多，单果重 240g ～ 280g。

在陕西种植表现：产量平均 4 360kg/ 亩。果形高圆形，硬度好。适宜早春大棚或日光温室栽培。

23. 西贝 2 号

主要特征特性：植株长势旺盛，叶量大，中早熟，连续坐果好，上部坐果稍差，果色深粉，表皮光亮，果形高圆，非常美观，花疤极小，硬度好，三心室，果肉色深，糖度 4.6，高温情况下转色有黄斑，果实单重 220 ～ 260g。

在陕西种植表现：产量平均 5 440kg/ 亩。果形高圆，非常美观。适宜早春大棚或日光温室栽培。

24. 爱吉 301

主要特征特性：植株长势较旺，早熟性好，散花穗，坐果特繁，连续坐果力强，果实黄色，果皮光滑平整，有光泽，果实卵圆形，单性结实多，有轻微绿果肩，口感好，糖度 11，耐裂性好，单果重 10 ～ 15g。

在陕西种植表现：产量平均 2 064kg/ 亩。果型漂亮，果数多，口感好。适宜早春大棚或日光温室栽培。

25. 爱吉红秀

主要特征特性：植株长势旺盛，早熟性好，坐果特好，连续坐果力强，果实红色，果皮光滑平整，有光泽，果实长梨形，长串型，高温时果穗变多枝，糖度 11，耐裂性较差，平均单果重 9 ～ 14g。

在陕西种植表现：产量平均 2 992kg/ 亩。果形独特，皮薄，口感好，但易裂果。适宜早春大棚或日光温室栽培。

26. 爱吉红洋梨

主要特征特性：植株长势特旺盛，中早熟，坐果特好，连续坐果力强，果实红色，果皮光滑平整，有光泽，果实长梨形，果实比爱吉红秀大，长串收型，果皮稍厚，口感好，糖度 9 ～ 10 度，耐裂性较差，果实单重 15 ～ 20g。

在陕西种植表现：产量平均 2 720kg/ 亩。果实大，长串收型，口感好。果皮稍厚，耐裂果性较差。适宜早春大棚或日光温室栽培。

27. 福特斯

主要特征特性：植株长势旺盛，早熟性好，坐果特繁，连续坐果性好，红果，圆形，果皮光亮，长串收类型，高温变多歧花穗，萼片五角，非常美观，果实大小均匀，排列整齐，果皮稍厚，口感很好，糖度7% ~ 9%，果实单重16 ~ 20g。

在陕西种植表现：产量平均3 400kg/ 亩。坐果多，果型美观，大小均匀，排列整齐，口感很好。皮稍厚。适宜早春大棚或日光温室栽培。

28. 千禧

主要特征特性：鲜食小果型杂交一代种。植株长势极强，生长健壮，属无限生长类型。株高150 ~ 200cm，抗病性强，适应范围广。果柄有节，果实排列密集，单穗可结14 ~ 25个果，单株坐果量大。单果重14g左右，果实圆球形，果肉厚，果色鲜红艳丽，风味甜美，不易裂果，产量高，采收期长。

在陕西种植表现：产量一般2 000kg/ 亩。抗性好，硬度高，不易裂果，风味佳，耐贮运。适于春秋露地及设施栽培。

29. 碧娇

主要特征特性：鲜食型杂交种。樱桃番茄，中早熟品种，有限生长类型，株高1.7 ~ 2.5m，第一花穗节位7 ~ 8节，花穗间隔3节左右，播种至始收80天左右。生长势强，耐枯萎病（Race-1）和根结线虫，栽培容易。果实长椭圆形，果纵径约4.1cm，横径约2.9cm，单果重17g左右，成熟果粉红色，皮薄，肉质脆甜，耐贮运。可溶性固形物含量9.0%，番茄素含量0.0584mg/g，维生素C含量0.267mg/g。中抗CMV，抗叶霉病，抗TMV，中抗枯萎病，感TYLCV，中抗根结线虫，喜温暖，不耐霜冻和炎热。

在陕西种植表现：产量一般3 960kg/ 亩。抗叶霉病，抗TMV，不耐霜冻和炎热。适宜早春大棚或日光温室栽培。

30. 小霞

主要特征特性：千禧类型，植株长势强，结果良好，栽培容易，果实呈椭圆型，果重约17g左右，果色粉红，完熟后呈深粉红色，糖度可达10%，风味甜美，耐贮运。

在陕西种植表现：产量一般2 000kg/ 亩。风味好，耐运输。适宜早春大棚或日光温室栽培。

31. 粉贝贝

主要特征特性：有限生长类型，播种至始花期日数为45 ~ 52天；播种至始收期日数75 ~ 90天，采收期约45 ~ 60天，全生育期为130 ~ 160天。植株高150cm左右，半蔓生。茎绿色，茎叶着生短稀茸毛；叶片中等大小、下垂、二回羽状复细叶绿色。第一花序着生节位为 7 ~ 9 节，每隔 1 ~ 2 节着生 1 个花序；花序为单式花序或双歧花序；每花序的花朵数为 15 ~ 35 朵；花为黄色正常花，无簇生花。果形卵圆形，果脐部光滑；果实纵径 3.4 ~ 4.2cm，果肩横径 2.8 ~ 3.7cm。果皮无色，果肉粉红色，果面呈粉红色、平滑无棱沟、光泽好；未成熟果浅绿色，成熟后转粉红色。果柄短（0.5 ~ 1.0cm），有离层。萼片 5 裂呈五角星形、较直、美观、长 1.0 ~ 2.0cm。单果重 15 ~ 20g，完熟果实可溶性固形物含量为 9.8%。硬度较好、不易裂果、较耐贮运，口感甜脆、味浓、品质优良。

在陕西种植表现：产量一般 4 000kg/ 亩以上。产量高，果实硬度好、无裂果、口感好、品质优良。

二、辣椒

辣椒（*Capsicum* spp.），又叫牛角椒、长辣椒、番椒、番姜、海椒、辣子、辣角、秦椒等，是一种茄科辣椒属植物。原产于中南美洲热带地区。明代末期，辣椒由海路从美洲的秘鲁、墨西哥传入中国。辣椒属为一年或多年生草本植物，是陕西重要的蔬菜与调料作物。辣椒的种类十分丰富，栽培种多达 5 个，近源野生种和野生种 30 多个。通常将其分为樱桃类、圆锥椒、簇生椒、长椒类和甜柿椒五类。产业上根据果型大致分为角椒（含牛角椒、羊角椒）、螺丝椒、线椒、小果椒、大果甜椒等五类，陕西生产的辣椒种类以前三类为主。近十年来，陕西种植的辣椒品种 80 多个，以下列出 30 个推广面积大、效益好，深受菜农喜爱的品种。当前及今后一段时间推荐在陕西推广的角椒品种有 37–82、37–115、寿光羊角黄、农城椒 3 号、农城椒 4 号、运驰、湘研 11 号、湘研 13 号、湘研 15 号、绿箭 111、洛椒超越 98A；螺丝椒品种有绿陇王、14001、37–94、碧螺 6 号、绿陇王；线椒品种有 13003、辛香 8 号、洛椒条椒 8 号、宝椒 11 号、宝椒 12 号、宝椒 13 号、陕早红。

1. 寿光羊角黄

主要特征特性：生长势强，株高 60 ~ 80cm，开展度 50cm。叶片披针形，长 10cm，最宽处 4cm。节间较长，第 8 ~ 10 节着生第一花。果实呈羊角形，长 18 ~ 22cm，横径 3 ~ 4cm，子房 2 ~ 3 室，商品果黄绿色，薄、肉厚、色鲜、味香，含有丰富的营养成分和微量元素，维生素 C ≥ 124.9mg/100g，钙≥ 12mg/100g，磷≥ 40mg/100g，铁≥ 0.8mg/100g，胡萝卜素≥ 0.73mg/100g，抗坏血酸≥ 185mg/100g。

在陕西种植表现：产量一般 8 500 ~ 9 000kg/ 亩，抗病毒，抗根腐病、基腐病。突出特点为抗病、丰产。

2. 农城椒3号

主要特征特性：早熟一代杂种。第10节着生第1雌花，株高78.6cm，开展度99.8cm，果实粗羊角形，果长16.4cm，果横径2.7cm，肉厚3.9mm，单果重24.5g，单株结果数29个，商品果实淡绿色，成熟果实深红色，肉厚、质密、耐运，辣味适中。适应性强，高抗病毒、炭疽、日烧、疫病，耐涝、耐热，不早衰。

在陕西种植表现：产量一般4 000kg/亩左右，高抗病毒和炭疽病，耐热。适宜日光温室和大、中、小棚栽培，也可用作露地和越夏栽培。

3. 农城椒4号

主要特征特性：早熟一代杂种。第8节着生第1雌花。株高72.4cm，开展度89.2cm，果实牛角形，果长17.9cm，果横径2.58cm，肉厚4.4mm，单果重30.6g，单株结果21.1个，商品果实淡绿色，成熟果实深红色，辣味适中。抗病、不易早衰，连续结果能力强。

在陕西种植表现：产量一般4 000kg/亩以上，抗逆性强，不易早衰，适宜日光温室和大、中、小棚早春栽培，也可用作露地和越夏栽培。

4. 运驰（37-82）

主要特征特性：植株长势中等，连续坐果能力强，产量高，果实粗羊角形，果色浓绿，果实长20～25cm，直径4cm左右，单果重80～120g。果实稍扁，肩部有皱褶，表皮光亮，辣味浓，商品性好。抗烟草花叶病毒病，耐疫病、抗根线虫。

在陕西种植表现：产量一般4 000kg/亩左右，抗烟草花叶病毒病和根线虫。低温下座果率高，产量高。适合秋冬温室及早春温室和拱棚种植。

5. 37-115

主要特征特性：植株长势中等，坐果好，连续坐果能力强，果实羊角形，浅绿色稍扁，果实肩部有微褶，表皮光亮，商品性好，果实稍小于37-82，果实长度19cm，直径3.7cm，果实单重80.5g。

在陕西种植表现：产量平均3 564kg/亩左右，3564，耐热，坐果多，果型好，但上部果小。

6. 2313

主要特征特性：植株高大，株型半开展，长势较强，叶节较密，叶片大，肥厚、深绿色、呈卵圆形，茎秆粗壮。8～10节着生门椒，果实羊角形，青果深绿色，老熟果红色，辣味浓，美观有光泽，商品性好，货架期较长。平均单果重26.0g，最大果重50.0g。

在陕西种植表现：产量一般 3 000kg/ 亩左右。耐低温力不强，产量一般。

7. 湘研 11 号

主要特征特性：极早熟。微辣型。果实牛角形，深绿色，果面光滑，肉质软，单果重 30 ～ 35g，商品性好，风味佳。耐寒性强，较抗病。

在陕西种植表现：早期产量高，产量一般 3 400kg/ 亩。适宜于春季保护地栽培。

8. 湘研 13 号

主要特征特性：早熟、微辣型。果实粗牛角形，果大且直，果肉厚，为微辣型炮椒品种中果实最大的品种，单果重 50 ～ 80g。商品性好，风味佳。抗病性强。

在陕西种植表现：产量高，一般 4 500kg/ 亩。适宜春季露地栽培和设施栽培。

9. 湘研 15 号

主要特征特性：中熟。果实长牛角形，浅绿色，单果重 35g 左右。肉质细软，味辣而不烈。耐热、耐旱、抗病性突出，适应性广，为辣椒中采收期最长的品种，采收期长达 170 天。

在陕西种植表现：产量一般 3 500kg/ 亩。抗性强。

10. 湘研 16 号

主要特征特性：晚熟。果直，粗长牛角形，绿色，果表光滑无皱，肉厚，空腔小，耐贮藏运输。一般单果重 45g 左右。商品性好，售价比同类品种高 10% 以上。肉软质脆，辣味柔和，风味佳。耐热、耐湿能力强、抗病。

在陕西种植表现：产量一般 4 500kg/ 亩。适于露地或设施丰产栽培。

11. 湘研 19 号

主要特征特性：早熟。果实长牛角形，深绿色，皮光无皱，辣味适中，肉质细软，市场畅销。果形直，空腔小，果肉厚，耐贮藏运输。平均单果重 33g。耐寒性强，较耐湿、耐热。抗病毒病和炭疽病，耐疫病。

在陕西种植表现：产量一般 3 000kg/ 亩。适宜春季露地或设施早熟栽培。

12. 湘研 20 号

主要特征特性：极晚熟。果实粗牛角形，果肉厚，皮光无皱，后期挂果能力强，挂果集中。辣味中等。平均单果重 58g。抗病毒病、疮痂病、疫病等多种病害。

在陕西种植表现：产量一般 4 200kg/ 亩。耐贮藏运输。适宜露地晚熟栽培。

13. 洛椒超越 98A

主要特征特性：植株徒长较轻，坐果节位为 8 ～ 9 节，但节间缩短，株型紧凑，坐果早而集中，果实膨大快，早期产量明显提高。果长 15 ～ 18cm，肩径

4.5 ~ 6cm，肉厚 0.3 ~ 0.35cm，单果重一般为 80 ~ 100g，大果达 150 ~ 180g。

在陕西种植表现：产量一般 1 200kg/ 亩左右。较耐低温和弱光，适合早春设施栽培。

14. 绿箭 111

主要特征特性：植株长势旺盛，早熟性好，坐果集中，果实羊角形，黄绿色，有光泽，果型好，果长 25cm 左右，直径 4 ~ 5cm，单果重 102g 左右，单株坐果 23 个左右，产量高，抗病性好，后续结果能力一般。

在陕西种植表现：产量一般 5 000kg/ 亩左右，抗性好。

15. 秦椒 1 号

主要特征特性：早熟一代杂种，始花节位 9 ~ 11 节，株高 50 ~ 55cm，株幅 68 ~ 72cm。叶色深绿，生长势中等，坐果能力强。果实微辣，粗牛角形，果脐马嘴型，果面发皱，富有光泽，商品性好。青果绿色，成熟果鲜红色。果长 15 ~ 17cm，果肩宽 3.5 ~ 4.0cm，肉厚 0.30 ~ 0.35cm，单果质量 60 ~ 80g，高抗病毒病，抗细菌性斑点病，中抗疫病，耐低温能力强。

在陕西种植表现：产量一般 3 000 ~ 3 200kg/ 亩左右。抗病毒病和细菌性斑点病，耐低温能力强。

16. 洛椒超级 15 号

主要特征特性：薄皮辣椒，果非常顺直修长，商品性特别好，前后期果大小均匀一致，前期结果多且连续结果性强，果实膨大特别快，果实长灯笼形，一般果长 15 ~ 19cm，果宽 5.5cm，单果重 90 ~ 150g。耐低温，抗病性强。

在陕西种植表现：产量一般 4 300kg/ 亩左右。耐低温性好，适宜早春温室、大棚及秋延迟栽培。

17. 金玉

主要特征特性：方椒类型彩椒。植株长势中等，早熟性好，坐果好，连续坐果能力强，果皮乳黄色，成熟后转为橙红色，果皮光滑，有光泽，果实周正美观，平均果长 8cm，直径 7cm，单果重 112.5g。

在陕西种植表现：产量一般 3 000kg/ 亩左右。

18. 碧螺 6 号

主要特征特性：早熟一代杂种，始花节位 7 ~ 9 节，生长势强，株高 68cm，株幅 61cm。果实长羊角形，果面有皱褶，果长 25 ~ 28cm，果宽 2.8cm，肉厚 2.5mm，单果质量 35 ~ 40g。青熟果绿色，老熟果深红色，辣味适中，可鲜食，也可干制。

在陕西种植表现：产量一般 3 800kg/ 亩左右。果实商品性好，品质优良。适宜日光温室和大、中、小棚栽培，也可用作露地和越夏栽培。

19. 绿陇王

主要特征特性：植株长势旺盛，坐果好，连续坐果能力强，果实深绿色，有光泽，外形美观，褶皱漂亮，平均果长 23cm，直径 3.8cm，单重 72.5g 左右。

在陕西种植表现：产量平均 3 604kg/ 亩。微辣，品质佳。

20. 14001

主要特征特性：植株长势旺盛，坐果好，连续坐果能力强，果实深绿色，有光泽，外形美观，果实稍小，平均果长 20cm，直径 3.3cm，单重 55g 左右。

在陕西种植表现：产量平均 2 268kg/ 亩。微辣，品质佳。

21. 37-94

主要特征特性：植株长势旺盛，耐寒性好，坐果早，坐果率高，连续坐果性好，果实褶皱美观，有光泽，均匀度好，果实细长，果实长度 25cm 左右，直径 3.4cm 左右，单重 71.5g 左右。

在陕西种植表现：产量平均 2 844kg/ 亩。坐果多，果型好，微辣，品质佳。耐寒性好。适合秋冬、早春日光温室及拱棚栽培。

22. 辛香 8 号

主要特征特性：一代杂交品种。中早熟，果实线形，果长 22cm，横径 1.5 ～ 1.7cm，果肉厚 0.25cm，单果质量 18 ～ 20g，果型整齐顺直；青椒嫩绿色，中辣；老熟后鲜红色，辣味浓，有香味，口感好；鲜食加工兼用。高抗炭疽病，抗疫病、病毒病；特耐湿、耐热。

在陕西种植表现：产量一般 3 000 ～ 3 500kg/ 亩。味辛辣，抗性好。

23. 洛椒条椒 8 号

主要特征特性：熟品种，株高 40 ～ 50cm，株行紧凑，结果集中，特别稠密，特高产。果长 24 ～ 30cm，果径 1.5cm。味极辣属香辣型，抗病性特别强，椒条顺直、采收期长。

在陕西种植表现：产量一般 2 000 ～ 2 500kg/ 亩。味辛辣，抗性好。适宜设施栽培。

24. 优胜 501

主要特征特性：早熟，株高 56cm，展幅 58cm，分枝强，结果多。果实线型，果长 23 ～ 27cm，辣香味浓，翠嫩可口，青果浅绿色、熟果鲜红、耐热耐湿、抗病性强，产量高，采收期长。

在陕西种植表现：产量平均 3 180kg/ 亩。坐果多，着色好。

25. 13003

主要特征特性：植株长势旺盛，早熟性好，坐果较好，连续坐果能力强，果实稍粗，顺直，表皮光亮，辣味浓郁，果长 21.5cm，直径 2cm，单重 28.3g。

在陕西种植表现：产量平均 1 932kg/ 亩。果实商品性状好。

26. 宝椒 10 号

主要特征特性：早熟线辣椒三系杂交品种，干鲜两用。株高 70cm 左右，株幅 74cm，主茎粗 1 ~ 1.3cm；叶片单叶互生卵状披针形，全缘，先端尖，叶柄较长，叶色深绿；花单生，俯垂，花萼杯状，不显著 5 齿，花冠白色，裂片卵形，花柱线状；浆果线形，先端渐尖，未熟果绿色，成熟果红色，平均单果重 10.0g，果长 17.28cm，果径 1.49cm，肉厚 0.23cm，味中辣。

在陕西种植表现：产量平均 2 036kg/ 亩。抗病毒病、疫病和炭疽病。

27. 宝椒 11 号

主要特征特性：早熟、干鲜两用线辣椒三系杂交品种。平均株高 70cm 左右，株幅 73cm，主茎粗 1 ~ 1.4cm；叶色深绿；平均单果重 8.4g，果长 16.7cm，果径 1.28cm，肉厚 0.24cm，味中辣。商品果蛋白质 3.65%，粗脂肪 0.80%，维生素 C 309.88mg/100g，总糖 4.12%。

在陕西种植表现：产量平均 2 036kg/ 亩。对病毒病、疫病和炭疽病综合抗性较好。

28. 宝椒 12 号

主要特征特性：早熟线辣椒三系杂交品种，干鲜两用。株高 85cm，株幅 58cm，根为须根系，主根深度 25 ~ 30cm，侧根发达，根幅 32cm 左右，根系白色。茎秆绿色，主茎粗 1 ~ 1.4cm。叶片单叶互生，叶片卵状披针形，叶长 15cm，叶宽 6 ~ 7cm，全缘，先端尖，基部渐狭，叶柄较长，叶脉白色，叶色深绿。花单生，俯垂；花萼杯状，不显着 5 齿；花冠白色，裂片卵形；雄蕊 5；雌蕊 1，子房上位，2 室，花柱线状。浆果线形，先端渐尖，未成熟时绿色，成熟后呈红色，平均单果重 6.5g，果长 16.9cm，果宽 1.25cm，肉厚 0.17cm，味中辣，品质较好。蛋白质 3.65%，粗脂肪 0.80%，维生素 C 309.88mg/100g，总糖 4.12%。种子多数为 90 粒左右，扁肾形，淡黄色。

在陕西种植表现：产量一般 2 000kg/ 亩左右。抗炭疽和病毒病，抗逆性较强。适宜于露地小麦辣椒间套，麦茬辣椒或地膜覆盖栽培。

29. 宝椒 13 号

主要特征特性：早熟线辣椒三系杂交品种，干鲜两用。株高 67cm，株幅

80cm，根为须根系，主根深度 25 ～ 30cm，侧根发达，根幅 32cm 左右，根系白色。茎秆绿色，主茎粗 1 ～ 1.4cm。叶片单叶互生，叶片卵状披针形，长 17cm，宽 6 ～ 8cm，全缘，先端尖，基部渐狭，叶柄较长，叶脉白色，叶色深绿。花单生，俯垂；花萼杯状，不显着 5 齿；花冠白色，裂片卵形；雄蕊 5，雌蕊 1；子房上位，2 室，花柱线状。浆果线形，先端渐尖，未成熟时绿色，成熟后呈红色，平均单果重 11.3g，果长 20.6cm，果宽 1.47cm，肉厚 0.20cm，味辣，品质较好。钙 328.62mg/kg，磷 53.4mg/100g，蛋白质 2.57%，维生素 C 317.22mg/100g。

在陕西种植表现：产量一般 2 400kg/ 亩左右。抗病毒病。

30. 陕早红

主要特征特性：早熟、质优、抗病、丰产。株高 66cm，株幅 30cm，茎秆绿色，主茎粗 1 ～ 1.2cm，单果重 8.6g，果长 14.75cm，果宽 1.29cm，肉厚 0.21cm，味辣，品质较好，维生素 C 165.3mg/100g，粗脂肪 0.52%，蛋白质 2.67%，总糖 3.52%。

在陕西种植表现：产量一般 2 000kg/ 亩左右。抗炭疽病较好。

三、茄子

茄子（*Solanum melongena* L.），古称酪酥、昆仑瓜，又称六蔬、矮瓜等。属茄科茄属植物，植物学将茄子分为圆茄、长茄、矮茄和灯笼红茄 4 个变种。茄子栽培品种按颜色可分为紫色、紫黑色、淡绿色、白色等；按形状可分为长茄、卵圆茄和圆茄等。陕西产业上茄子种类主要为长茄、卵圆茄和圆茄。近十年来，陕西种植的茄子品种近 50 个。当前及今后一段时间推荐在陕西推广的品种简介如下。

1. 布利塔

主要特征特性：早熟，丰产性好，生长速度快，采收期长。果实长形，果长 25 ～ 35cm，直径 6 ～ 8cm，单果重 400 ～ 450g。果实紫黑色，质地光滑油亮，绿把、绿萼，比重大，味道鲜美。货架寿命长，商业价值高。耐弱光，低温下座果能力强。

在陕西种植表现：产量一般 10 000kg/ 亩左右。抗性好，低温下坐果能力强。

2. 东方长茄（10–765）

主要特征特性：植株开展度大，花萼中等大小，叶片中等大小，无刺，早熟，丰产性好，生长速度快，采收期长。果实长形，果长 25 ～ 35cm，直径 6 ～ 9cm，单果质量 400 ～ 450g，果实紫黑色，质地光滑油亮，绿把，绿萼，味道鲜美，货架寿命长，商品价值高。

在陕西种植表现：产量一般 10 000kg/ 亩左右。结果较多，果粗，产量高。适应于冬季温室和早春保护地种植。

3. 10–715

主要特征特性：长势旺盛，自然坐果稍差，早熟性较好，植株高大，叶片中等大小，萼片无刺，绿萼，绿把，果实紫黑色有光泽，长茄，果实长 20cm 左右，直径 6.5cm 左右，单果重 200g 左右，果肉密实，耐贮运，货架期长。

在陕西种植表现：产量一般 8 000kg/ 亩左右。果肉紧实，耐贮运。

4. 秀娘

主要特征特性：植株长势旺盛，坐果好，连续坐果性好，早熟性较好，叶片中等大小，萼片无刺，果实长 21cm 左右，果实直径 6.5cm 左右，单果重 330g 左右，果肉细腻，商品性好，耐贮运，货架期长。

在陕西种植表现：产量一般 8 000kg/ 亩左右。品质佳。

5. 安娜

主要特征特性：植株长势旺盛，株型高大，坐果好，连续坐果性好，早熟，叶片中等大小，萼片无刺，果实长形，果实长 22.6cm 左右，果实直径 6.5cm 左右，单果重 400g 左右，果皮紫黑色有光泽，果形美观，商品性好，耐贮运，货架期长，采收期长。

在陕西种植表现：产量一般 9 000kg/ 亩左右。品质佳。

6. 园杂 5 号

主要特征特性：中早熟一代杂种。植株生长势强，门茄在第 6 ～ 7 片叶处着生，果实扁圆形，纵径 8 ～ 11cm，横径 11 ～ 13cm，单果重 350 ～ 800g，果色紫黑，有光泽，耐低温、弱光，肉质细腻，味甜，商品性好。

在陕西种植表现：产量一般 4 500kg/ 亩左右。较耐低温。

7. 绿罐 2303

主要特征特性：生长势强，株型紧凑，耐低温，抗高温。低温下不易畸形，管理容易。果面光滑无棱沟，果形端正，长卵圆形，皮色极其亮绿，果形硕大，单果重 700 ～ 1 500g，商品性极佳。对早疫病、灰霉病、免疫病、菌核病和褐纹病抗性明显增强。果肉细密，比重大，耐贮藏和运输。易坐果，果实发育速度快，四门斗连续结实能力强。

在陕西种植表现：产量一般 13 000kg/ 亩左右。适宜早春大拱棚栽培。

8. 佳美紫红长茄

主要特征特性：株型紧凑，坐果能力强，果实长条形，果皮紫红色，光滑顺直，头尾均匀，茄香味农，商品性特佳。果长 30 ~ 38cm，粗约 6cm，单果重 350 ~ 400g，采收期长，高温季节不变色，耐贮运，耐热耐寒，耐湿，抗青枯病、绵疫病、黄萎病等各种病害。

在陕西种植表现：产量一般 10 000kg/ 亩左右。适宜设施及露地栽培。

9. 绿状元

主要特征特性：早熟，绿茄品种。9 片真叶着生门茄，株型较高，生长势强，综合抗病能力好，耐寒抗热，尤其对黄萎病有很强的抗性。果实灯泡形，单果重 1 000g 左右。

在陕西种植表现：产量一般 10 000kg/ 亩左右。适合陕西节能型日光温室、大拱棚和露地栽培。

10. 早丰红茄

主要特征特性：早熟。生长势强，植株高 90 ~ 100cm，叶片较细，坐果能力强，单株结果数较多，果长棍棒形，均匀，皮紫红色，肉白色，末端略尖，果长 27cm，果宽 4.6cm，单果重 182g。

在陕西种植表现：产量一般 3 000kg/ 亩左右。抗病性稍差。适宜秋季种植。

11. 紫云

主要特征特性：杂交一代，中熟品种，平均第 8 ~ 9 节节位着生门茄；株高约 95cm，开展度 60cm；果实紫红色，有明亮光泽，果型指数 0.89，果脐极小，近点状。肉质洁白细嫩，风味佳，平均单果重 400g 左右。

在陕西种植表现：产量一般 5 000kg/ 亩左右。较抗黄萎病、根腐病，耐绵疫病。

12. 小黑龙

主要特征特性：极早熟杂交品种，植株第 6 ~ 7 片真叶着生门茄，茎干较细，连续生长和坐果能力极强，株高可达 1.8 ~ 2m。果实黑色，亮度好，果长 20 ~ 40cm，直径 4 ~ 5cm（低温条件下以及使用赤霉素喷花则果实较细长，高温下果实较粗短），硬度好，耐运输，货架期长，果肉浅绿色，生食口感微甜，长途运输不易烂果。坐果率高，主、副花皆可发育成商品。萼片鲜绿色，茎叶、果柄和萼片无刺。

在陕西种植表现：产量一般 5 000kg/ 亩左右。耐高温，适合露地种植，也可在保护地进行早春和秋延迟栽培，但不宜日光温室越冬栽培。

13. 奥黑 105

主要特征特性：中熟偏早。植株健壮，坐果能力强，果实卵圆形，饱满，果

型 18×14cm，果皮黑色，油亮，萼片绿色无刺，果肉绿色，质地细嫩，外形极其美观。耐运输，货架期长。

在陕西种植表现：产量一般 5 000kg/ 亩左右。耐低温。适合保护地越冬和露地栽培。

14. 绿抗

主要特征特性：果形硕大，果皮油绿光亮，平均长 20cm 以上，果径 11cm 以上。单果重 700g，最大可达 1 000g 以上。抗黄萎病，较抗绵疫病、褐纹病和病毒病。

在陕西种植表现：产量一般 5 000kg/ 亩左右。适宜设施早春和露地早熟栽培。

15. 紫奇

主要特征特性：极早熟，6 ~ 8 片真叶着生门茄，果皮薄，肉质细嫩，浅绿色，果皮紫黑色，光泽度好，单果重 200 ~ 400g，长卵圆形，外观优美。果实发育速度快。

在陕西种植表现：产量一般 5 000kg/ 亩左右。适宜设施早熟栽培。

16. 特旺达

主要特征特性：植株长势健旺，无限生长型，果实连续坐果能力强。果实长形，平均果长平均纵径 27.6cm，平均横径 5.4cm，平均单果重 209g，果形直，果皮紫黑色，光泽度极强，绿萼片，果实商品性佳，耐运输，综合性状表现优良。可作长周期栽培。

在陕西种植表现：产量一般 4 000kg/ 亩左右。杂种一代耐寒性强，适应于冬春季温室及保护地栽培。

17. 黑玉

主要特征特性：中早熟，植株生长势强，果实长棒形，塑料大棚栽培果长 35cm，果宽 4.87cm，单果质量 240g。果皮黑紫色、有光泽，果肉绿白色，肉质细嫩。

在陕西种植表现：产量一般 6 000kg/ 亩左右。适宜露地及设施早春栽培。

18. 快圆茄

主要特征特性：早熟品种，果实生长快，前期产量高。株高 60 ~ 70cm，展开度 60cm 左右，茎紫绿色，叶柄及叶脉浅紫色，门茄着生于 6 ~ 7 节，果实近圆形，果皮深紫色，有光泽，果肉洁白致密，果径 10cm 左右，单果重 600g 以上，最大可达 1 000g 以上。

在陕西种植表现：产量一般 5 000kg/ 亩左右。适宜露地早熟及早春设施栽培。

第二节　瓜类蔬菜

瓜类蔬菜包括黄瓜、西瓜、甜瓜、南瓜（中国南瓜、印度南瓜和美洲南瓜）、苦瓜、丝瓜等，陕西大面积种植的瓜类蔬菜是前三种。黄瓜、西瓜、甜瓜在陕西种植主要有设施早春茬、露地春茬、夏秋茬、晚秋设施茬以及越冬茬。不同茬口应用的品种不同，不同品种在不同茬口的表现也有差异；此外，黄瓜还有水果类型品种、西瓜还有礼品类型品种。

一、黄瓜

黄瓜（*Cucumis sativus*），又称胡瓜、刺瓜、王瓜、勤瓜、青瓜、唐瓜、吊瓜等，属葫芦科黄瓜属植物。根据黄瓜的分布区域及其生态学性状可将其分为华北型、华南型、南亚型、欧美型和小型黄瓜等类型。陕西种植的黄瓜品种以华北型为主。近十年来，陕西种植的黄瓜品种 60 多个。当前及今后一段时间推荐在陕西推广的品种简介如下。

1. 绿星 1 号

主要特征特性：植株长势旺盛，叶色深绿，早熟性好，连续坐果力强，刺密，瓜条直顺，果皮深绿有光泽，商品性好，节间长 10cm 左右，瓜把 2cm 左右，瓜长 32cm 左右，直径 3.2cm，单重 186g 左右。

在陕西种植表现：平均产量 8 698kg/ 亩。结果多，营养生长与繁殖生长协调发展，不疏果。适宜早春设施栽培。

2. 绿星 5 号

主要特征特性：植株长势旺盛，叶色深绿，早熟性好，瓜码密，连续坐果力强，瓜条直顺，刺密，果皮深绿有光泽，商品性好，节间长 8cm 左右，瓜把 2cm 左右，瓜长 35cm 左右，直径 3.3cm，单重 194g 左右。

在陕西种植表现：平均产量 9 580kg/ 亩。坐果能力强，单株坐果数多。适宜早春设施栽培。

3. 绿星 6 号

主要特征特性：植株长势旺盛，叶色深绿，中早熟，连续坐果力强，瓜条直顺，刺密，果皮深绿有光泽，商品性好，节间长 7cm 左右，瓜把 2cm 左右，瓜长

31cm 左右，直径 3.4cm，单重 188g 左右。

在陕西种植表现：平均产量 8 147kg/ 亩。坐果能力强，单株坐果数多。适宜早春设施栽培。

4. 喜旺

主要特征特性：植株长势中等，叶色深绿，早熟，坐果好，连续坐能力强，瓜码密，几乎每节着生雌花，产量高，瓜条顺直，刺密，瓜色深绿，有光泽，瓜把短，商品性好，抗病性好，节间长 10cm 左右，瓜把 2.6cm 左右，瓜长 36cm 左右，直径 3cm，单重 191g 左右。

在陕西种植表现：平均产量 9 085kg/ 亩。长势中等，营养生长与生长生长协调发展。坐果多，产量高。适宜早春设施栽培。

5. 夏之光

主要特征特性：无刺水果型黄瓜，植株长势中等，叶色深绿，早熟性好，果实翠绿，表面光滑稍有棱，果实顺直，口感好，坐果好，瓜码密，每节 1 ～ 2 个瓜，有些节位可分化 3 ～ 4 个瓜，节间 5cm 左右，瓜把 2.5cm 左右，瓜长 16cm 左右，直径 2.5cm 左右，单重 76g 左右。

在陕西种植表现：平均产量 7 835kg/ 亩。瓜条顺直，品质佳。适宜早春设施栽培。

6. 绿春 1 号

主要特征特性：稀刺黄瓜，植株长势旺盛，早熟性较好，坐果好，连续坐果好，每节有瓜，节间较长，瓜条顺直，瓜皮深绿，瓜把极短，表面无棱，口感好，商品性较好，节间长 9cm 左右，瓜把 1.5cm 左右，瓜长 20cm 左右，直径 3.2cm，单重 120g 左右。

在陕西种植表现：平均产量 7 456kg/ 亩。节间长，蔓长。适宜早春设施栽培。

7. 绿春 2 号

主要特征特性：稀刺黄瓜，植株长势旺盛，早熟性较好，坐果好，连续坐果好，每节有瓜，节间较长，瓜条顺直，瓜皮翠绿，瓜把极短，表面无棱，果实易空心，商品性一般，节间长 7cm 左右，瓜把 1.7cm 左右，瓜长 18cm 左右，直径 3.1cm，单重 118g 左右。

在陕西种植表现：平均产量 793kg/ 亩。瓜皮翠绿，瓜条顺直，品质佳。适宜早春设施栽培。

8. 津优 21

主要特征特性：植株生长势强，瓜条长 32cm，棒状，深绿色，棱刺瘤明显，商品性好、品质佳。单瓜重 200g 左右。抗霜霉病、白粉病、枯萎病。丰产、耐低温弱光。

在陕西种植表现：一般产量 7 500kg/ 亩左右。结果早、早期产量高，刺密、瓜长、瓜匀、把短，抗霜霉、白粉，不抗疤斑病。适宜秋冬茬日光温室栽培。

9. **津绿 26**

主要特征特性：早春杂交一代。从播种到采收时间为 55 天。早春栽培第一雌花节位 4 节，成瓜性好。植株生长势强，主蔓结瓜为主。瓜条顺直，商品瓜率可以达到 95% 以上、瓜深绿色，有亮度，短把密刺，长 35cm 左右；果肉绿色，质脆，味甜，品质极佳。高抗霜霉病、白粉病、枯萎病、角斑病。

在陕西种植表现：一般产量 5 000kg/ 亩左右。瓜条刺密、果长、匀称、品质佳。抗霜霉病。前期产量高，后期衰败快。适宜早春温室及春大棚栽培。

10. **津优 32**

主要特征特性：植株长势强，茎粗壮，侧枝较少。第一雌花出现在第 4 节左右，雌花节率高。瓜条商品性好，品质优。瓜条棒状，单瓜重 200g 左右，瓜条顺直，深绿，刺瘤适中；秋季和春季瓜条长度在 35cm 左右，冬季一般在 25cm 以上；瓜腔小，瓜把较短；果肉淡绿色、口感脆嫩、味甜，维生素 C 含量 10.48μg/100mg，可溶性糖含量 2.35%，可溶性固形物含量 4.8%。耐低温弱光能力强。在温室内最低温度为 6℃、每天持续均在 4h 以上仍然能够正常结瓜。在持续 1 周室内光照低于 5 000lx 弱光条件下没有明显的生育障碍出现。耐高温，不易早衰。抗霜霉病、白粉病、枯萎病和黑星病。

在陕西种植表现：一般产量 6 000kg/ 亩左右。瓜长，瓜码密。抗性好，产量高。但后期瓜把长。适合日光温室越冬栽培和冬春茬温室早熟栽培。

11. **津优 35**

主要特征特性：植株生长势中等，叶片中等大小，主蔓结瓜为主，瓜码密，回头瓜多，瓜条生长速度快，丰产潜力大。早熟性好，耐低温、弱光能力强，抗霜霉病、白粉病、枯萎病。瓜条顺直，皮色深绿、不化瓜、畸形瓜率低，单瓜重 200g 左右，果肉淡绿色，商品性佳。

在陕西种植表现：一般产量 10 000kg/ 亩以上。生长期长、不易早衰，适宜日光温室越冬栽培及早春茬栽培。

12. **津优 2 号**

主要特征特性：植株生长势强，茎粗壮，叶片肥大，深绿色，分枝中等，主蔓结瓜为主；瓜码密，单性结实能力强，瓜条生长速度快，不易化瓜，一般夜温 11 ~ 13℃可正常生长。瓜条长棒状，深绿色，刺瘤中等，白刺，单瓜长 35cm，

重200g，品味佳，商品性好。耐低温。抗霜霉病、白粉病、枯萎病能力强。

在陕西种植表现：一般产量5 000kg/亩以上。抗霜霉病和白粉病。抗病丰产，耐低温弱光，适宜早春和秋延后大棚栽培。

13. 早春优秀

主要特征特性：株高2.5m，主蔓结瓜为主，分枝力强，生长势强，节节结瓜，3 ~ 4叶结瓜。从播种到采收40 ~ 45天，单株结果15 ~ 20个左右，瓜型呈棒型，瓜表面浅绿色，瓜长20 ~ 25cm左右，瓜粗2 ~ 3cm，瓜码密，瓜条匀称。特抗病，喜高温，抗低温，肉质脆嫩，口感好。

在陕西种植表现：一般产量8 000kg/亩以上。抗性强，品质佳。适宜早春温室、大棚栽培。

14. 博耐12-5

主要特征特性：长势强，不歇秧，节间稳定，连续成瓜能力强。瓜条长32cm左右，瓜把略短、条直、无棱、无黄线，颜色深绿油亮；耐低温、弱光、高抗霜霉病、白粉病和枯萎病三大病害。

在陕西种植表现：一般产量6 000kg/亩以上。适宜越冬、早春温室栽培。但细菌性流胶病相对较重，耐低温力相对不强，易发生花打顶。

15. 津优303

主要特征特性：植株生长势强，叶片中等偏小，叶肉厚，叶色深绿，光能利用率高。瓜码密，以主蔓结瓜为主，单性结实能力强。高抗霜霉病、白粉病、褐斑病、枯萎病。耐低温弱光能力强，越冬栽培中在低温寡照条件下能持续结瓜。瓜条商品性佳，畸形瓜率低，瓜条顺直，皮色深绿、光泽度好，中等瓜条，无棱，腰瓜长32 ~ 34cm，单瓜质量190g左右，质脆味甜，品质好。

在陕西种植表现：一般产量7 500kg/亩以上。耐低温力相对较强，适宜越冬日光温室或早春栽培。有花打顶现象。

16. 喜旺922

主要特征特性：生长势强，坐果性好，瓜条质量稳定，产量高；瓜条顺直，瓜把短，光泽度好，瓜长33cm左右；抗黄瓜花叶病毒病、白粉病、黄瓜绿斑驳病毒病。耐低温。

在陕西种植表现：一般产量7 000kg/亩以上。适合早春越冬日光温室和拱棚栽培。

17. 津绿21-10

主要特征特性：叶片中等，主蔓结瓜为主，瓜码密，回头瓜多，瓜条生长速度快，丰产潜力大。早熟性好。瓜条顺直，皮色深绿，光泽度好，瓜把短，刺瘤密，腰瓜长 36cm 左右，商品瓜率高，单瓜质量 200g 左右，耐低温弱光能力强，高抗霜霉病、白粉病、枯萎病。

在陕西种植表现：一般产量 6 000kg/ 亩以上。适宜日光温室越冬茬及早春茬栽培。

18. 德瑞特 D19

主要特征特性：植株株型紧凑，长势强，龙头大，主蔓结瓜，叶片中等大小，节间适中；瓜码密，连续结瓜能力强，不歇秧；产量高。瓜条长 36cm 左右，瓜把短，密刺，颜色均匀，瓜条顺直、整齐、性状稳定。耐低温、弱光能力强，抗病能力强，高抗“烂龙头”、枯萎病、霜霉病。

在陕西种植表现：一般产量 6 000kg/ 亩以上。适合秋延迟、早春茬栽培。

二、西瓜

西瓜 [*Citrullus lanatus* (Thunb) manf]，种出西域，故之名。又称夏瓜、寒瓜、青门绿玉房。按生态型西瓜可分为新疆生态型、华北生态型、东亚生态型、俄罗斯生态型和美国生态型；依用途可分为鲜食西瓜、籽用西瓜和药用西瓜；依染色体数量可分为二倍体、三倍体（又称无籽西瓜）和四倍体西瓜；依果型大小可分为普通西瓜与礼品西瓜。陕西种植的西瓜品种包括普通西瓜与礼品西瓜。近十年来，陕西种植的西瓜品种 40 多个。当前及今后一段时间推荐在陕西推广的品种简介如下。

1. 冰糖甜王

主要特征特性：早熟花皮圆果，雌花开放到成熟 26 天左右，耐旱低温弱光，易坐瓜。果皮硬韧，绿底上覆规则墨绿色条带，果型饱满圆整，外形美观，不空心，不裂果。果肉大红，中心含糖 13 度，甜脆爽口，脆嫩多汁，平均单瓜重 10kg 左右。

在陕西种植表现：一般产量 5 000kg/ 亩以上。抗病性强，耐枯萎，耐重茬，耐贮运，品质好。适宜拱棚早春栽培。

2. 红冠龙

主要特征特性：中熟一代杂种，全生育期 100 天左右，植株主蔓长约 3m，分枝力中等，叶片深绿，缺刻中深。一般出现第一雌花约在第 7 叶节处，其后，每隔 3 ~ 5 节再现雌花。坐果能力强。果实从开花到成熟约 36 天。果实椭圆形，果

形指数为 1.68。浅绿色皮上有不规则深绿色条带，色亮美观。果肉大红色，肉质细脆，多汁爽口，风味好，中心折光糖 12.6% 以上，边缘 10.5%。商品种子千粒重 100g，商品瓜籽小且少，千粒重 23g。皮厚 1.1cm，耐运输，极耐贮藏。单瓜重 9 ~ 10kg，最大 23kg，高抗枯萎病、炭疽病，较耐病毒病。抗旱、耐湿性均佳。

在陕西种植表现：一般产量 5 000kg/ 亩以上。抗枯萎病。

3. 陕农 9 号

主要特征特性：中熟品种，全生育期 95 ~ 100 天，果实从开花到成熟 36 ~ 38 天。生长势强，主蔓长约 3 米以上，分枝能力较强，叶片大，深绿色，叶缘深锯齿，第 10 ~ 11 节着生第一雌花，以后每隔 3 ~ 5 节再现雌花。坐果平均节位 15 节，距根部 1.5 ~ 1.7 米。果实椭圆形，果形指数 1.56，单瓜平均重 8 ~ 9kg，最大 20kg 以上。果皮浅绿色，上覆深绿色中宽条带，皮厚 10cm。果肉红色，肉质细，汁多纤维少，酥甜爽口，种子少（种子为瘪子，即未发育的白色种囊），风味十分好。中心折光糖 12% ~ 12.5%，边缘 11.0%，糖梯度小。种子中等大小，黑色，千粒重约 70g。抗枯萎病、炭疽病，耐病毒病，抗旱。

在陕西种植表现：一般产量 5 000kg/ 亩以上。抗枯萎病。

4. 陕农 6 号

主要特征特性：中熟品种，全生育期 97 天左右，果实发育期 35 天左右。F1 代种子褐色，粒大，出苗健壮。植株长势中强，茎蔓粗壮，主蔓长约 3 米，分枝能力中等，叶缘深锯齿。10 ~ 11 叶节出现第一雌花，其后每隔 6 ~ 7 节再现雌花。坐果容易且整齐。果实长椭圆形，果形指数 1.48 左右。果皮墨绿色，皮厚约 1.2cm，硬韧，贮运性好。果肉大红色，肉质沙脆，汁多纤维少，口感佳，中心折光糖含量 11.9% 左右，中边糖梯度小。抗病性、抗逆性强。单果质量 8.0kg 左右。

在陕西种植表现：平均产量 4 554.5kg/ 亩。

5. 农科大 11 号

主要特征特性：早熟，全生育期约 110 天，从开花到果实成熟约 35 天。植株长势强，分枝能力强。一般第 9 叶节出现第一雌花，以后每隔 6 ~ 8 节出现 1 雌花，坐果能力强。果实圆形，果形指数 1.0。果皮深绿色，覆墨绿色齿状条带，有蜡粉，果皮厚约 1.1cm，较硬韧。果肉红色，肉质脆，汁多，纤维少，口感佳，中心可溶性固形物含量 11% ~ 12%。单果重 6 ~ 8kg。高抗枯萎病，耐湿、耐低温性强。

在陕西种植表现：平均产量 3 862kg/ 亩。适于春季大棚栽培。

6. 新秀西瓜

主要特征特性：中早熟，全生育期 95 天，坐果至成熟 30 天。圆形果，艳绿底色，覆墨绿色清晰窄条带，果面美观亮丽。单果重 6kg，大者可达 12kg 以上。大红瓤，剖面均匀，质地酥脆可口，中心含糖量 12 度，纤维少，汁液足，品质优。坐果容易、整齐、易栽培。抗病性较强，生态适应性广。皮薄而韧，抗裂，极耐贮运。

在陕西种植表现：平均产量 4 500kg/ 亩。在延安表现为低温下果个小，约 1 ～ 2kg，但口感好。

7. 农科大 5 号

主要特征特性：早熟一代杂种，生育期 90 ～ 92 天，果实成熟期 28 ～ 30 天。植株长势中强，茎蔓粗壮，主蔓长约 2.6m，分枝能力中等，叶缘深锯齿。第一雌花一般在第 5 ～ 7 叶节出现。坐果容易且整齐。果实圆形，果形指数 1.1。果皮深绿色，上覆墨绿色中细条带，皮厚 0.93cm，硬韧，贮运性好。单瓜重 5.9kg。果肉红色，肉质沙细，汁多纤维少，口感佳，中心折光糖含量 12.4%，中边糖梯度小。抗病性、抗逆性强。

在陕西种植表现：平均产量 3 200kg/ 亩。

8. 福运来

主要特征特性：植株长势较旺，早熟性好，花皮红肉，瓤口较硬，非常甜，口感好，果实长圆形，皮稍厚有韧性，耐裂性好，糖度 13.5，果实单重 1.7kg 左右。

在陕西种植表现：平均产量 3 060kg/ 亩。

9. 博琳

主要特征特性：植株长势较旺，极早熟，花皮黄肉，瓤口较硬，口感脆嫩，瓤色偏橙黄色，果实长圆形，果皮薄，有韧性，不易裂果，糖度 11.4，果实单重 1.7kg。

在陕西种植表现：平均产量 3 060kg/ 亩。

10. 绿凤凰

主要特征特性：植株长势较旺，极早熟，黄皮红肉，瓤绵软，皮薄而脆，果实圆形，糖度 12，果实单重 1.5kg 左右。

在陕西种植表现：平均产量 3 060kg/ 亩。

11. 黄凤凰

主要特征特性：植株长势较旺，极早熟，花皮黄肉，瓤脆嫩，皮薄较脆，果实圆形，糖度 11.4，果实单重 1.2kg 左右。

在陕西种植表现：平均产量 2 160kg/ 亩。

12. 早春红玉

主要特征特性：杂交一代极早熟小型红瓤西瓜，春季种植座果后 35 天成熟。

该品种外观为长椭圆形，绿底条纹清晰，植株长势稳健，果皮厚 0.4 ~ 0.5cm，瓤色鲜红肉质脆嫩爽口，中心糖度 12.5 以上，单瓜重 2.0kg，保鲜时间长，商品性好。

在陕西种植表现：一般产量 2 000kg/ 亩左右。在延安表现为低温下果个相对较大。

13. 玲珑王

主要特征特性：极早熟，全生育期 85 天左右，果实生育期 26 天，主蔓长约 2.5m，分枝性强，叶片深绿。果实底色浅绿，黑绿细条纹均匀分布，果面少有杂斑，外观美观，果实短椭圆型，果型指数 1.28。瓤色艳红，剖面好，纤维素含量低。中心折光糖 13% ~ 14%，边糖 11.5%，梯度小。皮坚韧，厚 0.7 ~ 0.8cm。可连续性坐果，单瓜重 2.5 ~ 3kg 左右，对枯萎病抗性较强，兼抗炭疽病。耐湿耐低温。

在陕西种植表现：一般产量 4 000kg/ 亩左右。适宜设施栽培。

14. 农科大 16 号

主要特征特性：极早熟品种，果实生育期 28 天左右，全生育期约 96 天。植株主蔓第一雌花着生 5 ~ 7 节，易坐果。该品种底色绿，覆墨绿细条纹；果实高圆形，果形指数 1.18。瓤色红，果实剖面好。果实中心可溶性固形物含量 12% ~ 13%，平均 12.5，边糖 9.8% ~ 10.2%；皮厚 0.5cm，耐贮运。果实商品率 97% 左右。平均单瓜重 1.5 ~ 2.0kg。对枯萎病抗性较强，兼抗炭疽病。在低温弱光条件下，雌花易形成且具有极强的持续坐果能力。抗病性与抗逆性强，耐低温弱光性。

在陕西种植表现：一般产量 2 850kg/ 亩左右。适合设施栽培。

15. 京欣 3 号

主要特征特性：早熟一代杂交种，果实发育期 30 天左右，全生育期 86 ~ 88 天。植株生长势中上，雌花出现早，易坐瓜。果实高圆形，果形指数 1.04，亮绿底覆盖规则绿色窄条纹，外形美观，无霜。平均单瓜重 3.42kg，红瓤，中心可溶性固形物含量 9.75%，边缘 7.55%，高时可达 12% 以上，肉质脆嫩，口感好，风味佳。果皮厚度 0.65cm，果皮脆。

在陕西种植表现：一般产量 2 200kg/ 亩左右。适合设施与露地早熟栽培。

16. 蜜童

主要特征特性：果实生育期春播平均 29 天，秋播平均 29 天。植株长势旺，分枝力强，生长势和抗病性强。易坐果，果实商品率 94.6%，平均单果重 2.97kg，果实圆形到高圆形，果形指数 1.1，果柄长，花皮条带清晰，表皮绿色布深绿条带，果皮 0.9cm，中心糖度平均为 12.2，果肉大红，剖面较好，无籽性状好，纤维少，汁多味甜，质细爽口，口感好，果皮硬韧，较耐贮运。

在陕西种植表现：一般产量 1 900kg/ 亩左右。

三、甜瓜

甜瓜（*Cucumis melo* L.）又称香瓜、哈密瓜、甘瓜、白兰瓜、华莱士瓜和梨瓜等。甜瓜种类较多，通常人们又将其分为薄皮甜瓜与厚皮甜瓜。以上两种甜瓜陕西各地均有种植。近十年来，陕西种植的甜瓜品种 30 多个。当前及今后一段时间推荐在陕西推广的品种简介如下。

1. 陕甜 1 号

主要特征特性：植株长势旺，抗病性强，适应性广。全生育期 70 天左右，果实发育期 25 天，果实长阔梨形，充分成熟时果面白亮有黄晕，果肉纯白，肉质脆爽香甜，可溶性固形物含量 13% ～ 15%。单瓜重 500 ～ 650g。

在陕西种植表现：一般产量 3 800kg/ 亩左右。口感脆甜。

2. 绿宝天王

主要特征特性：早熟抗病甜脆型甜瓜品种。植株长势强健，子蔓孙蔓均能结瓜，坐瓜率极高，果实膨大速度快，采收集中，一般单瓜重 400g，果实表皮光滑，皮色深绿，肉绿色，甜脆可口、芳香四溢，含糖高达 18 度，商品性好，抗病力强，极耐贮运。

在陕西种植表现：坐果好，一般产量 3 500kg/ 亩左右。口感脆甜。

3. 永甜 2030

主要特征特性：综合性状突出，抗病力强，耐枯萎病。坐瓜均匀集中，果实梨形，成熟时白色带有黄晕，平均单瓜重 400 ～ 500g，子蔓孙蔓均能结瓜，坐瓜率高，花后 28 天上市，采收期集中。

在陕西种植表现：采收集中，一般产量 4 000kg/ 亩左右。货架期 10 天以上，耐贮运。但高温下果易发绵。

4. 新隆甜 8 号

主要特征特性：早熟，花后 21 天上市，植株长势强健，子蔓孙蔓均能结瓜，坐瓜率高，单瓜重 400 ～ 500g，瓜长卵形，成熟时黄白带有绿晕，果皮光滑，外表洁净，含糖高达 18 度，口感脆甜、香味浓郁、商品性极佳。果实耐贮运、耐裂、不倒瓤。抗病、产量高。

在陕西种植表现：产量高，货架期长。一般产量 4 000 ～ 5 000kg/ 亩。

5. 香瑞碧喜

主要特征特性：绿皮绿肉品种，坐果率高，连续结果力强，单株结果 5 ～ 10

个，孙蔓结瓜为主，植株生长势强，坐果后28天上市，果实阔梨形，成熟时深灰绿色，表面光滑，整齐均匀，果肉碧绿，肉质极为香甜酥脆，风味极佳，伴有浓郁清香味，甜度可达21度以上，高抗枯萎、炭疽、白粉等病害。

在陕西种植表现：耐低温力强，可在春节上市。一般产量7 000kg/亩。

6. 青香脆玉

主要特征特性：高品质杂交薄皮甜瓜新品种。具有高产抗病，肉厚脆爽，色香味俱佳之优势。早中熟，果实发育期26 ~ 28天。一般平均单果重500 ~ 800g，坐果力强，丰产潜力大。果实梨圆形，皮灰绿色，果肉绿色，皮薄肉厚，肉质细嫩脆甜，香味浓郁，含糖量16% ~ 17%左右，风味品质特好。

在陕西种植表现：品质佳。一般产量3 600kg/亩。

7. 翠蜜

主要特征特性：网纹甜瓜，植株长势旺盛，瓜皮绿色，网纹布满全瓜，果肉翠绿，肉质脆，果把不易脱落，果实耐贮性好，节间长7cm，茎粗1cm，叶片数31，叶片中等大小。子蔓结瓜，留瓜节位12 ~ 16片叶间，授粉时连续授粉，膨瓜后适时选瓜，一株留1 ~ 2瓜，待瓜稍大时及时用网袋吊瓜，成熟后及时采收，口感好，糖度18，单瓜重1.5kg。

在陕西种植表现：果形美观，绿肉，品质佳。平均产量2 700kg/亩。

8. 翠冠

主要特征特性：网纹甜瓜，植株长势旺盛，瓜皮深绿色，网纹布满全瓜，果肉绿色稍偏黄，肉质脆，果把不易脱落，果实耐贮性好，节间长7cm，茎粗1.1cm，叶片数31，叶片中等大小。子蔓结瓜，留瓜节位12 ~ 16片叶间，授粉时连续授粉，膨瓜后适时选瓜，一株只留一瓜，待瓜稍大时及时用网袋吊瓜，成熟后及时采收，口感好，糖度16，单瓜重2kg。

在陕西种植表现：果形美观，脆甜，品质佳。平均产量3 600kg/亩。

9. 抗病3800

主要特征特性：网纹甜瓜，植株长势特旺盛，成熟时瓜皮灰绿色，粗网纹布满全瓜，果肉橙色，肉质硬脆，瓜近圆形，瓜把不易脱落，果实耐贮运，抗病性好，红蜘蛛危害较重，节间长8cm，茎粗1.2cm，叶片数28，叶片较大。坐瓜较慢，子蔓结瓜，留瓜节位12 ~ 16片叶间，授粉时连续授粉，膨瓜后适时选瓜，一株留1 ~ 2瓜，待瓜稍大时及时用网袋吊瓜，成熟后及时采收，口感好，糖度16，单瓜重2kg。

在陕西种植表现：长势旺，晚熟。果形美观，品质佳。平均产量3 600kg/亩。

10. 冰糖雪梨

主要特征特性：厚皮甜瓜，植株长势中等，早熟性好，极易坐瓜，白皮白肉，肉质脆嫩，口感好，瓜长条形，表皮光滑，果实较小，瓜把不易脱落，耐储运，耐裂性好，较易感白粉病。节间长6.5cm，茎粗0.8cm，叶片数37，叶片小。子蔓结瓜，留瓜节位12 ~ 16片叶间，授粉时连续授粉，膨瓜后适时选瓜，一株留1 ~ 2瓜，瓜稍大时及时用网袋吊瓜，成熟后及时采收，口感好，糖度17.5，单瓜重1kg。

在陕西种植表现：口感脆甜，品质佳。平均产量1 800kg/ 亩。

11. 多甜1号甜瓜

主要特征特性：杂交一代四倍体薄皮甜瓜品种。种子中等大小，千粒重14g。出苗后子叶肥厚，下胚轴粗壮，幼苗健壮。植株生长势强，叶片较大，叶色深绿，叶片叶缘较圆。植株开展度较小。平均节长8.3cm，茎粗0.8cm。雄花两性花同株，两性结果花主要着生于子蔓或孙蔓。幼果浅白绿色，成熟果实皮色洁白。果实发育期30 ~ 35天。成熟后不落蒂。果实扁圆，果形指数0.8，果面光滑，果脐较大。果肉白色，厚约2.2cm，肉质脆，风味清香，中心可溶性固形物含量15.3%。平均单瓜重0.47kg。坐果性好，果形整齐，畸形果少，商品率高，耐裂果，耐贮运。对蔓枯病、霜霉病等多发病害有较强抗性。

在陕西种植表现：平均产量2 700kg/ 亩。适宜春季早熟栽培。

12. 农大甜1号

主要特征特性：早熟，植株长势强，茎蔓粗壮，节长9.5 ~ 11cm，茎粗0.7 ~ 0.9cm。雌花两性，子房肥大，易坐果。幼果浅白绿色，成熟后皮色金黄，成熟标志明显，从开花至成熟35天左右，成熟后不落蒂。果实圆形，果肉洁白，肉厚约3.8cm，可食率高，果实中心含糖量15% ~ 17%，肉质脆，爽口。商品率高，耐裂果，耐贮运，平均单瓜重1.7kg。

在陕西种植表现：平均产量2 800kg/ 亩。适应春季保护地栽培。

13. 农大甜2号

主要特征特性：植株生长势中强，抗病、抗逆性较强，耐低温弱光。植株全生育期105天左右，果实发育期38天左右。叶色绿，心脏叶形，叶片中等大小，节间较短，茎粗壮。雌花发育早，为单性花，易坐果，主蔓第10 ~ 14节子蔓雌花坐果性佳。果实高圆形，果形指数1.07。果皮光滑，乳白色，果肉白色，肉质较脆，肉厚3.9cm。耐裂果，耐贮运。果实中心可溶性固形物含量14% ~ 16%，平均14.6%。果实商品率95%左右。平均单瓜重1.6kg。

在陕西种植表现：平均产量 2 700kg/ 亩。适宜春季日光温室和大棚立架栽培。

14. 农大甜 6 号

主要特征特性：杂交一代厚皮甜瓜品种。植株生长势强，叶片较小，中部叶片平均纵经约 19.5cm，横径 23cm，叶色深绿，叶片叶缘较圆。植株开展度较小。平均节长 8.0cm，茎粗 1.0cm。雄花两性花同株，两性结果花主要着生于子蔓或孙蔓。幼果浅白绿色，成熟果实皮色洁白。果实与果柄之间不产生离层，成熟后不落蒂。果实圆，果形指数 1.0，果面光滑，棱不明显。果肉白色，厚约 3.6cm，肉质脆嫩多汁，风味清香，中心可溶性固形物 16.9%。平均单瓜重 1.0kg。坐果性好，商品率高，耐裂果，耐贮运。对蔓枯病、霜霉病等多发病害有较强抗性。

在陕西种植表现：平均产量 3 166kg/ 亩。适宜早春保护地栽培。

15. 农大甜 7 号

主要特征特性：农大甜 7 号系厚皮甜瓜三交种。早熟，全生育期 105 天左右，果实发育期 32 ~ 36 天。植株生长势强，叶片较小，叶色深绿，叶缘波浪状。植株开展度较小。一半植株为雄花两性花同株，另一半植株为雌雄异花同株，结果花主要着生于子蔓或孙蔓。幼果浅白绿色，成熟果实皮色洁白。果实与果柄之间不产生离层，成熟后不落蒂。果实高圆，果形指数 1.12，果面光滑。果肉白色，厚约 3.6cm，肉质脆嫩多汁，风味清香，中心可溶性固形物 16.7%。平均单瓜重 1.3kg。坐果性好，商品率高，耐裂果，耐贮运。对白粉病、霜霉病等多发病害有较强抗性。

在陕西种植表现：平均产量 2 861kg/ 亩。适宜早春保护地栽培。

第三节　绿叶菜类蔬菜

绿叶菜是一类主要以鲜嫩的绿叶、叶柄和嫩茎为产品的速生蔬菜。 由于生长期短，采收灵活，栽培十分广泛，品种繁多，陕西栽培的绿叶菜有：藜科的菠菜等；伞形科的芹菜、芫荽、茴香等；十字花科的不结球白菜、菜薹、苔菜、叶用荠菜等；球茎甘蓝，花椰菜，青花菜，芥蓝；菊科的莴笋、油麦菜、生菜等莴苣、茼蒿等；苋科的苋菜等；旋花科的蕹菜等；个别地区还有落葵、番杏等栽培。

一、菠菜

菠菜（*Spinacia oleracea* L.，）又名波斯菜、赤根菜、鹦鹉菜等，属藜科菠菜属，一年生草本植物。植物高可达 1m，根圆锥状，带红色，较少为白色，叶戟形至卵形，鲜绿色，全缘或有少数牙齿状裂片。菠菜的种类很多，按种子形态可分为有刺种与无刺种两个变种。 菠菜原产伊朗，中国普遍栽培，陕西省栽培的菠菜品种有：圆叶菠菜、武迪、日本春秋大叶、尖叶菠菜、顶胜、丹利士、巨能超级菠菜、8383、新改良若贝尔、3966、金刚草、398、台友夏绿、688、群丰等。代表性品种如下：

圆叶菠菜：株高 30 ～ 40cm，株幅 36 ～ 46cm。呈半直立状，茎生叶为长卵形，叶片正面绿色，背面草绿色，叶面微皱，叶片大，叶肉肥厚，心叶卷曲多皱。生育期一般 60 天左右。平均单株重 30 ～ 50g，质柔软，纤维少，品质佳。耐热性较强、耐寒性弱，宿根在露地不易越冬。春季栽培抽薹晚。易感染霜霉病和受潜叶蝇危害，亩产 2 000 ～ 2 500kg。

武迪：中早熟，耐抽薹，株高 30 ～ 35cm，单株重 55 ～ 65g。株型直立，尖圆叶，叶面光滑，叶色光亮，商品性极好，适于鲜食和加工出口市场。

日本春秋大叶：叶簇生、嫩绿色、长椭圆形、肥厚、味美，品质好，单叶宽 20cm 左右，长 30cm 左右，单株重可达 300 ～ 500g 左右。春秋可多次露地播种，在 3 月中、下旬至 4 月上旬，7 月中旬，9 月中、下旬均可播种，排开上市。播种量每亩 4 ～ 5kg。密度 30 000 株 / 亩左右。露地栽培播后 40 天即可上市。

巨能超级菠菜种子：荷兰原种，抗病、耐寒、耐热、冬性强、晚抽薹、叶大厚及浓绿，梗特粗，株型高大，产量特高，3 ～ 28℃均能快速生长旺盛，比一般品种生长快速、高产、旺盛，株型直立巨大，叶厚而浓绿。种植容易，适应性极广，早、中、迟均可种植。

二、芹菜

芹菜（Apiumgraveolens）别名芹、旱芹、香芹、蒲芹、药芹菜、野芫荽，为伞形科芹属中一、二年生草本植物。原产于地中海沿岸的沼泽地带，世界各国已普遍栽培。我国芹菜栽培始于汉代，至今已有 2 000 多年的历史。陕西省栽培的芹菜品种有：意大利冬芹、玻璃脆、日本西芹、美国西芹、春风芹菜、津南实芹、夏芹、文图拉、实杆芹、上海黄芽芹、上海黄芽实芹、天津四季西芹、汉中黄芽芹、小麦香芹、黄心实芹等。近年来意大利冬芹和文图拉发展较快。代表性品种如下：

文图拉芹菜：属于美国西芹，植株高大，生长旺盛，株高 80cm 左右，叶片大，叶色绿，叶柄绿白色，实心，有光泽，叶柄腹沟浅而平，基部宽 4cm，叶柄第一节长 30cm，叶柄抱合紧凑，品质脆嫩，抗枯萎病，对缺硼症抗性较强，从定植到收获需 80 天，单株重 750g，无分蘖，亩产 6 000 ~ 6 800kg，水肥条件和管理水平高的地区可达 10 000kg。

意大利冬芹：20 世纪 70 年代末中国农业科学院从意大利引入。植株生长势强，株高 70cm，单株重 250 ~ 700g，平均 8 片叶。叶柄基部宽 1.2 ~ 1.5cm、厚 0.95cm，实梗、脆嫩，纤维少，具香味，抗寒性强，单株平均重 250g 左右。能耐 −10℃短期低温，也较耐高温，喜湿耐肥。为南北各地主栽西芹品种，特别适合北方地区中小拱棚，改良阳畦及日光温室冬、春及秋延后栽培。

玻璃脆芹：生长势强，株高大，约 1m 左右。最大叶柄长达 60cm 以上。叶柄粗，实心，纤维少，肉质：脆嫩，品质佳。不易老，色如玉，透明发亮，故名之。该品种耐热、耐寒、耐贮运，不易抽薹开花。生育期 110 天，单株重 500g 左右。适于秋、冬季保护地栽培。一般每亩产 5 000 ~ 7 000kg。

津南实芹：株高 90cm，植株直立，基本无分支，有叶柄 7 ~ 8 条，叶柄腹沟深，颜色淡绿。叶片肥大，纤维少，商品性状好，抗逆性强，适应性广，耐寒耐热。越冬起身早，生长速度快，不易先期抽薹。

日本西芹：株型紧凑、生长势强、耐病、丰产、适宜夏秋及越冬覆盖栽培，植株直立高大，成株 80cm 以上，叶柄宽、叶肉肥厚、无筋，叶色黄绿、叶淡而清香、品质极佳，早春抽薹晚，商品价值高。关中地区 5 月上中旬至 6 月上旬播种育苗，苗期 60 天左右，7 月下旬定植，11 月中旬收获。秋播于 7 月上旬播种，9 月下旬定植覆盖越冬，翌年 2 月至 3 月采收上市。育苗移栽每亩播种量 50g 左右。每亩定植密度 1 000 ~ 1 300 苗。

三、香菜

香菜（*Coriandrum sativum* L.,）别名胡荽、香荽、芫荽。为伞形科植物鞠荽的全草，伞形花科，芫荽属，一、二年生草本植物，是人们熟悉的提味蔬菜，叶小且嫩，茎纤细，味郁香，是汤、饮中的佐料，多用于做凉拌菜佐料，或烫料、面类菜中提味用。香菜按叶片大小，可分为大叶品种和小叶品种两个类型。大叶品种，植株较高，叶片大，缺刻少而浅，产量较高；小叶品种，植株较矮，叶片小，缺刻深，香味浓，耐寒，适应性强，但产量较低。香菜按种子大小，可分为大粒种和小粒种两个类型。大粒种，果实直径 7 ~ 8mm；小粒种，果实直径仅 3mm 左右。香菜原产地为地中海沿岸及中亚地区，在我国大部地区都有种植。陕西省种植的芫荽品种有：泰国香菜、劲能香菜、奥州香菜、极品油叶王、大粒香菜、小粒香菜、万源香菜等。代表性品种如下：

泰国香菜：也叫超大叶香菜，是从泰国引进的四季速生香菜新品种，株高 40 ~ 50cm，商品株 5 棵重量可达 400 ~ 500g，叶深绿，叶柄白绿色，叶和嫩茎均可食用，可用于凉拌、生食、炒食、腌渍或做汤时调味用，是药食两用的保健蔬菜，亩产可达 6 000 ~ 8 000kg，可四季分批播、分批收，做到常年供应，大棚小棚、露地种植都适宜。在各地种植表现耐热、耐寒、耐抽薹、生长快，香味浓郁。播种前用粗木棒滚磨种子，种籽粒分开，或用清水浸 24 小时后搓散。播种后耙松表土，使种子下沉，或将将畦沟浮泥锄松用作覆土，随后淋水，盖草，使之与土壤紧密接触，以利于发芽。旱地播种的一般要盖草保湿，种子出土后将盖草全部除去。

目前适合保护地栽培的香菜主要有以下 5 个品种：

山东大叶：山东地方品种。株高 45cm，叶大，色浓，叶柄紫，纤维少，香味浓，品质好，但耐热性较差。

北京香菜：北京市郊区地方品种，栽培历史悠久。嫩株 30cm 左右，开展度 35cm。叶片绿色，遇低温绿色变深或有紫晕。叶柄细长，浅绿色，每亩产量为 1 500 ~ 2 500kg，较耐寒耐旱，全年均可栽培。

原阳秋香菜：河北省原阳县地方品种。植株高大，嫩株高 42cm，开展度 30cm 以上，单株重 28g，嫩株质地柔嫩，香味浓，品质好，抗病、抗热、抗旱、喜肥。一般每亩产量为 1 200kg。

白花香菜：又名青梗香菜，为上海市效地方品种。香味浓，晚熟，耐寒、喜肥，病虫害少，但产量低，每亩产量为 600 ~ 700kg。

紫花香菜：又名紫梗香菜。植株矮小，塌地生长。株高 7cm，开展度 14cm。早熟，播种后 30 天左右即可食用。耐寒，抗旱力强，病虫害少，一般每亩产量为 1 000kg 左右。

四、茴香

又叫做怀香、香丝菜，伞形科茴香属，原产地中海地区，适应性较强。茴香分大茴香和小茴香，大茴香即大料，学名叫“八角茴香”。小茴香的种实是调味品，而它的茎叶部分也具有香气，作为蔬菜食用。小茴香为多年生草本，作一、二年生栽培。全株具特殊香辛味，表面有白粉。叶羽状分裂，裂片线形。性喜温暖，适于沙壤土生长；忌在黏土及过湿之地栽种。我国北方主要春秋两季栽培。小茴香春秋均可播种或春季分株繁殖。陕西省茴香种植比较零散。

五、小白菜

又名不结球白菜、青菜、小青菜、油菜等。是十字花科，芸薹属一年或二年生草本植物，原产于我国，南北各地均有分布，在我国栽培十分广泛。陕西省栽培的品种有：绿叶青梗、矮抗青、华冠、二月蔓、金冠、三月蔓、四月慢、特选黑叶、五月蔓、上海晚青；乌塌菜：瓢儿菜、大八叶、中八叶、黑油菜等。代表性品种如下：

华冠：极早生、生育快、矮脚种，耐暑性、耐病性、耐雨性最强，株型整齐优美，叶柄深绿肥厚，品质柔嫩，适于煮炒。

矮抗青：植株矮，直立，束腰，株高 22 ～ 24cm，开展度 29 ～ 30cm，叶片绿色，全缘椭圆形，叶面平滑。耐寒，品质优。全生育期 65 天左右。适于秋季生产，8 月中下旬至 9 月初播种，秧龄 25 ～ 30 天，10 月下旬至 12 月上中旬收获上市，亩产可达 3 000 ～ 3 500kg。

上海四月慢：也叫白叶四月慢青菜，为上海地方品种，株型直立，株高 30cm 左右，开展度 30cm，束腰拧心，叶片近圆形，叶色为淡绿色，叶脉较粗，叶面光滑，全绿，叶柄浅绿色，生长期 180 天，抗性强，耐寒，是白菜中抽薹最迟的一个品种。播种期为 10 月下旬露地育苗或 12 月上旬保护地育苗。苗期 50 天左右，12 月中旬定植，翌年 4 月上旬至 5 月上旬收获，单株重 750g 左右，亩产量 3 000kg。

上海乌塌菜：株型塌地，植株矮，叶簇紧密，层层平卧。叶片近圆形，全缘略向外卷，深绿色，叶面有光泽皱缩。叶柄浅绿色，扁平。较耐寒，经霜雪后品质更好，纤维少，柔嫩味甜。依植株大小及外形可分为 3 个品系：小八叶、中八叶、大八叶。

瓢儿菜：南京著名的地方品种。耐寒力较强，能耐 −10 ～ −8℃的低温。经霜雪后味更鲜美，株形美观，商品性好。其代表品种有菊花心瓢儿菜。菊花心瓢儿菜依外叶颜色可分为两种：一种外叶深绿，心叶黄色，长成大株抱心。株型多高大，单产较高，较抗病，品种有六合菊花心；另一种外叶绿，心叶黄色，长成大株抱心，生长速度较快，单产较高，抗病性较差，如徐州菊花菜。此外，还有黑心瓢儿菜、普通瓢儿菜、高淳瓢儿菜等品种。

安徽乌菜：安徽各地地方品种。该类品种繁多，其总体特性为：全株暗绿色，叶柄宽而短，叶片厚，叶面上有泡皱，有刺毛；外叶塌地生长，心叶有不同程度的卷心倾向。该种类非常耐寒，在江淮之间，无论大株小株，皆能露地越冬。其代表品种有：

港翠快菜：苗用型大白菜一代杂交种，株型紧凑，生长速度快，叶色浅绿，叶片厚，无刺毛，叶柄宽而白。耐热耐雨，抗病毒病、霜霉病，产量丰高、品质优良。适应区域大，播种期宽，日平均温度在10℃以上均可播种，生长期能耐热35 ~ 37℃。每亩种植密度约25 000株，亩用种量400 ~ 500g。

六、菜薹

十字花科蔬菜，以花薹为蔬菜食用蔬菜，属芸薹属一年或二年生草本植物，高可达50cm，全体无毛；叶片长椭圆形或宽卵形，顶端圆形，叶柄白色或绿色。陕西省栽培的菜薹品种有：十月红1号、四九菜心、十月红2号等。代表性品种如下：

四九菜心：植株直立；叶片长椭圆形，黄绿色，叶柄浅绿色。主薹高约22cm，基部横径1.5 ~ 2cm，黄绿色。侧薹少。品质中等。耐湿、抗病，适于高温多雨季节栽培。播种至初收28 ~ 38天，可延后10天左右采收。4至9月播种均可，直播或间苗移栽。是大棚栽培菜心品种。

十月红1号：华中农业大学从武昌胭脂红菜薹中选株，经多代系统选育而成。株高50 ~ 55cm，开展度70 ~ 75cm。叶绿色，光滑、无毛，稍带蜡粉。茎叶圆或披针形，叶柄半圆形，侧脉淡绿。侧茎7根左右。早熟种，在湖北自播种到开始采收菜薹需65天左右。一般亩产菜薹1 500kg左右。品质较好，风味佳。鲜菜薹干物质含量为4.42%，每100g鲜样维生素含量49mg。对肥水条件较严，耐寒性中等，怕冰冻，不耐热，早期耐寒性较差，不耐涝，抗病虫性一般，菜薹在低温下较耐贮藏。一般8月下旬播种，10月底开始采收，翌年2月底收完。

七、芥菜

芥菜（Brassica juncea（L.）Czern. et Coss.，）是十字花科芸薹属芥菜种，一年

生草本植物，高可达 150cm，幼茎及叶具刺毛，有辣味；茎直立，叶片柄具小裂片；茎下部叶较小，边缘有缺刻或牙齿，茎上部叶窄披针形，边缘具不明显疏齿或全缘。一般将叶片盐腌食用。陕西省栽培的叶用芥菜有：雪里蕻、小花叶芥菜、九头雪里蕻、大花叶雪菜。代表性品种如下：

雪里蕻：是芥菜的栽培变种。一年生草本植物，高可达 150cm，幼茎及叶具刺毛，有辣味；茎直立，基生叶片倒披针形或长圆状倒披针形，不裂或稍有缺刻，有不整齐锯齿或重锯齿，上部及顶部茎生叶小，长圆形，全缘，皱缩。叶盐腌供食用；性温，味甘辛。具有解毒消肿，开胃消食，温中利气的功效。可制成雪里蕻炖豆腐、雪里蕻炒肉等菜肴。

九头芥（九头雪里蕻）：一年生草本植物，叶子深裂，边缘皱缩，花鲜黄色。茎和叶子是普通蔬菜，通常腌着吃。九头芥之名源于它长的形状。这种菜长到一尺来高的时候，就会从根部四周围绕着主杆陆续拱出好多新芽头来，每个芽头日后都会自成一体的长成一蓬枝叶。就因为它蘖发的芥头多，所以称之为九头芥。将九头芥叶连茎腌制，便是雪里红（又称雪里翁）。水肥充足的话，一颗九头芥一般都能长到 1.5 ~ 2 千克。

八、球茎甘蓝

十字花科芸薹属甘蓝种球茎变种，陕西省栽培的品种有：天津苤蓝和定边苤蓝（地方品种）等。

天津苤蓝：株高 40cm 左右，球茎绿白色，皮薄，扁圆形，肉质脆嫩，品质好。较早熟，适宜春秋露地两季栽培，定植后 60 ~ 65 天收获，种植区域广泛，不易先期抽薹，植株生长健壮，单球重 0.6 ~ 1.5kg。每亩栽培株数为 4 500 ~ 5 000 株，亩产 3 000kg 左右。华北地区春季栽培时 2 月中旬育苗，3 月下旬至 4 月上旬定植，6 月上旬收获；秋季栽培，6 月下旬至 7 月上旬育苗，8 月上中旬定植，10 月中旬收获。

定边苤蓝，是陕西定边当地菜农经多年栽培选育出的地方性优良品种，植株生长健壮，抗逆性强，高产、优质，从定植到收获为 160 ~ 165 天左右。植株展开度约 70cm，叶片较大、直立，共有 16 ~ 18 片叶，叶灰绿色、蜡粉厚，球茎直径达 20 ~ 25.6cm，平均单球重 5.17kg，较大的可达 13.5 ~ 15.6kg。可在 3 月 25 日至 4 月 5 日育苗。

水果苤蓝（杂交种）：中早熟杂交苤蓝。春季育苗栽培苗龄 40 天，定植后 45

天收获。秋季直播 75 天左右收获。株高 44cm 左右，球高 8cm 左右，球径 18cm 左右，球形扁圆，球色鲜绿，球面光滑，叶片少，叶痕浅，株型紧凑，商品性状好，品质甜脆，口味好，适宜生食。单球重 1.5kg 左右。抗病性强。津京地区春茬 2 月下旬播种，苗期低温度不能低于 10℃，4 月初定植，5 月中旬收获。津京地区秋季一般在 8 月初播种，10 月上中旬收获。

九、花椰菜

十字花科芸薹属甘蓝种花序变种，陕西省栽培的品种有：雪山、雪姬、丰华 60、夏雪、荷兰 48、荷兰雪宝、瑞士雪球、云山 2 号。代表性品种如下：

雪山花菜：是中国种子公司从日本引进的花菜杂种一代。植株长势强，株高 70cm 左右，开展度 88cm × 90cm。叶片披针形，长 63cm，宽 25cm，肥厚，深灰绿色，蜡粉中等，叶面微皱，叶脉白绿，有叶 23 ～ 25 片。花球高圆形，紧实，雪白，中心柱短而粗，含水分较多，品质好，单球重 1 ～ 1.5kg。耐热，抗病。中熟，定植到收获 70 ～ 85 天，春、秋栽培皆宜，亩产 2 000 ～ 2 500kg。

瑞士雪球：株高 53cm 左右，开展度 58cm 左右，长势强，叶簇较直立。叶片大而厚，深绿色，长椭圆形，先端稍尖，叶缘浅波浪状，叶柄短，浅绿色，叶柄及叶片表面均有一层蜡粉。20 片左右出现花球，花球白色，圆球形，单球重 0.5kg 左右。早熟，亩产 1 500kg。花球紧凑而厚，质地柔嫩，品质好。

云山 2 号：天津市蔬菜研究所配成的花椰菜杂交种。中晚熟类型，定植至成熟春露地栽培 59 天左右，秋露地栽培 90 ～ 95 天左右。株高 85 ～ 93cm，株展 85 ～ 90cm，叶片灰绿色，蜡质中等，株型较直立，内叶护球。花球半球形、洁白，较紧实。单球重春播 0.63 ～ 0.75kg，秋播 1.21 ～ 1.91kg，商品性和品质优。经品质分析，维生素 C 含量 75.56mg/100g 鲜重，蛋白质含量 0.248%。人工接种鉴定结果：抗芜菁花叶病毒病，中抗黑腐病，8、9 月遇异常高温，易造成生育期延长和出现异常花球等不良现象。适宜春、秋露地栽培范围内推广种植。

十、青花菜

十字花科芸薹属甘蓝种花序变种，陕西省栽培的品种有：中青 1 号、秋绿、中青 2 号、绿王 2 号、碧衫、天绿、绿慧星、青鹤、绿秀、夏丽都。代表性品种如下：

中青 1 号：中国农科院蔬菜花卉研究所选育的一代杂种。株高 38 ～ 40cm，开展度 62 ~ 65cm，外叶 15 ~ 17 片，最大叶长 38cm 左右，宽 15cm 左右，叶面蜡粉较重。花球浓绿，较紧实，花蕾较细，主花球重 300 ~ 500g，田间表现抗病毒病和黑腐病。每百克鲜样中含维生素 C 117mg、胡萝卜素 0.65mg、可溶性还原糖 2.41g。粗蛋白质 3.24%。成熟期 45 ~ 60 天。

中青 2 号：株高 40 ~ 43cm，开展度 63 ~ 67cm。叶片 15 ~ 17 片，叶色灰绿，叶面蜡粉较多。春季种植的表现花球浓绿，较紧密，花蕾较细，主花球重 350g 左右，侧花球重 170g 左右。秋季种植表现花球浓绿，紧密，蕾细，主花球重 600g 左右。主要作春、秋露地种植，也可用于保护地栽培。春季栽培较早熟，从定植到收获约 50 天，成熟期比中青 3 号晚 5 天左右。一般亩产 1 200 ~ 1 400kg。秋季栽培为中熟，从定植到收获 60 ~ 70 天，一般亩产 1 300 ~ 1 500kg，田间表现抗病毒病和黑腐病。

绿秀青花菜：属引进的适于新鲜食用及冷冻加工出口的优良品种，其株型直立，株高约 50cm，少有侧枝，径不空心，蕾径 12 ~ 14cm，蕾粒致密细嫩，深绿色，蕾球整齐，蕾重 400 ~ 500g，该品种耐寒、耐湿、抗风、抗病、品质好。一般亩植 2 800 ~ 3 000 株，亩产量 1 400 ~ 1 500kg。

十一、芥蓝

十字花科芸薹属甘蓝种薹用变种，陕西省栽培的品种有：细叶早芥蓝、东方大叶芥蓝、黄花芥蓝等。代表性品种如下：

细叶早芥蓝：又称柳叶芥蓝，叶卵圆形，淡绿色，叶面皱缩，蜡粉多，基部深烈成耳状裂片。主薹高 25 ~ 30cm，横径 2 ~ 3cm。花白花，初花时花蕾着生紧密，花薹品质优良，主薹重 100 ~ 150g，侧薹萌发力强。

黄花芥蓝：植株较粗壮，长势强，叶片绿色，主薹茎浅绿，花黄色。长约 28cm，粗度 2 ~ 3cm，蜡粉较少，节间较稀疏，分支性中等。品质脆嫩，商品性良好，产量也比较高。栽培适应性广，春秋露地和保护地均可种植，栽培行株距可按采收商品标准的粗细进行调整，一般栽培 20 ~ 25cm。

十二、莴笋

莴笋（Lactuca sativa L.var. angustanaIrish.，）菊科莴苣属莴苣种能形成肉质嫩茎的变种，一二年生草本植物。别名茎用莴苣、莴苣笋、青笋、莴菜。莴苣原产地在地中海沿岸，大约在5世纪传入中国。 地上茎可供食用，茎皮白绿色，茎肉质脆嫩，幼嫩茎翠绿，成熟后转变白绿色。主要食用肉质嫩茎，可生食、凉拌、炒食、干制或腌渍，嫩叶也可食用。茎、叶中含莴苣素，内含莴苣素（$C_{11}H_{14}O_4$ 或 $C_{22}H_{36}O_7$）。味苦，有镇痛的作用。莴笋的适应性强，可春秋两季或越冬栽培，以春季栽培为主，夏季收获。陕西省栽培的代表性品种有：圆叶白笋、牛腿莴笋、鱼莴笋、八斤棒、挂丝红莴笋、尖叶莴笋、春秋二白皮、春秋白尖叶等。

圆叶白笋：植株高40cm左右，开展度25 ～ 30cm。叶直立呈长倒卵形，先端钝圆，浅绿色，叶面较皱，茎长25 ～ 30cm，横径4.5 ～ 5cm，茎部皮色绿白色，肉白色。单株肉质茎重250 ～ 300g，品质良好，肉质脆嫩，香气较浓，生长期180天，以春季栽培为主。

尖叶莴笋：植株较高大，高40 ～ 60cm，叶片浅绿色，披针形，叶面有浅皱纹，稍有白粉，叶背白粉较多。笋长棒状，上部渐细，长约50cm。单笋重0.75 ～ 1kg，笋外皮浅白绿色，肉色略深，笋肉致密、嫩、脆，含水量较少，品质好，可生熟食用，也可腌渍。耐寒性较强，苗期耐热，可做春秋亩产4000kg左右。

挂丝红莴笋：长势较强，株高53cm，开展度53cm，叶簇较紧凑。叶片呈倒卵形，叶面微皱，有光泽，叶缘波状浅齿，心叶边缘微红，叶柄着生处有紫红色斑块。茎呈长圆锥形，长30cm，宽5cm。茎肉绿色，品质好，单茎重600 ～ 700g，重者达1kg。早中熟，播种后100 ～ 105天开始收。耐肥、抗病、适应性强。产量高，亩产2000 ～ 2500kg。

十三、生菜

也叫叶用莴苣、鹅仔菜、唛仔菜、莴仔菜，属菊科莴苣属。为一年生或二年生草本作物，叶长倒卵形，密集成甘蓝状叶球，可生食，脆嫩爽口，略甜。陕西省栽培的代表性品种有：美国大速生菜、美国油麦生菜、翠花生菜、红火花生菜等。代表性品种如下：

大速生菜：由美国引进的散叶生菜品种。植株较直立，叶片皱，黄绿色，生长速度快，播种45 ～ 60天可采收，风味好，无纤维，耐热性、耐寒性均较强，栽培适应性广。

十四、茼蒿

又称同蒿、蓬蒿、蒿菜、菊花菜、塘蒿、蒿子杆、蒿子、蓬花菜、桐花菜（在福建等地也叫鹅菜、义菜），为菊科一年生或二年生草本植物，叶互生，长形羽状分裂，花黄色或白色，与野菊花很像。高 60 ~ 100cm，茎叶嫩时可食，亦可入药。在中国古代，茼蒿为宫廷佳肴，所以又叫皇帝菜。茼蒿有蒿之清气、菊之甘香。据中国古药书载：茼蒿性味甘、辛、平，无毒，有“安心气，养脾胃，消痰饮，利肠胃”之功效。陕西省栽培的代表性品种有：大叶茼蒿、光杆茼蒿、小叶茼蒿。代表性品种如下。

大叶茼蒿，别名板叶茼蒿：成株株高 21cm，开展度 28cm。叶簇半直立，分枝力中等。叶片大而肥厚，长 18cm，宽 10cm，叶面皱缩，汤匙形，绿色，有蜡粉。叶柄长 1.4cm，宽 0.35cm，浅绿色。茎短，节密而粗，淡绿色。叶肉厚，质地柔嫩，纤维少，香味浓，品质好。耐热力弱，抗寒力强，耐旱耐涝性中等，病虫害少。抽薹稍晚。产量较高，春季种植亩产 800 ~ 1 200kg，秋季种植亩产 1 200 ~ 1 500kg。

光杆茼蒿：茎青叶绿，耐热，耐寒，耐湿，光杆，无分岔，植株直立，实心，叶少，顶上部绿色，下部淡绿色，生长速度快，杆茎细长，底部无杂叶，叶小而薄，适应性，抗逆性较强，播后 30 ~ 40 天可采收，品质极佳，一年四季都能种植。

十五、苋菜

原名：苋，别名：雁来红、老少年、老来少、三色苋，属苋科、苋属一年生草本，茎粗壮，绿色或红色，常分枝，幼时有毛或无毛。苋菜菜身软滑而菜味浓，入口甘香，有润肠胃清热功效。亦称为凫葵、蟹菜、荇菜、莕菜。有些地方又名红蘑虎、云香菜、云天菜等。代表性品种有：

商丘绿苋：商丘市农家品种。该品种生长势强，成株高 2m 左右。茎粗壮直立，基部粗（直径）3 ~ 4cm。茎幼嫩时呈青绿色，成株时呈紫红色。叶互生，叶片长于叶柄。植株上下部叶片小，中部叶片大。叶片全长 40cm 左右，叶柄长 16cm 左右，叶片长 25cm 左右、宽 14cm 左右。叶全缘，青绿色，长椭圆形。嫩叶柄浅绿色，后变浅红色。叶肉厚，较柔嫩，品质优良。为中熟种，耐热力强，产量高，一般头茬亩产净菜 1 000kg 以上。

青米苋：上海市农家品种。该品种生长势强，分枝较多，叶片黄绿色，卵圆形和阔卵圆形，先端圆，全缘，叶面略有皱褶。叶肉较厚，质地柔嫩，品质优良。耐热，中熟种。上海地区 4 月中、下旬露地播种，6 月上旬可开始间拔上市，从播种到采收需 50 天左右，可采收 3 ～ 4 次，亩产 1 500 ～ 2 000kg。

柳叶苋：广州市农家品种。该品种叶片披针形，长 12cm，宽 4cm，叶片先端锐尖，边缘向上卷曲呈汤匙状，叶片绿色，叶柄青白色，耐热和耐寒性均较强，适于春秋季栽培，也可作保护地栽培。

圆叶红苋：江西省南昌地方品种、该品种分枝较多叶片阔卵圆形，叶片外围绿色，中部呈紫红色，叶柄红色带绿，叶肉较厚，品质中等。抽薹早、植株易老，耐热力中等，为早熟种，从播种到采收需 40 天左右，江西地区 3 至 6 月均可播种，亩产约 1 200kg。

鸳鸯红苋菜：湖北武汉市农家品种。该品种因叶片上部绿下部红而得名。植株长势中等，叶簇半直立，开展度为 25cm，叶圆形，叶面直径为 4.5cm。叶全缘，叶面稍皱，叶柄浅红，茎绿色且泛红，纤维少，柔嫩多汁，品质好，茎叶小易老化，生长期为 40 天左右。耐热，播期长，商品性较好播种较稀时可多次采收侧枝，一般亩产 2 000kg。

尖叶红米苋：上海市地方品种，又名镶边米苋。该品种叶片长卵形，长 12cm，宽 5cm，先端锐尖，叶面微皱，叶边缘绿色，叶脉周围紫红色，叶柄红色带绿。较早熟，耐热力中等。

尖叶花苋：广州市地方品种。该品种叶片长卵形，长 11cm，宽 4cm，先端锐尖，叶面较平展，叶边缘绿色，叶脉周围红色，叶柄红绿色。早熟，耐寒力较强。

十六、蕹菜

番薯属植物。在福建、广西、贵州、四川称空心菜，福建称通菜蓊、蓊菜，江苏、四川称藤藤菜，广东称通菜。该种原产东亚地区，现已作为一种蔬菜广泛栽培，或有时逸为野生状态宜生长于气候温暖湿润、土壤肥沃多湿的地方，不耐寒，遇霜冻茎、叶枯死。除供蔬菜食用外，还可药用，内服可解饮食中毒，外敷治骨折、腹水及无名肿毒。蕹菜也是一种比较好的饲料。蕹菜品种有：江西吉安大叶蕹菜、泰国柳叶空心菜、赣蕹 1 号等。

江西吉安大叶蕹菜：江西吉安等地的地方品种。株高 40 ～ 200cm，中熟。叶较大，呈心脏形，深绿色，茎叶茂盛，柔嫩，纤维少，品质优，花白色。适应性强，较耐高温、高湿，病虫害少，每亩产量 5 000kg 左右。

泰国柳叶空心菜：泰国正大公司优选。早熟，叶片披针形，黄绿色，全缘，叶柄淡绿色，半圆形。质柔嫩，纤维少，生长速度快，适应性广。不易开花，耐旱耐涝。每亩产量 5 000kg 左右。

赣蕹 1 号，从吉安大叶蕹菜的变异株中系统选育而成。株形紧凑，茎中空，淡绿色。苗期叶披针形，盛长期为心脏形，后期近圆形，叶面稍皱。花白色，种子黑褐色，千粒重 38.6g。抗病，耐高湿和酸雨。每亩一次性可采收 3 000kg，若分次采收可达 6 000kg 左右。

十七、落葵

别名多，如木耳菜、藤菜、软浆叶、胭脂菜、豆腐菜等。系落葵科落葵属一年生蔓生缠绕性植物。原产中国和印度，现在亚洲、非洲和美洲均有栽培。我国以长江流域以南栽培较多，近年作为特菜引入北方，在全国普遍种植。落葵以幼苗、嫩茎、嫩叶芽供食用，全株还可供药用，落葵营养丰富。落葵品种有：

青梗木耳菜：茎为蔓生，绿色，光滑无毛，分枝性强，单叶互生，卵圆形，或近圆形，叶面光滑无毛，有光泽，绿色，全缘，叶肉肥厚，细嫩，主食嫩梢及嫩叶。喜温暖、湿润，耐高温、高湿，生长适温为 25 ~ 30℃，在低温、低湿下易发生褐斑病生理病害。可作渡淡季叶菜。

栽培要点：自 4 月下旬至 8 月中旬均可播种，但以春播为主。为提早和延后上市供应，采用保温设施栽培：播种期可提早至 2 至 3 月或推迟到 10 至 12 月，基本可达到全年生产，周年供应。直播、条播、撒播均可。一般亩用种量 2 ~ 3kg，撒播 6 ~ 8kg。5 ~ 6 片真叶开始陆续采收。育苗移栽：4 片真叶时定植，行株距（40 ~ 60）cm×（25 ~ 30）cm，每穴 2 ~ 5 株。

十八、番杏

别名新西兰菠菜、洋菠菜、夏菠菜等，为番杏科番杏属一年生半蔓性肉质草本植物，以嫩茎叶为蔬，原产澳大利亚、东南亚及智利等地，主栽区分布在热带和温带，中国东南沿海曾在很早以前就已引进栽培，但未得到推广，甚至有些地方番杏已处于野生状态。番杏具有较强的抗逆能力，易栽培，极少病虫害，是一种不需用农药的无公害的绿色蔬菜。番杏生长旺盛，嫩茎叶柔嫩、清香，在中国各地均可实现周年供应。据药理研究表明，番杏具清热解毒、利尿等功效，因此番杏已作为一种保健蔬菜进入市场。番杏具有清热、解毒、利尿消肿等作用，常食番杏对于肠炎、败血病、肾病等患者具有较好的缓解病痛的作用。

第四节　葱蒜类蔬菜

葱蒜类蔬菜属百合科葱属二年生或多年生草本植物，以嫩叶、假茎或有变态叶鞘形成的鳞茎等为食用的产品器官，并有一种特殊的气味，是人们生活不可缺少的调味品。包括韭菜、大葱、大蒜等，包括大葱、大蒜、韭菜、洋葱、韭葱、分葱。富含糖分、维生素 C 以及硫、磷、铁等矿物质，并含有杀菌物质（硫化丙烯），有促进食欲、调味、去腥和医疗等作用。陕西省有一些民办研究机构从事有关方面研究，如陕西辛辣种业有限公司、杨凌秦红宝洋葱种业科技有限公司等。

陕西辛辣种业有限公司成立于 2009 年，其是在华县辛辣蔬菜研究所的基础上，由该研究所和几位专家发起成立的，是一家专业从事辛辣类蔬菜大葱、洋葱、韭菜、辣椒、胡萝卜等品种选育开发，集科研、生产、销售为一体的新型现代科技企业。已研制成功并向社会推广累计种植面积达 10 万亩以上的蔬菜品种有七大类 20 余个品种，在种子界较有影响的品种有：赤水 6 号大葱，86-1 韭菜，渭芹 1 号，黄嫩脆芹菜，华育 1 号胡萝卜，渭椒 1、2 号干鲜两用椒，渭椒 4、5 号牛角椒，黄皮高桩洋葱，早丰红平洋葱等。其中 86-1 韭菜，华育 1 号胡萝卜，渭椒 1、4 号辣椒，黄皮高桩洋葱已荣获部、省级奖励证书 6 项，目前除已利用培育雄性不育系的方法配制成功大葱、胡萝卜、洋葱杂交种外，用该方法培育的韭菜、向日葵尚在研制中。

杨凌秦红宝洋葱种业科技有限公司，专业从事紫皮洋葱新品种选育和推广，2000 年在民间种植的普通洋葱品种中进行单株系统选育，经过五代连续选育新的早、中、晚熟三个优良品系。2006—2008 年连续三年品种比较试验和生产试验，比对照品种平均增产 11.6%、14.6%。该品种定名为秦红宝洋葱。2013 年经陕西省农作物品种审定委员会办公室审定登记，审定证书号：陕鉴蔬字 005 号。

一、韭菜

韭菜别名丰本、草钟乳、起阳草、懒人菜、长生韭、壮阳草、扁菜等。属百合科多年生草本植物，具特殊强烈气味，根茎横卧，鳞茎狭圆锥形，簇生。鳞式外皮黄褐色，网状纤维质；叶基生，条形，扁平；伞形花序，顶生。叶、花葶和花均作蔬菜食用；种子等可入药，具有补肾、健胃、提神、止汗固涩等功效。在中医里，有人把韭菜称为“洗肠草”。韭菜适应性强，抗寒耐热，全国各地到处都有栽培。陕西省的韭菜品种有：汉中冬韭、791雪韭、独根红、马莲韭。代表性品种如下：

1. 汉中冬韭

叶丛半直立，株高40～50cm，叶扁平略呈三棱形，长约30cm，宽1cm左右，叶尖钝圆，叶鞘粗0.6cm左右，白色，圆柱形，植株健壮，抗灰霉、霜霉病、耐寒、耐热、耐覆盖、休眠短、冬季地上嫩芽不枯，春季萌发早，叶鲜嫩、纤维少、品质好，亩产4 000～5 000kg，适于春早熟覆盖和露地栽培。

2. 马莲韭

马莲韭主要分为“独根红”和“大青根”两个品系。“独根红”最有推广价值，自然株高50cm左右，叶宽1～1.3cm，色淡绿，分蘖力强，假茎粗，长势强，基部呈紫红色；夏季抽薹早，薹粗而质嫩；抗寒性强，适于冬春暖畦栽培。“大青根”植株粗壮，假茎呈青绿色，耐热抗寒，适应性强。

3. 独根红韭菜

与普通韭菜相比，它的假茎比较粗壮，每年的2月份，假茎基部还会呈现紫红色。独根红韭菜植株高大、直立，通常株高在70～80cm，单株重达50g左右。独根红韭菜比普通韭菜叶片肥厚，颜色呈浓绿色，普通韭菜叶片呈淡绿色。独根红韭菜适应性强，在我国各地均宜栽培种植。与普通韭菜相比，它的耐寒性比较强，最适宜保护地冬韭生产栽培管理。

4. 791雪韭

中国河南省扶沟县韭菜研究所育成。株高50cm以上，植株直立且生长迅速强壮，叶鞘粗而长，叶绿色宽厚肥嫩，最大叶宽2cm，最大单株重45g，分蘖力强，抗病、耐寒、耐热、质优、高产，年收割6～7刀，亩产鲜韭11 000kg，黄河以南露地栽培，冬季基本不休眠，12月上旬仍可收获鲜韭，其他地区冬季生产鲜韭，必须在日光棚内进行，本品因抗寒性强适应性广，所以在全国各地均可露地或保护地生产栽培。3至5月在黄河流域为最佳播种期，东北、西北高寒区域最佳播种期为4至6月，播种时育苗移栽或直播均可，株行距15cm×25cm，每穴5～8株，生长期间注意喷药与灌根，防治地下韭蛆。重施有机肥料。亩用种量1kg，保护地亩用种量1.5kg。

二、大葱

是葱的一种，可分为普通大葱、分葱、胡葱和楼葱四个类型。大葱味辛，性微温，具有发表通阳，有解毒调味，发汗抑菌和舒张血管的作用。主要用于风寒感冒、恶寒发热、头痛鼻塞，阴寒腹痛，痢疾泄泻，虫积内阻，乳汁不通，二便不利等症状。大葱含有挥发油，油中主要成分为蒜素，又含有二烯内基硫醚、草酸钙。另外，还含有脂肪、糖类、胡萝卜素等、维生素 B、维生素 C、烟酸、钙、镁、铁等成分。为多年生草本植物，叶子圆筒形，中间空，脆弱易折，呈青色。在东亚国家以及各处华人地区中，葱常作为一种很普遍的香料调味品或蔬菜食用，在东方烹调中占有重要的角色。而在山东则有大葱蘸酱的食用方法。大葱品种有：章丘大葱、寿光大葱；红葱：红皮大葱。代表性品种如下：

1. 赤水 6 号大葱

该品种株高 110 ~ 120cm，叶色绿，蜡粉较厚，葱白长 55 ~ 60cm，葱白质脆味甜，辣味较小，葱白直径粗 4cm 左右，不分蘖，晚熟，植株生长势强，对大葱霜霉病，紫斑病有较强抗性，一般单株重 500g，亩产 4 000 ~ 5 000kg，丰产田块 5 000kg 以上，抗寒耐贮运。

2. 铁杆葱王（淄杂 1 号）

植株高大，葱白硬，一般株高 170 ~ 180cm，叶型管状蜡粉厚、叶片上冲，叶肉厚，叶尖钝。抗风、抗倒伏。葱白长 70 ~ 90cm，粗 4 ~ 6cm，质地紧密。单株鲜重 0.5 ~ 1.5kg，亩产 7 000kg 以上。高产地块可达 10 000kg 左右。抗热、抗寒、抗逆性强，整齐度高，高抗紫斑病、霜霉病、灰霉病，耐贮存，易加工，适应范围广。

3. 章丘大葱

为农家品种，有两大优良品系，分别是大梧桐和气煞风：

（1）大梧桐　植株高大，因其直魁伟，似梧桐树状，故名“大梧桐”，也是章丘大葱的代表品种。辣味稍淡，微露清甜，脆嫩可口，葱白很大，适宜久藏。一般株高 1.5m，白长 0.6m，直径粗 0.02 ~ 0.04m。单株重 0.5kg 上下；丰产单株重的可达 1.5kg，株高 2m，白长 0.8m，故而人们赞为“葱王”“世界上最伟大的葱”（见吴耕民教授著《中国蔬菜栽培学》311 页）。

（2）气煞风　植株粗壮，叶色浓绿，叶肉厚韧，耐病抗风，故名“气煞风”。一般株高 1.2m，白长 0.5m，径粗 0.045m，单株重 0.4kg。

4. 寿光大葱

主要品种有鸡腿葱、八叶齐和硬叶葱三种。鸡腿葱植株高 60 ~ 70cm，基部肥大向上渐细，形似鸡腿倒置；八叶齐植株粗壮，上粗下细，叶片整齐紧密成扇形分布；硬叶葱，假茎套合紧实，上下粗度一致，叶片粗短而硬，株高平均 1m，抗风抗病又耐寒。寿光大葱维生素含量丰富，食用、药用价值高。此外，它坚实耐冻，即使冰冻化解后仍味美如初，故便于长期储存和长途运输。

三、洋葱

别名球葱、圆葱、玉葱、葱头、荷兰葱、皮牙子等，属百合科、葱属二年生草本植物。洋葱含有前列腺素 A，能降低外周血管阻力，降低血黏度，可用于降低血压、提神醒脑、缓解压力、预防感冒。此外，洋葱还能清除体内氧自由基，增强新陈代谢能力，抗衰老，预防骨质疏松，是适合中老年人的保健食物。洋葱在中国分布广泛，南北各地均有栽培，是中国主栽蔬菜之一。陕西省的洋葱品种有：秦红宝、改良紫选 1 号（紫）、中生赤玉（红）、改良金球 2 号（黄）、金球 3 号（黄）、福莱尔（红）。代表性品种如下：

1. 秦红宝洋葱

系杨凌秦红宝洋葱种业科技有限公司育成。植株高度 25 ~ 30cm，叶片开张度较小，节密粗壮较短，8 ~ 9 叶，球茎外表紫红色，颜色鲜艳光亮，外观喜人，球形椭圆，内肉白色，肉质厚而细嫩，辣味稍淡，甜脆爽口，口感特好。球高 6 ~ 7cm，直径 12cm。平均单球重 300 ~ 350g，最大单球重 1 500g。生育期 180 ~ 190 天。生长势强，整齐健壮，抗霜霉病、赤霉病、灰霉病、抗重茬，适应性强，在我国北方大部分地区均可种植，一般亩产 8 000kg，高产田达 10 000kg。

2. 改良紫选 1 号

长日照类型中熟品种，高桩球形，品质好，耐贮性强，抗病性强，单球重平均 350g，产量高，长日照地区一般 3 至 4 月份保护地育苗，8 至 9 月份收获。

改良金球 2 号（泉州黄 2 号类型）：中日照类型中熟品种，鳞茎高桩圆球形，外皮金黄色，肉质细嫩，辣味适中，抗抽薹与抗病性强，耐贮运，单球重 350 ~ 450g，产量高，亩产 6 000kg 以上，为鲜食与加工。

3. 中生赤玉葱（日本赤玉类型）

中日照中早熟红皮洋葱，厚扁形鳞片从外至里均为赤紫红色，辛辣味少，微甜，可生食。单球重 350g 以上，中甲高，高抗抽薹与抗病，耐贮运，高产，商品性好。亩产 6 000kg 以上。

4. 金球 3 号

长日照类型中晚熟品种。鳞茎高桩球形，中等大小。味辣，极耐贮藏。鳞茎棕黄色，外皮不易脱落。抗病性强，产量高，单球重 300 ~ 350g。长日照地区一般 3 ~ 4 月份保护地育苗，9 月份收获。

中国南、北部分地区，苏联、日本等国有零星种植。主要分布在西北黄土高原的各省干旱地带。假茎和嫩叶用作菜肴调料，花茎上气生鳞茎肥大者亦可供食用。

四、红葱（楼葱、龙葱）

别名龙爪葱，百合科葱属中葱的一个变种，多年生草本植物。楼葱属冬葱类，江南人称为龙角葱。 红葱是以鲜嫩假茎为产品的 2 ~ 3 年生草本植物，鳞茎卵圆形，直径约 2.5cm，鳞片肥厚，紫红色，无膜质包被。根柔嫩，黄褐色。叶宽披针形或宽条形，长 25 ~ 40cm，宽 1.2 ~ 2cm，基部楔形，顶端渐尖，4 ~ 5 条纵脉平行而突出，使叶表面呈现明显的皱褶。红葱辛辣味浓，营养丰富，具有健胃健脑、发汗、除腥提味之功效，是人们生活中不可缺少的调味佳品。而且耐寒、耐旱，在陕北及宁夏盐池、同心、隆德、中卫等县种植，栽培历史悠久。代表性品种如下：

1. 陕北红葱

是延安、榆林地区栽培多年的地方品种。株高 60 ~ 78cm，管状叶深绿色，中等粗细，叶面有蜡粉。鳞茎扁柱形，长 23 ~ 32cm，外皮半革质、赤褐色。在当地 5 至 6 月份抽生花薹，上面丛生紫红色气生鳞茎 3 ~ 15 个，其中 1 ~ 3 个鳞茎芽呈花薹状，上面再着生气生鳞茎。鳞茎辛辣及芳香味均浓。具有分蘖力强、抗寒、耐旱和耐瘠薄等特性，但极晚熟。当地在第 1 年立秋播种气生鳞茎进行育苗，第 2 年寒露定植，第三年采收时单丛重 370g 以上，每公顷可产鳞茎 15 000 ~ 22 500kg。

2. 甘肃红葱

甘肃红葱又叫楼子葱。栽培于甘肃省河西走廊及其他干旱地区、甘肃宁夏交界地区与陕北地区株高 80 ~ 90cm，鳞茎长 30cm，直径近 2cm，外皮为褐黄色从育苗至收获需 2 年，每亩可产 2 500kg。

3. 西藏红葱

西藏红葱也叫藏葱、楼子葱。在西藏自治区的拉萨、日喀则，南木林和萨嘎等地均有栽培。株高 60 ~ 75cm，株丛叶展 40 ~ 60cm，管状叶中等粗细，深绿色，有蜡粉；叶鞘部分长约30cm，直径1～1.5cm，不膨大生长，外皮半革质、红褐色，内部鳞片白色。每株可发生分蘖5～8个，每个分蘖着生管状叶4～8枚。在西藏地区6至7月份抽薹，顶部着生气生鳞茎10～16个，并间有小花，但不结籽，也有花薹重叠呈楼层状的特性。西藏红葱抗寒、耐旱、耐热，适应性极强，可以安全越冬。在拉萨和日喀则地区6至7月间采集气生鳞茎育苗，翌年3月下旬至4月上旬定植，在6月中下旬至11月上旬可陆续采收。每亩可产1 000～1 500kg。

4. 山西河曲红葱

山西河曲红葱又叫旱葱、楼子葱。是地方品种，栽培历史悠久。红葱均属于顶球洋葱变种，植株丛生，叶呈细细管状、深绿色，有蜡粉。在当地5至6月份分株、抽薹，薹上着生气生小鳞茎，其中1～3个不生叶而呈花薹状，上面再着生气生小鳞茎，花薹重叠，呈楼层状，故又名楼子葱。耐旱，抗寒，分蘖力强，适应性广。

五、大蒜

又叫蒜头、大蒜头、胡蒜、葫、独蒜、独头蒜，是蒜类植物的统称。百合科葱属，半年生草本植物，以鳞茎入药。春、夏采收，扎把，悬挂通风处，阴干备用。农谚说“种蒜不出九（月），出九长独头”，6月叶枯时采挖，除去泥沙，通风晾干或烘烤至外皮干燥。

大蒜呈扁球形或短圆锥形，外面有灰白色或淡棕色膜质鳞皮，剥去鳞叶，内有6～10个蒜瓣，轮生于花茎的周围，茎基部盘状，生有多数须根。每一蒜瓣外包薄膜，剥去薄膜，即见白色、肥厚多汁的鳞片。有浓烈的蒜辣气，味辛辣。有刺激性气味，可食用或供调味，亦可入药。地下鳞茎分瓣，按皮色不同分为紫皮种和白皮种。大蒜是秦汉时从西域传入中国，经人工栽培繁育，具有抗癌功效，深受大众喜食。陕西省的大蒜品种有：白皮大蒜、红皮大蒜、杨虎台大蒜。代表性品种如下：

1. 白皮大蒜

假茎粗壮，生长势强，叶片宽、浅绿色，功能叶8～9片，蒜头大、皮色洁白，横径一般5～6cm，单头蒜质量40～50g，多为六瓣，质地脆、稍硬、辣味淡，品质较好，平均每亩蒜头产量1 000kg以上。蒜薹产量较低，正常抽薹率只有10%～15%，蒜薹粗、质地硬。抗病、抗逆性及耐贮性中等。播种期为10月10日，出苗期为10月21日左右，鳞茎膨大期为翌年5月中旬，6月初收获。

2. 红皮大蒜

株高 60 ～ 70cm，叶条带披针形，成株功能叶 6 ～ 12 片，色深绿，蒜薹长 50 ～ 70cm，鳞茎扁球形，外皮紫皮红色，茎瓣（蒜瓣）肥大，一股 6 ～ 9 瓣，纵径 3.5 ～ 3.8cm，横径 4.5 ～ 5cm，单个蒜球头重 30 ～ 41.5g，辛辣味浓，具有香气，品质上等。

3. 蔡家坡红皮蒜

蔡家坡红皮蒜是我国名特优大蒜主要品种：蔡家坡红皮蒜又名火蒜，陕西省岐山县蔡家坡镇地方品种，是该县驰名省内外的大蒜良种。株高约 85cm，株幅 30cm 左右。假茎高 33 ～ 34cm，粗 1.5 ～ 1.6cm。一生有叶 12 ～ 13 片，最大叶长 63cm、叶宽 3.2cm，叶色深绿。抽薹率 100%，蒜薹粗而长，长约 45cm，粗约 0.8cm，抽薹期较整齐，上市早，品质佳。蒜头扁圆形，横径 4.5 ～ 6cm，外皮浅紫红色，单头重 25g 左右。每头 8 ～ 12 瓣，瓣形整齐，单瓣重 2g 左右。蒜衣 2 层，淡紫色。当地的适宜播种期为 9 月中下旬，翌年 4 月中旬采收蒜薹，5 月下旬采收蒜头。每亩产青蒜 3 000 ～ 3 500kg、蒜薹 500kg 左右、蒜头 750kg 左右。该品种主要用作早蒜薹栽培，同时因生长快、叶片肥大、假茎粗而长，还适宜作早蒜苗（越冬蒜苗）栽培。

第五节　结球叶菜类蔬菜

结球叶菜类蔬菜其特征是产品器官为抱合的叶球，主要包括大白菜，结球甘蓝，结球生菜，结球芥菜等。

一、大白菜

大白菜又叫结球白菜，是十字花科芸薹属白菜种的结球亚种，原产于中国北方，引种南方，南北各地均有栽培。十九世纪传入日本、欧美各国。大白菜种类很多，按叶球抱合方式，可分为叠包、合抱、拧抱和舒心 4 类。大白菜以柔嫩的叶球供食用，栽培面积和消费量在中国居各类蔬菜之首。陕西省大白菜育种工作历史悠久，西北农林科技大学园艺学院白菜研究室（原陕西省蔬菜花卉研究所白菜课题组），从 19 世纪 70 年代开始大白菜育种工作，“六五”以来，一直承担国家重大科技攻关、国家高技术研究发展计划（863 计划）、国家科技支撑计划、国家重点研发计划、国家自然科学基金、农业部行业专项、科技成果转化资金项目及陕西省科技攻关、陕西省13115、陕西省科技统筹创新工程计划等项目。在大白菜品种选育、种质创新、育种技术等方面取得了突出成果。先后育成了优质多抗丰产的秦白1号、秦白2号、秦白3号、秦白4号、秦白5号、秦白6号，秋早55、秋早50、秋早60、秋白80、秋白85、秋白75等普通大白菜，金冠1号、金冠2号橙色大白菜，冠春春大白菜等品种；创造了橙色大白菜、紫心大白菜新种质；建立了大白菜细胞质雄性不育系创制及育种技术。获得国家科技进步二等奖1项、国家发明三等奖1项、国家"八五"攻关重大成果奖1项、陕西省科技进步一等奖2项；陕西省农业技术推广一等奖1项；陕西省科技进步二等奖5项；获得国家发明专利17项、植物新品种权3项。

陕西省栽培的普通秋大白菜品种有：秦白2号、榆白2号、榆包1号、秦白四号、秦白5号、秦白六号、秋绿55、秋绿60、中青麻叶、津白56、马腿菜、津白45、晋菜3号、强势、山东四号、秋早55、秋早50、秋早60、花心白、丰抗70、黄叶白、太原二青、石特1号、丰抗78、洛阳大包头、丰抗80、洛阳二包头、小白口、秦白3号、春秋65、西白9号、郑杂2号、80-7、山东7号、小杂56、北京新三包、津秋78、津秋1号、秋绿75、秋白80、秋白85、秋白75等。

适宜夏季栽培的大白菜品种有夏阳、夏胜、夏丰、北京小杂56、早秋王、速黄306等结球白菜和以四季黄金快菜为代表的快菜系列。

适宜早春栽培的大白菜品种有北京小杂56、京春王、春夏王、春秋54春大王、金娃娃娃菜、皇妃娃娃菜等。

（一）代表性品种

1. 秦白2号

生育期65～70天。株高45cm，株幅55cm。外叶碧绿，叶球叠抱，倒卵圆形，球形指数1.2，帮叶比40.7%，单球重2.5～3.5kg，净菜率75%以上，平均亩产量6 950.1kg，抗病毒病，对霜霉病、黑腐病和黑斑病具有复合耐病性。成球快，外叶少，株型紧凑，整齐一致，适于晚播早熟，易于高产稳产，储藏不宜脱帮。

2. 秦白5号

生长期86天左右，株高38cm左右，株幅80cm左右，外叶淡绿色，叶柄白色，一叶盖顶，矮桩叠抱，叶球乳黄色，平头、倒卵圆形，球形指数1.1，单球重4～5kg，净菜率80%。抗病毒病、霜霉病、黑斑病和软腐病，耐储藏。

3. 秦白6号

中、早熟一代杂种，生育期60～65天，株高55.6cm，株幅32.4cm，外叶数

8.6片，叶色淡绿，叶面皱缩，白帮，矮桩叠抱，倒卵圆形，球形指数1.20，帮叶比46.7%，平均单球净重2.5～3.5kg，净菜率75%，抗病毒病、霜霉病和黑斑病，兼抗软腐病。突出特点:外叶少、叶白嫩、成球快,株形紧凑,大小适中,商品性好,适于多数省份种植。耐热、抗未熟抽薹,适宜春秋两季种植。1997年通过陕西省农作物品种审定委员会审定。

4. 晋菜3号

生育期75天，叶球直筒拧心，外叶深绿有皱，菜帮浅绿，卷心紧，净菜高，基部粗15cm、叶球高46cm，单球重4kg以上，亩产10 000kg以上。

5. 豫白菜3号

生育期85天，外叶深绿，叶帮绿白，叠抱类型，一叶盖顶。高抗病毒、霜霉、软腐病，耐贮质佳，单株重10～13kg，亩产可达11 000kg。

6. 秋早55

早熟一代杂种。生育期55～60天（从播种到收获），株高30.4cm，开展度65.0cm，生长势强，外叶7～8片，叶色翠绿，叶柄白色，最大叶片长37cm。叶球叠抱，倒卵圆形，结球极为紧实。球叶乳白，球形指数1.1，单球重2.1kg左右，净菜率76.0%以上，球叶数28片左右。田间鉴定抗病毒病、霜霉病和软腐病，适于秋季早熟栽培。

7. 秋早50

早熟一代杂种。生育期50天左右（从定植到收获），株高23cm，株幅42.7cm。外叶8.6片，绿色。球叶浅绿，白帮，叶球矮桩、叠抱。叶球纵径17cm，横径12cm，球形指数1.42，平均单球净重1.1kg，净菜率78.6%。软叶率和含糖量高，粗纤维少，品质佳。高抗病毒病和软腐病，抗霜霉病。具有外观美、商品性好、品质优良、丰产稳产、适应性广等特点。2008年通过陕西省省级审定。

8. 秋早60

早中熟一代杂种。生育期58～60天，株幅56cm，株高35.4cm，外叶7.6片，叶色绿，叶面皱缩。叶球叠抱，倒卵圆形，纵径21cm，横径16cm，球形指数1.31，白帮。平均单球净重1.5～2.0kg，净菜率76.0%。品质佳，维生素C、可溶性糖、粗蛋白、干物质含量高。高抗病毒病、软腐病和黑斑病，抗霜霉病。2008年通过陕西省省级审定。

9. 秋白80

平头叠抱类型，中晚熟品种，生长期80～86天，叶色浅绿，帮白厚，成株株高43.0cm, 开展度66.0cm。叶球叠抱、中桩，倒卵圆形，心叶浅黄、叶球高

29.0cm、叶球直径 24.4cm、球形指数为 1.2，结球紧实。单株重 3.1kg，净菜率高达到 75%，亩产净菜 6 000 ~ 7 500kg。人工接种抗病性鉴定对病毒病、黑腐病的抗性达到高抗水平，对霜霉病的抗性达到抗病水平。2008—2009 年参加全国中晚熟叠抱组的区域试验，平均毛菜产量 8 715.6kg，平均净菜产量 6 236.2kg，排名第一。2010 年 4 月经全国蔬菜品种鉴定委员会鉴定通过（鉴定编号：国品鉴菜 2010035），建议在北京、辽宁、黑龙江、天津、河北、山东及河南的舞阳与陕西的杨陵等省（市）适宜地区作中晚熟秋大白菜种植。2010 年 4 月通过北京市农作物品种审定委员会审定通过［京审菜 2010008（2010.4.28）］。

10. 秋白 85

青麻叶类型，中晚熟品种，生育期 85 天，植株直立，叶色深绿。成株株高 45.0cm，开展度 63.5cm。叶球直筒拧抱、中桩、叶色深，帮厚白色，叶球高 33.6cm、叶球直径 15.5cm、球形指数为 2.2，紧实度指数达到 90.5。植株生长势较强，整齐一致，单株重 2.9kg，净菜率高达到 78.5%。亩产净菜 5 000 ~ 6 000kg。叶球高桩、直筒、叶色深，外观美，商品性好。球叶中的维生素 C 为 18.3 mg/100g，可溶性糖为 1.86%，总酸为 0.068%，粗纤维为 0.44%，粗蛋白为 0.97%，干物质为 4.47%。苗期人工接种抗病性鉴定对病毒病、黑腐病的抗性达到高抗水平，对霜霉病的抗性达到中抗水平。2008—2009 年参加全国中晚熟青麻叶组的区域试验，平均毛菜产量 7 454.0kg，平均净菜产量 5 128.8kg。2010 年 4 月经全国蔬菜品种鉴定委员会鉴定通过（鉴定编号：国品鉴菜 2010038），建议在北京、天津、河北、辽宁、黑龙江及山东的莱州、青岛与德州等省（市）适宜地区作中晚熟秋大白菜种植。

11. 秋白 75

该品种属中熟一代杂交种，生育期 75 天左右，株幅 72.4cm、株高 40.6cm，单球毛重 4.62kg、外叶数 8.0、外叶大，叶色绿，单球净重 3.08kg。叶球头球型、浅绿色，球高 30.4cm、球宽 20.6cm，中心柱圆形、中心柱长 4.0cm。净菜产量 7 399.26kg/ 亩，较对照秋早 60 增产 19.29%。西北农林科技大学测试中心分析，叶球的干物质 5.04%，维生素 C 20.31mg/100g，可溶性糖 1.76%，粗纤维 2.998%，粗蛋白 1.05%。田间抗病性表现抗病毒病、霜霉病、黑斑病和软腐病。2016 年通过陕西省省级鉴定登记。

12. 北京小杂 56

早熟，生育期 50 ~ 60 天。植株整齐一致，生长速度快，株高 40 ~ 50 厘米，开展度约 60 厘米。外叶浅绿，心叶黄，叶柄白，帮较薄。叶球中高桩，外展内包，球形指数为 2.1。单株地上部 2.5 千克左右，净菜重 2 千克左右，净菜率 80%。较抗病、耐热、耐湿，适应性广、品质中上，商品性好。

13. 夏胜大白菜

兴农种子（北京）有限公司 1994 年育成。外叶深绿色，叶球卵圆形，叶片叠抱，球重 1 ~ 1.5 千克。生长期 50 天，抗热、耐湿，不易裂球；抗软腐病、黑腐病、霜霉病和病毒病；蛋白质 1.1%，纤维 0.2%，碳水化合物 1.7%，维生素 C 150 毫克 / 千克。

14. 春秋 54

北京世农种苗有限公司 1994 年育成。叶色深绿，叶缘为全缘，邦和叶肋白色，叶球呈倒卵圆形，合抱，植株长势强，耐抽薹，结球紧实，球径 18cm，球形指数 1.7，净菜率为 76%。高抗霜霉病和黑腐病。

（二）橙色大白菜特色大白菜品质

1. 金冠 1 号

中晚熟一代杂种，生育期 85 天左右。叶球叠抱，高头球形，外叶深绿，球叶外层 2 ~ 3 片叶为绿色，内层叶色为金黄色；单球净重 2.5 ~ 3.5kg，结球紧实，软叶率高，商品性好。亩产净菜 6 500 ~ 7 000kg。突出特点：营养丰富，生熟皆宜，生长势强，高抗病毒病、霜霉病、干烧心、软腐病和黑斑病，耐寒性强，适应性广。栽培要求：陕西关中地区适宜播期为 8 月 1 日至 10 日。甘肃省定西地区和黑龙江黑河地区的适宜播期为 7 月 5 日至 10 日。栽培田要重施底肥，管理以促为主，注意防治病虫害。高水肥田块的留苗密度为 2 500 株 / 亩，肥力中等田块 2 800 株 / 亩，瘠薄地 3 000 株 / 亩。2007 年通过陕西省省级审定。

2. 金冠 2 号

中熟一代杂种。生育期 75 天左右，叶球叠抱，倒卵圆形，球形指数 1.4；外叶绿色，球叶外层 2 ~ 3 片叶为绿色，内层叶色为橙黄色；球叶类胡萝卜素、维生素 C、可溶性固形物含量、蛋白质、干物质、总酸都显著高于普通白菜（优质大白菜秦白 2 号）。单球净重 2.5 ~ 3kg，净菜率为 75% 以上，结球紧实，商品性好。亩产净菜 6 000kg 左右。突出特点：好看好吃好营养，抗病抗逆适应广。栽培要求：陕西关中地区适宜播期为 8 月 1 日至 10 日。甘肃省定西地区和黑龙江黑河地区的适宜播期为 7 月 5 日至 10 日。栽培田要重施底肥，管理以促为主，注意防治病虫害。高水肥田块的留苗密度为 2 500 株 / 亩，肥力中等田块 2 800 株 / 亩，瘠薄地 3 000 株 / 亩。2007 年通过陕西省省级审定。

二、结球甘蓝

结球甘蓝（*Brassica oleracea L.var.capitata* L.）是十字花科芸薹属甘蓝种（*Brassica oleracea* L.）结球的变种。又名卷心菜、洋白菜、疙瘩白、包菜、圆白菜、包心菜、莲花白等。二年生草本，被粉霜。矮且粗壮一年生茎肉质，不分枝，绿色或灰绿色。基生叶多数，质厚，层层包裹成球状体，扁球形，直径10～30cm或更大，乳白色或淡绿色。结球甘蓝起源于地中海沿岸，16世纪开始传入中国。甘蓝具的耐寒、抗病、适应性强、易贮耐运、产量高、品质好等特点，在中国各地普遍栽培。陕西省栽培的结球甘蓝品种有：中甘11号、中甘17号、中甘10号、中甘18号、中甘12号、中甘19号、中甘15号、夏美、中甘16号、晚美、8398、铁头2号、京丰、铁头3号、庆丰、赛珍奇迹、秋丰、世龙铁球、晚丰、小黑白旱、津甘8号、西双版纳、紫甘蓝等。

代表性品种如下：

1. 中甘11号

早熟春甘蓝一代杂交种，全生育期80～100天。该品种叶片近圆形，叶球紧实，质地脆嫩，风味特佳，不易裂球，单株叶球重0.7～0.8kg，一般土壤都能种植。

2. 中甘15号

春季从定植到商品成熟55天左右，该品种植株开展度42～45cm，外叶14～16片，叶色绿，蜡粉较少。叶球紧实，绿色圆球形，叶质脆嫩，风味品质优良，商品性好。冬性较强，不易未熟抽薹。单球重1.0～1.2kg，亩产可达4 000kg。

3. 中甘21号

早熟一代杂种，定植到收获50天左右。植株开展度约为52cm，外叶色绿，叶面蜡粉少，叶球紧实，叶球外观美观，圆球形，叶质脆嫩，品质优，球内中心柱长约6.0cm，定植到收获约50天，单球重约1.0～1.5kg，亩产约4 000kg。抗逆性强，耐裂球，不易未熟抽薹。适宜在我国华北、东北、西北地区及西南地区的云南等地作早熟春甘蓝栽培。

4. 秋丰

中熟秋甘蓝一代杂种。该品种植株开展度60～70cm，外叶15～17片，叶色灰绿，蜡粉较多，叶球商品成熟90～100天，每亩产量可达4 000～5 000kg；

适合秋季种植。

5. 中甘 8 号

早熟秋甘蓝一代杂种，从定植到商品成熟 60 ~ 70 天。该品种植株开展度 60 ~ 70cm，外叶 16 ~ 18 片，叶色灰绿，蜡粉较多，叶球紧实，扁圆形，单球重 2kg 左右；抗芜菁花叶病毒，耐热性较好；每亩产量可达 4 000kg。

庆丰：植株中等，开展度 60 厘米。外叶 16 片左右，色深绿带蓝，有蜡粉。结球紧实，生长整齐。叶球近圆形，绿色，中心柱高约 7 厘米。单球重 3 千克，品质较优。在北京市属中早熟品种，定植后 75 ~ 85 天左右开始采收。抗寒，抗病，耐贮运，适应性强。亩产 6 000 ~ 8 000 千克。

6. 铁头 2 号

北京华耐种子有限公司甘蓝品种，圆球形甘蓝品种，极早生，播种后 85 天可以收获。球色鲜绿色，比其他圆球形甘蓝品种，球形大，整齐。叶脉细，叶质肉厚，食味性高，市场上受欢迎。裂球晚，耐运输，耐存放，长距离运输后不影响商品性。适合平坦地春秋两季种植。也适合暖地 9 至 10 月播种，1 至 2 月收获。

7. 铁头 3 号

近圆球形，球色浓绿，耐裂球，耐存放，耐运输。抗病性强，对黑腐病、根腐病有一定的抗性。春季种植，定植后 60 ~ 65 天可以收获 1.8 ~ 2.5kg 的叶球。

三、结球生菜

结球生菜为菊科莴苣属 1 或 2 年生草本植物，包括半结球莴苣（Lactuca sativa L）和结球莴苣（ Lactuca sativa var. capitata L.）。植株可长到 0.25 ~ 0.8m 高，茎中空，有乳汁，叶子的形状多数扁长形，从较典型的长椭圆形、披针形到线形。花期7至8月，种子成熟期8至9月。陕西省栽培的结球生菜品种有：大将结球生菜、皇帝结球生菜、圣礼结球生菜等。

帝皇结球生菜：早熟，优质，丰产，适应性强。植株生长健壮，株高度 16 ~ 18cm，开展度 36 ~ 38cm，叶片嫩绿色，包心紧，近圆形，单株重 1kg 左右，净菜率 80%，亩产 2 000kg 左右。

结球生菜“皇帝”：从美国佛里摩斯公司引进，属早熟品种，生育期 85 ~ 90 天。叶片中等大小，绿色，外叶小，叶面微波，叶缘缺刻中等，叶球中等大小，很紧密，球顶部较平，单球平均重 500g 左右，品质优良，质地脆嫩，耐热性好，可做越夏遮阴栽培。一般冬春季保护地栽培 12 月下旬至，1 月下旬播种育苗，

3 月中旬至 4 月中旬收获。春季露地栽培，2 月中、下旬播种育苗，5 月中下旬收获。夏季冷凉地栽培，4 月上旬前播种，6 月下旬收获。秋季保护地栽培，8 月下旬至 10 月中旬播种，11 月下旬至 1 月中旬收获。播种期根据定植期而定，苗龄 30 ～ 40 天。行株距 40 × 30cm。

结球生菜马来克：由国外引入的早熟生菜品种。结球脆叶类型。株高 17.8cm，开展度 40cm × 39cm，叶片绿色，微皱，叶缘波状深缺刻，球高 15cm，横径 17.2cm，扁圆形，包球紧，心叶浅绿色，平均单球重 610g，净菜率高达 75% 以上，品质优，脆嫩爽口，略甜。抗寒，抗逆性强，抗病性好。栽培要点：适于全国各地春季露地及秋冬季保护地栽培。从定植到收获 40 ～ 45 天，亩产净菜约 2 500 ～ 3 000kg。亩播种量 50g。

四、结球芥菜

结球芥菜是十字花科芸薹属植物芥菜种结球变种。叶片宽阔肥厚，叶柄呈宽扁形，成株后由心叶相互叠抱，包卷成半结球型，叶柄较短一些，叶柄基部无叶翼，以肥大宽厚的叶柄和叶球作蔬菜食用。包心芥菜主产于我国华南地区，是福建、广东、台湾、广西等地的地方名特蔬菜种类，代表品种有潮州包心芥、广东鸡心蕾等品种。包心芥菜为喜冷凉不耐寒性蔬菜植物，在华南地区一般作秋播栽培，产品可在冬春季节上市，品质优良、风味独特。代表性结球芥菜品种有：

白沙 11 号早包心芥菜：植株半披生，株高 40 ～ 43cm，开展度 50 ～ 52cm，叶葵扇形，绿色，叶缘浅缺刻，叶片厚，叶柄扁阔肉厚，叶球扁圆，横径 13cm，球大而紧，球叶黄白色，单株重 2.5kg，叶球重 1 ～ 1.5kg。夏秋二季皆可播种，一般以秋播为主，夏播 4 至 6 月采用直播，亩用种量 250g，栽培过程要注意防雨防热和防虫，播后 40 ～ 50 天收获，植株不包心或半包心，亩产 1 000kg 左右；秋播 7 至 10 月，以 8 月下旬至 9 月上旬为适播期，每亩用种量 25g，定植株行距 50 ～ 52cm。

万川包心芥菜：株高 32cm，开展度 45 ～ 50cm。叶阔矩圆形，绿色，叶柄肥短扁阔，结球大，紧实，近圆形，心叶黄白色，单球重 500 ～ 1 000g。肉质柔软肥嫩，纤维少，可供腌制或鲜菜用。播种至初收 82 天左右。

第六节　水生蔬菜

水生蔬菜指生长在水里可供食用的一类蔬菜。分为深水和浅水两大类。能适应深水的有莲藕、菱、莼菜等，作浅水栽培的有茭白、水芹、慈姑、荸荠等。推荐陕西栽培的主要水生蔬菜有莲藕、菱、茭白、水芹、慈姑、荸荠等。

一、莲藕

1. 鄂莲6号

主要特征特性：早中熟莲藕品种。植株生长势较强，株高160 ~ 180cm；叶近圆形，表面光滑，叶片半径36cm左右，叶柄粗1.9cm左右；花白色，开花较多；藕节间为短筒形，表皮黄白色，藕头、节间肩部圆钝，节间均匀，入泥浅；一般主藕5 ~ 7节、长90 ~ 110cm，主节间长14 ~ 17cm、粗8cm，单支整藕重3.5 ~ 4.0kg，入泥深25 ~ 30cm。

在陕西种植表现：藕外观品质较优。一般产量2 200kg/亩左右。

2. 鄂莲7号

主要特征特性：又名珍珠藕，早熟，生长势较弱，植株矮小，株高110 ~ 130cm。叶近圆形，叶柄较细，叶片半径28 ~ 32cm，表面粗糙。花白色。全生长期100天左右。入泥浅，一般为25 ~ 30cm。藕节间为短圆筒形，节部空隙小，藕表皮光滑、黄白色，藕头圆钝，藕肉厚实。老熟藕主藕5 ~ 7节，主节间长9 ~ 12cm，粗6 ~ 10cm，单支整藕重量2.5kg左右，主藕重量1.6kg左右。

在陕西种植表现：藕肉厚实。一般7月中旬青荷藕亩产1 000kg/亩左右，9月上旬枯荷藕产量1 900kg/亩左右。

3. 新1号莲藕

主要特征特性：早中熟品种，生育期达115天。荷叶宽大，叶脉明显，叶径75cm，叶柄粗壮高大，株高175cm，花白色。主藕入泥30cm左右，5 ~ 6节，长120cm，粗7.5cm。藕节圆整粗壮，子藕及孙藕发生力强。

在陕西种植表现：7月中下旬可以收青荷藕，8月中下旬可充分成熟。一般产量1 500kg/亩左右。

二、菱

又称芰、风菱、乌菱、菱角、水栗、菱实、芰实等。分有四角菱、两角菱和无角南湖菱。陕西主要种植前两种。常用的四角菱品种有水红菱、大青菱和馄饨菱；两角菱有扒菱和蝙蝠菱。

1. 水红菱

主要特征特性：早熟种，清明播种，立秋开始收嫩菱，处暑、霜降收老菱，菱肉含水量多，含淀粉稍少，味甜，宜生食。叶柄、叶脉及果皮均呈水红色。果形较大，50 ~ 70 个 /kg，肩角细长平伸，腰角中长，略向下斜伸，果重与肉重之比约为 1.5∶1。不耐深水，不抗风浪。

在陕西种植表现：一般产量 400 ~ 500kg/ 亩左右。

2. 大青菱

主要特征特性：中熟种，播种与成熟期与小白菱同，品质中等，果形大，40 ~ 50 个 /kg。皮绿白色，肩部高隆，肩角平伸而粗大，腰角亦粗。略向下弯。果皮厚，果重与肉重之比约为 2∶1。

在陕西种植表现：一般产量 500 ~ 600kg/ 亩左右。

3. 馄饨菱

主要特征特性：晚熟品种，清明播种，秋分到霜降收获。优质丰产，味甜而糯。果皮绿白色，80 ~ 100 个 /kg，肩角上翘，腰角下弯，菱腹凹陷，菱肉厚实，皮薄，果重与肉重之比约为 1.5∶1。

在陕西种植表现：一般产量 500 ~ 600kg/ 亩左右。

4. 扒菱

主要特征特性：晚熟品种，清明、谷雨播种，寒露、立秋采收。果形长大，50 个 /kg。皮暗绿色，两角粗长而下弯。品质好，含淀粉多。成熟时果柄不易脱落，可以减少采收次数；但皮壳厚，果重与肉重之比约为 2∶1。

在陕西种植表现：一般产量 300 ~ 500kg/ 亩左右。

5. 蝙蝠菱

主要特征特性：早熟品种，清明播种，处暑、寒露采收。生长势较弱，叶表面淡绿，背面赤褐色。果形中等，80 个 /kg。皮色有红、绿两种，两角平伸，先端较钝。

在陕西种植表现：一般产量 150 ~ 250kg/ 亩左右。

三、茭白

茭白，又名高瓜、菰笋、菰手、茭笋，高笋等。陕西种植的主要品种有京茭3号、丽茭1号和宁波四九茭。

1. 京茭3号

主要特征特性：植株生长势较强，株型紧凑直立。秋茭株高170cm左右；叶鞘浅绿色，长45cm左右；最大叶长140cm、宽3.2cm左右；平均有效分蘖14.7个/墩；平均孕茭叶龄8.1叶；壳茭重平均141.7g，肉茭重95g左右，净茭率68%左右，膨大的茭体4～5节，茭肉长22cm左右，最大横切面4.3×4.0cm。夏茭株高175cm左右，叶鞘绿色，长36cm左右；最大叶长110cm、宽3.7cm左右；平均有效分蘖约19个/墩；壳茭重150g左右，肉茭重110g左右，净茭率70%以上，膨大的茭体4～5节，茭肉长约20cm，最大横切面直径4.4cm×4.1cm。茭肉白色，可溶性总糖含量1.74%，干物质含量6.0%，粗纤维0.79%。

在陕西种植表现：肉嫩肤色洁白如玉，一般产量3 000～3 500kg/亩左右。

2. 丽茭1号

主要特征特性：极早熟，生育期97天左右。株高240～250cm，叶披针形，叶长180～190cm、宽3.8～5.3cm、叶鞘长50～60cm，植株分蘖力中等。肉质茎竹笋形，表皮白色、光滑，肉质茎长12～25cm、横径3.5～4.5cm，单株壳茭质量140～210g、肉茭质量100～150g，肉质细嫩，品质好。

在陕西种植表现：对胡麻斑病和锈病抗性较好。一般产量1 850kg/亩左右。

3. 宁波四九茭

主要特征特性：夏茭早熟，秋茭晚熟。株高1.6～1.7m，分蘖性强，长笋多，早熟，高产，优质，抗病，耐肥，采收期长。肉质茎长圆锥形，单茭重61～75g。

在陕西种植表现：一般产量2 000kg/亩左右。

四、水芹

水芹，又称水芹菜，野芹菜等。品种按叶片形状分为尖叶芹和圆叶芹两种类型。陕西种质的水芹主要优良品种有以下几种。

1. 玉祁大黄叶头芹

主要特征特性：株高60～70cm。叶柄长50cm左右，淡绿色。小叶卵形，叶片绿色。茎上部青绿色，下部白绿色。茎粗壮，中间充满薄壁细胞，香气较浓，纤维少，品质优。

在陕西种植表现：一般产量 3 500 ～ 5 000kg/ 亩。适合于浅水栽培或旱作。

2. 玉祁实茎芹

主要特征特性：株高 48 ～ 65cm。叶柄长 45cm。小叶阔卵形。茎粗壮，实心。耐寒，抽薹较晚，可采收到 4 月下旬。

在陕西种植表现：一般产量 4 000 ～ 5 000kg/ 亩。适合于浅水栽培或旱作。

3. 苏芹

主要特征特性：株高 50 ～ 55cm。叶柄长 35 ～ 40cm。小叶近圆形，叶片青绿色，叶缘有粗锯齿。叶柄上部绿色，中部白绿色，水中部分为白色。柄基部粗壮，生长势弱。纤维含量少，口感好。

在陕西种植表现：一般产量 3 000 ～ 4 000kg/ 亩。软化时耐深埋，适合于较深水层栽培。

4. 小青种

主要特征特性：株高 50cm 左右。叶片绿色。茎和叶柄上部青绿色，水中部分绿色。茎中空，植株紧凑，生长快，抗冻能力强。经冰冻后叶色仍保持绿色。

在陕西种植表现：一般产量 3 300 ～ 4 000kg/ 亩。适合于较深水层栽培。

5. 常熟白芹

主要特征特性：株高 45cm 左右。叶柄长 30cm，叶片黄绿色，小叶卵圆形，但顶部尖，叶缘缺刻浅。叶柄和茎绿白色。生长快，采收期早，纤维少，香气较浓。叶片的适口性也较好。

在陕西种植表现：一般产量 4 000 ～ 5 000kg/ 亩。适合于浅水栽培或旱作。

6. 宜兴水芹

主要特征特性：株高 50cm 左右。叶柄长 35cm 左右，叶柄上部青色，下部白色，叶柄紧抱似茎秆状。叶片绿色，叶面有皱纹，叶缘缺刻较深。香气浓，粗纤维少，品质好。

在陕西种植表现：一般产量 5 000kg/ 亩左右。适合于旱作或浅水栽培。

7. 溧阳白芹

主要特征特性：株高 45 ～ 50cm。叶柄长 30cm，叶片黄绿色。叶柄地上部分青绿色，土中部分白色。以旱作为主，也能在浅水田栽培。较耐肥，抗寒性较差。香味浓，口感脆嫩、微甜。

在陕西种植表现：一般旱作产量 2 500 ～ 3 000kg/ 亩；水作产量 4 000 ～ 5 000kg/ 亩。

8. 扬州白芹

主要特征特性：株高 70 ～ 80cm，叶柄长 50 ～ 60cm，青色，叶柄中空有隔膜。叶片尖叶型，叶色绿，叶缘钝齿。耐寒，耐肥，不耐热，抗病性强。纤维含量中等。有清香味，口感较好。

在陕西种植表现：一般产量 5 000 ～ 7 500kg/ 亩。适合较深水层栽培。

9. 大叶水芹

主要特征特性：株高 60cm 左右。叶柄长 35cm 左右。绿色。茎绿色。叶片深绿色。品质较好。

在陕西种植表现：一般产量 5 000kg/ 亩左右。适合浅水栽培。

10. 广州水芹

主要特征特性：株高 70 ～ 80cm。叶柄长 50cm 左右，绿色。叶片浅绿色，小叶菱形，属尖叶型品种。耐肥，耐热，不耐寒。

在陕西种植表现：一般产量 5 000 ～ 6 000kg/ 亩。适合较深水层栽培。

11. 泰州青芹

主要特征特性：株高 70cm 左右。叶柄长 50cm，绿色，圆形，中空。叶片淡绿色，小叶披针形。耐肥，耐寒。

在陕西种植表现：一般产量 5 000kg/ 亩左右。适合较深水层栽培。

12. 常州圆叶芹

主要特征特性：株高 50 ～ 65cm。叶柄长 30 ～ 40cm，叶柄露出水面部分绿色，水中部分白色。叶片卵圆形，绿色，纤维少，口感脆嫩，有清香味。耐寒能力强。

在陕西种植表现：一般水作产量 4 000kg/ 亩左右；旱作产量 2 500kg/ 亩左右。适合浅水栽培或旱作。

五、慈姑

慈姑，亦称华夏慈姑、水芋、剪刀草，燕尾草，蔬卵等。主要的品种有广东白肉慈姑、沙菇；浙江海盐沈荡慈姑；江苏宝应刮老乌和苏州黄等。简要介绍如下。

1. 白肉慈姑

主要特征特性：球茎扁圆形，高 3cm，横径 5cm，节较密，皮肉色白，质坚实，单球重 50 ～ 75g，品质优，耐贮运，生长期 110 ～ 120 天，抗逆性强。

在陕西种植表现：一般产量 500 ～ 650kg/ 亩。

2. 沙菇

主要特征特性：球茎卵圆形，高 5cm、横径 4cm、单球重 50g，皮、肉皆黄白色，含淀粉多，无苦味，品质优，产量高。肉质较疏，不耐贮运。生长期 110 ～ 120 天。

在陕西种植表现：一般产量 1 000 ～ 1 200kg/ 亩。

3. 沈荡慈姑

主要特征特性：球茎椭圆形，高 5.5cm，横径 4cm，单球重 33.6g。皮肉均黄白色，鳞片棕褐色，含淀粉多，品质好，无苦味，质嫩软。

在陕西种植表现：一般产量 500 ～ 800kg/ 亩。

4. 刮老乌（又叫紫圆）

主要特征特性：球茎圆形，高 4 ～ 5cm，横径 4 ～ 5.5cm，单球重 20 ～ 30g。生育期 180 天，顶芽粗壮向一边弯曲，皮青色带紫，肉白色，质较粗。

在陕西种植表现：一般产量 750 ～ 1 000kg/ 亩。

5. 苏州黄（又叫白衣）

主要特征特性：球茎卵形、高 5 ～ 5.5cm，横径 3.5 ～ 4cm，单球重 15 ～ 25g，皮肉黄色，味似栗，质软，品质好。

在陕西种植表现：一般产量 750kg/ 亩左右。

六、荸荠

荸荠，又名马蹄、水栗、芍、凫茈、乌芋、菩荠、地栗、钱葱、土栗、刺龟儿等。适宜陕西种植的优良品种主要有桂林马蹄、水马蹄、韭荠、孝感荠、苏荠和余杭荠。

1. 桂林马蹄

主要特征特性：株高 100 ～ 120cm，开展度 20cm。球茎扁圆形，高 2.4cm，横径 4cm，顶芽粗壮，二侧芽常并立，故有“三枝桅”之称。皮红褐色，肉白色，单个重 30g。以鲜食为主，也可熟食和加工，糖分较高，肉质爽脆，品质优。生势旺盛，抗倒伏力较强。6 ～ 7 月用球茎育苗，苗期 25 天，生长期 130 ～ 140 天。

在陕西种植表现：一般产量 1 500kg ～ 2 000kg/ 亩。

2. 水马蹄

主要特征特性：株高 70 ～ 90cm，开展度 15 ～ 20cm。球茎扁圆形，高 2cm，横径 2.5 ~ 3cm，顶芽较尖长，皮黑褐色，肉白色。单个重 10g。淀粉含量高，以熟食和制作淀粉为主。生势旺盛，抗逆性较强，耐湿，不耐贮藏。6 至 7 月用球茎育苗，苗期 25 天，生长期 130 ~ 140 天。

在陕西种植表现：一般产量 1 500kg/ 亩左右。

3. 韭荠

主要特征特性：株高 110 ~ 120cm。球茎大，椭圆形，横径 4cm，纵径 2.6cm，单个重 25g，质脆味甜，品质好，以鲜食为主。

在陕西种植表现：一般产量 2 000kg/ 亩以上。

4. 孝感荠

主要特征特性：株高 90 ~ 110cm。球茎扁圆，亮红色，平均单个重 22g，皮薄，味甜，质细渣少，以鲜食为主，品质好。

在陕西种植表现：一般产量 1 000 ~ 1 500kg/ 亩。

5. 苏荠

主要特征特性：株高 100 ~ 110cm。球茎扁圆形，顶芽尖，脐平，皮薄，肉白色，单个重 15g 左右。

在陕西种植表现：一般产量 750 ~ 1 000kg/ 亩。适于加工制罐头。

6. 余杭荠

主要特征特性：球茎扁圆形，顶芽粗直，脐平，皮棕红色，皮薄，味甜，单个重 20g 左右。

在陕西种植表现：一般产量 1 000 ~ 1 200kg/ 亩。适于加工制罐头和鲜食。

第七节　陕西省特色蔬菜

特色蔬菜又被称为稀有特种蔬菜，是指从国外引进的“西菜”和地区的名、特、优、新蔬菜。它们大多含有特别营养，风味独特，有的种类还有一定的保健防病作用。推荐陕西种植的特色蔬菜种类有菊苣、结球生菜、西芹、青花菜、球茎茴香、羽衣甘蓝、牛蒡、大荔黄花菜、芥蓝、紫背天葵、佛手瓜、荠菜、马齿苋、苣荬菜、蒲菜、豆瓣菜等。

菊苣（*Cichorium intybus* L.），又称苦苣、苦菜、卡斯尼、皱叶苦苣、明目菜、咖啡萝卜、咖啡草等。菊苣品种较多，菜用栽培有叶用型、叶球形、根用型品种，还有需软化结球类型和非软化型的散叶类型。需软化结球类型是耐寒的散叶菊苣，其叶苦味过浓，且质硬不堪食用，经栽培获得直根，秋季挖出直根，经贮藏后进行软化栽培，获得黄白色小叶球方可食用。非软化型的散叶类型是半耐寒的叶用菊苣，叶色有红、绿之分，尤其是红菊苣，天寒时，叶片呈红葡萄酒色，食用时取叶丛的心部，从而使沙拉的色彩更加艳丽，并因其叶基部略有苦味，从而提高了沙拉的档次。用于软化栽培的芽球菊苣，一般多选用软化后芽球为乳白色或乳黄色的品种，也可选用红色的品种。软化栽培品种有荷兰的科拉德、特利劳夫，英国的艾切利尼莎，日本的沃姆、白河，我国的中囤 1 号等品种。

结球生菜（*Lactuca sativa* var. *capitata* L.），属菊科，以球叶供食。为直根系，分布浅，吸水肥能力弱，结球蔬菜的球形有圆形、扁圆形、圆锥形、圆筒形，质地柔嫩，叶为主要食用部分。生产中多选择耐热、早熟的品种，如皇帝、京优 1 号；叶球较大品种，可选用阿尔盘中熟品种。

西芹（*Apiumgraveolens* L.），又称香芹、药芹、堇、白芹、洋芹菜、美国芹菜等。属伞形科蔬菜。西芹植株紧凑粗大，叶柄宽厚，实心。质地脆嫩，有芳香气味。可以分黄色种、绿色种和杂色种群 3 种。推荐种植的品种有高优它 52-70、文图拉、康乃尔 619、美国白芹、意大利夏芹、荷兰巨芹、福特胡克等。

青花菜（*Brassica oleracea* L.），又名青花椰菜、意大利花菜、意大利芥蓝、木立花椰菜、绿花菜、茎椰菜、西蓝花。十字花科，芸薹属。甘蓝种中以绿花球为产品的一个变种。以主茎及侧枝顶端形成的绿色花球为产品，营养丰富，色、香、味俱佳。推荐种植品种有翠光、秋津、绿王、绿冠、四季绿 96、碧杉、碧玉、绿州 807、绿带子、绿岭、山水等。

球茎茴香（*Foeniculum vulgare*），又名意大利茴香、甜茴香，为伞形科茴香属茴香种的一个变种，原产意大利南部，现主要分布在地中海沿岸地区。营养生长期茎短缩，株高 40 ~ 70cm，叶数 8 ~ 10 片。开展度 50cm 左右。叶为三四回羽状深裂的细裂叶，小叶成丝状，叶面光滑，被有白色蜡粉，叶柄基部叶鞘肥大，且互相抱合呈扁球形，是营养物质的贮藏器官，也是主要的产品器官。推荐种植品种有荷兰球茎茴香、意大利球茎茴香、泰坦尼克（球茎茴香）、德国球茎茴香等。

羽衣甘蓝（*Brassica oleracea* var. *acephala* f.*tricolor*），二年生草本植物，为结球甘蓝（卷心菜）的园艺变种。结构和形状与卷心菜非常相似，区别在于羽衣甘蓝的中心不会卷成团。栽培一年植株形成莲座状叶丛，经冬季低温，于翌年开花、结实。总状花序顶生，花期 4 ~ 5 月，虫媒花，果实为角果，扁圆形，种子圆球形，褐色，千粒重4g左右。园艺品种形态多样，按高度可分高型和矮型；按叶的形态分皱叶、不皱叶及深裂叶品种；按颜色，边缘叶有翠绿色、深绿色、灰绿色、黄绿色，中心叶则有纯白、淡黄、肉色、玫瑰红、紫红等品种。推荐栽培食用品种有东方绿嫩、阿培达、科伦内等。

牛蒡（*Arctium lappa* L.），又名恶实、大力子、东洋参、东洋牛鞭菜等。为桔梗目、菊科、牛蒡属植物。具粗大的肉质直根，长达15cm，径可达2cm，有分枝支根。茎直立，高达2m，粗壮，基部直径达2厘米，通常带紫红或淡紫红色，有多数高起的条棱，分枝斜生、多数，全部茎枝被稀疏的乳突状短毛及长蛛丝毛并混杂以棕黄色的小腺点。根用牛蒡主要分为两个品种群：野川型，产于日本关东地区，特征为根长而细；大浦型，产于日本关西地区，特征为根短而粗。推荐种植的主要品种有泷野川、渡边早生、山田早生、新田、中之宫、常磐、砂川和大浦等。

大荔黄花菜（*Hemerocallis citrina* Baroni），陕西省大荔县特产。又名金菜、南菜、黄花菜、萱草花、忘忧草、川草花、宜男花、鹿葱花、萱萼，是人们喜吃的一种传统蔬菜。因其花瓣肥厚，色泽金黄，香味浓郁，食之清香、鲜嫩，爽滑同木耳、草菇，营养价值高，被视作“席上珍品”。

芥蓝（*Brassica alboglabra* L.），又名白花芥蓝、绿叶甘蓝、芥蓝（广东）、芥蓝菜、盖菜，为十字花科、芸薹属一年生草本植物，栽培历史悠久，是中国的特产蔬菜之一。芥蓝的菜薹柔嫩、鲜脆、清甜、味鲜美，以肥嫩的花薹和嫩叶供食用，每100g芥蓝新鲜菜苔含水分92～93g，维生素C 51.3～68.8mg，还有相当多的矿物质，是甘蓝类蔬菜中营养比较丰富的一种蔬菜。推荐种植品种有早熟品种如幼叶早芥蓝、柳叶早芥蓝、抗热芥蓝等；中熟品种如登峰芥蓝、佛山中迟芥蓝、台湾中花芥蓝、红脚芥蓝等；晚熟品种如“客村铜壳叶”芥蓝和“三员里迟花”芥蓝等。

紫背天葵（*Begonia fimbristipula* Hance），又名天葵秋海棠、散血子、龙虎叶等。多年生无茎草本植物。根状茎球状，直径7～8mm，具多数纤维状之根。叶均基生，具长柄；叶片两侧略不相等，轮廓宽卵形，长6～13cm，宽4.8～8.5cm，先端急尖或渐尖状急尖，基部略偏斜，心形至深心形，边缘有大小不等三角形重锯齿，有时呈缺刻状，齿尖有长可达0.8mm的芒，上面散生短毛，下面淡绿色，沿脉被毛，但沿主脉的毛较长，常有不明显白色小斑点，掌状条脉7～8，叶柄长4～11.5cm，被卷曲长毛；托叶小，卵状披针形，长5～7mm，宽2～4mm，先端急尖，顶端带刺芒，边撕裂状。紫背天葵为半栽培品种，栽培历史较短，在生产上还没有明显性状区分的多数品种供选择，就目前栽培而言，其品种主要有2种类型，红叶种和紫茎绿叶种。红叶种又可分为大叶种和小叶种。大叶种耐热性和耐湿性较差，小叶种较耐低温；紫茎绿叶种耐热性、耐湿性强。

佛手瓜（*Sechium edule*），又名千金瓜、隼人瓜、安南瓜、寿瓜、丰收瓜、洋瓜、合手瓜、捧瓜、土耳瓜、棚瓜、虎儿瓜等，是一种葫芦科佛手瓜属植物，原产于墨西哥、中美洲和西印度群岛。佛手瓜清脆，含有丰富营养。推荐种植的品种有佛手瓜绿皮种、佛手瓜白皮种、古岭合掌瓜、白皮佛手瓜等。

荠菜（*Capsella bursa-pastoris*），又称扁锅铲菜、荠荠菜、地丁菜、地菜、荠、靡草、花花菜、菱角菜等。是双子叶植物纲、十字花科、荠属植物。茎生叶羽状分裂，卷缩，质脆易碎，灰绿色或橘黄色；茎纤细，分枝，黄绿色，弯曲或部分折断，近顶端疏生三角形的果实，有细柄，淡黄绿色。气微，味淡。茎纤细，黄绿色，易折断。茎直立，单一或从下部分枝。基生叶丛生呈莲座状，大头羽状分裂，长可达12cm，宽可达2.5cm，顶裂片卵形至长圆形，长5 ~ 30mm，宽2 ~ 20mm，侧裂片3 ~ 8对，长圆形至卵形，长5 ~ 15mm，顶端渐尖，浅裂或有不规则粗锯齿或近全缘。栽培的品种有板叶荠菜（又叫大叶荠菜）和散叶荠菜（又叫百脚荠菜、慢荠菜、花叶荠菜、小叶荠菜、碎叶荠菜、碎叶头等）2种。

马齿苋（*Portulaca oleracea* L.），又名马苋、五行草、长命菜、五方草、瓜子菜、麻绳菜、马齿菜、蚂蚱菜等。为马齿苋科一年生草本植物，全株无毛。茎平卧，伏地铺散，枝淡绿色或带暗红色。叶互生，叶片扁平，肥厚，似马齿状，上面暗绿色，下面淡绿色或带暗红色，叶柄粗短。花无梗，午时盛开，苞片叶状。栽培的品种有大花马齿苋、半支莲（又名太阳花、松叶牡丹）、紫米粒和毛马齿苋。

苣荬菜（*Sonchus arvensis* L.），又名荬菜、野苦菜、野苦荬、苦葛麻，苦荬菜、取麻菜、苣菜、曲麻菜等，是菊科苦苣菜属植物，茎直立，高30 ~ 150cm，总苞钟状，长1 ~ 1.5cm，宽0.8 ~ 1cm。栽培的品种有沈农苣荬菜1号和野生品种。

蒲菜（*Typhalatifolia* L.），又名深蒲、蒲蒻久、蒲笋、蒲芽、蒲白、蒲儿根、蒲儿菜，为香蒲科植物香蒲嫩的假茎。按其食用部分的不同，大体可分为3类：一是由叶鞘抱合而成的假茎，名品有山东济南大明湖及江苏扬州、淮安勺湖的蒲菜；二是白长肥嫩的地下葡萄茎，名品有河南淮阳的陈州蒲菜及云南昆明、建水一带的香芽蒲菜；三是白嫩如茭白的短缩茎，名品有云南元谋的席草蒲菜。

豆瓣菜（*Nasturtium officinale* R. Br.）是十字花科豆瓣菜属中的多年生水生草本植物。高20 ~ 40cm，全体光滑无毛。茎匍匐或浮水生，多分枝，节上生不定根。单数羽状复叶，小叶片3 ~ 9枚，宽卵形、长圆形或近圆形，顶端1片较大，长2 ~ 3cm，宽1.5 ~ 2.5cm，钝头或微凹，近全缘或呈浅波状，基部截平，小叶柄细而扁，侧生小叶与顶生的相似，基部不等称，叶柄基部成耳状，略抱茎。栽培品种有广东小叶豆瓣菜、英国大叶豆瓣菜、江西大叶豆瓣菜等。

蕹菜（*Ipomoea aquatica* Forsk），又名空心菜、通菜蓊、蓊菜、藤藤菜、通菜等。是番薯属光萼组植物。叶片形状、大小有变化，卵形、长卵形、长卵状披针形或披针形，长 3.5 ~ 17cm，宽 0.9 ~ 8.5cm，顶端锐尖或渐尖，具小短尖头，基部心形、戟形或箭形，偶尔截形，全缘或波状，或有时基部有少数粗齿，两面近无毛或偶有稀疏柔毛；叶柄长 3 ~ 14cm，无毛。推荐陕西栽培的品种有风光大叶空心菜和泰国尖叶空心菜。

苋菜（*Amaranthus tricolor*），又名雁来红、老少年、老来少、三色苋、青香苋、玉米菜、红苋菜、千菜谷、红菜、荇菜、寒菜、汉菜等。苋菜为一年生草本，高 80 ~ 150cm。叶片卵形、菱状卵形或披针形，长 4 ~ 10cm，宽 2 ~ 7cm，绿色或常成红色，紫色或黄色，或部分绿色夹杂其他颜色，顶端圆钝或尖凹，具凸尖，基部楔形，全缘或波状缘，无毛；叶柄长 2 ~ 6cm，绿色或红色。花簇腋生，直到下部叶，或同时具顶生花簇，成下垂的穗状花序。推荐种植品种有台湾绿叶苋菜、红花叶苋菜、广东柳叶苋、南京的木耳苋、重庆的大红袍、广州的红苋及昆明的红苋菜。

第三章 主要设施与设备

导读：温室是一种以透明或半透明覆盖材料作为全部或部分围护结构材料，可供冬季或其他不适宜露地植物生长的季节栽培植物，空间大小能满足人工行走或操作需要的设施建筑。设施结构类型主要包括单体塑料大棚、日光温室以及连栋温室等。随着科学技术的进步，陕西省设施产业保持了较快的发展水平，其中设施围护结构材料由竹木结构发展到钢骨架结构，单体塑料大棚跨度由8米发展到21米以上，日光温室墙体的蓄热方式由被动式蓄热墙体发展到主动式蓄热墙体，连栋温室的机械化水平不断发展提高。冬季设施节能保温技术及新能源技术和环境调控设备在陕西省设施产业中应用越来越广泛。

第一节　大棚的主要类型与特点

大棚是由一定数量拱形骨架连接，借以支撑和固定塑料薄膜而形成的具有一定高度的保护设施。塑料大棚是指以塑料薄膜作为透光覆盖材料的单栋拱棚，一般跨度在 6.0 ~ 12.0m，脊高 2.4 ~ 3.5m，长度在 30 ~ 100m 以上，大棚一般无加温设施。起初多用竹木搭建骨架，至 20 世纪 90 年代以后，骨架逐渐被钢筋焊合桁架和装配式骨架所取代。近年来，为了提高塑料大棚在冬季的保温性能，在塑料大棚采光屋面的外侧或内侧安装保温被或保温幕以阻止夜间热量流失，这类温室大棚跨度通常在 17m 以上。塑料大棚以其构建简单、组装方便、单位面积成本低等优点，目前已成为适合我国国情且能够广泛应用的种植设施。

一、大棚的结构类型

大棚可依照栋数多少分为单栋和连栋；以大棚屋顶的形状，可分为圆拱形、屋脊形、圆形；以建筑材料可分为竹木结构、钢筋水泥结构、全钢结构和装配式钢管结构（图 3–1 至图 3–3）。

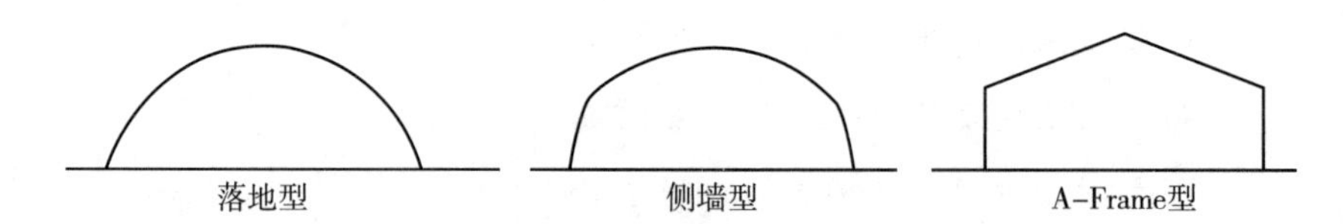

图3–1　单栋塑料薄膜大棚的类型

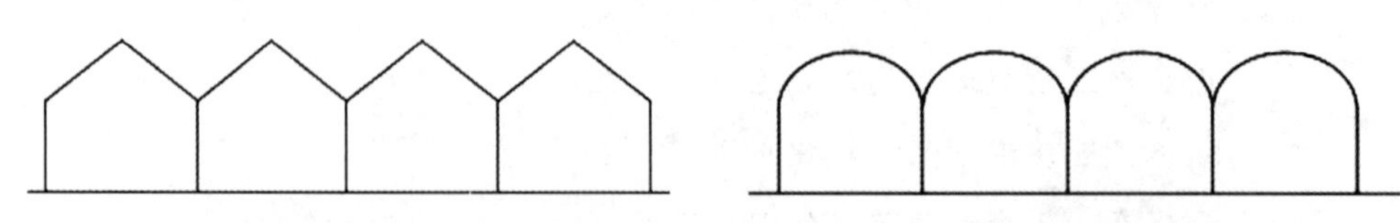

图3–2　A–Frame型连栋塑料薄膜温室　　**图3–3　圆拱形连栋塑料薄膜温室**

塑料薄膜大棚的骨架是由立柱、拱杆（拱架）、拉杆（纵梁、横拉）、压杆（压膜线）等部件组成，俗称“三杆一柱”。这是塑料薄膜大棚最基本的骨架构成，其他形式都是在此基础上演化而来。大棚骨架使用的材料比较简单，容易造型和建造，但大棚结构是由各部分构成的一个整体，因此选料要适当，施工要严格。

（一）竹木结构大棚

竹木结构大棚的跨度 8 ～ 12m、高 2.4 ～ 2.6m、长 40 ～ 60m，每栋生产面积 0.5 ～ 1 亩。由立柱（竹、木）、拱杆、拉杆、吊柱（悬柱）、棚膜、压杆（或压膜线）和地锚等构成。

（二）水泥柱钢筋梁竹拱大棚

此类大棚结构宽 10 ～ 12m、棚高 3.2m 以上、长 40m 以上。立柱全部用含钢筋水泥预制柱。柱体断面为 10cm × 8cm，顶端承担拱杆，每排横向立柱有 4 ～ 6 根，南北向每 3m 一排立柱。

拉杆为钢筋或钢管，纵向连接立柱，支撑拱杆。一般可做成单片花梁，上部用 8mm 圆钢，中下部用 6mm 圆钢焊成三角形三梁桁架。

拱杆用直径 4 ～ 6cm 竹子制成。其他同木竹结构大棚，其结构见图 3–4。

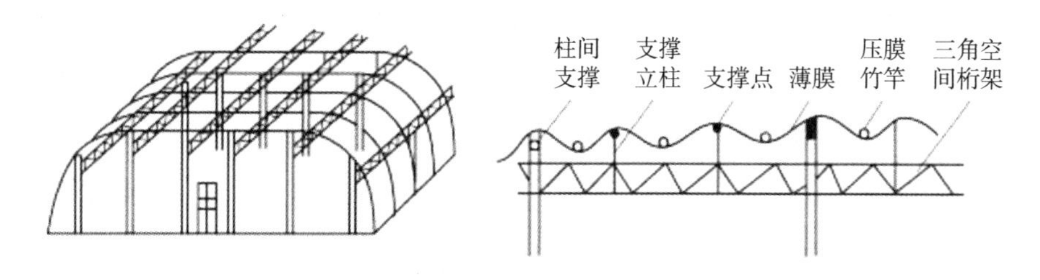

图3–4　水泥柱钢筋梁竹拱杆大棚结构

（三）钢拱架大棚

钢拱架大棚的骨架是用钢筋或钢管焊接而成，其特点是坚固耐用，中间无柱或只有少量支柱，空间大，便于作物生育和人工作业，但一次性投资较大。

这种大棚因骨架结构不同可分为：单梁拱架、双梁平面拱架、三角形（由三根钢筋组成）拱架。通常大棚宽 10 ～ 12m、高 2.5 ～ 3.0m、长 50 ～ 60m，单栋面积多为 1 亩，两侧距棚边 1m 处的垂直高度约 1.5m。

钢拱架大棚的拱架多用直径 12 ～ 16mm 圆钢或直径相当的金属管材为材料；双梁平面拱架由上弦、下弦及中间的腹杆连成桁架结构，两弦间的腹杆用直径 6mm 的圆钢制成，桁架间距为 1.2 ～ 1.4m，各个桁架也是纵向拉梁连接为一整体。三角形拱架则由三根钢筋及腹杆连成桁架结构（图 3–5）。这类大棚强度大，钢性好，耐用年限长达 10 年以上，但使用钢材较多，成本较高；钢拱架大棚需注意维修、保养，每隔 2 ～ 3 年应涂防锈漆，防止锈蚀。

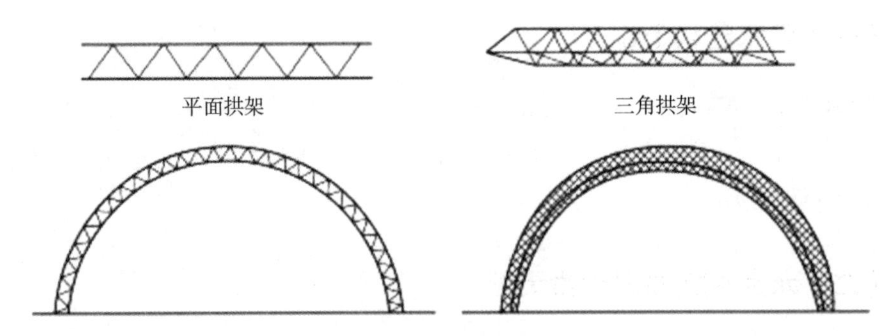

图3–5　钢架单栋大棚的桁架结构

平面拱架大棚是用钢筋焊成的拱形桁架，棚内无立柱，跨度一般在 10 ～ 12m，棚的脊高为 2.5 ～ 3.0m，每隔 1.0 ～ 1.2m 设一拱形桁架，桁架上弦用直径 14 ～ 16mm 钢筋、下弦用直径 12 ～ 14mm 钢筋、其间用直径 10mm 或直径 8mm 钢筋作腹杆（拉花）连接。上弦与下弦之间的距离在最高点的脊部为 25 ～ 30cm，两个拱脚处逐渐缩小为 15cm 左右，桁架底脚最好焊接一块带孔钢板，以便与基础上的预埋螺栓相互连接。拱架横向每隔 2m 用一根纵向拉杆相连，拉杆为直径 12 ～ 14mm 钢筋，拉杆与平面桁架下弦焊接，将拱架连为一体。在拉杆与桁架的连接处，应自上弦向下弦上的拉梁处焊一根小斜撑，以防桁架扭曲变形，其结构如图 3–6、图 3–7。单栋钢骨架大棚扣塑料棚膜及固定方式，与竹木结构大棚相

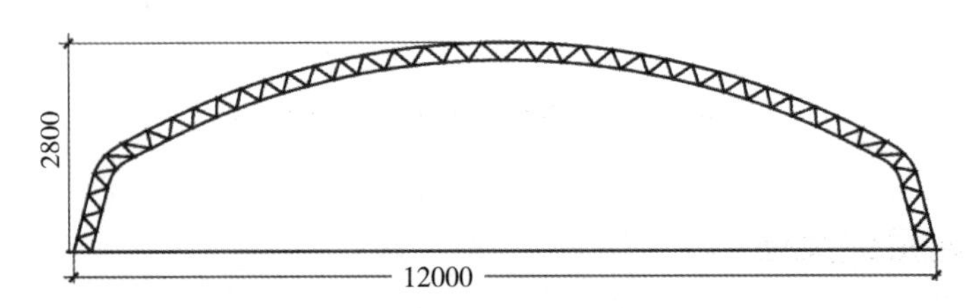

图3–6　钢筋桁架无柱大棚桁架结构（单位：mm）

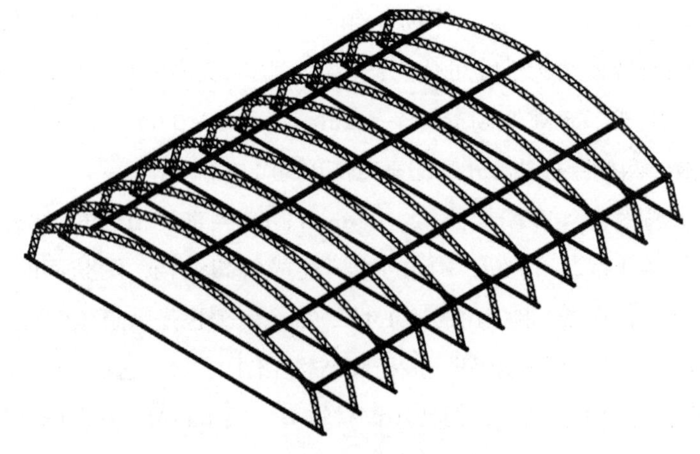

图3–7　钢筋桁架无柱大棚结构示意

同。大棚两端有门，也应有天窗和侧窗通风。

（四）装配式管架大棚

1. 镀锌钢管装配式大棚

自 20 世纪 80 年代以来，我国一些单位研制出了定型设计的装配式管架大棚，这类大棚多是采用热浸镀锌的薄壁钢管为骨架建造而成。尽管目前造价较高，但因其具有重量轻、强度高、耐锈蚀、易于安装拆卸、中间无柱、采光好、作业方便等特点，同时其结构规范标准，可大批量工厂化生产，所以在经济条件允许的地区，可大面积推广应用。大棚的全部骨架是由工厂按定型设计生产出标准配件，运至现场安装而成。

2. GP 系列镀锌钢管装配式大棚

该系列由中国农业工程研究设计院研制成功，并在全国各地推广应用。骨架采用内外壁热浸镀锌钢管制造，抗腐蚀能力强，使用寿命 10 ~ 15 年，抗风荷载 31 ~ 35kg/m^2，抗雪荷载 20 ~ 24kg/m^2。代表性的 GP-Y8-1 型大棚，其跨度 8m、高度 3m、长度 42m，面积 336m^2，拱架以 1.25mm 薄壁镀锌钢管制成，纵向拉杆也采用薄壁镀锌钢管，用卡具与拱架连接；薄膜卡槽及蛇形钢丝弹簧固定，还可外加压膜线，作辅助固定薄膜之用；该棚两侧有手摇式卷膜器，取代人工扒缝放风（图 3-8）。

目前国内主要生产跨度 6m、8m、10m，长 30 ~ 60m，高 2 ~ 3m 等规格的拱圆形大棚。棚体南北延长，无立柱拱杆，由直径 25 ~ 32mm 镀锌钢管在顶部

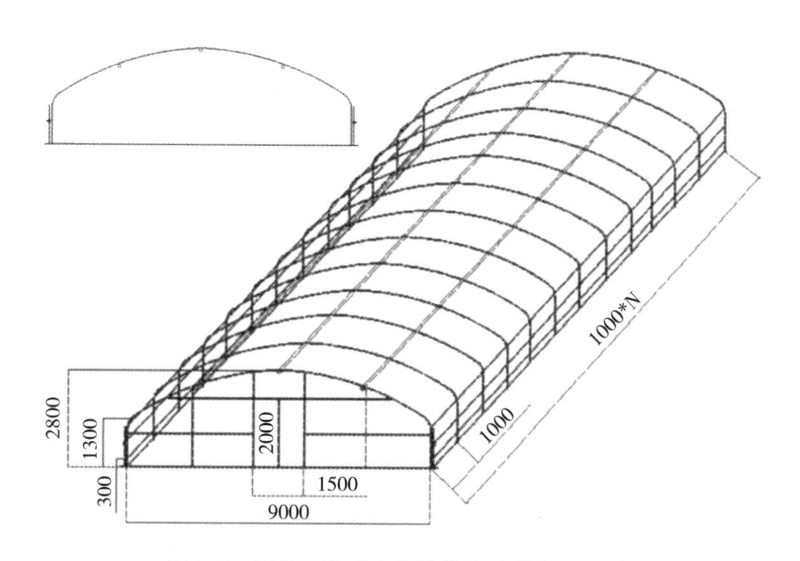

图3-8　钢管组装式大棚的结构（单位：mm）

用套管对接而成；立杆由直径 25mm 镀锌管用拉杆插销连接，用十字管将拱杆固定其上；全棚用 6 条纵向拉杆连接成整体。大棚两端有 6 根直径 25mm 钢管立柱，并用横向拉杆构成棚头和门。薄膜覆盖棚上，用固膜槽固定。其结构见图 3–9。

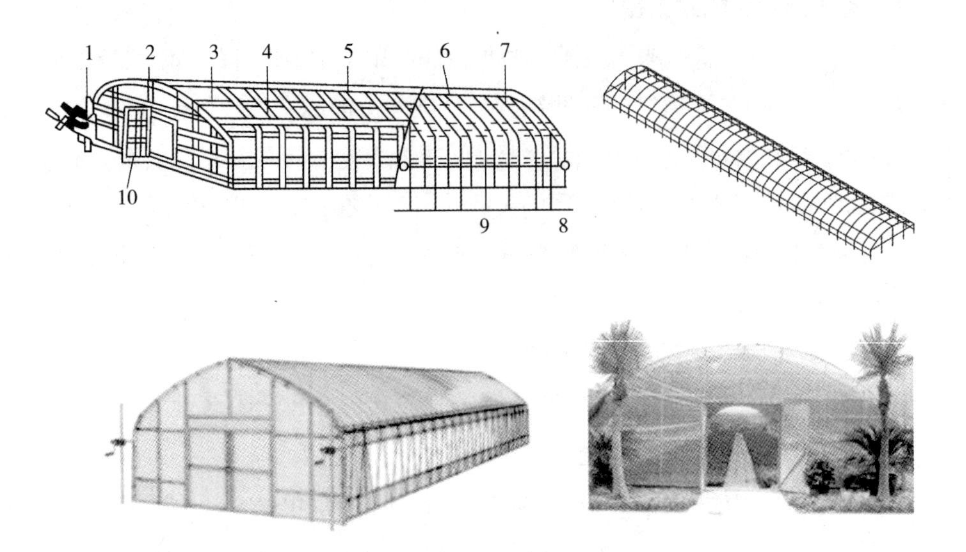

图3–9　装配式管架大棚

1.装膜机　2.立柱　3.纵向拉梁　4.拱杆　5.卡膜槽　6.薄膜　7.压缩线　8.木桩　9.8号铁丝　10.门

（五）大跨度非对称保温型塑料大棚

近年来，随着设施园艺朝着大跨度、机械化、智能化方向发展，研究人员提出了一种非对称保温型塑料大棚，这种塑料大棚骨架采用钢管装配式结构或钢筋焊接桁架结构，跨度在 17m 以上，大棚整体呈东西走向，与普通塑料大棚的区别在于其南侧采光屋面跨度 10m 以上，大于北侧采光屋面跨度 6m 以上，中间采用立柱支撑（图 3–10），立柱高度达 5m 以上，长度 30 ~ 100m。在非对称塑料大

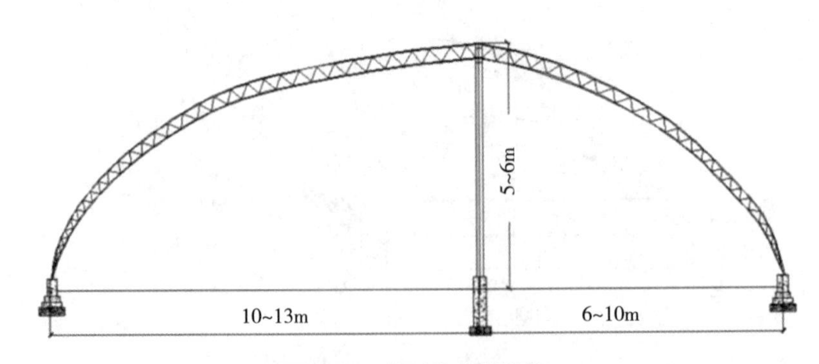

图3–10　非对称大棚结构

棚外侧或内侧覆盖保温被以阻止热量流失，同时北侧改用采光屋面替代日光温室后屋面与后墙，提高了土地利用率。采光屋面采用塑料薄膜覆盖，东西侧面采用PC板、聚苯板或砖作为围护结构材料。根据采光屋面层数可分为单层、双层、三层非对称温室大棚；又根据保温被的位置，分为外置保温被和内置保温被非对称温室大棚。

二、单栋塑料大棚设计建造应考虑的问题

（一）大棚的稳定性

对塑料大棚安全威胁最大的自然力是风。风可以通过3种方式损坏大棚：其一是风直接对大棚施加压力，作用在大棚的迎风坡面，大棚结构应该能承受当地30年一遇的风荷载；其二是当风掠过大棚时，由于不同时间在薄膜外表面不同部位风速变化，导致棚内外发生压强差，从而使之破坏；其三是外界空气以很高速度直接涌入棚内，产生对塑料膜的举力。

塑料大棚的稳定性既决定于骨架的材质、薄膜质量、压膜线的牢固程度，也与大棚的尺寸比例、棚面弧度、高跨比有密切关系。应尽量选用性能好、质量优的防老化膜、多功能膜或长寿膜，以增强大棚牢固性，延长使用寿命。应注意薄膜的黏结质量。压膜要尽量压紧，防止塑料薄膜滑动和摩擦。用铁丝、木条和竹竿压膜时，要防止这些材料划破薄膜，造成大的裂口。地锚的牢固性不可忽视，以防春季化冻后大风把地锚拉出地面，地锚最好做成十字花形，深埋至少50cm。

大棚的长宽比对稳定性有较大影响，相同的大棚面积，长宽比值越大，周长越长，地面固定部分越多，其稳定性越强，但跨度太窄，有效利用面积小。通常认为长宽比≥5较好。例如，500m^{2}的大棚，长40m时跨度12.5m，周长只有105m，其稳定性不如跨度为8m，长62.5m的大棚，其周长为141m。

风力对大棚的损坏方式之一是风速较大时形成对棚膜的举力，会使棚面薄膜鼓起，随风速的变化，棚膜不断鼓起落下地振荡，造成棚膜破损或挣断压膜线，而使“大棚上天”。根据流体力学的原理，风速越大，气流对棚膜的抬举力量越大，使薄膜鼓起越严重，再加上如果大棚外表面形状复杂，造成气流变化急剧，则棚膜振荡现象也越厉害。因此，在大棚体型设计时，应尽量降低其对风的扰动程度。在满足内部使用空间要求的前提下，大棚高度应尽量低一些，因大棚越高，气流掠过时速度增大越多，且不同部位变化越大，棚膜的振荡情况越严重。实践

证明，北方大棚的高跨比（棚高 / 跨度）以 0.25 ～ 0.3 较好，风速小的地方可适当提高；南方还要考虑有利自然通风等问题，高跨比宜大些，为 0.3 ～ 0.4。此外，大棚外形上应圆滑，如采用流线型棚面，风掠过时气流平稳，具有减缓棚膜振荡的作用，且棚膜压紧均匀，有利于提高其抗风的能力。有时为保证棚边部的管理作业高度，一些大棚做成带肩的形式，其外形变化较大，抗风能力也就差些。

（二）妥善固定骨架中杆件，维持几何不变体系

要求在大棚的设计和建造中，无论使用何种骨架建材，都必须对骨架中各种杆件的连接点和节点加以妥善固定。骨架连接点、节点固定用工不多，用料不贵，技术也简单，但关系重大。同时，骨架中各杆件应连接构成几何上稳定不变的体系。

（三）重视防腐，延长使用寿命

对于竹木结构大棚，可对竹木立柱作防腐处理，埋于地下的基部可以采用沥青浸法处理，地上部分可用刨光刷油、刷漆、裹塑料布等方法处理。钢件防腐处理可以采用镀锌或者刷漆等方法。

第二节　日光温室主要类型与特点

日光温室是我国具有自主知识产权的温室类型，其定义是，南（前）面为采（透）光屋面，东、西、北（后）三面为保温围护墙并有保温后屋面的单坡面型塑料薄膜温室，在冬季不采暖或较少采暖而又可越冬生产植物的温室称为日光温室。在我国北方寒冷地区，尽可能多地吸收太阳辐射，有效地蓄热、隔热、保温，从而最大限度地利用太阳能、减少辅助加温消耗的温室，通常被称作节能日光温室。

目前在陕西地区应用的日光温室结构类型很多，主要从墙体材料与结构的角度对不同类型日光温室的主要结构形式及其性能进行描述。

一、被动式蓄放热墙体日光温室

墙体的被动式蓄放热是指利用墙体本身白天吸收太阳辐射储存热量、夜间再依靠墙体自身放热补充温室热损失的热物理过程，在这个过程中，白天墙体吸收和储存多少热量、夜间释放多少热量均无法人为控制。

（一）单质材料墙体日光温室

1. 干打垒墙体日光温室

由于西北地区干旱、雨水少，日光温室土墙最早的建造方法多采用干打垒的方法。干打垒墙体强度高、耐久性好，而且墙体厚度薄（多控制在 50 ~ 100cm）、占地面积小，建造墙体用土量少，对土壤的破坏影响小，尤其适合黏度适中的黄土和轻质黏土。但是干打垒墙体建造时间长、劳动强度大，尤其随着近几十年来，西北地区日光温室发展规模越来越大，干打垒墙体的建设速度远跟不上日光温室发展的要求，这种墙体建造方法也逐渐被社会淘汰。

2. 机打墙体日光温室

近 20 年来，山东寿光的农民发明了机打土墙日光温室，即用挖掘机攫取地面土壤到墙体，用链轮拖拉机或压路机进行压实，之后再用挖掘机将墙体上下削齐，坡度为 10° ~ 15°，外侧墙体坡度约 50°，后墙下墙体（底部）厚度为 5 ~ 6m，上墙体（顶部）厚度为 1.5 ~ 2m，山墙施工工艺与后墙相同。墙体具体施工流程：先把温室建造区域内 20 ~ 30cm 耕作层土层推到前面堆积，再下挖 50cm 用生土做墙，墙体完成后将温室内地面整平，将堆积的熟土回填整平，保证室内种植面下挖深度 50cm 左右。整个温室跨度为 9 ~ 12.0m，后墙外高 3 ~ 3.5m，脊高 4.5 ~ 5.5m，长度 60 ~ 100m。这种施工工艺可快速建造日光温室墙体，且建造成本低，彻底摆脱了干打垒墙体用人力夯实墙体的局面，提高了墙体建造的机械化水平。由于墙体厚，温室的保温性能好，墙体储放热能力强，很快在陕西地区得到了大面积推广应用，成为当前我省日光温室墙体的主要形式（图 3-11）。

外景

内景

图3-11　机打土墙结构日光温室

机打墙体日光温室建造用土量大、墙体占地面积大、土地利用率低、对土壤破坏严重。而且由于链轮拖拉机的自身重量所限，压制墙体的密实度不够，墙体使用寿命短。虽然这种结构的温室因其造价低廉、保温性能好而在生产中得到大量推广应用，但由于其对土壤破坏严重，在学术界一直存在很大争议。随着近年来新技术的不断发展，要求改造和停止这种类型温室建设的呼声越来越高。

3. **山地日光温室**

陕西延安安塞地区农民依靠当地山区特点，提出一种山地日光温室。它是直接将日光温室建设在山坡上，以山体作为温室后墙，再利用挖掘机将后墙上下削齐，坡度10°～15°，由于墙体是山体，可认为墙体厚度无限厚。温室净跨度9m，高度为6m，长度一般100m，前屋面角29°，无后坡或者后坡很短，墙体高度5.5～6m。后墙墙体采用天然黄土，两侧山墙根据施工情况选用天然黄土或者人工夯实黄土（图3-12）。

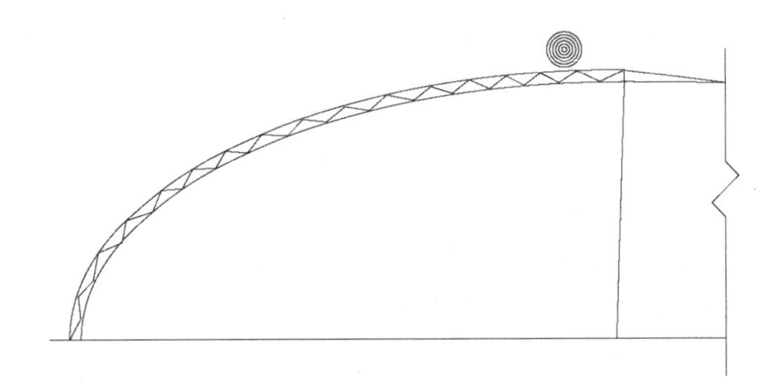

图3-12　山地日光温室剖面示意

温室最低承受雪载0.35kN/m^2，风载0.3kN/m^2，吊挂载荷15kg/m^2。冬季晴朗天气，外界气温达到-14℃以上，室内最低气温可保持在10℃以上，地表100mm深处低温可保持在15℃以上。在冬季晴天中午前后2h内，温室的平均透光率应大于75%。冬季晴天1日内，温室辐照度总量均匀度应大于80%。不过这种类型日光温室受土质等因素影响较大，不易推广。

（二）复合墙体日光温室

为了解决单质结构日光温室墙体占地面积大、对土壤破坏严重的问题，日光温室研究和建设早期对墙体结构的改造基本都是采用异质复合墙体，包括三层结构复合墙体和双层结构复合墙体，其中三层结构复合墙体在日光温室发展的早期应用最为广泛，后来随着对墙体传热理论的不断深入研究，近年来更倾向于采用双层结构复合墙体。

1. **三层结构复合墙体日光温室**

（1）空心复合墙体日光温室　空心复合墙体结构由内而外依次为砖、空气和砖，其中空气夹层厚度基本控制在 300mm 以内，主要起保温隔热作用，利用空气自身热阻大的特点，减少内侧热量向外侧过度传递，使温室达到一个好的保温隔热效果。这种结构用材省、建造速度快；但在实际生产中发现，由于墙体砂浆强度不够，或者是砌筑时砂浆不饱满，甚至很多温室不做勾缝处理造成日光温室砖墙建造的密封性差，室外冷风可直接渗透到温室中。此外，由于空气间层的空间较大，事实上在两层砖墙之间根本不可能形成静止空气层，砖墙内部的空气对流也大大削弱了墙体的保温性能。因此，这种墙体结构的日光温室在实际应用中保温性能并不理想，在近 10 年来的应用越来越少。

（2）保温板复合墙体日光温室　墙体结构由内而外依次为砖、保温板和砖，其中砖多采用黏土砖或多孔砖，在两层砖墙中间填充厚度为 100mm 左右保温板。这种墙体结构一方面可以解决松散材料，如陶粒、土壤、稻草等吸潮或下沉造成保温性能下降的问题；另一方面因为保温板的导热系数小，厚度多在 100mm 左右，可以进一步减薄墙体的厚度节约土地面积（图 3–13）。

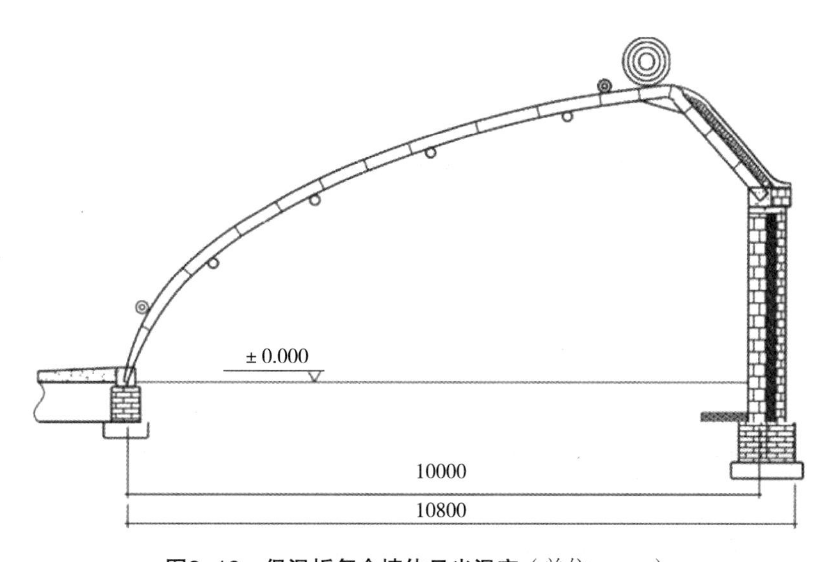

图3–13　保温板复合墙体日光温室（单位：mm）

温室跨度 8 ~ 10m，后墙高 2.8 ~ 3.8m，脊高 3.5 ~ 4.6m，长度不等。前屋面采用弧形结构，单层塑料薄膜覆盖，外覆保温被或草苫，前屋面倾角为 25° ~ 32°，后坡宽 1.5 ~ 2m，骨架材料主要是装配式钢管或钢筋焊接桁架。不过由于在施工中往往是先施工两侧墙体，之后再将保温板塞进夹层中，难以将保温板与两侧墙体紧密贴合，而且保温板相互之间的对接和密封也不严密，实际运行中温室墙体的保温性能并没有达到理想的状态。

（3）异质复合夹土 / 沙墙体日光温室　温室的规格尺寸与普通砖墙日光温室规格尺寸类似，墙体结构由内而外依次为砖、松散材料和砖。与空心复合墙体日光温室相比，由于用松散保温材料填充两层墙体之间的夹层，解决了墙体夹层内的空气对流；而且由于保温层的热阻较大，温室墙体的保温性能得到大大提升。其中松散材料多为耕作层以下的素土，或者通过添加 10% 掺量（质量比）的固化剂搅拌均匀而制成的固化沙，厚度 500mm 左右，采用人工夯实，墙体整体厚度在 1.0 ~ 1.3m 左右（图 3-14）。

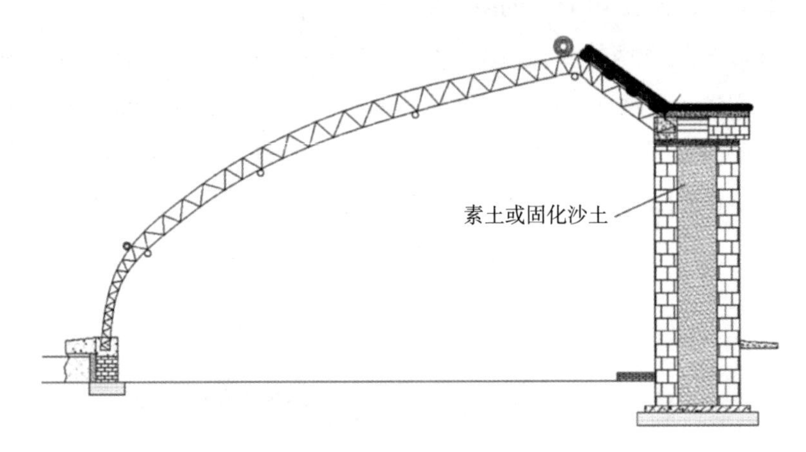

图3-14　异质复合夹土/沙墙体日光温室

但由于松散保温材料容易吸潮，吸潮后保温性能显著下降，而且随着温室使用年限的增加，松散材料在墙体内不断下沉，使墙体内下部松散材料密度增大，上部出现空气间层，总体上温室墙体的保温性能在不断降低。为此，近年来，人们在松散材料的外侧或墙体外侧配置 100mm 厚保温板，以提高墙体的保温性能。

2. 双层结构复合墙体日光温室

近年来新的复合墙体改进方法是将三层复合结构改变为双层结构，即取消外层砖墙，将中间保温板直接外贴在内墙上。这种做法不仅墙体各层功能明确，而且减少了墙体占地面积、降低了温室造价、提高了温室建设速度，成为目前复合墙体结构的主流模式。其中，内层墙体承担储放热和结构承重的功能；外层保温层承载隔热功能，可以用聚苯板外挂水泥砂浆，也可以直接用彩钢板，集隔热、防水和外观于一体。

（1）砾石蓄热墙体日光温室　为了解决传统石墙砌筑方法要求石块体积大，而且砌筑时间长、劳动强度大的问题，西北农林科技大学提出了一种采用钢筋笼装石料筑墙的方法，包括先整体搭建墙体钢筋笼后填装石料一次成型筑墙法和先用小钢筋笼装石料后码垛砌筑墙体两种方法；不仅提高了建设速度，而且对石块大小没有严格要求，极大地丰富了建材原料的来源，还省去了水泥、砂浆等胶黏剂。

其中利用小钢筋笼装石料后码垛砌筑的墙体主要由钢丝网笼与钢筋混凝土柱组成。网笼尺寸为 100cm × 50cm × 50cm，利用小型挖掘机向网内填充直径为 10 ～ 15cm 的砾石，钢丝的直径为 2mm。墙体每隔 1.5m 浇筑 1 个钢筋混凝土柱，起支撑与承压作用。建设温室过程中，先建造钢筋混凝土柱，然后在其间填入钢丝笼，笼与笼、承重柱之间由钢丝铰接固定。砾石墙体厚 1m，外层是 10cm 厚的保温板（图 3–15）。

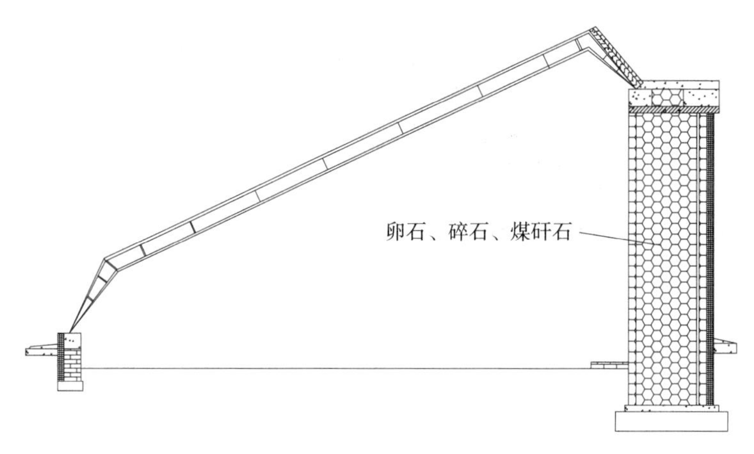

图3–15　砾石墙体日光温室剖面示意

砾石蓄热墙体日光温室净跨度 9m，温室高度为 4.8m，长度一般 60 ～ 100m，前屋面角 25°，后屋面角 36°，后屋面投影宽度与跨度之比应为 0.14 ～ 0.16，墙体高 3.3m。每栋温室靠东西墙一端后墙北侧，宜建一座砖墙钢筋混凝土顶或苯板彩钢瓦顶的作业间，面积 3m × 3m 或 4.5m × 4.5m。

温室最低承受雪载 0.35kN/m^2，风载 0.3kN/m^2，吊挂载荷 15kg/m^2，温室后坡最低承载能力 1.5kN/m^2。

由于墙体石块之间的缝隙可以加强热空气的流动，将热量传递到墙体的更深位置，更有利于提高墙体储放热量的性能。与普通砖墙日光温室相比，尽管砾石蓄热后墙温室光照度没有明显差异，但是室内平均温度在典型晴天提高了 4.0℃，典型阴天提高了 3.0℃，典型雪天提高了 3.2℃；同时墙体内部温度均有提高，尤其是距离内表面 40cm 处最为明显，在晴天、阴天、雪天分别平均提高 9.8℃、6.4℃、4.8℃。说明砾石适宜作为日光温室墙体蓄热材料，保温效果良好。

但是这种类型温室的不足在于尺寸较小的砾石易从网笼中逸出，易出安全事故；墙体下部网笼中砾石层需要承受上面多个砾石层的重量，网笼易变形。同时由于建造日光温室需要消耗大量的石料，而石料来源不像土壤那样来源丰富、造价低廉，因此在一定程度上限制了这种形式日光温室的发展。

图3–16　陶粒混凝土墙体

（2）陶粒混凝土墙体日光温室　为了解决后墙占地面积大的问题，根据陕西杨凌地区的气候特点，西北农林科技大学提出了一种陶粒混凝土墙体日光温室（图3–16），日光温室后墙由内而外依次是0.3m厚陶粒钢筋混凝土和0.1m厚保温板，其中陶粒钢筋混凝土墙是采用体积配比为1∶0.3的陶粒混凝土现场浇筑，整个墙体一次性浇筑而成。

陶粒混凝土墙体日光温室跨度10m，温室高度为5.0m，后墙高3.6m，冬季测试结果表明陶粒混凝土墙体日光温室在典型晴天条件下夜间的平均温度为16.6℃；在典型阴天情况下夜间的平均温度为13.1℃；在连续雪天情况下最低平均温度为7.8℃。陶粒混凝土墙体日光温室在夜间和连续低温条件下都表现出了较好的保温性能，能够在室外温度较低时给室内作物提供较好的生长环境，且建造方便，同时与其他类型日光温室相比，陶粒混凝土墙体日光温室发展不受雨水等限制，在适宜日光温室发展的地区具有一定的推广价值。

二、主动式蓄放热墙体日光温室

主动蓄放热就是以最大限度吸收和储存白天温室内富裕热量并在夜间根据需要高效利用和释放白天储存热量为目标，人为控制温室墙体、地面储存和释放热量的时间和多寡的技术与方法。

（一）主动蓄热日光温室

主动蓄热型日光温室净跨度9m，温室高度为4.8m，长度一般60～100m，前屋面角25°，后屋面角36°，后屋面投影宽度与跨度之比应在0.14～0.16范围内，墙体高 3.3m，采用相变砌块砖或者是普通黏土砖砌筑。每栋温室靠东西墙一端后墙北侧，宜建一座砖墙钢筋混凝土顶或苯板彩钢瓦顶的作业间，面积 3m × 3m 或 4.5m × 4.5m。温室最低承受雪载 0.35kN/m^2，风载 0.3kN/m^2，吊挂载荷 15kg/m^2，温室后坡最低承载能力 1.5kN/m^2（图 3-17）。

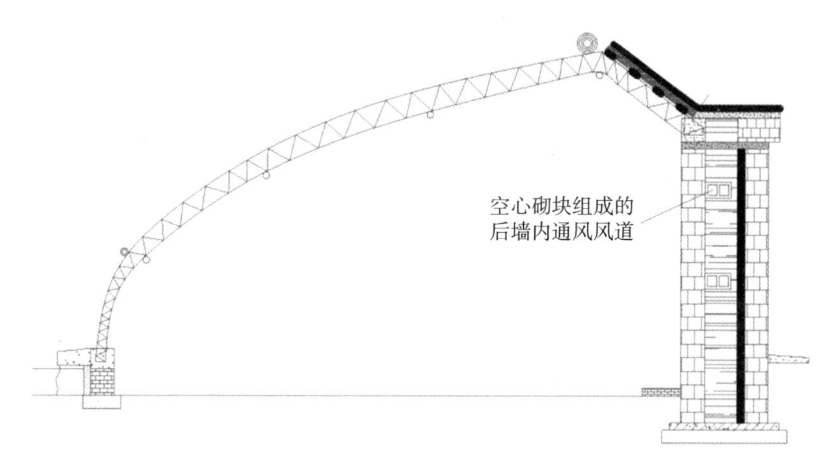

图3-17　主动蓄热墙体日光温室剖面示意

主动蓄热型日光温室是在温室后墙上安装轴流风机，在墙体内安装通风风道。由于温室长度方向的气流在墙体内的流道较长，为了减小气流在墙体内管道中的空气阻力和空气进出口的温差，使导入温室墙体内的热量分布更均匀，一般沿温室长度方向每组通风管道的长度控制在 30 ~ 40m，且沿温室墙体的高度方向设置 3 ~ 5 组。在墙体内管道中的气流一般采用负压送风，即在通风管的出口安装排风风机即可。

当室内温度超过设定值时，轴流风机开启，通过主动蓄热预制孔道楼板通风道向后墙内蓄热，热量蓄积在后墙固化土蓄热层和后墙实砌砖墙中，当室内温度降低时，同样通过轴流风机将后墙中的热量送到温室内部。

一般在室内温度达到 29℃后开启轴流风机储热。据测定，通风口入风口处空气温度为 29℃，相对湿度 40% ~ 60% 时，通风口出风口处的空气温度为 12 ~ 15℃，相对湿度为 98% ~ 99%。按照降温的幅度计算温室后墙的出热量约为 74.025W/m^2，相当于当天日光温室内总太阳辐射照度的 17.96%。安装主动蓄热风机的主动蓄热异质复合异质夹土后墙日光温室，较普通的异质复合异质夹土后墙日光温室室内温度提高了 6.0℃。

由此可见，主动蓄热型日光温室将传统日光温室被动式蓄热方式变为主动式蓄热方式，提高了后墙的蓄热能力，同时热能蓄积释放的效率提升，显著提高了日光温室冬季夜晚的温度，并且可以有效降低日光温室内的空气湿度。

（二）模块化素土主动蓄热墙体日光温室

为了减少土墙建设的用土量，同时增强土墙结构强度，近年来西北农林科技大学联合陕西杨凌旭荣农业科技有限公司推出了一种机压大体积土坯的土墙日光温室结构。这种墙体采用压铸的方法，使用速土成型机把原本松软的土壤挤压成规格、强度符合日光温室墙体建造要求的立方体土坯，再采用叉车搬运堆砌成墙。砌筑过程中不需要任何胶黏剂，通过错缝垒筑即成为承重和保温墙体，而且由于是压制成型，可将通风通道直接预制在土坯块上，码砌土坯后自然形成墙体内的通风通道，便于墙体内部主动储放热。由于自身强度高，墙体不仅可以自承重，而且如同干打垒墙体或砖石墙体一样具有承载温室骨架荷载的能力，同时温室的使用寿命也大大延长。此外，由于墙体厚度只有机打土墙的 1/5 ~ 1/3，与干打垒墙体厚度接近，所以大大减少了墙体的占地面积，用土量也相应减少，对土壤的破坏影响亦减少。相比干打垒土墙，其建造的机械化水平更高，土坯自身的强度也更强，且可以人为控制土坯的体积大小和土坯的密实度，还可以在土体中添加草秸等骨料和胶黏剂，进一步提高土坯的强度。同时，墙体建设完成后可在外侧增附一层保温板或其他覆盖物，可以有效进行保温和防止雨水冲淋，降低了成本并增加了美观度（图 3-18）。

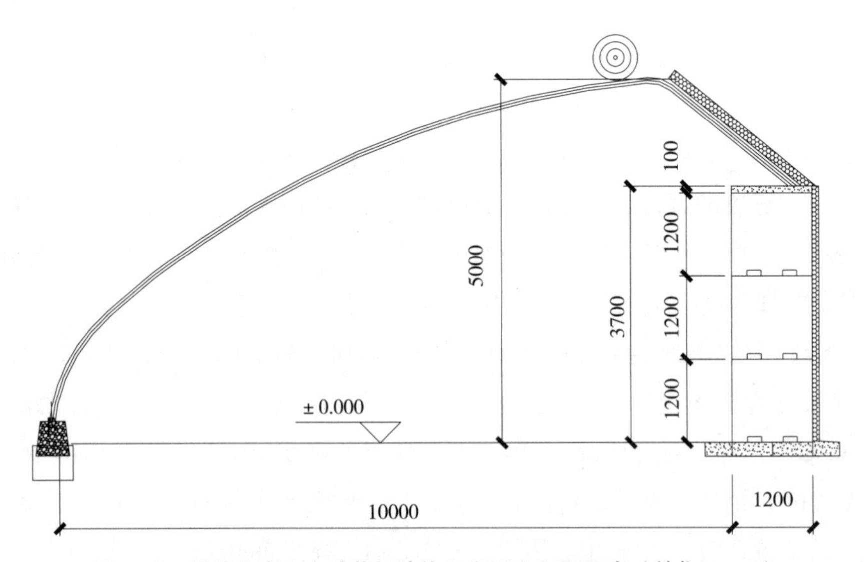

图3-18　模块化素土主动蓄热墙体日光温室剖面示意（单位：mm）

与其他类型日光温室相比，模块化素土主动蓄热墙体日光温室的优点：①蓄放热性能好。土的可塑性、蓄热性较好，结合运用吸热、蓄热、散热的原理制作温室土墙模块，并且内有蓄热通风管道，能更好地进行蓄热与通风，使温室内气温保持在适宜水平。②就地取材。制作墙体用料 99% 是土、沙、石，可就地取材建造，代替了过去的土墙、砖墙。③成本显著降低。墙体以土为原材料加少量固化材料及水，采用工厂化生产，使整个温室的造价下降 40% 左右，克服了温室价格高、经济效益差的顽疾。④机械化大幅度提高。一台速土成型机生产规格为 1.2m×1.2m×1.2m 的土块用时约 8min，温室建造效率全程机械制造，建造速度是原有建造效率提高 5 倍以上，大大节省了温室墙体建造时间。⑤节约土地资源、更加环保。用土、沙、石混合制作的墙体，不仅节约了墙体的占地面积，也省去了制砖时用电、烧煤的能量消耗和污染，而且节能环保，可以在沙漠、戈壁、盐碱地上建造，对中国非耕地的利用有着十分重要的意义。

在冬季热环境测试过程中，模块化素土主动蓄热墙体日光温室在典型晴天条件下夜间的平均温度为 17.8℃，比传统主动蓄热墙体日光温室高 2.1℃；在典型阴天情况下夜间的平均温度为 13.8℃，比传统主动蓄热墙体日光温室高 1.4℃；在连续雪天情况下最低平均温度为 8.8℃，比传统主动蓄热墙体日光温室高 1.5℃。说明模块化素土主动蓄热温室在夜间和连续低温条件下都表现出了较好的保温性能，能够在室外温度较低时给室内作物提供更好的生长环境，且建造方便，在适宜日光温室发展的地区具有一定的推广价值。

三、不同屋面结构类型日光温室

（一）可变采光角日光温室

传统日光温室的屋面在设计建造完成后就是固定不变的了。这是由于过高的温室一是增加建筑成本；二是增加温室之间的间距，降低土地利用率；三是室内热空气向上运动，降低了作物生产区的温度；四是太高的温室空间不利于温室保温；五是作物生产也确实不需要太高的空间。但是在增加温室跨度后，温室前屋面的采光角将会减小，尤其在光照较弱、太阳高度角较小的 12 月至翌年 1 月，进入温室的太阳辐射将会显著减少，影响温室的采光和室内的温度。

基于这样的生产实际需求，西北农林科技大学提出一种可变倾角的日光温室，它的工作原理是将温室的采光面设计为可转动屋面，就是把温室的整个采光前屋面当作一扇窗扇，像连栋温室的屋面开窗一样，用传动机构控制整体屋面的启闭。在太阳高度角比较低的季节，白天将温室前屋面的后部抬起，加大屋面倾角，减小太阳光入射角，从而增加温室的采光量；到了傍晚温室需要覆盖保温被时，将温室前屋面再回位到温室屋面骨架的位置。其中操控温室屋面启闭方法有两种：一是采用传统的温室齿轮齿条控制；二是用液压气缸控制。相对连栋温室的开窗机构，开启日光温室屋面的负荷较大，因此对开启屋面的支撑构件的强度要求也较高；相对而言，液压气缸的输出动力更强，运行也更平稳，但造价也相对较高。

可变倾角日光温室净跨度 10m，高度 4.8m，长度一般 60 ~ 100m。可变采光倾角温室前屋面倾角为 53°，机动屋面的倾角可以在 25° ~ 35° 连续变化。对应的太阳入射角也逐时发生着变化，在西安地区冬至日正午，固定采光面的太阳入射角为 38°，而机动屋面角为 24°，后屋面角 36°，后屋面投影宽度与跨度之比应为 0.14 ~ 0.16，墙体高 3.8m。墙体采用相变砌块砖或者是普通黏土砖砌筑。每栋温室靠东西墙一端后墙北侧，建一座砖墙钢筋混凝土顶或苯板彩钢瓦顶的作业间，面积 3m × 3m 或 4.5m × 4.5m（图 3-19）。

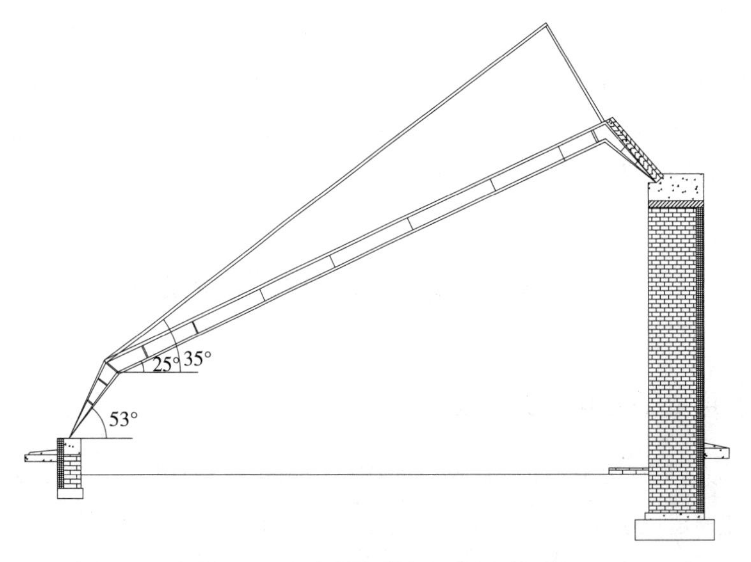

图3-19　可变倾角日光温室剖面示意

温室最低承受雪载 0.35kN/m^2，风载 0.3kN/m^2，吊挂载荷 15kg/m^2，温室后坡最低承载能力达 1.5kN/m^2。

与固定采光倾角日光温室相比，典型晴天、阴天时可变采光倾角日光温室内的平均光照度分别提高 29.0%、22.3%。

这种可变屋面倾角温室，一可以增加白天温室的采光，提高室内温度；二可以在相同跨度、同等采光量的条件下降低温室高度，进而降低温室的土建费用、缩短前后温室之间的间距，节约建设用地。不过与传统固定式前屋面日光温室相比，这种可变倾角日光温室前屋面骨架材料要求高、耗钢量大，施工复杂，造价高。

（二）内保温日光温室

内保温日光温室净跨度 9m 或者 10.5m，高度为 4.6m 或者 5.9m，长度一般 60 ~ 80m，前屋面角 32°或者 29°，后屋面角 36°，后屋面投影宽度与跨度之比为 0.14 ~ 0.16，墙体高 3.3m。墙体采用相变砌块砖或者是普通黏土砖砌筑。每栋温室靠东西墙一端后墙北侧，宜建一座砖墙钢筋混凝土顶或苯板彩钢瓦顶的作业间，面积 3m × 3m 或 4.5m × 4.5m（图 3–20）。

温室最低承受雪载 0.35kN/m^2，风载 0.3kN/m^2，吊挂载荷 15kg/m^2，温室后坡最低承载能力 1.5kN/m^2。

冬季晴朗天气，外界最低气温达到 −10℃以下，室内最低气温可保持在 8℃以上，地表 100mm 深处低温可保持在 15℃以上。冬季晴天中午前后 2h 内，温室的平均透光率应大于 70%。

内保温日光温室将保温被放置在内层有助于保护保温被，延长保温被使用寿命，不过这种保温被放置方式只能采用侧卷式卷帘机，限制了日光温室的长度；由于日光温室屋面是双层骨架，相比于传统单层骨架日光温室，造价更高。

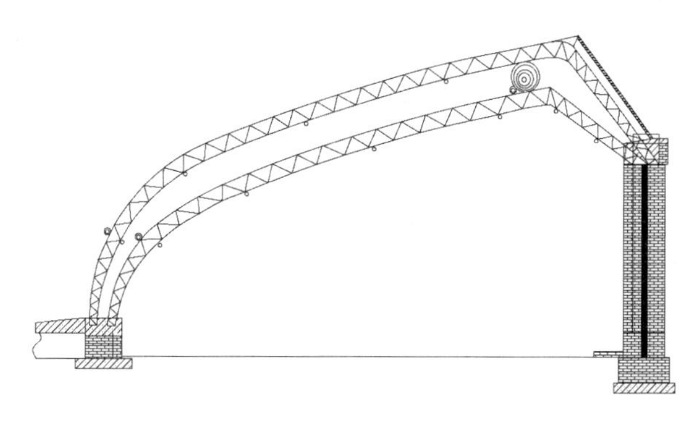

图3–20　内保温日光温室剖面示意

（三）光伏日光温室

光伏发电是一种利用光伏组件直接将太阳能转换成电能的发电技术。光伏组件包括单晶硅组件与非晶硅组件，由于单晶硅组件不透光，因此单晶硅组件多放置的日光温室室外南侧或后墙顶部，而非晶硅组件具有一定的透光性，可放置日光温室前屋面上，可采用棋盘式或直线式布置。

为了测试光伏日光温室的发电效果以及内部光环境对室内作物的影响，西北农林科技大学在陕西安塞和陕西杨凌地区开展了相关试验，其中陕西安塞光伏日光温室（图 3–21）前屋面透明覆盖材料为 PC 阳光板、非晶硅电池组件、塑料薄膜，屋面以直线形式布置非晶硅电池组件，跨度方向组件铺设长度为 6.5m，长度方向组件宽度为 1.1m，与 PC 阳光板以 1∶1 比例间隔铺设，整个非晶硅电池组件

图3-21　光伏日光温室

的面积为286m²，夏季晴天光伏日光温室正午前后2h内的太阳总辐射透过率为38.7%，光合有效光量子流密度透过率为38.9%，分别较塑料薄膜日光温室低30.3%和17.6%；而阴天时光伏日光温室的太阳总辐射透过率为34.6%，光合有效光量子流密度透过率为31.1%，分别较塑料薄膜日光温室低15.8%和9.4%。

陕西杨凌光伏日光温室前屋面透明覆盖材料包括PC阳光板、非晶硅电池组件、塑料薄膜料薄膜3种材料。PC阳光板与非晶硅电池组件构成倾角为25°的倾斜平面，该平面包含6列非晶硅电池组件，每列长5.6m、宽1.1m，自西向东每3列组件与PC阳光板分别以1∶2、1∶3比例间隔，其余部分均采用PC阳光板覆盖。该倾斜平面底部至温室屋面底角之间采用塑料薄膜覆盖，整个光伏系统功率为2kW。冬季1月，光伏系统日发电量最大值为9.544kW·h，最小值为1.414kW·h，可以满足日光温室日常卷帘机、卷膜器等设备的运行。

光伏日光温室的优点在于既满足作物生长的同时，又能利用光伏组件发电，同时缺点在于项目前期投资大，单晶硅组件遮阳，日光温室土地利用率进一步降低，同时温室内作物种类较多，不同设施作物与非晶硅光伏组件之间的合理配置比例尚需进一步研究。

四、几种特殊结构类型日光温室

（一）集雨型日光温室

集雨型日光温室净跨度8～10m，高度3.7～4.5m，前屋面角为28°，后屋面角48°，后屋面投影宽度与跨度之比应为0.13～0.15，墙体高2.8～3.5m。一般每栋温室长度60～80m。蓄水池可以修建于温室的中部或东、西侧，施工过程中需要进行防渗漏处理，外界雨水可以沿混凝土水沟汇入PVC管中，流入蓄水池中，不过在进入PVC管道之间需要进行简单的杂物过滤处理。蓄水池的大小可以根据作物所需灌溉量进行设计。不过由于蓄水池施工费用较高，目前部分日光温室逐渐利用低成本的大型塑料桶代替蓄水池（图3-22）。

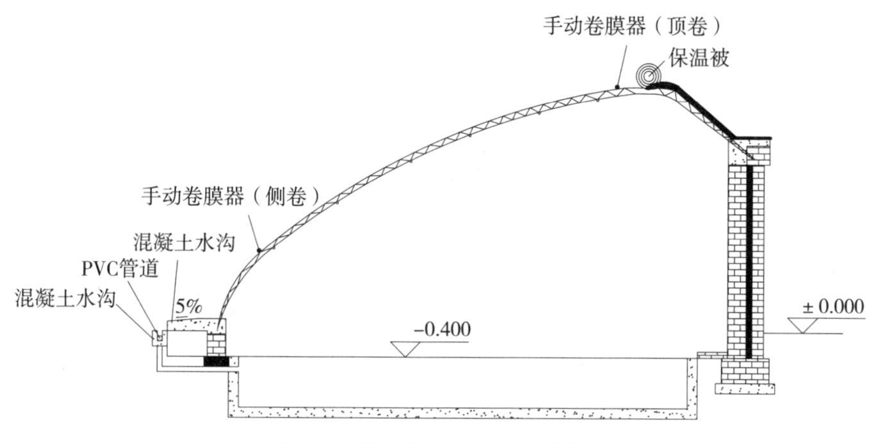

图3-22　集雨型日光温室剖面示意

温室最低承受雪载 0.35kN/m²，风载 0.3kN/m²，吊挂载荷 15kg/m²，温室后坡最低承载能力 1.5kN/m²。

冬季晴朗天气，外界气温达到 −8℃以上，室内最低气温可保持在 8℃以上，地表 100mm 深处低温可保持在 15℃以上。在冬季晴天中午前后 2h 内，温室的平均透光率可大于 75%。

（二）相变后墙日光温室

相变后墙日光温室净跨度 9m，温室高度为 4.8m，长度一般 60 ~ 80m，前屋面角 29°，后屋面角 36°，后屋面投影宽度与跨度之比应为 0.14 ~ 0.16。墙体高 3.3m，采用相变砌块砖砌筑或者直接在墙体表面安装相变蓄热板（图 3−23）。其中相变砌块砖制作工艺将制备好的定形相变材料和水泥、石子、沙子、陶粒等建

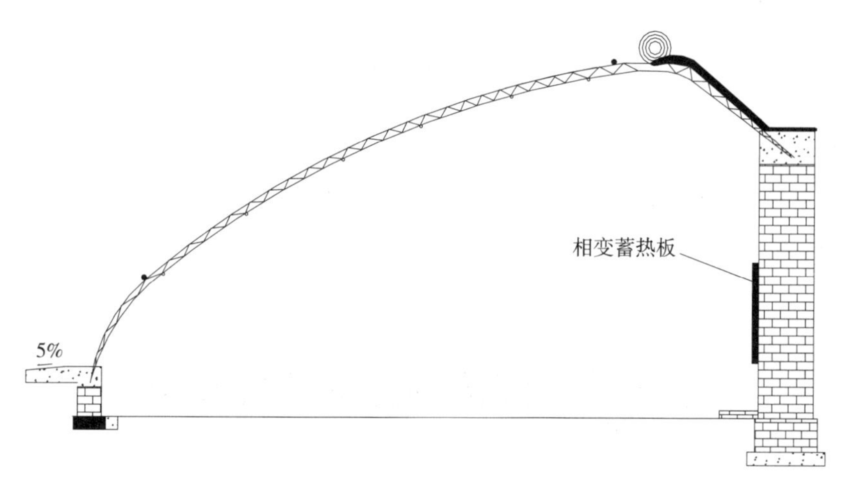

图3-23　相变蓄热日光温室剖面示意

筑材料和水按一定比例混合，经砌块成型机制作成标准空心蓄热保温砌块。砌块性能为：抗压强度 4.6MPa，体积质量 975kg/m^3，导热系数 0.792W/（m·℃），蓄热系数 21.34kJ/kg。每栋温室靠东西墙一端后墙北侧，宜建一座砖墙钢筋混凝土顶或苯板彩钢瓦顶的作业间，面积 3m×3m 或 4.5m×4.5m。

温室最低承受雪载 0.35kN/m^2，风载 0.3kN/m^2，吊挂载荷 15kg/m^2，温室后坡最低承载能力 1.5kN/m^2。

与普通砖墙日光温室相比，相变蓄热墙体日光温室可提高最低气温 1.7℃，室内番茄生长状况更优，说明相变蓄热墙体日光温室具有更好的蓄热保温性能，更有利于冬季作物生长。

（三）阴阳型日光温室

阴阳型日光温室在传统日光温室的北部，借用（或共用）后墙，建造一个采光面朝北的棚室，形成阴阳型日光温室。其中南面棚室用于种植果菜类蔬菜，北边棚室用于种植食用菌或养殖家禽。与传统日光温室相比，这种类型日光温室的土地利用率更高，同时减少了南面棚室后墙的热量损失，有利于提高温度（图 3–24）。

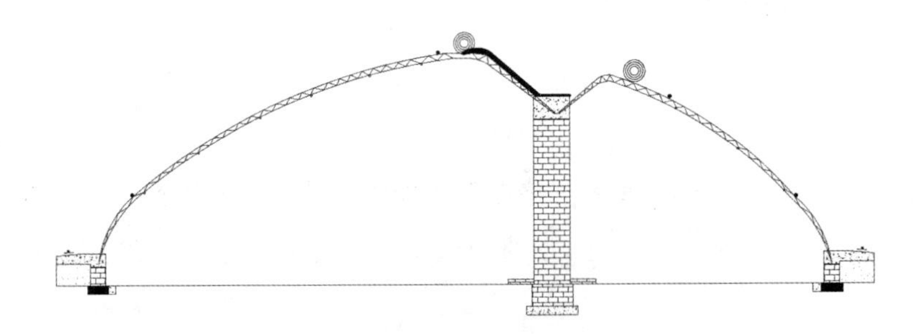

图3–24　阴阳型日光温室剖面示意

温室坐北朝南，东西延长，长度 60 ~ 100m。南边棚室跨度 9 ~ 11m，脊高 4.5 ~ 5.5m，后坡长度 1.5m 左右，仰角 45°。墙体厚度 0.37 ~ 0.5m，高度 3.8m，阴棚跨度 6 ~ 8m。

第三节　连栋温室的主要类型

现代温室，指的是骨架采用经热镀锌防锈处理的型钢构件组成，具备相应的抗风雪等荷载的能力；采用玻璃、塑料薄膜、硬质塑料、PC板等透光材料覆盖及其相应的卡槽、卡簧、铝合金型材等紧固、镶嵌构件，具有透光和保温的性能要求；配备有遮阳、降温、加温、通风换气等配套设备和栽培床、灌溉施肥、照明补光等栽培设施；还有环境调控的控制设备等，形成完整成套的技术和设施设备。

一、现代大型连栋温室基本性能

为了加大温室的规模，适应大面积，甚至工厂化生产植物产品的需要，将两栋以上的单栋温室在屋檐处连接起来，去掉相连接处的侧墙，加上檐沟（或称天沟），就构成了连栋温室，又称为连跨温室、连脊温室。

常见的连栋温室类型有Venlo型温室、锯齿形、圆拱形连栋温室、三角形大屋面连栋温屋面温室等。从覆盖材料上有连栋玻璃温室、双层充气温室、双层结构的塑料膜温室、聚碳酸酯板（PC板）温室和PET温室等。其配套的设备有遮阳、通风降温、加温、保温、自动化控制系统，栽培床、活动苗床、喷滴灌和自走式喷灌、自走式采摘车、自动化穴盘育苗、水培设备等先进的设备。

连栋温室一般都采用性能优良的结构材料和覆盖材料，其结构经优化设计，具有良好的透光性和结构可靠性。连栋温室一般都配备智能环境控制设备，如为了达到良好的冬季保温节能性，连栋温室内部设置缀铝膜保温幕以及地中热交换系统贮存太阳能，用于夜间加温等技术与设施；设有自然通风与强制通风以及湿帘降温与遮阳幕系统，保证温室达到良好的通风条件，夏季有效降低室内气温，满足温室周年生产的需要。依靠温室计算机环境数据采集与自动控制系统，实时采集、显示和存储室内外环境参数，对室内环境实时自动控制。

二、玻璃温室结构

玻璃温室的屋面形式基本为平坡屋面，一面坡温室屋面为多折式，连栋温室基本为“人”字屋面。“人”字屋面的结构形式包括门式刚架结构、组合式屋面梁结构、桁架结构屋面、Venlo型结构。

1. 门式刚架结构

门式刚架结构的特点是屋面梁和立柱以及屋面梁在屋脊处的连接为固结形式，这种结构形式内部的弯矩较大，结构用材较多，单位面积用钢量在12 ~ 14kg/m^2，甚至更高。为了减少构件内部的弯矩，常在门式刚架屋面结构上增加拉杆，这样可使结构内部的应力分配更加均匀，有利于全面发挥结构的作用（图 3–25）。

2. 桁架结构屋面梁结构

桁架结构屋面梁结构是沿用传统民用建筑的结构形式。采用这种结构，构件的截面尺寸可以大大减少，温室的跨度可以扩大到 10m 以上，最大跨度结构的温室可以达到 21 ~ 24m，大大增大了温室的内部空间。一些展览温室、养殖温室等常采用这种结构形式（图 3–26）。

3. 屋面组合梁结构形式

屋面组合梁结构的屋面梁采用了桁架，拉杆和腹杆采用简单的钢管或型钢，使温室的承载力大大加强，温室同样可以做成大跨度形式（图 3–27）。

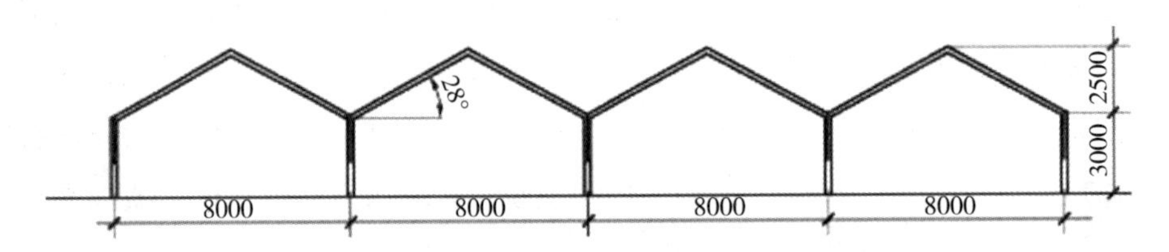

图3–25　门式刚架结构温室（单位：mm）

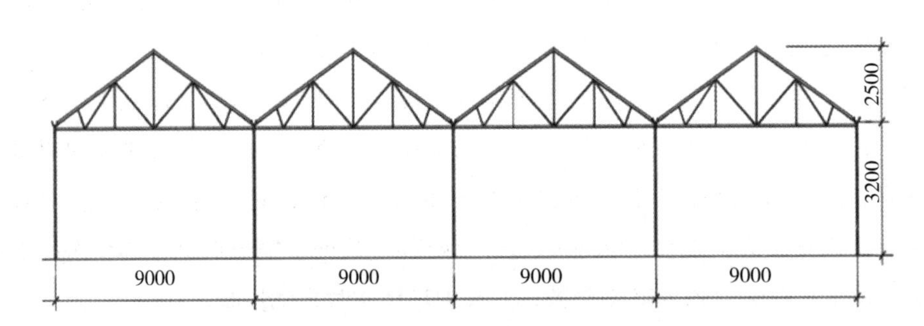

图3–26　三角形屋架温室结构（单位：mm）

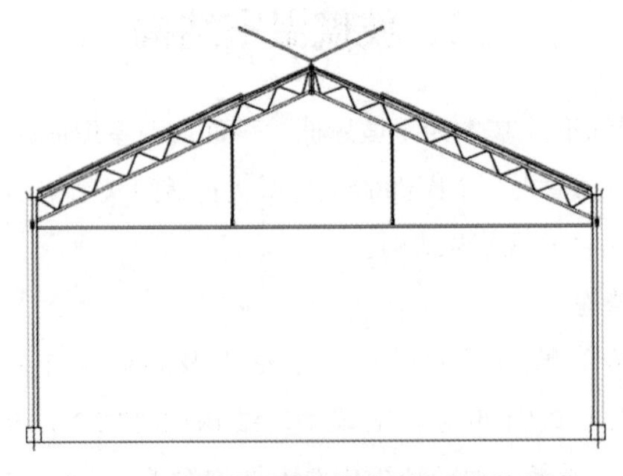

图3–27　组合屋面梁结构玻璃温室结构形式

4. Venlo 型温室结构

Venlo 型温室是我国引进的玻璃温室的主要形式，也是目前比较流行的一种结构形式，为荷兰研究开发而后流行全世界的一种多屋脊连栋小屋面玻璃温室（图 3–28）。温室单间跨度为 6.4m、8m、9.6m、12.8m，开间距 3m、4m、4.5m，檐高 3.5 ～ 5.0m，每跨由 2 个或 3 个（双屋面的）小屋面直接支撑在桁架上，小屋面跨度 3.3m，矢高 0.8m。近年有改良为 4.0m 跨度的，根据桁架的支撑能力，还可将两个以上的 3.2m 的小屋面组合成 6.4m、9.6m、12.8m 的多脊连栋型大跨度温室。可大量免去早期每小跨排水槽下的立柱，减少构件遮光，并使温室用钢量从普通温室的 12 ～ 15kg/m^2 减少到 5km/m^2，其覆盖材料采用 4mm 厚的园艺专用玻璃，透光率大于 92%，由于屋面玻璃安装从排水沟直通屋脊，中间不加檩条，减少了屋面承重构件的遮光，且排水沟在满足排水和结构承重条件下，最大限度地减少了排水沟的截面（沟宽从 0.22m 缩小到 0.17m），提高了透光性。开窗设置以屋脊为分界线，左右交错开窗，每窗长度 1.5m，1 个开间（4m），设两扇窗，中间 1m 不设窗，屋面开窗面积与地面积比率（通风窗比）为 19%，若窗宽从传统的 0.8m 加大到 1.0m，可使通风窗比增加到 23.43%，但由于窗的开启度仅 0.34 ～ 0.45m，实际通风面积与地面积之比（通风比）仅为 8.5% 和 10.5%。

这种结构采用了水平桁架做主要承力构件，与立柱形成稳定结构。水平桁架与立柱之间为固接，立柱与基础之间的连接采用铰接。水平桁架上承担 2 个以上小屋面。传统的 Venlo 型结构每跨水平桁架上支撑 2 ～ 4 个 3.2m 跨的小屋面，形成标准的 6.4m、9.6m、12.8m 跨温室。这种结构的屋面承力材料全部选用铝合金材料，既充当屋面结构材料，又兼做玻璃镶嵌材料。结构计算中，屋面结构和下部钢结构分别计算。屋面铝合金材料按三铰拱结构单独计算，下部水平桁架和立

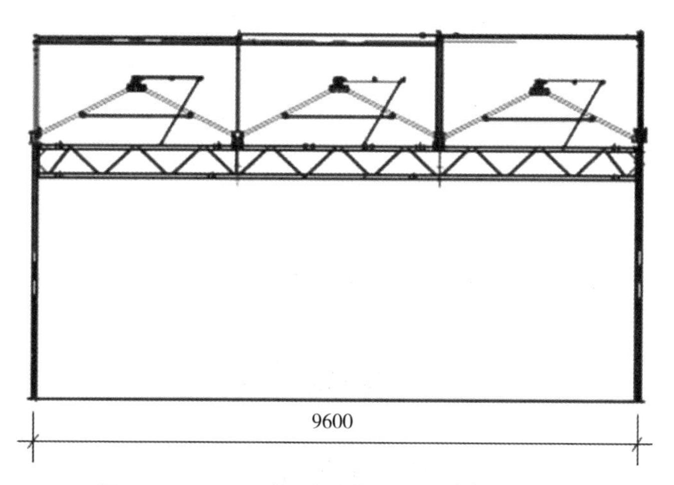

图3–28 Venlo型温室结构形式（单位：mm）

柱组成的受力体系，按照钢结构的要求单独计算。

近年来，国内经过多年的实践工程，对引进的标准 Venlo 型温室结构进行了改进，改变了标准的 3.2m 单元跨度，将标准的单元跨度做成 3.6m 或 4.0m，这样在工程实践中就出现了 8.0m 和 10.8m 跨度的温室结构。相比原引进的标准 Venlo 型温室，屋面承载力构件改用了小截面的钢材，传统铝合金的双重作用就简化成了只起玻璃镶嵌的作用，铝合金的用量和铝合金的断面尺寸大大减小。在改良型的结构中，计算模型应将屋面构件和水平桁架以及立柱结构结合在一起形成整体计算模型进行内力分析和强度验算（图 3-29）。

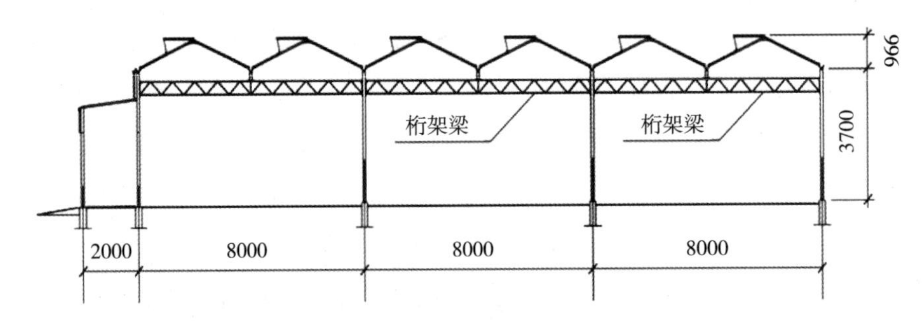

图3-29 改良型Venlo型温室结构形式（单位：mm）

5. 屋顶全开启型温室（open-roofgreenhouse）

该类型温室最早是由意大利的 SerreItalia 公司研制成的一种全开放型玻璃温室，近年来在亚热带暖地逐渐兴起成为一种新型温室。其特点是以天沟檐部为支点，可以从屋脊部打开天窗，开启度可达到垂直程度，即整个屋面的开启度可以从完全封闭直到全部开放状态，侧窗则用上下推拉方式开启，全开后达 1.5m 宽，全开时可使室内外温度保持一致。中午室内光强可超过室外，也便于夏季接受雨水淋洗，防止土壤盐类积聚。可依室内温度、降水量和风速而通过电脑智能控制自动关闭窗，结构与 Venlo 型相似。与普通温室自然通风系统的屋顶部开窗相比，具有明显的优点：①窗口开启的实际有效通风面积大大增加，通风效果好；②屋顶开窗机构更简单，活动窗框和固定窗框，铝材及其连接件用量减少，成本降低、安装简单；③减少温室的屋面覆盖材料对自然光所产生的光照损失。

三、塑料温室结构

圆拱结构是塑料温室最常用的建筑外形，但组成这种建筑外形的结构形式却有多种。最简单而且常用的结构形式为吊杆桁架结构，这种结构屋面梁采用单根或两根拼接的圆拱形单管，通常为圆管、方管或外卷边 C 型钢，拱杆底部有一根水平拉杆，一般为钢管，在拱杆与水平拉杆之间垂直连接 2 根或 3 根吊杆，拱杆矢高为 1.7 ~ 2.2m。这种温室结构简洁、受力明确、用材量少，在风荷载较小的地区应用较多。为了增强温室结构的承载能力，在大风或者多雪地区，温室的屋面结构常做成整体桁架结构，其中完全桁架结构也用于大跨度温室（图 3−30）。

连栋温室设计中应考虑如下方面的事项：

一是安全性。温室作为农用设施，其设计均以植物生产为主要目标，未能像民用建筑一样充分考虑人的安全问题。温室设施包括覆盖材料（玻璃等）、传动系统（电机、齿条等）以及其他各类零部件的失灵、脱落，很多无阻燃性能的材料用作覆盖材料，都可能对室内工作人员的安全构成威胁。这些都应该作为温室设计与建造者认真考虑的问题。

二是艺术性与实用性相结合。温室的主体建筑，除必须具备调控环境等功能以外，部分展览性或观光性温室为了吸引更多的人来此休闲、娱乐，优美的建筑风格也是必需的。其建筑应艺术化，并使主体建筑与内部园林景观、功能分区相协调，应根据不同功能区的环境和景观布局的需要配置植物。高大的植物如香蕉、椰树类可以布在地势较低的水系边，喜光的瓜果蔬菜可以布在光线较好的温室四周，蔓生的植物可以设支架或攀缘于生态雅间之上，矮小的耐阴花草、食用菌可以配植于篱架下和高大植物下。总之，要创造一个全方位、立体的景观绿化美化效果。

三是各功能区的合理布局。温室内根据不同功能区对光照、温湿度调控的要求，应进行分区隔断控制。

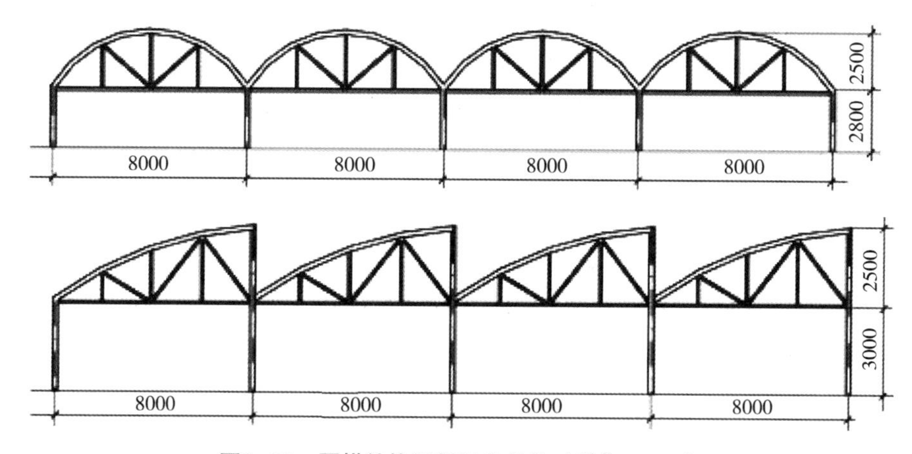

图3–30　圆拱结构塑料温室结构（单位：mm）

第四节　温室节能保温与遮阳技术

一、温室节能保温技术

据调查，我国传统加温温室每年消耗标准煤达 300 ～ 900 吨 /hm^2，大型连栋温室更高，年耗煤量可达 900 ～ 1 500 吨 /hm^2。一般冬季加温的费用占生产成本的 30% ～ 70%。因此，温室环境调控中的保温节能是降低生产成本、提高经济效益非常重要的问题。

温室节能保温技术包括加强保温、采暖系统合理设计与管理、新能源利用等 3 个方面。

（一）温室的保温

提高温室的保温性，对于加温温室是最经济有效的节能措施，对于不加温温室，是保证室内温度条件的主要手段。

温室的热量散失有通过围护结构覆盖层、地中土壤和冷风渗透 3 个主要途径。通常通过围护结构覆盖层的热量散失是温室热损失的主要部分，一般占总热损失的 70% 以上，加温温室中冷风渗透损失热量和地中传热量各占总热损失的 10% 左右。如加强温室的密闭性，可将冷风渗透热量损失减少到总热损失的 5% 以下。减少地中传热量则通常可采取在温室周边开设防寒沟的办法。

1. 围护结构覆盖热量损失

减少围护结构热量损失是温室保温技术的重点，其技术措施有采用保温性好的围护结构材料和采用多层覆盖（一般 2 层较多见）等。

（1）围护结构　冬季温室所需要的正常温度是靠围护结构的保温和设备采暖相互配合来保证的。围护结构对室内小气候的影响，主要是通过内表面温度的高低来体现的。内表面温度太低，不仅影响植物的适宜环境，还会产生表面结露和内部冷凝，并降低围护结构的耐久性。

温室围护结构冬季保温和基本要求是：①围护结构必须有一定的总热阻值，以减少温室的热量损失，使温室土建投资和采暖设备、燃料消耗等费用获得最经济的组合。②围护结构内表面温度不能太低，与室内温度差有一定的限制。以免产生冷辐射，造成不良的生理影响，甚至在内表面产生结露现象。③控制围护结构由于蒸汽渗透而产生过多的内部冷凝，否则会减弱结构的保温性能，甚至造成破坏。

在稳定传热条件下，评价温室围护结构保温性能的主要指标是总热阻。通过围护结构散失热量的多少，围护结构内表面温度的高低，都与总热阻有直接关系。总热阻越大，热量损失就越小，内表面温度也就比较高。

各种建筑材料的导热系数变化很大，钢筋混凝土导热系数为1.74W/(m·℃)，而聚氨酯硬泡沫塑料仅为0.033W/（m·℃），相差50多倍。通常把导热系数小于0.3W/（m·℃），并能用于绝热工程的材料称为绝热材料。在工程设计中，习惯上把用于控制室内热量外流的叫保温材料，而为防止室外热量进入室内的叫隔热材料。

温室工程中采用的绝热材料应具备下列特性：①应具有良好的绝热能力，多孔材料用导热系数来衡量，导热系数越小，其绝热性能就越好。②材料的吸湿性较低，因为绝热材料受潮后，绝热性能将会明显下降。③应有很低的空气渗透性。④应有足够的防火能力和化学稳定性。⑤价格低廉，便于施工，利于工厂化生产。

导热系数是绝热材料最重要、最基本的物理指标。影响材料导热系数的各种因素很多，在常温下，这一系列因素中影响最大的是材料的密度和湿度。材料的密度能反映出材料孔隙率的大小，密度越小，孔隙率就越大。材料的孔隙越多，密闭空气的绝热作用就越大，导热系数就越小，但是当材料密度小到一定程度后，导热系数就不再降低，相反还会变大。当材料受潮后，由于孔隙中附加了水蒸气扩散传热量和毛细孔液态水分的传导热量，导热系数将显著地增大。

日光温室具有优良的保温节能性能，其保温性与温室墙体结构、后屋面及前屋面的覆盖物等有关。现在日光温室墙体和后坡多采用多层复合构造，在墙体内层采用蓄热系数大的蓄热材料，外层为导热系数小的保温隔热材料。这样就可以更加有效地保温蓄热，改善温室内环境条件。同时，在一定范围内，随着墙体厚度的增加，日光温室蓄热保温能力也增加。

（2）多层覆盖　前屋面是日光温室的主要散热面，散热量占温室总散热量的73%～80%，多层覆盖可有效减少温室通过覆盖层的对流与辐射传热损失，是最常用的保温措施，保温效果显著。目前温室屋面主要有固定覆盖、内外活动保温幕帘和室内小棚覆盖等多种形式。

固定覆盖：构造简单，保温严密，但两层的固定覆盖比单层覆盖白昼透光率降低10%～15%。近年得到较多应用的双层充气膜覆盖，是将双层薄膜四周用卡具固定，两层薄膜中充以一定压力的空气，其实质相当于双层固定覆盖，保温严密，效果较好。

内外活动保温幕帘：是在固定覆盖层内侧或外侧设置可动的幕帘，夜间展开覆盖保温，白昼收拢，基本不影响白昼采光，但需设置幕帘开、闭的机构。

外覆盖保温在日光温室中应用最多。草苫是最传统的覆盖物，是由芦苇、稻草等材料编织而成的，由于其导热系数小，加上材料疏松，中间有许多静止空气，保温效果良好，可减少 60% 的热损失。但草苫等传统的覆盖材料较为笨重，易污染、损坏薄膜，易浸水、腐烂等。经过几十年发展，目前保温被在日光温室中应用广泛，这种材料轻便、洁净、防水而且保温性能不逊于草苫。保温被一般由 3 层或更多层组成，内、外层由塑料膜、防水布、无纺布（经防水处理）和镀铝膜等一些保温、防水和防老化材料组成，中间由针刺棉、泡沫塑料、纤维棉、废羊绒等保温材料组成。目前市场上出售的保温被，其保温性能一般能达到或超过传统材料的保温性能，但有的保温被的防水性和使用寿命等性能还有待提高。

内覆盖在连栋温室中应用较多，即在室内张挂保温幕，又称二层幕、节能罩，可减少热损失 10% ~ 20%。使用保温幕布系统与类似没有使用的温室相比，年加温费用节省 30% 以上。温室内幕布系统主要从 3 个方面达到其节能保温效果：第一，在幕布与温室屋顶形成一个空气隔热层；第二，减少温室内必须加热的空间；第三，采用缀铝膜内保温幕能将向上的热辐射反射回温室，从阻止它通过温室屋顶溢出。夏季缀铝膜又可利用其对阳光的反射作用兼用于温室的遮阳降温，提高其利用率，使用了缀铝幕布的温室比没有使用的温室夏季温度能低 6℃。

2. 减少缝隙冷风渗透

在严寒冬季，温室的室内外温差很大，即使很小的缝隙，在大温差下也会形成强烈对流交换，导致大量散热。特别是靠门一侧，管理人员出入开闭过程中，难以避免冷风渗入，应设置缓冲间，室内靠门处张挂门帘。整个温室围护结构建造都要无缝隙，尤其是日光温室墙体建造过程中，应避免分段构筑垂直衔接，应采取斜接的方式。温室屋顶与墙体交接处，日光温室前屋面薄膜与后屋面及山墙的交接处都应注意不留缝隙。温室薄膜接缝处、通风口等，在冬季严寒时都应注意封闭严密。

3. 设置防寒沟

在温室四周设置防寒沟，沟内填入稻壳、麦秸等，可减少温室内热量通过土壤外传，阻止外面冻土对温室的影响，可使温室内土温提高 3℃以上。防寒沟设在距温室周边 0.5m 以内，一般深 0.8 ~ 1.2m，宽 0.3 ~ 0.5m。也可在温室四周铺设厚度为 2 ～ 3cm，深度为 30 ～ 40cm 的聚苯泡沫板保温。

在温室南墙内侧设置主动通风蓄热卵石槽，白天利用风机将室内高温空气传送至卵石槽中，通过通风管道与卵石槽进行热交换以提高卵石槽的内部温度，从而阻止土壤热量的流失。该方法可提高土壤温度 1.0 ～ 2.4℃，与无主动通风蓄热卵石槽的温室相比，其土壤边际界点南移距离在温室跨度的 7.5% 以上。

（二）合理设计与管理采暖设施

准确计算采暖负荷与配置采暖系统，可避免过量配置产生的浪费。应根据室内植物的要求合理选用供暖方式与布置采暖系统。如一些在地面放置育苗盘或花钵的育苗或花卉温室，采用地面加热系统可有效直接对植物生长区和根区加温，并避免温室上部空间温度不必要地升高，减少覆盖层散热，可节能 20% 以上。

温室采暖系统的运行应根据植物生长各时期的不同要求和适应室外气象条件的变化有效进行调节，以避免加温热量的浪费。白昼上午和正午光照条件较好的时间段，可控制采用较高气温，以增进光合作用。夜间采用适当的较低温度，不仅能节省加温能源，还可减少因呼吸对光合产物的消耗，这种温度管理方法称为变温管理。阴雨天光照较弱，较高气温并不能显著提高光合强度，为避免无谓的加温能耗，温度可控制得低一些。

（三）新能源（可再生能源）的有效利用

减少能源在温室生产中的消耗，不仅能降低生产成本，而且是节约地球有限资源、保护环境的需要。在利用太阳能、风能、地热能和生物质能等作为温室加温能源的研究中，最有普遍应用前景的是太阳能和生物质能。

1. 太阳能集热—蓄热系统

太阳能是地球上最廉价、最普遍存在的清洁能源，利用太阳能集热与相变蓄热技术，构建太阳能相变蓄热系统，提高光热资源利用率，实现温室内热量在时间、空间上的转移是提升温室抵御低温能力的重要措施之一。太阳能相变蓄热系统由太阳能相变蓄热器、PVC 管、风机、控制器、阀门等组成，其中太阳能相变蓄热器安装在温室后墙外，蓄热器钢骨架用薄钢板折焊而成，钢板外部粘贴橡塑海绵保温材料，钢板内部放置蓄热单元体，蓄热单元体上覆盖镀有选择性吸收涂层的太阳能集热板，最上方放置具有透光和保温功能的 PC 阳光板（具有中空结构）。蓄热单元体由方钢制成，内部填装相变材料；蓄热单元之间的空隙作为加热空气的流道。太阳能相变蓄热系统的工作过程：白天，太阳能相变蓄热器进、出气口空气阀门关闭，蓄热器与温室内的空气不流通。当太阳辐射透过太阳能相变蓄热器的透明盖板照射到表面镀有选择性吸收涂层的太阳能集热板时，其能量被转换成热能，一部分储存到相变材料内，一部分散失到蓄热器外。相变材料因其在相变过程中有较大的潜热，故其能作为储能材料蓄积较多的热能。夜间，开启蓄热器进出口空气阀门，打开风机，使温室内和太阳能相变蓄热器内的空气循环。当温室内气温较低的空气流经蓄热器内温度较高的蓄热单元表面时被加热，随着空气的不断循环，蓄热器将白天蓄积的热量逐渐输送到温室内，从而维持温室内相对较高的温度，夜间最低温度可提高 3.1℃。不过这种系统存在初期投资大，受外界环境影响较大，不能长期连阴天应用等缺点。

2. 循环空气墙体蓄热系统

循环空气墙体储热法就是白天将温室中的高温空气（一般 25℃以上）通过风机和管道导入温室的后墙内，通过提高温室后墙内部的温度将热量储存在温室后墙内的一种储热方法。墙体内部管道布置方式分为水平布置方式和垂直布置方式，其中水平布置方式，即导入墙体内部的气流是沿着温室的长度方向在墙体内同一高度位置流动，一般沿温室长度方向每组通风管道的长度控制在 30 ~ 40m，且沿温室墙体的高度方向设置 3 ~ 5 组。在墙体内管道中的气流一般采用负压送风，即在通风管的出口安装排风风机即可；垂直布置方式，即在温室后墙的上部设置进风口（因为温室白天上部的空气温度高），在墙体的下部设置出风口，墙体内气流沿墙体高度方向自上而下流动，将温室内热量储存在后墙内的一种方法。夜间，当室内温度降低到设定温度时，开启风机将白天储存在墙体内部的热量再释放到温室中补充温室的热量损失，保证温室生产需要的适宜温度。

这种方法除了能够白天储热、夜间放热提高温室夜间空气温度外，由于气流在墙体内和温室内循环，温室内的空气基本处在高温高湿状态，而墙体材料又具有较强的吸湿性，所以在空气交换的过程中还可有效降低温室内的空气湿度，这对控制温室种植作物的病虫害、提高产品品质起到了间接的作用。

3. 循环空气地面蓄热系统

循环空气地面蓄热系统的原理与循环空气墙体蓄热系统的原理基本相同，土壤内部管道布置方式分为横向布置方式和纵向布置方式，其中横向布置方式，即换热管道是沿温室跨度方向布置，导入土壤内部的气流是沿着温室的跨度方向流动，换热管埋置在地表下 30 ~ 50cm 位置，相邻换热管之间间隔 50 ~ 80cm，换热管的末端通过弯头在温室的南侧伸出地面 20 ~ 30cm；纵向布置方式，即气流在温室土壤中沿温室长度方向流动。一般在温室地表下 30 ~ 50cm 沿温室跨度方向布置 3 ～ 5 列沿温室长度方向的散热管，散热管的两端在靠近山墙（或在温室中部）的位置伸出地面，并在其中一端的管道上安装风机，一端为进风口，另一端为出风口。对于长度较长的温室，也可以将散热管沿温室长度方向分为两段，分别设置进风口和出风口。这种方法不仅可以提高温室内空气温度，而且还提高了温室土壤温度，更有利于作物根系的发育和对养分的吸收。同样，利用埋设在土壤中管道表面的结露，也能在一定程度上控制温室内的空气湿度。

4. 水控酿热发酵系统

水控酿热发酵系统是指在温室大棚内沿长度方向设置酿热发酵池用于温室大棚加温，发酵池宽度一般为 1 ～ 1.5m，深度一般为 0.8 ～ 1.0m，池内添加农业废弃物（如作物秸秆、牛粪、羊粪等）用于发酵，发酵过程中产生的热量用于温室加温，发酵池提供的 CO_2 成为植物的 CO_2 气肥源，温室内部温度升高有助于发酵过程中菌生长，提高产热效率，发酵后的产物为优质有机肥料，可用于室内植物种植。这样，在温室内形成生物质酿热和种植有机结合的良性生态系统，可获得良好的经济和环境效益。

二、温室遮阳技术

（一）网式遮阳

遮阳降温是在温室的棚顶上以一定间隔设置遮光被覆物，可减少太阳净辐射约 50%，室内平均温度约降低 2℃。南方夏季炎热、日照强烈，10:00 ～ 16:00 的光照强度一般大于温室内作物的光饱和点，进入温室内的多余阳光会导致室内温度升高，对蔬菜的光合作用毫无意义。因此，利用遮阳网减少强光的辐射热、降低温室效应，从而降低室内的气温和地温。遮阳幕（网）已成为我国多数地区解决夏季温室环境调控问题所必备的设施，通常分为室外遮阳、室内遮阳及内外双遮阳 3 种方式。

外遮阳是在温室外覆盖材料上方覆盖塑料遮阳网，它主要是为了屏蔽温室外的多余阳光，形成一个遮阴以保护温室内的蔬菜，花卉。使得棚屋内的温度保持在合适的温度，这可以有效地阻挡阳光直射作物，不会影响温室的自然通风。外遮阳系统降温效果优于内遮阳，但外遮阳材料要求坚固，耐用，柔韧性小，抗老化。

内遮阳需采用与外遮阳不同的材料，因为如遮阳网对太阳辐射热吸收率高，吸收后的热量散发到室内，将影响降温效果。目前采用可以有效反射日光的铝箱或镀铝薄膜条编织的缀铝膜，可将进入室内的部分太阳辐射反射出去。内遮阳幕的优点是在冬季又可兼作保温幕使用，因此适用于我国北方冬季保温与夏季降温并重的地区。

（二）涂料遮阳

由于白色反光效果最好，因此在温室的表面上形成白色涂层以良好地反射太阳光，以防止大量热量进入棚屋，并将进入棚屋的阳光转换成对作物有益的散射光，有利于作物生长。除此之外，部分地区农户在棚膜表面涂抹泥巴用于降温，降温效果较好，不过这种方式实施不方便，同时受外界雨水影响大，需要经常喷涂，劳动力强度大。

第五节　温室环境调控

温室内部作物生产是一个复杂的过程，涉及生物、环境、机械以及管理等多学科的知识，以便生产出来的作物从产量、品质、口感、美观等角度可以满足市场需求，从而直接获得经济利益。其中最大的挑战是如何在有效利用自然资源的基础上，保持温室内环境条件状况有利于植物生长。温室环境自动化调控系统基于一系列传感器（如时间、温度、光照等）、软件控制程序和输出信号，指导温室环境控制设备（如卷帘机、风机、CO_2 施肥器等）运转或停止以满足当前植物生长需求，来响应室外气象条件的波动。本节主要从通风调控、幕布调控、加热调控、水肥调控、补光等方面进行介绍。

一、通风调控

通风是所有类型温室进行气候控制最常用的手段，它是通过将温室内部潮湿的暖空气与室外干燥的冷空气进行交换，从而释放出温室内部富余的热量与水分。同时，它有利于室内尤其是顶部空气流动，在许多情况下，新鲜的外部空气还可以补充 CO_2。

（一）自然通风

在温室覆盖物表面设置可调节开口（在屋顶或侧壁中）并且由风驱动的空气

交换是迄今为止最常见且最便宜的通风方法。

连栋温室屋顶通风窗可以位于屋脊的一侧或两侧。在后一种情况下，根据风向，涉及迎风面和背风面通风。而在普通塑料大棚中，通风口通常布置于温室屋面底部两侧，这将导致温暖潮湿的空气聚集在屋顶下（图 3-31）。

传统日光温室通风窗口位于前屋面的底部和顶部，但是在炎热季节通风效果不佳，为了能够解决夏季日光温室内通风不畅的问题，西北农林科技大学提出一种在日光温室后屋面上设置通风窗的通风方式。与连栋温室开窗机构类似，日光温室后屋面通风窗通过齿轮齿条进行控制，开窗时间与开窗面积可以根据环境控制系统实现智能化控制。与传统卷膜式通风方式相比，这种通风方式的机械化水平更高，降温效果更好（图 3-32）。

图3-31　连栋温室内部顶通风

图3-32　日光温室后屋面通风

空气通过温室通风口进行热交换受多个自然力驱动。第一是风吹向面向开口的风侧，从而使温室空气直接运动。第二个是风在整个温室内部产生压力差，也称为文丘里效应，导致迎风侧侧壁上的压力较低。该压力梯度使得空气从压力较高温室区域向较低压力区域的流动。结果，温室内暖空气相对于温室外风向的相反方向移动。第三是太阳加热温室内空气，并通过作物蒸发“加载”水蒸气。这可以将温室内空气的密度降低到室外干燥空气的密度以下。结果，它向上移动并通过通风口离开温室。

目前，温室自然通风的控制系统主要根据时间、室内温度、湿度或 CO_2 浓度等因素自动控制开窗电机运转，从而自动打开或关闭通风口。

（二）机械通风

利用风直接驱动温室通风可节省大量能量投入，不过风时有时无，并且量也不受控制。机械通风系统是利用风扇在温室内部产生正压或负压，同时允许室外

图3-33　连栋温室内部机械通风系统

空气通过通风口进入室内或离开屋顶或侧墙。机械通风具有风量可控的优点，但是前期安装风机设备需要增加投资，并且风机运转过程中需要消耗能量（图 3-33）。

降温是机械通风的主要目的，在负压通风系统中，进风口通常安装在风机对面的墙上，进风口面积可调。虽然运行少量的大直径风机要比运行多台小风机的能效高，但为了使室内温度与气流均匀，通常仍然使用多台小风机，这些小风机布置间距通常不超过 8m。使用多台小风机的另一个优点是当某一台风机出现故障，其他风机仍然能够维持通风。为了达到最好的通风效果，排风机的理想安装位置应安装在夏季背风面的侧墙上，而进风口应安装在对面的迎风面侧墙上，这种布置方式有助于使主导风向的风力推动空气进入温室内，从而提高风机效率。在实际生产中，当风机必须安装在夏季主导风向的迎风面侧墙上时，风机风量及电机功率需要增加 10% ~ 15%。

（三）湿帘风机系统

湿帘风机系统中湿帘安装在温室的某一侧墙上，则在它的对面墙上安装风机。当温室内风机通风系统可以在进风口处形成足够的风速，室外空气穿过湿帘装置进入室内，为植物提供连续流动的空气。由于湿帘中水分蒸发作用，外界空气降温后进入温室，在流经植物区域时，空气吸收室内热量，温度和湿度增加，然后通过风机排出室外。通过提高空气流速或限制温室长度可以控制温度与湿度上升的比率。在通风设计过程中，当空气交换率为 1 次 / min 时，可以使得温室内温度变化不超过 6℃，同时湿帘与风机之间的有效距离应小于 46m（图 3-34）。

图3-34　温室内部湿帘

使用多台风机的湿帘风机系统时，风机和湿帘可以根据温度的变化而设置成分阶段运行。分阶段运行的风机应该错开以获得均匀的气流，例如，第一阶段时每 3 台风机中运行 1 台。随着温度升高，第二阶段和第三阶段的风机依次开启运行，且随着温度下降顺次关闭。当风机数量较少时，也可以通过调节风机风速的方式以提高运行效率。最后只有在全部风机运行且仍不能获得理想的降温效果后，才开启湿帘系统作为第四阶段的降温设施。

二、幕布调控

温室内外幕布系统具有遮阳和保温功能，在前面章节已有详细介绍。温室内幕布系统（图 3–35）具有很好的保温效果，但是其也存在缺点，如在幕布与屋顶之间会积累大量的冷空气，当早晨打开幕布的时候，冷空气降落到幕布下层空间，可能对植物产生胁迫并伤害植株。为了避免这种情况，必须慢慢打开幕布，让冷空气与下面暖空气逐渐混合。当然如果植株能够承受一定的遮阳，可以让幕布一直处于闭合状态直到幕布系统上层的冷空气被太阳辐射升温后再打开。同样幕布系统关闭通常是依据时间、辐射及室外温度来共同调控，因此幕布的合理调控策略很关键。

图3–35　温室内部双层拉幕系统

日光温室保温被在夜间具有很好保温效果，电动卷、放帘一般只需要 5 ~ 10min，而且人不必上屋顶，只在室内按开关就行了，极大地节省时间，减轻劳动强度。然而卷帘机上卷、下卷过程中需要管理人员现场看守，一旦疏忽就可能造成卷帘机反转。在保温被上、下设置限位开关，基于时间或光辐射强度的日光温室保温被自动控制系统有助于提供劳动效率。

三、加热调控

温室内传热方式有 3 种：传导、辐射和对流。传导传热方式是指植物实际接触加热系统时发生传导传热。苗床加热系统和地板加热系统利用热传导方式加热，热量直接从床面或地面传导至栽培容器、栽培基质并最终达到植物体。对流传热方式是利用空气流动来传递热量。温室内加热管道周围的“雾汽”就是对流传热的表现。对流的热空气吹拂过植物时，热量就传递到植物上了。在大多数对流传热系统设计中，采用风机来加速对流空气的热交换，达到均匀换热的效果。辐射传热方式是利用红外线来传递热量。如温室内加热管道与邻近的植物之间发生辐射换热（同时还有对流换热）。目前温室中常用的加热系统是热风加热系统和热水加热系统。

热风加热是利用热源将空气加热到要求的温度，然后由风机将热空气送入温室内。热风加热的优点是设备投资低，可以和冬季通风相结合而避免冬季冷风对植物的危害；供热分配均匀，便于调节和实现自动控制。缺点是加热系统停止工作后余热小，使室温降低较快，但在系统能实现自动控制时影响很小。

热水加热系统是以热水作为热媒的加热系统。由于水的热惰性大，使加热系统的温度可以达到较高的稳定性和均匀性，运行也比较经济，常用于温室采暖。

四、灌溉调控

对栽培作物进行适时适量的水分灌溉不仅对满足作物根系需水具有重要作用，而且对作物生育的其他环境，如土壤/基质气体、温度、养分、盐分、微生物活动及温室设施的小气候等都会产生影响。

灌溉是温室中最重要的作业之一，也是劳动强度最大的作业之一。因此温室灌溉自动化也成为温室自动化的首要任务。温室自动化灌溉系统根据其自动化程度可分为全自动化灌溉系统和半自动化灌溉系统。全自动化灌溉系统（图 3–36）不需要人直接参与，通过预先编制好的控制程序和根据反映作物需水的某些参数长时间地自动启闭水泵和自动按一定的轮灌顺序进行灌溉，只需专门技术人员调整控制程序和检修控制设备；半自动化灌溉系统在温内没有安装传感器，灌水时间、灌水量和灌水周期等均是根据预先编制的程序，而不是根据作物、土壤和气象状况来进行控制，这类系统的自动化程度差异较大，如有的是对泵站实行自动控制，有的是在中央控制器上安装了简易编程定时器，还有的系统没有中央控制器，而只是在各支管上安装了一些顺序转换阀或体积阀等。

图3–36 温室内水肥一体化系统

五、补光

人工补光最主要的目的是促进作物的生长，尤其适用于冬季光照弱、光照时间短的地区或长期阴沉多云天气的地区，尤其是雾霾严重地区。人工补光也可用来进行光周期控制，调节短日照作物或长日照作物的昼夜时间，使植物不受其自然生长季节的约束，可以在任何季节开花，尤其是在植物工厂中应用（图 3-37）。

目前应用于温室中补光灯有高压钠灯、白炽灯、荧光灯、LED 补光灯等。在计划选购人工补光系统时，许多因素与问题需要考虑，包括作物的要求、光照强度、光源、耗电量与光照均匀度等，当然经济因素如初始投资、运行维护费用与投资回报率等也是必须考虑的。

图3-37　人工光植物工厂

高压钠灯效率高且光谱适宜作物生长，在大型连栋温室中应用较多，而白炽灯与荧光灯在温室与培养箱中主要用来控制植物光周期。根据作物需要与温室规格尺寸的不同，灯具的功率大小根据不同的光照强度要求与灯具安装高度来选择。影响补光设计的主要参数：①灯具与反射器类型；②作物冠层顶部与反射器底部的距离；③灯具间距与行距；④温室中需要补光的跨数。

为了达到补光目的，需要知道光源有多少辐射能量被转化为对作物生长发育有用的辐射能量。此外，补光灯的光谱能量分布也是很重要的参数，因为光量子能量随着波长的变化而变化。LED 补光灯也称为发光二极管，耗电小，稳定高，可靠近植物而不使之焦灼，可放置在植物顶部或植物行间，更为重要的是可为作物生长需求设置特定波长的 LED 补光灯，如红光 LED 灯、蓝光 LED 灯或红蓝光 LED 灯等。

研究人员正在开展不同作物生理反应最优的光照度水平与最适宜作物生长的光源、不同光照波长比例以及最优时长调控策略的研究，与白炽灯相比，红蓝光比例为 2∶1 的 LED 灯下叶片的栅栏组织排列更整齐、紧密且与海绵组织有明显的界线，可以显著提高番茄单果重以及可溶性蛋白、抗坏血酸和番茄红素的含量。

六、CO_2 增施

光合作用是植物在酶催化剂和叶绿素的作用下，利用太阳光能，把 CO_2 和水进行化学反应而产生可用的化学能的一种生化过程。CO_2 浓度不足会导致植物生长缓慢。在春秋冬季节，为了保持室内温度而减少了通风口打开时间。一方面，太阳出来后没有足够长时间的通风；另一方面，由于通风口关闭，温室内空气中的 CO_2 大部分被消耗掉。这样一来，温室中 CO_2 浓度会降低到大气中的 400mg/m^3 以下，室内逐渐降低的 CO_2 浓度可能成为温室中植物生长发育的限制因素。

春秋冬季的温室内，上午 9 时至下午 3 时 CO_2 浓度常常不足。在白天光照的任何时间段里，如果温室 CO_2 浓度很低，光合作用会受到抑制，并且最终植物生长受到抑制。在这段时间里可以采用 CO_2 施肥来克服 CO_2 浓度不足的问题。

如果温室早晨或夜间使用了人工补光灯，则增加 CO_2 浓度促进植物生长发育。采用 LED 补光灯时，增施浓度为 1 200mg/m^3 的 CO_2 可显著提高番茄果实中可溶性固形物、总酸、可溶性蛋白和番茄红素的含量，显著增加单果质量、果实颜色，并显著降低果实硝酸盐的含量。

对作物生长发育效果最好的 CO_2 浓度增加值究竟是多少，根据科学研究结果与温室生产经验，农户需要保持温室内 CO_2 浓度 600 ~ 1 500mg/m^3。不过对于温室内 CO_2 增施管道布置目前没有统一标准，布置于顶部或底部的温室均有。

七、温室环境监测与控制系统

随着计算机及“互联网 +”技术的推广及政策的扶持，温室环境控制技术发展主要表现在以下几个方面：

①高智能化。温室控制因素较多，且干扰性强，不同作物或同作物不同生长阶段对各因子的要求也各不相同。现代温室控制技术以智能控制为核心，由计算机来监测所有的环境因子、并且可以对多个环境因子同时进行综合控制。

②操作简单化。智能温室控制系统具有可视人机界面系统和强大的高速处理水平，对于所有的环境因子具有自动判断功能和决策能力。

③管理多样化。互联网技术和移动无线通信技术的发展和普及，通过物联网技术和手机 App 技术实现远程监控与决策。

第四章 设施蔬菜栽培模式与技术

导读： 陕西省分为陕南、陕北和关中3种不同的生态区域，不同区域的设施蔬菜种植模式、种类和技术存在显著差异。发挥地域环境气候资源优势，创新低成本高效益生产技术是保障设施蔬菜产业持续高效优质发展的重要途径。设施蔬菜“3+2”生产技术体系是结合近期我国设施蔬菜产业发展中存在的问题提出建构的一项新兴技术体系；依据陕北沙漠和黄土高原山地、关中平原、陕南水乡自然条件，汇聚各地技术人才总结提出有典型代表区域特色的设施蔬菜高效种植模式及配套种植技术，包括茬口安排、品种选择、水肥管理等关键技术。最后挖掘出陕西特色蔬菜及草莓的生产技术。

第一节　设施蔬菜“3+2”技术

以西北农林科技大学园艺学院李建明教授为首席的20多名专家组成的团队开展了新型设施结构、水肥一体化、基质栽培、病虫害生物源农药防治及碳基营养等技术的研究与集成，形成了现代设施农业“3+2”技术体系。一是新型大跨度双拱双膜保温大棚，该设施结构具有空间大、成本低、土地利用率高和便于机械化作业等优点；二是基质袋式栽培技术，利用农业废弃物解决了土壤病害和连作障碍问题；三是设施蔬菜水肥一体化技术，实现了精确灌溉和施肥，具有节水、节肥、节药、节地和省工、改善土壤及微生态环境的优点；四是设施蔬菜病虫害综合防治技术，利用生物源农药、诱虫灯和黄板等，并协调设施环境调控来减少病虫害发生，达到优质、高产、高效和绿色的目的；五是植物碳基营养肥料技术，依据活性有机物与无机物的配位增效理论，开发出新型碳基营养肥料，实现了作物优质高产、营养与健康同步和用地养地相统一。

一、大跨度非对称大棚设计建造技术

（一）技术背景

设施蔬菜栽培的主要形式是日光温室和塑料大棚栽培。塑料大棚具有造价低、土地利用率高的优点，但其结构决定了保温蓄热性能的低下，无法在北方地区进行越冬栽培。而日光温室具有砖墙或土墙结构，其保温蓄热性能要远远超过塑料大棚，所以日光温室是我国北方进行越冬栽培的主要设施结构。但日光温室的应用随着纬度的提高，其后墙的厚度逐渐增加，这导致土地利用率极其低下，大部分日光温室仅为40%左右。我国是耕地资源紧张的农业大国，日光温室的出现很好地解决了北方地区冬季蔬菜供应的问题，但另一方面又大大降低了土地的使用率。因此，我们必须认识到在现今土地资源紧张、能耗成本巨大的时代，寻求一种既可以提高土地利用率，还能降低建造成本，同时满足作物生长需求的设施结构已成为我国设施农业发展必须考虑的因素。

2010年，西北农林科技大学李建明教授提出来了大跨度大棚的设计思路，经过多年的试验研究与改进，形成了以下 3 种新型大棚结构，分别为大跨度非对称大棚、大跨度非对称水控酿热大棚、大跨度双层内保温大棚。

（二）技术内容

1. 大跨度非对称大棚

大跨度非对称大棚是依据日光温室采光蓄热原理，采取东西延长，南部采光面大，北部较小进行保温，南屋面投影为 12m，北屋面投影为 6 ~ 8m，脊高为 6m 的结构。冬春季覆盖保温被，白天南屋面保温被卷起，北屋面覆盖，夜间全部覆盖，提高了大棚的采光与保温性能。

大棚结构见图 4-1，其中（a）为 18m 大跨度非对称单层大棚，（b）为 18m 大跨度非对称双层大棚，（c）为 20m 大跨度非对称单层大棚。主要结构参数介绍如下。

（1）18m 跨度单层非对称大棚　坐北朝南，东西走向。跨度 18m，南屋面投影 12m，北屋面投影 6m，脊高 6m。单层钢骨架结构，拱架间距 1.2m，外覆聚乙烯（PE）长寿无滴膜和保温被。柱间距为 6m。东西山墙采用 8mm 厚阳光板。

（2）18m 跨度双层非对称大棚　坐北朝南，东西走向。跨度 18m，南屋面投影 12m，北屋面投影 6m，脊高 6m。双层钢骨架结构，拱架间距 1.2m，外覆聚乙烯（PE）长寿无滴膜和保温被。柱间距为 6m。东西山墙采用 8mm 厚阳光板。

（3）20m 跨度非对称大棚　坐北朝南，东西走向。跨度 20m，南屋面投影 12m，北屋面投影 8m，脊高 6m。单层钢骨架结构，拱架间距 1.2m，外覆聚乙烯（PE）长寿无滴膜。柱间距为 6m。东西山墙采用 8mm 厚阳光板。

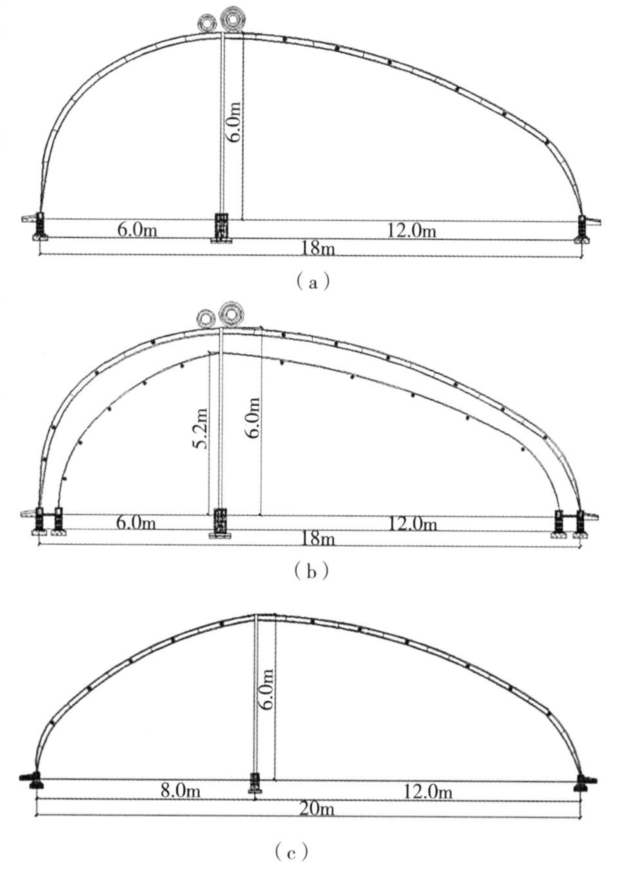

图4-1　大跨度非对称大棚结构

2. 大跨度非对称水控酿热大棚

大跨度非对称水控酿热大棚是在大跨度非对称大棚最北端增加水控酿热槽，利用农业废弃物进行发酵产热。水控酿热槽深度1m，宽度1m，在槽内放置番茄秸秆、黄瓜秸秆、小麦秸秆、猪粪、牛粪、菇渣。堆肥体积为2.0m×1.0m×0.8m，加入发酵物总质量3%的EM菌剂，相对含水量调至60%左右，采用这种方式，可以有效提高室内温度，使大跨度非对称大棚与日光温室性能一致。

大跨度非对称水控酿热大棚坐北朝南，东西走向。南北向跨度为20m，脊高6.5m。钢筋骨架结构，骨架间距1.2m，立柱间距为6m。南屋面投影13m，北屋面投影7m，屋面为单层膜覆盖，南北屋面均有保温被覆盖，低温季节南屋面保温被按常规揭盖管理，北屋面保温被不揭起。东西山墙采用200mm保温板隔热。室内水控酿热槽位于温室北部，宽和高均为1m（图4-2）。

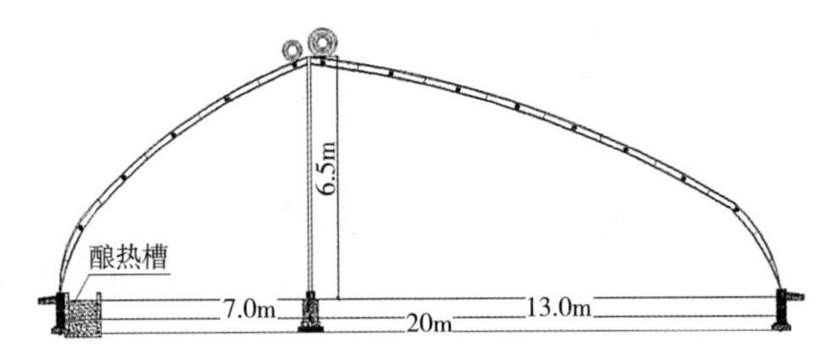

图4-2　大跨度非对称水控酿热大棚结构

3. 大跨度双层内保温大棚

大跨度双层内保温大棚是设施果树生产棚体，大棚采用南北延长，冬季覆盖保温被，并采用了双层内保温覆盖。这种结构扩大了传统塑料大棚的跨度，并增加脊高，同时采用双层覆盖和内保温结构，大大增加了大棚对于外界环境的缓冲能力。该种大棚主要用于设施果树栽培。

大跨度双层内保温大棚南北跨度为24m，脊高6.0m，钢筋骨架双层结构，外层骨架间距1.2m，内层骨架间距1.8m，立柱间距为6m。南北投影各12m，采用内保温结构。南山墙采用8mm厚阳光板，北山墙采用200mm保温板隔热（图4-3）。

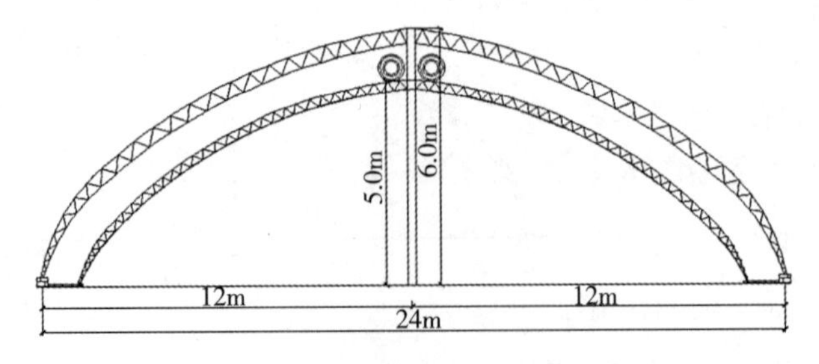

图4-3　大跨度双层内保温大棚结构

二、设施蔬菜基质袋式栽培技术

为了从根本上摆脱传统土壤病害的发生，有效解决生产者乱用化肥农药问题，最终实现设施蔬菜高效优质安全生产，西北农林科技大学园艺学院设施农业团队李建明教授课题组通过十余年的试验研究与验证，研发了设施蔬菜基质袋式栽培技术。该技术可以克服设施土壤连作障碍、修养土地，提高蔬菜品质和产量，以及高效利用农业废弃物。

（一）技术内容

基质袋式栽培技术是将蔬菜种植在盛有复合基质的 PE 无土栽培专用袋中进行栽培，作物生长所需的部分养分来自于栽培基质，其余养分以营养液的形式通过水肥一体化系统补充。

1. 营养液供应系统

采用滴灌方式供应水分和营养，由水源、进水管道、营养液罐（池）、出水管道、自吸泵、过滤器以及输配水管道组成。输配水管道由黑色 32mm 的 PE 主管道、黑色 20mm 的毛管（含控制阀）以及 4 头滴箭组成。主管道沿东西方向布置，毛管沿南北方向设置，确保每株作物配一个滴箭头。每条栽培带上均有 1 个开关，可随时调整不同栽培带的灌水量，以求灌水均匀。每两排基质袋设置 1 根灌水管，分布 2 排滴箭。滴箭间距为 35cm。灌水位置可随时调整，以防止根系周围局部盐分浓度过高。

2. 栽培基质

（1）农业废弃物的堆腐　将农业生产过程中的废弃物（如菇渣、作物秸秆等）粉碎后，与动物粪便（牛粪、羊粪、鸡粪等）和生物菌剂按照比例混合均匀，将混合物的含水量控制在 60% 左右，初始 C/N 比调整为 30 ∶ 1，进行静态有氧堆置发酵。当堆腐物的温度高于 65℃时翻堆补水，使堆置物的水分保持在 55% ～ 65%，冬季需要 70 ～ 80 天，夏季需要 40 天左右完成发酵。待堆腐物降至常温后风干即可作为栽培基质的基础材料。

（2）栽培基质的要求　将发酵腐熟的农业废弃物与蛭石、珍珠岩等材料按照一定的比例混合，每立方米基质中再加入 30g 多菌灵，混合均匀，其养分平均含量控制为：有机质 31%，全氮 16.5 ～ 22.6g/kg，全磷 5.4 ～ 7.2g/kg，全钾 15.9 ～ 21.4g/kg，pH 值为 6.5 ～ 6.8，EC 值小于 2.0mS/cm。

（3）基质袋制备　基质栽培袋是由外白内黑的双层 PE 薄膜制成，规格为

25cm×40cm×20cm（长 × 宽 × 高）或者规格为 120cm×25cm×20cm（长 × 宽 × 高）。将混合好的基质装入基质栽培袋（长 25cm 的栽培袋每袋以装 5L 基质为宜，每袋种植 1 株，长 120cm 的栽培袋每袋以装 40L 基质为宜，每袋种植 3 株）。栽培袋沿着滴灌毛管两侧摆放，两个基质袋南北方向的间距为 20cm（以确保植株的株距为 40cm），在栽培袋南北方向中线位置上用刀片划两个 7 ～ 8cm 长的十字口，十字中心点间距 40cm，防止水分过多发生沤根。

3. 基质的摆放

在设施地面铺设白色或者黑色的无纺布，以防止蔬菜作物根系扎入土壤，感染土传病害。为保证采光和充分利用场地，一般基质袋南北摆放，大小行放置。东西方向保证大行行距 80cm，小行行距 40cm。南北方向紧密相连。

4. 栽培管理

定植一般选在晴天下午进行，以促进缓苗。然后将蔬菜幼苗定植在栽培袋上的十字中心位置，定植深度至子叶下方 0.5cm 处，尽量使植株定植端正，然后将滴箭插在根系周围，每株幼苗 1 个滴箭，定植后补浇定根水。缓苗结束后保持根际基质湿润，同时防止水分过多造成植株徒长。

作物缓苗后根据蔬菜生长需求控制水量和营养液供应量，保证作物有充足的营养和水分。为提高果实品质和提高商品果率，还可叶面喷施 1% 的过磷酸钙或 0.1% ～ 0.3% 的磷酸二氢钾。

（二）应用效果

基质袋式栽培在杨凌地区广泛推广，番茄有机袋式栽培技术，亩产可达 15 吨以上。

（三）生态效益，经济效益及社会效益

1. 经济效益

袋式基质栽培技术可改善设施蔬菜的栽培环境、促进设施蔬菜生产方式的转型升级，实现设施蔬菜生产的水肥精准化管理，节约土地，减少生产成本，提高单位面积的设施蔬菜产量，实现高产、高质、优效生产。农药施用量较常规土壤栽培减低 15% 左右，肥料投入量降低 10% 左右，有效改善了蔬菜果实品质，蔬菜产量增加 10% 以上，每亩增收 1 000 元以上。

2. 生态效应和社会效益

基质袋式栽培技术有助于摆脱土壤恶化对设施蔬菜生长的抑制效应，提高设

施蔬菜种植茬次，提高蔬菜种植业的管理技术水平，对减轻或停止农药对蔬菜及环境的污染、保护生态环境、降低生产成本、提高能源利用率和扩大蔬菜出口等无疑具有重要的战略意义，在很大程度上推动了陕西省及全国设施农业的可持续发展，具有显著的社会效益和生态效益。

三、设施蔬菜水肥一体化技术研究与应用

（一）技术名称

设施蔬菜水肥一体化技术是将灌溉与施肥技术融为一体的农业新技术，是当前设施蔬菜生产的关键技术，实现了精确灌溉和精准施肥，具有节水、节肥、节药、节地和省工、改善土壤及微生态环境的作用。

（二）技术内容

2001 年至今，西北农林科技大学李建明教授团队，以设施蔬菜水肥高效利用为核心，开展了有机无土栽培与土壤栽培水肥一体化技术体系、亚低温下蔬菜水分生理生态变化机理与灌溉技术指标和设施蔬菜水分循环机理与模拟理论研究，以此形成了适合我省乃至西北地区的一套设施蔬菜水肥一体化技术标准，达到了克服设施土壤连作障碍、优化设施蔬菜水分环境、减少病虫害，实现依据温室环境与蔬菜作物生长发育特点进行设施蔬菜智能化管理的目标。

1. 早春土壤栽培番茄水肥一体化管理模式

土壤栽培番茄不同时期水肥一体化管理指标见表 4-1。

表 4-1　土壤栽培番茄不同时期水肥一体化管理指标

生长阶段	定植后天数（天）	浇水量（h）	施肥量（kg）（尿素：过磷酸钙：硫酸钾）	水肥施用频率	备　注
定植前准备阶段	-10	0	15：30：10	1 次	随整地深翻于土中
定植当天上午	0	4	0	1 次	定植后浇 1h 定根水
定植后 3~4 天	4	1	0	1 次	上午补小水
定植后至缓苗期	5~7	0	0	0	控水防徒长
苗期	8~25	1.5	10：10：10	1 次	第 15 天浇水施肥
开花坐果期	26~45	2.5	10：5：12	浇水 1 次 /10 天，施肥 1 次 /10 天	水、肥各 3 次
结果初期	46~65	2	12：3：14	浇水 1 次 /5 天，施肥 1 次 /10 天	浇水 4 次，施肥 2 次

续表

生长阶段	定植后天数（天）	浇水量（h）	施肥量（kg）（尿素：过磷酸钙：硫酸钾）	水肥施用频率	备　注
结果盛期	66~140	1.5	6：5：12	浇水 1 次 /4 天，施肥 1 次 /12 天	浇水 21 次，施肥 7 次
结果末期	141~155	1	4：2：6	浇水 1 次 /5 天，施肥 1 次 /10 天	浇水 3 次，施肥 1 次
拉秧期	156~165	0	0	0	不再浇水施肥
合计	165	57.5	118：98：168kg	—	—

注：以上为每亩水肥施用量，番茄于 2 月中下旬的下午定植在日光温室中，7 月下旬拉秧。

据计算，目标产量设为 20 000kg 番茄时，需从土壤吸收 N 63.6kg、P_2O_5 15kg、K_2O 96kg。肥料选用易溶于水的尿素（含 N 约 46.7%）、过磷酸钙（含 P_2O_5 约 15%）、硫酸钾（含 K_2O 约 50%）等肥料而肥料利用率均设为 70%（比常规施肥高 15% ~ 30%），则需尿素 135.6kg，过磷酸钙 143kg，硫酸钾 274kg。考虑到土壤中本身含 NPK 同时假定肥料完全吸收利用，故初始设定表中数值（表中肥料比值分别代表 NPK 用量，单位为 kg）。浇水量由 370w 喷射泵（最大流速为 $6m^3/h$）浇水时间确定。

2. 早春基质栽培番茄水肥一体化管理技术

早春基质栽培番茄不同时期水肥一体化管理指标见表 4-2。

表4-2　早春基质栽培不同时期水肥一体化管理指标

生长阶段	定植后天数（天）	浇水量（h）	浓缩母液/L（A液：B液：微量）	水肥施用频率	备　注
定植前准备阶段	−1	2h，浇透	0	1 次	熏棚杀菌消毒
定植当天上午	0	0	0	0	注意遮阴缓苗
定植后第四天	4	0.2	3：3：0.3	1 次	逐步减少遮阴至不遮
定植后至缓苗期	5~6	0	0	0	控水防徒长
苗期	7~25	0.25	22.5 3.75：3.75：0.375	水肥 1 次 /3 天	每 3 天浇水施肥一次
开花坐果期	26~40	0.36	105.3 8.1：8.1：0.81	水肥 1 次 /2 天	遇低温多雨天气注意通风，喷施坐果剂
结果初期	46~65	0.4	240 12：12：1.2	水肥 1 次 / 天	加大水肥用量，促进果实膨大
结果盛期	66~110	0.5	675 15：15：1.5	水肥 1 次 / 天	做好整枝打叉与及时采摘工作
结果末期	111~125	0.5	225 15：15：1.5	水肥 1 次 / 天	注意控水防裂果
拉秧期	126~135	0.4	50 10：10：1	水肥 2 次 / 天	少浇水防裂果
合计	135	49.2	1321：1321：132.1	—	—

3. 早春土壤栽培甜瓜水肥一体化管理技术

土壤栽培甜瓜不同时期水肥一体化管理指标见表 4–3。

表4–3 土壤栽培甜瓜不同时期水肥一体化管理指标

管理阶段	灌水天数（天）	灌水定额（m^3/亩·次）	每次灌水施肥量（kg/亩）			备注
			N	P_2O_5	K_2O	
定植前	−10	0	20	45	75	随整地深翻于土中
定植当天	1	6	0	0	0	
定植至开花	1	25	1.8	1.3	1.4	定植 7~10 天后进行
开花期	1	12	1.6	0.8	2.1	坐瓜时进行第 1 次灌水
结果期	3	9	1.8	0.7	3.5	采收前，停止灌水

一般按照以下几个指标综合判断成熟度。开花后的天数。从开花之日起，早熟品种 35 ~ 40 天，中晚熟品种 40 ~ 50 天，甚至 60 天才能成熟。采用此指标判断时需在雌花开放时做好标记，并根据品种熟性进行。果皮色泽转变。成熟的果皮显现出品种固有的色泽、花纹、网纹等，且果面发亮。坐果节位卷须干枯，该节叶片枯黄；果柄发黄，果柄附近茸毛脱落，果顶变软，均为果实成熟的标志。

（三）经济效益及生态效益

水肥一体化技术推广与当地农民传统生产模式相比较蔬菜产量提高 20% 以上，水肥利用效率提高 40% 以上，产品品质显著提高。近 5 年来，陕西省设施蔬菜水肥一体化技术应用面积 30 万亩以上，有效推广面积 28.3 万亩，累计增加产值 4.75 亿元。

设施蔬菜水肥一体化技术是当前设施蔬菜生产的关键技术，具有自动化程度高、灌溉精确、施肥精准、节水、节肥、节药、节地和省工、改善土壤及微生态环境等优点。通过该技术的应用节水 30% ~ 50%，节肥 10% ~ 25%，减少了灌溉用水量，节约农业水资源，减少了矿质元素向土壤深层的淋溶和流失，减轻了对地下水的污染，同时灌溉水量减少，降低了设施环境中的空气湿度，抑制了病虫害发生，减少了农药的使用量和对环境的污染，从而提高了设施蔬菜的品质。

（四）社会效益

研究集成的设施作物水肥一体化技术获得推广示范，大幅度提高陕西省设施蔬菜生产技术水平，实现节水、节肥，提高单位面积产量和品质，综合效益提高约 10%。增加农民收入的同时，推动了陕西省设施蔬菜产业的可持续发展。

四、植物碳基营养技术

（一）技术内容

为了高效利用天然有机物的植物营养作用，首次完成了“天然有机物化学酶快速降解技术研究”，降解速率是微生物的 180 倍，碳利用率 98%，同时无害化转化抗生素、杀灭有害菌和虫卵；再将降解而成的多种有机小分子与包括氮磷钾元素在内的 38 种无机矿物控制条件下反应，使无机矿物有机化，制备成与森林土壤营养物质组成、化学形态和比例完全一致，同时弥补其大量元素不足的缺陷的肥料，浓度是森林土壤的 4 万 ~ 6 万倍。肥料制备工艺过程围绕有机活性物的植物营养核心作用，故将此新型肥料定名为“植物碳基营养肥料”。

（二）碳基营养肥料效果

10 多年来多点多作物试验示范和定位试验表明，碳基营养肥料在促进植物生根、提高作物抗性、改善农产品品质、提高光合速率、改良土壤结构、提高养分利用率等综合效果极为显著。

（三）技术应用效益

1. 生态效益

土壤有机质形式存在的（有机）碳是岩石风化形成土壤的关键物质，在土壤结构形成与保持、土壤养分循环及土壤生物多样性养育中发挥着核心作用，是人类社会可持续发展的关键自然资源，更是可持续农业的关键基础。土壤有机质积累、固定及其与微生物利用与功能的关系，以及这种关系在土壤的微域分布特点和生态关系特征，是认识土壤功能及生态系统服务的重要基础，也是认识土壤形成和发育中功能活性演进的基础问题。土壤固碳中生物活性的变化，首先是土壤微生物功能活性的变化。鉴于生物多样性在生态系统功能及其对人类环境干扰响应中具有重要意义，酶活性被普遍认为是土壤的微生物功能活性的代表，微生物通过其分泌的酶参与和调控生态系统中碳、氮、硫、磷等养分的循环，特别是土壤的脱氢酶，代表微生物的代谢活性。

土壤碳储量占地球碳循环总量的60%以上，土壤有机质含量越高土壤越肥沃。地球能量循环是以有机碳为载体的循环过程，因此天然有机质是可再生的巨大生物质能源。本技术是将闭蓄态生物质能转化成活性能为土壤肥力保持、土壤微生物繁衍和植物生长发育持续提供能量，生态效益巨大。

2. 社会效益

植物碳基营养技术成果不仅找到了化肥副作用形成的原因，同时诠释了中国传统农业几千年可持续发展的科学原理。本技术成果用现代技术强化这种科学原理既解决了化学农业不可持续问题，又解决了传统农业生产力低下问题，同时实现农业与自然和谐发展，实现有机废弃物无害化处理、资源化利用、化肥农药双减、土壤培肥、农业可持续发展有机统一。

3. 经济效益

我国每年农业生产、农产品加工、养殖等产生约50亿吨天然有机废弃物，其中蕴含近4 000多万吨植物大量营养元素、1 000万吨植物必需的多种矿物营养元素和1.74亿吨有机碳，活化后其价值超过10 000亿元人民币。在保障粮食、蔬菜等作物产量的同时，从源头为全社会提供安全、营养、健康的食品，提高全民健康水平，经济效益不可估量。

五、植物源农药研发生产及全程生物防控技术

（一）技术内容

植物源农药科学应用的理论基础为“植物保健与和谐植保”，其具体体现形式为“全程生物综合防控技术”。

①植物中抗生性物质的直接利用。利用植物中对昆虫具有抗生性的化合物，如木脂素类、黄酮、生物碱、萜烯类等防御害虫；植物中的抗毒素、类黄酮、特异蛋白质、有机酸和酚类化合物等均有杀菌或抗菌活性；利用植物间的异株克生物质防治杂草。

②天敌、昆虫病原微生物、拮抗菌等的利用。

③昆虫信息素。昆虫信息素类，尤其是性信息素类，是应用化学生态途径防治有害昆虫实践活动中最为有效和成功的事例。

全程生物综合防控技术体系以农作物栽培管理为主线，针对主要病虫草害发生的关键节点，结合水肥管理措施，与多种生物源农药配合使用，并辅以科学、

标准化的农事操作技术，从种到收，实行全程生物防控，做到化学合成农药的零投入，从而保证农作物及其产品的“零农残”，以服务于有机作物的生产。

（二）应用效果及效益

通过5年来不断的试验探究和示范项目推进，已经在枸杞、茶叶、柠檬、葡萄、各类蔬菜粮食等30多种作物上，梳理和验证了病虫草害全程生物防控集成技术方案（表4-4）。这些方案的应用已经取得了良好的效果，经济、生态及社会效益显著。

“有机茶叶病虫草害全程生物防控技术体系”在福建等地的“落地”，使得有机茶叶顺利出口或内销，团队与多家知名品牌茶叶生产企业已建立合作共赢关系。茶叶产品经过欧陆分析技术服务（苏州）有限公司按照欧盟标准检测结果显示，462项指标均未检出。

表4-4　有机番茄病虫草害全程生物防控技术方案

物候期	防控对象	防控措施或操作方法
播种期	浸种继芽	使用多科特结合利凯特浸种，提高免疫力，预防土传病害
幼苗期	猝倒病、立枯病（苗床期）	使用利凯特兑水对苗床进行泼浇，预防土传病害猝倒病、立枯病的发生
	蚜虫、白粉虱	使用富吉宝依威防治蚜虫、白粉虱。同时防止蚜虫、白粉虱传染病毒病
	晚疫病、叶霉病、白粉病	使用富吉宝优满翠、普泽、宝蓓特防治晚疫病、叶霉病、白粉病等真菌性病害
定植至初花期	蚜虫、白粉虱	使用富吉宝依威防治蚜虫、白粉虱。同时防止蚜虫、白粉虱传染病毒病
	斜纹夜蛾、棉铃虫	使用馥康、病毒类制剂防治1~3龄期斜纹夜蛾、棉铃虫等咀嚼式口器害虫
	叶霉病、白粉病、灰霉病	使用富吉宝优满翠、普泽、宝蓓特防治叶霉病、白粉病、灰霉病等真菌性病害；灰霉病主要在花期感病，特别是花前花后防治灰霉病的发生
	提高抗逆力	落花后番茄由于进入生殖生长阶段，抗逆能力大大减弱，使用多科特兑水喷雾，增强对病虫害的抵御能力
结果期至收获期	白粉虱、蚜虫、斜纹夜蛾、棉铃虫早晚疫病、叶霉病、白粉病	根据害虫发生情况及时进行喷药；叶霉病发病主要在果实膨大期，使用优满翠结合普泽防治叶霉病；使用多科特兑水喷雾提高抗逆力，增加产量

第二节　榆林高寒沙漠设施蔬菜栽培的主要模式与技术

榆林设施蔬菜起步较早，1984 年开始在榆阳、绥德引进试验塑料拱棚，1991 年开始在市农科所、神木县进行引进试验小型日光温室，逐步向十二县区推广。1996 年随着“粮副基地建设”项目实施，设施蔬菜发展速度加快。2006 年以来靖边县委、县政府高度重视，大力支持，制定优惠政策，设施蔬菜面积迅速发展。神木、府谷一些煤炭企业家投巨资开发山地，发展设施蔬菜。特别是 2009 年《陕西省百万亩设施蔬菜工程》项目启动实施和陕西省蔬菜产业技术体系的成立以来，在市委、市政府的高度重视和正确领导下，在市农业局、财政局的直接领导和大力支持下，在省产业技术体系、市专业技术人员的积极指导和辛勤工作下，设施蔬菜产业快速发展，面积由小到大，标准由低到高。在设施蔬菜产业发展过程中，原神木县园艺站长、高级农艺师陆海余，原榆林市农科所副所长、高级农艺师刘仲甫，榆林市农科院副院长、农业技术推广二级研究员黑登照，榆林市农科院副院长、农业技术推广研究员李虎林，神木市园艺站长、农业技术推广研究员李海岗，榆林市农科院蔬菜研究所所长、高级农艺师薛道富，榆林市农科院蔬菜研究所副所长、高级农艺师党海军等专业技术人员做出了较大贡献。设施蔬菜产业的发展改变了榆林冬季不能生产鲜菜的历史，大大缓解了榆林冬春淡季鲜菜供求矛盾，并呈现出由最初的单一种植蔬菜发展到目前的蔬菜、水果、花卉、畜禽等种养领域，由原先的一家一户分散发展到集中连片建设基地、园区。

目前推广应用的设施类型主要包括日光温室和塑料大棚，适宜于多种蔬菜、西甜瓜和食用菌及水果的不同茬口栽培。其中日光温室是高投入高产出的栽培设施，可用于冬春寒冷季节生产，适宜于黄瓜、番茄、辣椒等多种蔬菜和西（甜）瓜的早春茬、越冬茬和秋冬茬栽培，也可进行平菇、香菇、羊肚菌等多种食用菌的周年栽培，还可进行葡萄、草莓、桃、杏、鲜食枣等多种水果的促成栽培和越冬栽培。塑料大棚是较日光温室投入较少的栽培设施，适宜黄瓜、番茄、辣椒等多种蔬菜和西甜瓜的春提早栽培和部分蔬菜秋延后栽培，也可进行香菇、羊肚菌等食用菌栽培和桃、杏、鲜食枣等部分水果的栽培。

一、设施蔬菜基本茬口类型

目前高效利用的日光温室和塑料大棚蔬菜栽培的茬口有一年两茬、一年一茬和一年多茬 3 种类型。

（一）一年两茬

①日光温室早春茬（或冬春茬）和秋冬茬，这是榆林地区日光温室主要的茬口类型。早春茬的提早育苗定植和秋冬茬的延后采收，根据当地气候条件和温室的保温性能进行安排，如果秋冬茬结束较早，深冬可安排一小茬叶菜。栽培的菜种以市场需求、合理轮作倒茬和生产者的技术水平进行安排，一般早春茬以栽培黄瓜、番茄、西甜瓜为主，秋冬茬以栽培番茄、芹菜为主。

②塑料大棚的春提早茬和秋延后茬，这是榆林地区塑料大棚的主要茬口类型，春提早和秋延后时间根据当地气候条件安排。春提早以栽培黄瓜、西甜瓜和番茄为主，秋延后以番茄、豆角、芹菜为主。

（二）一年一茬

①日光温室越冬一大茬，这一茬口主要在榆林南部县区和北部保温性较好的温室中安排，栽培菜种南部以黄瓜为主，北部以草莓、辣椒、茄子为主，辣椒和茄子要求温度较高，在 1 月中下旬温度最低时进行剪枝再生管理。

②塑料大棚越夏一大茬，春提前育苗定植，一直延续生长采收到秋后。栽培以辣椒、茄子为主。

（三）一年多茬

这一茬口模式主要是针对各县区的城郊保温性能一般的日光温室和塑料大棚，距离市场较近，销售方便，适宜种植耐寒叶菜。可一年连续不断地进行多茬叶菜的生产。

二、日光温室蔬菜高效种植模式

（一）秋冬茬黄瓜—叶菜—冬春茬番茄

①秋冬茬黄瓜，选用津春 4 号、博耐 13 号、锦丰 2 号等高产、优质、抗病

的中晚熟品种。6 月中下旬育苗，2 片真叶展开和 3 片真叶展开时，各喷 1 次增瓜灵（浓度为 600 倍或喷乙烯利 200 ~ 300mg/L）。7 月上中旬宽窄行定植，宽行 80cm，窄行 50cm，窄行上起垄铺滴管覆地膜，按株距 35cm 栽苗，每垄 2 行，每亩定植 2 900 株左右。8 月中下旬根瓜采收，12 月初拉秧。

②第二茬叶菜，生产种类以油菜、生菜为主，12 月初前茬收获后，随即清茬翻地播种，1 月下旬收获。如果提前育苗栽植，可提高产量，缩短生育期。

③第三茬冬春茬番茄，选用保冠 1 号、金鹏 1 号、园春 3 号等耐低温、耐弱光、早熟丰产、抗多种病害的品种。11 月中下旬温室电热线育苗，2 叶 1 心时分苗，1 月中下旬宽窄行定植，行距及开沟覆膜同秋冬茬黄瓜，株距 40cm，每亩栽苗 2 500 ~ 2 600 株。在每花序开放 2 ~ 3 朵时用番茄灵 25 ~ 30mg/L 喷花以提高坐果率。4 月中下旬开始采收，7 月上旬拉秧。

（二）秋冬茬番茄—冬春茬黄瓜套种油菜（或西葫芦—豆角）

①秋冬茬番茄，选用金棚 6099、绿亨 203、金鹏荣威、金辉 1 号等耐热耐寒，高抗多种病害的品种。7 月中旬遮阴防虫育苗，8 月下旬定植，花期用番茄灵 20 ~ 25mg/L 喷花，11 月初开始采收，翌年 1 月下旬拉秧。

②第二茬黄瓜或西葫芦，黄瓜选用津优 30 号、津优 32 号、博耐 13 号、锦丰 2 号等耐低温、耐弱光、单性结实能力强、抗多种病害的品种。12 月上中旬温室电热线嫁接育苗，1 月下旬至 2 月上旬宽窄行定植，3 月开始采收，8 月上中旬拉秧。套种油菜 1 月上旬育苗，黄瓜定植后宽行内移栽油菜，3 月上中旬采收完毕。如果这茬种植西葫芦，选用碧波、阿太一代、西星 3 号等品种，12 月下旬温室电热线育苗，翌年 1 月下旬宽窄行定植，宽行 80cm，窄行 50cm，窄行上起垄铺滴管覆地膜，按株距 60cm 栽苗，每垄 2 行，每亩定植 1 700 株，开花期每日上午进行人工授粉。2 月下旬开始采收，5 月中旬拉秧后定植豆角（4 月中旬育苗），7 月下旬拉秧。

（三）秋冬茬辣椒（或番茄）—叶菜—早春茬甜瓜—菜豆

①秋冬茬辣椒，品种选用金剑 207、新冠龙、长城等。6 月中旬防虫育苗，8 月中旬宽窄行定植，株距 35cm，每亩栽苗 2 900 ~ 3 000 株。9 月下旬开始采收，12 月中旬拉秧。

②第二茬叶菜，12 月中旬至翌年 2 月中旬生产一茬油菜、生菜等叶菜。

③第三茬甜瓜，厚皮甜瓜选用伊丽莎白、丰雷、白香蜜，薄皮甜瓜选用芝麻

蜜、永甜2030等品质好、易管理品种。1月中旬温室电热线育苗，2月中下旬宽窄行定植（同西葫芦），厚皮甜瓜株距35cm，每亩栽苗2 900株，薄皮甜瓜株距30cm，每亩定值3 400株，5月上旬开始采收，5月底拉秧。

④第四茬菜豆，品种选用双丰架豆、长青2号等较早熟、高产品种。4月下旬营养钵育苗，每穴2～3株，5月底定植，8月中旬拉秧。

（四）秋冬茬西葫芦—叶菜—早春茬辣椒

①秋冬茬西葫芦，选用碧波、西星1、3号和春玉1、春玉2号等高产抗病品种。7月中旬营养钵育苗，8月上中旬定植，9月中下旬采收，12月上旬拉秧。

②第二茬叶菜，12月上旬至2月上旬生产一茬油菜、生菜等叶菜。

③第三茬辣椒，选用朝阳牛角王、大将军、新冠龙等高产、抗病、耐低温、连续坐果性强的品种。11月中旬温室电热线育苗，2月上旬定植，4月下旬开始采取，8月上中旬拉秧。

（五）秋冬茬芹菜—早春茬黄瓜套种油菜（早春茬西甜瓜或其他果菜）

①秋冬茬芹菜，品种选用秦皇西芹、日本西芹等叶柄长、纤维少、抗逆丰产性强的品种。7月上旬遮阴育苗，9月上旬平畦定植，畦宽1.2～1.5m，行株距25cm×15cm。每亩保苗1.7万～1.8万株。多施氮、钾肥，春节前后一次性采收结束。

②第二茬黄瓜，选用锦丰2号、博耐13号、津优32号等耐低温、耐弱光，单性结实能力强，抗多种病害品种。12月初温室电热线育苗，2月初定植，同时在大行内套种油菜（育苗移栽）。黄瓜3月上旬开始采收，7月下旬拉秧。这茬也可定植早春茬西、甜瓜或其他果菜。

（六）剪枝越冬一大茬辣椒或茄子

辣椒选用金田179、亨椒3号、亨椒12号、长城、新冠龙等耐低温、坐果能力强的品种，于7月中下旬防虫育苗，预防蚜虫病毒。9月上中旬宽窄行定植，11月中下旬开始采收，延至12月底到翌年1月上旬无法生长时一次性采收剪枝，然后在宽行间栽一茬油菜或生菜。2月中旬后开始发枝、开花、结果，4月上旬开始采收，9月拉秧。

茄子选用安德烈、布利塔、丽圆黑宝等耐低温、坐果能力强、着色好的品种，于7月下旬嫁接育苗（砧木用托鲁巴姆，提前1个月育苗），9月中下旬宽窄行定植，株距60～70cm，每亩定植1 500～1 700株。采用2～3蔓整枝，整枝时留花打头，并用番茄灵25～30mg/L喷花。11月中下旬开始采收，延至12月底到翌年 1 月上旬无法生长时一次性采收剪枝，然后在宽行间栽一茬油菜或生菜。2 月中旬后开始发枝、开花、结果，4 月上旬开始采收，9 月拉秧。

（七）越冬一大茬黄瓜

越冬茬黄瓜要求日光温室的保温性较好，宜选用津优 30 号、津优 35 号、锦丰 2 号、博耐 13 号等耐低温、耐弱光、结瓜能力强、抗多种病害的品种。于 9 月中下旬开始嫁接育苗，用青雪公主、青雪王子等南瓜作嫁接砧木。11 月上中旬定植，元旦前采收上市，7 月拉秧。

三、塑料大棚蔬菜高效种植模式

（一）春提早番茄—秋延后黄瓜（或西葫芦）

①春提早番茄，选用早熟抗病品种，如金棚 1 号、保冠 1 号等。2 月中下旬温室育苗，4 月中下旬采用宽窄行定植，宽行距 80cm，窄行距 50cm，株距 40cm，每亩定植 2 500 株。在每花序开放 2 ～ 3 朵时用番茄灵 25 ～ 30mg/L 喷花以提高坐果率。6 月下旬开始采收，7 月中下旬拉秧。

②秋延后黄瓜（或西葫芦），黄瓜选用津优 4 号、津优 5 号、博耐 13 号、锦丰 2 号等品种。6 月中下旬营养钵育苗，2 ～ 3 片真叶期，喷 1 ～ 2 次增瓜灵（浓度为 600 倍或喷乙烯利 200 ～ 300mg/L）。7 月中旬宽窄行定植，宽行 80cm，窄行 50cm，株距 40cm，每亩栽苗 2 500 株左右。8 月中下旬根瓜采收，天冻时拉秧。

西葫芦选用冬珍、碧波等高产抗病品种。6 月中旬育苗，7 月上中旬定植，8 月中下旬采收，天冻时拉秧。

（二）春提早甜瓜（或西瓜、黄瓜、西葫芦）—秋延后番茄（或辣椒）

①春提早甜瓜（或西瓜、西葫芦、黄瓜），薄皮甜瓜选用芝麻蜜、永甜 2030 等子、孙蔓结瓜为主的品种，采用吊蔓或爬地栽培；厚皮甜瓜选用伊丽莎白、白香蜜等品种，采用吊蔓栽培。3 月中下旬温室育苗，4 月中下旬宽窄行（80cm × 50cm）定植，株距 35cm，每亩定植 2 900 株左右。6 月中下旬采收上市，7 月中下旬结束。

西瓜选用玲珑王、美光、早春红玉、8424、京欣 2 号、抗病京欣等耐低温、弱光，早熟、品质好，生长势、抗病性强的品种。其中玲珑王、美光、早春红玉

等品种采用吊蔓栽培，8424、京欣2号、抗病京欣等品种采用爬蔓栽培。3月中下旬温室育苗，4月中下旬定植，吊蔓栽培株行距同甜瓜，每亩定植2 900株左右。爬蔓栽培行距1.5m，株距45cm，每亩定植1 000株左右。6月中下旬开始采收，7月上中旬采收结束。

西葫芦选用寒玉、碧波等早熟品种。3月中下旬温室育苗，4月中下旬宽窄行（80cm×60cm）定植，株距60cm，每亩定植1 600 ~ 1 700株。5月下旬开始采收，7月上中旬采收结束。

黄瓜选用博耐13号、锦丰2号等耐低温、耐弱光、单性结实能力强、抗多种病害的品种。于3月上中旬温室育苗，4月中下旬宽窄行定植，株行距同甜瓜。6月上旬开始采收，7月中下旬拉秧。

②秋延后番茄（或辣椒），番茄选用金棚荣威、金棚6 099、绿亨203、长丰3号等品种。6月下旬遮阴防虫育苗，7月中下旬宽窄行定植，株距50cm，每亩定植2 000株左右。花期用番茄灵20 ~ 25mg/L喷花，10月上中旬开始采收，11上中旬拉秧。

辣椒选用圣林、大将军、金剑207等高产、抗病、耐低温、连续坐果性强的品种。4月中旬育苗，6月下旬按宽行70cm、窄行50cm起垄定植，每垄2行，穴距35cm，每穴2株，每亩定植3 100穴左右。9月上中旬门椒膨大时开始采取，11月上中旬天冻前拉秧。

（三）春提早马铃薯（或大白菜）—秋延后果菜

①春提早马铃薯（或大白菜），马铃薯选择费乌瑞它等早熟品种，起垄栽培，垄距110cm，垄宽70cm，垄沟宽40cm，垄高15cm。3月15到20日覆膜播种，每垄2行，株距25 ~ 27cm，播种深度为8 ~ 10cm，每亩播种4 500株左右，6月上中旬采收上市。

大白菜选用春秋54、春皇后、西白3号等品种。2月中下旬育苗，3月中下旬宽窄行（70cm×50cm）起垄定植，每垄栽2行，株距40cm，每亩定植2 700 ~ 2 800株。6月上中旬一次性采收上市。

②秋延后果菜，秋延后果菜可安排黄瓜、番茄、西葫芦、豆角等，于6月下旬至7月上中旬定植，11月上中旬天冻前结束。

（四）越夏一大茬辣椒或茄子

辣椒选用耐低温、弱光、抗病性强、商品性好的品种，牛角类选用圣林、新冠龙、金田 179、大将军、金剑 204、亨椒 1 号等；甜椒类选用农大 40、格兰特、多福等。2 月上中旬温室育苗，4 月中下旬宽窄行定植，株距 30cm，每亩定植 3 500 株左右。6 月上中旬开始采收，11 月上中旬拉秧。

茄子选用丽圆黑宝、天津快茄、本地紫园茄、二民茄等耐低温、门茄节位低、坐果能力强、着色好的品种。2 月上中旬温室育苗，4 月中下旬宽窄行定植，株距 50cm，每亩定植 2 000 株左右。6 月上中旬开始采收，11 月上中旬拉秧。

四、日光温室食用菌高效栽培模式

（一）日光温室平菇周年生产模式

越冬食用菌品种宜选用适合季节栽培、纯度高、商品性好、产量高、抗杂菌能力强的优良品种，如早秋 615、先锋 1 号、特抗 650、夏福 5 号等。榆林日光温室食用菌均以鲜销为主，应将上市期安排在价格高、效益好的季节，一般出菇时间计划在 10 月至翌年 6 月为宜，7 月至 8 月揭棚晾晒、闷棚消毒和下茬原料准备。一个栽培周期约为 6 个月，即发菌期 1 个月，出菇期 5 个月，为了确保产品的周年均衡上市，可间隔时间分批栽种分批上市。

（二）日光温室香菇栽培模式

根据北方地区的气候条件及日光温室的保温性能，结合栽培品种的特性和市场价格，确保在市场价格最高的冬春淡季出菇，获取最大的经济效益，日光温室香菇栽培应当安排在 12 月上旬至翌年 4 月下旬出菇。一般应安排在接种前 1 ～ 2 个月粉碎木屑并堆制发酵，杀灭杂菌和软化木屑，以利于接种后香菇菌丝吃料，提高成活率；8 月中旬至 9 月中旬制袋接种，接种太早气温高，菌袋污染率高；接种太晚菌袋后期转色不易，出菇延迟，产量低，经济效益低；9 月中旬至 10 月中旬为菌丝培养期；10 月中旬至 11 月下旬为转色期；12 月上旬至翌年 4 月下旬为出菇期。

（三）日光温室羊肚菌—香菇周年栽培模式

日光温室羊肚菌栽培于当年 9 月中旬制作原种，10 月上旬制作栽培种，10 月下旬播种，11 月上中旬补供一次营养料，翌年 2 月中下旬开始出菇，3 月下旬采收结束。

香菇提前制作菌棒，4 月上旬进行日光温室栽培出菇，10 月上中旬结束。

五、塑料大棚羊肚菌越冬茬或早春茬栽培模式

羊肚菌越冬茬栽培于当年 8 月中旬制作原种，9 月上旬制作栽培种，9 月下旬播种，10 月上中旬补供一次营养料，翌年 3 月中旬土壤解冻，开始加强管理，4 月下旬开始出菇，5 月下旬采收结束。

羊肚菌早春茬栽培于 12 月下旬制作原种，翌年 1 月中旬制作栽培种，2 月上旬播种，2 月下旬补供一次营养料，4 月下旬开始出菇，6 月上旬采收结束。

第三节　延安山地温室蔬菜生产主要模式与技术

山地温室蔬菜生产就是利用陕北黄土高原丘陵沟壑区的向阳的非耕地、荒坡地建造日光温室，可周年种植喜温性的茄子、黄瓜、西瓜、甜瓜、辣椒、番茄等蔬菜，因山地温室独有的采光好、保温好的特点，种植的蔬菜瓜果产量高、品质好，价格高，种植效益明显。在解决土地资源稀缺、保障市场供应、增加农民收入、助推产业脱贫等方面发挥了重要的作用。

一、总体概况

延安位于黄河中游，属黄土高原丘陵沟壑区，地势西北高东南低，平均海拔 1 200m 左右。北部以黄土梁峁、沟壑为主，约占全区总面积 72%；南部以黄土塬沟壑为主，约占总面积 19%。延安属高原大陆性季风气候，四季分明、日照充足、昼夜温差大、年均无霜期 170 天，年均气温 7.7 ~ 10.6℃，年均降水量 500mm 左右，年均日照时数 2 300 ~ 2 700h，日照百分率 55%，尤其是冬季 11 月到翌年 1 月，日照百分率在 60% 以上，光热资源充足，因工矿业少、环境污染很少，非常适合发展日光温室无公害瓜菜种植。

1992 年引进日光温室蔬菜生产以来，在政府推动、市场拉动、效益驱动等多重因素作用下，设施面积不断增加，蔬菜品种日趋丰富，蔬菜品质明显改善，效益连年提升。经过 20 多年的努力，全市形成了以日光温室为主，弓棚菜、露地菜“三菜并举”的蔬菜产业化基地格局，初步建成了环延安城“菜篮子”产品生产核心区和延河、洛河、葫芦河、秀延河、汾川河流域 5 条主要蔬菜产业带，蔬菜产业发展呈现明显的规模化、集约化、标准化特点。

但在延安北部的吴起、安塞、延川、延长等县川台平地少、川狭沟窄，加之近年来城镇化建设、铁路公路建设和移民搬迁工程的实施，大量川道平地被占用，致使适于发展温室蔬菜的土地越来越少，设施蔬菜面积扩张受到了极大限制，因此在建棚地址的选择上“被迫上山”。安塞区从2003年起，开始试验在缓坡地上建造日光温室，种植蔬菜。但因选址、建棚技术、品种选择及交通问题等，种植效益不明显，有失败的教训，也取得了一些宝贵的经验。进入2010年后，选择背风向阳的坡地及非耕地建造山地日光温室，种植蔬菜取得了较高的经济效益，北部的吴起、延长、延川等县纷纷向安塞区学习建造山地温室，到目前为止，全市有山地温室近5万多座，约占到全市日光温室总量的一半。2018年全市全年累计日光温室瓜菜播种面积番茄3.4万亩、黄瓜2.8万亩、辣椒2.5万亩、茄子1.9万亩、西瓜2.1万亩、甜瓜1.8万亩。

（一）山地温室的优势

1. 采光好

因山地温室一般地势较高，早晨见光早，下午日落迟，因具体地点不同，每天比川地温室多见光60 ~ 90min。据测定，与原有的跨度7.7m、脊高3.6m的温室相比，“95”式山地温室内光照强度平均提高4.87%，与山东V形棚相比，温室前屋面角由21°增加到30° ~ 31.5°，光照强度平均提高9.42%。

2. 保温效果好

一是选址多背风向阳，二是下午日落较晚，三是温室墙体厚实，夜间最低温比平地温室高3 ~ 5℃。

3. 土层深厚

克服了川地温室土层薄、地下水位较高、病害易发生的缺点。

4. 蔬菜长势强健、品质优良

因温室内采光好，夜温高，湿度小，蔬菜病害相对较少，用药量少。因此果菜类蔬菜、西甜瓜果实着色好、品质好、产量高，可增产15%以上。

5. 种植效益较高

山地温室建造成本不高，一般为每延米500 ~ 600元，即100m长、9m跨度的温室建造成本5万 ~ 6万元，一般一年每延米可毛收入500 ~ 600元，高的可达到600 ~ 800元，差一些的也在300 ~ 400元，即当年基本可收回成本。因此，北部山区县建造山地日光温室种植蔬菜瓜果已成为脱贫攻坚的首选产业。

（二）山地温室的设计

延安的山地温室分有后坡有后立柱和无后坡无立柱两种。100m 长温室，无后坡的比有后坡的造价低 12 000 元左右，但冬季温室内最低温度无后坡的比有后坡的高 2℃左右。

1. 有后坡有后立柱温室

长度 100m 左右，温室跨度 9m，脊高 5.5m，后墙高 4.8m，墙底宽 5m，顶宽 2.0m。温室前屋面角为 31.5°，前屋面长 11.5m，后屋面角 30°，后屋面长 1.4m。温室内沿后墙根每 1.8m 立 1 根后立柱，后立柱每根长 6.0m，用直径 65mm（2.5 寸）、壁厚要 3.5mm 以上钢管，或截面为 120mm×120mm 混凝土立柱，混凝土立柱要求体内预置径 8mm 钢筋 4 根，箍筋 12 条（每条 50cm 长）。用 5cm×5cm，厚 2.5mm 的角钢做大梁。每 3.6m 上一片钢架，每片钢架用直径 25mm（1.0 寸）、壁厚 2.8mm 以上镀锌钢管作上弦，长 11.8m，用径 20mm（6 分）、壁厚 2.5mm 以上镀锌钢管作下弦，用径 10mm 钢筋作撑筋焊接而成，撑筋长 30cm，上下弦间距从最高点到前沿地面由宽变窄，在 14 ～ 24cm。钢架上端焊接于大梁，下端先插入土中 30cm，待全部调平后底部加垫石用混凝土固定，前屋面钢架上弦外露长 11.5m。钢架间每 50cm 上一道直径 3cm 竹竿。在大梁角铁与背墙间每间隔 50cm 放一根 2.0m 长、厚 2.5mm 的 5cm×5cm 角钢，后坡每间隔 35cm 横拉一道 3cm 宽、2.5mm 厚的扁铁，铺上长 1.6m、宽 1.25m、夹层为 10cm 厚的高密度苯板的彩钢保温板。草帘宽 1.2m、厚 0.05m、长 12.5m，草帘外再盖上一层厚 8 丝和棚等长的浮膜保温。或用七层再生棉毡制成的保温被，厚 4cm，重量为 3.5kg/m^2 以上。

2. 无后坡无立柱温室

长度 100m 左右，温室跨度 9.0m，后墙高 6.0m，墙底宽 5.0m，顶宽 2.0m。温室前屋面角为 30.2°。每 3.6m 上一片钢架，钢架上弦共长 14.2m，钢架上端插入后墙内 1.2m，下端先插入土中 50cm，待全部调平后底部加垫石用混凝土固定，前屋面钢架上弦外露长 12.5m。其他同有后坡有后立柱温室。

（三）山地温室建造技术要点

1. 选址

一般选背风向阳、开阔、土层深厚的向阳湾或坡地建造。坡向面南，偏西或东不超 15°，光照充足，东、西、南三面无高大遮阴物。附近有满足供应的优质水源。不在有高边坡易导致山体滑坡的地块建棚，不在地下水丰富、易发生滑坡的湾塔地建棚，也不宜选在山顶建棚，否则风太大。

2. 筑墙

一般需从高处向下依次挖土筑墙。需要注意：一是不能用原来的老土做背墙，否则极易发生坍塌，而应按规划图纸将老土挖出用推土机将6m宽墙基碾压5～6次后，用挖掘机挖土筑墙，每升高30cm厚用链轨式推土机错开车辙进行碾压2～3次，一定要压实压匀，墙中部也要压实，保证切墙后不劈。二是要适墒打墙，适合的土壤相对湿度为60%～65%，即土壤可攥成一团，手松不散，又可将其搓松散时打墙。若土壤过干，可提前浇水造墒。三是墙筑好后要进行切墙，内墙面切削时应注意有一定斜度，以防止墙体滑坡、垮塌。有后坡有后立柱温室的4.8m高后墙内侧基部比顶部向南移出1.2m左右，无后坡无立柱温室的6.0m高后墙内侧基部比顶部向南移出1.3m左右。墙切后，后墙底宽5.0m，顶宽2.0m，断面为梯形。有后坡有后立柱温室东西山墙脊高5.5m，底宽5.0m，顶宽2.0m，内长9.0m，顶部按温室设计要求打成抛物线加半圆形。无后坡无立柱温室山墙底宽5.0m，顶宽2.0m，内长9.0m，顶部按温室设计要求打成抛物线加半圆形。

3. 配建浇水系统

山地温室一般都供水困难，多在沟底建坝蓄水，通过水泵、管道将水提升到高处的水塔后通过管道流到温室内进行滴灌浇水。水塔多在高于最高处温室10～50m以上的地块建造，水塔的蓄水量多根据园区种植面积大小而定，一般每亩种植面积蓄水量为8～10m^3。

4. 配建排水系统

延安山地多为黄绵土，山地温室道路坡度较大，因此园区一定要做好排水系统，否则夏季暴雨极易冲毁道路及温室。因此路面最好压实后用10cm厚混凝土硬化，每座温室前沿做一道支水渠、两排温室中央路边做一道主水渠。园区主水渠断面为0.6m×0.8m（宽×深）矩形渠，支水渠断面为0.4m×0.6m（宽×深）矩形渠，采取C20砼现浇0.1m厚。

二、主要栽培模式与技术

（一）秋冬茬番茄，春提早西瓜套种高效栽培技术

近年来，延安市秋冬茬番茄大多与春提早西瓜进行轮茬，一般7月初番茄育苗，8月初定植，10月到翌年元月上市，番茄结4～5层果后于立春前拔秧后种

植西瓜，因此时延安光照充足、昼夜温差大，所产西瓜品质优良，深受消费者青睐，种植效益较高。

如延长县农民张伟兵在七里村镇薛家芽塬村夫妻两人种植 5 个棚，每棚长约 50m。2017 年 7 月中旬对 5 个棚全部进行石灰氮高温闷棚，8 月初全部定植金棚秋盛番茄，2018 年元月 10 日拉秧，20 日定植新秀西瓜、清明上市。全生育期共投资 31 700 元，其中种植番茄购买种子 2 800 元、棚膜共 7 000 元、石灰氮高温闷棚 1 500 元、底肥共 7 500 元、追肥 4 次共 2 000 元、打药 12 次共 1 800 元；种植西瓜购买种子 2 700 元、底肥共 4 500 元、追肥 2 次共 1 000 元、打药 6 次共 900 元。毛收入共计 195 000 元，其中共生产番茄 21 000kg，销售收入 63 000 元；生产西瓜 8 250kg、销售收入 132 000 元。一年的纯收入 16 万元左右。

1. 秋冬茬番茄栽培技术

（1）品种选择　秋冬茬番茄前期高温强光，易导致番茄黄化曲叶病毒病发生；后期低温、弱光导致坐果难、易发病。因此应选前期耐高温、后期耐低温弱光，坐果力强，产量高，商品性好，耐贮运，对番茄黄化曲叶病毒病、灰霉病、晚病病、叶霉病等病害抗性较强的优良品种，如金棚秋盛、天赐 575 等。

（2）培育壮苗　秋冬茬番茄种植成功的关键是要能防治住黄化曲叶病毒病，番茄植株受害愈早发病愈重，对产量效益的影响越大，所以预防要从育苗期抓起，做到早防早控。因此育苗时一定要在专门的育苗场所进行穴盘基质育苗，育苗全程全面覆盖 60 目防虫网，防止烟粉虱传毒。

苗期管理重点是水分管理和病虫害防治。7 月温度高，苗易徒长，水分管理中应遵循“以适当控制为主”的原则，因基质育苗此时极易发生缺水或基质温度过高，因此通过浇水及时降温防旱。但浇水过多则苗易徒长。当幼苗真叶出现后立即在苗床内悬挂黄色粘虫板，每 4 ～ 5m^2 苗床悬挂 1 块黄色黏虫色板进行监测和诱杀成虫；当发现黄板诱杀烟粉虱数量在 2 ～ 3 头以上时，及时喷施农药灭杀烟粉虱，可选用吡虫啉、扑虱灵、啶虫脒等杀虫剂防治，苗期约需喷药 1 ～ 2 次。

（3）棚室准备

①石灰氮高温闷棚　7 月中旬先清除干净温室内的残株败叶及杂草，每亩均匀撒施碎杂草 1 000kg、石灰氮 80kg，用旋耕机旋耕 2 遍，起垄后东西向用地膜覆盖严实，重叠处蘸水密封。膜下浇足水后密封温室，高温闷棚 15 ～ 20 天。结束后揭膜 7 ～ 10 天即可进行定植。此法可杀死温室空间及土壤中的病菌、害虫及根结线虫，增加土壤有机质，改善土壤理化特性的作用。

②施肥整地　棚内每亩均匀撒施充分腐熟的有机肥 8m^3 左右、过磷酸钙

100kg、硫酸钾 25 ～ 30kg、尿素 20 ～ 30kg、硫酸镁 10kg、硫酸亚铁 2kg、硫酸锌 2kg、硼砂 1kg 做基肥，均匀撒于地表后深翻 30cm。南北向起垄，大小行定植，垄顶宽 70cm、垄底宽 90cm。底肥中最好增施生物菌肥，可在定植前半月左右，购买少量优质生物菌肥与 1 ～ 2m^3 有机肥混拌均匀，堆置于阴凉处发酵，熟化后做基肥，此法成本低、效果好。

③上防虫网和黄色粘虫板　石灰氮高温闷棚前将 60 目防虫网覆盖通风口，注意要加大预留的通风口宽度（覆盖防虫网后，降低了通风速率，因此要增大通风口，保证正常的通风效果）。温室内每 15 ～ 20m^2 悬挂一块黄色粘虫板预警及诱杀害虫。

（4）定植　8 月上旬选阴天或晴天下午进行。秧苗最好带药定植，可用杀菌剂（如恶霉灵或阿米西达）加杀虫剂（如阿克泰或吡虫啉）的药液浸泡秧苗根部或喷淋幼苗，杀灭幼苗上的烟粉虱等害虫和病菌。每垄上栽 2 行，行距 50cm，株距 40cm，每亩栽 2 300 株左右。选壮苗定植，如不够则大小苗分开定植。栽后及时浇足底水，起到保墒降地温作用。等缓苗后用宽 100cm 黑膜覆盖，且将两侧膜卷起，同时用土封严根茎部。垄侧面及垄沟不盖膜。此法苗栽后很快地表变干，土壤呈“上干下湿”，利于生根；土壤透气性好；棚膜上滴水也易于渗入地下，垄沟地表很快变干，有一定的吸湿作用，可降低夜间空气湿度，利于防病。黑膜既能防草，也可防地温过高。

（5）田间管理

①温度管理　定植后的前期，外界最低温在 10℃以上时（一般 9 月中旬前），温度完全能满足番茄生长需求，因此通风口除下雨天关闭外，其他时间一直打开。当外界最低温降到 10℃以下后，夜间适当关闭通风口，使温室内最低温不低于 12℃，不高于 18℃；当外界最低温降到 0℃以下后，温室加盖草帘或保温被。晴好天保温覆盖物适当早揭晚盖，延长光照时间。采用“三段法”通风，上午揭帘 1.5h 后打开风口通小风 10 ～ 15min 后关闭风口，起到降低有害气体浓度和湿度，增加二氧化碳的作用。等温度升高到 30℃后，再通风降温，上午维持在 25 ～ 30℃，下午温度降到 23 ～ 21℃关闭风口，日落前盖好保温覆盖物，盖帘前可再通小风 10 ～ 15min，降低湿度。夜间维持前半夜 17 ～ 14℃，后半夜 14 ～ 12℃。

②追肥浇水　定植时底水浇足，到第一穗果核桃大前“以控为主”，不旱不浇，不追肥，旱时浇小水，防植株徒长。当第一穗果核桃大之后，浇第一次大水，并随水每亩追尿素 15kg、硫酸钾肥 10kg。以后每坐一穗果，随水追肥 1 次，每两

次追肥中间浇 1 次清水。浇水必须选晴天上午进行膜下暗灌，量不宜过大，防止造成地温下降过多和温室内空气湿度过大。

③植株调整　只留 1 个主干，所有侧枝疏除，初期植株同化能力弱，一般等侧枝长到 6 ~ 7cm 时摘心，以利根系生长；后期及时抹芽。注意打杈宜选晴天上午进行，以利伤口愈合。当主干结到 5 穗果后，在最上果穗上方留 2 ~ 3 片叶摘心。

坐果困难时，一般当一穗花有 3 ~ 5 朵开时，用 25 ~ 50mg/L 的防落素喷花。忌晴天中午用药，一般高温低浓度，低温高浓度，尽量避免药液滴在叶片和生长点上，以免引起药害。也可在番茄开花后，温室内放置熊蜂 1 箱进行授粉。为提高番茄的商品率，需进行疏花疏果，先将第一个大花“霸王花”除去，再除去多余的、小的、畸形的花、果，一般大果型品种每穗留果 3 ~ 4 个，中果型品种每穗留果 5 ~ 6 个。

番茄每穗果实进入绿熟期（果实由绿色变为白色）后，则将其节位下的叶片摘除，减少养分无效消耗，利于通风透光，促进果实的成熟转色，也有利于降低病害的发生。但要注意一是选晴好天上午进行，利于伤口愈合；二是摘叶后要及时喷洒 1 次保护性杀菌剂，以防染病而造成死秧。

（6）采收　果实达到成熟期即果实已有 3/4 的面积变成红时即为采收适期，应及时采收。

2. 春提早礼品西瓜高效栽培技术

（1）选用优良品种　温室礼品西瓜主要在冬春季栽培，供应 1 至 5 月的市场。应选择耐低温、弱光，早熟、大小适中、皮薄而韧、糖度高、口感好、抗病性较强、坐果率高、产量较高、果形美观的品种。近年来延安主要栽培的品种有新秀、超越梦想、冰糖甜王等。

（2）茬口安排　温室西瓜育苗苗龄、果实成熟期长短因年份天气、品种熟性、栽培管理措施等略有不同。如计划在元旦左右上市的则需在 9 月 10 日左右播种，10 月 15 日左右定植；如计划在春节左右上市的则需在 10 月 1 日左右播种，11 月 5 日左右定植；如计划在清明左右上市的则需在 12 月 5 日左右播种，1 月 15 日左右定植；如计划在五一左右上市的则需在 1 月 15 日左右播种，2 月 25 日左右定植。

（3）穴盘嫁接育苗　延安目前常用的嫁接方法是利用穴盘进行贴接法嫁接，常用的砧木为白籽南瓜和瓠瓜。

砧木种子一般直接播种在 50 穴的穴盘、西瓜种子播种于平盘。为防止苗期病害和补充营养，要选用质优价廉的商品专用基质，每立方米基质加入 5g 绿亨 2 号或 30% 恶霉灵水剂 100g 消毒，同时混入 1.2kg 氮、磷、钾含量为 15 : 15 : 15 的多元复合肥。

穴盘育苗多干籽直播。播种前晒种 1 ～ 2 天，并对种子进行精选，去掉破籽和秕籽。一般先播西瓜种子，将种子均匀撒播于平盘内，每盘播种数量不超 400 粒，盖基质厚度 1cm 左右。西瓜播种后 5 天左右、种子开始露尖时播种砧木种子，砧木种子点播于穴内，播种深度 1cm 左右，每穴 1 粒种子，播种后覆盖基质，厚度为 1cm。播种覆盖作业完毕后将育苗盘喷透水（水从穴盘底孔滴出）。

出苗前白天 25 ～ 30℃，夜间 20℃。当种子开始露尖时，可适当降低温度，尽量使白天保持在 25 ～ 28℃，夜间 15 ～ 18℃，同时控制基质中的水分，保持在饱和持水量的 70% 左右。及时通过傍晚喷水或人工摘除为“戴帽”苗“脱帽”。嫁接前 2 ～ 3 天，用 30% 苯醚甲环唑悬浮剂喷施苗床，防止嫁接后感染病害。当砧木播种后 5 ～ 8 天，苗子叶展开、第一片真叶初露；西瓜播种后 10 ～ 13 天，苗子叶完全展开，为嫁接的最佳时机。

砧木苗穴盘放于工作台，用刀片从 1 片子叶基部以 30° 角向另一侧斜下切，切掉 1 片子叶和真叶及生长点，刀口长 5 ～ 8mm。因南瓜的子叶较大，为避免相互拥挤，造成操作不便，横向剪去另一子叶的一半。再把西瓜苗取出，从子叶下 1cm 处斜下切出相应的斜面，然后把砧木和西瓜苗的两斜面对齐，用嫁接夹夹好。

为了促进接口快速愈合，提高西瓜嫁接苗成活率，必须为其创造适宜的温度、湿度和避光等条件。每盘苗嫁接完后，将苗盘放入盆内将基质浸足水后摆入专门的苗床，苗床上搭小拱棚盖地膜保湿保温，再盖遮阳网遮光。前 3 天一般小拱棚不通风，使苗见弱散射光，温度维持白天 26 ～ 28℃，不超 30℃，夜间 20 ～ 22℃，不低于 15℃。3 天后逐渐增强光照，通风降温降湿，温度维持白天 25 ～ 28℃，夜间 17 ～ 18℃，通风见光以苗不萎蔫为准。8 天后逐渐去掉覆盖，进入正常管理。苗期水分管理应使基质保持最大持水量的 75% ～ 80%，基质过干易促进雄花形成，原则上控温不控水。

优质西瓜嫁接苗质量标准为子叶完整，茎秆粗壮，嫁接处愈合良好，西瓜真叶 2 ～ 3 片，叶色浓绿，根系发达，不带病虫。苗龄夏季 25 天左右，冬季 35 ～ 40 天。

（4）定植　一般苗长到 3 ～ 4 片真叶展开，选“冷尾暖头”晴天上午进行。定植前半个月，维修好棚，并抓紧清除棚内的残枝败叶，浇足底水后亩施充分腐熟的有机肥料 5 000 ～ 6 000kg，另加三元复合肥（N : P : K 为 15 : 15 : 15）50kg，均匀撒于地表后深翻 30cm。南北向起垄，大小行定植，垄宽 90cm，沟宽 60cm。

定植时每垄栽2行，行距60cm，株距45cm，亩栽1 800 ~ 2 000株，暗水定植。西瓜定植时一般苗坨面与垄面平，嫁接苗刀口应高于地表2cm以上。

（5）田间管理

①温度调控　缓苗期密闭保温7天，高温、高湿促缓苗。一般不超35℃不通风，超过扒顶缝通小风或遮光降温。地温14 ~ 28℃。缓苗后到开花结果期气温白天28 ~ 32℃，夜间不低于15℃；地温白天22 ~ 26℃，夜间不低于14℃。座瓜期白天温度保持在26 ~ 30℃，夜间16 ~ 20℃，以利于花器发育，促进授粉、受精和果实发育。膨瓜期保持白天30 ~ 35℃，可以促进果实膨大，有效减少厚皮瓜的形成，夜间15 ~ 20℃，保持昼夜温差10 ~ 15℃，以促进糖分积累，增加果实甜度，夜温不能低于14℃，夜温过低会造成果实内外生长速度不一致，出现裂瓜；保温性能差的温室，要加盖保温覆盖物，以提高夜间温度。

②肥水管理　定植缓苗后可轻浇1次缓苗水，促进幼苗生长，但浇水量宜小。当蔓长30cm时轻施1次升蔓肥水，可随水亩追尿素4 ~ 5kg促蔓生长，如蔓长势旺，此次肥也可不追。雌花开放到幼果坐住时应控制浇水，抑制营养生长，促进坐瓜。当瓜坐齐有鸡蛋大小，“退毛”时，结合浇水每亩追施尿素10 ~ 15kg、硫酸钾8 ~ 10kg。浇水必须选晴天上午进行，低温期膜下暗灌，浇水量少，浇水后及时通风降湿；高温期加大浇水量。瓜坐住后7 ~ 8天浇1次水，采收前5 ~ 7天停止浇水。

③植株调整　当瓜蔓长到30cm左右时开始吊蔓，将尼龙绳上端系在横向架设的细钢丝上，用专用塑料夹卡住瓜蔓，结合瓜蔓长度，临时固定悬挂在尼龙绳的适宜位置。

温室西瓜多双蔓整枝。在植株生长到40 ~ 50cm时，保留主蔓和主蔓基部第4 ~ 6节的1条健壮子蔓，其余侧枝及时摘除，保持2条瓜蔓齐头并进生长，以主蔓留瓜为主，瓜前端保留6 ~ 8片真叶摘心，子蔓一般作为营养枝，子蔓高度与主蔓持平时摘心。2条瓜蔓上共保留44 ~ 48片功能叶，及时摘除植株基部的病残叶和后期基部萌蘖，以利通风透光，减少养分消耗。

当主蔓第二、第三雌花开放时进行人工授粉，选择晴朗天气7时至11时是授粉的最佳时间。阴天开花较晚，授粉时间应推迟到8时至12时。授粉时，将当天新开的雄花摘下，确认已开始散粉，即可将雄花花冠摘除，露出雄蕊，对准雌花的柱头上轻轻涂抹。若雄花不足，一朵雄花可涂抹2 ~ 3朵雌花。授粉时花粉量要足、涂抹均匀，动作轻柔。

如果植株长势过旺，不易坐果时，可人工轻微捏伤顶端蔓或不绕蔓使蔓尖下垂，延缓生长势，促进坐果。如遇连续阴天低温天气，西瓜花粉量少，花粉活力低，坐瓜受到影响时，可用每支 20ml 的 0.1% 氯吡脲稀释为 250 倍液，均匀喷洒正在开放的雌花子房或用药液瞬时浸幼果。

西瓜一般以主蔓结瓜为主，侧蔓瓜较小、品质差。当幼瓜长到鸡蛋大小时，每株选择 1 个果形端正的西瓜培养，一般选果柄粗壮、长，外形周正，表面茸毛多，无病无伤，符合本品种特性的瓜留下，及时疏掉其他幼瓜和雌花，防止养分消耗。当幼瓜长至 500g 时，用专用网袋吊瓜，最好将瓜平放。

（6）适时采收　可通过授粉后的果实发育时间、观察果实和植株的形态特征、弹击听声音等方法判断西瓜是否成熟。采摘时间要根据销售和运输情况来决定。如果就近上市，需要达到十成熟。销往外地的，需在八九成熟时采收。采收西瓜时要带果柄剪下，可延长贮存时间及通过果柄鉴别新鲜度。采收最好在早晚进行，避免中午高温时采收。采收和搬运过程中应轻拿轻放，防止西瓜破裂受损。

（二）黄瓜嫁接高效栽培技术

嫁接黄瓜是延安最早成功栽培的日光温室越冬蔬菜，目前每年种植面积约 3.6 万亩左右，是主要的栽培模式，一般 10 月育苗，11 月定植，到翌年 6 月至 7 月拉秧，栽培技术较为先进，种植效益较高。主要分布于安塞区的沿河湾镇、高桥乡，甘泉的桥镇、下寺湾等乡镇。

安塞区的沿河湾镇侯沟门村村民杨元 2017 年种植津优 303 黄瓜，两个温室共长 134m，10 月 5 日播种，11 月 12 日定植，翌年 7 月初拉秧。共投资 15 410 元，主要包括棚膜 2 800 元、购买嫁接苗 5 000 株 3 250 元、上底肥共 4 500 元（其中羊粪 20m^3 3 600 元、菌肥 200 元、化肥 700 元）、追肥 18 次共 3 600 元、打药 20 次共 1 260 元。共生产黄瓜 41 000kg，收入 92 000 元，纯收入为 76 600 元。

1. 定植

一般 11 月上中旬选“冷尾暖头”晴天上午进行。定植前半个月左右，每亩施用充分腐熟的有机肥 15 ~ 20m^3、过磷酸钙 80 ~ 100kg、三元复合肥 70kg、硫酸镁 15kg、硫酸亚铁 3kg、硫酸锌 3kg、硼砂 1kg 做底肥。深翻 30cm 后南北向起垄，垄宽 80cm，沟宽 50cm，垄起好后浇足底水，提前造墒升温。定植时每垄栽 2 行，行距 50cm，株距 30cm，亩栽 3 500 株左右，暗水定植。定植后 15 ~ 20 天、根瓜开花并坐住后开始覆盖白色地膜，此法利于形成庞大的根系。

2. 田间管理

（1）温度管理　定植后将室温提高到 28 ~ 32℃，超过 32℃适当扒顶缝通小风或遮光降温，同时尽量提高夜温，促进缓苗。缓苗后的温度管理以促根控秧为主，适当控制地上部生长，促进根系发育，上午尽量维持28℃的气温以促进光合作用的顺利进行，下午将温度控制在23 ~ 25℃，前半夜维持在16 ~ 18℃，促进光合产物的运转，后半夜温度12 ~ 14℃，以减少呼吸作用的消耗，防止徒长。进入开花坐果期，要适当控制温度，不可过高，白天25 ~ 30℃，夜温13 ~ 15℃，最适地温为22 ~ 24℃。当温度升高到30℃扒顶缝通风，通风口大小以通风后温度下降5℃以内为宜，下午降到20℃闭风，日落前盖帘，早晨揭帘前最低不低于10℃。阴天适当晚揭早盖少通风。

（2）肥水管理　栽苗时底水底肥要足，若不足，缓苗后轻施缓苗肥水。定植到开花坐果前，水肥以控为主，特别要控制空气湿度不可过大。根瓜坐住时，进行第一次追肥浇水，追肥原则是少施勤施，每亩追三元复合肥（N∶P∶K为15∶6∶30）10kg左右。结果中期则每次施三元复合肥（N∶P∶K为15∶6∶0）20 ~ 30kg，也可每次用尿素10 ~ 15kg加硫酸钾10kg，一般随水追肥。结果前期一般15 ~ 20天追1次肥，中后期则10 ~ 15天一次。浇水必须选晴天上午进行，低温期膜下暗灌，浇水量少，浇水后及时通风降湿；高温期可明水暗水结合进行。注意在12月下旬至翌年2月上旬最冷时，尽量少浇或不浇，防降温过多。

（3）植株调整　黄瓜吊蔓多用吊蔓夹进行，当黄瓜苗高20cm以上时用粗而韧的吊绳，上头绑于铁丝，下头固定于吊蔓夹上，用吊蔓夹夹住瓜蔓。当秧蔓长到铁丝上时要及时落蔓，要选晴天午后进行，先摘除下部老叶，松开吊蔓夹，落下蔓后再夹好，每次落蔓30 ~ 40cm。

要及时摘除下部老病叶，减少养分无效消耗，利于通风透光。但不可过早，以叶片黄化为准，一般保留15片叶左右。

发生花打顶前可用20 ~ 30mg/L赤霉素喷龙头，每周1次，共2 ~ 3次，可有效预防花打顶。为提高坐瓜率，可在雌花开放的前一天用0.1%氯吡脲进行全瓜浸涂。

3. 采收

黄瓜根瓜要早采，采收要勤，防止坠秧。采收越勤，产量越高，且植株不易早衰。尤其是在冬季低温弱光期和植株病虫害严重时更应早采，防止植株花打顶或化瓜。秧弱时宜摘早摘小，秧壮时宜摘大瓜；秧上雌花或幼瓜多时宜摘早摘小，反之，宜摘大瓜。摘瓜宜在早晨，以利增重和鲜嫩喜人，用剪刀带1cm长瓜柄采收。

（三）茄子嫁接高效栽培技术

延安日光温室嫁接茄子主要分布在安塞区北川的镰刀湾、化子坪等乡镇，每年种植面积约 8 000 多棚，一般从 5 月下旬至 6 月上旬播种，品种主要为瑞克斯旺公司的布利塔，少量为东方长茄，用托鲁巴姆做砧木进行嫁接栽培。8 月下旬至 9 月上旬定植，11 月初上市，一直采收到翌年的 6 月至 7 月，生长期长，产量高，效益好。

安塞区镰刀湾镇罗居村的鲍六六，2017 年用 2 座共 200m 长的山地温室茄子种植，品种为布利塔，8 月下旬定植，翌年 7 月初拉秧。共投资 28 720 元，主要有棚膜 6 200 元、购买嫁接苗 4 400 株 5 120 元、上底肥共 9 000 元（其中羊粪 $40m^3$ 为 7 200 元、菌肥 400 元、化肥 1 400 元）、追肥 18 次共 7 200 元、打药 20 次共 1 200 元。共生产茄子 72 000kg，收入 136 000 元，纯收入为 107 280 元。

1. 定植

一般 8 至 11 月上中旬选“冷尾暖头”晴天上午进行。定植早则头年产量高，翌年产量较低；定植晚则相反。定植前半月，浇足底水后每亩施用充分腐熟的羊粪等有机肥 $20m^3$ 左右作基肥，可提前将有机肥施入到土壤中，结合闷棚使有机肥彻底腐熟。在增施有机肥的基础上，每亩增施过磷酸钙 100kg、硫酸钾型复合肥（N：P：K 为 15：15：15）50kg、硫酸镁 20 ～ 30kg、硫酸锌 3kg、硼酸或硼砂 1.5kg，微量元素肥料要与有机肥混合施用。施肥后，用旋耕机深耕翻 3 次，使土壤肥料充分混匀，旋耕深度 25 ～ 30cm。南北向起垄，大小行定植，垄宽 90cm，沟宽 70cm。每垄栽 2 行，行距 70cm，株距 45cm，亩栽 1 800 余株，暗水定植。茄子定植应稍深，刀口应高于地表 2cm 以上。

2. 田间管理

（1）光照管理　草帘早揭晚盖，及时清洁薄膜，利用反光膜。即使阴雪天也应适当见光。试验结果表明：当光量减少 1/2，产量则减少约 50.4%；当光量减少 2/3，产量则减少约 86.3%。

（2）温度管理　缓苗期维持高温、高湿促缓苗。缓苗后变温管理，上午维持 25 ～ 30℃促进光合作用，下午一般 28 ～ 20℃，前半夜 20 ～ 13℃，后半夜 12 ～ 13℃。具体保温覆盖物揭盖及通风方法同番茄。

（3）追肥浇水　底水底肥要足，若不足缓苗后轻施缓苗肥水，然后控水控肥，达到促根控秧促结果的目的。当门茄瞪眼时，进行第一次追肥浇水，亩追三元复合肥 20kg，以后对茄、四门斗等瞪眼时都追 1 次肥，每亩每次追尿素 10 ～ 15kg 加硫酸钾 8 ～ 10kg，或 20：10：30 的全水溶复合肥 10 ～ 15kg。一般随水追肥。也可每水都带肥，但肥量减半。注意浇水必须选晴天上午进行，低温期膜下暗灌，浇水量少，浇水后及时通风降湿；高温期可明水暗水结合进行。在 12 月下旬至翌年 2 月上旬最冷时，尽量少浇或不浇，以防降温过多。

（4）植株调整　目前延安茄子整枝采用连续换头整枝技术。在门茄开始膨大时，及时摘去二分杈以下的叶片和侧枝，只保留第一次分杈时分出的两条侧枝，进行双干整枝。结果期间这两条枝干上的其他侧枝也要全部打掉。待植株株高达到 130cm 左右时，即两条枝干上都坐住 3 ～ 4 个茄子时要及时进行摘心，在顶端的果实前留 1 片叶摘心，然后培养顶端的旺杈作为生长点继续生长，新的生长点结 2 个茄子后再摘心，再培养一个新的旺杈继续生长。等到植株长到棚内钢丝高度时摘心后控制其继续长高，改由下部长出的分杈结果。留果时要注意选择离地面 35cm 以上的分杈留果，避免果实离地面太近造成果实弯曲，选择分杈长势健壮、商品性好的果实留下，其他的畸形果等全部摘掉。当分杈上的果实坐住后在果实前面留 1 片叶摘心，果实收获后剪掉该分杈，然后又出新的分杈、再留果，如此循环。要控制每条枝干上同一时期留 3 ～ 4 个果实即可，即每株 6 ～ 8 个果实最好，以保证茄子植株营养生长与生殖生长的平衡，保持连续结果能力。

如生产中出现强、弱枝现象，则需进行枝杆平衡技术，否则强枝越强、弱枝越弱。将强枝生长点去除，但要保留生长点以下的茄子正常点花生长，从此茄子以下留 1 个侧枝代替主杆生长，如一次平衡枝杆没达到目的，可重复进行。

低温弱光期坐果困难时可进行点花。用专用点花药或用 250g 凉白开加 2ml 0.5% 2,4−D，再加 4% 赤霉素 3ml 混匀，温度高时赤霉素用量可加到 4 ～ 5ml。点花一般在上午 11 时前进行，选一穗花中最大的且完全开放的花点，多在花柄的中间偏上处，用毛笔蘸药液涂抹 1cm 左右。

茄子采收后，选晴天上午及时摘除果实下方主杆上老叶。

3. 适时采收

门茄要及时采收，防坠秧。当布利塔茄子果长 30cm 左右进及时采收，采收时用剪刀带 3cm 果柄采收。采收选早晨较好，皮色鲜亮卖相好，如中午或下午收，茄子易萎蔫，且不耐贮存。

第四节　关中设施蔬菜生产主要模式与技术

关中地区位于陕西中部，总面积 5.55km^2，属于暖温带半湿润季风区，年均气温 12℃，降水量 680mm，无霜期 204 天，年日照时数达 2 616h，昼夜温差大，土地平整，耕层深厚，肥力较好，交通发达，经济繁荣，是设施蔬菜发展的优势区域。近年来，陕西省蔬菜产业体系积极开展设施蔬菜高效模式的研究，探索适宜关中地区日光温室、大中棚蔬菜茬口安排，集成关键技术，形成了一年一大茬、一年两茬、一年三茬等十大生产模式，通过合理安排茬口、提高复种指数、配套关键技术，大幅提高蔬菜产量和效益，取得了良好的示范效应。

一、日光温室番茄冬春一大茬生产模式

（一）茬口安排

9 月中下旬育苗，10 月下旬至 11 月上旬定植，2 月中下旬开始采收，6 月中下旬采收结束。

（二）产量指标

此栽培模式为一年一大茬，平均亩产量 20 000kg，平均亩产值 3.5 万元。此项技术极大地降低了生产成本，提高了产量，效益非常显著，具有较强的推广价值。

（三）技术要点

日光温室冬春茬番茄栽培，由于其生育期长，经历了高温 – 低温 – 高温的过程，所以应选用耐低温弱光、抗病能力强、耐贮运的中晚熟粉红果或大红果番茄，适宜品种有：金棚 1 号、金棚 11 号、世纪粉冠王、芬达、普罗旺斯等。

1. 培育壮苗

采用穴盘基质育苗，适时播种，关中地区一般 9 月中下旬播种育苗，注意遮阳防雨，防止徒长，苗龄 45 天左右。

2. 施足基肥

在 10 月以前覆盖棚膜，平整土地，深翻 30 ~ 40cm，结合翻地每亩撒施腐熟有机肥 4 000 ~ 5 000kg、氮磷钾三元复合肥 50kg，微量元素肥及微生物菌肥适量。

3. 定植

10 月下旬至 11 月上旬优选无病虫健壮苗定植，每垄定植 2 行，行距 60cm、株距 35 ~ 40cm，每亩定植 2 500 ~ 3 000 株。定植前，用 20% 的苯醚甲环唑 1 000 倍和 25% 噻虫嗪水分散粒剂 10 000 倍混合液蘸根；定植时，每穴浇水 1kg 左右，深度以埋住基质为宜。

4. 田间管理

冬前管理要点是深中耕，促根控秧，植株长势健壮。冬季主要是保温，所以

要尽量少通风，如湿度太大，可在中午温度高时短时放风，棉被早揭晚盖，阴雪天也要及时揭盖，每天光照时间不能少于4h。白天气温保持在25 ~ 30℃，夜间15℃左右，最低气温不得低于8℃；采用滴灌、膜下暗灌、通风排湿等措施，将温室内空气湿度控制在较低范围内，以50% ~ 66%为宜。2月下旬以后，天气转暖，通风口可适当加大。立春后，棚温升高，白天温度控制在25 ~ 28℃，夜间15 ~ 16℃，加强通风排湿。

水肥管理：定植后，连续浇水2 ~ 3次，随后进行中耕控旺。在第一穗果坐住后，开始浇催果水，随水追施尿素5 ~ 10kg、硫酸钾15 ~ 20kg，以后各层果膨大时都要及时浇水追肥。浇水量和施肥量视温度而定，温度高则水肥量大，温度低则水肥量小。

植株调整：单干整枝或改良单干整枝。单干整枝即只留1个主干，各叶腋发生的侧枝全部摘除。改良单干整枝即主枝坐第五层果时，留2个侧枝，每个枝只留2层果，共留果4层，其后按照常规单干整枝进行。日光温室冬春茬视肥力情况，一般留8 ~ 10层果，当最上层果穗开花时，留2片叶摘心。

二、日光温室早春番茄—越冬芹菜一年二茬生产模式

（一）茬口安排

番茄于12月上中旬播种育苗，翌年2月上中旬定植，4月中下旬开始收获上市，7月中下旬拉秧。越冬芹菜于7月中下旬播种，9月下旬定植，12月下旬上市，也可根据市场情况延迟到春节前上市，2月初清棚后定植早春番茄。

（二）产量指标

此栽培模式为一年两茬栽培模式，早春番茄每亩平均产量6 000kg左右，平均产值0.8万 ~ 1万元；越冬芹菜每亩平均产量8 000kg，平均产值2万元左右。该生产模式，每亩年产值约3万元，经济效益可观。

（三）技术要点

1. 早春番茄

应选择耐低温、耐弱光、抗病性强的早熟高产品种，如金棚11号、芬达、普罗旺斯、东圣808等。

（1）培育壮苗　12 月上中旬日光温室内电加热温床播种育苗，苗龄 50 天左右。选晴天播种，播后苗床上搭小拱棚覆盖塑料膜，以促进出苗。出苗前温度控制在 25 ~ 30℃，苗出齐后降低苗床温度，白天 20℃左右，夜间 12 ~ 15℃。第一片真叶显露后，白天控制在 20 ~ 25℃，夜间 13 ~ 15℃。

（2）整地定植　前茬作物收获后，每亩施腐熟有机肥 5 000kg 以上，氮磷钾复合肥 50kg，深翻做畦。大小行半高垄定植，大行 70cm、小行 50cm，垄高 20cm，株距 30cm，每亩定植 3 000 ~ 3 500 株，定植后暗沟浇定植水。

（3）田间管理　定植后密闭温室，白天温度 25 ~ 28℃，夜间 18 ~ 20℃，促进缓苗；缓苗后白天温度保持 25℃左右，夜间 15℃左右。果实成熟期白天温度 20 ~ 25℃，夜间 15 ~ 17℃。第一穗果膨大期，结合浇水每亩施复合肥 15 ~ 20kg；以后每穗果膨大期施复合肥 10 ~ 15kg。早春番茄采用单干整枝，每株留 4 ~ 5 穗果摘心，并在最后一穗果的上部留 2 片功能叶摘心。早春温度偏低，光照不足，可用 25 ~ 50mg/L 防落素喷花。及时疏掉畸形花、果，每穗花序上留 3 ~ 4 个果。生长后期，将基部老、黄、病叶及时摘除，减少养分消耗，利于通风透光。

2. **越冬芹菜**

应选用耐寒、冬性强、抽薹迟、纤维少、丰产、抗病虫能力强的优良品种，如日本西芹、加洲王等品种。

（1）培育壮苗　芹菜 7 月中下旬育苗，育苗期正值高温天气，精细育苗是关键。播种前晒种 1 ~ 2 天，晒种后用清水浸泡种子 12h，捞出沥干水分，用湿纱布把种子包好放在 5 ~ 20℃的阴凉环境中催芽，每天淘洗种子 1 ~ 2 遍，约 60% 以上的种子露白时即可播种。壮苗标准为苗龄 50 ~ 70 天，苗高 10 ~ 15cm，5 ~ 6 片叶，叶色浓绿，根系发达，无病虫害。

（2）整地定植　定植前 10 天深翻地 30cm，结合整地每亩施腐熟有机肥 5 000kg 以上，磷酸二铵 30kg 左右，耙细做畦，畦宽 1.2 ~ 1.5m。晴天下午或阴天定植，行距 15 ~ 20cm，株距 8 ~ 10cm，每亩栽苗 3.5 万～ 4 万株。

（3）田间管理

①缓苗期管理　从芹菜定植到缓苗需 15 ~ 20 天时间。越冬芹菜定植后高温干旱或畦内积水，或土壤溶液浓度过高均不利于缓苗，一般缓苗期不追肥，可 2 ~ 3 天浇 1 次水，要勤浇轻浇，保持土壤湿度，并降低地温。

②蹲苗期管理　芹菜缓苗后到旺盛生长前 20 天左右为蹲苗期。由于此阶段气候条件十分有利于芹菜生长，为防止徒长，必须采取蹲苗措施，控上促下，促进根系生长和茎基部增粗。缓苗后应浇 1 次水，此后应控制浇水。要及时进行中耕，

促进新根和新叶的生长。中耕要细致，尽量除掉杂草，打碎表土，但不伤苗，中耕深度以不超过 3cm 为宜。在培育健壮植株上，最好采取二次蹲苗法，每次蹲苗时间为 15 天左右。第一次蹲苗在缓苗 7 天后到扣棚膜前，以控水为主，一般 7 天左右浇 1 次水，维持畦面见湿见干而不裂的程度。第二次在扣棚膜初期，以控温为主，控水为辅。做好扣棚膜初期通风降温工作，尤其严禁前半夜棚室内温度过高。一般白天 18 ～ 20℃，夜间 12 ～ 15℃。通过蹲苗使植株基部直径达 1.5cm 左右。

三、日光温室越冬黄瓜—夏秋苦瓜一年二茬生产模式

（一）茬口安排

越冬黄瓜 9 月下旬至 10 月上旬播种，用黑籽南瓜作砧木嫁接育苗，11 月上中旬定植，12 下旬开始采收，翌年 5 月上中旬采收结束。夏秋苦瓜于 4 月上中旬播种育苗，5 月下旬定植，7 月初开始采收，9 月中旬采收结束。

（二）产量指标

越冬黄瓜每亩产量约 12 000kg 以上，产值 3.5 万元左右；越夏苦瓜每亩产量 5 000kg 以上，产值 1 万元左右，两茬种植亩产值 4.5 万元左右。

（三）技术要点

1. 越冬黄瓜

选择耐低温、耐弱光、单性结实能力强、抗霜霉病、白粉病、灰霉病等多种病害的品种，如津优 30、博耐 14 号、德尔 77。

（1）培育壮苗　嫁接育苗，一般采用插接法，砧木比黄瓜早播种 3 ～ 4 天，在砧木幼苗第一片真叶长至 5 分硬币大小，黄瓜幼苗子叶展平真叶显露时为嫁接适期。嫁接时先将砧木苗和接穗苗起出，然后把砧木生长点及真叶去掉，再用同接穗茎粗相同的竹签子，从一侧子叶基部向对侧朝下斜插 0.3 ～ 0.5cm，但竹签子尖端不要插破茎的表皮，也不要插入髓部。选接穗在子叶下 0.8 ～ 1.0cm 的地方用刀片切成楔形，切口长约 0.6cm，接穗切好后，立即拔出竹签，把接穗插入砧木胚轴的孔中，并使接穗的子叶同砧木的子叶交叉成十字形。

壮苗的标准：子叶完好，茎粗壮，叶色浓绿，无病虫害，株高 15cm 左右，根系发达，4 ～ 5 片真叶，日历苗龄 40 ～ 45 天。

（2）整地定植　定植前整地，基肥以优质农家肥为主，2/3 撒施，1/3 沟施，一般每亩施优质腐熟有机肥 5 000kg 以上，配合生物菌肥 100kg 或加施磷酸二铵 40 ～ 50kg，硫酸钾 30 ～ 40kg。11 月上旬定植，大小行高垄定植，大行距 80cm，小行距 50cm，垄高 20cm 左右，株距 30cm，定植密度 3 000 ～ 3 500 株 / 亩，定植后立即浇透定植水。采用全地膜覆盖，降低温室内湿度。

（3）田间管理

①浇水　采用膜下滴灌或暗灌，定植后及时浇水，缓苗期一般不浇水追肥，中耕保墒，提高地温，促进缓苗。缓苗后，视土壤墒情和温度高低可浇 1 次缓苗水。然后控制浇水，一般到根瓜坐住，冬季温室栽培可延迟到根瓜采收前后开始浇水。温室和大棚浇水次数较少，冬季隔 15 ～ 20 天浇 1 次水，早春 10 天左右浇 1 次水，以后随温度升高，逐渐缩短浇水间隔天数。

②追肥　有机肥、缓释肥、速效化肥配合施用，控制氮肥施用总量，每亩不超过 40kg 纯氮。追肥结合浇水进行，浇催瓜水时重施 1 次追肥，可每亩追施腐熟后的粪肥 1 000 ～ 1 500kg，或冲施尿素 10 ～ 15kg，并适当配合磷钾肥；以后追肥次数，原则上掌握在每隔 1 水施 1 次肥。

③吊蔓或插架绑蔓　温室和大棚一般采用吊蔓栽培，中小拱棚采用支架栽培。定植缓苗后，当黄瓜蔓长至 5 ～ 6 片叶时应及时用尼龙绳吊蔓或用细竹竿插架绑蔓，以后适时绑蔓，并摘除卷须。

④摘心、打底叶　以主蔓结瓜为主的品种，及时摘除侧枝，对于主侧蔓都可结瓜的品种，侧枝留 1 瓜后，瓜前留 2 ～ 3 片叶打顶。在 20 ～ 25 片叶时摘心，及时打掉下部病叶、老叶、畸形瓜，并进行落蔓管理。

2. 夏秋苦瓜

根据当地市场需求选用适当品种；选用秀华、月华、汉中长白苦瓜等早熟品种。

（1）培育壮苗　播前温汤浸种，然后放在 28 ～ 30℃下催芽，苦瓜种子易霉烂，催芽过程中必须每隔 12h 洗种 1 次，3 ～ 4 天出芽。60% 出芽后可播于穴盘或营养钵内，1 穴 1 粒，上覆 1.5cm 基质，苗床温度控制在 25 ～ 28℃，出苗后，温度掌握在 25℃左右，温度过高时要及时放风，还可加盖遮阳网遮阴。

（2）整地定植　5 月下旬，及时拔除温室前茬黄瓜，结合整地施足基肥，一般每亩追施优质腐熟有机粪肥 3 000kg、氮磷钾复合肥 30kg 左右，深翻 30 ～ 40cm，使肥土充分混合。当苦瓜幼苗长到 3 片真叶时，按行距 80cm、株距 45cm 定植，每亩定植 1 800 株左右。

（3）田间管理　夏秋苦瓜全生育期正处在高温季节，定植时浇足定植水，

4 ~ 5 天后浇缓苗水，以后适当控水，主蔓长到 30cm 左右时，配合插架浇水，保持土壤见湿见干。植株出现雄花和开始坐瓜时各追 1 次肥，每次每亩追尿素 10 ~ 15kg。盛瓜期要增施磷钾肥，随水冲施高钾复合肥 10 ~ 15kg。7 月、8 月温室内白天气温高于 35℃，应加盖花帘或遮阳网，降低室内温度，促进苦瓜生长。夜间温度不高于 27℃，昼夜温差不小于 8℃。

四、大棚早春厚皮甜瓜—秋延番茄一年二茬生产模式

（一）茬口安排

厚皮甜瓜于 1 月上中旬播种育苗，2 月中下旬定植，4 月中下旬至 6 月底收获。秋延番茄于 6 月中下旬育苗，7 月中下定植，11 月底采收结束。

（二）产量指标

早春厚皮甜瓜每亩平均产量 4 000kg 左右，每千克甜瓜按 3.0 元计算，亩产值 1.2 万元以上。秋延番茄每亩平均产量 4 800kg，每千克番茄按 2.3 元计算，亩产值 1.1 万元。早春厚皮甜瓜—秋延番茄种植模式，亩产值可达到 2.3 万元以上。

（三）技术要点

1. 早春厚皮甜瓜

应选择耐低温、耐弱光、耐湿性强的早熟、高产、优质、抗病品种，如骄雪 8 号（骄子雪蜜、极品骄雪）、西蜜 3 号、超红 1 号、四季早红等。

（1）培育壮苗　温室内电加热穴盘育苗。1 月上中旬适时播种。播种前用温汤浸种或药剂浸种后催芽，种子露白即可播种；出苗前白天 30 ~ 35℃，夜间 20 ~ 28℃，不通风，以保温保湿为主，待 70%左右种子出苗后适当降温，白天保持在 28 ~ 30℃，夜间 15 ~ 18℃，注意晴天通风换气。定植前 7 天，进行幼苗锻炼，温度白天 20 ~ 25℃，夜间逐步降至 10 ~ 12℃。

（2）整地定植　每亩施有机肥 5 000kg，三元复合肥 40kg、硫酸钾 10kg，深翻 30 ~ 40cm，耙平起垄。起垄以南北向最好，吊蔓栽培按 80cm、50cm 的大小行起垄，垄上覆地膜。定植应选择晴天进行，每垄定植 2 行，单蔓整枝株距 25 ~ 30cm；双蔓整枝株距 50cm。定植后垄上搭建小拱棚，覆盖二膜或三膜保温。

（3）田间管理

①温度管理　定植至缓苗期间，白天保持 28 ~ 35℃，夜间 18 ~ 20℃；缓苗后至坐果前，白天保持 25 ~ 30℃，夜间 15 ~ 18℃；坐果期间白天保持 25℃左右，夜间 18℃以上；坐果后，白天保持 28 ~ 32℃，夜间 15 ~ 18℃；采收前 7 天，白天保持 30 ~ 35℃，夜间 15℃左右，昼夜温差保持在 13 ~ 15℃，同时要求光照充足。

②肥水管理　秧苗定植后，选晴好天气，在沟中浇定植水，随水每亩追施尿素 10kg；结果预备蔓上的雌花开放前 3 天，上午在沟中浇小水，保持土壤湿润；开花坐果期间不浇水，当幼瓜坐稳后，先在沟中浇 1 次小水，3 天后在大行间浇 1 次大水，随水每亩追尿素 10kg、硫酸钾 15kg。浇水要适量，防止大水漫灌。采收前 7 天，停止浇水。

③整枝授粉　采用单蔓整枝法，爬蔓栽培每个主蔓留 2 个果，在 7 ~ 8 节位坐第一个果，12 ~ 14 节位坐第二个果，最初主蔓不摘心，7 ~ 8 节位下部的子蔓及早摘除，14 节以上的子蔓也全部摘除；主蔓 17 ~ 18 节摘心。当幼果长到鸡蛋大小时，选留子房肥大、瓜柄粗壮、颜色较浅、呈椭圆形的果实，多余的果实全部疏掉。

2. 秋延番茄

应选择长势旺盛、耐热、抗裂果、产量高、耐贮运的中早熟优良品种。当地栽培较多的品种为世纪粉冠王、金棚 1 号、中研 988 等。

（1）培育壮苗　在 6 月中下旬适期播种，采用 50 孔或 72 孔穴盘育苗，播前温汤浸种，捞出后再用 10％磷酸三钠液浸泡 15 ~ 20min，用清水冲洗药液干净后沥干播种；播后苗床上搭拱棚遮阳、防雨、防虫害；幼苗具有 5 片真叶，株高 12cm 左右定植。

（2）整地定植　甜瓜收获后及时清洁田园，每亩施优质腐熟农家肥 4 000kg、三元复合肥 50kg、硼砂 2kg、硫酸锌 1kg、硫酸镁 0.5kg，深耕耙平土壤，并用辛硫磷和多菌灵粉剂各 2kg，3％米乐尔颗粒剂 3 ~ 5kg，均匀撒于地表并耙入土中进行土壤消毒。大小行定植，大行距为 70cm，小距为 50cm，株距为 35cm，选晴天傍晚或阴天定植，每亩定植 3 000 ~ 3 500 株。

（3）田间管理　定植后浇定植水，地皮发白时再浇 1 次缓苗水，适时中耕。进入开花坐果期应适当控制水分，当第一穗果膨大时，结合浇水每亩追施三元复合肥 25kg，第二、第三穗果膨大期分别追施三元复合肥 15kg，结果期结合喷药，可用 0.2％磷酸二氢钾或 1％过磷酸钙浸出液进行叶面追肥。秋延番茄采用单杆整枝，每株留 3 ~ 4 穗果打顶，每穗果留 2 ~ 3 个大小均匀的果实；及时去除下部

老叶、黄叶和病叶。8 月底以前，棚膜下部 1m 左右全部揭开以降低棚内温湿度；9 月份逐渐减少通风，以棚内温度不高于 30℃为宜；10 月注意保温，棚内温度白天 20 ~ 25℃，夜晚不低于 10℃。

五、大棚早春茬西瓜—秋延番茄一年二茬生产模式

（一）茬口安排

早春西瓜 12 月底至翌年 1 月初进行嫁接育苗，2 月下旬至 3 月上旬定植，4 月底至 5 月初开始上市，6 月底收获第二茬瓜。秋延番茄 6 月中下旬播种，7 月中下旬定植，9 月中下旬开始采收，11 月中下旬拉秧。

（二）产量指标

西瓜每亩平均产量 4 500kg 以上，产值约 1.1 万元。番茄每亩平均产量 4 800kg，产值约 1.1 万元。两茬合计产值 2.2 万元，纯收益 1.2 万 ~ 1.5 万元。

（三）技术要点

1. 早春茬西瓜

大棚早春茬西瓜多采用“三膜一帘”的覆盖保温方式，即大拱棚里套小拱棚，拱棚内覆地膜，小拱棚外面覆盖草苫，比露地西瓜提早上市 60 多天。选用抗病性强、耐低温、易坐瓜、优质高产的早中熟品种。目前关中地区主栽的早熟品种有京欣系列品种、天下一品、冠秦先锋、津美大果等。采用砧木为野生葫芦、南砧 2 号、南砧 F1 等。

（1）培育壮苗　日光温室内电热温床育苗，生产中常采用 32 孔或 50 孔穴盘育苗，播前温汤浸种，在 28 ~ 30℃下催芽，80％种子露白时即可播种。嫁接育苗西瓜种子应比砧木晚播 5 ~ 7 天，葫芦真叶长到 1 叶 1 心时，西瓜长到“Y”样发绿时，就是嫁接的最好时期，嫁接在 12 月下旬至翌年 1 月初进行。

（2）整地定植　结合整地，每亩施优质腐熟有机肥 5 000kg 或西瓜专用有机肥 300kg、腐熟饼肥 100kg、磷酸二铵 50kg、硫酸钾 20kg，深耕 30cm 左右。耕后精细整地、做畦。畦宽 2.8m 左右，12m 宽的大棚可做 4 畦。定植前 10 ~ 15 天覆盖棚膜，当棚内 10cm 地温稳定在 12℃以上时定植。每畦定植 1 行，株距

35 ～ 40cm，每亩定植 600 ～ 650 株，定植后及时浇水、铺设地膜，搭小拱棚，外盖塑料膜、草帘，昼揭夜盖，保温防寒。

（3）田间管理

①温度管理　定植后采用多层覆盖，必须加盖 2m 膜的小拱棚和 4m 膜的拱棚。定植后 3 天不通风，但要见光。3 天后大棚开始通风，风口由小变大，棚温保持在 25 ～ 30℃，早揭晚盖，遇到晴暖天气和寒冷天气，可适当延长或减少通风时间，随着气温的回升，逐渐加大通风口，调节棚内气温。放风换气时应注意先放顶风，后放侧风，以防闪苗。

②湿度管理　大棚内的空气相对湿度一般较高，降低棚内湿度是种好大棚西瓜的关键，定植缓苗后及时将棚内垄间用地膜覆盖，既能增加地温，又能保持土壤水分，明显降低棚内湿度。在不降低温度的情况下，晴暖的天气可适当加强通风，特别是浇水后或喷洒药后更应及时通风换气。

③光照管理　采用透光性好的薄膜，保持棚面清洁，每天按时揭帘见光。

④肥水管理　苗期一般不浇水，栽苗时定植穴内浇少量水，不降低地温，缓苗快；定植成活后，已经长新根新叶，并开始大量生长时，若水分不足，应浇 1 次缓苗水；瓜秧长到 30cm 左右时应浇抽蔓水，开花前视棚内土壤水分情况小浇坐瓜水，开花坐果期间控水。坐瓜后，西瓜长到鸡蛋大时，应浇膨大水。结合浇水追肥，每亩施三元复合肥 15 ～ 25kg 或随水施一定量的沼液。采收前 7 ～ 10 天应停止浇水，防止裂瓜。

⑤人工授粉　选择主蔓上第十二片叶以上的雌花，人工授粉于雌花开放的当天上午 7 时至 9 时进行，采摘当天开放的雄花花粉涂抹在雌花柱头上。

2. 秋延番茄

应选择长势旺盛、耐热、抗裂果、产量高、耐贮运的中早熟优良品种。当地栽培较多的品种为世纪粉冠王、金棚 1 号、中研 988 等。

（1）培育壮苗　6 月中下旬适期播种，采用 50 孔或 72 孔穴盘育苗。播前温汤浸种，再用 10% 磷酸三钠液浸泡 15 ～ 20min，用清水冲洗药剂干净后催芽播种。苗床上搭拱棚遮阳、防雨、防虫害，幼苗具有 5 片真叶，株高 12cm 左右定植。

（2）整地定植　西瓜收获后及时清洁田园，每亩施优质腐熟农家肥 4 000kg，三元复合肥 50kg、硼砂 2kg、硫酸锌 1kg、硫酸镁 0.5kg 深耕耙平土壤，并用辛硫磷和多菌灵粉剂各 2kg，3% 米乐尔颗粒剂 3 ～ 5kg，均匀撒于地表并耙入土中进行土壤消毒。大小行定植，大行距为 70cm，小行距为 50cm，株距为 35cm，选晴天傍晚或阴天定植，每亩定植 3 000 ～ 3 500 株。

（3）田间管理　定植后浇定植水，地皮发白时再浇1次缓苗水，适时中耕。进入开花坐果期应适当控制水分，当第一穗果膨大时，结合浇水每亩追施三元复合肥25kg，第二、第三穗果膨大期分别追施三元复合肥15kg，结果期结合喷药，可用0.2%磷酸二氢钾或1%过磷酸钙浸出液进行叶面追肥。秋延番茄采用单杆整枝，每株留3～4穗果打顶，每穗果留2～3个大小均匀的果实；及时去除下部老叶、黄叶和病叶。8月底以前，棚膜下部1m左右全部揭开降低棚内温度；9月逐渐减少通风，以棚内温度不高于30℃为宜，10月注意保温，棚内温度白天20～25℃，夜晚不低于10℃。

六、大棚早春黄瓜—夏秋莴笋—越冬芹菜一年三茬生产模式

（一）茬口安排

春茬大棚黄瓜于1月下旬至2月上旬播种，3月上中旬定植，4月上中旬开始采收，7月上旬拉秧。夏秋莴笋于7月中下旬播种，8月中下旬定植，9月下旬上市，10月中旬收获完毕。越冬芹菜于8月下旬播种育苗，10月中下旬定植，12月中旬至翌年2月中旬收获。

（二）产量指标

春茬大棚黄瓜亩产量约7 000kg，产值1万～1.5万元。夏秋莴笋亩产量约3 500kg，产值0.6万～0.7万元。越冬芹菜亩产量5 000kg以上，产值0.8万～1万元。三茬合计，亩产值为2.4万～3.2万元。

（三）技术要点

1. 早春黄瓜

选择商品性好、前期耐低温弱光、生长势强、早熟的品种，如津优2号等津优系列黄瓜品种。

（1）培育壮苗　1月下旬至2月上旬大棚内建苗床，采用50孔穴盘育苗。播前温汤或药剂浸种后催芽，在80%种子露白时播种。每穴1粒种子，上覆盖基质1～1.5cm。播后苗床上搭小拱棚覆盖薄膜和草帘保温，小拱棚上的草帘尽量早揭晚盖，温度保持在25～30℃。种子出土后白天温度控制在20～25℃，夜间温

度控制在 10 ~ 12℃；苗出齐子叶平展真叶出现时，白天温度 25 ~ 28℃，夜间 12 ~ 15℃；苗期水分管理要求见干见湿，浇水要选在晴天进行。定植前 1 周逐步降温，白天 20 ~ 22℃，夜间 8 ~ 10℃，加强通风炼苗。

（2）整地定植　3 月上中旬定植，定植前及时清理前茬作物翻垄整地。结合整地每亩施腐熟有机肥 3 000 ~ 5 000kg，二铵 30 ~ 40kg。大小行高垄栽培，垄宽 80cm，沟宽 50cm，垄高 10 ~ 15cm。垄上铺设两行滴管和黑色地膜，每垄定植 2 行，行距 60cm、株距 30 ~ 33cm，每亩定植 3 000 ~ 3 500 株。

（3）田间管理　定植后 3 ~ 5 天内一般不通风。温度白天 28 ~ 30℃，夜间不低于 18℃；缓苗后白天 25 ~ 28℃，夜间 13 ~ 15℃。视土壤墒情可浇 1 次缓苗水。当黄瓜 5 ~ 6 片叶时，用竹竿插架绑蔓或吊蔓。进入结瓜期，应加强肥水管理，结合浇水每亩追施复合肥 7 ~ 8kg；采瓜盛期，视土壤墒情每隔 3 ~ 5 天浇 1 次水，结合浇水，每隔 10 ~ 15 天追肥 1 次，每亩每次追施复合肥 10 ~ 15kg。4 月底逐渐揭掉棚膜，揭膜前可以进行 1 次熏烟杀菌。

2. 夏秋莴笋

选用耐高温、不易抽薹、圆叶、绿皮的早熟或中早熟品种，如科兴 2 号、吉兴 2 号、种都 40、四季青莴笋等。

（1）培育壮苗　7 月上中旬播种育苗，苗床上铺厚度为 8cm 过筛营养土，用板抹平浇足底水，待水渗下后将催好芽的种子拌少量沙均匀撒播于苗床，上覆盖 1 ~ 2mm 细土。苗床上搭小拱棚，覆盖薄膜和遮阳网，防雨、遮光、降温。2 天后即可出苗，1 周后间苗 1 次，每苗间隔不少于 2cm，苗子长出真叶时可喷洒 800 倍液的多菌灵 1 次。定植前 7 天揭掉遮阳网，进行炼苗。幼苗具有 4 ~ 5 片真叶，苗龄 25 ~ 30 天时即可定植。

（2）整地定植　黄瓜收获后及时清理田园，每亩撒施农家肥 5 000kg、二氨 50kg、钾肥 10kg 后翻耕土地，整平耙细做畦，畦宽 1.8m。定植时选择阴天或傍晚进行，带土移栽，行距 35cm，株距 30cm，每亩栽植 7 000 株左右，定植后浇足定植水。

（3）田间管理　定植 4 ~ 5 天后浇 1 次缓苗水，并适时中耕蹲苗，促进根系生长。莲座期每亩追施复合肥 20 ~ 25kg；当苗高 30cm 左右时，每亩追施尿素 10kg；当肉质茎开始膨大时，每亩再追尿素 15kg，并结合叶面喷施 0.2% 的磷酸二氢钾。

3. 越冬芹菜

宜选用耐寒、冬性强、抽薹迟、商品性好的芹菜品种。如大叶芹菜、天津实心芹菜。

（1）培育壮苗　8 月下旬育苗，选择地势平坦，土壤肥沃的沙壤地块，每栽 1 亩芹菜需苗床面积约 120m^2，苗床内每平方米施入充分腐熟的有机肥 25kg 和三元复合肥 100g，混匀后镇压，整平畦面，浇足底水，水下渗后即可播种。把催好芽的种子掺适量细沙土均匀撒播在苗床，上覆 0.5cm 厚拌有杀菌杀虫剂的细沙土。苗床上搭小拱棚覆盖薄膜、草帘或遮阳网，以保湿、降温、防雨冲刷。齐苗后，随着气温变化灵活掌握小拱棚及覆盖物，及时间苗 1 ～ 2 次，拔除弱苗、病苗、过密苗及杂草，苗距保持 2cm 为宜。当苗高达 10 ～ 15cm，5 ～ 6 片叶时定植。

（2）整地定植　莴笋收后及时整地。结合整地每亩施充分腐熟有机肥 5 000kg、磷酸二铵 50kg。施肥后深翻 25 ～ 30cm，整平做畦，畦宽 1.8 ～ 2m。在幼苗 5 ～ 6 片真叶、苗高 10 ～ 15cm 时定植。定植前 1 ～ 2 天苗床浇水，定植时连根起苗，按大小苗分批定植，行距 20cm，株距 13cm，每亩定植 2 万～ 2.5 万株，并及时浇足定植水。

（3）田间管理　定植 1 周后浇 1 次缓苗水，缓苗后应控制浇水，及时中耕，促进新根和新叶的生长。新根和新叶大量生长时，结合浇水每亩追施三元复合肥 10 ～ 15kg；以后每隔 15 天左右追肥 1 次，水分以保持土壤湿润为准；严冬尽量少浇水，原则上不追肥。11 月中下旬，外界气温下降及时覆盖棚膜，覆膜后要注意通风换气。棚内温度白天保持在 15 ～ 20℃，最高不超过 25℃，夜间保持在 6℃以上；随外界气温降低，逐渐增加保温措施，夜间加盖草帘。

七、大棚早春黄瓜—秋季菜豆—越冬芹菜一年三茬生产模式

（一）茬口安排

大棚早春黄瓜 2 月中下旬播种，3 月下旬至 4 月上旬定植，5 月上旬至 6 月下旬收获。秋季菜豆 7 月上旬点播，9 月上旬至 10 月下旬收获。越冬芹菜 8 月中下旬播种，11 月上中旬定植，12 月中下旬中棚覆盖，翌年 3 月中旬开始收获。

（二）产量指标

该模式种植，每亩年总产值 3.3 万元以上，其中早春黄瓜亩平均产量 6 500kg 左右，产值约 1.3 万元；秋季菜豆亩平均产量 3 500kg 左右，产值 1 万元左右；越

冬芹菜亩平均产量 7 500kg 左右，产值约 1.1 万元。

（三）技术要点

1. 早春黄瓜

应选择抗病、丰产，适宜当地消费习惯的早熟品种，如津春 4 号、博耐 13、津优系列黄瓜品种等。

（1）培育壮苗　2 月中下旬适期育苗。通常采用穴盘育苗，播前温汤或药剂浸种后催芽，在 80% 种子露白时播种，每穴 1 粒种子，上覆盖基质 1 ～ 1.5cm，苗床温度保持在 25 ～ 30℃。种子出土后，白天温度控制在 20 ～ 25℃，夜间温度控制在 10 ～ 12℃；苗出齐子叶平展真叶出现时，白天温度 25 ～ 28℃，夜间 12 ～ 15℃；定植前 1 周逐步降温，白天 20 ～ 22℃，夜间 8 ～ 10℃，加强通风炼苗。

（2）整地定植　前茬芹菜采收后，及时整地。每亩施腐熟有机肥 5 000 ～ 10 000kg，黄瓜专用肥 40 ～ 50kg，硫酸钾 30 ～ 40kg。大小行高垄栽培，垄宽 70 ～ 80cm，垄高 10 ～ 15cm，沟宽 50cm，每垄定植 2 行，行距 60cm，株距 30 ～ 33cm，每亩定植 3 000 ～ 3 500 株。

（3）田间管理　定植后 3 天内一般不通风，温度白天 28 ～ 30℃，夜间不低于 18℃；缓苗后白天 25 ～ 28℃，夜间 13 ～ 15℃；视土壤墒情可浇 1 次水。当黄瓜 5 ～ 6 片叶时，用竹竿插架绑蔓。进入结瓜期后，应加强肥水管理；采瓜盛期，视土壤墒情每隔 3 ～ 5 天浇 1 次水，结合浇水，每隔 10 ～ 15 天追肥 1 次，每亩每次追施尿素 7 ～ 8kg。

2. 秋季菜豆

应选用耐热抗病、丰产的品种，如双丰架豆、泰国架豆王、白玉豆、秋紫豆等。

（1）培育壮苗　适时播种，适当密植。黄瓜拔蔓后于 7 月上中旬硬茬直播，播前将种子用清水浸泡 4 ～ 6h 后点播于前茬黄瓜架下，每穴 2 ～ 3 粒，每亩用种量 4 ～ 6kg，每亩播 3 000 ～ 3 500 穴。

（2）田间管理　菜豆苗出齐后浇 1 次齐苗水，并及时定苗，每穴留苗 2 株。第一真叶开展后加强肥水管理，增加浇水次数及时追肥，每亩开沟穴施腐熟鸡粪 200kg，或蔬菜专用复合肥 20 ～ 25kg，促进茎蔓生长。苗期中耕 1 ～ 2 次；抽蔓后及时引蔓。花期适当控水，做到“干花湿荚”。当第一花序嫩荚坐住时，结合浇水追肥 1 次，以后视生长情况追肥 1 ～ 2 次，每亩每次追施氮磷钾复合肥

10 ~ 12kg。后期摘除下部老叶、黄叶，遇大雨时应及时排出积水。

3. 越冬芹菜

宜选用耐寒、冬性强、抽薹迟、商品性好的芹菜品种，如文图拉、加州王。

（1）培育壮苗　8 月中下旬适期育苗。苗床内每平方米施入充分腐熟的有机肥 25kg 和三元复合肥 100g。混匀后镇压，整平畦面，浇足底水，水下渗后即可播种。将经过浸种催芽的种子和细沙混匀后撒播，播种后上覆用 50% 多菌灵可湿性粉剂配制的药土 0.5cm。苗床上覆盖薄膜、草帘或遮阳网，以保湿、降温、防急雨冲刷。幼苗出齐后，去掉覆盖物，以后小水勤浇，保持苗床表土湿润。苗期间苗 2 次，并结合间苗拔除杂草。幼苗 3 ~ 5 片真叶时，随水冲施速效氮肥 1 ~ 2 次，每次每亩冲施尿素 7 ~ 8kg。苗龄 50 ~ 70 天。

（2）整地定植　菜豆采收后及时拔秆、整地。结合整地亩施充分腐熟有机肥 5 000kg、磷酸二铵 50kg。施肥后深翻 25 ~ 30cm，整平做畦，畦宽 1.8 ~ 2m。在幼苗 5 ~ 6 片真叶、苗高 10 ~ 15cm 时定植。定植前 1 ~ 2 天苗床浇水，定植时连根起苗，按大小苗分批定植，株行距以 20cm × 20cm 为宜，并及时浇足定植水。

（3）田间管理　缓苗期小水勤浇，保持土壤湿润。缓苗后应控制浇水，及时进行中耕，促进新根和新叶的生长。11 月中下旬扣棚，扣棚初期，外界温度较高，加强通风、降温，棚内温度白天保持在 15 ~ 20℃，最高不超过 25℃，夜间保持在 6℃以上；随外界气温降低，逐渐增加保温措施，夜间加盖草帘。严寒季节保温覆盖物晚揭早盖，减少通风，白天温度保持 15℃以上，夜间 0℃以上。越冬前浇足越冬水，严冬尽量少浇水，原则上不追肥；2 月份天气转暖后，逐渐增加浇水量，10 ~ 15 天可追肥 1 次，每次每亩追施尿素或复合肥 10 ~ 15kg。采收前 20 天停止追肥，采收前 10 天停止浇水。

八、大棚早春西瓜—秋芹菜—越冬莴笋一年三茬生产模式

（一）茬口安排

12 月中上旬播种，12 月底至翌年 1 月初嫁接，2 月中下旬定植，4 月底 5 月初上市，6 月中旬采收结束。芹菜 6 月上旬育苗，8 月上旬定植，10 月中下旬采收。莴笋一般 9 月底至 10 月初育苗，11 月中旬定植，翌年 3 月上中旬上市。

（二）产量指标

春西瓜平均亩产量 4 500kg 以上，产值在 1 万～ 1.2 万元；秋芹菜平均亩产量 5 000kg 以上，产值在 0.5 万～ 0.8 万元；冬莴苣平均亩产量 3 000 ～ 3 500kg，产值可达 0.5 万～ 0.6 万元；三茬总产值可达 2 万～ 2.5 万元。

（三）技术要点

1. 早春西瓜

应选择早熟、优质，再生能力强、易生果、抗病、高产的品种，如极品京欣、红双喜、秦冠先锋、河北双星、丽都等。砧木品种选择适合大棚西瓜嫁接的砧木品种，以葫芦南砧 2 号、南瓜长白大板为宜。

（1）培育壮苗　采用穴盘育苗，苗床采用电热加温。提前 1 个月播种葫芦砧木，待葫芦苗出齐后再播种接穗。播前温汤浸种催芽，待种芽长 0.5cm 左右时播于育苗盘内，种子应平放，上盖 1.5cm 厚营养土。出苗前苗床温度保持 25 ～ 30℃，出苗到心叶长出要求低温管理，床内气温白天为 22 ～ 25℃，夜间为 14 ～ 15℃；心叶长出到定植前 7 ～ 10 天，苗床白天气温为 25 ～ 28℃，夜间为 15 ～ 18℃。

（2）整地定植　每亩施腐熟堆肥 3 000kg 以上、复合肥 50kg，条施或撒施；2 月底按株距 60 ～ 80cm、行距 180 ～ 200cm 定植，每亩栽 530 ～ 730 株。

（3）田间管理　定植 1 周后施伸蔓肥，以氮肥为主，随水追施复合肥 15kg；坐果 1 周后施膨瓜肥，以磷、钾肥为主，随水追施二铵 15kg、硫酸钾 5kg、尿素 10kg。3 蔓整枝，优先选留主蔓上第二、第三雌花结的瓜，同时在侧蔓上再选花期相近的雌花留预备瓜，待幼瓜鸡蛋大时可定瓜，二茬瓜在头茬瓜接近成熟时选留。

2. 秋芹菜

用高产、优质、耐贮运的抗病品种，如美国文图拉、加洲王等。

（1）培育壮苗　播前苗床浇足底水，水渗下后用营养土填平床面后播种。将经过浸种催芽的种子和细沙混匀后撒播，播种后上覆用 50％多菌灵可湿性粉剂配制的药土 0.5cm。苗床上覆盖薄膜、草帘或遮阳网，以保湿、降温、防急雨冲刷。待 70％幼苗顶土时撤除床面覆盖物，以后小水勤浇，保持苗床表土湿润。1 ～ 2 叶期间苗，苗距 1 ～ 1.5cm；3 ～ 4 叶期分苗，苗距 6 ～ 8cm。分苗后幼苗 4 ～ 5 片真叶时，随水冲施速效氮肥 1 ～ 2 次，每次亩冲施尿素 7 ～ 8kg。当幼苗 5 ～ 6 片真叶、高 15 ～ 20cm 时及时定植。

（2）整地定植　结合整地每亩施腐熟有机肥 5 000kg 或干鸡粪 1 000kg、三元

复合肥 50kg、硼肥 0.5kg。8 月上旬按株行距 10cm×10cm 单株栽植。

（3）田间管理　定植后立即浇水，2 ~ 3 天后再浇 1 次，促进缓苗。幼苗缓活后适当控水，蹲苗 7 ~ 10 天，然后每亩随水追施碳铵 20kg。定植 1 个月后肥水齐攻，每亩施碳铵 20kg、硫酸钾 10kg，10 ~ 15 天后再追肥 1 次。芹菜追肥忌用尿素，以免影响品质和产量。

3. 越冬莴笋

选择品质好、耐寒力强、低温下肉质茎膨大快的莴笋品种，如寒冬 2 号、寒冬红、红梅 1 号等。

（1）培育壮苗　苗床建在排灌方便、富含有机质、保肥保水性良好的地块。床内施充分腐熟过筛的有机肥，与畦土掺匀整细，浇足底水。待水渗下后将催好芽的种子拌少量沙均匀撒播于苗床，上覆盖 1 ~ 2mm 细土。每亩用种 50g 左右，约需苗床 66.7m^2。播后到出苗前保持土壤湿润，齐苗后控水。幼苗长到 2 片真叶时按 4 ~ 5cm 苗距间苗，使幼苗生长健壮。幼苗长到 4 ~ 6 片真叶、苗龄 45 天左右即可定植。

（2）整地定植　定植前结合整地每亩施腐熟有机肥 3 000kg、磷肥 50kg、钾肥 20kg、尿素 20kg，东西向整高垄。选择叶片肥厚、平展的壮苗定植。株行距 30cm×40cm，每亩栽 6 500 株，栽时将幼苗叶片撮合在一起以保护生长点，栽植要稍深，栽后将土压紧压实，使根部与土密接。

（3）田间管理　浇足定植水，1 周后再浇 1 次缓苗水，以促缓苗，以后加强中耕蹲苗，控制土壤湿度，保证安全越冬。开始返青时以控为主，少浇水，多中耕，随水每亩冲施复合肥 20kg；“团棵”时施 1 次速效氮肥。当第二叶环形成，心叶与莲座叶平头时茎部开始肥大，应浇水并施速效氮、钾肥，由“控”转“促”。茎部肥大期地面保持见干见湿，均匀供水，追肥少量多次，以免茎部裂口，影响产量和品质。

九、早春西葫芦—越夏白菜—秋延番茄一年三茬生产模式

（一）茬口安排

早春西葫芦 1 月下旬至 2 月上旬育苗，3 月上旬定植，4 月上旬开始采收。夏白菜 5 月上旬育苗，5 月下旬定植，7 月下旬采收。番茄 6 月中下旬育苗，7 月下旬定植，9 月下旬开始采收，11 月下旬拉秧。

（二）产量指标

西葫芦平均亩产量 4 500kg 左右，产值 0.7 万～ 0.8 万元；夏白菜平均亩产量 2 000kg左右，产值0.5万～0.6万元；番茄平均亩产量4 500kg左右，产值0.8～0.9元；亩平均总产值 2 万～ 2.3 万元。

（三）技术要点

1. 早春西葫芦

选用熟性早、耐寒力强、蔓短、植株比较紧凑的矮生品种，如法国冬玉、超级早青、京葫 1 号。

（1）培育壮苗　1 月上旬在日光温室采用营养钵或穴盘育苗，苗龄 30 ～ 40 天。播前温汤浸种催芽，待芽长至 0.2cm 时即可播种，将种子平放于穴中小坑，不要插播种子，以避免造成种子缺氧而导致烂种，上覆约 1.5cm 的基质。播后苗床上搭小拱棚覆膜，白天温度保持在 25 ～ 28℃，夜间 14℃左右，地温不低于 16℃。幼苗出土后适当降低苗床内温度，防止幼苗徒长，白天控制在 20 ～ 25℃，夜间控制在 10 ～ 12℃。定植前 7 ～ 10 天，加强通风，对幼苗进行低温锻炼。

（2）整地定植　定植前施足基肥，每亩施优质有机肥 7 500 ～ 10 000kg，磷酸二铵30 ～ 50kg，硫酸钾40 ～ 50kg，深翻30cm，耙平耧细。2 月底至3 月初定植，定植前 10 天密闭闷棚，每亩用 45％百菌清烟剂 1kg 熏烟；大小行定植，大行距 80 ～ 90cm，小行距 50 ～ 60cm，株距 50 ～ 60cm，每亩栽植 1 600 株左右。定植后按小行距起垄，垄高 10 ～ 15cm，垄上覆 1.0 ～ 1.3m 宽的地膜，膜下灌溉；垄上搭小拱棚覆薄膜。

（3）田间管理　定植后缓苗期，不进行通风，棚内气温白天保持 25 ～ 30℃，夜间 15 ～ 18℃，促进幼苗发新根。缓苗后轻浇 1 次缓苗水，适当降低棚温，白天温度控制在 20 ～ 25℃，夜间 12 ～ 15℃。根瓜坐住之后，棚内气温白天控制在 25 ～ 28℃，夜间 15 ～ 18℃，白天温度超过 30℃时要进行通风；结合灌水每亩追施磷酸二铵 10 ～ 15kg。雌花开放时进行人工授粉。进入结瓜盛期后，当外界最低气温稳定在 10℃以上时，白天加大放风量，以降低棚内湿度；双膜覆盖栽培的炼苗 5 ～ 7 天后，可撤掉小拱棚。盛瓜期每隔 5 ～ 6 天浇 1 次水，10 ～ 15 天追 1 次肥，每次每亩追施磷酸二铵 10 ～ 15kg、硫酸钾 20kg，外界夜间最低气温达到 15℃时，要昼夜通风。

2. 越夏大白菜

择耐热、抗病、生育期短、结球紧实的白菜品种，如日本夏阳、夏抗 50 等。

（1）培育壮苗　5 月上旬用营养钵或穴盘育苗。播后覆盖遮阳网，勤洒水，及时防治蚜虫。经 20 天左右，幼苗 5 ～ 6 片真叶时即可移栽。

（2）整地定植　5 月下旬西葫芦拔秧清园后及时整地，越夏大白菜生长期短，结合整地，每亩施腐熟有机肥 5 000kg，磷酸二铵和硫酸钾各 20 ～ 25kg。施肥后深耕耙平、起垄，垄距 55 ～ 60cm，垄高 15cm。选阴天或晴天傍晚带土移栽，在垄上按 30cm 株距定植，每亩定植 3 300 ～ 3 500 株为宜。定植后覆盖遮阳网，昼夜通风，降低棚内温度。

（3）田间管理　越夏白菜全生育期约 70 天，水肥管理应一促到底。定植后浇水 1 ～ 2 次，以利缓苗。生长期间要小水勤浇，降低地温，保持土壤潮湿。缓苗后每亩穴施尿素 15kg，莲座期、结球初期，随水追施尿素 20 ～ 25kg。

3. 秋延番茄

应选择长势旺盛、耐热、抗裂果、产量高、耐贮运的中早熟优良品种。关中地区栽培较多的品种为世纪粉冠王、金棚 1 号、中研 988 等。

（1）培育壮苗　6 月中下旬遮阳网覆盖，采用 72 孔穴盘育苗。出苗后，小水勤浇，保持苗床湿润，以利降温。苗龄 25 ～ 30 天，5 片真叶时选健壮苗定植。

（2）整地定植　夏白菜收获后及时整地做畦，结合整地每亩施腐熟有机肥 3 000 ～ 4 000kg、磷酸二铵 20 ～ 25kg、硫酸钾 15 ～ 20kg。高垄定植，垄宽 70cm，垄沟 50cm，垄高 15cm。7 月下旬每垄定植 2 行，行距 60cm，株距 30 ～ 35cm，每亩种植 3 500 株左右。

（3）田间管理　定植后浇水稳苗，及时中耕、除草、浅培土。秧苗长至 70cm 时，采用单干整枝，抹去侧枝，留 4 穗果摘心。结果期 7 ～ 10 天浇 1 次水，保持土壤见干见湿。第一穗果坐果后，每亩随水冲施尿素 10kg、硫酸钾 10 ～ 15kg，盛果期追施尿素 15kg。注意防治病毒病、灰霉病、蚜虫、白粉虱等病虫害。10 月初扣棚，控制水肥，随着气温下降，逐渐减小通风量，当气温降至 15℃时，夜间不再通风，霜降后少通风或不通风，以促进果实成熟。

十、春大棚莴笋—夏甘蓝—秋延辣椒一年三茬生产模式

（一）茬口安排

早春莴笋 12 月中下旬至翌年 1 月下旬育苗，1 月中上旬至 2 月中上旬定植，

3 月下旬至 4 月上中旬收获。夏甘蓝 3 月下旬至 4 月上旬育苗，4 月中下旬定植，6 月下旬至 7 月上中旬收获。秋延辣椒 6 月中下旬育苗，8 月上中旬定植，11 月底采收结束。

（二）产量指标

莴笋亩产量 5 000kg 左右，甘蓝亩产量 6 000kg 左右，辣椒亩产量 4 000kg 左右，每亩总产值达 2 万元以上。

（三）技术要点

1. 早春莴笋

选用耐寒性强、较早熟、高产、优质、抗病的品种，如圆叶白笋、寿光粗杆白皮笋、棒槌等。

（1）培育壮苗　温汤浸种催芽，穴盘育苗。播种至出苗前每天上午洒 1 次水；幼苗出土后，适当通风，白天保持床温 12 ~ 20℃，夜间 5 ~ 8℃。移栽前 5 ~ 6 天，加大通风炼苗。

（2）整地定植　春莴笋苗龄 25 ~ 30 天，5 ~ 6 片叶时定植。结合整地每亩施腐熟有机肥 8 000kg 以上，做 160cm 宽的高畦，畦上覆膜。选晴天定植，行距 35cm，株距 25cm，每亩定植 8 000 株左右。

（3）田间管理　缓苗 5 ~ 7 天，缓苗后 30 天，棚内温度白天控制在 18 ~ 24℃，夜间 12 ~ 19℃，适当控制肥水，防止徒长。植株长出 1 个叶环时追肥，结合浇水每亩施磷酸二铵 12kg；当长出 2 个叶环时结合浇水进行第二次追肥，每亩施尿素和磷酸钾各 10kg。莴笋茎部肥大期，棚内温度白天控制在 15 ~ 20℃，夜间 9 ~ 14℃；一般 6 ~ 7 天浇 1 次水，结合浇水冲施硫酸钾和尿素各 6 ~ 7kg。

2. 夏甘蓝

选择耐热、耐湿、抗病高产的优良品种，如中甘 12、夏光、绿宝等。

（1）培育壮苗　3 月下旬至 4 月上旬采用 128 孔穴盘育苗。温汤浸种，播种后苗床温度保持 20 ~ 25℃，出苗后控制在 15 ~ 20℃为宜。株高 12cm，茎粗 0.5cm，下胚轴和节间短、具有 6 ~ 8 片叶、叶片肥厚蜡粉多、根系发达、无病害，即可定植。

（2）整地定植　定植前每亩施入腐熟的有机肥 3 000kg，氮磷钾三元复合肥 30 ~ 40kg，深翻 20cm 左右，平整地面，做成 1 ~ 1.2m 的平畦或高畦。当苗龄达到 25 ~ 30 天，幼苗长到 5 叶时定植。定植时大小苗分级，株行距均为 35 ~ 40cm，每亩定植 4 000 ~ 5 000 株，定植时浇定植水，第二天上午再浇 1 次活棵水。

（3）田间管理　缓苗期4～5天浇1次水，莲座期通过控制浇水适度蹲苗。结合浇水进行追肥，每亩追施尿素20kg。结球期加大肥水供应，每亩追施硫酸铵20kg，保持土壤见干见湿，控制叶片长势，促进叶片干物质积累。

3. 秋延辣椒

选择抗病、生长势强、前期耐高温、后期耐低温的品种，如满丰2号、二炮辣椒等。

（1）培育壮苗　6月中下旬育苗。采用72孔穴盘育苗，苗床上搭拱棚覆盖遮阳网和防虫网。苗龄40天左右，以幼苗具有5～6片真叶、茎粗约0.3cm、株高10～15cm，叶片大而肥厚、叶色浓绿，根系发达而洁白为佳。

（2）整地定植　甘蓝采收后，翻地30cm深，结合整地每亩施优质鸡粪肥3 000kg、磷酸二铵50kg、硫酸钾30kg。做高垄，垄宽80cm、沟宽50cm、垄高15～20cm。8月上中旬每垄定植2行，行距50～60cm，株距30～35cm，每亩栽4 000株左右。定植后立即浇水，以垄湿透即可，不可大水漫灌。

（3）田间管理　定植4～5后天浇1次缓苗水，及时中耕、培土，适当蹲苗，促使根系生长。生长前期气温较高，水分蒸发量大，要小水勤浇，保持土壤湿润。门椒长到2～3cm时，结合浇水及时追肥，每亩施尿素5kg、三元复合肥10kg。以后四门斗、八面风、满天星，坐果时结合浇水各追肥1次。整个生育期保持土壤见干见湿，避免大水漫灌，防止积水。定植初期气温较高，大棚两侧不需要盖膜，利于通风降温。9月下旬以后气温逐渐降低，夜间气温低于15℃时，要及时盖好两侧棚膜，晴天棚内温度高于30℃时，应及时放风，把棚内温度控制在25～28℃，相对湿度在85%以下。

第五节　陕南设施蔬菜栽培主要模式与技术

一、陕南蔬菜生产概况

陕南是指陕西南部地区，从西往东依次是汉中、安康、商洛3个地市。汉中市位于汉江上游，地势南北高，中间低，汉水横贯全境，形成汉中盆地，属于北暖温带和亚热带气候的过渡带。安康位于陕西最南部，是陕西乃至整个西北的最南端，属亚热带大陆性季风气候，具有典型的南方气候特征。商洛市位于陕西省东南部，主要河流丹江是汉江最长的支流，是汉江流域的一部分，商洛市受到冬夏季风和青藏高原环流的影响，加上秦岭整个山脉对南方暖湿气流的阻挡作用，所以商洛的气候属于暖温带半湿润季风气候。陕南三市均位于我国南北气候过渡带，其气候特点为气候湿润温和，四季分明，夏无酷暑，冬无严寒，降水量充沛，雨热同季，冬季寒冷少雨，夏季多雨，春暖干燥，秋凉湿润并多连阴雨；年降水量 700 ~ 1 000mm，年均气温 7.8 ~ 17℃，无霜期长 210 ~ 240 天。陕南适宜多种蔬菜生长，仅汉中市栽培的主要蔬菜种类就有 21 个科 72 个种，陕南地区是陕西省乃至我国西北地区蔬菜供应的重要基地。

汉中市常年蔬菜复种面积 97.5 万亩左右，产量约 250 万吨，全市设施面积 11.73 万亩，大型联栋温室 47 万 m^2，已建成百亩以上集中连片设施蔬菜基地 85 个，其中千亩以上集中片 8 个、200 亩以上 25 个、500 亩以上 24 个，有国家级蔬菜大县 2 个（城固县、洋县），省级蔬菜大县 3 个（城固县、洋县、汉台区）。汉中市蔬菜主要分布在汉台区、南郑区、城固县、洋县、勉县、西乡县平川 6 县，播种面积占汉中市总面积的 76.5%，产量占全市 92.6%；平川 6 县也是主要的设施蔬菜生产基地，产量占到设施蔬菜产量 93.4%。其中汉台、城固、洋县、勉县、南郑等汉江沿岸平川段，建设有设施蔬菜产业带，主要以塑料大棚春提早、秋延后蔬菜生产为主；南郑、汉台、城固、洋县等沿汉江沿岸平川适宜区及浅山丘陵地区主要以山药、莲藕、花椰菜、萝卜、生姜、西芹、青笋、青菜、蒜薹等地方名特菜和大宗露地菜生产为主；在留坝、宁强、镇巴等秦巴山区海拔 800 ~ 1 000m 的地区，主要发展甘蓝、白菜、萝卜、南瓜等高山蔬菜，同时还进行蕨菜、香椿芽、竹笋等山野菜的开发利用。

安康市全市常年蔬菜种植面积 112.5 万亩左右，总产量约 150 万吨，其中设施蔬菜栽培约 10 万亩，主要分布在月河川道，安康市汉阴、石泉、汉滨三县（区）。在宁陕、旬阳、白河等县区海拔高度 600m 以上区域高山蔬菜近年发展迅速，2016 年，种植面积 37.65 万亩，产量 44.91 万吨左右，产值约 7.31 亿元，种植品种主要有四季豆、番茄、辣椒、甘蓝、莴笋、芹菜、娃娃菜、四月慢、白菜等。商洛市常年蔬菜种植面积 60 万亩左右，总产量约 55 万吨。全市设施蔬菜面积约 4.5 万亩，年产量约 15 万吨，主要以大中棚为主，其余设施为配套育苗日光温室或连栋温室。

二、陕南设施蔬菜主要设施类型

陕南设施蔬菜生产始于 20 世纪 80 年代，经历了从小拱棚经验化种植到竹木结构塑料大棚、镀锌钢管装配式大棚规范化栽培的发展历程，陕西省实施“百万亩设施蔬菜工程”加快了陕南设施蔬菜发展进程，建成了一批规模、标准化蔬菜大棚，同时还配套了日光温室、连栋温室等育苗设施，设施蔬菜面积迅速扩大。

（一）大棚

陕南蔬菜大棚主要以镀锌管装配式大棚为主（图4–4），一般单拱由2根长6m的热镀锌钢管接合而成，跨度6.5 ~ 7.2m，拱顶高2.5 ~ 3.1m，拱间距0.8 ~ 1.2m，棚体长30 ~ 50m。

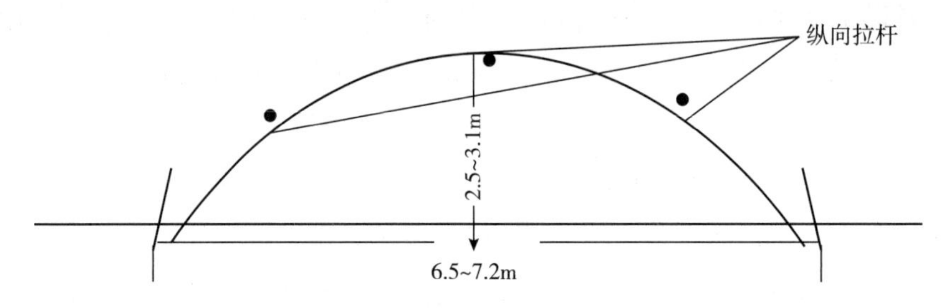

图4–4　装配式大棚正面示意

陕南早春大棚蔬菜栽培黄瓜、番茄等蔬菜，前期气温较低时还需在大棚内搭建小拱棚保温防寒，小拱棚一般用竹片搭建，每棚覆盖1 ~ 2个畦面。大棚、小拱棚和覆盖于畦面的地膜形成3膜覆盖是陕南设施大棚蔬菜栽培的主要特点。

（二）日光温室和连栋温室

20世纪90年代，陕南部分县区尝试从我省关中及山东等地引进日光温室蔬菜栽培技术，如汉中市洋县就曾较大规模的建设冬暖式日光温室。但由于陕南冬季日照不足，如位于汉中盆地中部的城固县，冬三月月平均日照时数仅110h，日照百分率不到40%，因此，日光温室在陕南地区无法进行冬季栽培。而其用于春提早栽培和秋延后栽培，通风透光和操作便利性又不及塑料大棚，且建造成本高，因此日光温室蔬菜栽培经过几年试验后证明不适合在陕南地区发展。2000年以后陕南地区建设的日光温室主要作为规模化蔬菜基地的配套育苗设施。陕南日光温室一般墙体采用砖墙内添加保温隔热材料，也有以钢构件和聚氨酯材料组合建造的装配式日光温室。陕南日光温室除少数配有保温被或草帘等保温覆盖设施外，大多数采用在内的苗床上搭建拱棚，在拱棚上覆盖草帘等保温材料的方式保温。

陕南连栋温室和连栋大棚主要建设在一些现代农业园区，一般单栋跨度6 ~ 8.2m，2 ~ 4个拱体相连，以阳光板或塑料薄膜为覆盖材料，多数连栋温室配有遮阳网、湿帘、排风扇等通风降温设施，少数配有供热管道。陕南连栋温室和连栋大棚主要用于蔬菜工厂化育苗和瓜果类蔬菜栽培。

三、陕南设施蔬菜主要栽培模式

陕南设施蔬菜栽培主要以大棚春提早和秋延后栽培为主。陕南气候温和，夏无酷暑，冬无严寒，适宜多种蔬菜生长，因此设施蔬菜茬口丰富多样，但早春和秋延后大棚蔬菜栽培主要以瓜类和茄果类为主，冬季以根茎类和叶菜类为主。陕南设施蔬菜主要栽培模式有以下几种。

（一）春提早马铃薯—夏西瓜—秋延番茄（或辣椒）栽培模式

1. 茬口安排

11 月中下旬播种马铃薯，播前 1 周扣棚升温，随播随盖地膜。在翌年 4 月中旬及时采收马铃薯，抢抓市场后及时整地施肥、蓄水保墒、覆盖地膜。于 4 月中下旬抢晴天定植西瓜，夏西瓜 7 月 10 日至 25 日采收上市。西瓜收获后对大棚内进行喷洒消毒，然后严格封闭棚膜，高温闷棚 3 ～ 5 天。8 月上旬开始定植秋延后番茄或辣椒，9 月中旬至 10 月下旬陆续采收番茄和辣椒上市。

2. 品种选择

马铃薯选择薯块大、商品率高的早熟品种，如“早大白”“费乌瑞他”。西瓜选用丰抗 8 号、郑抗 6 号等早、中熟品种。番茄选择耐热抗病毒品种，如美国高佳、西粉 1 号、合作 908 等。辣椒主要应用抗淋耐热高产的专供品种，如湘研 9 号、卞椒 1 号、新丰 8 号、海椒 4 号等。

3. 栽培管理要点

马铃薯选用优质脱毒种薯，种薯切块时先把薯块纵切，平分顶芽，每块种薯要保证 1 ～ 2 个健壮的芽眼，随切随拌草木灰。切块过程中做好切刀消毒，防止交叉感染。为促进苗齐苗壮，大棚马铃薯需在室内 15 ～ 18℃下进行催芽，待芽长 2 ～ 3cm 时取出播种。采用高垄双行定植，株距 25cm，大行距 55 ～ 60cm，小行距 20 ～ 25，每亩播 6 000 ～ 7 000 穴。前期大棚管理以保温为主，1 月下旬至 2 月初开始出苗后及时放苗和封膜，防止烧苗。进入 3 月中旬后，要及时通风降温，加大昼夜温差，促进养分积累和薯块快速膨大。结薯期保持田间土壤湿润，可随水浇肥，并做好通风排湿和晚疫病防治，4 月中下旬根据市场价格情况及时采收。

西瓜定植后加强管理，在伸蔓期，每亩随水冲施碳铵20kg、硫酸钾10kg，适时进行双蔓整枝，5月中旬进入坐瓜期，如遇阴雨天要进行人工授粉，坐瓜后每亩施专用肥10kg，并浇膨瓜水1～2次。西瓜主要防治炭疽病和枯萎病，对炭疽病采用力贝佳、瑞毒霉防治，枯萎病用敌克松灌根治疗。

秋延后番茄、辣椒一般采用大、小行定植，小行距50～55cm，大行距65～70cm，株距32～37cm，亩定植3 000～3 500株。管理上前期要遮阳防高温，9月进入雨季月后，要及时扣棚避雨，后期注意防低温冻害。

（二）早春瓜类、茄果类蔬菜—鲜食玉米（叶菜）—秋延后瓜类、茄果类蔬菜栽培模式

1. 茬口安排

早春和秋延后茄果类蔬菜以黄瓜、番茄、辣椒、茄子和西葫芦为主，但在同一年度春秋两季茄果类和瓜类应错茬安排，不可同茬，不同年份鲜食玉米也可以绿叶菜类替代。早春蔬菜1月下旬至2月上旬播种育苗，3月上中旬定植，4月上中旬始收，6月上旬采收完毕；鲜食玉米于5月中旬育苗，6月上中旬移栽，7月中下旬收获；晚秋蔬菜6月下旬至7月上旬育苗，7月下旬至8月上旬定植，9月中旬始收，11月下旬至12月上旬采收完毕。

2. 品种选择

早春黄瓜选用津优、津春系列、宝秀亮丰、新超越等品种；番茄选用耐贮运、果型果色好、抗病、市场前景看好的合作908、粉安娜等品种；辣椒选用湘辣、湘研、洛椒、汴椒系列品种；茄子选用湘早茄、汉中紫茄、墨茄等品种；西葫芦选用早生1代、京葫1号、京葫3号等品种；玉米选用生育期80天左右、价值高的鲜食甜玉米品种甜单21和糯性良好的糯玉米品种中糯301等；绿叶菜类选用小青菜、耐热早熟结球白菜等。秋延后黄瓜选用春夏秋丰、津联露友等耐热品种；番茄选用金棚6号、西粉1号、美国高佳等品种；辣椒选用湘研9号、洛椒4号、洛椒2号等品种；茄子选用长茄1号等品种；西葫芦选用小青等品种。

3. 栽培管理要点

蔬菜和鲜食玉米均用营养钵育苗。早春茬育苗时，采用电加热线增温，阴冷天气加盖草帘保温。晚秋茬育苗期和定植初期，采用遮阳网遮蔽阳光，兼顾降温。早春茬和晚秋茬蔬菜定植后生长发育期间，如遇寒潮或降温幅度较大的天气时，加盖草帘或在大棚内加盖2层膜保温。

（三）黄瓜（苦瓜）—大蒜栽培模式

1. 茬口安排

黄瓜于 1 月上旬育苗，3 月上旬移栽，4 月上旬开始收获，6 月采收结束。苦瓜一般在 2 月中下旬育苗，4 月上旬定植，大棚苦瓜一般在 5 月中旬便可陆续上市，较露地提前 20 天左右，7 月中旬采收结束。大蒜在 7 月下旬至 8 月上旬播种，12 月中旬至元月上旬集中采收蒜苗上市。

2. 品种选择

黄瓜选用博耐 13、津优 33、博奈 11 号、津春 2 号等早熟、高产、耐低温品种。苦瓜选用华绿 1 号、夏丰、长丰等品种。蒜苗选择出苗快、苗期生长发育进程快，组织鲜嫩、叶色翠绿、外观商品性好的大蒜品种，如四川的软叶蒜等。

3. 栽培管理要点

黄瓜、苦瓜采用营养钵育苗，用塑料大棚、电热温床、加拱小拱棚的方法加温育苗，播后加强温度管理，注意防治猝倒病、枯萎病。定植前 7 ~ 10 天低温蹲苗，增强抗性，以利壮苗。黄瓜在 4 叶 1 心期定植，定植前 10 ~ 15 天扣棚，提高地温，促进缓苗和根系的发育。一般每亩定植 3 500 ~ 4 000 株，及时整枝绑蔓，同时加强对黄瓜霜霉病、白粉病、根腐病防治。大棚黄瓜 4 月上中旬初次采收，5 月上旬撤去大棚，转为露地管理。苦瓜苗龄应保证在 45 天以上，壮苗移栽，及时搭架。定植 1 个月后对 1m 以下的苦瓜蔓打杈去侧枝，只保留主枝，1m 以上保留所有侧枝，并根据瓜蔓生长情况及时拉蔓 3 ~ 4 次。苦瓜需肥量较大，在初结瓜期和盛瓜期追施 2 次硫酸钾型复合肥，分别为 15kg、25kg。蒜苗播种后要求立即用 33% 的施田补 150 ~ 200ml 对水 40 ~ 50kg，均匀喷雾进行芽前除草。用药后均匀覆盖稻草或麦草，厚为 3 ~ 5cm，以达到降温、保湿、除草的效果。在 11 月中下旬加盖大棚可明显提高蒜苗的株高、根茎粗，提高产量，并且能够改善叶色、植株形态，提高蒜苗的商品性与生产效益。

四、陕南设施蔬菜主要栽培技术

陕南设施蔬菜早春和秋延后栽培以番茄、辣椒、茄子、黄瓜、西葫芦等茄果类和瓜类蔬菜栽培面积最大，经济效益也较高，现将陕南设施蔬菜几个主要品种栽培技术介绍如下。

（一）番茄

1. 春提早番茄栽培技术

（1）品种　宜选用早熟性好、抗寒、抗病、丰产、商品性好、货架期长的品种，如金顶1号、中蔬988、合作908、渝粉109等。

（2）育苗　11月下旬至12月上旬播种，播种量50～80g/亩。冷床育苗。种子浸泡6～10h后，置于25～28℃环境中催芽3～4天，2/3以上种子露白及时播种。出苗温度保持在25～30℃，出苗至真叶出现，白天25℃左右，夜间8～10℃；真叶至分苗白天25℃左右，夜间保持12～15℃；分苗后（2～3片真叶进行分苗）维持25～28℃，夜间8～12℃。苗期除播种浇透水，分苗适量浇水，整个过程少浇水，多见光勤通风。苗期注意猝倒病、立枯病、灰霉病的发生，及时喷洒600～800倍百菌清、50%速可灵1 000溶液。

（3）整地做畦　亩施2 500kg腐熟有机肥同时加10～15kg氮磷钾三元复合肥，若是连茬，还应撒施150～200kg的生石灰，有效防止土传性病害的发生和漫延。基肥以深施为主，深翻25～30cm，耙平做畦。番茄多采用高畦栽培，畦宽80cm，畦间距15～20cm，畦高10cm，覆盖70cm宽地膜。

（4）扣棚与定植　定植前15～20天扣棚保温，棚室消毒采用每亩80%敌敌畏乳油250g拌上锯末与2 000～3 000g硫黄粉混合，分10处点燃，密闭1昼夜，放风至无味。

番茄一般在2月上旬末至中旬初定植。定植密度为3 000～3 500株/亩。提倡带药定植。定植前1天喷50%多菌灵800倍液或75%百菌清500倍液，以利快速缓苗。定植时应适当深栽，与子叶基部平齐，若是徒长苗，应采取卧栽法，以利多发不定根，促使根系的发育壮大。定植结束后，应立即浇定根水。全塑大棚栽培，要想早上市，必须三膜配套，即大棚加小拱棚再加地膜。

（5）田间管理

①温湿度管理　定植后闭棚升温保持25～30℃利于缓苗，缓苗后降至25℃，逐步通风，开花坐果白天25～30℃，夜间15℃，结果期白天25～30℃，夜间15℃以上。上午棚温25℃左右，下午气温降至15℃闭棚，如果昼夜气温已达15℃以上，可揭棚。

②肥水管理　定植后至第一茬果控制肥水，及时中耕，控制茎叶过旺生长，促进根系发育。第一穗果坐住，果径达2～3cm，加强肥水，一促到底。第一次追肥量大，亩施人粪尿2 000kg，或尿素10～15kg；第二、第三次应在第一穗果发

白，第二、三穗果迅速膨大时进行，每次追尿素10kg/亩。灌水以7～10天1次。

③植株调整　早春大棚番茄多采用单干整枝法，留主枝去侧枝。整枝要选择晴天中午进行，伤口愈合快，若在早上打枝，伤流大，不利于秧苗健壮生长。在阴雨天也不宜整枝。结合整枝及时打掉茎基部的老叶、病叶，以利通风透气透光、减少病菌的繁殖。

④点花保果　用25～50mg/kg番茄灵喷花。番茄在温度低于15℃时，易落花落果，影响产量。因此，在保证温度的基础上，花期可以喷1%～2%尿素溶液加0.1%～0.3%的硼肥混用喷1～2次，提高坐果率，防止花而不实；在盛花期间用1%～2%尿素溶液混合0.1%的花蕾宝和0.1%～0.3%磷酸二氢钾水溶液，每10天喷1次，连喷2～3次，有效减少落花落果。另外，每穗花序留3～4个果实为宜，及时疏掉畸形花、畸形果，以免影响果实商品性和上市期。

2. 秋延后番茄栽培技术

（1）品种选择　要求选用既耐热又抗寒、抗病、丰产的优良品种。可选用西粉1号、合作908、合作909。

（2）定植　7月上旬播种，8月上旬定植，过早则病害重，过晚则产量低。因受高温、干旱影响，秋延后栽培番茄长势较弱，可比春提早栽培适当增加定植密度。选择在傍晚或阴有小雨天气定植，以利缓苗，定植后应立即浇透水。

（3）田间管理　水分管理是秋延后栽培的关键措施，前期为降低土温，应经常小水勤灌，浇水以在傍晚进行较好。在多雨年份，还应重视叶面喷肥。因受高温影响，易产生落花落果，在生产中应加强保花保果工作，点花浓度应比早春大棚稍低。

及时地进行植株调整，秋延后栽培由于光照较强，果实易产生日灼现象，又多暴雨，易产生裂果，因此宜采用双干整枝法，枝叶较茂盛，能遮盖果实，使果实避免或减少日灼和裂果的发生。

暴雨后天气骤晴，应及时浇井水，以利降温，避免高温高湿，减少病害的发生，这一措施在生产中非常重要。

应加强病虫害的防治：棉铃虫、红蜘蛛、跳甲危害时，可用48%毒死蜱乳油1 000倍液，或15%茚虫威5 000倍液防治，或浏阳霉素、华光霉素等生物源农药防治。蚜虫、潜叶蝇危害时，可用10%吡虫啉2 000倍液，或采用鱼藤酮、烟碱、印楝素、苦楝等植物源农药防治。

大棚秋延后番茄开花之前气温高（经常超过30℃），昼夜温差小、湿度大（或干）的条件下，养分制造不充分，呼吸消耗多、容易引起徒长、花芽数少、花粉活力不足、花的素质差，要及时用番茄灵等蘸花以保花保果。防落素的适宜使用浓度为20mg/kg。点花时要在植株表面无水滴时进行，避免碰到叶片上，否则易引起蕨叶状药害，严重时整个植株生长不良。

（二）辣椒

1. 早春大棚辣椒生产

（1）品种选择　宜选用早熟、丰产、抗病、果实商品性好的优良品种，可选用洛椒超越98A、洛椒316、湘辣6号等。

（2）定植　10cm深地温在13℃稳定1周左右才能定植。一般在3月中旬定植。定植深度与番茄一致，每亩可栽2 200 ~ 2 600穴，每穴2株。

（3）大棚管理

①加强温湿度管理　定植后，为促进缓苗，5 ~ 6天内不通风，棚温维持在30 ~ 35℃。缓苗后，开始通风、降温至28 ~ 30℃，高于30℃时要立即通风，否则会因高温、高湿，影响授粉，而引起落花严重。加强通风，可有效地提高坐果率。辣椒喜空气干燥而土壤湿润，因此定植缓苗后，要加强通风，夜间外界最低温不低于15℃时昼夜都要通风。

②肥水管理　缓苗后可视墒情，浇1次缓苗水，缓苗后到门椒采收前，不能轻易浇水，否则在高温高湿、水分过多的条件下，容易落花落果。待门椒开始采收时，要加强浇水追肥。多追有机肥，增施磷钾肥，有利于丰产和提高品质。追肥以每亩施人粪尿1 000kg或复合肥20kg为宜。

③植株调整　将门椒以下的侧芽全部打掉，并及时打掉老叶、病叶，以利通风透光。

2. 辣椒秋延后栽培技术

（1）品种选择　宜选用耐热、抗病、丰产、果实商品型号的品种，如湘研20号、福椒5号、汴椒1号、海椒4号。

（2）定植　6月下旬至7月上旬直播育苗，8月上旬定植。不可过早或过晚。定植后立即浇透水。

（3）大棚管理　加强肥水管理，前期正处于高温干旱时期，应在傍晚浇水，以利降低夜温，增大昼夜温差。因辣椒在高温高湿条件下落花落果严重，且易患病，所以要进行植株调整，摘除老叶、病叶，增强透风透光。

（4）采收　9月中旬开始采收，并加强后期管理，11月上旬拉秧腾地，安排下茬。

（三）茄子

1. 早春大棚生产

（1）品种选择　可选用汉中紫茄、渝早茄 4 号等品种。

（2）整地、施基肥　茄子是深根系作物，深耕有利于根系发育。基肥要充足，结合深耕（深度 25 ～ 30cm），每亩施有机肥 2 500kg 以上。此外，基肥中还要施入一些磷肥，可施 30 ～ 50kg 过磷酸钙。

（3）定植时间及方法　茄子喜温，定植时要求棚温不低于 10℃，10cm 地温不低于 12℃，相对稳定 1 周左右。3 月中旬即可定植。定植密度每亩 2 500 ～ 3 000 株。

（4）大棚管理

①温湿度管理　缓苗期 1 周内不通风，提高棚温，促进缓苗，待新叶长出后开始通风，白天维持 28 ～ 30℃的棚温，夜间维持 15 ～ 20℃，当气温超过 35℃时，可昼夜通风。

②植株调整　为了使养分集中运输，提早上市，采用双头整枝方式，即只留门茄以上的 2 个强枝，将其余枝和老叶、病叶打掉，这种整枝方式特别适于密植，早熟性好，比常规的整枝方式，前期产量可提高 30% 以上。

③肥水管理　门茄坐住前要控水蹲苗，促进发根。门茄普遍达到 2.5 ～ 3cm（横径）时，即所谓“瞪眼”时即可结束蹲苗，进行浇水追肥，促进果实迅速膨大，每亩可追硫铵 10 ～ 15kg 或人粪尿 1 000kg。盛果期应加大水肥量，可追肥 3 ～ 5 次。盛果期可用 0.2% 的磷酸二氢钾喷施 2 ～ 3 次，有利于提高产量和增强茄子抗逆性。

2. 秋延后栽培技术

（1）品种选择　可选用当地的灯泡茄、黑丰长茄。

（2）定植　6 月底至 7 月上旬播种育苗，8 月上旬定植，适当密植，忌连茬。

（3）田间管理　加强肥水管理和植株调整工作，在多阴雨年份，采用高垄栽培，加强黄萎病和绵疫病的防治，若不及时，会造成大量减产，防治方法同早春大棚生产。9 月上旬开始上市，10 月下旬拉秧。

（四）黄瓜

1. 早春黄瓜大棚生产

（1）品种选择　可选用宝秀亮丰、津优 35 号、博耐 13 航育系列等早熟、丰产、抗病品种。

（2）定植时间及方法　春提早栽培的，一般在元月中下旬播种，2 月下旬定植，以 10cm 深最低土温稳定达到 12℃时定植。黄瓜因根系不发达，且对氧气的需要量较高，应适当浅栽，以与土坨平齐为准。一般每亩定植 3 500 ~ 4 000 株。株距 20 ~ 25cm，行距 55 ~ 60cm。

（3）大棚管理

①温、湿度和光照的管理　缓苗后，当温度达到 30℃时及时通风，降温排湿，夜间温度不宜低于 15℃。要注意保持薄膜表面清洁，提高透光率。根瓜坐住以前，不可大水浇灌，以免苗子疯长。

②及时防止干热风的影响　5 月上中旬常常会伴有干热风的出现，造成植株叶子失水发干，若不及时处理，则会使叶片失去光合能力，影响正常生长和产量。秧苗遇干热风危害后，应及时给叶子表面喷施清水，受害轻的可以恢复正常。

③植株调整　及时插杆绑蔓成螺旋状，25 ~ 30 片叶时摘心，清除病叶、老叶、畸形瓜及底叶，以利通风透光。

④肥水管理　根瓜坐住后，结束蹲苗，及时浇水追肥，每亩追施 10kg 尿素和 10kg 硫酸钾或 2 500kg 充分腐熟的人粪尿，必要时还应加强根外营养追肥，提高植株体内汁液的氮糖浓度比。如用 100 倍的糖液（葡萄糖或白糖）加 0.2% 的磷酸二氢钾溶液加 0.1% 尿素溶液喷施黄瓜秧苗，不但可有效预防霜霉病的发生，还能有效促进坐瓜，防止化瓜，提高产量，促进秧苗健壮生长，特别是对于长势弱或结瓜多的秧苗，防止化瓜的效果特别明显。在生长盛期，每隔 5 天喷 1 次，共喷 4 次，在早晨喷于叶背面效果好。

追施二氧化碳气肥，使设施内的浓度达到 800 ~ 1 000mg/L，可以提高结果率，增产效果显著，落花落果少。但要注意温度变化，二氧化碳施用后的夜温，特别在前半夜要提高温度，在 17℃时总产量最好，果实质量也好。

在揭棚后，遇暴雨天气突然放晴，应及时喷药，灌井水。因为灌井水可起到降温和补充氧气的作用，有利于根系的发育和减少病害的发生。

（4）及时采收　根瓜应适当早收，避免产生坠秧现象。

2. 秋延后黄瓜栽培技术

（1）品种选择　可选用津优 1 号、津春 4 号、津杂 3 号等抗病、耐热、丰产品种。

（2）定植　8 月上旬播种，8 月下旬定植。可适当密植，密植后立即浇水。定植前，在黄瓜长出 5 片真叶以前，使用 100mg/kg 的乙烯利喷施植株，连喷 2 ~ 3

次，定植前完成乙烯利的使用。

（3）田间管理　及时插杆、绑蔓，进行植株调整，加强肥水管理。重点应加强病虫害的防治。尤其要做好霜霉病与蚜虫的防治，若病害防治不及时，就会造成大量减产，甚至绝收，防治方法同早春大棚生产。

（4）及时采收　根瓜应适当早摘，在 9 月中旬开始上市，10 月下旬拉秧。

（五）西葫芦

1. 早春大棚西葫芦栽培

（1）品种选择　蔓生西葫芦耐热性较强，生产上早春栽培多选择耐寒、耐湿、抗病性强的品种，早熟，适于密植，产量较高。品种可选用京葫 103、珍玉 10 号、早生 1 号、早生 2 号等。

（2）整地、施肥、做畦　每亩地施有机肥 3 000kg 左右，再加入 50kg 过磷酸钙，进行深翻，约 30cm 深，将土整平、做畦。

（3）育苗　西葫芦早熟栽培多采用阳畦或温室育苗，苗龄 25 ～ 30 天，生理苗龄 3 ～ 4 叶 1 心。西葫芦幼茎易伸长，秧苗易徒长。育苗期间应控制苗床温湿度，苗期尽量不浇水，或采用喷水方式补墒，白天温度保持 20 ～ 25℃，夜温 10℃左右。育苗后期应加强幼苗低温锻炼，防止幼苗徒长。

（4）定植时间及方法　10cm 深土温稳定通过 12℃，棚内气温不低于 10℃时定植，一般在 2 月下旬即可。西葫芦易产生不定根，定植时可适当深栽，与叶子基部齐为准，采用暗水定植。切忌灌水过多，以免缓苗慢，有烂根的危险。定植密度为每亩 1 800 ～ 2 000 株。

（5）大棚管理

①温湿度管理　定植初期应注意增温保湿。定植后及时闭棚提温，促进缓苗。苗子缓过后应注意通风降温，前期以控水促根发育为主，白天温度为 25 ～ 29℃，夜间以 15 ～ 22℃为宜。待根瓜坐住后白天温度维持 28 ～ 32℃，夜间 20 ～ 25℃，使瓜迅速生长。

②水肥管理　缓苗时可轻浇水 1 次，并每亩随水冲施尿素或硫酸钾 20kg 左右，促进缓苗发棵。第一雌花开放后 3 ～ 4 天，当瓜长 8 ～ 10cm 时，植株生长即进入结瓜期，是加强水肥管理的标志。一般自根瓜坐住，每 5 ～ 7 天浇水 1 次，每 15 天每亩追施 1 次氮磷钾复合肥 25 ～ 30kg。

③植株调整　根瓜坐住前应及时摘除植株基部的少量侧枝。生长中后期，茎叶不断增加，但基部叶片离地面过近，光照弱，湿度大，易于成为病原中心，当

根瓜采收后可予以摘除。随着植株的生长，茎蔓因逐渐延长而倒伏，为保持田间叶片受光良好，应及时领蔓，让所有植株茎蔓沿垄畦按同一方向朝着前一棵植株基部延伸。

④防止化瓜　西葫芦单性结实能力差，尤其在生长前期温度较低、通风量较小时，依靠自然授粉难以保证田间坐果率，易于化瓜。可采取人工授粉，选择上午刚刚开放的雄花和雌花进行授粉，授粉量需充足，花粉在柱头上涂抹均匀，否则易造成畸形瓜增多或坐果率下降。而矮生型西葫芦雄花数量有限，进入结瓜盛期难以满足人工授粉需要，可用番茄灵等生长调节剂处理，浓度分别为30 ~ 50mg/L。处理时间在上午9时前后为好，处理方法是将药液涂抹在花柄或柱头或子房基部。无论将药液涂抹在哪个部位都应注意涂抹均匀，并防止使用浓度过大，否则易造成畸形瓜。

（6）采收　一般定植后55 ~ 60天即可进入采收期。果实在开花后7 ~ 10天，当果实重量达250 ~ 500kg时即可采收。生长前期温度及光照条件较差，应适当早收，避免坠秧；生长中后期环境条件适宜，可适当留大瓜，提高产量。

2. 秋延后西葫芦栽培技术

（1）品种选择　应选用早熟、抗病、丰产的品种，生产中可选用绿宝石、京葫3号。

（2）定植　8月中下旬定植，定植过早，会因温度过高，难以结出完全的果实，定植过晚则产量低。定植时宜选择在早晨、傍晚或阴天定植，以利缓苗。定植后应立即浇透水。秋延后栽培，因高温苗子长势弱，可适当密植，每亩可栽苗2 500株左右。前期也可用高架作物进行遮阴。

（3）田间管理　苗子缓过后，前期应注意浇水，以防干死，根瓜坐住后加大肥水量，在9月下旬开始上市，10月中下旬拉秧。加强蚜虫的防治，方法同番茄。

第六节　主要蔬菜有机栽培模式

一、有机蔬菜的概念

有机农业是遵循自然规律和生态学原理，协调种植业和养殖业平衡，采用一系列可持续发展的农业技术，促进生物多样性，强调“与自然秩序相和谐”。有机农业是解决食品安全问题的良好途径之一。自 20 世纪 20 年代欧洲国家首先提出来，经过几十年的实践与发展，逐步受到各国政府的重视，有机食品已成为西方发达国家人们消费的时尚。我国 1994 年成立“国家环保总局有机食品发展中心”，20 多年来有机农业发展迅速。

有机蔬菜是有机农业中的一部分，是指在蔬菜的生产过程中不允许使用任何化学合成的肥料、农药、除草剂和基因工程制品等物质，而要遵循自然规律和生态学法则，维持农业生态系统持续稳定，经有机认证机构鉴定并颁发有机证书的蔬菜产品。有机蔬菜生产是利用现代生物学、生态学理论基础，创新性应用现代先进的管理理念和栽培技术生产蔬菜的一种新模式。由于有机蔬菜安全性高，非常有益于人们的身体健康，是目前人民青睐的蔬菜产品类型。有机蔬菜远离污染，品质高，具有自然本色。有机蔬菜生产基地很少，产品不多，有机蔬菜已成为礼品菜需求的时尚。

在亚洲国家中，中国有机农产品的种植面积最大，为 30.1 万 hm^2，暂居世界第 13 位，种植有机蔬菜的农户数为 2 910 户。但是中国蔬菜种植面积达到 1 756 万 hm^2 的水平，而有机蔬菜的种植面积仅占 0.011%，中国有机蔬菜的出口额仅为 2.4 亿美元，约占世界有机农产品市场 450 亿美元的 0.56%，可谓冰山一角（图 4–5）。

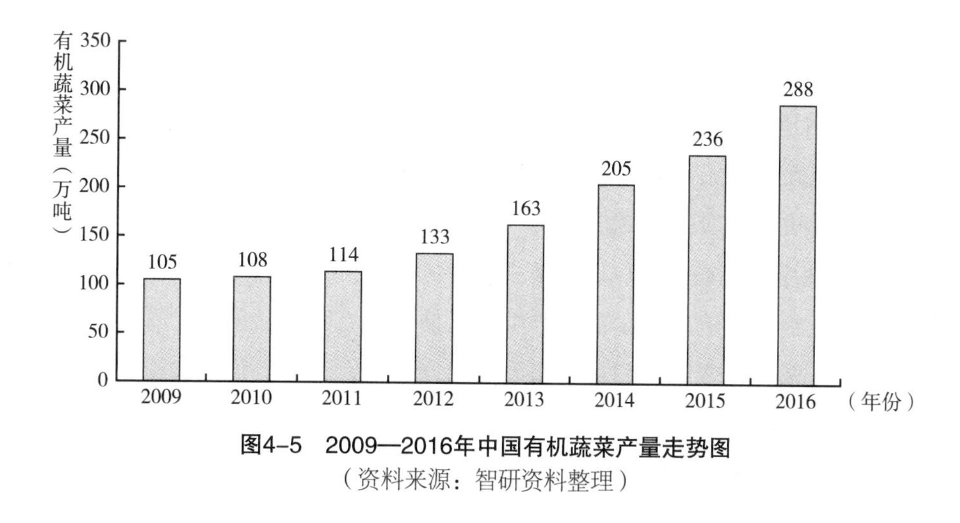

图4–5　2009—2016年中国有机蔬菜产量走势图

（资料来源：智研资料整理）

二、有机蔬菜生产环境及相关要求

（一）生产环境

生产基地在最近 3 年内未使用过化学农药、化肥等物质。从常规蔬菜种植向有机蔬菜种植转换需 2 年以上的转换期。基地无水土流失、风蚀及其他环境问

题（包括空气污染）。灌溉水应优先选用未受污染的地下水和地表水，水质应符合《农田灌溉水质标准》。

（二）农药使用要求

有机蔬菜生产中不允许使用任何人工合成的农药、肥料、生长调节剂、食品添加剂和其他药物。

（三）生产过程及管理

有机蔬菜必须建立生产和加工过程的完整档案记录，必须通过国际有机农业运动联合会等认定单位的论证和管理。

（四）生产技术

有机蔬菜生产与常规蔬菜生产的根本不同在于病虫草害和肥料使用差异，它是一种严格要求的蔬菜生产方式。

1. 有机蔬菜的施肥技术

有机蔬菜生产中不允许使用化学肥料，只允许使用有机肥和种植绿肥补充蔬菜生长所需的养分和培肥地力。

（1）有机肥　可采用自制腐熟有机肥或采用经过有机食品发展认证中心认证，并颁发认可证书，允许在有机蔬菜生产上使用的一些肥料厂家生产的纯有机肥料。自制有机肥必须充分腐熟。

有机肥使用量要充足以保证蔬菜有足够的养分供给，否则蔬菜可能出现缺肥症状，生长迟缓，影响产量。在生产中可以使用具有固氮、解磷、解钾作用的根瘤菌、芽孢杆菌、光合细菌和溶磷菌等微生物菌剂，通过有益菌加速有机肥养分释放和养分积累，满足蔬菜对养分的需求。

施肥量：有机蔬菜种植的土地在使用肥料时，应做到种菜与培肥地力同步进行。使用动物和植物肥的数量应掌握在1∶1为好。一般每亩土地每种蔬菜使用有机肥3 000 ~ 4 000kg，追施有机专用肥100kg。

施足底肥：将施肥总量80%用作底肥，结合整地，将肥料均匀地混入耕作层内，以利于根系吸收。

追肥：对于种植密度大、根系浅的蔬菜可采用铺肥追肥方式，当蔬菜长至3 ~ 4片叶时，将肥料晾干制细，均匀撒到菜地内，并及时浇水。对于种植行距较大，根系较集中的蔬菜，可开条沟施追肥，开沟时不要伤断根系，将肥料撒到沟内，用土盖好后及时浇水。对于种植行株距大的蔬菜可采用开穴追肥方式。

（2）培肥技术　可通过豆科绿肥获得丰富的氮素资源，并可提高土壤有机质含量。一般每亩绿肥产量在 200kg，固氮为 6 ～ 8kg。可以种植的绿肥有紫云英、苜蓿、草木樨等。

2. 防病治虫

（1）农业措施　选择适合的蔬菜种类和品种，可以选择百合科的韭菜、大蒜、洋葱；菊科的莴苣、茼蒿、牛蒡；伞形科的芹菜、胡萝卜；豆科类的毛豆等进行有机蔬菜生产，这类蔬菜具有强烈气味，趋避害虫。选择抗病、抗虫的品种。

（2）合理轮作　可推行水旱轮作的方式（如水稻与蔬菜轮作），这样可以在生态环境上改变和扰乱病虫害发生的小气候规律，减少病虫害的发生和危害。

（3）使用防虫网　在生产过程中使用 20 目以上的防虫网，孔径小于 1mm，可以有效阻止斑潜蝇、豆荚螟、蚜虫、夜蛾等害虫的侵入。具有避蚜作用的银灰色防虫网防蚜率达到 100%。也可以用木醋酸溶液来防虫消毒。

（4）科学管理　地下水位较高，雨水较多的地区，推行深沟高畦，利于排灌、保持适当的土壤和空气湿度。在设施栽培中，结合适时的通风换气，控制设施内的湿度和温度，营造不利于病虫害发生的温湿度环境。注意田园清洁，及时消除落蕾、落花、落果、残株及杂草。

有机蔬菜生产中使用害虫天敌进行害虫的捕食和防治。如利用大陆螯峰防治蓟马；利用食蚜瘿蚊和异色瓢虫防治蚜虫；利用草蜻蛉防治红蜘蛛等。还可以利用害虫的趋光、趋味性捕杀害虫，如用费洛蒙性引诱剂、黑光灯捕杀蛾类害虫，利用黄板诱杀蚜虫。

使用硫黄、石灰、石硫合剂、波尔多液等允许使用的矿物质防治害虫。利用植物药剂防治病虫害，可以应用除虫菊、鱼腥草、樟脑、大蒜、薄荷等。

3. 除草技术

一般采用人工和机械方法除草，在作物生长初期，及时清除杂草幼苗。也可利用黑色地膜覆盖，抑制杂草生长。对某些水生有机蔬菜可以采用水田中养殖食草鱼类的方法减少杂草生长。

4. 有机蔬菜贮藏规定

有机蔬菜用干净的运输机具运到指定的有机作物专用仓库存放。仓库内不得放置任何有毒有害物质，不得同时存放有机转换作物和常规作物。专用仓库在有机蔬菜入仓前应进行检修、清扫、堵塞，确保库内没有害虫、老鼠等有害生物，并有防止有害生物进入有机蔬菜仓库的防护板、防护网等。有机蔬菜贮藏过程中，

应定期检查，防止仓库进水和作物霉变。

5. 机械设备的维修与清扫规程

所有农用机具由基地统一购置、统一管理、有机蔬菜专用，不得私自带出基地以外的农场使用。收割机、运输机具等大型机械如使用农场外的，在进行与有机蔬菜相关的操作前应进行清扫，并有专人负责监管。

三、有机蔬菜的市场前景

人们对安全食品的需求日益强烈，有机蔬菜在国内市场前景非常乐观。被誉为“朝阳产业”，具有广阔的市场。有机蔬菜价格平均比普遍蔬菜高出 4 ~ 5 倍。我省设施蔬菜生产中片面追求产量和经济效益，导致严重的农产品质量安全问题和生态资源受损。有机蔬菜的生产以其能最大限度地保护生态环境和实现农业的可持续发展，也越来越受到政府的高度重视，发展有机食品是陕西省发展环保型经济的一种必然选择。但目前，陕西省有机蔬菜种植面积相对较少，主要集中在宝鸡市太白县蔬菜生产基地、杨凌地区和陕西省旬阳县，以企业经营管理模式进行。陕西省有机蔬菜栽培方式主要是土壤有机栽培和有机基质无土栽培，种类主要为黄瓜、甜瓜、西瓜、番茄、甘蓝、菜花等。

四、主要蔬菜土壤有机栽培技术

（一）茄科蔬菜

1. 选地选茬

选择生态环境良好，符合有机农业生产条件的地块。首选通过有机认证及完成有机认证转换期的地块；次之选择新开荒的地块；再次选择经 3 年休闲的地块。土质肥沃、有机质含量高、土壤保肥蓄水能力强、土壤通透性好、排灌方便、土壤 pH 值 6.5 ~ 7.5。前作以有机葱蒜类、豆类、瓜类、甘蓝类蔬菜为好。

2. 选择品种

选用优质、丰产、抗性强、商品性好的品种。

3. 整地施肥

整平耙细，每平方米耕层内直径大于 5cm 的土块应少于 5 个；无较大的残株、残茬；耕翻 20 ~ 25cm；耙茬深度 12 ~ 15cm；深松深度 25cm 以上。每亩在翻地前撒施充分腐熟农肥 8 ～ 12m^3，还可施入生物菌肥。

4. 病虫害防治

预防为主，综合防治。在生产期间做好各阶段病虫的预测预报工作。合理安排轮作，清洁田园，选用抗病品种，培育壮苗；覆盖银灰色地膜驱避蚜虫，利用高压汞灯、黑光灯、频振杀虫灯、性诱剂杀成虫；利用天敌、生物药剂等，例如有白僵菌、绿僵菌、BT 等微生物杀虫剂；注意灰霉病、青枯病和灰霉病的发生。

（二）葫芦科蔬菜

1. 选地选茬

栽培宜选择土质肥沃、有机质含量高、土壤保肥蓄水能力强、土壤通透性好、能排能灌地块，土壤 pH 值在 5.5 ～ 7.2 的地块。前作以有机葱蒜类、豆瓜类、甘蓝类蔬菜为好。一般不选择有机番茄、茄子等茄果类为前茬。

2. 整地施肥

整平耙细，每平方米耕层内直径大于 5cm 的土块应少于 5 个；无较大的残株、残茬；耕翻 20 ～ 25cm；耙茬深度 12 ～ 15cm；深翻深度 25cm 以上。每亩在翻地前撒施充分腐熟农肥 5 000kg。

3. 病虫害防治

加强中后期通风，防止枯萎病、霜霉病、灰霉病和叶霉病的发生。第一、第二果穗易发生根腐病，病果白绿或红绿相间，病部滞长，果形不正，降低商品性，影响经济效益。防治方法是增施农肥，控制秧苗长势，苗期不能长期低于 10℃低温。也可运用井冈霉素、农抗菌素 120、链霉素、木霉等微生物杀菌剂防治病害。还可用石灰、波尔多液、氢氧化铜防治病害。

生长期常见发生的害虫有斜纹夜蛾、棉铃虫和白粉虱、蚜虫、斑潜蝇、蓟马等。少量害虫可以采用人工捕捉，及时通风、摘除虫叶等措施进行控制；当害虫发生较为严重时，采用有机农药进行防治，如采用清源保防治甜菜夜蛾或者棉铃虫，用除虫菊防治白粉虱。另还有白僵菌、绿僵菌、BT 等微生物杀虫剂。

（三）十字花科蔬菜

1. 选地

选择生态环境良好，符合有机农业生产条件的地块。土壤土质肥沃、有机质含量高、土壤保肥蓄水能力强、土壤通透性好、能排能灌的中性或微酸性沙壤土、壤土、黏土进行种植。前作以有机黄瓜、四季豆、番茄等蔬菜为好。避免前茬为十字花科作物。

2. 整地施肥

整平耙细，每平方米耕层内直径大于5cm的土块应少于5个；畦宽1 ~ 1.5m，沟宽30cm，沟深20cm。做畦时，要求畦面和沟底平整，以利于排水和灌溉。每亩在翻地前撒施充分腐熟农肥5 000kg。

3. 病虫害防治

（1）病害防治　加强中后期通风，防止霜霉病和软腐病的发生。可运用井冈霉素、农抗菌素120、链霉素、木霉等微生物杀菌剂防治病害。还可用石灰、波尔多液、氢氧化铜防治病害。可适当增施农肥，控制秧苗长势，苗期不能长期低于10℃低温。控制田间湿度，尽量减少田间操作造成的伤口，发现病株要及时清除。

（2）虫害的预防与防治　少量害虫可以采用人工捕捉，及时通风、摘除虫叶等措施进行控制；当害虫发生较为严重时，采用有机农药进行防治，如采用清源保防治甜菜夜蛾或者棉铃虫，用除虫菊防治白粉虱。另还有白僵菌、绿僵菌、BT等微生物杀虫剂。

五、主要蔬菜无土有机栽培技术

（一）黄瓜

1. 栽培设施

可以用塑料大棚、日光温室和连栋温室进行栽培。

2. 栽培基质的选择

采用2 ~ 3种有机基质材料进行混配，如果混合的基质较多，最好用机械混匀。常用的基质配方有腐熟的菇渣：珍珠岩 =3∶1（体积比）等。每立方米基质中可混合10kg消毒腐熟鸡粪。

3. 栽培管理技术

（1）茬口安排　黄瓜种植时间安排为3月上旬至7月上旬，8月下旬至11月上旬。

（2）育苗　采用基质穴盘育苗，用选择好的基质在播种前往基质里加适量水，混合均匀后装盘。播种深度1.0 ~ 1.5cm，上盖1层蛭石或珍珠岩。播后用清水浇透，然后保湿催芽，出苗前适宜温度为25℃左右。当60% ~ 70%种子出土时，及时将苗盘移至温室育苗架上绿化。小苗白天温度控制在 26 ~ 27℃，夜温 18 ~ 20℃，大苗白天温度控制在 25 ~ 26℃，夜温控制在 16 ~ 18℃。育苗期间水分管理应特别注意，浇水要均匀。

（3）定植　定植苗龄为 1 叶 1 心。定植前 3 ~ 4 天将基质浇足水。春季栽培密度为 1.4 株 /m^2，秋季栽培密度为 1.2 株 /m^2。也可选择从植株第五节开始留一侧枝成双杆，以节约用种量。定植深度以达子叶节为宜。定植后 2 周内应充分灌溉，以利根系生长。

（4）定植后水肥管理管理　定植后 10 ~ 20 天滴灌清水；根据生长情况，20 天追施 1 次有机肥营养液。

（二）甜瓜

1. 栽培设施

甜瓜有机无土栽培设施主要是塑料大棚和日光温室。在连栋温室中也可栽培。

2. 栽培方式和基质的选择

以各种有机基质或复合基质为栽培基质，采用地槽式、砖槽式、袋式、盆钵式等形式进行甜瓜栽培。可以选择泥炭、炉渣、水洗沙按 4∶3∶3；草炭、炉渣、蛭石、树皮按 4.6∶1.5∶1.5∶2.4；泥炭、炉渣、珍珠岩按 1∶1∶1 等。

3. 栽培管理技术

（1）茬口　甜瓜春季大棚栽培，1 月底至 2 月初育苗，3 月初定植；甜瓜日光温室早春茬，12 月上中旬育苗，翌年 1 月中下旬至 2 月上旬定植。

（2）定植　当甜瓜幼苗具 3 ~ 4 片真叶时即可定植。定植时要注意保护根系完整和不受伤害。定植密度依品种、栽培季节和整枝方式而有所不同，一般控制在每亩定植 1 500 ~ 1 800 株。

（3）定植后水肥管理技术　整个生长期，浇施有机营养液，有机营养液由腐熟的猪粪与牛粪按 4∶1 混合浸提得到。也可以由腐熟的猪粪、牛粪与羊粪按一定比例混合浸提得到。在伸蔓期、果实膨大期，可增施腐殖酸钾肥料。无土栽培需精耕细作，水分管理也很关键。一般定植后连浇 3 天水，促进缓苗，浇水量以手握基质松开后不散落为宜。随着温度的升高，需延长浇水时间，每次 15min 左右。坐瓜 7 天后浇 1 次水，隔 5 天再浇 1 次水，促进瓜果膨大。网纹形成盛期宜浇小水，以后逐步控制浇水次数和浇水量，以提高含糖量。厚皮甜瓜根系发达，吸收力强，但因叶多叶大，蒸腾量大，生育期仍需大量水分。

（三）西瓜

1. 茬口

西瓜春季大棚栽培，1 月底至 2 月初育苗，3 月初定植；西瓜日光温室早春茬，12 月上中旬育苗，翌年 1 月中下旬至 2 月上旬定植。

2. 定植后水肥管理技术

整个生长期浇施有机营养液，有机营养液由腐熟的猪粪与牛粪按 4∶1 混合浸提得到。也可以由腐熟的猪粪、牛粪与羊粪按一定比例混合浸提得到，也可加入菇渣、绿肥等。开花前期追肥 1 次，每株追施 5g 有机生态无土栽培专用肥；开花坐果期严格控制水肥，待瓜坐稳后逐渐增加水肥，果实膨大期每株追施富含钾的有机肥 5g，并适量浇水；中后期每株追施有机生态专用肥 20 ～ 25g，间隔 15 天左右追施 1 次。西瓜对水分的要求总体来说不是太多，所以苗期一般不干不浇，伸蔓期可适当浇水，幼瓜长到鸡蛋大小时结合施肥要浇 1 次透水，促进果实膨大。果实不再长大后一般不再浇水，以提高糖度。

（四）番茄

1. 栽培基质的选择

选择栽培基质一般要以当地资源为主，这样更经济。陕西地区一般以菇渣为主要原料，配以牛粪和珍珠岩。配制比例为菇渣∶牛粪∶珍珠岩 =3∶3∶4。使用前应将基质喷湿盖膜并消毒灭菌。

2. 栽培管理技术

（1）茬口　如表 4–5。

表4–5　栽培茬口

栽培设施		育苗期	定植期	采收期
日光温室	早春茬	12 月上中旬	2 月上中旬	4 月中下旬至 7 月中下旬
	冬春茬	9 月中下旬	10 月下旬至 11 月上旬	2 月上旬至 6 月上中旬
	秋冬茬	7 月上旬	8 月上旬	10 月上旬至 12 月下旬
塑料大棚	秋延茬	6 月上旬	7 月上旬	8 月下旬至 11 月下旬
	早春茬	1 月上中旬	3 月上中旬	5 月中下旬至 9 月中下旬

（2）定植前准备

①基质槽栽培　按照温室内种植长度，每垄间距 1.5m。采用沟式基质栽培槽

栽培，先挖 1 个宽 0.3m、深 20cm 栽培沟，作业道宽 1.2m，在沟内铺上 1.2m 幅宽的内黑色、外银灰色的双色膜，并在沟底中间部位的膜上安放直径 6cm 粗打有小孔的硬塑管，并包裹双层窗纱，再向沟内填充基质，安上滴灌管。可根据温室长度制作栽培槽数。

②袋式栽培　采用聚乙烯黑白膜制成的栽培袋，栽培袋规格为 100cm × 20cm × 16cm。每个栽培袋内装入 27L 基质，一个栽培袋可定植 3 株番茄幼苗。栽培袋间距为 30 ～ 50cm。

（3）定植　槽式栽培定植前将基质翻匀整平，浸灌栽培槽，使基质充分吸水。水渗透后按每垄双排呈“之”字形交叉种植，扒坑定植，基质要略高于苗坨，株距 30cm。定植后，进行浇水，栽后浇小水。一般根据番茄不同生长阶段进行自动浇水施肥，按需供给。袋式栽培定植前先给栽培袋内装入适量基质，将栽培袋摆放整齐后，在其上用小刀划 3 个正方形的口，方便番茄幼苗的移栽。在基质袋下方打 4 个小圆孔，以便多余水分的渗出，防止沤根。幼苗定植前 1 天将栽培袋浇透水。

（4）定植后水肥管理技术　蹲苗期及阴雨天按 ET100% 灌溉，其他时期按 ET120% 灌溉，同时按有机营养液配方进行施肥。

（5）采收　白熟期后即可准备采收上市。如需长途贮运，应根据贮运时间在果实白熟期用 1 000mg/kg 的乙烯利催熟或不催熟采收，并去掉果柄，以防运输中把果实扎坏。

第七节　陕西特色蔬菜生产技术

一、华县大葱

华县大葱为陕西省华县特产辛辣蔬菜，其葱身高大，葱白粗长，肉质脆嫩，甜辣芳香，含蛋白质、多种糖类、粗脂肪、维生素 C 及钙、磷、铁、胡萝卜素、硫化丙烯、葱辣素、苹果酸、有机酸、无机盐等多种营养物质，品质佳，耐贮藏，在当地已有 400 多年的栽种历史。2010 年 12 月 3 日，华县大葱获国家地理标志保护产品荣誉。华县常年种植大葱 5 万亩左右，平均亩产大葱 1 500 ～ 2 500kg，产品远销甘肃、山西、内蒙古、青海、河北、北京等国内各地、中国港澳地区，还出口朝鲜。

1. 品种选择

华县大葱选择当地地方品种赤水弧葱，又叫赤水谷葱。该品种株高 1 ~ 1.2m，葱白长 50 ~ 70cm，横径 2.5 ~ 3.6cm，不分蘖，叶间距大，叶色淡绿，蜡层较薄，组织细嫩，辛辣芳香，质脆嫩，品质佳，耐旱耐寒耐储，较抗病，抗风性中等，单株重 0.25kg 左右，一般每亩产量 2 000 ~ 3 000kg。

2. 培育壮苗

选择土地平坦、地势高燥、浇水便利，且 3 年内没有种过大葱、洋葱、韭菜、大蒜等百合科蔬菜的地块作为育苗地。每亩均匀施入腐熟有机肥 2 000 ~ 3 000kg。按照宽 1 ~ 1.2m、畦高 8 ~ 10cm、畦埂宽 20cm 制作畦子，播种前在畦面每亩撒施三元素复合肥 25kg，耙平畦面。用 55℃温水温汤浸种，并不断搅拌 20 ~ 30min 自然降温，或用 0.2% 高锰酸钾溶液浸种 20 ~ 30min，捞出洗净、晾干后播种。3 月下旬至 4 月初，将处理过的种子均匀撒播于畦面，用耙子轻耧 1 遍，使种子浅埋土中，或用细土覆盖 1cm，然后浇足水。每亩播种量 3 ~ 4kg。

播后及时药剂除草或人工除草。药剂除草，播种后趁墒每亩用 33% 施田补 100 ~ 150ml 兑水 60 ~ 75kg 均匀喷洒地面，持效期可达 30 ~ 45 天。人工除草，掌握“除早、除小”原则，结合间苗，及时拔除苗床杂草。

如果墒情适宜，大葱播种后 5 ~ 6 天可以出苗，出苗后要加强管理确保壮苗、齐苗。到 5 叶期，进行 1 ~ 2 次间苗，拔掉弱小苗、稠密苗，留苗间距 1 ~ 1.5cm。播种到子叶伸直以前，不要浇水，以免引起表土板结。即使苗床缺水，苗床的第一次浇水，也要等子叶出土伸直后进行。一般在第二年春暖前，幼苗的生长缓慢，不必施肥浇水。清明以后，幼苗开始生长，干旱时要及时浇水。如果苗子细弱，可随水每亩冲施尿素 7.5 ~ 10kg；以后苗还弱，隔 20 天再冲施 1 次。如果生长期间遇到连阴雨天气，应注意防治霜霉病和疫病，以确保壮苗。壮苗标准为苗高 35 ~ 45cm，假茎粗度≥ 1cm。

3. 适时定植

（1）地块选择　种植华县大葱的田块应该选择土层深厚，保水保肥力强的肥沃土壤，有机质大于 18mg/kg，土壤 pH 值 5.9 ~ 7.4。大葱忌连作，轮作期应在 3 年以上。栽植前深翻土地 50 ~ 60cm。

（2）定植时期　华县大葱适宜的定植时间为 6 月下旬至 7 月初。移栽晚时，大葱生长期短、产量低。

（3）定植方法　按照 70 ~ 80cm 行距开挖定植沟，沟深 30cm，宽 13 ~ 16cm。每亩施有机肥 5 000kg 和 25kg 三元素复合肥作基肥，施于沟底。起苗前 2 天，在苗床浇1次透水，起苗要深刨根，抖落土，淘汰伤残苗和病害苗，按苗子大小、高矮、粗细分成3级，分别归类移栽。按3 ~ 3.5cm的株距，在沟壁一侧顺次排列葱苗，葱叶平靠沟壁，再用锄培土到不埋心叶为宜，栽后踩实。栽后及时浇1次透水。

4. 田间管理

（1）施肥管理　大葱比较喜肥，对氮素很敏感，施用氮肥有明显的增产效果。大葱对养分吸收量以钾最多，氮次之，磷最少。除氮磷钾外，钙、锌、锰、硼和硫等营养元素对大葱的产量和品质均有一定的影响。大葱施肥要掌握“施足基肥、巧施追肥、常喷叶面肥”的原则，移栽前结合整地，施足底肥，耕翻入土；生长期间，要及时追肥，一般追肥3次，顺沟撒施。定植后立秋前后，进行第一次追肥，亩施三元复合肥20kg、尿素5kg；8月下旬进行第二次追肥，亩施三元复合肥20kg、尿素7.5kg；9月下旬进行第三次追肥，亩施三元复合肥25kg、尿素12kg。大葱生长期间，用0.2%的磷酸二氢钾溶液进行叶面喷肥，可以促进大葱生长，提高抗病害能力。

（2）水分管理　大葱叶片管状，表面多蜡质，能减少水分蒸腾，耐干旱，但根系无根毛，吸水力差。所以，大葱各生长发育期，都需供应足够水分才能保证正常生长。大葱移栽后，要是田间土壤湿度保持在饱和持水量的70%左右，干旱时及时浇水，浇后适时中耕松土，以利保墒和增加土壤透气性，促进根系发育，提高吸收水肥的能力。但大葱不耐涝，雨季应控制灌水，以免沤根死秧。

（3）培土　培土软化是大葱栽培独特技术，也是延长葱白长度，提高大葱产量的一项重要措施。一般要培土4次，才能保证葱白长度达到50 ~ 70cm。第一次培土是在生长旺盛期之前，培土至沟深度的一半；第二次培土是在生长盛期开始以后，培土至与地面相平；第三次培土成半高垄；第四次培土成高垄，垄高40cm左右。每次培土的厚度以不埋没生长点（葱心）为标准。

5. 病虫害防治

（1）虫害防治　危害大葱害虫主要有潜叶蝇、斑潜蝇、葱蓟马等。害虫蚕食葱叶叶肉，产生白色小斑点。防治方法，一般可喷48%的毒死蜱乳油1 000倍或5%甲维盐2 500倍液。喷药时要添加黏着剂，以提高药液在葱叶上的附着量，有效杀死害虫。

（2）病害防治　大葱病害主要有霜霉病和白色疫病。

①霜霉病　主要危害叶片，空气湿度过大时易发病。防治方法：发病初期

用75%百菌清可湿性粉剂600倍液，或50%甲霜铜可湿性粉剂800 ~ 1 000倍液，或64%杀毒矾可湿性粉剂500倍液喷雾，隔7 ~ 10天喷1次，连喷2 ~ 3次。

②白色疫病　也叫白尖病，主要危害叶片，苗期、成株期均可发病。防治方法：发病初期用77%可杀得可湿性粉剂500倍液，或72%克霉氰可湿性粉剂800倍液，或69%安克锰锌可湿性粉剂1 000倍液喷雾。隔7天喷1次，连续防治2 ~ 3次。

6. 收获贮藏

大葱收获一般在11月中旬到下旬，气温下降至8 ~ 12℃，植株地上部已明显生长停滞，叶肉变薄下垂时收获为宜。大葱收获时应深刨轻拉，切忌猛拔猛拉，损伤假茎，降低品质。收获后的大葱抖净泥土，摊放在地里，每两沟葱并成1排，在地里晾晒2 ~ 3天，等叶片柔软，须根和葱白表层半干时，除去枯叶，将无病虫害、无损伤的大葱分级打捆，每捆7 ~ 10kg。

大葱假茎葱白较耐低温，可忍受−30℃以下的低温，在0℃以上的低温条件下，细胞仍具有活力。因此，冬季贮藏大葱可用低温贮藏法或微冻贮藏法。低温贮藏适宜的温度为0℃，相对湿度85% ~ 90%；微冻贮藏适宜温度为−5 ~ −3℃，相对湿度80%左右。

二、大荔黄花菜

黄花菜为多年生百合科草本植物，以花蕾为产品器管，味鲜质嫩，营养丰富，与蘑菇、木耳并称为“素食三珍品”，为蔬菜之佳肴。渭南市大荔县东临黄河，县内沙苑一带土质肥沃疏松，排水性能好，是大荔黄花菜主要生产地区，生产的黄花菜，针长、色佳、肉厚、味香、品质好、营养价值高，属于中国知名黄花菜八大系列之一，被誉为“西北特级黄花菜”，深受市场欢迎。2010年9月3日，“大荔黄花菜”获得国家地理标志产品保护荣誉。2016年大荔县种植黄花菜6万亩，总产量1.5万吨左右，产值达6亿元。大荔县黄花菜是西北地区最大的生产基地。

1. 选择品种

选用大荔沙苑花。

2. 选择地块

黄花菜耐贫瘠、适应性强，对土壤要求不严格，不论山坡还是平地、黏壤土还是沙壤土，均可生长良好，但选择土层深厚、土壤肥沃、疏松透气性好的地块，不仅可以获得高产，生产的黄花菜品质也好。

3. 施肥整地

选好地块后，每亩施有机肥 4 000 ～ 5 000kg，深翻土地，耙细磨平。

4. 科学栽植

（1）分株繁殖　黄花菜采用分根繁殖，一般栽植 1 次可以生长收获数十年。选择生长 5 ～ 6 年的大丛黄花菜，挖出根系，除去带土，一株一株分开，剪去老、朽、黑根，留 2 ～ 3 排长度 4 ～ 5cm 新根，并按照大小分类。种根最好随挖、随选、随用。

（2）适时移栽　黄花菜既可秋栽也可春栽，但秋栽更为适宜，原因是秋季的温度和湿度更适宜黄花菜发芽生长，第一年产量也高。黄花菜春栽在 4 月上旬，秋栽在 9 月上旬。

（3）合理密植　黄花菜采取宽窄行、穴坑栽植，宽行行距 100cm，窄行行距 60cm，穴间距离 40 ～ 50cm。栽植时先挖深 15 ～ 20cm、长宽均为 20 ～ 25cm 的定植穴，将 4 株繁殖根苗栽在定植穴的 4 个角部，相邻两个根苗之间的距离保持在 15cm 左右，栽植深度 10 ～ 15cm，覆土压实，及时灌定植水。以后地皮发黄时再灌 1 次缓苗水。

5. 田间管理

（1）及时追肥　黄花菜喜水喜肥，掌握“前期多氮，中后期多磷、钾”施肥原则，及时施肥，具体操作上要“差苗多施，壮苗少施；瘦地多施，肥地少施；晴天水施，雨天干施”。在黄花菜栽后春季萌发第一轮新叶时施“提苗肥”，结合中耕培土，亩用尿素 5 ～ 10kg，促进幼苗生长。4 月中旬施“抽薹肥”，每亩施三元复合肥 15 ～ 20kg，促进抽薹。5 月中下旬结合中耕施“催蕾肥”，每亩施三元复合肥 20 ～ 25kg，促使花茎抽生和现蕾。采摘完后及时割叶，并施“冬苗肥”，亩施三元复合肥 20kg。

（2）适时浇水　黄花菜栽植成活后，4 月中旬前，温度低、植株生长量小，不需要浇水。4 月中旬到 7 月中旬，是黄花菜抽薹和花蕾形成期，也是植株生长量和需水量最大的时期，缺水会影响产量，因此，遇到干旱要及时浇水，保持土壤湿润不缺水，为丰产提供保障。采收后，只中耕保墒不浇水。

（3）更新根系　黄花菜虽然可多年生长，但老龄植株地下根老化后，花蕾减少，产量下降，需要更新。黄花菜生长 3 ～ 4 年，采收完成后，结合秋季中耕，从一侧连根挖掉 1/3 的老株，促进整个植株萌发新根。再过 3 ～ 4 年，用同样的方法复壮另一侧。再过 1 ～ 2 年，将剩余的老根全部挖掉，并深翻土。黄花菜根系每年从新生的基节上发生，有逐渐向上生长的趋势，因此在冬苗枯死后，要为根部培土，促进新根生长。

（4）中耕清园　黄花菜一般每年中耕3次。第一次，3月中耕除草1次；第二次，4月中旬抽薹前，中耕1次；第三次是采收后中耕1次。每年11月，茎叶干枯时，拔除花茎，割去干叶，集中填埋。

6. 病虫害防治

黄花菜常见的病害有叶斑病、叶枯病、锈病、炭疽病和茎枯病等，虫害主要有红蜘蛛、蚜虫、蓟马、潜叶蝇等。防治病虫：一是提倡农业防治。选用无病虫害、生长健壮的繁殖根系。在黄花菜采摘完后，清洁菜地，减少病源、虫源。科学施肥，增强植株抗病能力。适时更新复壮老蔸。二是及时用药防治，病害可用50%多菌灵可湿性粉剂600～800倍液、75%百菌清可湿性粉剂600倍液、50%代森锰锌500～600倍液、用75%的百菌清800倍液、50%腐霉利可湿性粉剂1 500倍液、36%甲基硫菌灵悬浮剂500倍液，选其一种喷雾防治，每隔7～10天喷1次，连喷2～3次。红蜘蛛用15%哒螨灵可湿性粉剂1 500倍液，或73%炔螨特2 000倍液喷雾；蚜虫用3%的啶虫脒乳油1 500倍液、10%吡虫啉乳油1 500等喷雾防治，每隔7～10天喷1次，连喷2～3次。

7. 采收加工

（1）适时采收　6月至7月，黄花菜花蕾顶部呈浅黄色或黄褐色，饱满花瓣上纵沟明显，花蕾含苞待放时采收。采收过早，花蕾未充分膨大，产量低；采收过迟，花蕾裂嘴或开放，影响产量和品质。

（2）加工分级　黄花菜的加工流程是：原料→蒸制→晾晒→分级→贮存。

①原料分级　采摘回的黄花菜除去杂物，将色泽浅黄或金黄质地新鲜、身条均匀粗壮的黄花菜与劣质黄花菜（大小不均、花蕾已开）等级分开，当天蒸制。

②蒸制　用竹制或木制的笼屉（或筐），容器不得使用金属容器，根据容器的大小和装载量，一般蒸40～90min，花蕾由黄变淡黄色，用手捏住柄花蕾稍下垂即可。蒸好的黄花菜在蒸笼里让其自然冷却。

③晾晒　将蒸制后的黄花菜均匀撒在晾晒台面上，或装入烘干炉内，晾晒厚度一般不超过2cm，晾晒至含水量13%～15%时可以储存。

④储存　选择清洁、干燥、通风的库房，不得与有毒有异味的物质混合存放。

（3）质量指标　呈黄褐色、肉厚、弹性佳、耐浸泡，食之清香爽滑。水分≤15%，粗纤维≤9.5%，脂肪≥1.3%，总糖≥38%，条长≥8cm，青、油条、开花≤5%。

三、陕西清水莲菜

清水莲菜生产是指利用防漏处理的水池，填装土壤并施入有机肥和化肥，用井水或清洁河水浇灌生产莲菜的生产方式。近几年，清水莲菜以其外形美观、品质优良、口味清甜，深受市场青睐，在陕西省各地迅速发展，是陕西省兴平县、武功县、富平县、合阳县、山阳县等地的特色蔬菜。据调查，2015 年陕西省全省清水莲菜种植面积 13.7 万亩，产量 26.17 万吨，每亩产量在 2 000kg 左右，最高可达 3 000kg。

1. 地块选择

选择交通便利，地势平坦，排灌方便的地块建池。建池规格一般为 200 ~ 300m^2，池宽 5 ~ 6m，深度 50 ~ 60cm，池底整平、夯实，然后用厚 0.08mm 的整块优质农用薄膜铺于池底及四周。

2. 整地施肥

莲菜喜肥，科学施肥是莲菜获得高产的关键。施肥应以施基肥为主，施追肥为辅；施有机肥为主，施化肥为辅。基肥占总施肥量的 70%，追肥占 30%。修好莲池后，回填 20 ~ 25cm 厚的肥沃土壤，耙磨平整，整块田的高低误差最好不超过 5cm，作为藕的生长层。结合整地每亩施腐熟有机肥 3 000kg、微生物复合肥 180kg。再每亩用 50kg 生石灰浆均匀泼洒，或用 70% 甲基硫菌灵 2kg 拌土 30kg 均匀撒入田间，进行耕耙消毒，杀灭土壤中病菌。

3. 品种选择

选择鄂莲 1 号、鄂莲 5 号、鄂莲 6 号、鄂莲 7 号、雪莲、白莲、九眼莲、长白条、新 1 号、珍珠藕等品种。

种藕的选择除具备本品种特征特性外，还要求无伤、无病、个体大、苫头完整、尾梢齐全、有完整的顶芽和侧芽、藕节粗壮丰满、重量要达到 1kg 以上且大小均匀，最好是浅层莲藕。种藕在种植时随挖随栽，不能久放，以免芽头干萎。远距离运输或放置时间较长时要经常在种藕上洒水，保持堆中一定的温度和湿度。一般每亩用种藕 300 ~ 500kg。

4. 栽植时期

栽植时气温应稳定在 12℃以上，10cm 地温稳定在 10℃以上。适宜栽植时期一般在 4 月中下旬。

5. 栽植方法

栽植密度一般为行距 1.5 ~ 2.5m，株距 0.7 ~ 1m，早熟品种宜密植，晚熟品种宜稀植。栽时先摆后栽，将种藕顶芽朝上，藕头入土5cm左右，尾节翘露在土面上，与地面呈15°～20°角放在沟内，藕体上的所有芽一律朝上。各行上的栽植点要交错排列，种藕顶芽（藕头）要左右相对，分别朝向对面行的株间，藕田四周的各栽植点藕顶芽一律朝向田内。栽后立即浇水，保持地面湿润。

6. 田间管理

（1）科学追肥　莲菜一般追肥3次。第一次施立叶肥，在田间出现3～5片叶时，每亩施尿素30kg，促进分枝和长叶；第二次立叶满田时施促棵肥，每亩施高氮钾复合肥45kg；第三次施结藕肥，在终止叶出现时（7月中下旬），每亩施硫酸钾15kg、尿素15kg、锌肥5kg拌匀全田撒施。

（2）水位管理　清水莲菜灌水应遵循“浅－深－浅”的原则，以水调温，为莲菜生长创造良好环境条件。莲菜栽植后，水位保持5～10cm的浅水位，以利提高地温，促使幼苗的萌发生长；随着立叶的生长，再逐渐提高水位，夏季高温季节，莲藕植株已经形成，气温高，蒸发量大，应保持20～30cm深水位；立秋以后，莲菜进入结藕期，应逐渐降低水位至10cm以内，以提高泥土温度，促使藕的生长。

（3）转头及摘叶花　在田间封行之前，发现朝向田埂生长的莲藕要及时转向田中间。对已失去功能的老叶、病残叶，及时人工摘除，便于田间通风透光。开花结子消耗养分，如有花蕾发生应将花梗曲折，不可折断，以免雨水侵入引起腐烂。

（4）除草　在莲藕生长过程中，特别是封行前，田间水浅，露地较多，容易滋生杂草，影响莲藕生长，应掌握“除早、除小”，出苗后就要开始除草，人工拔除田间杂草，1个月后再进行1次。除草时下田移足宜轻，以防踩伤地下茎，将拔下杂草随即塞入藕头下面泥中作为肥料。有5～6片立叶时封行，早藕开始坐藕，不宜再下田除草。

也可采取化学方法除草，50%扑草净40g、25%敌草隆50g，选其一种，拌50kg细土，堆放过夜，定植后均匀撒入田间，可以有效抑制杂草。

7. 病虫防治

莲藕的病害主要有叶斑病、黑斑病、叶枯病、腐败病等。

防治方法：一是实行2～3年轮作。特别是水旱轮作可有效减轻病害发生。二是种藕消毒。要选择色泽正常、无破损的健康种藕，并用72%甲基托布津800倍+速克灵800倍液喷雾后，放置24h方可播种。三是科学管理水位、科学施肥，促进植株健壮生长，提高植株抗病性。四是发病初，喷施72%甲基托布津800倍液或75%的百菌清可湿性粉剂700倍液喷雾防治，或用50%多菌灵加75%百菌清可湿性粉剂，按每亩500g拌细土30kg，堆焖3 ~ 4h后，田间保持浅水层施入。

害虫主要有蚜虫、斜纹夜蛾和食根金花虫，俗称“水蛆”。防治蚜虫和斜纹夜蛾，可喷施2.5%溴氰菊酯乳油3 000倍液、3.15%阿维菌素2 000倍液或50%的辛硫磷乳剂100倍液喷施。水蛆吮吸莲藕根、茎、叶的汁液，导致荷叶发黄，一旦发现，可施石灰驱杀，每亩用量10 ~ 15kg。

8. 采收贮藏

莲菜基部立叶叶缘开始枯萎标志藕已成熟，即可采收。早熟品种在7月上旬、中熟品种9月采收卖菜藕。采收前先清除莲菜叶杆。采收时无须放干池水，用高压水枪水底冲刨模式采收，省时省工。保温贮藏的产品标准为：藕节完整、藕身带泥、无损伤。

四、千阳胡萝卜

千阳千川牌“透心红”胡萝卜，具有“肉质根长圆柱形，整齐一致色透红，心细光滑质脆嫩，味甜汁多营养丰富”的特点，因色泽红透、味美口爽而素有“小人参”之美称，是陕西省宝鸡市千阳县的特产蔬菜。千阳胡萝卜2002年获得了国家A级绿色食品认证，2004年通过了陕西省无公害胡萝卜产地认证，2007年成功注册了“千川牌”商标。一般亩产2 500kg左右。

1. 选择地块

种植胡萝卜的地块宜选择前茬没有种植过伞形花科蔬菜及白菜、萝卜、青茎蓝等蔬菜的地块，并要求土层深厚、富含有机质、疏松透气、排水良好的沙壤土种植。

2. 施肥整地

（1）整地施基肥　胡萝卜根系入土较深，喜欢土壤深厚肥沃疏松。整地前要施足底肥，一般每亩施腐熟的有机肥3 000 ~ 4 000kg、三元复合肥50kg左右，然后深翻土壤30 ~ 40cm，捡尽石块、瓦砾等杂物，耙磨细碎，整平地面，使肥均匀分布在耕层。

（2）精细做畦　按照畦宽1m、长10m、埂宽20 ~ 30cm、埂高10cm的规格做畦，畦内纵横细耙2 ~ 3遍，保证畦面平整。

3. **适时播种**

千阳胡萝卜一般选用千阳透心红、日本黑田五寸等品种。千阳县胡萝卜播种时间，塬区以7月上旬，川道以7月下旬为宜。播前要搓去种皮、毛刺，然后晒种1～2天，再用45～50℃温水浸种30min，其间反复搅动，漂去秕籽。再将种子与过筛细土按照1∶10的比例充分混合，将拌土的种子均匀撒于畦面，浅耙使种子入土0.3～0.5cm。再用磙子镇压，及时浇水，确保全苗。一般亩用籽量0.75～1kg。

4. **田间管理**

（1）间苗除草　出苗后间苗3次。第一次间苗在子叶展开、苗高3～4cm时进行，破开撮撮苗和双苗，株距4cm左右。第二次间苗在2～3片真叶、苗高6～8cm时进行，去病弱苗、稠密苗，留苗间距为8cm左右。第三次间苗在4～5真叶时进行，保留健壮苗，留苗间距为15cm左右，亩留苗控制在3万株左右。结合间定苗，拔除田间杂草。

（2）水分管理　胡萝卜种子吸水膨胀较慢，发芽出苗持续时间较长（一般10～15天），通常出苗需灌水3次，即在播后灌1次水的基础上，以后每隔4～5天灌水1次。苗齐后至定苗前应适当控制水分，进行短期蹲苗。胡萝卜幼苗根系弱小，耐涝性较差，遇大雨时，应及时排涝。胡萝卜肉根膨大期是需水肥关键时期，应保证充足的肥水供给，"见湿见干"保持田间不缺水，以促进肉质根迅速膨大。

（3）合理追肥　胡萝卜肉质根膨大期以磷肥为主，此时适量补充钾肥，可以显著提高产量，因此，追肥是胡萝卜丰产优质的重要措施。胡萝卜一般追3次肥。第一次是在3～4片真叶时，每亩施硫酸钾型复合肥5～10kg；第二次追肥在7～8片叶子时，每亩可用硫酸钾型复合肥5～10kg；第三次追肥在根系膨大盛期，每亩施硫酸钾型复合肥10～15kg。施肥要与浇地结合起来进行。

5. **病虫防治**

胡萝卜常见病害有黑斑病、黑腐病、叶枯病等，虫害主要有地下害虫、蚜虫。在黑斑病和黑腐病防治上，农业措施一般采用选用抗病品种，培育无病虫害壮苗，轮作倒茬，增施有机肥，中耕除草，合理密植，促进植株健壮生长，提高抗病性。药剂防治，在黑斑病发病初期用75%百菌清可湿性粉剂600倍液喷防；发现叶枯病病株，及时拔除，带出田外深埋，再用高效低毒的百菌清粉剂600倍液喷雾防治。

蚜虫用黄板诱杀物理防治，每亩地插黄板12～16块，高出作物30cm（黄板制作方法：选用60cm×40cm木板或纤维板，刷上黄色，黄色干后均匀刷上废机油），诱杀蚜虫。也可在蚜虫发生初期喷洒 10% 吡虫啉 1 500 倍液，或 3% 的啶虫脒乳油 1 500 倍液，或 10% 的氟啶虫酰胺水分散粒剂 1 500 ～ 2 000 倍液防治，7 ～ 10 天喷 1 次，连喷 2 ～ 3 次。

6. 采收与贮藏

要适时采收，肉质根充分膨大后方可收获，采收过早、过迟都会影响胡萝卜的商品性状及产量。采收前可抽样拔取，看外表品尝口味，外表饱满，表皮光滑，肉质根尖圆满，口感甜，无纤维，即可沿一边挖出，除去泥土，分级收获。

胡萝卜耐贮藏，将收获的胡萝卜叶子割掉，挖贮藏坑，埋土深 35cm，防冻保鲜，并可根据市场需要随时上市销售；晾晒数日，失去部分水分，除掉泥土，分级包装，贮藏在冷库内，随时销售。

五、宝鸡线辣椒

宝鸡是陕西线辣椒“秦椒”的主要产区。宝鸡线辣椒“身条细长、皱纹均匀、色泽鲜红、口味佳美”，外观商品性好，内在质量优良，曾被称为“椒中之王”，在国际市场有较强的市场竞争力。宝鸡栽培线辣椒有 400 多年历史，20 世纪 60 年代末以后线辣椒面积逐步扩大，到 90 年代线辣椒种植规模达到最大，形成岐山县、凤翔县、扶风县、眉县、陇县、千阳县 6 县为主的辣椒商品生产基地和外贸出口基地，辣椒干销往国内的湖南、四川、湖北、青海等十几个省市和中国港澳地区，以及日本、韩国、东南亚、新加坡、马来西亚等国家和地区。2012 年 1 月 18 日，“宝鸡辣椒”获得地理标志产品保护产品。近年来，由于农业生产环境条件发生变化，宝鸡辣椒虽然种植面积下降，但品种更新换代加快，生产技术也在向精细化方向发展。

1. 品种选择

选择优质、高产、抗病、适应性强的线辣椒新品种，如常规品种的陕早红、宝椒 27 号，杂交品种的宝椒 12 号、宝椒 13 号、辣丰 24 等。

2. 精心育苗

（1）制作苗床　宝鸡线辣椒采用小拱棚冷床育苗。育苗床所在地应选择在背风向阳、地势高燥、排灌方便的地方。冬前深翻，立茬过冬，杀灭病虫并熟化土壤。春季播种前，按照长 10m、宽 1.2m、深 20 ～ 25cm 规格制作苗床。内装填配制好的营养床土 10 ～ 15cm 厚，压实。一般种植 1 亩线辣椒准备 2 个苗床。

（2）配制床土　取未种过茄果类作物的大田过筛细土 6 份、充分腐熟的优质农家肥4份，每立方米加三元复合肥1.5kg、尿素0.5kg、50%多菌灵可湿性粉剂100g、40%辛硫磷乳油50g用水稀释，充分混合拌匀，制成育苗床土。同时，取3年内没种过茄果类作物大田表土过筛作为盖种土。

（3）种子处理　播种前，选择晴天晒种3 ~ 5天，杀灭种子表面病菌，也可用1%的硫酸铜溶液浸种5 ~ 10min再次杀菌，捞出后用清水淘洗干净。在常温清水中浸种8h左右，使种子吸足水分。然后沥干水分，用数层干净、湿润的棉纱布包好，置于25 ~ 30℃的黑暗条件下催芽，每天打开和翻动种子，使种子透气，干燥时洒水保持湿润。70%种子露白时，选择晴天播种。

（4）精心播种　宝鸡地区线辣椒播种在3月10日左右。播种前，浇透苗床水，即苗床灌满水2次，第二次灌水渗下后立即播种。播种可撒播，也可划格点播。划格点播既节省种子，又节省苗床管理用工，也便于培育壮苗，特别选用种子价格较高的杂交品种时，划格点播是线辣椒育苗播种首选方法。采用撒播法时，每个苗床准备种子100g，苗床水下渗后，立即将种子均匀撒于床面；采用划格点播时，苗床水下渗后，用行距6cm的钉耙，在苗床横竖划行，划成6cm见方的方格，每格内在4个角部各点1粒种子，一般每个苗床需要种子50g左右。播完种，在床面喷施75%百菌清可湿性粉剂500倍液，再均匀覆盖一层1cm厚的盖种土。然后支撑竹竿拱架，覆盖薄膜，保温保湿，促进辣椒发芽出苗。

（5）苗床管理

①温度管理　线辣椒种子发芽的适宜温度为25 ~ 30℃，适宜土壤绝对含水量为17% ~ 18%，适宜的空气相对湿度为60% ~ 80%。线辣椒冷床育苗，苗床内管理通过通风来调节。播种后到出苗前，保温保湿，不通风。当辣椒出苗70%时，开始通风，白天温度25 ~ 28℃，夜间控制在18 ~ 20℃。苗出齐后，加大通风，白天维持在20 ~ 25℃，夜间15 ~ 17℃。定植前7 ~ 10天，逐渐加大通风量，直至全揭膜，进行适应性锻炼。

②拔草间苗　撒播苗床，在2 ~ 3片真叶时间苗，拔去病苗、弱苗、畸形苗、撮撮苗等。5 ~ 6片真叶时，按苗距3 ~ 4cm定苗，去小留壮，拔除多余苗子。结合间苗，拔除苗床内杂草。划格点播苗床，只要及时拔除杂草，剔除病苗、劣苗即可。

③水分管理　一般在4片真叶前，不需灌水，如果苗床缺水，可结合拔草间苗，轻洒水。以后若苗床缺水应及时灌水。进入后期，苗龄增大，气温偏高，生长速度加快，株间相互遮阴易徒长，此时苗床水分含量过高时，容易引起幼苗徒长或诱发某些病害，因此要适当控制灌水，以促进地下部根系发育，并利于定植

后缓苗。

④适时追肥 适当追肥，可以促进苗子生长。在定苗后，若苗弱苗发黄，可每床撒施尿素100g左右，施后及时洒水或灌水。为了培育壮苗，即使苗床养分不缺，也可喷施磷酸二氢钾、喷施宝、植宝素等叶面肥料，促进秧苗健壮生长。

⑤病害防治 苗期病害主要有猝倒病、立枯病和疫病。防治方法：进行床土处理杀菌，加强管理促进苗子健壮生长。同时根据不同病害，采用不同药剂防治。猝倒病，避免苗床内低温高湿，不要在阴雨天浇水，发生病初喷施72.2%普力克400倍。立枯病，避免苗床内高温高湿，科学放风，发病初喷施5%的井冈霉素1 500倍液或20%甲基立枯磷乳油1 200倍液。当猝倒病与立枯病混合感染时，喷施72.2%霜霉威800倍液、50%恶霉灵800倍液，7 ~ 10天喷1次，连喷2 ~ 3次。疫病，发病初用25%瑞毒霉或40%乙磷铝喷洒防治。

3. 整地施肥

宝鸡线辣椒传统种植方式以小麦辣椒套种为主，现在随着农村劳动力减少和农业机械的普及，纯栽辣椒成为主要栽植方式。采取麦辣套种生产方式，前一年种植小麦前，要施足有机肥，一般亩施农家肥5 000kg。第二年4 ~ 5月，在预留的空带内辣椒定植行下，每亩施入磷酸二铵30kg、硫酸钾10kg。采取纯栽辣椒的生产方式，4月深翻土地，随整地一般亩施入熟农家肥2 000 ~ 3 000kg（或生物有机肥400 ~ 500kg）、磷酸二铵30kg作底肥。

4. 合理密植

麦辣套种田于小麦收获前25 ~ 30天定植，一般在5月10日至15日。纯栽辣椒，移栽时间可以适当提前，在5月5日前后。平均栽植行距60cm，株距26 ~ 30cm，常规品种每窝栽苗2 ~ 3株，杂交种每窝栽苗1株。高水肥田适当稀植，地力差的田块适当密植；常规种株距要小，杂交种株距要适当加大。

5. 科学管理

（1）中耕培垄 对于麦辣套种的线辣椒，浇完缓苗水，地皮发黄时中耕浅锄1次。以后下雨天晴后，合墒中耕。麦收后，6月下旬及时灭茬中耕。7月下旬，辣椒封垄前，结合追肥，将辣椒行间的土培到辣椒株行内，形成25cm左右的高垄，促进辣椒产生更多不定根，便于吸收更多的养分，防止辣椒倒伏。

（2）科学追肥 辣椒追肥的基本原则是“控氮、稳磷、补钾配微”，具体做法是“轻施提苗肥、重施花果肥、补施防衰肥”。栽植时，每亩施5kg尿素作定植肥，缓过苗后，结合浇水，再每亩施5kg尿素作提苗肥。初花期，结合培垄，每亩施磷酸二铵25kg、硫酸钾15kg。盛果期，每采收一次，每亩施10 ~ 15kg的三元复合肥 1 次。

线辣椒缓苗后，就可喷施叶面肥，每 2 周可喷 1 次叶面肥，特别是辣椒生长后期提倡根外追肥，可使用尿素、磷酸二氢钾及其他商品叶面肥喷施。

（3）适时浇水　线辣椒管理中浇水掌握“浇控结合，浇透苗床水、早浇定植水、浇好丰产水”的原则。线辣椒定植后，要及时浇足定植水。以后地皮发黄，再浇 1 次缓苗水。缓过苗，适当控水，促进发根。初花期以后，进入高温季节，土壤缺水时应及时灌溉，保证土壤相对湿度在 60% 以上。进入盛花盛果期，辣椒需水量增大，干旱时应及时浇水，保持土壤相对湿度维持在 70% ～ 80%。果实红熟期辣椒需水量减少，应控制浇水，使土壤相对湿度维持在 65% 左右。立秋以后，要谨慎浇水，防止淹水死秧。

6. 病虫防治

（1）疫病　发病初期，用 64% 恶霜灵・锰锌可湿性粉剂 500 倍液，或 70% 乙磷锰锌可浸性粉剂 500 倍液喷雾。中后期发现中心病株后，用 50% 甲霜铜可湿性粉剂 800 倍液、64% 恶霜灵・锰锌可湿性粉剂 500 倍液喷施与浇灌病株根部并举。

（2）炭疽病　发病初期用 50% 混杀硫悬浮剂 500 倍液或 75% 百菌清可湿性粉剂 600 倍液喷雾，7 ～ 10 天 1 次，共喷 2 ～ 3 次。

（3）病毒病　早期防治蚜虫，用 10% 吡虫啉可湿性粉剂 1 500 倍液喷雾；病毒病发病初用 20% 病毒 A 可湿性粉剂 400 倍液，或 1.5% 植病灵乳剂 1 000 倍液，隔 7 ～ 10 天喷 1 次，连喷 3 ～ 4 次。

（4）棉铃虫　当百株辣椒卵量达到 20 ～ 30 粒时开始用药，选用 5% 氟啶脲乳油 2 500 倍液，或 50% 辛硫磷乳油 1 000 倍液喷雾防治。

（5）烟青虫　用 50% 辛硫磷乳油 1 000 倍液，或 2.5% 功夫菊酯乳油 2 000 倍液喷雾等方法防治或用杨树枝把诱杀成虫，每亩 5 ～ 10 把，早晨人工捕捉成虫。

7. 及时采收

线辣椒果实由下而上逐步红熟，而且辣椒红熟季节正处于关中地区的雨季，为了防止烂果，也便于上层后结的果实生长发育，辣椒果实要随着红熟，及时分批采收。

六、汉中冬韭

汉中冬韭是汉中市在全国最有影响的蔬菜品种，也是汉中首个蔬菜地标品种，最早在汉中过街楼村栽培，目前是全国韭菜主栽品种之一，在日本等国也有一定的规模。四倍体是汉中冬韭优于其他品种的内在因素。其典型特点是植株高大、叶宽鲜嫩、青绿多汁、色艳味正、辛辣浓香、纤维少、营养丰富，是菜中珍蔬。其抗寒、耐热，且产量高，品质好的优良农家韭菜品种。

1. 品种选择

选择具有汉中冬韭典型特征的农户种子，或从正规的种子经营机构购买纯正的种子。

2. 地块选择

选择土地平整、排灌方便、交通便利、远离污染源地块，土壤以疏松肥沃的砂质壤土为宜，pH 值 7 ～ 8 的中性或微碱性土壤。地块必须 3 年内未种过葱蒜类蔬菜，以防止连作障碍。

3. 播种育苗

（1）种子处理　选择晴天对种子进行晾晒之后用 40℃温水浸种 12h，接着用多菌灵等杀菌剂进行浸泡杀菌，再进行漂洗后，用纱布包好，置于 20 ～ 25℃环境中催芽，当 80% 种子露白时即可播种。一般每亩用种 4 ～ 5kg。

（2）播种　适期播种。在 3 月下旬至 4 月上旬，当地温稳定通过 12℃时即可播种。亩用种量 4 ～ 6kg。在苗床上开沟踩实，顺沟浇透水，然后将种子与细沙土按照 1∶3 的比例混拌后均匀地撒入沟内，并覆 1.5cm 厚细土、镇压，然后覆膜保温保墒，出苗率达到 85% 时，揭开覆盖膜，防止烫伤刚出土的幼苗。利用营养钵育苗的，根据种植发芽率，按照每个营养钵出苗 8 ～ 10 株计算播种量。

（3）苗期管理　播种后保持苗床土壤湿润，出苗前后根据土壤墒情进行浇水，坚持小水勤浇，出苗前尽可能不施肥。出苗后，可结合浇水每亩施入 2kg 尿素。幼苗长到 15cm 左右进行蹲苗促根，培育多蘖壮苗。同时做好病虫草害的防治。

4. 定植

（1）土地整理　种植韭菜的地块最好在入冬前深耕，定植前地块浇 1 次透水，等可以进入干活时，亩施有机肥或生物菌肥 200kg，15∶15∶15 的复合肥 30kg 作为底肥，进行深翻。深翻后进行细耙整畦，一般宽 1.5 米的平畦，畦高 15 ～ 20cm。同时用 50% 的辛硫磷 1 000 倍液或 40% 的乐斯本乳油 800 倍液、50% 的多菌灵 400 倍液的混合药剂，压沙（土）3cm。

（2）定植　韭菜苗长到株高 18 ～ 20cm、7 ～ 9 片叶时即可定植。幼苗要边挖边栽，以减轻缓苗。一般按照行距 25 ～ 30cm、穴距 10 ～ 15cm 进行穴栽，每穴栽苗 5 ~ 8 株。可以采用开浅沟（沟深 10 ~ 15cm）定植，以利于后期跳根培土，但开沟深度必须高于排水沟 10cm 以上，防止雨季根部浸水。

5. 田间管理

（1）中耕除草　韭菜移栽成活后进行 1 次浅中耕。并在整个管理期内防治杂草生长。

（2）肥水管理　韭菜忌涝怕湿，保持土壤湿润即可，尽可能小水勤浇。幼苗定植缓苗后即可随水适量补充尿素或者人畜粪尿。韭菜属一年多次收获，每次韭菜收割后 7 ~ 10 天，苗高 6 ~ 7cm 时，进行 1 次浇水并重施肥料，每亩随水追施尿素 20 ~ 30kg，补充养分，促进韭菜生长。

（3）修根培土　韭菜从第二年开始，每年春季萌发前，将根际土壤深挖开沟，把每丛中株间的土壤剔出，深度达到根部，露出根茎，剔除枯死的根蘖和细小的分蘖，填入细土埋好。填土时，最好加入适量的草木灰，以防治韭蛆。韭菜根系每年都会“跳根”上移，以优质的堆肥进行培土培肥，可以促进韭菜新根的生长发育，延长韭菜植株寿命，防治倒伏。培土的厚度要随跳根的高度而定，一般以 3 ~ 4cm 为宜。同时生产白头韭、韭薹、韭黄等产品时都需要进行培土。

6. 病虫害防治

韭菜主要有霜霉病、灰霉病、疫病等，可选用多菌灵、乙磷铝、甲霜灵、恶唑·霜脲氰、霜脲氰·锰锌等药剂防治。韭菜主要虫害中，菜蛾、潜叶蝇等可用辛硫磷、吡虫啉及菊酯类药剂防治进行防治。用 50% 的辛硫磷 1 000 倍液或 40% 的毒死蜱乳油 800 倍液来防治韭蛆效果良好，用 2.5 溴氰菊酯 1 000 ~ 2 000 倍液防治蓟马效果极佳。

当前，危害严重，对产业发展威胁最大的是韭蛆。近年来，在全国正扩大试验推广的新技术——高温覆膜防治技术，防治效果好，且不用化学试剂，推广使用潜力巨大。

高温覆膜防治技术是针对韭蛆不耐高温而韭菜具有耐高温特点，在韭蛆多发的夏秋季。在 4 月下旬至 9 月中旬，选择晴朗的天气韭菜收获后 1 ~ 2 天后，在地面铺上透明保温的无滴膜，让阳光直射到膜上，提高膜下土壤温度，保持膜内 5cm 深处土壤温度达到 40 ~ 42℃，持续保持 3h 以上，则可将韭蛆彻底杀死，在较短时间内升到 50℃，可在薄膜上面覆一层薄土或覆盖稻草等抑制温度继续上升。同时此方法还具有一定的增产效果。

7. 收获

韭菜以柔嫩多汁的叶片和叶鞘为食用部位，当苗高 35 ~ 40cm 时即可收获，一般春季和秋季为韭菜的主要收获季节。肥水合理充足、管理科学，韭菜一年可以采收 5 ~ 6 次，如肥水条件好、管理得当，可采收 7 ~ 8 次。一般亩产量可达 5 000kg，高产田可达 7 000kg 以上。选择晴天早晨收割最佳，每次收割在较短时间内升到 50℃，留茬 2 ~ 3cm 高。

七、城固生姜

汉中盛产生姜，主要在汉江沿岸的平川地区种植，以城固最多，种植面积在 1.5 万亩左右。城固生姜以外形美观、姜肉金黄、肉质细嫩、粗壮无筋、纤维细少、辛香浓郁、营养丰富而著称。其干物质多，出干率高，加工的姜粉颜色依然金黄，商品性好而闻名全国。

1. 品种选择

城固黄姜作为当地优良品种，适应汉中市的自然条件，可作为全市的主栽品种。

2. 种姜处理

（1）选种　在播种前 7 天左右选种，选形状扁平、颜色好、无病虫害、无腐烂、无损伤、未受冻的姜块做姜种。

（2）姜种处理　选好的种姜，在晴天进行晒姜，将种块翻晒数天，使姜块失水，姜皮变干发白，然后在 75% 甲基托布津 800 倍液或络氨铜 400 ~ 600 倍液中浸泡 4 ~ 6h 进行杀菌，捞出晾干进行催芽。

（3）催芽　将浸泡后的种姜分层摆放利用电热线进行辅助加温，高度在 30cm 左右，顶部覆盖稻草或棉被。催芽保持姜种湿润，温度控制在 20 ~ 25℃，经过 20 天左右，幼芽长 1cm 左右取出，也可放于温室或塑料大棚内进行催芽，催芽后沾上草木灰或石灰即可播种。

3. 整地施肥

生姜喜欢土层深厚，富含腐殖质的肥土，由于姜的根系少，分布范围小，因此用来栽姜的土地还须实行深翻曝晒，使其风化疏松，以利根系生长发育。秋茬作物收获后趁墒犁地，然后立茬冻垡，开春头场春雨后开始整地。整地时，亩施充分腐熟的有机肥 1 500 ~ 2 000kg，亩施绿又壮 5kg 或五氯硝基苯 3kg 或生物菌肥 40kg，然后耙磨平整做畦。整地应根据地形选择整地方式。一般平川地区采用高厢栽培法，可以增强土壤透气性，提高土温，防止积水烂根。将土地平整开沟，做成畦宽 1.4m、沟宽 30cm、沟深 20cm 的高畦。为防止大水浸泡，在姜地须开好三沟：中沟、边沟和腰沟，沟深 30cm 以上。

4. **播种**

（1）播种期　汉中地区一般 4 月下旬播种，用地膜栽培的可适当提早。

（2）播种方式　高厢栽培每畦均匀纵开种植沟 5 条，种植沟深 8 ～ 10cm，按 15 ～ 18cm 的株距进行播种栽培，栽后在畦面覆盖一层稻草，有利出齐苗、壮苗。对地下水位低的缓坡底可直接进行栽植。按 35cm 的行距开种植沟施放底肥，与土壤混合后，按 15 ～ 20cm 的株距进行播栽，以后培土做成垄。

（3）播种量　种块的大小与产量关系甚大，使用较大的姜块作种可出苗早，加快发育生长提早成熟，而且产量高，因此每块种姜应以 50 ～ 100g 为宜。

（4）下种　生姜出苗很慢，土壤缺水会影响出苗，因此必须浇足底水，出苗前一般不再浇水。播种时催芽的种块应将芽朝上摆放。播种后覆盖 5 ～ 6cm 厚的细泥土，整平畦面，再覆盖 1 层稻草，保温保湿使其尽快出苗。

5. **田间管理**

（1）除草　姜为浅根性作物，不宜多次中耕，以免伤根。一般在出苗后结合浇水，中耕 1 ～ 2 次，并及时清除杂草，避免杂草与幼苗竞争养分，影响幼苗生长。后期植株生长加快，逐渐封垄后杂草减少，可采用人工拔除的方法除草。也可采用黑色地膜覆盖防除杂草。

（2）浇水　姜为浅根系作物，不耐旱，需合理浇水，确保植株正常生长。一般，底水充足出苗前不需浇水。幼苗期应小水勤浇，并浅锄保墒。夏季高温除了遮阴外，只需在傍晚勤浇水，可降低地温，遇到降水量大时，及时排涝，防止田间积水。立秋后，生姜进入旺盛生长期，需水量增多，要保证水分充足，土壤相对湿度保持在 75% ～ 80%。

（3）追肥　姜在生长期间，根据植株的长势确定追肥，一般共追 2 ～ 4 次，结合中耕除草进行。追肥掌握先淡后浓的原则施用。在生长的前期由于植株不大，需肥较少，一般应少施，到生长中后期植株长大，且地下部开始结姜块，需肥较多，应多施勤施，可在人畜粪水中加进 0.5% 左右的复合肥 50kg，在晴天进行施用，既作追肥又作浇水，效果良好。

6. **病虫害防治**

（1）病害　汉中地区生姜病害主要是姜瘟病和立枯病。姜瘟病又称姜腐败病，为细菌性病害。防治上首先采用农业防治，实行 3 年以上的轮作栽培。严格选择姜种，并做好姜种和地块消毒。田间发现病株要及时拔除，并在病穴用石灰消毒，然后用 5% 甲托 800 倍液，或络氨铜 400 ～ 600 倍液，或 80% 乙蒜素 3 000 倍液，或 86.2% 铜大师 1 000 倍液，氢氧化铜稀释 500 ～ 600 倍液，任选一种灌根

1 次，任选一种交替叶面喷雾 2 ~ 3 次。立枯病用上述农药均可防治。

（2）虫害　汉中生姜的虫害主要是姜螟。用绿又壮土壤处理效果良好。也用杀螟松、阿维菌素等叶面喷雾即可。

7. 采收与留种

（1）采收　生姜的采收与其他蔬菜不同，可分嫩姜采收、老姜采收及种姜采收 3 种方法。

①嫩姜采收　可作为鲜菜提早供应市场。一般在 8 月初即开始采收。早采的姜块肉质鲜嫩，辣味轻，含水量多，不耐贮藏，宜作为腌泡菜或制作糟辣椒调料，食味鲜美，极受市场欢迎，经济效益好。

②老姜采收　一般在 10 月中下旬至 11 月份进行，待姜的地上部植株开始枯黄，根茎充分膨大老熟时采收。这时采收的姜块产量高，辣味重，且耐贮藏运输，作为调味或加工干姜片品质好。但采收必须在霜冻前完成，防止受冻腐烂。采收应选晴天完成。

③种姜采收　俗称偷娘姜，一般掌握在地上植株具有 4 ~ 5 片叶片时，大约在 6 月中下旬进行。采收时小心将植株根际的土壤拨开，取出种姜后再覆土掩盖根部。若采收过迟伤根重影响植株生长。

（2）留种　留种用的姜块，最好另设留种田进行栽培，在生长期间多施钾肥（草木灰等），少施氮肥（如尿素等）。采收时晾晒数天，降低种块水分进行贮藏。也可在大田生产中选择植株健壮、姜块充实、无病虫害感染、不受损伤的姜块，进行晾晒后，贮藏作种。

八、山药

山药作为一种药食同源作物，在当前注重养生保健的大健康时代，消费市场潜力逐步显现，已成为消费者餐桌上的必备佳肴。红庙山药是秦巴山区优良的地方品种，主要分布在米仓山西北麓的浅山丘陵区，主要集中于南郑区红庙、牟家坝、青树等地。红庙山药地下块茎长 60 ~ 80cm、茎粗 3 ~ 5cm，长条形或长柱形，主要特点下茎肉白水嫩，丝状纤维不明显，黏液较少、表皮黄白色，根毛多密，根眼粗大、黑色、略突出。蒸煮易熟，不散不烂，干面爽口。

1. 品种选择

选择具有红庙山药典型性状的块根留种。

2. **地块选择**

山药系深根作物，喜砂质轻壤土，要求土层深厚（一般 100cm 以上）、土质疏松、排灌方便、肥力适中、理化性状好、坡度不大于 25° 的沙质壤土地块，pH 值 5 ~ 7 的微酸性土壤最好。

3. **整地施肥**

前年冬天，深翻冻垡，拣出石块等杂物，将表层土（30cm 以内）和深层土分开，回填时先填深层土，再填表层土，耙细整平。山药需肥较多，底肥一定施足，一般亩施充分腐熟有机肥 2 000kg、硫基复合肥（17-17-17）50kg、硫酸钾 10kg 撒施入播种沟内，覆土 5 ~ 10cm。

4. **播种**

（1）种薯选择　山药一般采用无性繁殖，零余子、山药栽子或切段块茎均可做种，选择无病无伤无腐烂霉变的健壮块茎做种进行栽植。

（2）药剂处理　栽植前 10 天将筛选后的种薯（山药栽子、零余子、8 ~ 12cm 块茎切段）放在阳光下晒 5 ~ 7 天，然后用 50% 多菌灵粉剂 500 倍液喷淋杀菌消毒后备用。

（3）播种时期　当气温在 7 ~ 8℃，5cm 土壤地温稳定通过 10℃时即可播种，有利于山药生根发芽，一般秦巴山区适宜播种期为 3 月中旬。

（4）栽植方法　山药栽植一般按行距 70 ~ 100cm 开沟，沟宽 20cm，深 20 ~ 30cm。种子顶芽距离保持在 1 ~ 10cm（亩用种 30 ~ 50kg），山药栽子栽植和块茎切段按穴距 12 ~ 15cm（亩播 7 000 ~ 8 000 株），最后覆土 3 ~ 5cm。块茎切段发芽较慢，可提前 1 个月进行催芽，然后移栽。

5. **田间管理**

（1）搭架　山药为藤状茎叶植物，当幼苗茎蔓长到 30cm 左右时，每行按间距 50cm 搭人字架，架高 250（架杆高 3.0 ~ 3.5m，）将茎绑缚到架上，立架引蔓。

（2）除草　幼苗出土后，及时中耕除草，一般需要除草 3 ~ 4 次，注意不要损伤根茎叶。

（3）追肥　山药是需肥较高的作物，对钾肥要求较多，根据作物前期长蔓后期长茎的特点，追肥前期以氮为主肥料，每亩追施腐熟人粪尿 2 000kg 或尿素 20 ~ 25kg，促进植株生长，尽快封住架面，后期控制地上茎叶旺长，施以钾为主，每亩追施硫酸钾 10 ~ 15kg 或用磷酸二氢钾进行叶面喷肥，促进块茎发育，形成产量。

（4）浇水与防涝　山药怕积水，雨季注意及时排水，以免造成烂根，干旱季节要适时浇水。

6. 主要病虫害防治

（1）主要病害　红庙山药的病害主要是枯萎病、炭疽病、白锈病等。枯萎病是山药根颈病害，可在幼苗期每亩用 98% 恶霉灵乳剂 1 000 倍液灌根 2 ～ 3 次。炭疽病主要危害叶片和茎蔓，5 月下旬至 6 月上旬可用 50% 甲基硫菌灵 700 ～ 800 倍液叶面喷施 2 ～ 3 次。白锈病是山药茎叶病害，5 月下旬至 6 月上旬可用 20% 三唑酮可湿性粉剂 500 倍液叶面喷施 2 ～ 3 次。

（2）虫害　为害山药的地下害虫主要是地老虎、蛴螬等，防治方法是每亩用 3% 辛硫磷颗粒剂 2 ～ 3kg 拌细土 20 ～ 25kg 撒施，结合深耕施于土壤中。地上害虫：叶甲、叶蜂，亩用 2.5% 高效氯氟氰菊酯 40 克稀释 2 000 倍液叶面喷施。

7. 采收

山药需分类采挖。10 月下旬地上茎叶枯黄后采挖，采挖过程中尽量避免机械创伤，并挑选无病无伤无腐烂霉变的健壮块茎尖端 20 ～ 25cm 切下（山药栽子）留种，伤口处蘸上生石灰消毒。山药栽子可晾晒 5 天左右后，按同样方法贮存。通过提纯复壮后集中扩繁的优良山药栽子，在栽植时应单独栽植，不能混栽，多年生山药栽子应按不同生长年度分开栽植，2 ～ 3 年定期用零余子繁育山药栽子淘汰更新 1 次。

8. 良种及保存

一般山药栽子晾晒缩水后，裹上生石灰放在阴凉处即可贮藏越冬，山药豆则是用室内沙藏法进行贮存，一层山药一层沙，每层沙土厚度为 5 ～ 6cm，最上层盖上 10cm 厚的湿沙后，加盖塑料薄膜即可。

9. 良种使用

用山药栽子播种种植，山药出苗早、发育快，植株长势旺，但是种性退化快，一般 2 ～ 3 年顶芽衰老，植株长势衰减，直接影响产量和种植效益。为此，要及时用山药豆提纯复壮，保持良好品种特性。提纯复壮需集中单独栽植进行扩繁。

10. 注意事项

栽植前，须对种薯用多菌灵、高锰酸钾、辛硫磷等进行杀菌消毒，以减少后期病害的发生，药剂配制要严格按照说明书进行。

栽植 2 ～ 3 天后，可使用乙草胺封闭性除草剂进行 1 次化学除草，切记出苗后禁用。

采挖前将枯黄茎叶及零余子清扫干净，远离山药种植地进行深埋处理，以减轻翌年病害发生。

11. 山药套管栽培

山药套管栽培是近年来主要推广的栽培新技术。该技术是利用特制的管道，人为改变块茎的生长方向，使其由垂直生长改为倾斜生长，使生产的山药表面光滑、粗细均匀，商品性得到提高。同时，只需要 30cm 沙壤土即可栽培，对地块要求降低。山药采挖时省工省时，产品不易折断受损，能有效提高商品品量。其核心技术使套管的选择与铺设。其余管理技术与常规栽培一致。套管由塑料管制成，长 1.2m，横切面成半圆形，管径大小为 6 ~ 7cm。挖沟排管按照株行距（20 ~ 25）cm×80cm 的种植密度排管，管斜放，两头落差为 20cm。放好后，在套管内装入无菌细土，将山药栽子或块茎段置于套管内，保持块茎尖端或山药种苗距离套管顶端 10cm 左右，然后进行填充稻壳等填充物，同时结合填充物施足基肥。再回填土层 15cm 厚，压踏实。

第五章
露地蔬菜种植的模式与技术

导读：露地蔬菜栽培是利用自然的气候、土地、肥力等条件，通过人工管理，获得蔬菜产品，供应市场，多年来一直是解决城乡蔬菜供应的主要方式。露地蔬菜在栽培过程中应尽量突破无霜期的界线，将有限的生长期加以扩大，更多地利用空气、水、温度、光和养分，从而提高复种指数，增加单位面积产量。陕西地貌多样，南北纵跨 8 个纬度，天然形成陕北高原、关中平原和秦巴山地三大地貌区，在悠久的蔬菜栽培过程中，各地形成了独特的蔬菜栽培制度与栽培方式，延长了蔬菜的周年生产与均衡供应。我们通过调查、总结、整理形成了陕西 34 种露地蔬菜种植的模式与技术。

第一节　一年一茬和多年一茬种植模式及技术

一、辣椒越夏种植模式

（一）分布情况

榆林北部风沙滩区主要种植模式，秦岭、渭北越夏蔬菜种植带的太白县、凤县、蓝田县、商州区、洛南县、宁陕县、宜君县、黄龙县、麟游县有一定种植面积。

（二）栽培技术

1. 品种选择

选用优质高产、抗逆性强、商品性好的品种。如尖椒品种有北京4号、金剑204；羊角椒品种有金剑207、顺椒2号、东方椒王、萧新皇剑等；甜椒品种有满田4038、海丰190、绿星、方兴富贵、海丰38、津福52、凯路、多福等；牛角椒品种有金惠13、长城、圣斗士、亨椒1号、金鼎大亨、贝格尔、朝研39等；螺丝椒品种有金鼎绿剑、螺丝新帝王、2313等；线辣椒品种有辣丰3号、海丰1056和朝研819等。

2. 穴盘育苗

（1）催芽　种子暴晒后，先在常温水中浸种15min，也可用1%硫酸铜溶液浸种5min，然后将种子放进55℃的温水中，水量为种子体积的5～6倍，不断搅拌15min，直至水温降到30℃左右，继续浸种4h，晾干，用纱布包好，再用干净的湿毛巾包上，放在25～30℃处进行催芽，每天检查并用温水冲洗，经过3～5天胚根露出种皮即可播种。

（2）装盘播种　采用尺寸为54cm×28cm，72孔的穴盘。重复使用的穴盘用浓度为0.3%的高锰酸钾溶液消毒，待消毒液晾干后填入基质，高度与穴盘平面等高。以5个或10个穴盘为一组叠放按压，按压至穴孔基质与穴面距离1cm，将按压好的穴盘整齐摆放于苗床，浇足底水，待水渗下后进行播种，每穴播种2～3粒种子，覆盖基质，喷少许水并覆盖地膜。

（3）播种后管理　当有30%的种子出苗后，及时揭膜并适当通风透光，白天温度保持28 ~ 32℃，夜间16 ~ 18℃；子叶及茎生长期相对湿度应降到80%左右，使基质通气量增加，真叶生长期喷水应随秧苗成长而增加，定植前5 ~ 7天控制水；苗期一般不追肥，缺肥可叶面喷施0.1% ~ 0.2%的尿素溶液或磷酸二氢钾溶液。

3. 整地施肥

结合施肥进行深翻土地，每亩撒施腐熟有机肥4 000 ~ 5 000kg。开沟起垄时，垄下集中施蔬菜专用复合肥50kg、二铵30kg。带形起垄覆膜，垄面宽（窄行）50cm，铺膜，垄两侧栽植辣椒，垄沟（宽行）70cm，垄高15 ~ 20cm。

4. 定植

定植时壮苗标准：株高15cm左右，4叶1心，叶色深绿，现蕾株不超过20%苗。5月20日以后，当地温高于12℃、气温高于18℃时进行定植。采用起垄覆膜定植，宽行距80cm，窄行距40cm，平均行距60cm。单株栽植每亩定植4 000 ~ 4 400株，株距为25 ~ 28cm。双株栽植每亩定植3 500 ~ 3 800株，株距为30 ~ 32cm。

5. 田间管理

（1）定植至坐果前　定植后浇定植水，缓苗后浇缓苗水，缓苗后至开花前要进行蹲苗，尽量不浇水，采用中耕进行保墒，浇水应小水轻灌。

（2）开花坐果期　开花期视土壤湿度适当控制浇水量，门椒长至3cm左右时结合浇水进行第一次追肥，每亩追施尿素7 ~ 10kg，或大量元素水溶肥5kg，或硫酸钾5kg，三种肥料交替使用。滴灌与大水漫灌施肥量截然不同，滴灌应掌握“少吃多餐”的原则。

（3）盛果期　肥水管理应掌握“少浇勤浇，少施勤施”的原则，每3 ~ 5天浇1次水，隔水追肥，结合浇水，每亩追蔬菜专用肥或氮磷钾复合肥5kg，浇水应在傍晚进行，大雨过后及时排水或雨过后及时浇水。

6. 收获

可多次采收，一直采收到霜冻前，采后分级、包装、出售。

二、洋葱越夏种植模式

（一）分布情况

榆林北部风沙滩区主要种植模式。3月下旬至4月上旬采用小拱棚育苗，5月下旬至 6 月上旬定植，9 月中下旬（霜冻前）收获。

（二）栽培技术

1. 品种选择

选择高产、稳产、优质、抗病虫害、耐贮运、抗逆性强、皮薄、色亮、形好、不易掉皮、鳞茎收口紧、综合性状优良的长日型洋葱品种，如红灯笼、白罗克、雪贝 202、黄金甲、安达 1 号、大首领、佳福和金罐 1 号等。

2. 播种育苗

苗床应选择土质疏松、肥沃、保水性强，每亩苗床用种量 4 ~ 5kg，可定植 45 亩大田面积。播种前施足腐熟的农家肥和氮磷钾复合肥，然后翻耕，精细整地，做成 1.5 ~ 2m 宽的畦，浇透水，待播。一般采用干籽撒播，播后覆盖细土，以不见种子为宜。盖土后，每亩苗床可用 33% 的除草通 100ml 喷雾，除治苗床上的杂草。播种后，在畦面上盖 1 层麦秸，有利于保湿、防高温和防雨，到出苗前应一直保持土壤湿润，当苗床上有 60% 左右的苗长出时就可揭除覆盖物，视天气情况及时洒水，防止苗床板结，并结合浇水追施少量尿素，通过肥水调控培育适龄壮苗。既要防止幼苗长得过大，引起早期抽薹，又要避免幼苗生长细弱，影响产量。当秧苗长到 4 片真叶、株高 20 ~ 25cm、叶鞘直径达到 6 ~ 7mm 时即可定植。

3. 定植

（1）整地施肥　洋葱不宜连作，也不宜与其他葱蒜类蔬菜重茬。定植前结合整地，每亩施腐熟有机肥 4 000 ~ 5 000kg，再混入硫酸钾复合肥 20 ~ 25kg、磷酸二铵 20 ~ 30kg，耕翻地时充分耙匀，使土壤与肥料均匀混合，然后覆膜，膜带面宽 1.2 ~ 1.25m，膜带间距 0.3 ~ 0.35m，拉紧并压紧。定植前若土壤墒情差，可提前 3 ~ 4 天浇浅水 1 次。

（2）定植　大球型品种行距 15cm，株距 16cm，每膜带种植 9 行，每亩保苗 2.3 万 ~ 2.5 万株。中球型品种行距 14cm，株距 15cm，每膜带种植 10 行，每亩保苗 3 万株左右。定植前 1 天打孔或随打孔随定植。定植前起苗时剔除病苗、弱苗，按苗大小进行分级，捆成 1kg 左右的小捆，随后用 50% 多菌灵可湿性粉剂 500 ~ 800 倍液蘸根。定植时如果幼苗叶太长，可剪去上半部叶，留下半部 10 ~ 15cm 长的叶，以防定植后幼叶伏在地膜表面被蒸干或浇水时被冲走。定植深度以茎盘距地面 1.0 ~ 1.5cm 为宜，定植后浅浇 1 次移苗水。若定植前已浇透水，且定植质量好，可延后 10 天左右再浇水，有利于缓苗。

4. **田间管理**

定植后 3 ～ 4 天，及时查苗、补苗，补苗后及时用细土封孔。需要勤浇水、浅浇水，全生长期浇水 6 ～ 8 次。头水至第二水的间隔时间一般控制在 20 ～ 30 天，此时苗小，需水量少，地温低，蒸发量也少，延长浇水间隔天数有利于提高地温和促进缓苗。第二至第三水根据天气情况间隔 10 ～ 15 天，此时地温回升，幼苗进入生长旺期，需水量增大，要求土壤保持见干见湿，有利于生长。鳞茎膨大期要求土壤保持湿润，10 天左右浇 1 次水，有利于获得高产。采收前 7 ～ 8 天要停止浇水。洋葱较喜肥，但根系对肥的吸收能力较弱，需要适量多次追肥。结合浇第二水每亩追施尿素 10kg，第三水时每亩追施尿素 15kg，第四、第五水每亩各追施尿素 10kg。鳞茎膨大期间可叶面喷磷酸二氢钾等叶面肥 2 ～ 3 次。

5. **收获**

植株基部叶片枯黄，上部叶片尚带绿色，假茎失水松软，地上部倒伏，外层鳞片呈角质化时是收获的最佳时期。收获过早，鳞茎尚未充分成熟，含水量高，易腐烂；收获过晚，叶片全部枯死，容易裂球、茎盘腐烂。收获前 10 天停止浇水。采收应在晴天进行，拔出整株，抖落泥土，原地晾晒 1 天，待鳞茎表皮干燥，在假茎 2cm 处剪掉上部茎叶，分级、装袋、码垛待售或贮藏。

三、胡萝卜越夏种植模式

（一）分布情况

榆林北部风沙滩区主要种植模式。4 月下旬至 5 月中旬播种，8 月下旬至 9 月中旬收获。

（二）栽培技术

1. **品种选择**

选择冬性强、耐抽薹、抗病、优质、高产，根形整齐、美观、均匀、顺直的品种，如雷肯德、红金川、阪神 90、孟德尔、改良黑田五寸、汉城六寸、像瑞美等。

2. **整地施肥**

选择地势较高、排水良好、土层深厚、质地疏松、有机质含量高的沙质土壤。每亩施腐熟有机肥 4 000 ～ 5 000kg、氮磷钾复合肥 50kg，深耕土地，使土壤和底肥充分混匀，然后喷洒除草剂，每亩用 1 ~ 1.5kg 的 25% 除草醚，先用少量水溶解，再用 100 ~ 200 倍水稀释，或用 48% 氟乐灵 200g 稀释后均匀地喷布地面，再精细旋耕 2 ~ 3 遍，使土地平整干净。

3. 种子丸粒

将种子丸粒粉（种子丸粒粉主要包括黏合剂、崩解剂、填充剂、着色剂等。均是成品销售）有序分层地包敷在胡萝卜裸种子上，从而使小粒种子加工成糜子粒大小，使表面粗糙种子加工成表面光滑、大小均匀、规整化、均一化，有效提高播种性能，便于实现机械化精量播种的丸粒化种子。把刚从丸粒机里倒出的带有温度和湿度的种子，经过种子干燥机干燥，使种子冷却干燥后备用，但必须将干燥后的种子放在干燥的器具里，否则容易吸潮的种子会团在一起，不利于播种。

4. 起高垄播种

4 月 20 日以后，在 10cm 地温稳定在 13℃以上，陆续进行播种。播种有两种方法。一是土地深翻细耱后由拖拉机带动的点播机，一次性完成起一个高 25cm 和宽 85cm 垄、垄面开 4 条种植浅沟、4 行直播、2 条滴灌带的铺设和覆土。二是先起垄，再用手推式播种机开沟、播种、覆土，然后人工铺设滴灌带。

5. 田间管理

（1）覆膜　选择宽 1.4m 的膜把整个垄覆盖。7 ~ 8 天后就有出苗的，随时观察适时放风，放风时要按照胡萝卜行间断地划破薄膜。

（2）滴水　滴灌系统组装好后进行胡萝卜第一次放水。同时，要根据实际情况和药剂剂量随水跟滴毒死蜱，以防地下害虫咬断滴水带。土壤干旱会推迟出苗，并造成缺苗断垄，播种至出苗连续浇水 2 ~ 3 次，土壤湿度保持在 70% ~ 80%。同时比较怕涝，所以下雨后要及时排水。幼苗期保持土壤见干见湿，促进细根正常生长。土壤过干，根扎不下去，过湿，易烂根尖。胡萝卜长到手指粗即肉质根膨大期，是对水分需求最多时期，应及时浇水防止肉质根中心木质化。一般 10 ~ 15 天浇 1 次水，防止水分忽多忽少。适时适量浇水对提高胡萝卜的品质和产量，阻止形成裂根与歧根十分重要。水分供应要相对稳定，切忌大干大浇。先过干后过湿，胡萝卜易开裂；先过湿后过干，胡萝卜表皮粗糙肉质老化。

（3）间苗　及时间苗，将过密苗、劣苗及杂草尽早拔除，4 ~ 5 片真叶时定苗，苗距 4 ~ 6cm。

（4）追肥　在定苗期进行第一次追肥，以氮肥为主，每亩追施尿素 10kg，或沼液 300kg；在肉质根膨大期进行第二次追肥，每亩追施氮磷钾复合肥 5 ~ 10kg，或沼液 450kg。第三次追肥在每两次追肥后浇水一次后，每亩追施沼液 450kg。追肥数量确定后充分溶解并直接倒入施肥罐，由滴灌系统输送到目的地。收获前 10 天停止追肥灌水。

6. 机械化采收

胡萝卜生育期一般为 90 ~ 120 天，在肉质根基本长成、叶片不再生长后，可随时收获，收获要在晴天、凉爽、无霜冻的条件下进行。采用简易式机器，由四轮车带动一个与比垄稍宽的挖掘铲，把挖掘铲从整个垄底拉过，使萝卜和土壤一起上移变松，只需轻轻一提胡萝卜秧子，就可拿出，然后拧秧、筛选、分级、装袋待售。

四、甘蓝越夏种植模式

（一）分布情况

秦岭、渭北越夏蔬菜种植带的太白县、凤县、略阳县、留坝县、蓝田县、商州区、洛南县、商南县、宁陕县、宜君县、黄龙县、麟游县主要种植模式。一般于 3 月中下旬至 6 月上旬育苗，4 月下旬至 7 月上旬定植，7 月初至 9 月中旬采收。

（二）栽培技术

1. 选择品种

选择早中熟、抗病、丰产、抗逆性强、市场销售好的品种，如中甘 15、中甘 21 号、领袖、铁头、富尔、富绿等。

2. 苗床准备

育苗床选择土壤肥沃、地势高燥、排灌方便、上茬没有种植过十字花科作物的地块。苗床土采用田土、腐熟有机肥和少量化肥混合配制而成。田土和有机肥分别过筛后，按照大体各一半的比例混合混匀，最后再加入适量化肥，通常每立方米加入 1 ~ 2kg 过磷酸钙，慎用氮素化肥。播种前，每平方米苗床用 50% 的多菌灵 8 ~ 10g 与适量细土混匀。取其中的 2/3 撒于床面做垫土，另外 1/3 于播种后混入覆土中进行消毒。每亩大田需苗床面积约 20 ~ 25m^2。

3. 播种育苗

（1）播种　根据各地气候和环境特点确定播种时间，如太白高山地区一般在 3 月 15 日以后。育苗方式采用塑料拱棚育苗。种子一般不需要进行催芽，

可直播干籽，育苗畦先要浇足底水，撒籽要均匀，播种后覆盖过筛的细土保墒，防苗畦龟裂。

（2）苗床管理　出苗前，拱棚内保持 15 ～ 25℃，待 5 天左右出齐苗后，就要及时逐渐放风，使温度保持在 10 ～ 20℃，如果幼苗过密，则要进行间苗，防止幼苗徒长。幼苗定植前进行低温炼苗，逐渐加大放风量，以使其适应大田的栽培环境。

定植时壮苗标准为：植株健壮，叶片肥厚有蜡粉，具有 5 ～ 6 片真叶，茎粗，节间短，根系发达，无病虫害。

4. 整地、施肥、覆膜、定植

结合整地，每亩施腐熟有机肥 4 000 ～ 5 000kg、氮磷钾复合肥 30kg，深翻耙匀、整平，进行划线、起垄、覆膜，垄宽 50cm，沟宽 40cm，垄高 15cm，并用宽 70cm 地膜覆盖垄面。也可采用平畦覆膜栽培，畦宽 50cm，操作行宽 40cm。每垄（畦）2 行，按品种熟性确定株距，打孔定植，一般株距 30 ～ 40cm。不论哪一种盖膜方法，膜的四周一定要抻紧、压实，栽苗膜孔用土埋严，防止膜下热气从膜孔处逸出而烤伤幼苗。

5. 田间管理

定植过后要浇定植水，栽后 10 天左右结合中耕培土追施提苗肥，促早发棵，施肥时可在每株旁边 15cm 处穴施，采用施肥器进行，每亩施尿素 5kg 左右，并浇水 1 次。栽后 35 天左右每亩再追施尿素 10kg、硫酸钾 10kg，促其包心，并浇透水 1 次。接近封行时，可用爱多收 6 000 倍液加 0.2% 磷酸二氢钾叶面喷施 1 次。结球中期视生长情况酌情补肥 1 次，并根据天气情况保持田间湿润，采收前 10 天停止浇水。

6. 采收

可根据品种熟性和播期的早晚，于 7 月初至 9 月中旬采收上市。

五、大白菜（娃娃菜）越夏种植模式

（一）分布情况

秦岭、渭北越夏蔬菜种植带的太白县、凤县、略阳县、留坝县、蓝田县、商州区、洛南县、商南县、宁陕县、宜君县、黄龙县、麟游县主要种植模式。4 月中旬至 7 月下旬育苗，5 月中旬至 8 月中旬定植，或 5 月中旬至 7 月中旬直播，7

月上旬至 10 月中旬采收上市。

（二）栽培技术

1. 品种选择

选择早熟、冬性强、耐抽薹、对低温反应不敏感、品质优、商品性状好的品种。大白菜品种有文鼎春宝、金锦、亚非 4 号、RC 京春 3、金峰 3 号、CR 帝王 26、秦春 3 号、秦春 2 号、秦春 1 号、春夏王、强势等；娃娃菜品种有福娃、美妮、玲珑黄、金典、小黄蜂、春玉黄等。

2. 整地、施肥、覆膜

选择土层深厚，保水保肥力强，排水良好的地块，于播种前 10 ～ 15 天进行翻耕晾晒，要结合深耕整地增施基肥，每亩施腐熟有机肥 4 000 ～ 5 000kg、氮磷钾复合肥 30kg，做到早耕多翻，土壤耕细磨平、打碎坷垃、捡净残茬、残膜。多采用平畦栽培，按 1m 划线，行距 50cm，间隔 50cm 覆地膜。盖膜时一定要拉紧、盖平，膜的四周要用土压严，使膜不易被风吹动。

3. 直播栽培

5 月中旬至 7 月中旬都可进行播种。具体方法是，在已覆膜的畦面上按株行距破膜打穴，一般大白菜株距 50cm，行距 50cm，一膜种植 2 行；娃娃菜行距 25cm，株距 20cm，一膜种植 3 行。打穴不能过深，一般穴深 2 ～ 3cm，每穴播种 2 ～ 4 粒。如果底墒不足，可先点水，再播种。播完后及时用山皮土或用营养土（因地制宜配备的细肥土降雨后不易板结）覆盖、封口。

4. 育苗栽培

根据上市时间，4 月中旬至 7 月下旬陆续进行，育苗移栽用种量少，苗床面积小，便于管理，能克服有些前作不能及时采收的季节矛盾等。一般采用拱棚穴盘育苗，苗龄 25 ～ 30 天，6 ～ 8 片真叶时，按预定株行距进行大田定植。

5. 田间管理

（1）间苗、中耕、除草　间苗要做到留壮去弱、留大去小，达到齐、全、匀、壮，要及时查苗补苗，不能出现缺苗现象。中耕不仅可消灭杂草，而且还可起到松土、保墒、增温、灭虫、促进根系发育，调节土壤养分和水分的作用，确保幼苗健壮生长。中耕一般要进行 2 ～ 3 次，分别在拉十字、2 ～ 3 片真叶和 5 ～ 6 片真叶时进行。中耕的原则是头遍浅刮，二遍深挖，三遍趟平，下不伤根，上不伤叶。

（2）肥水管理　大白菜前期需水肥较少，后期较多，在浇水上要采取控、促、控相结合的措施；中期进入快速营养生长阶段，要加强水肥管理，每次追肥后要坚持浇水，应掌握中水中肥。为了防止后期脱肥，促后期长心包实，应大水大肥，包心期结合浇水可每亩追施尿素 15kg，并紧接着浇水 1 次。

（3）防病灭虫　大白菜主要病害是霜霉病、病毒病和软腐病等。一般可采用轮作倒茬，施用充分腐熟的有机肥，清除病残体等措施进行预防。如果霜霉病较重，可在播种时用 50% 福美双占种干重的 0.1% ～ 0.2% 拌种，结球初期用疫霜灵，或瑞毒霉等杀菌剂喷雾 2 ～ 3 次。大白菜害虫主要是小菜蛾、菜青虫、蚜虫等，可用高效低毒的氰戊菊酯、高效氯氟氰菊酯等杀虫剂喷雾防治，做到治早治了。采收前 10 天，禁止用药。

6. 收获

根据市场需求，叶球长到七成心时，即可采收上市。

六、萝卜越夏种植模式

（一）分布情况

秦岭、渭北越夏蔬菜种植带的太白县、凤县、略阳县、留坝县、蓝田县、商州区、洛南县、商南县、宁陕县、宜君县、黄龙县、麟游县主要种植模式。5 月中旬至 7 月下旬播种，7 月上旬至 9 月中旬采收。

（二）栽培技术

1. 品种选择

选择耐抽薹、生长势强、抗性好、肉质致密、商品性佳的早熟萝卜品种，如，凌五、凌翠、白玉春、秦萝 2 号、秦萝 3 号、亚美白春、黎明 1 号、特新白玉、天鸿春等。

2. 整地、施肥、覆膜

选择土层深厚、保水保肥力强、排水良好的地块，于播种前 10 ～ 15 天进行翻耕晾晒，要结合深耕整地增施基肥，每亩施腐熟有机肥 4 000 ～ 5 000kg，氮磷钾复合肥 30kg，萝卜对硼肥特别敏感，缺硼肉质根黄心黑腐，丧失商品价值，因此要特别注意硼肥的合理使用，结合整地亩施硼肥 1kg，做到早耕多翻，土壤耕细磨平、打碎坷垃、捡净残茬、残膜。地整细整平后，按垄距 100cm，垄面宽 65cm，垄高 20 ～ 25cm 起垄，垄面做成龟背形，覆盖地膜。盖膜时一定要拉紧、盖平，膜的四周要用土压严，使膜不易被风吹动。

3. 播种

5月中旬至7月下旬播种，每垄播3行，按株距25cm破膜、挖穴，穴深2 ~ 3cm，直径5 ~ 7cm。每穴播种1 ~ 2粒，播种后覆土。

4. 田间管理

（1）间苗、中耕、除草　2 ~ 4片真叶期间中耕除草1次，中耕要浅，划破地皮即可；幼苗长到4 ~ 5片真叶时，结合进行间苗，每穴留1株壮苗；12 ~ 14片真叶展开，叶盘直径30 ~ 40cm，快封垄时结合中耕培土1次，封垄后停止中耕。

（2）追肥浇水　在6 ~ 8片真叶展开，根部直径2cm左右，叶盘直径30 ~ 40cm时，根据苗情，每亩追施尿素5kg；当根部直径达3cm时，每亩追施尿素10kg；幼苗期为避免幼苗缺水而生长停滞和发生病毒病，应小水勤浇。4 ~ 5片真叶时要适当控水5 ~ 7天，进行蹲苗，促进根系下扎，蹲苗结束后立刻追肥浇水，肉质根生长盛期，需水最多，必须保证水分充分供应，保持土壤湿润，避免忽干忽湿现象。

（3）病虫防治　坚持“预防为主、综合防治”的植保方针，选用抗性强的品种，实行花科轮作倒茬，清洁田园，深翻晒土。并结合化学防治措施。

5. 采收

萝卜出苗后55 ~ 60天、肉质根单根重达750 ~ 1 000g时进行采收。商品萝卜要求雪白光滑、肉质紧密，无糠心。当天采收的萝卜当天清洗、分级、包装、预冷、销售。

七、松花菜越夏种植模式

（一）分布情况

秦岭、渭北越夏蔬菜种植带的太白县、凤县、略阳县、留坝县、蓝田县、商州区、洛南县、商南县、宁陕县、宜君县、黄龙县、麟游县主要种植模式。3月下旬至7月中旬育苗，5月下旬至8月上旬定植，7月下旬至10月中旬采收。

（二）栽培技术

1. 品种选择

选择中晚熟，抗病抗逆性强、品质优、高产、适应性强、适于高山地区种植的品种，如青秆松花75、庆农80天、庆农85天、青松85等。

2. **培育壮苗**

3月下旬至7月中旬陆续进行育苗。一般多采用营养钵、营养土块或穴盘直播，实行精细育苗，每亩育苗用种10～15g。低温期育苗，要有防寒保温设施，苗床温度应保持在10℃以上。移栽前6～8天逐步撤棚炼苗，使幼苗适应大田环境。育苗过程中，如有秧苗茎叶紫红、无顶芽、高脚苗等现象发生，应减少遮阴、增加光照、降低湿度，控制苗床水分和过高夜温，培育壮苗。

3. **整地做畦**

根据田块土壤肥力状况确定基肥用量，每亩施腐熟有机肥4 000～5 000kg、钙镁磷肥25kg、硼砂0.5～1.0kg、钼酸铵50g，土壤耕细磨平、打碎坷垃、捡净残茬、残膜。地整细整平后，按畦宽1.1～1.3m，操作行宽0.3m，进行畦地膜覆盖栽培。

4. **定植**

一般于5月下旬至8月上旬定植，秧苗带土坨定植，每畦栽2行，行距50～80cm，株距45～70cm，每亩定植1 200～1 500株。定植穴略低于畦面，以利施肥培土，但要防止积水。定植后，浇95%敌克松可溶性粉剂600～800倍稀释液，以利缓苗防病。要选晴暖天气，最好覆盖地膜增温，以利促发新根，促进幼苗生长和抗寒。

5. **田间管理**

（1）追肥　苗期以氮肥为主，薄肥勤施，促发莲座叶；现蕾前后以磷钾肥为主，重施花蕾肥，随水浇施，可延长膨蕾期，促进花球发育膨大。在高温干旱条件下，施肥必须与浇水有机结合，一般随水浇施能够提高肥料利用率，增强速效性。在生长过程中，还要增施硼、钼、镁、硫等中微量肥料，其中硼素对花球产量和质量影响十分显著，必须叶面追施2～3次，尤其在花球膨大期必不可少。中后期追肥，严禁使用碳铵或含碳铵的肥料，以免花球产生毛花。

（2）浇水　松花菜叶片多而薄，生长中后期达17～23片叶，比普通花菜品种多6～8片，蒸腾量很大，失水萎蔫现象经常发生，特别在连续阴雨后突然放晴、暴雨后放晴、高温干旱强光等条件下，萎蔫现象明显。因此，种植松花菜的地块既不能过湿而导致沤根，也不能太旱而导致缺水，生产上常采用浇水、松土、培土、覆盖地膜等方法，及时调整水分状况，达到供水均衡，保持土壤湿润疏松。

（3）培土　松花菜根系由主茎发生，具有层性，在生长过程中，深层根系不断老化，近地面茎不断发生新根，总体分布较浅，须根主要分布在主茎附近。因此，松花菜生产一般都需要培土，通过培土，促发不定根，保证根系生长的适宜环境，增强植株长势和抗倒伏能力。高山地区花菜生长过程中，一般应进行除草、松土、施肥，培土 1 ～ 3 次；不进行培土的松花菜，应该深栽，不培土而又浅栽的松花菜，长势和产量都不好。培土的方法是将畦沟泥土和预先堆在畦中间的泥土培于定植穴和株行间，最终形成龟背形匀整的畦面。

（4）束叶护花　松花菜无论在春季或盛夏，花球经阳光照射都会发黄，夏秋强光条件下变色更深，这种变化不仅影响商品外观，也影响花球的鲜嫩品质，故花球护理是高山地区松花菜生产过程中重要的一环。目前，松花菜栽培过程中多采用束叶护花而不采用折叶盖花方法。束叶护花的具体做法是：在花球长至拳头大小时，将靠近花球的 4 ～ 5 片互生大叶就势拉拢互叠而不折断，再用 1 ～ 2 根直径 2 ～ 3mm、长度 7 ～ 10cm 的小竹签或小柴杆等物作“针”，穿透互叠叶梢，分别固定在主脉处，被固定的叶片呈灯笼状束起，罩住整个花球，使花球在后续生长过程中免遭阳光直射，拢叶下应留有足够的发育膨大空间。遮阳护花越严越好，严密的护花束叶，能完全避免阳光照射到花球，即使在盛夏环境中，仍可使整个花球都保持洁白鲜嫩。

（5）病虫防治　优先应用农业防治、生物防治、物理防治，必要时谨慎使用化学药剂防治。病害初发后，黑根病、根腐病可用 75% 百菌清可湿性粉剂 800 ～ 1 000 倍液、根腐灵可湿性粉剂 600 ～ 1 000 倍液，7 ～ 10 天喷雾 1 次，连续 3 ～ 4 次；软腐病可用 72% 农用链霉素可溶性粉剂 1 000 ～ 3 000 倍液、50% 春雷・王铜可湿性粉剂 800 倍液喷雾，7 ～ 10 天防治 1 次，现蕾前后是防治重要时期。虫害有蚜虫、小菜蛾、潜叶蝇、粉虱类、夜蛾等害虫，可选用 25% 吡虫啉可湿性粉剂 3 000 ～ 5 000 倍液、1.8% 阿维菌素乳油 1 000 ～ 1 500 倍液、75% 潜克可湿性粉剂 2 000 ～ 3 000 倍液喷雾。

6. 采收

采收应分批进行。花球充分长大、周边开始松散时及时采收，采收时留 5 ～ 7 片叶保护花球，以免贮运过程中损伤或沾染污物；田间暂时堆放时，还要采取措施进行遮阴、防晒、防雨。采收后尽快出售，或去除茎叶后入库预冷保鲜，短时保鲜温度控制在 0 ～ 5℃。

八、青花菜越夏种植模式

（一）分布情况

秦岭、渭北越夏蔬菜种植带的太白县、凤县、略阳县、留坝县、蓝田县、商州区、洛南县、商南县、宁陕县、宜君县、麟游县主要种植模式。3 月下旬至 7 月中旬育苗，5 月下旬至 8 月上旬定植，7 月下旬至 10 月中旬采收。

（二）栽培技术

1. 品种选择

选择中早熟、耐寒性强、适应性广、抗病性强、品质好、球形圆正、蕾粒均匀紧实、色泽深绿、茎基部不空心、株型直立的品种，如优秀、炎秀、惠绿早生、特级玉冠等。

2. 培育壮苗

（1）播种　采用塑料拱棚穴盘育苗，将拌好的基质装入穴盘，用平板将基质刮平、刮匀，单粒点播，播后覆盖营养土刮平，使每穴覆盖土均匀一致。

（2）苗期管理　播种至齐苗期间，白天温度保持 20 ~ 25℃，夜间 15 ~ 18℃；齐苗至定植前 10 天，白天温度保持 10 ~ 20℃，夜间 8 ~ 12℃；定植前 10 天至定植期间，白天温度保持 7 ~ 10℃，夜间 5 ~ 6℃。午间高温和强光阶段应通风降温，并采用透光率为 50% 的遮阳网覆盖在大棚外进行遮阴。苗期空气相对湿度 70% ~ 80% 为宜。浇水时采用喷洒的方式，忌大水直冲。根据基质含水量及幼苗生长状况酌情浇水，以不妨碍幼苗生长为宜，宁干勿湿，不干不浇。当表面基质发黄、发硬、与苗盘边缘出现空隙时浇 1 次透水，即水刚刚从穴盘底部流出为宜，育苗期间不需追肥。苗龄 40 ~ 45 天，5 ~ 6 片真叶时即可定植。要求植株健壮，株高 12cm，叶片肥厚，根系发达（提苗时基质不松散），无病虫害。

3. 整地施肥

定植前清理田间杂草及前茬作物残枝，每亩施腐熟有机肥 4 000 ~ 5 000kg、氮磷钾复合肥 40kg，旋耕耙耱，使基肥与土壤混合均匀，再起垄覆膜，垄面宽 60cm，垄沟宽 50cm，垄高 10cm，有膜下滴灌、水肥一体化条件栽培的，每垄膜下铺设 1 条滴灌管，滴灌带采用内镶式，外径 16mm，孔距 30cm。

4. 定植

每垄定植 2 行，定植时按株距错位破膜、挖穴，早熟品种行株距为（55 ~ 60）cm×（40 ~ 45）cm，每亩定植 2 500 ~ 2 700 株；中晚熟品种行株距（55 ~ 60）cm×（45 ~ 50）cm，每亩定植 2 200 ~ 2 400 株。定植时先在穴内浇水，待水下渗后摆苗，扶正培土，定植深度以刚好埋住幼苗土坨为宜，并将土坨周围的土壤填实，使根部与土壤紧密接触，以利成活。

5. 田间管理

（1）浇水　定植后 7 ～ 10 天，根据降雨和土壤墒情进行 1 ～ 2 次行间小水渗灌，以促进幼苗成活和新根生长。蹲苗期不施肥浇水，行间浅中耕 1 次，降低表层土壤水分，增强通透性，促进根系下扎，防止幼苗徒长。以后要经常保持土壤湿润，特别是花芽分化前后及花球膨大期不可缺水，否则会出现早花和花球长不大的现象。

（2）施肥　要掌握“前促、中控、后攻、少量、多次”的原则，缓苗后结合浇水每亩追施尿素 10kg；莲座期结合浇水，每亩追施氮磷钾复合肥 10kg；结球期至膨大期每亩追施氮磷钾复合肥 5 ～ 6kg，连续追施 2 次，同时叶面喷施 0.2% 的硼砂。主球采收后，若需继续采收侧花，应及时追肥，促进侧枝生长和蕾球膨大。

（3）整枝　青花菜易产生侧枝，在主球未充分长大前应先打去侧枝，以减少营养消耗，利于通风透光，促进主球发育。当主球直径 11 ～ 13cm 时，可适当留 3 ～ 4 个侧枝，以增加产量，提高生产效益。此外，青花菜结球期不需用老叶遮盖蕾球，以增强蕾球的色泽和品质。

（4）虫害防治　主要虫害是蚜虫、菜青虫和小菜蛾等，可用高效低毒的 20% 杀灭菊酯乳油 300 倍液，或 1.8% 阿维菌素乳油 30 ～ 50 毫升 / 亩加水 20 ～ 50 升，或功夫乳油 2 000 倍液进行喷雾防治，做到治早治了。采收前 10 天，禁止用药。

6. 适时采收

青花菜采收期较严格，采收过早，花球较小，影响整体产量；采收过迟，花梗则会伸长，小花蕾变黄，花球松散解体，影响品质。当青花菜花球球面直径长至 13 ～ 15cm，小花蕾整齐未松散，整个花球紧实完好、呈鲜绿色时商品性最佳，为采收适期。采收时将花球连同 10cm 左右长的嫩茎一起割下，花球要轻拿轻放，以防损伤。采收后要及时送进冷库进行冷风预冷，冷库温度 0 ～ 2℃，预冷 10h。预冷后将青花菜按要求进行挑选、修整、包装、销售。

九、架豆越夏种植模式

（一）分布情况

秦岭、渭北越夏蔬菜种植带的太白县、凤县、略阳县、留坝县、蓝田县、商州区、洛南县、商南县、宁陕县、宜君县、黄龙县、麟游县主要种植模式。5 月

上旬至 6 月下旬播种，7 月中旬至 9 月下旬采收。

（二）栽培技术

1. 品种选择

选择耐热、分枝力强、抗病、高产、适应性强、无筋、荚肉厚，商品性好、品质鲜嫩的品种，如泰国架豆王、龙翔长丰、双宽鑫冠王、绿龙 2 号、金冠王、超长嫩龙王等。

2. 整地施肥

架豆耐酸、耐盐性弱，微酸性及中性土壤有利于其根系的生长和根瘤的发育，因此选择土层深厚、通风透气性良好的砂壤土栽培为好，忌连作。播种前结合深翻土地，每亩施腐熟有机肥 3 000 ～ 4 000kg、过磷酸钙 20 ～ 25kg。播种前起垄，一般为南北向，垄作以高垄和 M 形垄为好。高垄栽培行 12cm × 50cm，覆盖地膜，双行定植，操作行距 90cm，平均行距 70cm；M 形垄高 12cm、宽 50cm，覆盖地膜，双行定植，操作行距 90cm，平均行距 70cm。

3. 播种

5 月份以后，地温稳定在 12℃以上时即可播种。粒大、饱满、无病虫害的新鲜种子，播前 2 天晒种，在覆好膜的垄上开孔穴播，每穴播 2 粒种子，覆湿土厚 2cm。每亩播 2 800 穴左右，用种量 4 ～ 5kg。

4. 田间管理

（1）间苗和定苗　架豆角出苗后选留壮苗。因幼苗生长快、分枝强，定苗不可过密，每穴留 1 苗。若弱苗或缺苗，要及时补栽。

（2）及时插架　植株 4 ～ 5 节后节间开始生长，此时要及时搭架绑蔓，否则影响产量。拉蔓初期，需人工逆时针引蔓上架，共引蔓 2 ～ 4 次，架高要在 2.5m 以上。苗期要适当中耕，结合中耕进行培土，促进豆角苗不定根发生。

（3）开花结荚期的管理　架豆角开花结荚初期有大量根瘤形成，固氮能力强，不宜施用氮肥。根据降雨情况在开花结荚盛期重施追肥，以适应果荚迅速生长的需要。每亩施氮磷钾复合肥 30kg，或尿素 5kg、硫酸钾 20kg、过磷酸钙 10kg。

（4）生长后期的管理　进入开花结荚后期，同化作用明显下降，植株生长衰退，果荚多呈畸形。若气候条件适合其生长，应进行复壮，摘除靠近地面 40 ～ 70cm 以内的老叶、黄叶，改善通风透光条件。

（5）防止落花落荚　栽培密度恰当，氮、磷、钾肥合理配合施用，当菜豆植株长满架时，要及时清除老叶、病叶，以利植株通风透光，减轻病害发生，防止落花、落荚。

（6）病虫害防治　架豆主要病害为根腐病、枯萎病、锈病、炭疽病，主要虫害是豆荚螟、潜叶蝇、蚜虫，应及时做好防病治虫工作。清理田间的残株、病枝、病叶，并集中烧毁。采取农业防治和药剂防治相结合。

5. **采收**

作为以嫩荚为食用部分的菜豆，一般花后 10 天左右，豆荚扁圆，颜色由绿变淡绿，外表有光泽，种子略显露或尚未显露时就可采收，每隔 1 ~ 2 天采收 1 次。及时采收，可保证豆荚鲜嫩、粗纤维少、品质优，并减少落花落荚，延长采收期，提高产量。鲜豆荚要做好分级包装，提高豆荚的商品性和经济效益。

十、小南瓜（西洋南瓜）越夏种植模式

（一）分布情况

榆林北部风沙滩区主要种植模式，秦岭、渭北越夏蔬菜种植带的太白县、凤县、略阳县、留坝县、蓝田县、商州区、洛南县、商南县、宁陕县、宜君县、麟游县、永寿县、淳化县、宜川县、白水县也有种植。于 4 月下旬至 6 月上旬播种，7 月上旬至 9 月上旬采收。

（二）栽培技术

1. **品种选择**

目前栽培的小南瓜品种主要是锦栗南瓜和红栗南瓜两种。锦栗南瓜果皮深绿色，红栗南瓜果皮深红色，都属西洋南瓜类型，特点是果实整齐一致，肉质紧密，耐贮运，淀粉、蛋白质、果胶物质及维生素等含量远远高于普通南瓜，对糖尿病、高血压、冠心病等具有预防和辅助治疗作用，果实还可深加工成南瓜粉、南瓜茶等高附加值产品。如吉祥 1 号、青板栗、龙早面、红日栗、东升、金星、大吉、一品、万福等品种。

2. **整地施肥**

南瓜根系发达，长势旺，宜作成宽 4 ~ 5m 的爬蔓畦。在爬蔓畦中间做 0.7 ~ 0.8m 的播种畦，播种畦要细平，爬蔓畦粗平，且略成龟背形。基肥一般每亩施腐熟的有机肥 1 500 ~ 2 000kg，氮磷钾复合肥 30kg 进行沟施。

3. 播种覆膜

4月下旬至6月上旬可陆续播种。按株距50cm挖穴，每穴浇水1.5～2.0kg，随水下渗后，即可播种，种子平放在穴内，每穴1粒，覆土深度1.5～2.0cm，用铁铲轻拍一下。在垄沟的两侧各开一小沟，顺垄铺1.0～1.2m宽的地膜，把膜绷紧，使膜下形成一个空间。

4. 田间管理

（1）破膜放风　当2片子叶出土后，为防止烧苗，在苗上方将膜捅破进行放风。

（2）锄草封穴　当幼苗长出1片真叶时，揭开一侧地膜，每亩追施尿素10kg，后中耕除草，膜复原位，苗露膜外，苗基部用湿土压实。膜内处于封闭状态，防草保水。

（3）整枝授粉　为获高产，每株留1主蔓和1侧蔓。以后见侧枝均去掉。第一雌花摘掉，当第二雌花开花时，进行人工授粉，待瓜坐住后（鸭梨大小），前端留6～7片叶打顶。

（4）翻瓜、垫瓜、防日晒　爬地栽培，地面潮湿，极易使瓜贴地面部分不光滑，形成癞瓜，可在果实膨大期，用泡沫等不吸水材料垫瓜，保持瓜形美观。垫瓜时将瓜翻面，使瓜柄向上，使瓜身受光均匀，保持瓜面着色一致。一般红皮品种，光线越强着色越红，瓜皮表面光泽越好；绿皮或墨绿皮品种不耐强光照射，易造成日灼，影响商品性，所以当瓜长到500g大小时，要用瓜叶或杂草进行盖瓜。

（5）防止产生绿斑瓜　绿斑瓜产生的原因主要有4个方面原因：一是高温引起的病毒病；二是在温度不适和光照不良的条件下，红皮品种以表现红色的花青素表达不充分，而表现绿色的叶绿素不规则地显现出来，形成绿斑；三是在阴雨多，或叶蔓过于郁闭，或果实接触地面的部分，就会因为低温、光照差，出现绿斑；四是在外界气温过高的情况下，植株生长发育受到抑制，也干扰了其正常的生理功能，果面也会出现绿斑。预防措施：一是防治病毒病的危害，及早防治蚜虫；二是控制幼苗，培育壮苗，控制坐瓜节位。

5. 采收

一般早熟品种在开花后23～25天，中熟品种需要30～35天，即可采嫩瓜上市；老熟瓜采收，在开花45天以后，果梗周围有裂纹时，采收越迟品质越佳。

十一、韭菜多年一茬种植模式

（一）分布情况

全省各地具有分布，是各地一种普遍的种植模式。露地栽培，一次播种，可多年收割，每年从 3 月中旬至 11 月上旬均可收割。

（二）栽培技术

1. 品种选择

选择抗病、高产、耐弱光、耐寒、耐热、品质优良、商品性好的品种，如汉中冬韭、平韭 4 号、791 等。

2. 地块选择

选择土层深厚，地势平坦，排灌方便，土质疏松肥沃，前茬为非葱蒜类蔬菜的地块。

3. 施足基肥、精细整地

结合整地，每亩施腐熟有机肥 4 000 ～ 5 000kg、过磷酸钙 100kg、碳铵 50kg。适当施入硫酸亚铁、硫酸锌、硫酸锰等微肥。将肥料均匀撒施深翻，使肥料与土壤充分混合，反复耙耕。施肥后深耕细耙，做成宽 1.2 ～ 1.5m 的平畦。

4. 适时播种

韭菜发芽适温是 15 ～ 18℃，可萌动温度是 3℃，春秋两季都可播种。春季播种时间较长，清明到立夏是最适宜的春播期，但要掌握“晚中求早”。秋播要掌握以下两点：一是平均气温降到 22℃左右后播种；二是韭菜越冬前至少有 50 ～ 60 天的生长期，使根部积累一定营养以便于安全越冬。播种方法分干籽播种和湿籽播种两种方法，无论哪种方法都应使用新籽，最好先进行发芽试验，一般发芽率应在 70% 以上才能用。干籽播种，按 10 ～ 20cm 的行距开 1.5 ～ 2cm 深的浅沟。将种子均匀撒在沟内，播后平沟覆土，轻轻踩一遍后浇水，幼苗出土前保持土壤湿润，防止地表板结。每亩用种量 6 ～ 7kg。湿籽播种，即用经过浸种催芽的种子播种。首先在畦内浇足底水，一般水层 7 ～ 9cm，这样的水量可以使幼苗出土后长到 6 ～ 7cm 高时无需浇水，待水渗下后，于畦面撒 0.2 ～ 0.3cm 厚的底土，上底土后即可播种，一般采用撒播，每亩用种量以 8 ～ 10kg 为宜。播后覆过筛细土 1 ～ 2cm 厚，再在畦面上覆盖地膜，以提高土壤湿度和保墒。

5. **田间管理**

（1）幼苗管理　出土后，在管理技术上掌握前期促苗、后期蹲苗的原则。从幼苗出土长出第一片真叶到 3 ～ 4 片叶时，植株根系细弱且多分布在土壤表层，因此，不可缺水，要保持畦面不干，一般每隔 5 ～ 7 天浇 1 次水。当幼苗长出 5 片叶，苗高 15 ～ 18cm 时，根系已比较发达，可适当控制浇水，以防止徒长引起倒伏。从苗高 15cm 左右到雨季之前应结合浇水追肥 2 ～ 3 次，每亩追施尿素 10 ～ 15kg，对培育壮苗有重要作用。

（2）越夏期间管理　韭菜不耐高温，在高温、干旱的季节，韭菜叶肉组织粗硬，品质变劣，食用价值低。通常这时应停止收割，并应及时追肥，为秋季生产作准备。一般情况下，夏季雨水较多，不宜再过多浇水。追肥宜冲施充分腐熟的鸡粪，最好是质量较好的生物有机肥，一般每亩冲施生物有机肥 200 ～ 220kg，整个夏季可冲施 2 ～ 3 次。夏季高温、多雨，杂草滋生，影响韭菜生长，要及时将其拔除，或用 25% 除草醚喷洒行间地面。由于韭菜开花结实时会大量消耗养分，因此除采种田外，还应在韭薹幼嫩时及时摘除，培养高产植株。枯萎病和韭蛆在夏季高温季节最易发生，应注意防治。

（3）越冬期间管理　立冬后，地面开始结冻，韭菜开始进入越冬期。一是要及时浇冻水，避免地下根茎遭受冻害，防止春旱，为春季早发快长打好基础。浇水过早，地面没有冻结，土壤水分散失快，蓄墒效果差；浇水过晚，土壤结大冻，浇水后加剧了冻害，根系易缺氧窒息死亡。因此，浇冻水时间应以当土壤日消夜冻时最为适宜。二是要培土保根。越冬期间，把行间的土壤培向韭菜根部，不但能防冻，还可起到疏松土壤、改善土壤通透结构等作用，有利于根系对养分的吸收。一般在整个越冬期间培土 2 ～ 3 次即可。三是要覆盖。用牛粪、马粪或干草覆盖在韭菜畦面上，可保墒、增温、防冻。一般每亩用牛粪、马粪 2 500kg，或柴草 250 ～ 300kg，均匀覆盖韭菜畦面即可。

（4）第二年管理　翌春气温回升到 2℃时，进行扒根晒根，将韭菜根部周围的土扒开，露出“韭萌”，晾晒 1 ～ 2 天。每刀韭菜生长期间，随植株的生长，分 2 ～ 3 次向根部培土，每次培高 3 ～ 4cm。早春韭菜经过 20 多天的生长，长到 3 ～ 4 叶，株高 20cm 时，可抢收第一刀韭菜。以后每隔 20 天左右，即可收割一刀，一般能收割 4 刀韭菜。躲过夏季炎热，秋季还可收割 2 ～ 3 刀韭菜。每割一刀，待新叶长出 7 ～ 8cm 时，结合浇水进行追肥，一般追施速效肥，或腐熟的人畜粪尿。为保证安全越冬及来年旺盛生长，冬前 40 ～ 50 天停止收割，并及时掐去花薹，做好冬季管理。

6. **采收**

一般每隔 20 天左右收割 1 次。收割时选晴天早晨进行。茬高要适度，割下的割口处呈绿色太浅，呈白色太深，呈黄色为宜。

十二、黄花菜多年一茬种植模式

（一）分布情况

主要分布在渭北地区的大荔县、彬州市等，澄城县、永寿县、白水县、淳化县、永寿县和长武县有一定种植面积。春栽在 4 月中下旬至 5 月，秋栽在 9 月下旬至 10 月中旬，一般在 8 月下旬采收结束。

（二）栽培技术

1. **品种选择**

选择花蕾粗长、通身黄色、抗病虫、适应性强的品种，如沙苑金针菜、马莲黄花、渠县黄花、荆州花等。

2. **选地、整地、施肥**

黄花菜对土壤要求不严，轻壤、沙壤均可种植，在山、川、塬、地埂、地界、庄前、屋后均可栽培，但以肥沃塬地为最佳。小坡地种植，必须先修梯田后栽植。25°以上陡地一般不宜种植。黄花菜根系发达，深翻土壤有利于根系生长，要深翻 35cm 以上，整平地面，沟施或穴施基肥，每亩施腐熟有机肥 4 000kg、过磷酸钙 50kg。

3. **适时栽植**

春栽一般在 4 月中下旬至 5 月初；秋栽一般在 9 月下旬至 10 月中旬。栽植时应先对种苗进行修剪，除去短缩茎下面的黑蒂和肉质根上已经枯死的纺锤根，除去腐根，挑选健壮种苗进行栽植。根系剪留 15 ～ 30cm 长，之后用 0.5% 的多菌灵溶液浸蘸。按照行距 0.6 ～ 0.8m，穴距 40 ～ 50cm，每穴栽植 3 ～ 4 株苗，每亩栽植 6 000 ～ 9 000 株。

4. **田间管理技术**

（1）栽植初期管理　栽植后，应注重保墒保苗，清除田间杂草，干旱天气及时浇水。如为晚秋栽植，冬前应施入腐熟堆厩肥，保温防冻。

（2）春夏季节管理　早春土壤解冻后，施腐熟粪肥和适量氮磷钾化肥，并进行中耕，花开始抽生时，每亩追施尿素 15kg。

（3）秋冬季节管理　适时除去老叶、茎秆，黄花菜一般在 8 月下旬采收结束，此时外界的温度较高，光照强，水分足，有利黄花菜地下部分积蓄养分，10 月后可齐地面把老叶秆割掉。同时，将割下的杆和叶，集中烧毁，以减少来年病虫害发生。中耕除草、松土、保墒，黄花菜田间和人行道都会有杂草丛生，要及时清除，然后集中烧掉，将灰肥再还回地里，消灭病菌和虫卵，减少来年病虫害的密度。同时将踩实的行间全部深挖、松土、保墒。

5. 病虫害防治

（1）病害防治　黄花菜主要有叶枯病、叶斑病和锈病，均属真菌性病害，主要发生在 8 ~ 9 月，应及时防治。

锈病的症状开始在叶片产生泡状斑点，表皮破裂后散布黄褐色粉末，后期呈红褐色并有黑色斑点，严重时叶片枯死，多雨天气易于蔓延。发现少数病株应及时割除并用 15% 的粉锈宁 1 500 倍液喷雾防治。

叶斑病先在叶上出现病斑，中央灰白色，边缘深褐色，湿度大时病斑背面出现粉红色霉状物，花叶上病斑呈梭形，黄褐色，使花茎缢缩，花蕾脱落，严重时全株枯死，用 50% 多菌灵 500 ~ 700 倍液喷雾防治。

叶枯病先在叶片中段边缘产生水渍状小斑点，后沿叶脉上下蔓延成褐色条斑，以后茎和叶片枯死，严重时全株枯死。用 1 500 ~ 2 000 倍液双抗 120 喷雾防治。

（2）虫害防治　黄花菜主要虫害有蚜虫和蜘蛛。蚜虫在嫩叶花蕾上集中刺吸汁液，造成花蕾瘦小，易脱落。红蜘蛛，会在叶背集中为害，使近叶脉处出现赤色条斑，造成叶片向下卷缩枯黄。防治方法可用 BT 杀虫剂，或 2% 的洗衣粉水喷雾防治。

6. 采收与加工

（1）采收　黄花菜适时采摘是获得优质的关键。采摘的标准是花蕾充分长大，含苞欲放，花蕾中段色泽黄亮，两端呈淡黄绿色，手捏花蕾有弹性，充实饱满而不虚。在花蕾开放前 2h 采摘，品质最佳，这样的花蕾经过干制后较丰满，富有弹性，色泽黄亮，品质优良，香味较浓，商品价值高。采摘黄花要不断花、不抽丝、不带梗，细致采摘，轻放、浅装、勿重压。采摘黄花菜成熟花蕾不要把花柄折下，不要掰花枝和撞落幼蕾，保持再生潜力。采摘在晴天上午 12 时前进行。采摘花蕾时的方法：一手将成熟的花蕾齐花梗采下，注意不要损伤未成熟的花蕾。采摘应成熟一个采收一个，采收回来的花蕾，应摊开放在地上晾干。

（2）加工　花蕾采摘后除鲜食外，一般都加工成黄花菜干。加工方法为蒸制：

黄花采来回后要立刻蒸制。先在蒸屉上铺放一层细纱布，再将黄花菜鲜品铺撒在纱布上约10cm厚，铺撒时四周厚中间薄，使蒸气均匀上升。水烧开后放上蒸屉，封闭好，用猛火蒸5～6min，然后用文火蒸3～4min，蒸到黄花凹下，花蕾表面布满小水珠，颜色由绿黄色变为淡黄色，即可出屉。在蒸制过程中要仔细观察花蕾的变化情况，如花蕾还带黄绿色，说明没蒸好，如过软，颜色变深黄，形状扁平，是蒸过火了，这样的干品呈褐色。晾晒揉制：蒸好出屉的花蕾马上铺晒，在晾晒过程中要轻揉2～3次，一般在摊晒后第二天早上揉制，每次10～15min，作用是压出花内水分，使花内的脂肪、芳香油适当外渗，增加光泽和香味。雨天应在室内烘烤，烘烤过程中也要进行揉制。

第二节　一年二茬种植模式及技术

一、春番茄—秋大白菜种植模式

（一）茬口安排

关中地区主要种植模式。第一茬种植春番茄，春番茄1月下旬阳畦育苗，2月下旬至3月上旬阳畦分苗，3月下旬至4月上旬定植于塑料拱棚，6月初开始采收，7月中下旬采收结束；第二茬种植秋大白菜，秋大白菜于8月中旬直播，11月下旬至12月初收获。

（二）春番茄栽培技术

1. 品种选择

选择耐低温、抗病、高产、优质的品种，如毛粉802、东圣808、金海丰、金棚朝冠、金棚1号、西粉3号、苏粉2号等。

2. 播种育苗

将番茄种子放在55℃的温水中浸泡15min，并不断搅拌，然后放在清水中浸种3～5h，捞起后用纱布包好放在25～30℃的条件下催芽，有50%种子露白即可播种。1月下旬在阳畦内播种育苗，播前苗床要浇透水，待水渗透后进行播种。播种时将种子用细沙拌匀，均匀撒在苗床上，再覆细土厚1cm左右，盖膜，加盖草苫。

出苗前以保温、保湿为主，出苗后适时通风降温以炼苗。当幼苗长至2叶1心时，进行分苗，分苗的苗间距为10cm，分苗后的管理以控水控肥为主，培育叶色浓绿、无病虫害的健壮苗。

3. 整地施肥

冬前深翻土地，翌年3月下旬结合整地，亩施腐熟有机肥5～7吨，氮磷钾复合肥100kg，钙镁磷肥100kg。充分耙匀整细，做成畦宽1.2m，畦埂宽0.6m的宽窄行。

4. 适期定植，合理密植

3月下旬至4月上旬，当幼苗长到6～7片真叶时，带花蕾定植。定植时，先在畦内开沟、浇水，再摆放苗子。每畦栽3行，株距20cm，每亩定植5 500株左右。定植后覆盖地膜，破膜后将苗引出，并盖上塑料拱棚。

5. 田间管理

（1）温湿度管理　定植后7天内不揭膜，以利缓苗，以后随着气温的升高，逐步揭膜透风。番茄适宜温度为20～25℃，超过30℃要进行放风，午后降到20℃左右闭风，生长后期要注意遮阴降温。生长前期，空气相对湿度维持在60%～70%，生长中后期维持在50%～60%。

（2）水肥管理　定植后及时浇缓苗水，第一穗果坐住前一般不再浇水。第一穗果核桃大时根据墒情适当浇水，结合浇水，冲施1次氮磷钾三元复合肥，亩施10kg左右。

（3）植株调整、保花保果　采用单干整枝，及时绑蔓，疏花疏果，每株留2穗果，每穗留果3个左右，每株留果5～6个。为防止低温造成落花落果，当花序第一朵花开放时，用2，4-D蘸花或防落素喷花。

（4）病虫害防治　坚持预防为主，综合防治的植保方针，首先采用农业防治、生物防治。对大棚番茄主要病害灰霉病、早疫病、晚疫病等可采用高效、低毒、低残留的农药防治。

6. 适时收获

于6月初开始采收，一直可以采收到7月底结束。

（三）秋大白菜栽培技术

1. 品种选择

选用抗病、抗逆性强、耐贮运、产量高、品质佳的品种，如秦白80、秦白4号、秦杂80、义和秋、金秋68等。

2. 整地施肥

前茬收获后，及时清理残枝败叶，整地要精细，结合整地，亩施腐熟有机肥

4 500 ~ 5 000kg、磷酸二铵 30kg，耕翻后耙细、耙平、起高垄，垄距 60 ~ 65cm，垄高 15 ~ 20cm。

3. 播种

关中地区一般 8 月 13 日至 15 日播种，以穴播为主，株行距均为 55cm。

4. 田间管理

播后及时浇水，防止高温干旱影响幼苗生长，做到适时间苗、中耕、除草，适时浇水。莲座期每亩施人粪尿 1 000kg，或尿素 10kg，施肥后及时浇水，以后掌握见干见湿原则。结球期，保证水分的充分供应，一般 7 ~ 8 天浇 1 次水，每亩追施人粪尿 2 000kg，或尿素 15kg；收获前 7 ~ 10 天停止浇水。对于病虫害，做到预防为主、综合防治，以农业防治、生物防治为主。

5. 适时收获

11 月下旬至 12 月初采收。

二、春甘蓝—秋芹菜种植模式

（一）茬口安排

关中地区中部主要种植模式。第一茬种植春甘蓝，春甘蓝在 12 月中下旬至翌年 1 月上旬利用阳畦或日光温室育苗，3 月中下旬地膜定植，6 月上中旬采收；第二茬种植秋芹菜，秋芹菜于 6 月中旬至 7 月中旬育苗，7 月下旬至 8 月中旬定植，霜降到立冬采收。

（二）春甘蓝栽培技术

1. 品种选择

选用抗寒性强、结球紧实、品质好、不易抽薹、适于密植的早熟品种，如 8398、中甘 17、中甘 21、绿球 66、春甘 2 号、春甘 3 号等。

2. 适时培育壮苗

（1）播期确定　春甘蓝生产的突出问题是未熟抽薹，因为甘蓝属于绿体春化作物，如果播种过早，幼苗生长过大，遇到低温条件则完成春化阶段，引起早期抽薹，所以应适期播种。关中地区一般在 12 月中下旬至翌年 1 月上旬利用阳畦或日光温室育苗。

（2）苗床准备　播前育苗床要施足腐熟有机肥，并且用多菌灵进行杀菌消毒，深翻耙平。

（3）种子处理及播种　选择饱满种子，用 18℃温水浸种 2h，然后保持 15 ~ 18℃催芽。在晴天上午，浇足底水，水渗后将发芽的种子均匀撒播在畦面上，覆土 1cm，每平方米播种量 4g，每亩需播种床面积为 $5m^2$。

（4）苗床管理　出苗前不要通风，白天畦温应保持 20 ~ 25℃，夜间应为 10 ~ 16℃。苗出齐后适当通风，白天畦温 18 ~ 20℃，夜间 10 ~ 12℃，在秧苗 5 片真叶后畦温不能低于 10℃，防止秧苗通过春化阶段，发生先期抽薹。定植前 10 天可加大通风，进行秧苗低温锻炼。

3. 精细整地

选择疏松肥沃的地块，冬前每亩施腐熟有机肥 5 000 ~ 7 500kg，深翻 20cm。定植前每亩施磷酸二铵 20 ~ 25kg、尿素 15kg，犁耙后将地平整好，做成畦宽 1.5m 左右、长 10 ~ 15m 的平畦。

4. 适期定植，合理密植

3 月中下旬进行定植，定植株行距均为 30 ~ 33cm，或按 35 ~ 40cm 的行距、25 ~ 30cm 的株距进行定植。栽完后立即覆地膜。

5. 田间管理

（1）缓苗期管理　早春定植春甘蓝，因外界气温偏低，可能还会遇到晚霜冻，缓苗期较长，叶片往往呈现紫色。这主要是定植时根系受伤和早春地温低、根系吸收磷素减少而影响糖类运转，导致叶片花青素积累造成的。因此，春甘蓝缓苗期的田间管理应以增温保墒为主。可于定植后 4 ~ 5 天浇缓苗水，浇水量要小。

（2）莲座期管理　主要是控制莲座叶不能过旺，以促使结球叶的分化。其措施是通过控制肥水进行蹲苗，使莲座期的植株生长壮而不旺，为结球期奠定良好基础。当植株生长健壮，叶片蜡粉明显增厚，心叶开始合抱时应及时结束蹲苗，再进行追肥浇水，促进结球。每亩追施尿素 20kg，追肥后及时浇水。

（3）结球期管理　甘蓝进入结球期以后，其生长速度明显加快，此期甘蓝的生长量最大，占整个营养生长量的 70% ~ 80%，也是整个生长时期肥水需求最大的时期。因此，保证充足的肥水供应是甘蓝长好叶球的物质基础。可结合浇水追肥 2 ~ 3 次。每亩每次追施尿素 10 ~ 15kg，或磷酸二铵 15 ~ 20kg，收获前 20 天停止追施氮肥，以提高产品的品质。

6. 适时收获

当叶球八成紧时，外层球叶片发亮时，即可分批采收供应市场。如果收获不及时，往往会出现裂球而影响甘蓝品质和产量，使种植效益降低。

（三）秋芹菜栽培技术

1. 品种选择

选用高产、优质、抗病、实杆类型的品种，如文图拉、高犹他 52-70、津南实芹、铁杆芹菜、佛罗里达 683、嫩脆、意大利冬芹等。

2. 育苗

（1）苗床准备　秋芹菜播种期正值 6 ~ 7 月高温多雨季节，应选在排灌方便的地块作育苗床。苗床做成宽 1 ~ 1.2m 的平畦，苗床面积与栽培面积比例为 1∶15。每平方米苗床施腐熟优质有机肥 5kg 和磷酸二氢钾 25g，翻耙混匀之后，耧平踩实备用。

（2）浸种催芽　播种前 8 ~ 9 天进行浸种。用 0.1% 高锰酸钾溶液浸种 10min 后，用清水淘洗搓洗种子，除去种子表面药剂，用干净湿纱布盖好，放在 15 ~ 18℃的阴凉、潮湿处催芽，催芽期间，每天用清水淘洗 1 次，约 6 ~ 7 天大部分种子即可出芽。

（3）播种　播种前将苗畦浇足底水，水渗下后在苗畦表面撒 1 层细土，然后撒籽，撒籽要力求均匀，撒籽后薄薄地盖 1 层过筛细土，厚约 0.5cm，随后在畦面喷洒除草剂 48% 氟乐灵乳油 100 ~ 150ml，或 48% 地乐胺乳油 200ml，喷后不要破坏畦面药膜。播种后立即在苗畦上进行遮阴降温和防雨措施，可用塑料薄膜支成拱棚，四周通气，或用遮阳网搭成拱棚，防止雨水直接冲刷和遮阴降温保湿。

（4）苗期管理　小苗出齐后浇 1 水，以后每隔 2 ~ 3 天浇 1 水，天气太热或土壤保水能力较差的苗畦要缩短浇水间隔时间，浇水应在清晨或傍晚天气较凉爽时进行。浇水后，苗畦薄薄地覆一层细土（最好用细沙土）。幼苗长有 1 ~ 2 片真叶时再覆 1 次细土。每次覆土都在叶面水分干了以后进行，每次覆土厚度在 0.5cm 以内。幼苗长有 2 ~ 3 片真叶时进行 1 次间苗，去弱留强，去病留壮，留苗间距 2 ~ 3cm。当苗长至 4 ~ 5 片叶，适当控水，防止徒长。一般苗龄 60 ~ 70 天，具 5 ~ 6 片真叶，苗高 15 ~ 18cm 时即可定植。

3. 整地施肥

前茬作物收获完毕，及时清洁田园，结合整地，每亩施腐熟有机肥 4 000 ~ 5 000kg、过磷酸钙 50kg，施尿素 10kg、硫酸钾 20kg、硼砂 1kg 作基肥，施后深耕 30cm，使肥土充分混合，耙平耙细后做成 1.2 ~ 1.5m 宽的平畦。

4. **定植**

定植宜在下午16时以后进行。要随起苗随定植，应选用大小基本一致的壮苗。如幼苗大小差异较大，应分开栽植。秋芹菜宜栽单株，要合理密植，地力好、施肥水平高的，株、行距掌握在13cm；地力中等、施肥水平中等的，株、行距掌握在10cm。栽苗不宜过深，一般把短缩茎埋入土中1.5cm左右，以不把心叶埋入土中，栽后浇水时又不飘苗为适度。

5. **田间管理**

（1）浇水　定植后立即浇水，间隔1天浇第二次水，再间隔1 ~ 2天浇第三次水，第三水后间隔3 ~ 4天浇第四水，四水后中耕蹲苗，结束蹲苗后继续浇水。一般秋分前每间隔2 ~ 3天浇1次水，遇天热时间隔1天浇1次水。秋分后每间隔3 ~ 4天浇1次水。寒露前后，芹菜长有30 ~ 40cm高时加大浇水量，经常保持土壤湿润。在收获前1周停止浇水。

（2）中耕、除草　定植后浇过第四水进行中耕，深度不超过3cm。中耕要周到、细致，结合中耕清除田间杂草，中耕后蹲苗7天左右。在苗高25cm左右时再除草1次。

（3）追肥　生长期中要多次追肥。第一次在蹲苗结束，每亩随水追施尿素10kg；第二次在秋分节前后芹菜约有25cm左右高时，每亩随水追施尿素10 ~ 15kg；第三次在寒露节前后，芹菜长有30 ~ 40cm高时，每亩随水再追施一次尿素10 ~ 15kg。

（4）防治病虫害　秋芹菜主要病害有疫病和斑枯病，主要虫害是蚜虫，要勤检查，除采取农业措施防治外，还要及时喷药进行防治。

6. **适时收获**

叶柄高50 ~ 60cm时开始采收。一般从霜降开始，到立冬前后可采收完毕。

三、春西葫芦—秋花椰菜种植模式

（一）茬口安排

关中地区中部主要种植模式。春西葫芦3月上旬播种育苗，4月上旬定植，4月下旬至6月下旬收获。秋花椰菜6月中下旬育苗，苗龄25天左右，7月中旬秧苗长到5 ~ 6片叶时定植，10月下旬即可开始收获。

（二）春西葫芦栽培技术

1. 品种选择

选用早熟性好、耐寒能力强、化瓜率低、抗病毒病能力强、株型紧凑、长势强健、品质优良的品种，如京葫 36、春玉 1 号、银青、春葫 1 号、绿蒂、京莹、长青 1 号等。

2. 培育壮苗

（1）浸种催芽　将种子放入 20 ～ 30℃的温水里浸泡 2 ～ 3h，让种皮、种肉和胚胎充分吸水后，捞出晾干种皮，用湿毛巾包起，放在 25 ～ 30℃处催芽，待芽长 0.2 ～ 0.4cm 时即可播种。

（2）播种　播种时先将营养钵（或苗床）灌透水，待水下渗后，每个营养钵点播 1 粒种子，覆土 1.5 ～ 2.0cm。然后在营养钵（或育苗床）上覆盖塑料薄膜。

3. 整地、施肥、做垄

早春土地解冻后，尽早整地施肥，每亩施腐熟有机肥 4 000 ～ 5 000kg、磷酸二铵 50kg，深翻 30cm，使土肥充分混合后耙平起垄。行距 60cm，垄高 15 ～ 20cm。

4. 定植

在垄中间按株距 50cm 开沟或开穴，先放苗并埋入少量土固定根系，然后浇水，水渗下后覆土并压实。栽植深度不要太深。定植后及时对栽培垄进行覆盖地膜。

5. 田间管理

（1）水肥管理　定植缓苗后浇 1 次缓苗水，待土壤干湿适宜时中耕松土并开始蹲苗，连续中耕 2 ～ 3 次，以提高地温，促进根系发育。一般在西葫芦开花前不再浇水追肥，以免引起植株徒长。当第一雌花开花后，瓜长到 10cm 左右时，应及时浇水追肥，以保证植株生长和果实膨大所需的营养。追肥每次每亩追施人粪尿 500kg，或尿素 10 ～ 15kg，或复合肥 15 ～ 20kg。以后一般每隔 5 ～ 7 天浇 1 次水，每浇 2 次水追 1 次肥，即隔 1 次水追 1 次肥。

（2）人工授粉　为提高西葫芦的坐果率，保证高产稳产，在雌花开放时应进行人工辅助授粉。授粉工作应在早上 6:00 ～ 9:00 时进行，将采摘下来的雄花花瓣去除，露出雄蕊，然后在雌花柱头上涂抹，保证雌花柱头上有雄花花粉即可。若遇雨天，可用纸袋于前一天下午将次日要开的雌花、雄花花蕾罩住，第二天清晨授完粉后，继续罩住雌花，以防止雨水浸入，影响坐瓜。人工授粉的同时，注意去除侧枝、侧芽。

6. **适时收获**

要及时采收，尤其是第一个瓜，要根据市场消费习惯，尽量提早采收，以免发生坠秧现象。第一个瓜在重达 0.25kg 左右时即可采摘，以后各瓜要根据市场需求习惯进行及时采收，防止瓜长得太大而坠秧，影响后期产量。

（三）秋花椰菜栽培技术

1. **品种选择**

选用耐热、耐寒抗病性强的中晚熟品种，如紧花型的有津雪 88、天雪 75、雪峰、日本雪山、雪莲等品种；松花型的有庆扬 70、长胜 65、青美松 70、正能松 80 等品种。

2. **播种育苗**

6 月中下旬进行播种育苗，育苗床应选地势高燥、土层疏松、肥沃的沙壤土为宜。应采取降温、防雨设施。播种后 20 天左右，幼苗 3 ～ 4 片真叶时分苗，分苗行株距 10cm×10cm，苗大小分级，行株对齐，以利于定植前划土块取苗带土移栽。经 15 ～ 20 天，7 ～ 8 片真叶时即可定植，不可久拖，否则秧苗老化致使定植后生长缓慢。

3. **整地定植**

结合整地，施足基肥，每亩施腐熟有机肥 3 000 ～ 4 000kg，氮磷钾复合肥 30 ～ 50kg。做成 1m 宽的平畦，每畦定植 2 行。定植一般选在晴天下午或阴天进行，定植时边栽苗边浇水，以利于成活。

4. **田间管理**

（1）水肥管理　秋茬气温前期较高，要注意浇水和中耕除草，雨后注意排涝。花椰菜整个生长期对水肥要求较高。前期追肥以氮肥为主，花球形成期适当增施磷、钾肥，每亩追肥量，一般需尿素 15 ～ 20kg、钾肥 5 ～ 10kg，钾肥应用硫酸钾。追磷肥可叶面喷施磷酸二氢钾。追肥应结合浇水进行，结球期要肥水并重，特别是浇水不能间断，隔 2 ～ 3 天浇 1 次，直到收获。

（2）病虫害防治　在苗期和大田高温、高湿条件下易发生霜霉病，可喷施 75%百菌清 600 倍液，或 70%乙·锰可湿性粉剂 500 倍液进行防治，或 25%瑞毒霉 800 ～ 1 000 倍液防治。防治黄条跳甲、菜青虫、小菜蛾、菜螟，可用 20%杀灭菊酯，或 2.5%溴氰菊酯 3 000 倍液，亦可选用其他广谱杀虫剂，要注意避免用高毒农药。

5. 适时收获

花球充分长大紧实，表面平整，基部花枝略有松散时采收为宜，也可根据市场需求及时采收。

四、春马铃薯—秋冬胡萝卜种植模式

（一）茬口安排

关中地区东部主要种植模式。春马铃薯于 2 月中下旬催芽，3 月上旬采用地膜覆盖栽培，5 月下旬到 6 月中旬采收；秋胡萝卜于 7 月中旬播种，12 月采收。

（二）春马铃薯栽培技术

1. 品种选择

选择早熟性好、芽眼浅、无病虫、单个重 25 ~ 30g 的小粒薯作种薯，如费乌瑞它、克新 4 号、中薯 2 号、早大白、紫花白等品种。

2. 整地施肥

马铃薯适应性广，最适合生长的土壤是轻质壤土，选择质地疏松、易灌易排田地，播种前一次性施足底肥，每亩施腐熟有机肥 4 000kg、硫酸钾复合肥 30kg、硼肥 1.5kg，深耕 25 ~ 30cm，翻耙均匀，做成双行垄畦，畦宽 95cm，沟宽 25cm，深 25cm。

3. 种薯处理

播种前 10 ~ 15 天，种薯尚未通过休眠的要打破休眠，具体方法如下。

（1）切块　将种薯从顶部纵切成数块，每块有芽眼 1 ~ 2 个，切口要贴近芽眼。

（2）浸种　用 5 ~ 10mg/L 的赤霉素浸种 5 ~ 10min。

（3）催芽　选用冷床、温室或塑料大棚均可。地面铺干净湿润的沙土（以手捏成团、手松便散为宜）厚约 10cm，床宽 1m。将浸过种的种薯晾干后均匀摊于苗床上，将种薯芽眼向上，再用湿润的沙土覆盖薯块 2cm 厚，保持 25 ~ 28℃，芽长 2 ~ 3cm 即可栽种。

4. 适期栽种，合理密植

一般在 3 月上旬栽种，每畦栽 2 行，株距 20cm，栽种深度 10cm，栽种时每个种薯只留 1 个壮芽，然后紧贴地面覆盖地膜，两边压紧实，每亩栽种 5 000 株左右，需种薯 125 ～ 150kg。

5. **田间管理**

（1）及时破膜　播种 20 ～ 25 天后马铃薯陆续出苗顶膜，在晴天下午及时破孔放苗，并用细土将破膜孔掩盖，防止苗受热害。

（2）肥水管理　出苗前一般不浇水，雨后土壤板结，应耙破土壳，保证通气。出苗后早追肥、早浇水、早松土。齐苗后，结合浇水，每亩追施发棵肥尿素 5 ～ 10kg。发棵期，要结合中耕进行浅培土，薯块膨大期结合中耕进行大培土。

（3）合理进行化学调节　马铃薯施氮过多，易发生徒长，在始花期到盛花期每亩用多效唑 30ml，加水 50kg 均匀喷雾，可有效防止徒长。

（4）防治病虫　马铃薯病虫害主要有晚疫病、病毒病和地下害虫。要坚持绿色植保理念，坚持预防为主、综合防治的原则，优先采用农业防治、物理防治和生物防治，合理使用化学防治。晚疫病可选用 80% 代森锰锌 600 ～ 800 倍液，或 58% 甲霜灵·锰锌 500 倍液，或 64% 杀毒矾 500 倍液，或 60% 琥·乙磷铝 500 倍液，或 50% 甲霜铜 700 ～ 800 倍液等农药交替喷施防治，每隔 7 ～ 10 天喷 1 次，连续防治 2 ～ 3 次；病毒病以防治蚜虫为主，可用吡虫啉喷雾防治；地下害虫蛴螬、大小地老虎可用敌百虫灌根和诱杀。

6. **采收**

马铃薯在植株大部分叶由绿转黄，达到枯萎，块茎停止膨大的生理成熟期采收，也可根据需要在商品成熟期及时采收上市。

（三）胡萝卜栽培技术

1. **品种选择**

选择供应期长、抗病、高产、优质、根形好、生长势强的品种，如透心红胡萝卜、新黑田五寸参、菊阳五寸参等。

2. **整地施肥**

胡萝卜根系发达，入土深，要选择土层深厚、松软透气、排水良好的地块。胡萝卜发芽慢，对土壤条件要求高，要求深耕 30cm，结合深耕亩施腐熟有机肥 4 000 ～ 5 000kg、尿素 20kg、磷酸二铵 20kg。一般有高垄和平畦两种栽培方式。高垄垄距 50cm，垄高 10 ～ 15cm，垄背耧平后上宽 20cm，播种 2 行；平畦畦宽 1 ～ 1.7m，长 6 ～ 10m。

3. **种子处理**

胡萝卜的种子有刺毛，有挥发油，果皮、种皮透性差，吸水发芽缓慢，为了促进其发芽，可以用冷水浸种3 ~ 4h，沥干后装入棉布袋中，在25℃下保湿催芽，有10% ~ 20%的种子露白时即可播种。

4. 播种

采用直播方式，在畦内按15 ~ 20cm的行距开沟，沟深2cm左右，在沟内播种，播种要均匀，覆土要均匀，不能露籽，播后用脚踩一遍再浇水，再喷施新高脂膜800倍液保温保墒，防止土壤结板，提高出苗率。

5. 田间管理

（1）间苗、中耕与除草　播种后要防止暴雨拍实土面影响出苗，从播种到出苗一般连续浇2 ~ 3次水，保持土壤湿度维持在65% ~ 80%。幼苗1 ~ 2片叶时，及时进行间苗，株距3cm，并在行间浅锄；幼苗4 ~ 5片叶时，适时定苗，除去过密株、弱株和病株，并喷施新高脂膜防止病菌侵染，提高抗自然灾害能力，保护幼苗茁壮成长；当幼苗5 ~ 6片真叶时定苗，中小型品种株距为10cm，大型品种株距为13 ~ 15cm。中耕可在每次间苗、定苗、浇水追肥后进行，中耕时不宜过深，以防伤根。中耕时注意培土，尤其后期。田间杂草主要是单子叶植物，每亩可用10.8%盖草能20ml对水20kg喷雾，进行化学除草。

（2）肥水管理。当幼苗生长到7 ~ 8片叶时，应适当控制浇水，加强中耕松土，促使主根下伸和须根发展，并防止植株徒长。秋冬胡萝卜生长期长，而且需肥高峰期在中后期，所以在施足底肥的基础上要进行分期追肥。以追施速效性肥料为宜，全生长期追肥3次，每15天追施1次。每亩追施氮磷钾复合肥15 ~ 20kg，以结合浇水冲施为宜。肉质根长到手指粗时，要控制好水分供应，过干易引起肉质根木质栓化，侧根增多；过湿易引起肉质根腐烂；忽干忽湿供水不匀，易引起肉质根开裂，降低品质。

6. 收获

10月下旬开始采收，陆续供应市场。准备贮藏的胡萝卜，一般在11月中旬前后采收，一般土壤上冻前采收完毕。

五、春夏小拱棚西瓜—秋青花菜种植模式

（一）茬口安排

关中地区西安、咸阳等地主要种植模式。拱棚西瓜于3月上旬进行嫁接育苗，3月下旬至4月上旬小拱棚定植，6月中下旬当西瓜陆续进入成熟期，可根据西瓜

成熟度和市场行情等适时收获上市，7 月下旬采收完毕。青花菜于 6 月中下旬育苗，8 月上中旬定植，11 月采收。

（二）小拱棚西瓜栽培技术

1. 品种选择

可选用瓠瓜、黑籽南瓜、冬瓜以及野生西瓜作砧木，常以黑籽南瓜为主，杂交 1 代品种有新大佐、早生新土佐、超丰 F1 等。西瓜常选择菊城龙旋风、豫园抗 8、改良京抗 2 号等品种。

2. 嫁接苗培育

（1）播种　砧木一般在 3 月上旬育苗，每亩用种量 500g 左右。育苗前，将种子选择晴天晾晒 1 ～ 2 天，浸种 12h 至种皮充分软化，30℃恒温条件下催芽 24 ～ 48h，待 80% 种子露白后即可播种。播种前营养钵浇透水。播时胚芽朝下，每钵 1 粒，播后覆厚 1.5 ～ 2.0cm 细土，再盖上一层塑料薄膜。接穗比砧木晚播 7 ～ 10 天，一般每亩用种量 50g 左右。育苗前，选择晴天晾晒 1 ～ 2 天，浸种 12h 至种皮充分软化，30℃恒温条件下催芽 24 ～ 48h，待 85% 种子露白后即可播种。播种前浇透沙箱内的营养土；按 1.2cm × 1.2cm 规格播种，播时胚芽朝下。播后覆盖厚 1.5 ～ 2.0cm 细土，再盖上一层塑料薄膜。

（2）嫁接　在嫁接前 1 天下午，将砧木浇透水，用 50% 多菌灵 800 倍液对砧木和接穗及周围环境进行消毒。嫁接时，将接穗从育苗盘中轻轻拔起，将沙子冲洗干净，然后浸泡于 70% 甲基硫菌灵可湿性粉剂 800 倍液中，5 秒后取出滤干药液，用湿布盖好保湿即可用于嫁接。一般砧木第一片真叶充分展开，接穗 2 片子叶尚未平展，子叶由黄转绿时为嫁接适期。常采用插接法。将嫁接好的营养杯紧凑排列，覆盖地膜保湿育苗，成活后逐渐掀膜降湿，接穗长出 2 叶 1 心即可出苗移栽。

3. 整地做畦

每亩施充分发酵鸡粪 3m^3、硫酸钾 40kg、尿素 15kg，耕翻耙匀。3 月下旬选晴天及时做畦，小拱棚宜选择南北走向，占地宽 1.4 ～ 1.6m。先做成宽 60cm、高 15cm 的垄，垄两侧各做 1 条宽 30cm 的浅沟，在浅沟外侧各做 1 条高 20cm、宽 20cm 的畦梁，畦梁上每隔 1.2m 插 1 条长 2m、宽 4cm 的竹片，形成宽 1.5m、高 0.7m 的拱架。定植前 7 ～ 10 天浇地，架上扣宽 2m 的薄膜，烤地、升温。

4. 适时定植

一般在 3 月底至 4 月初，小拱棚内 5cm 地温稳定在 12℃以上时，即可选无风晴天定植。每垄栽 2 行，株距不低于 0.7m，每亩栽苗 650 ～ 700 株。定植后将膜孔用土封严，及时加盖小拱棚。

5. 田间管理

（1）温度管理　定植后前 3 天一般不放风以促进缓苗。缓苗后可在每天 10 时至 14 时逐步加大放风量，以达到降温、排湿、改善光照条件的目的。团棵期增大通风量，降低植株生长速度，提高抗逆能力，达到叶厚、颈粗、根系壮的目的。进入 4 月下旬晚霜期已过，要采取上午、中午放大风，促进提早坐果。

（2）肥水管理　在定植水浇足的情况下，主蔓长约 50cm 时，可结合浇水每亩追施尿素 5kg、磷酸二氢钾 10kg。当幼果长至鸡蛋大时每亩随水冲施尿素 15kg、磷酸二氢钾 20kg。果实碗口大时可根据地力情况每亩追施尿素 10kg、磷酸二氢钾 15kg，另外还可喷施叶面肥料防止茎叶早衰。

（3）整枝方式　一般采用 3 蔓整枝方式，当主蔓长 30cm、茎基部枝条达 5cm 时，每株选留 2 条长势均匀的健壮侧蔓，多余的侧蔓及早去掉。一般选留主蔓第二、或第三雌花坐果，主蔓坐不住时可选留侧蔓雌花坐果。一般坐果节位前多余的侧枝及早去掉，而坐果节位后几节的侧枝可留 3 ～ 6 片叶打尖，以增加叶面积、提高产量。

（4）人工辅助授粉　每天 7:00 ～ 11:00 时，将当天开放的雄花去掉花瓣，将花粉轻轻涂抹在已开放的雌花柱头上。在操作中应注意要涂抹均匀，以防止出现畸形果。

6. 适时采收

一般在 6 月中下旬至 7 月中下旬采收上市。

（三）秋青花菜栽培技术

1. 品种选择

选择高产、抗病球形圆正、蕾粒均匀紧实、色泽深绿、品质优的品种，如绿岭、秋绿、耐寒优秀、改良山水等。

2. 播种育苗

6 月中下旬进行播种育苗，育苗床应选地势高燥、土层疏松、肥沃的砂壤土为宜。应采取降温、防雨设施。播种后 20 天左右，幼苗 3 ～ 4 片真叶时分苗，分苗行株距 10cm×10cm，苗大小分级，行株对齐，以利于定植前划土块取苗带土移栽。经 15 ～ 20 天，7 ～ 8 片真叶时即可定植，不可久拖，否则秧苗老化致使定植后生长缓慢。

3. 定植

西瓜拉秧后应及时清理田园、整地施肥，每亩施腐熟有机肥 3 000 ～ 3 500kg、过磷酸钙 20kg、草木灰 100kg。当幼苗 4 ～ 5 叶、苗龄 25 ～ 30 天时起垄，按大小苗分级移栽，株距 35cm，行距 65cm，每亩留苗 2 700 ～ 3 000 株。

4. 田间管理

移栽后及时浇缓苗水，适时中耕、松土、除草。大田生长期间结合浇水一般追 3 次肥。第一次为提苗肥，结合第一次中耕每亩追施尿素 10kg、硫酸二铵 15kg；第二次为花芽分化肥，栽后 20 ～ 25 天、植株 12 ～ 15 叶时追施，每亩追施尿素 7kg、草木灰 30kg（或硫酸钾 6kg），第三次为花球膨大肥，一般在花球豌豆大小时重施肥，每亩追施过磷酸钙 10kg、尿素和氯化钾各 5kg，同时叶面喷施 0.05% ～ 0.10% 硼砂和 0.05% ～ 0.10% 钼酸铵溶液，能提高花球质量，减少黄蕾和焦蕾发生。

5. 病虫害防治

霜霉病，可在发病初期用 25% 甲霜灵可湿性粉剂 500 倍液，或 64% 杀毒矾可湿性粉剂 500 ～ 600 倍液喷雾防治；黑斑病，可在发病初期用 65% 代森锌可湿性粉剂 500 倍液，或 50% 甲基硫菌灵可湿性粉剂 500 倍液喷雾防治。蚜虫，可用 10% 吡虫啉可湿性粉剂 1 500 倍液喷雾防治；菜青虫和小菜蛾，可用 2.5% 溴氰菊酯乳油 2 500 倍液喷雾防治。

6. 采收

花球充分长大但未散球前适时采收。采收标准：花球直径 12 ～ 18cm，紧实圆正，无病斑，无伤残。

六、大葱—冬小麦套种模式

（一）茬口安排

关中东部渭南地区和西部宝鸡地区的主要栽培模式。耕作带宽 130cm，大葱定植 1 行，于 6 月中下旬定植，最迟在 7 月上旬，小雪前后开始至 12 月土壤上冻前收获；10 月上旬先将培土冬葱铲齐，行间浅耕耙平后再条播小麦 5 ～ 6 行，小麦于翌年 6 月初收获。

（二）大葱栽培技术

1. 品种选择

选择生长健壮，耐干旱、耐热、耐寒性强，抗病，耐贮藏，葱白肉质脆嫩，味稍甜而香，品质佳的品种。如赤水孤葱、章丘梧桐葱等。

2. 适时播种

（1）播种时间　大葱对播种要求很严格，分春播育苗和秋播育苗两种。秋播，一般可在立冬前 40 ~ 50 天播种，即 9 月下旬至 10 月上旬，使越冬时葱苗高约 7cm、直径不足 0.5cm，有 3 片真叶为好。春播可在惊蛰后清明前播种，即 3 月中下旬，春播占地时间短，管理比秋播简单。

（2）播种方法　定植 1 亩大田需用葱种 1.25 ~ 1.50kg，需苗床 1/10 亩。播种分湿播法和干播法 2 种。湿播法：播种前苗床浇水，浇水量以够出苗所需为原则，过大则地温不易回升，对发芽出苗不利，水下渗后，将种子与适量的湿润细沙混匀后进行撒播，播后覆土 1cm 左右。干播法：在土壤合墒状态时撒播，播后浅耙，踩实，再以耙背刮平畦面保墒。若冬春季干旱，土壤墒情为黄墒或干墒时，应提前浇水造墒。

（3）苗床管理　幼苗出土前覆地膜保墒。拱土时揭膜，并补撒细土，以护外露的幼根。当幼苗子叶伸腰后，应结合浇水追肥 2 ~ 3 次，一般每次每亩追施尿素 5 ~ 10kg，忌撒施碳酸氢铵，以免伤苗。苗期不间苗，注意除草，播种后出苗前可用 33% 除草通乳油 100 ~ 150ml 对水喷雾，当苗高 35 ~ 45cm，假茎横径 1cm 左右，即可定植。

3. 科学定植

（1）开沟施肥　按行距 130cm 开深、宽各约 30cm，底宽 10cm 的沟。将摆葱的南沟壁或西沟壁上下铲齐，另一面拍平拍光，沟底刨松、刨平。顺沟每亩撒施油渣 25 ~ 30kg，或腐熟有机肥 2 500kg，再施入磷酸二铵 15 ~ 20kg 和硫酸钾 15 ~ 20kg。

（2）起苗分级　苗床提前灌水，合墒时起苗，除去根系宿土，并将健壮秧苗按大、中、小苗分级，存放室内或田间，加盖遮阳网，防止日晒萎蔫。

（3）定植　定植宜早不宜晚，过晚气温过高，不易缓苗，而且葱白生长期短，不利于增产。一般在 6 月中下旬定植。通常在下午高温过后栽苗，株距 3.3cm 左右；小苗密些，大苗稀些。覆土厚度以刚刚埋没假茎基部葱白为宜。

4. 田间管理

（1）水肥管理　定植后立即浇少量水稳苗，土面发白时再浇缓苗水。缓苗以后注意中耕保墒，控水蹲苗，以促进发根。小暑后葱株进入半休眠状态，应避免浇水过多或暴雨后积水时间过长；立秋后葱株进入生长阶段，宜少浇、轻浇和早晚浇；白露后葱株生长迅速，宜勤浇、重浇；寒露以后不再浇水。结合浇水进行追肥，缓苗后每亩追施尿素7.5kg；立秋前后每亩追施腐熟有机肥2 000kg、氮磷钾复合肥20kg；处暑、白露、秋分前后每亩追施氮磷钾复合肥25kg。

（2）培土　随着葱株的生长，立秋、处暑、白露、秋分前后结合追肥各培土1次，每次培土高度以不超过最外功能叶片的出叶口（葱心）为宜。最后1次培土，两侧用土夹实葱株，拍紧，这时培土高度超过出叶口亦无妨。

（3）病虫害防治　大葱常见病害有霜霉病、紫斑病、锈病等。发病初期可用75%百菌清可湿性粉剂600倍液，或72.2%霜霉威水剂800倍液，或64%恶霜·锰锌可湿性粉剂500倍液，或50%异菌脲可湿性粉剂1 500倍液，或50%多菌灵可湿性粉剂500倍液防治，以上农药交替使用。隔7～10天喷1次，连续喷2～3次。大葱主要害虫有蓟马、潜叶蝇等，蓟马通过清除田间杂草及枯枝落叶，减少越冬虫源，加强水肥管理，增强抗虫能力。在田间设置蓝色、与作物高度持平的粘板诱杀成虫。或选择高效、低毒、低残留的农药，为了避免产生抗药性，防治时轮换使用农药，喷雾时除对植株上部重点喷施外，还应对植株周围地面喷药，可杀灭自然入土的蓟马。潜叶蝇要注意定期摘除虫、蛹叶；严重时，结合翻耕除草灭蛹等措施，降低虫口密度；大葱收获时彻底清理田间病株残体，集中处理或烧毁。在成虫盛发期、幼虫初孵期、预蛹期，进行化学防治。

5. 收获贮藏

小雪前后开始挖葱至12月土壤上冻前为止。从初培土的一侧向下挖。挖出后整理成捆，近根部和近稍部各绑1道，一捆10kg，放置阴凉处。三捆相靠为一排，依次向前靠排成长方形，隔30～40cm再同样排放。因大葱耐寒性强，可贮存至翌年立春前后。如继续贮存，需移地倒捆1次。不可大量堆积，以防受热腐烂。

（三）冬小麦栽培技术

1. 品种选择

选择优质、高产、抗逆性强的品种，如西农979、陕148、小偃22等。

2. 播种

10月上中旬播种。此时大葱已基本长成，可进行最后一次培土。培土后将垄背横向用脚踩实，再用铁锨将垄背两侧的土垂直切下一部分（葱株两边各留约10cm宽），两边要切整齐，然后整平沟底，施入基肥，使肥、土混匀，即可开沟播种小麦。为防治地下害虫，播前可撒施毒饵，播后浇水。

3. 田间管理

冬前管理，收葱时不要损坏麦苗。大葱收获后清理畦面，整好畦背，应及时查、补苗，确保苗全、苗匀；适时进行冬前化学除草及冬灌。翌年开春进行中耕锄划，提温保墒促早发。结合春灌每亩按行追施尿素 10 ~ 15kg。并及时进行化控防倒。

4. **收获**

6 月上旬收获。

七、大蒜—春玉米套种模式

（一）茬口安排

关中中部咸阳地区的主要栽培模式。耕作带宽 150cm，每带内种玉米 3 行、大蒜 6 行。玉米一般在 4 月底、5 月初播种，行距 75cm，株距 24 ~ 26cm，每亩留苗 3 000 ~ 3 500 株。9 月上中旬收获；8 月上中旬在玉米行间套种 3 行大蒜，行距 25cm，株距 5 ~ 6cm，每亩栽 45 000 ~ 50 000 株，播种深度 2 ~ 3cm。蒜苗一般从 11 月开始采收，陆续采收至翌年 3 月下旬。蒜薹于 4 月下旬开始采收，蒜薹采收后 15 ~ 20 天，收获蒜头。

（二）春玉米栽培技术

1. **品种选择**

选用高产、优质、抗病性强的品种，如蠡玉 16、先玉 335 等。

2. **整地施肥**

结合整地，每亩施腐熟有机肥 4 000 ~ 5 000kg，或充分腐熟鸡粪 2 000 ~ 2 500kg，并用 50% 多菌灵可湿性粉剂 3.0 ~ 3.5kg 进行土壤消毒处理。然后用旋播机旋耕入土，并将行距调整到 75cm，开沟待播。

3. **适期播种**

4 月底至 5 月初播种，播种时每亩顺沟施尿素 15 ~ 20kg，然后按照株距进行沟播，播后覆土并及时灌水，确保一播全苗。

4. **加强管理**

出苗后及时中耕除草，保墒定苗，定苗在玉米 5 ~ 6 叶进行，去小留大，去弱留健，定苗时视土壤墒情及时浇水促缓苗，一般每亩留苗 3 000 ~ 3 500 株。拔节期每亩追施尿素 20 ~ 25kg、磷酸二铵 20 ~ 25kg，埋肥后隔行培垄并灌水，玉米行间便为规划的大蒜套种带。抽穗扬花期结合大蒜播种搞好肥水管理。

5. **适时收获**

玉米在蜡熟期收获，及时运出玉米秆，避免给大蒜遮光。在收获玉米时，特别注意不要损伤蒜苗。

（三）大蒜栽培技术

1. **品种选择**

选用抗病、优质、丰产、抗逆性强、适应性广、商品性状好的优良品种，如四川红皮蒜、山东苍蒜等。

2. **适期播种**

种蒜选择直径 3.5 ~ 5.0cm 的蒜头，剥瓣时将发生霉变、蒜瓣发软、有虫蛀的瓣以及夹瓣蒜予以淘汰，然后分级播种。重茬地、病害较重的田块，先用 40% 杜邦福星乳油 6 000 倍液，或 4% 农抗 120 水剂 100 倍液浸种 15min，然后晾干进行播种。收获蒜薹和大蒜，一般 8 月上中旬播种；收获蒜苗提早上市，可于 7 月底播种。播种时在玉米行间开沟播种，沟深 4 ~ 5cm，然后按株距点播种瓣，并每亩撒施尿素 10 ~ 15kg、氮磷钾复合肥 40 ~ 50kg。施肥结束后进行覆土合沟，覆土深度以 2cm 左右为宜。播种完毕及时进行灌水。

3. **田间管理**

（1）中耕除草　蒜苗幼苗生长期，当杂草刚萌生时即进行中耕，同时也除掉了杂草，对株间难以中耕的杂草也要及早拔除，以免与蒜苗争肥。特别是浇水过后杂草萌生，要及时进行中耕除草。

（2）水肥管理　玉米成熟后及时收获，并酌情施 1 次促苗肥，结合灌水每亩追施尿素 8 ~ 12kg，促进大蒜苗齐苗匀。幼苗期以浅锄保墒为主，促进大蒜根系生长发育。越冬前每亩施农家土杂粪 2 500 ~ 3 000kg，结合灌水追施尿素 5 ~ 10kg，并趁墒浅锄弥缝，保护蒜苗安全越冬。翌春蒜苗进入返青期后，春分前后结合浇返青水，每亩追施尿素 8 ~ 12kg，同时进行中耕松土，提高地温。清明前后，大蒜进入旺盛生长时期，对水肥需要显著增加，结合浇水，每亩追施尿素 15 ~ 20kg，经常保持地面湿润。

4. **采收**

（1）采收蒜薹　一般蒜薹抽出叶鞘，并开始甩弯时，是采收蒜薹的适宜时期。采收蒜薹最好在晴天中午和午后进行，此时植株有些萎蔫，叶鞘与蒜薹容易分离，并且叶片有韧性，不易折断，可减少伤叶。若在雨天或雨后采收蒜薹，植株已充分吸水，蒜薹和叶片韧性差，极易折断。

（2）采收蒜头　收蒜薹后 15 ~ 20 天（多数是 18 天）即可收蒜头。适期收蒜头的标志是：叶片大都干枯，上部叶片褪色成灰绿色，叶尖干枯下垂，假茎处于柔软状态，蒜头基本长成。收获过早，蒜头嫩而水分多，组织不充实，不饱满，贮藏后易干瘪；收获过晚，蒜头容易散头，拔蒜时蒜瓣易散落，失去商品价值。收获蒜头时，硬地应用锨挖，软地直接用手拔出。起蒜后运到场上，后一排的蒜叶搭在前一排的头上，只晒秧，不晒头，防止蒜头灼伤或变绿。经常翻动 2 ~ 3 天后，茎叶干燥即可贮藏。

八、架豆—春鲜食玉米套种模式

（一）茬口安排

秦岭山区一种主要种植模式。地膜春鲜食玉米，4 月上中旬播种，7 月上中旬鲜食玉米采收上市。下茬套种架豆，7 月中旬玉米采收前在株间播种。玉米收后及时打光叶片，以玉米茎秆作架棍。9 月上中旬菜豆角采收上市。

（二）春玉米栽培技术

1. 品种选择

选择早熟或中早熟品种，如津鲜 2 号、垦糯 1 号、京早 8 号等。

2. 整地施肥

选择土层深厚、排水良好、地力较强的沙壤土为好。每亩施充分腐熟鸡粪 $2m^3$，或优质有机肥 $3m^3$ 作底肥，4 月初结合整地做垄时施入，耕翻后耙细、耙平后做成 55cm 宽的小垄。

3. 播种

4 月上中旬播种，按行距 55cm，株距 33cm 距离刨穴。穴深 7 ~ 8cm，穴土堆放在株边。然后施入磷酸二铵作种肥，每亩施 15kg，随后浇水。水渗下后播种，每穴播种 2 ~ 3 粒，覆土 1cm 厚。再均匀喷洒乙草胺除草剂，每亩用药 0.2kg，对水 40kg 进行地表层封闭，随后覆膜。采用宽 110cm 的地膜，一膜覆两垄，两边用土压平、压实，防止风大揭膜。

4. 田间管理

玉米出苗顶膜时，于上午打孔通风炼苗。随着气温的增高和苗龄的增大，通风孔逐渐扩大。待到5月初左右终霜过后，将玉米苗用手拨出膜外，随后落膜，用土封严苗眼。玉米长到9片叶时，打孔追肥，每亩追施尿素20kg。

5. 采收

7月中旬玉米收后将叶片打光，秸秆留作菜豆的架棍。

（三）架豆栽培技术

1. 品种选择

选用生长势强、丰产、耐热、耐涝、抗病的品种，如九粒白、芸丰、双丰2号、秋紫豆等。

2. 播种

播种过早与玉米共生期相应延长，不利于生长。播种过晚，产量和效益下降，一般在7月上中旬玉米抽丝期播种较为适宜。在距玉米根部15 ~ 20cm处开穴直接点播，每穴播种2 ~ 3粒，覆土1.5 ~ 2.0cm厚。播种时随种每亩施入磷酸二铵5.0kg作种肥播种。

3. 田间管理

秋菜豆生育期短，在伏天播种，霜前生长结束。生育初期是在高温长日照条件下生长；中期温度由高到低，日照逐渐缩短。这样，菜豆需在短期内快速分化许多花芽。植株和花序间，花序内的各花朵之间争夺营养，套种后菜豆与玉米又有一段共生期，因此，必须加强管理。营养生长期应以壮根壮秧为主，协调营养生长与生殖生长的矛盾，出苗后进行中耕松土，促根壮苗，避免草荒，要注意控水蹲苗和引蔓，使蔓尽早爬到玉米秆上，以促进迅速生长，争取短时间内建成强大植株，及早开花结实。为促进主蔓生长，应进行整枝，即可将第一穗花以下的腋芽抹掉，待主蔓爬到玉米雄穗时摘去顶心，促进侧枝生长，侧枝长到一定程度也要摘心。

4. 采收

9月上中旬开始采收，一直可以采收到早霜来临前。

九、冬小麦—线辣椒套种模式

（一）茬口安排

渭北川塬灌区主要种植模式。耕作带宽133cm，10月上旬播种4 ~ 5行小麦，占地 66.4cm，留空地 66.6cm，在 5 月上旬（初夏）套栽辣椒 2 行，行距 52cm。麦辣间套共生期 30 天左右，6 月上旬小麦进入，完熟初期进行收获，辣椒 9 月上旬开始采收直到冬小麦播种前采收结束。

（二）冬小麦栽培技术

1. 品种选择

选择株高 70 ~ 80cm，茎秆坚硬，特别抗倒伏、早熟、产量高、品质优的良种，如小偃 986、小偃 503、西农 9766、豫麦 9023 等品种。

2. 整地施肥

前茬作物收获后要及时深耕整地，去除前茬作物留下的根、茎和杂草等，保证土壤的细绵、湿润和土地的平整。为了改善土壤结构、提高土壤的蓄水能力，每亩撒施碳酸氢铵 80kg（或尿素 33kg）、过磷酸钙 60kg、硫酸钾 30kg 作基肥，然后进行翻耕，深度不小于 25cm。

3. 适期播种

一般 10 月上旬播种，每亩播种 7kg 种子，每亩保证基本苗 15 万 ~ 18 万棵，成穗 35 万 ~ 40 万棵。

4. 田间管理

立冬前锄草（化除），冬灌水，开春碾耕保墒；防治小麦条锈病、吸浆虫、蚜虫，促进和保护小麦健壮生长。

5. 适时收获

为了缩短小麦和辣椒的共生期，6 月上旬在小麦进入完熟初期进行收获。小麦早收 2 天，辣椒就早发 2 天，有利形成壮株。

（三）线辣椒栽培技术

1. 品种选择

选择营养丰富、生物钙高、保健作用好的陕椒 2003、陕椒 2002、陕椒 2001、早秋红和 8819 等品种。

2. 培育健康壮苗

采用坑式阳畦小拱棚育苗，苗床宽 120cm、长 100cm、深 12 ~ 15cm，四周用拍板打实，坑里深耕 10cm。在播种前 10 天，每床施充分腐熟的牛、猪、鸡粪 200kg，三元复合肥 1kg，与土壤混匀待用。一般播种时间在 3 月下旬，苗龄 40 ~ 50 天。每栽培 1 亩大田，需苗床地 $36m^2$。每苗床用种 50g，栽培每亩需用种

150g。在播前将苗床平整成水平，浇1次透水，水位达到坑墙壁的2/3处，并待水下渗后进行育苗。在撒种前畦面需再平整1次，达到地平如镜后，均匀的撒播种子。随后用过筛的1:1粪土覆盖种子，厚度1cm。播种后及时搭好小拱保温保湿。在出苗前，棚温保持白天22 ~ 28℃，夜间12 ~ 18℃，不揭棚放风。出苗后棚温一般控制在20 ~ 28℃，最高不能超过30℃，最低不能小于10℃。采用通风方法调整好棚内每天的温度，以防烧苗。揭棚后，选择晴天的下午，将杂草拔除干净，发现苗床土壤缺水，可浇1次小水补充。在移栽前1天，可浇1次水，以利起苗带土移栽。壮苗的标准是株高15cm左右，茎秆粗壮，苗子敦实，叶色青绿，叶肉肥厚，根系发达，生长势强。

3. 定植

5月上旬（初夏）进行定植，行距分81cm和52cm大小行距，株距26cm，每穴定植3株，每亩定植11 500株左右。

4. 田间管理

（1）肥水管理　移栽后及时浇缓苗水。一般下午移栽，晚间浇水，第二天下午追肥和浅中耕保墒，促进发苗。在缓苗后的25 ~ 30天内，控制田间土壤持水量在60%左右，以利蹲苗。在植株生长到四门斗期，进行第二次追肥，并培土防倒伏。盛花坐果期为辣椒需水的高峰期，应及时浇水，促进多开花、多坐果。这时期田间持水量应控制在70% ~ 80%。为了预防“三落”，从开花期到成熟，每隔7 ~ 10天喷1次0.4%磷酸二氢钾和0.2%硼砂，及0.1%硫酸锌溶液。在果实膨大期遇到干旱、土壤缺水时，可采用隔行方式浇1次水。

（2）及时防治病虫害　病毒病初发时，可用植病灵，或病毒A1000倍液防治。炭疽病可用70%代森锰锌可湿性粉剂800倍液，或50%多菌灵可湿性粉剂800倍液防治。青枯病可用72%农用链霉素4 000倍液，或401抗菌剂500倍液灌根防治。对茶黄螨可用18%阿维菌素乳油1 500倍液，或15%哒螨灵乳油3 000倍液防治。对棉铃虫、烟青虫，可用20%杀来菊酯乳油3 000倍液，或25%溴氰酯乳油2 000倍溶液防治。

5. 采收

9月上旬开始采收，红熟一批，及时采收一批，使植株营养供给后续椒生长。在拔秆前15天，为了促进晚青椒成熟，可用乙烯利800 ~ 1 000倍液喷洒株果，以促进成熟和着色，提高商品率。

十、春甘蓝—青辣椒一膜二熟种植模式

（一）茬口安排

秦巴山地区以及渭北部分地区主要种植模式。地膜春茬甘蓝于3月上旬采用保护地育苗，4月中旬晚霜结束后定植，6月中下旬收获。辣椒4月上旬塑料拱棚育苗，6月下旬定植，8月下旬至9月下旬收获。

（二）春甘蓝栽培技术

1. 品种选择

选择早熟、耐热、耐裂球、抗逆性强、商品性好、不易抽薹的品种，如中甘15号、中甘21号等。

2. 地块选择

选择地势高燥，排灌方便，地下水位较低，土层深厚疏松，土壤为中性或微酸性，保水保肥性好的地块。

3. 培育壮苗

（1）营养土配制　选用田园土、充分腐熟并过筛农家肥及干净的细河沙，按6∶3∶1的比例混合均匀配制营养土，每立方米加氮磷钾复合肥1kg，混匀堆放5天后铺于苗床，或装入穴盘。播种时将40%五氯硝基苯粉剂与50%的福美双可湿性粉剂按1∶1的比例混合，每平方米按8～10g的用量与4～5kg过筛细土混匀制成药土，于播前和播后分两次覆于营养土表面进行消毒，其中播种前覆2/3，播种后覆1/3。

（2）播种　3月上旬采用保护地育苗。点播育苗播种规格为4cm×5cm，或5cm×5cm。播种时苗床应灌足底水，待水下渗后覆1层营养土和药土，将种子均匀播于床面或穴盘，再覆盖0.6～0.8cm的细土和药土。

（3）苗期管理　播种后，温度白天保持在20～25℃，夜间保持在15℃左右。苗出齐后至定植前，白天温度保持在15～23℃，夜间保持在8～15℃。苗出齐后及时通风，通风口不能过大；如早晨幼苗出现萎蔫，要及时小水浇灌；定植前5～7天要进行炼苗，使幼苗逐渐适应外界气候，定植时苗龄为40～45天。

4. 整地施肥

基肥在早春深翻时一次性施入，每亩施充分腐熟有机肥4 000～5 000kg、磷

酸二铵 50kg、尿素 25kg，深翻 25 ~ 30cm。地面整平、整细，划线起垄，垄宽 50cm，沟宽 30cm，垄高 15 ~ 20cm，用宽 70cm 的地膜覆盖垄面。

5. 定植

4 月中旬晚霜结束后定植，采用"品"字形定植，每垄 2 行，行距 40cm，株距 20cm。

6. 田间管理

定植后及时浇定植水；7 ~ 10 天后结合浇水每亩追施尿素 10 ~ 15kg；莲座期要控水蹲苗 10 ~ 15 天，同时叶面喷施 2g/kg 的硼砂溶液和 3 ~ 5g/kg 的氯化钙溶液；蹲苗结束后，进入结球初期，要灌足水，并结合浇水每亩追施尿素 15 ~ 20kg、硫酸钾 10 ~ 15kg；结球后期要控制灌水次数和灌水量，保持土壤湿润即可，以防止叶球开裂，促进叶球紧实。采收前 15 ~ 20 天不追肥。

7. 采收

定植后 55 天左右，当叶球直径 15 ~ 18cm、重量 0.6 ~ 1.0kg、叶球紧密度达到八成、外层球叶发亮时应及时采收。

（三）青辣椒栽培技术

1. 品种选择

选择早熟、抗病、丰产、耐寒性和耐热性强的辣椒品种，如荷椒 15、绿美龙、航椒 5 号、航椒 6 号、长青龙、螺丝长线等品种。

2. 适期育苗

一般 4 月上旬，采用塑料拱棚营养钵育苗。苗床与大田栽培的面积比例为 1∶33。营养土用田园土 5 份、腐熟优质有机肥 3 份、细河沙 2 份混匀过筛后每立方米加磷酸二铵 12 ~ 15kg 配成。播种前先将种子倒入 55℃温水中（水量是种子量的 5 倍），并快速搅动，待水温降至 30℃时再把种子放入 10g/kg 硫酸铜溶液浸泡 5min，然后用清水浸种子 8 ~ 12h，并在清水中搓洗去掉种子黏液。将清洗净的种子用湿布包住，放在 25 ~ 30℃条件下催芽，一般过 4 ~ 5 天发芽。将发芽的种子每钵 2 粒点播在已提前 1 天浇透水、消过毒的营养钵内，上覆营养土 0.5cm 厚，播后盖地膜保湿保温，3 ~ 4 天后幼苗拱土时揭掉地膜。苗床温度白天保持在 25 ~ 30℃，夜间保持在 15 ~ 20℃，整个苗期温度不宜过高，土壤湿度不宜过大，以利蹲苗形成壮苗，防止出现高脚苗。

3. 清理垄面，修补地膜

前茬甘蓝收获后，要对垄面进行全面的杂物清理，保持垄面平整、无残枝败叶、无根茬、无土块。并对损坏或被风吹掀起的地膜用细土封严压实，提高保墒效果。

4. 定植

6 月下旬定植。选择晴天下午定植，在垄面上按三角形挖穴，每垄定植 2 行，穴（株）距 35cm，每穴 2 ～ 3 株，每亩定植 3 500 穴左右。

5. 田间管理

定植后垄沟浇足缓苗水。缓苗到采收阶段一般不追肥。至门椒开始膨大时，达 2 ～ 3cm 长时开始浇水。追肥结合浇水进行，每次随水每亩追施尿素 15 ～ 20kg。生长中后期可视情况在开花结果期间叶面喷施 2 ～ 3g/kg 磷酸二氢钾溶液 2 ～ 3 次。辣椒整个生育期内白粉虱、斑潜蝇、蚜虫较为严重，应选用 40% 氧化乐果乳油 1 000 ～ 1 500 倍液、10% 吡虫啉可湿性粉剂 2 000 倍液交替喷施，每 5 ～ 7 天喷施 1 次。

6. 采收

一般开花授粉后约 20 ～ 30 天果实已经达到充分的膨大，果皮具有光泽，已达到采收青果的标准，应及时采收。门椒应提前采收，如果采收不及时，果实消耗大量养分，影响以后植株的生长和结果。

十一、越夏大白菜—结球生菜一膜二熟种植模式

（一）茬口安排

太白高山越夏蔬菜产区主要种植模式。越夏大白菜于 4 月中旬进行穴盘或漂浮育苗，5 月中旬采用地膜覆盖栽培，6 月下旬至 7 月上旬采收。结球生菜于 5 月中旬进行穴盘或漂浮育苗，6 月下旬至 7 月上旬大白菜收获后及时清理残枝败叶，利用原地膜定植，8 月底到 9 月中旬收获。

（二）越夏大白菜栽培技术

1. 品种选择

选择越冬性强、耐抽薹、中早熟、优质、抗根肿病和软腐病的品种。如 CR 咏春、CR 金蓓、CR 咏旺、京春 CR3、耐斯高、秦春 2 号、传奇、CR 帝王 26 等品种。

2. 育苗

为了调节上市时间，在太白高山地区一般 4 月中旬采用塑料拱棚穴盘或漂浮

育苗。

3. 施肥、整地、覆膜

太白高山高海拔菜区土壤主要是褐土、淤土和潮土，应根据土壤肥力适度调整底肥用量。一般覆膜前结合整地，每亩施充分腐熟的农家肥 4 000 ~ 5 000kg，或生物有机肥 2 000kg、氮磷钾复合肥 30 ~ 40kg，早耕多翻，土壤耕细磨平、打碎坷垃、捡净残茬、残膜。多采用平畦栽培，按 1m 划线，按行距 50cm，间隔 50cm 覆地膜。盖膜时一定要拉紧、盖平，膜的四周要用土压严，使膜不易被风吹动。

4. 定植

一般苗龄 25 ~ 30 天，株高 8 ~ 12cm，6 ~ 8 片真叶时为移栽适期。覆膜后按行距 50cm、株距 45cm 开穴，每畦种植 2 行，"品"字形栽苗，每亩定植 3 000 ~ 3 500 株。

5. 田间管理

（1）中耕、锄草　中耕不仅可消灭杂草，而且还可起到松土、保墒、增温、灭虫、促进根系纵横发育、调节土壤养分和水分的作用，确保幼苗健壮生长。

（2）肥水管理　大白菜前期需水肥较少，后期较多，在浇水上要采取控、促、控相结合的措施；中期进入快速营养生长阶段，要加强水肥管理，每次追肥后要坚持浇水，应掌握中水中肥。为了防止后期脱肥，促后期长心包实，应大水大肥，包心期结合浇水可每亩追施尿素 15kg，并紧接着浇水 1 次。

6. 收获

根据市场需求，叶球长到七成心时，即可收获上市。收获时可捏试大白菜顶部，结球度以手捏稍微发软为最佳。成熟度过大，大白菜易裂球，且遇下雨易腐烂。因此要适时收获。

（三）结球生菜栽培技术

1. 品种选择

应选择耐寒性强、适应性好、抗病性强的中熟品种。如雷达、万盛 118、佳绿 101、元首、雷诺、皇家 2 号、绿贝、皇帝、喜绿、名匠等品种。

2. 育苗

育苗时间一般是 5 月中旬，采用穴盘或漂浮育苗。

3. 定植

一般苗龄 30 ~ 35 天，株高 6 ~ 9cm，6 ~ 7 片真叶时为移栽适期。一般在 6 月下旬至 7 月上旬大白菜收获后定植，前茬大白菜收获后应及时清理残枝败叶，将原地膜表面清理干净，按株距 30cm 开穴进行定植，一般每亩定植 4 500 株左右。

4. 田间管理

定植后，及时浇水，以利缓苗。前期结合浇水分期追肥，并及时中耕除草，保持土壤半湿，促进根系发育和叶片旺盛生长。中后期要不断均匀浇水，追施氮肥。结球后期既怕旱，又怕涝，要控制水分，应保持土壤湿润，以免裂球或发生软腐病。采收前 5 ～ 7 天停止浇水，以利收获和贮运。

5. 收获

叶球成熟后及时采收，栽培时间过长，容易抽薹及产生病害，降低品质和产量。

第三节 一年三茬及三茬以上种植模式及技术

一、春马铃薯—夏西瓜—秋冬萝卜种植模式

（一）茬口安排

关中地区的西安、渭南等地主要种植模式。春马铃薯于元月下旬至 2 月上旬进行催芽，2 月中下旬采用地膜覆盖栽培，5 月中下旬采收。夏西瓜 5 月上中旬育苗，6 月上旬定植，8 月上旬收获。秋冬萝卜于 8 月 20 前播种，11 月下旬到 12 月上旬采收。

（二）春地膜马铃薯栽培技术

1. 品种选择

选择早熟性好、芽眼浅、无病虫、单个重 25 ～ 30g 的小粒薯作种薯，如费乌瑞它、克新 4 号、中薯 2 号、早大白、紫花白等品种。

2. 催芽

播种前 10 ～ 15 天，进行催芽（方法见“露地春马铃薯—胡萝卜种植模式”）。

3. 播种

播种前整地施肥，每亩施腐熟有机肥 4 000 ～ 5 000kg，翻耙均匀，采用宽行大垄栽培，单行种植行距 70cm 左右，每亩种植 4 000 ～ 4 500 株，双行种植行距

80cm 左右，每亩种植 5 000 ～ 5 500 株。机械开沟播种，开沟深度 4 ～ 6cm，按确定的种植密度摆种，将土豆芽朝上放置。播种后用专用施肥机施肥或人工穴施，每亩施氮磷钾复合肥 50kg、硫酸锌 1.2kg、硼酸 1kg。然后进行覆土起垄，覆土厚度 10 ～ 12cm，耧平，每亩用 33% 二甲戊灵乳油 200 ～ 300ml，或 96% 异丙甲草胺乳油 55 ～ 65ml 均匀喷雾垄面，之后用覆膜机覆地膜。

4. 田间管理

（1）及时破膜　播种 20 ～ 25 天后马铃薯陆续出苗顶膜，在晴天下午及时破孔放苗，并用细土将破膜孔掩盖，防止苗受热害。

（2）科学灌溉　播种后出苗前以保温增温为主，一般不浇水。出苗后需水量大，特别是在块茎形成期和块茎膨大期，缺水会造成块茎停止生长，严重减产或降低品质。马铃薯生长的适宜土壤含水量，全生育期平均保持在 80% 左右最为理想，其中苗期要保持在 70% ～ 80%，收获前保持在 65% ～ 75% 为宜，块茎形成至块茎膨大阶段必须保持在 80% ～ 85%。浇水要掌握小水勤浇的原则，切忌大水漫灌过垄面，以免造成土壤板结，影响产量。在收获前 10 天停止浇水，以确保块茎周皮充分老化，利于贮藏。

5. 采收

5 月中下旬及时采收，为后茬作物及时腾地。

（三）夏茬露地西瓜栽培技术

1. 品种选择

选择早熟、抗病、高产、优质、耐高温、光合能力强的品种。选择黑美人、京欣系列等；无籽西瓜可选择黑蜜 1 号、黑蜜 2 号等；中大果型西瓜可选择凯旋、庆宝王等。

2. 播种育苗

于 5 月上中旬采用塑料小拱棚穴盘（50 孔）育苗，苗龄 20 天左右为宜，这时西瓜有 2 叶 1 心或 3 叶心，移栽前 5 ～ 7 天晚上揭开薄膜进行炼苗。

3. 整地定植

马铃薯收获后，及时清理田园，翻地前重施基肥，以磷钾肥为主，氮肥补充，微量元素肥料调剂，一般每亩施腐熟有机肥 4 000 ～ 5 000kg、过磷酸钙 25kg、尿素 10kg、多元复合肥 5 ～ 7kg，充分耙匀后，做成宽 1.5m 或 3m 的畦，畦间挖宽 40cm、深 25 ～ 30cm 的沟，以备排灌。畦宽 1.5m，栽单行，畦宽 3m，栽双行；株距 0.6m，每亩栽 700 ～ 800 株，移栽后 3 ～ 5 天内适当遮阴，促进缓苗。

4. 田间管理

西瓜移栽后正值夏季，雨水较多，需防雨涝。移栽后 10 ～ 15 天开始整枝，采取三蔓整枝法，即每株可留 3 条蔓，多余蔓应及早摘除。西瓜坐果有拳头大小时追施尿素 5kg、硫酸钾 10kg，或多元复合肥 15kg，追肥后及时浇水，促进西瓜膨大。西瓜雌花开放后，人工辅助授粉，以提高坐果率，由于雌花只在 7:00 ～ 9:00 时受精率最高，此时进行人工辅助授粉，其坐果率可达到 98%。瓜坐稳后，当主侧蔓长至 25 节时进行摘心。

5. 采收

适时采收，以利下茬作物的安排。

（四）秋冬萝卜栽培技术

1. 品种选择

选择抗病、高产、耐贮运的品种如秦萝 1 号、青丰冬、豫萝卜 1 号、露头青等。

2. 整地、施基肥、起垄

前茬作物收获后及时清洁田园。结合播前翻地，施入基肥。肥料用量为每亩施腐熟有机肥 2 500 ～ 3 000kg，草木灰 50kg，磷酸二铵 20 ～ 25kg。采用半高垄栽培，每 60cm 做一垄，垄高 15 ～ 20cm，垄面宽 18 ～ 20cm。

3. 播种

采用点播法或条播法播种。点播法是在垄背上按株距要求开穴（即戳按），穴深约 3cm，每穴点播 2 ～ 3 粒种子，随后覆土镇压，覆土约 2cm 厚。条播法是在垄背的中心，顺垄开一条约 3cm 深的小沟，随后将种子均匀地捻在沟里，覆土后进行镇压，使土和种子紧密接触，利于种子发芽出土。

4. 田间管理

（1）间苗和定苗　一般间苗 2 ～ 3 次。第一次在真叶展开时进行，拔除细弱、畸形和病虫危害的苗，留苗间距为 3 ～ 4cm。在 2 ～ 3 片真叶展开时进行第二次间苗，拔除劣苗、杂苗，留下健壮、品种纯正的苗。第三次在幼苗“大破肚”时进行，留具有本品种特征的健壮苗 1 株。

（2）中耕、除草及培土　苗期高温多雨，尤其在幼苗期，气候炎热，雨水多，杂草生长迅速，要勤中耕除草。从第一次间苗到封垄前应进行多次中耕。一般在间苗、定苗浇水后进行 3 次中耕，头两次中耕在幼苗期，中耕不宜过深。第三次中耕在莲座期，可适当深中耕，要深锄沟，浅耪背，并要适当培土，中耕时要防止伤根，以免引起萝卜肉质根分叉、裂口或腐烂。

（3）合理浇水　播种后，若土壤墒情不好，天气干旱，应立即浇1次水，开始出苗时再浇1次水，保持地面湿润，保证出苗整齐。出苗后至幼苗期经常保持土壤湿润，防止高温灼伤幼苗，减轻病毒病的发生。在定苗以后，进入叶片生长盛期，此时雨季已过，需要适时浇水，以供植株正常生长所需要的水分，但也不宜浇水过多，以免叶片徒长。所以，在叶片未封垄以前，要结合蹲苗适当控制浇水。“露肩”以后将进入肉质根生长盛期。在肉质根迅速生长期间，需要充足的水分和养分，要勤浇水，浇透水。根据土质和当时的气候条件掌握浇水间隔日数，要保持土壤经常湿润，避免土壤忽干忽湿，防止裂根。直到收获前5～7天停止浇水。

（4）科学追肥　蹲苗结束后，结合浇水，每亩追施尿素5～8kg。“破肚”后，进入叶生长盛期，为促进叶面积扩大，宜重施1次速效氮肥，每亩追施尿素15kg。在“露肩”后，进入肉质根膨大盛期，每亩追施20kg氮磷钾复合肥。收获前20天，每周1次，连喷2次0.2%的磷酸二氢钾进行叶面追肥，对提高产量和肉质根品质有良好效果。

5. 收获与贮藏

萝卜一般以肉质根充分肥大后为收获适期，秋冬萝卜在上冻前进行收获。准备贮藏到冬、春食用的，不应马上入窖，可挖0.5～1.0m深的坑，将萝卜暂时贮藏于坑中，上面盖层薄土，只要把萝卜盖住就行，随着气温的降低，再盖2～3次，直到11月上中旬，窖温已降到2℃左右时，萝卜再入窖，这样萝卜既不糠，又不易发芽，还好吃。

二、越冬洋葱—夏黄瓜—秋娃娃菜种植模式

（一）茬口安排

关中地区西部主要种植模式。洋葱于9月中旬育苗，11月中旬定植，翌年5月下旬收获；夏黄瓜于6月上旬直播，7月下旬至8月上旬收获；娃娃菜于8月中旬直播，10月中旬到11月上旬收获。

（二）洋葱栽培技术

1. 品种选择

洋葱选用红皮高桩、紫星、紫冠等品种。

2. **育苗**

9 月中旬，选择地势较高，未种过洋葱、大蒜、韭菜等葱蒜类作物的地块作苗床。苗床用地于播种前每亩施充分腐熟的有机肥 300kg，充分耙匀后，做成 1.2m 宽的平畦。浇足底水，待水渗下后播种。一般每定植 1 亩大田，需要苗床面积 $60m^2$，每亩用种量 150g 左右。定植前洋葱壮苗的标准是苗龄 60 天左右，假茎粗 0.5cm，株高 20cm 左右，3 叶 1 心至 4 叶 1 心，根系正常。

3. **定植**

11 月中下旬整地，每亩施充分腐熟有机肥 4 000 ～ 5 000kg、硫酸钾复合肥 50kg。施肥完毕，地块要深耕、耙细、平整，做成宽 2.2m 的种植畦，畦埂宽 40cm，畦上覆盖地膜，两边压紧。幼苗按大小分级定植，株距 14cm，行距 18cm，用小木棍打眼，定植深度 1 ～ 2cm，每亩定植 2.6 万株左右。

4. **田间管理**

定植后及时浇缓苗水。洋葱冬前管理简单，可自然越冬，翌年 2 月返青后及时浇返青水，促其早发。随着气温升高，鳞茎进入膨大期后浇水次数增多，每隔 7 ～ 8 天浇 1 次水，结合浇水每亩每次追施尿素 15kg。采收前 10 天停止浇水。春季风大天旱，要注意压膜，注意防风保湿。

5. **收获**

当植株茎秆变黄、部分倒伏，鳞茎充分肥大、表皮老化时及时收获。

（三）夏黄瓜栽培技术

1. **品种选择**

宜选用耐高温、耐涝、抗病高产的品种，如津春 4 号、津研 4 号、露地 2 号、夏丰 1 号等。

2. **精细整地**

结合整地，每亩施腐熟有机肥 4 000 ～ 5 000kg、复合肥 50kg、多元素硼肥 5kg，整平后做畦，畦宽 1.2m，畦面曝晒 2 ～ 3 天后播种。每畦播种 2 行，穴距 20cm，每穴播 3 粒种子，每亩种 5 000 穴左右，播后覆盖宽 90cm 的地膜。

3. **田间管理**

瓜苗出土顶膜时应立即破膜。破膜后遇到干旱天气，应在晚上逐棵浇水。齐苗后 7 天定苗，每穴留 1 株健壮苗，并浇 1 次水，以后中耕。瓜苗“甩头”时插支架，及时引蔓上架，防止相互缠绕，影响生长，避免下雨将叶片溅上土泥，影响光合作用。绑蔓时，使瓜蔓在架上分布均匀，并使瓜蔓迂回向架顶伸展，以延长主蔓，促使多结瓜，同时及时摘除叶卷须和下部老叶、病叶等。初花期清除杂草，采收根瓜前进行第二次中耕，中耕深度不能少于 2cm。进入盛瓜期后，黄瓜生长旺盛，浇水和降雨较多，土壤养分容易流失，所以应多追肥，勤浇水，浇水应在傍晚或早晨。遇高温干旱天气，每隔 1 ～ 2 天浇水 1 次，隔水每亩追施尿素 20kg。遇到连阴雨或大雨时，要排水防涝，夏季高温雨后，要及时浇井水降温。为延长盛瓜期，提高产量，每亩可用磷酸二氢钾 100g 对水 50kg 进行叶面喷施，每隔 3 ～ 5 天喷 1 次，也可叶面喷施多元复合有机肥，稀释 500 倍，叶面喷施 2 ～ 3 次。

4. 及时采收

夏季气温高，植株生长快，果实发育快，一般播种后 30 天就可采收。采收时宜早收勤收，以免坠秧，一般多以隔天采收，盛瓜期可每天采收，以确保瓜条鲜嫩和瓜秧旺盛生长。

（四）秋季娃娃菜栽培技术

1. 品种选择

选用优质、抗病、黄心、叶球匀称上下等粗，便于包装的品种，如春小黄、福娃、玲珑黄、金宝、迷你星、金福玉等。

2. 整地施肥

前茬收获后及时整地施肥，每亩施腐熟有机肥 4 000 ～ 5 000kg、过磷酸钙 30 ～ 50kg、硫酸钾 15 ～ 20kg，耙匀、耙细、整平后，做成垄面宽 50cm、沟宽 30cm、高 15 ～ 18cm 的半高垄，垄上播种 2 行。

3. 播种

每亩用种量 100 ～ 150g。按行距 25cm、株距 20cm 破膜点播，每穴 2 ～ 3 粒种子、播种深 1.0 ～ 1.5cm，覆土厚 1cm，每亩留苗 1 万株左右。直播后覆膜。

4. 间苗定苗

当幼苗 2 ～ 3 片真叶时进行第一次间苗，每穴留 2 株苗，对缺苗断垄的进行补苗，覆土封穴。5 ～ 6 片叶时结合第二次间苗进行定苗，每穴选留健壮苗 1 株，同时覆土。中耕、除草可结合间、定苗时进行。

5. 肥水管理

娃娃菜是喜肥蔬菜，生育期短，生长快，对土壤肥力要求高。前期因苗小一般不浇水，莲座期开始浇水追肥，一般每亩可随水施入尿素 5kg；结球期需肥量增大，结合浇水每亩追施尿素 10kg；可用 0.1% 磷酸二氢钾 +0.3% 尿素混合液喷施，在生长期间叶面喷施 2 ～ 3 次。

6. **采收**

当娃娃菜长至株高 30 ~ 35cm、叶球纵径约 15cm、最大横径 7cm、中部稍粗、单球净重 150 ~ 300g 时应及时采收（整株娃娃菜质量 800g 左右），叶球过大或过于紧实易降低商品品质。采收时，一般将整株连同外叶运回冷库预冷，包装前再按娃娃菜商品标准大小剥去外叶。

三、春提早番茄—夏丝瓜（青苦瓜）—秋延后西芹种植模式

（一）茬口安排

陕南地区汉中、安康主要种植模式。拱棚春提早番茄 12 月下旬至翌年 1 月上旬育苗，2 月下旬定植，4 月底开始采收，6 月上旬采收完毕。夏丝瓜（或青苦瓜）4 月中下旬于大棚内营养钵育苗，6 月中旬定植，7 月初开始采收，8 月中旬采收完毕。秋延后西芹 6 月中下旬育苗，8 月中下旬定植，11 月下旬至 12 月中旬采收。

（二）春提早番茄栽培技术

1. **品种选择**

选择早熟、耐低温、弱光、抗病性强、植株开展度小、分枝性弱、节间短、不易徒长、适宜密植的品种，如粉贝娜、巨粉冠、L402、合作 908、金棚 1 号等。

2. **育苗**

在播种前 3 ~ 4 天进行催芽。把晾晒过的种子用 55℃温水浸泡 8h 后捞出，用清水淘洗，用纱布或毛巾包好，在 25 ~ 30℃下催芽，2 ~ 3 天出芽进行穴盘播种育苗。播种后，白天温度保持 26 ~ 28℃，夜间 20℃以上。出苗后给以充足的光照，注意降温，以免形成高脚苗。白天保持 22 ~ 26℃，夜间 13 ~ 14℃。定植前 5 天左右，加大通风量，进行低温炼苗。

3. **整地做畦**

结合整地每亩施腐熟的有机肥 4 000 ~ 5 000kg，氮磷钾复合肥 50kg，磷酸二铵 25kg，微生物肥 10kg 作基肥，然后深翻 25 ~ 30cm，将肥料和土掺匀整平做畦。畦面宽 1.2m，沟深 20cm，宽 30 ~ 40cm。在施基肥的同时，每平方米加 50% 多菌灵可湿性粉剂 8g 进行土壤消毒。

4. 定植

定植时的苗龄为4叶1心。定植密度：行距80cm，株距40cm，每亩定植1 800 ~ 2 000株。

5. 田间管理

定植到第一穗果膨大，关键是防冻保苗，力争尽早缓苗。定植后3 ~ 4天内不通风，棚温维持在30℃左右。缓苗后，白天棚温20 ~ 25℃，夜间13 ~ 15℃。夜温不低于15℃，白天最高棚温在30℃以下。定植缓苗后10天，第一花序开花时，适当降低棚温，进行深中耕蹲苗，插架、绑秧。切忌正开花时浇大水，避免因浇大水而造成落花。结果期棚温不能超过35℃，保持空气湿度45% ~ 55%，土壤湿度80% ~ 85%。第一穗果坐住后，结束蹲苗，及时浇水追肥，促进果实发育。当果实由青转白时，浇2次水并追肥，以后每隔5 ~ 6天结合浇水追施冲施肥，盛果期必须肥水充分，并要追施磷钾肥，浇水要均匀，不可忽大忽小，否则会出现空洞果或脐腐病。

（三）夏丝瓜（青苦瓜）栽培技术

1. 品种选择

丝瓜选择主蔓结瓜性好、坐瓜节位低、坐果率高、抗病性强、耐高温、对短日照不敏感的品种，如夏优、新夏棠、雅绿1号、秀玉等。苦瓜选择耐高温、抗病性强且适合本地消费习惯的品种，如白苦瓜、翡翠1号、穗新2号、绿宝石、绿冠1号等。

2. 育苗

播前可用50 ~ 60℃的温水浸种10min，不断搅拌，然后在普通水中浸8 ~ 10h，捞出后在30 ~ 35℃条件下催芽，2 ~ 3天露白后即可穴盘播种育苗，苗龄20 ~ 30天，3 ~ 4片真叶时定植。

3. 整地定植

结合整地施足基肥，每亩施腐熟有机肥3 000kg、氮磷钾复合肥50kg。深翻耙匀后，丝瓜做成畦面宽1.2 ~ 1.5m，沟宽30 ~ 40cm，畦高35cm的高畦，定植行距70 ~ 80cm，株距50cm。苦瓜做成畦面宽2m，沟宽30cm，畦高35cm的高畦，每畦栽双行，株距30 ~ 35cm，每穴栽2棵。

4. 田间管理

（1）整枝引蔓　当抽蔓长卷须时，一般蔓长30cm时，要及时搭人字架或拱形棚。丝瓜插架后，不要马上引蔓，要适当窝藤、压蔓，有雌花出现时再向上引蔓，并使蔓均匀分布，或主蔓长至1m时摘心留两侧蔓结果。苦瓜以主蔓结瓜为主，要及时摘除侧蔓，如肥水条件好，后期可留几个侧蔓。采收后期，及时摘除老叶、黄叶、病叶，以便通风透光。

（2）合理施肥　丝瓜和苦瓜都有耐肥不耐瘠的特点，应做到勤施薄施，结瓜前控制水肥，结瓜后追施重肥，并重视磷、钾肥的施用。整个生长期追肥3次，植株开始出现雄花时追第一次肥，开始结果时追第二次肥，第一次采收后，进入盛果期时追第三次肥，肥施肥量应增加1 ~ 2倍，并加施1 ~ 2次草木灰，每次每亩施50 ~ 100kg。

（3）水分管理　丝瓜和苦瓜全生育期需水较多，生长前期应保持土壤湿润，植株开花结瓜期间需水最多，根系也较强，需加强浇水。既需水，又忌积水，浇水时应即浇即排，不漫灌，尤其是雨季，要注意排水，以免积水，引起沤根。

（4）病虫防治　丝瓜主要病害为霜霉病，可喷58%雷多米尔锰锌可湿性粉剂500 ~ 700倍液，或72.2%普力克水剂600倍液，或70%代森锰锌500倍液，或72%甲霜灵600倍液喷雾防治，注意一定要在霜霉病初发生时用药。虫害主要有白粉虱、菜青虫、斜纹夜蛾，可用2%阿维菌素，或2.8%氯氰菊酯兑水15 ~ 20kg喷雾防治。苦瓜主要病害为炭疽病。发现病株及时拔去，并用50%炭疽福美，或50%托布津可湿性粉剂500倍液喷洒，隔5 ~ 7天1次，连续3 ~ 4次。主要虫害有螨、瓜实蝇和蚜虫，防治螨虫可用40%三氯杀螨醇1 000倍液喷洒叶片，防治瓜实蝇可用25%的速灭杀丁8 000倍液喷杀，防治蚜虫用20%吡虫啉2 500倍液，或25%抗蚜威3 000倍液喷雾防治。

5. 采收

丝瓜开花后10 ~ 14天，在果实充分长大且比较脆嫩时要及时采收，采收要及时，否则遇雨后瓜条内部湿度大，种子易发芽。苦瓜果皮瘤状物突出膨大，果顶开始发亮时及时采收。

（四）秋延后西芹栽培技术

1. 品种选择

选择叶柄长、根系发达、纤维少、丰产性好、抗逆性强的品种，如文图拉、高犹他、自由女神、胜利西芹等。

2. 播种育苗

芹菜属耐寒性蔬菜，发芽要求冷凉湿润的环境条件，最适温度为15 ~ 20℃，低于15℃或高于25℃，则会延迟发芽和降低发芽率。夏季气温高，应将种子置于低温环境中才会使其及时出苗。具体做法是：先用清水浸泡种子12小时（h），然后采用5mg/kg赤霉素或爱多收浸泡10～12h以打破休眠，提高发芽率，之后将种子捞出，装入布袋放入冰箱冷藏室内催芽4～5天，温度控制在10℃左右，每天翻浇1次，30%种子露白即可播种。播种时，把催芽的种子掺湿沙，均匀撒在准备好的苗床上，苗床要短（10m左右）要平。施足底肥后，翻耕、耧平、灌足水。然后用过筛细土，薄薄撒一层盖住种子，及时给畦面均匀喷雾施田补或农思它除草剂，每亩用药120～150g，喷完后搭上遮阳网。出齐苗后要分3次进行间苗，最后达到苗间距4～5cm。

3. 整地定植

定植前15天进行整地做畦，结合整地，每亩施腐熟有机肥4 000～5 000kg，深翻细耙，整平，做成1～1.2m宽的高畦。当幼苗具6～8片叶，株高10cm，苗龄60～70天时定植，定植前1～2天给苗床浇透水，切块起苗移栽，少伤根，抖去泥土，淘汰病虫危害的苗和弱苗，按大小分二级或三级，选无风晴天定植。定植方法按行距25～30cm开浅沟，株距20～25cm挖穴栽苗，每亩定植1.3万株左右，栽植的深度以露出心叶为宜，不宜过深。定植后浇缓苗水，待心叶变绿，即新根发出时，浅耕松土，促进根系发育。

4. 田间管理

定植后要保持土壤湿润，进入生长后期，加强肥水管理。

（1）中耕除草　西芹生长前期长，生长较慢，田间易滋生杂草，结合中耕进行除草。中耕2～3次，以浅为主，防止伤根，中耕后立即培土。

（2）施肥　缓苗后7～10天，结合浇水每亩追施尿素10kg，以后每间隔10天每亩追施尿素15kg，采收前15天喷施30～50mg/kg赤霉素1～2次，有明显的增产效果。

（3）浇水　全生育期一般浇水4～7次，以小水勤浇为主，保持土壤湿润。进入叶丛生长盛期，水肥充足时，西芹表现出特有的脆嫩口味。

（4）病虫害防治　西芹常见病虫害为斑枯病、叶斑病、病毒病、蚜虫和潜叶蝇等。一般防治方法为种子消毒、物理防治、药剂喷施与加强田间管理相结合。采收前10天禁止施药。

5. 采收

定植期70天以上。株高90cm左右，单株15～19片叶，单株重1kg左右为采收适期。采收方法可分次劈收叶柄，也可一次性连根铲收。

四、春莴笋—夏豇豆—秋延后甘蓝种植模式

（一）茬口安排

陕南汉中、安康地区主要种植模式。春莴苣第一年秋季 10 月下旬播种育苗，12 月下旬至翌年 1 月上旬定植，4 ~ 5 月收获。夏豇豆 6 月初播种，7 月下旬开始采收，8 月中旬采收完毕。秋延后甘蓝 6 月下旬至 7 月上旬播种育苗，8 月下旬定植，12 月上中旬采收。

（二）春莴笋栽培技术

1. 品种选择

选择早熟、耐寒、适应性强、迟抽薹、不易裂口的品种，如种都 3 号、耐寒白尖叶、耐寒二白皮等。

2. 培育壮苗

（1）催芽　用清水将种子浸泡 5 ~ 6h，然后轻轻搓洗 1 遍，沥干再用湿纱布包好，放在 5 ~ 6℃条件下，进行低温处理 24h，拿出用清水冲洗，置于 15 ~ 20℃下进行催芽 1 ~ 2 天，大部分种子发芽后，即可播种。一般每亩用种 50g 左右。

（2）苗床准备　定植每亩莴笋需要育苗床 15 ~ 20m^2，施腐熟过筛的有机肥 100 ~ 150kg、氮磷钾复合肥 3 ~ 4kg。

（3）播种　播种前将育苗床浇一遍透水，水渗下后播种，将催好芽的种子掺少量细沙均匀地撒在育苗床上，然后覆细土 0.5cm，畦面用 50% 辛硫磷乳油 800 倍液，或 72% 霜霉威可湿性粉剂 800 倍液喷洒，以防治地下害虫和立枯病。

（4）苗期管理　播种后 4 ~ 5 天即可齐苗。幼苗 2 ~ 3 片叶时应及时分苗，苗距 5 ~ 6cm。苗期适当控制浇水，使叶片肥厚、平展，防止徒长，并及时除草，防止草与苗争肥影响幼苗生长。

3. 整地施肥

莴笋根系发达，生长旺盛，需肥量大，一般每亩施腐熟有机肥 3 000 ~ 4 000kg，磷酸二铵或氮磷钾复合肥 50kg。施肥后整地、起垄，要求垄宽 55 ~ 60cm，高 15cm，沟宽 20cm。

4. 定植

播种后 25 天左右，当幼苗长至 5 ~ 6 片叶时即可定植。定植时每垄 2 行，行

距 30 ~ 40cm，株距 25 ~ 30cm，每亩定植 5 000 ~ 5 500 株。

5. 田间管理

春莴笋以苗越冬，前期生长缓慢，需肥量少，定植后浇 1 次清粪水。促使根系生长。冬前要控制肥水，避免徒长，增强耐寒力，安全过冬。开春后，茎叶迅速生长，进入莲座期后，要及时中耕松土，以便提高土温，中耕前追施有机肥 1 次，每亩追施有机肥 1 000 ~ 1 500kg。植株封行后，茎部肥大加速，需肥量多，重施 2 ~ 3 次追肥，每次可施尿素 8 ~ 10kg，保证茎部膨大。施肥不能过迟，以免造成茎部开裂。

6. 适时采收

当茎顶端与最高叶片尖端相平时为采收适期，嫩茎已充分膨大品质最佳。

（三）夏豇豆栽培技术

1. 品种选择

选择耐热性好的品种，如之豇 28-2、扬豇 40、宁豇 3 号等。

2. 整地施肥

播种前深翻整地，结合整地，每亩施腐熟有机肥 2 000kg、过磷酸钙 20kg、硫酸铵 15kg，精细整地，土肥混匀，整地耧平，做成高 12 ~ 13cm、宽 90cm 的小高畦。

3. 种子处理及播种

播种前对种子进行粒选、晾晒 1 ~ 2 天，将种子用温水浸泡 4 ~ 6h，捞出晾干趁墒进行点播，行距 40cm+30cm，宽行为人行道，窄行用于搭架。株距 20cm，每穴播种 3 粒。

4. 田间管理

（1）立支架　一般豇豆长出 5 ~ 6 片叶开始伸蔓，应及时用竹竿插人字形架，每穴插 1 根，引蔓上架。引蔓选在晴天中午或下午进行，防止茎叶折断。

（2）水肥管理　前控后促，开花结荚前控制肥水，到第一花序开花结荚，其后几个花序显现，开始浇第一次水肥，结束蹲苗，促进果荚和植株生长。进入结荚期是豇豆需肥的高峰期，要连续追肥，每次追施尿素 15kg，或腐熟人粪尿 1 000kg，还可以叶面喷肥 0.2% ~ 0.5% 尿素，或 0.1% ~ 0.3% 磷酸二氢钾。

（3）植株调整　将主蔓第一花序以下的侧芽全部抹除，使营养集中供应花朵，促进早开花。主蔓第一花序以上各节位花芽和叶芽混生的，将叶芽抹除，促进花芽萌发。没有花芽，只有叶芽的，叶芽生长成侧枝，留 1 ~ 2 叶摘心，形成一穗花序。主蔓生长到 15 ~ 20 节，达 2 ~ 2.5m 时进行摘心，促进多出侧枝，形成较多花芽，侧枝开始坐荚后进行摘心。

5. **采收**

一般开花后 10 ~ 15 天，豆粒略明显时采摘。在嫩荚基部 1cm 外掐断或剪断，不能损坏其他花序，采收宜在下午进行，避免碰伤茎蔓和叶片。

（四）秋延后甘蓝栽培技术

1. **品种选择**

选择耐热、抗寒、丰产、抗病、优质、耐贮藏的品种，如秦甘 70、秦甘 80、富尔、富绿、世农 200 等。

2. **育苗**

育苗畦应建在高燥、易灌水、肥沃的地块，苗床上先铺 10cm 厚的营养土，营养土选择没种过十字花科作物的肥沃田园土 2 份与充分腐熟过筛的有机肥 1 份充分混匀后，加氮磷钾复合肥 1kg/m^3 配制而成，再用 8 ~ 10g/m^2 杀菌剂（50% 多菌灵可湿性粉剂与 50% 福美双可湿性粉剂按 1∶1 比例混合）与 4 ~ 5kg 过筛细土混匀后施于床面消毒。播前用 55 ~ 60℃温水浸种 1h。在苗床墒情良好的条件下，则无需浸种催芽，可干籽直播。苗床干旱时可浇小水，待水渗下后再撒一层干细土后播种，撒播后覆细土 1cm 厚，然后用遮阳网对苗床进行遮阴。

3. **适时定植**

一般苗龄在 30 天左右，幼苗 7 ~ 8 片叶时进行定植。定植时正值温度高、土壤湿度小、蒸发量大，应选阴天或晴天下午进行。定植前 1 天，苗床浇透水，挖苗不要伤根过多。定植时适当浅栽，有利于发根。定植水要浇足，缓苗水要早浇，并做好补苗工作，以保全苗。行距 55cm，株距 50cm，每亩定植 2 800 株。

4. **科学追肥**

生长期追肥一般分 5 次进行。定植时追施 1 次稀淡的人粪尿；莲座叶形成时，追施第二次肥，要提高浓度，增加用量，可用人粪尿和尿素；莲座叶生长盛期，追施第三次肥，可在行间开沟埋肥，将有机肥与氮、磷化肥混合，施入后封土浇水，然后在地面撒施草木灰。在结球前期和中期再各追肥 1 次，每次每亩追施尿素 20kg，结球后期停止追肥。

5. **浇水排水**

前期注意松土透气，防旱、防草和排水防涝。中后期肥水齐攻，旱时及时浇水，保持土壤见干见湿，进入莲座期后保持土壤湿润。大雨过后及时做好排水防涝

工作，保证田间不能有积水。收获前 10 天控制水肥，以利收贮。

6. 采收

叶球紧实度达到八成时即可采收。早熟品种为了提早供应，可分期收获，中晚熟品种宜集中收获。上市前可喷洒 500 倍液的高脂膜，以防叶片失水萎蔫而影响经济价值；同时应除去黄叶或有病虫斑的叶片，然后按照叶球的大小进行分级包装和出售。

五、越冬花椰菜—地膜春大白菜—夏鲜食玉米种植模式

（一）茬口安排

关中地区的中部主要种植模式。越冬花椰菜 7 月 25 日至 8 月 5 日育苗，9 月 20 日前定植，翌年 3 月上旬至 4 月中旬采收；春大白菜 3 月中旬阳畦或塑料拱棚育苗，4 月中旬地膜定植，5 月底到 6 月上旬采收；鲜食玉米一般 6 月中下旬播种，9 月中旬采收。

（二）越冬花椰菜栽培技术

1. 品种选择

选择耐寒、抗病性强、适应性强、丰产、商品性好的品种，以保证正常越冬。品种生育期为 220 ~ 240 天，如冬花二号、新雪球、早春玉、春元宝、雪妃、新珍宝、越冬王等。

2. 培育壮苗

育苗畦选择地势较高，能灌能排的地块。苗床营养土按田园土和过筛的腐熟有机肥 1∶1 配制，用 40% 甲醛溶液加水 50 倍液稀释，喷洒消毒，用塑料薄膜覆盖密闭 24 ~ 48h 后去掉覆盖物并把土摊开，待气体完全挥发后便可使用，充分整平，耙细苗床，做到上虚下实，做成 1.0 ~ 1.2m 平畦待播。播种时要单籽点播，播种密度按 10cm × 10cm。播后覆湿润细土厚约 1cm，播后覆盖地膜，上面盖小拱棚，以增温保湿，达到保墒促齐苗的目的；齐苗后，根据天气情况逐渐撤去拱棚。

3. 合理密植

每亩定植 2 600 株左右。定植时大小苗分开，去除太弱的苗，以免定植后散球。定植密度过小，虽然单个花球大，但种植株数少，总产量低；定植密度过大，营养生长相对生殖生长旺，花球表面夹生绿色小叶，外观差，商品价值低，影响

收益。

4. **越冬前管理**

定植后，及时浇缓苗水。缓苗后，每亩及时追施 15 ~ 20kg 尿素作提苗肥，并且要中耕除草；苗期适时控水蹲苗，保持土壤见干见湿，促使茎秆粗壮、叶色深绿，提高植株抗寒能力；植株封垄前进行中耕培土，结合中耕培土每亩追施尿素 20 ~ 30kg，或腐熟有机肥 500kg；越冬前要保证植株叶片有 18 片左右。11 月中下旬至 12 月上中旬在低温来临前，及时浇好封冻水，越冬期间一般不浇水不施肥，但如果遇到特别干旱的年份，植株出现局部萎蔫、下部老叶变黄时，可在晴天上午土壤和植株解冻后浇 1 次水，但要保证畦面没有积水，避免冬季夜晚温度降低植株出现冻害。

5. **翌春管理**

（1）肥水管理　2 月中旬天气转暖，开始返青时，根据土壤墒情及时浇返青水，促进外叶生长。待心叶旋拧时，每亩追施尿素 15kg 和硫酸钾 5 ~ 10kg，以利现球。现球后 7 天浇 1 次水，根据情况每 14 天适时追肥，保证花球生长需要。花球膨大形成期对水分最敏感，水分过多，花球易霉烂，品质差，商品性受影响；水分过少，叶片短缩、花球易散，产量低，因此，花球膨大期应保持地面见干见湿。

（2）摘叶护球　在阳光直射下，花球会由白色变成淡黄色、绿色或成毛球，产品商品性变差，因此，在花球直径达 8 ~ 10cm 时，可摘取花球下部的叶片遮盖花球，以保持花球洁白、光滑。

6. **及时采收**

一般当花球充分长大、边缘花枝开始向下反卷而尚未散开时进行采收。采收过早，产量低；采收过迟，花球松散、变黄、表面凸凹不平、商品性差。收获时，常保留 5 ~ 6 片叶包被花球，以保护花球免受外界损伤和污染，提高商品性。

（三）地膜春大白菜栽培技术

1. **品种选择**

选择冬性强，抗抽薹、早熟、优质、抗逆性强的品种，如秦春 1 号、秦春 3 号、强势、京春黄、秀春等。

2. **育苗**

采用塑料拱棚或阳畦育苗。基质配比为草炭：蛭石：珍珠岩 =4：2：1，为增加肥力，每立方米基质加入干鸡粪 10kg、三元复合肥 1 ~ 2kg。播种选晴天的中午进行，撒种要均匀、适量，一般每亩用种量为 250g 左右。播种后苗床温度白天

保持 16 ~ 25℃，夜间最低温度不低于 13℃。当外界温度低于 5℃的时候，在傍晚为阳畦或拱棚加盖草苫保温，白天当棚内温度达到 30℃以上时，要及时放风降温。

3. 整地施肥

前茬收获后，及时清除田间的残枝败叶，耕地前及时施入底肥，每亩施腐熟有机肥 3 000 ~ 4 000kg、尿素 15 ~ 20kg、过磷酸钙 30 ~ 40kg、硫酸钾 10 ~ 15kg。精细整地，土肥混匀，整地耧平，做成 1 ~ 1.2m 宽的平畦。

4. 定植

苗龄 25 ~ 30 天、5 ~ 6 片真叶、平均气温达到 12℃以上时，就可进行大田定植。定植时宜选无风下午进行，每垄栽 2 行，行距 40 ~ 45cm，株距 30 ~ 40cm，每亩栽 3 300 ~ 4 400 株。可采用两种方式进行定植。第一，采用先覆膜后定植的方式。先在畦中覆膜，四周压实，开孔定植，移植要快，浇足水，封土要适中，防止过深或过浅。也可把幼苗栽入沟底，覆盖地膜做到“先遮天后盖地”，等缓苗后再破膜放出菜苗。第二，采用先定植后覆盖地膜的方式。先在畦面上按定植穴浇水，水渗后栽苗，缓苗后浇水。也可定植后浇小水，土壤墒情适宜时中耕，然后覆盖地膜。

5. 田间管理

春季大白菜田间管理的重点是以促为主，避免先期抽薹。要注意促进营养生长，以抑制未熟抽薹的情况发生。因为春季大白菜先期抽薹的根本原因是幼苗期温度低，通过了春化阶段，大白菜结球前营养生长缓慢，生育期延长，后期高温又不利于结球，也容易发生先期抽薹。因此，在管理上要以促为主，不进行蹲苗，充分满足大白菜生长对肥水的要求。定植缓苗后及时进行追肥，每亩追施尿素 5 ~ 10kg，促进莲座叶的发育和生长。进入莲座期要适当增加灌水量，保持土壤湿润。结球初期，结合浇水，每亩追施尿素 10 ~ 15kg，促进结球。结球中期，再结合浇水追施 1 次充心肥，每亩追施尿素 10 ~ 15kg，或人粪尿 1 000 ~ 1 500kg，促进包心、结球紧实。

6. 及时采收

5 月底至 6 月上旬，大白菜叶球抱合紧实后及时进行采收，以防反包散球、发生裂球抽薹、发生软腐病引起球叶腐烂，导致产量及品质下降。

（四）夏鲜食玉米栽培技术

1. 品种选择

选择生育期在 75 ~ 90 天的品种，超甜玉米，如甜蜜、华甜 1 号等品种；糯玉米，如京科糯 2000、中糯 3 号、郑黄糯 2 号、郑白糯 4 号等品种。

2. 整地施肥

前茬收获后，及时清理田园，每亩施腐熟有机肥 3 000 ~ 4 000kg、氮磷钾复合肥 30kg、尿素 30kg，先将肥料一次性撒入，然后再深耕细耙，确保土壤细碎、平整。

3. 隔离种植

甜玉米、糯玉米与普通玉米间不能混种，以防串粉影响品质。因此在甜、糯、普通玉米的栽培布局上，要从空间或时间上进行隔离种植，空间隔离 300m 以上，时间隔离 10 天以上。

4. 合理密植

种植行距 50cm，株距 38 ~ 40cm。每穴播种 2 ~ 3 粒，种植深度 3cm 左右，每亩留苗密度 3 300 株。

5. 田间管理

（1）间苗、定苗　3 叶期间苗，每穴留苗 2 株。5 叶期定苗，每穴留苗 1 株。

（2）肥水管理　定苗后及时追施促苗肥，每亩追施尿素 10kg、钾肥 5kg，或复合肥 20kg。在孕穗期，每亩追施尿素 20kg、钾肥 10kg，或复合肥 25 ~ 30kg。中后期需水较多，抽雄、抽丝期是需水关键期，要防止土壤干旱缺水，应及时浇水。

（3）及时打杈、掰苞叶　要及时摘除基部分蘖 1 ~ 2 次，避免分蘖消耗养分。同时，为了提高鲜玉米的产量和质量，每株只留第一个果穗，其余果穗及时掰除。在打杈、掰除多余果穗时，尽量选在晴天进行，避免损伤主茎和功能叶片。

6. 适时采收

甜玉米采收过早，籽粒太嫩，内容物少，总糖量低，风味差；采收过迟，则籽粒变老，皮厚，甜度下降。甜玉米的适宜的采收期是在吐丝后 20 ~ 28 天，糯玉米的适宜采收期在吐丝后 23 ~ 28 天，采收时间尽量在清晨进行。采收后的甜糯玉米因含糖量迅速下降而风味变差，应尽量在 24h 内处理完毕。

六、春地膜马铃薯—春玉米—秋冬大白菜套种模式

（一）茬口安排

关中东部渭南地区的主要种植模式。耕作带宽 120cm，按行距 60cm 播种 2 行马铃薯，两垄马铃薯中间套种 1 行玉米，马铃薯采收后，马铃薯茬口定植 2 行

大白菜。马铃薯，一般2月下旬至3月上旬播种，6月上中旬采收；玉米4月下旬至5月上旬播种，9月中下旬采收；大白菜7月下旬育苗，8月下旬至9月上旬定植，11月下旬到霜冻前采收。

（二）春马铃薯栽培技术

1. 品种选择

选择优质、高产、抗逆性强的品种，如费乌瑞它、克新1号、克新6号、大西洋、荷兰15、紫花白等。

2. 整地施肥做畦

选择疏松、肥沃、排灌方便的壤土或砂壤土，土壤解冻后按120cm的行距开沟，耕翻深度为20 ~ 30cm，整细耙平，然后起垄，垄宽60cm，垄高10 ~ 15cm。随整地每亩施足优质、腐熟的有机肥4 000 ~ 5 000kg，磷酸二铵15 ~ 20kg，尿素5kg，硫酸钾15 ~ 20kg。粗肥和2/3化肥底施垄沟内，1/3化肥作种肥。为防止蛴螬、地老虎等地下害虫，随施肥撒入地虫净等杀虫剂。

3. 种薯处理

为使马铃薯出苗快，出苗齐，应及早解除种薯的休眠期，播种前20 ~ 30天，需进行播前处理。

4. 切块

切块前，切刀用3%来苏水或75%酒精进行消毒。切块后为防止种薯带菌传播晚疫病、早疫病、环腐病等病害，薯块再用70%甲基硫菌灵可湿性粉剂或50%多菌灵可湿性粉剂500倍液浸种10min，切块呈立体三角形，每个薯块至少有2个芽眼，重25g左右。切块应尽量带顶部芽眼，使出芽整齐，较小的种薯（50 ~ 100g）可自顶部纵切2 ~ 4块，大种薯先从薯尾切块，切到一定大小时再从顶部纵切4 ~ 5块。

5. 暖种催芽

待薯块切口晾干愈合后，置于20℃潮湿条件下催芽，方法是：将排放好的薯块上面覆盖3 ~ 4cm的潮湿细沙，温度15 ~ 18℃，经10天左右芽长至2 ~ 3cm时，去掉细沙，维持12 ~ 15℃，在散射光条件下摊晾炼芽，晒种5 ~ 7天。

6. 适时播种

当10cm地温稳定回升到5 ~ 7℃时进行播种，适时早播，一是可以抢市销售，价格优势明显；二是可以缩短与玉米的共生期，间接延长玉米的生育期，有效提高玉米的单产。关中东部一般2月下旬至3月上旬播种。播种时，按45cm的小行距在小高垄上开深10cm的双沟，然后将催好芽的薯块按20 ~ 22cm株距排于沟中，浇透水，覆土8 ~ 12cm，耙平畦面覆膜。或在做好的小高垄上按20 ~ 22cm的株距45cm的小行距交错打孔，孔深8 ~ 10cm，然后播种，覆土8 ~ 12cm。如果墒情不好，可浇水后盖土，马上覆膜，用土将四周压严，保证每亩留苗5 000株左右。

7. 田间管理

（1）苗期管理　出苗时，在对准幼苗地膜处及时割“十”字进行放苗，并用土将孔四周封严。幼苗生长前期（6 ~ 8叶）进行蹲苗，促根深扎。为促发根和发棵，6 ~ 8片叶前（团棵前）每亩追施尿素15 ~ 20kg，并及时浇水。

（2）发棵期管理　团棵到开花，土壤不旱不浇水，需补肥时可放在发棵前或等到结薯初期，否则会引起植株徒长。为控制徒长，促进块根膨大，植株封垄后（主茎第一花絮展开时）每亩喷15%多效唑可湿性粉剂30 ~ 40g，防止茎叶疯长和开花，节约养分，为丰产打下基础。

（3）结薯期管理　结薯期是块茎主要生长期，需水量较大，土壤应始终保持湿润，从初花到终花浇水3 ~ 4次。

（4）综合防病　早疫病：发病前开始喷洒75%百菌清可湿性粉剂600倍液，或40%克菌丹可湿性粉剂400倍液，或77%氯氧化铜可湿性粉剂500倍液，隔7 ~ 10天1次，连喷2 ~ 3次。晚疫病：发现中心病株后，立即在其周围100米内喷药。可喷洒58%甲霜灵锰锌500倍液，或64%恶霜·锰锌可湿性粉剂500倍液，或60%乙磷铝可湿性粉剂500倍液，或72.2%霜霉威水剂800倍液，隔7 ~ 10天1次，连喷2 ~ 3次。病毒病：发病初喷洒1.5%植病灵乳剂1 000倍液，或20%病毒A可湿性粉剂500倍液，或5%菌毒清可湿性粉剂500倍液，隔7 ~ 10天1次，连喷2 ~ 3次。

8. 采收

当植株大部分茎叶由绿变黄，达到枯萎，块茎停止膨大时进行采收。

（三）春玉米栽培技术

1. 品种选择

选择增产潜力大、叶片上冲的中晚熟品种，如先玉335、郑单958、中科11、蠡玉16等。

2. 种植方法

4月下旬至5月上旬，在两垄马铃薯中间套种1行玉米，播深4 ~ 5cm，株距 20cm 左右，每亩留苗 2 700 ～ 2 800 株。

3. 田间管理

玉米出苗后及时间苗、定苗。生长前期适当控制肥水，促根系生长，拔节后加强中耕培土；大喇叭口期每亩追施尿素 25kg。

（四）秋冬大白菜栽培技术

1. 品种选择

选用优质、高产、抗病、耐贮的中晚熟品种，如秦白 4 号、秦杂 80、义和秋、金秋 68、金秋 90 等。

2. 培育壮苗

（1）育苗场所　选择地势较高、排水良好、土质肥沃且前茬没有种过十字花科蔬菜的地块。

（2）做畦　按定植 1 亩大白菜需长 7 ～ 8m、宽 1 ～ 1.5m 两个育苗畦推算育苗畦面积。每个畦内均匀撒入腐熟有机肥 150kg 和过磷酸钙 0.5kg，使肥土混合均匀，再用平耙耧成漫跑水畦。为降温防雨，育苗畦面最好搭阴棚。

（3）播种及苗床管理　一般 7 月下旬播种，采用先漫水，水渗完后撒播，然后覆土。出苗后及时间苗 2 ～ 3 次，去掉病苗、弱苗。每 7cm×7cm 留苗 1 株，以便定植时切坨。

3. 整地施肥

前茬收获后，立即清除残枝败叶，然后耕翻，耕深 20 ～ 30cm，整平畦面，结合整地，每亩施腐熟有机肥 3 000 ～ 4 000kg、氮磷钾复合肥 20kg、尿素 10kg。

4. 适期定植

8 月底 9 月初，7 ～ 8 片真叶时，选晴天下午和阴天定植。定植前 1 天，在育苗畦内浇水，第二天起苗，挖苗时带 7cm×7cm 的土坨，以减少根部损伤。定植时在收获的马铃薯茬口上按 45 ～ 50cm 的株距挖穴，然后把菜苗栽在穴内，随即覆土封严。一般每亩定植 2 200 ～ 2 666 株。

5. 田间管理

（1）补苗　补苗最好趁浇水或下雨之机，取别处多余苗补栽。

（2）中耕培土除草　中耕进行 3 次，分别在缓苗后、团棵期和莲座中期进行。遵循“深耪沟、浅耪背”的原则，结合中耕进行除草和培土，将锄松的沟土培于垄面上保护植株根系。

（3）肥水管理　莲座期在植株行间或株间开穴或小沟进行施肥，每亩追施氮磷钾复合肥 20kg，追肥后随之浇 1 次透水，以后视土壤干湿状况进行浇水。结球前期，即蹲苗结束时浇 1 次大水，结合浇大水，每亩追施磷酸二铵 30kg、硫酸钾 15kg，或人粪尿 2 000 ～ 3 000kg，2 ～ 3 天后再浇 1 次水。结球中期，每亩施硫酸铵 20kg，或人粪尿 2 000kg，追肥后立即浇水。以后保持土壤湿润状态，一般 5 ～ 6 天浇 1 次水，保水不良的地块可 2 ～ 3 天浇 1 次水。结球后期，每亩追施硫酸铵 10kg，或人粪尿 2 000kg。后期施肥量不宜过大，以防引起烧根影响叶球生长。结球后期适当减少浇水，有利于改善品质，增强耐贮性。收获前 10 天停止浇水，以免叶球因含水过多而不耐贮藏。

6. 采收

包心 7 ～ 8 成时，根据市场需求进行采收，冬贮大白菜，于霜冻前采收。

七、越冬洋葱—春鲜食玉米—早秋大白菜套种技术

（一）茬口安排

关中西部地区一种套作种植模式。耕作带宽 100cm，畦面宽 70cm，畦沟宽 30cm。畦内 11 月上旬定植 5 行洋葱，洋葱于 5 月中下旬采收；畦沟于翌年 3 月下旬至 4 月中下旬播种 1 行鲜食玉米，鲜食玉米 8 月上中旬采收；大白菜 7 月下旬育苗，8 月下旬定植，10 月下旬采收。

（二）越冬洋葱栽培技术

1. 品种选择

洋葱选用红皮高桩、紫星、紫冠等品种。

2. 育苗

一般在 9 月上旬白露前后育苗。播种前选择疏松肥沃的沙质壤土，深耕细耙，施足底肥，做成平畦，浇足底墒水，待水洇干后，用铁耙耙松畦面，撒播葱种，播后用铁耙轻趟 1 遍，再轻踩 1 遍，踏实土壤。每亩播种量 2 ～ 2.5kg。播后出苗前，每亩用 50% 扑草净可湿性粉剂 65 ～ 75g 兑水 40 ～ 60kg 喷雾防治畦面杂草。幼苗出土后，用敌百虫、乐果等药剂防治葱蝇。

3. 定植

一般 11 月上旬定植前。定植田，结合整地，要施足底肥，每亩施腐熟有机肥 5 000kg、过磷酸钙 75kg、氮磷钾复合肥 50kg、尿素 25kg。肥料撒施后翻耕土壤，

做成平畦，喷施除草剂扑草净，覆盖地膜，然后膜上打孔定植，行距 15cm，株距 12cm，每亩栽植 2.7 万株左右。

4. 田间管理

定植后浇 1 遍稳苗水，洋葱整个生育期不再追肥。返青后及时浇返青水，进入生长盛期，鳞茎膨大前，适当控水，鳞茎开始膨大时，适当浇水，喷施复合全价微量元素肥料“康丰宝”加杀菌剂咪酰胺 3 ～ 4 次保叶，防治洋葱紫斑病。

5. 收获

一般于 5 月中下旬采收。

（三）春鲜食玉米栽培技术

1. 品种选择

选择生育期在 75 ～ 90 天的品种，超甜玉米，如甜蜜、华甜 1 号等品种；糯玉米，如京科糯 2000、中糯 3 号、郑黄糯 2 号、郑白糯 4 号等品种。

2. 播种

于 4 月下旬在洋葱畦沟内及时播种 1 行鲜食玉米，每亩栽植 3 300 株左右。

3. 田间管理

洋葱玉米间作期，由于二者争水争肥争光，玉米长势较弱，洋葱收获后，玉米刚进入拔节期，及时浇水、施肥，每亩追施 45% 三元复合肥 50kg 加尿素 15kg，促使玉米生长。大喇叭口期时，每亩追施尿素 20kg，防止后期脱肥早衰。拔节后及时喷施“康丰宝”加“铁秆壮”促长控旺，抽雄期，喷施 1 遍井冈霉素、吡虫啉和达螨灵，防治玉米纹枯病、飞虱和红蜘蛛。

4. 采收

授粉后 24 天左右，一般在 8 月上中旬，果穗乳熟末期，花丝枯萎变黑，穗顶籽粒饱满，顶端的苞叶变软，此时果穗籽粒含糖量高、品质佳，是采收的最佳时期。

（四）早秋大白菜栽培技术

1. 品种选择

选用早熟、耐热、抗病、生长快、商品性好的品种，如秦杂 60、秦绿 60、贵龙 5 号、牛早秋 1 号、小杂 56、鲁白 6 号等。

2. 适期育苗

7 月下旬育苗，及时遮阴育苗，防止高温，预防苗期病毒病。

3. 定植

前茬收获后，及时清理田园，施肥犁耙土壤，结合整地，每亩施过磷酸钙75kg、氮磷钾复合肥40kg。于8月下旬定植，按行距55cm，株距40cm定植，每亩栽植3 000株左右。

4. 田间管理

定植后，及时浇缓苗水，提苗肥每亩施尿素2～5kg，撒于幼苗两侧；发棵肥每亩施尿素10kg，开沟施或行间撒施；攻心肥于莲座期末、结球期初，每亩施尿素15～20kg，随水冲施；灌心肥于结球中期每亩施尿素15kg，随水冲施。生长期注意防治菜青虫、小菜蛾、芜菁叶蜂等害虫。

5. 采收

一般于10月下旬采收结束，不耽误下一个种植周期。

八、春甘蓝—大葱—秋冬大白菜种植模式

（一）茬口安排

关中东部地区主要种植模式。春甘蓝一般在上一年的12月下旬于温室育苗，3月中下旬地膜定植，5月20日以后开始采收；大葱于上一年的8月下旬（秋分过后）播种育苗，苗期露地越冬，5月下旬至6月上旬定植，8月上中旬采收；大白菜8月上旬育苗，8月底至9月初定植，11月下旬到霜冻前采收。

（二）春甘蓝栽培技术

1. 品种选择

选用耐抽薹、早熟品种，如8398、中甘21、中甘56、美味早生等。

2. 育苗

利用温室育苗，播种至齐苗适宜温度为白天20～25℃，夜间14～16℃；以后白天温度不得低于12℃，夜间不得低于6℃，以防先期抽薹。分苗前间苗1～2次，苗距2～3cm，去除病苗、弱苗及杂苗，间苗后覆土1次。当幼苗2叶1心时分苗，行株距10cm×10cm。缓苗后中耕2～3次，床土不干不浇水，定植前7天浇透水，1～2天后起苗囤苗，并进行低温锻炼。

3. 整地施肥起垄

早春土壤化冻时施足基肥，每亩施优质腐熟的有机肥5 000kg，深翻耙地，每

亩施磷酸二铵或氮磷钾复合肥 25kg。然后起垄，垄宽 60cm，高 15cm。覆盖 80cm 宽的地膜。

4. 适期定植

一般于 3 月下旬进行定植。定植过程中，小心起苗、运苗，不要使土坨散开，注意保护根系。定植时按株距先在地膜上划“十”字形定植孔，栽苗后压严定植孔周围的地膜。一般每亩栽植 4 000 株左右。

5. 田间管理

定植后立即浇水，以利缓苗，1 周后再浇 1 次水。缓苗后可浅锄垄沟 1 次，疏松土壤，提高地温。前期浇水次数要少，要勤中耕。莲座期植株生长加快，要适当进行中耕蹲苗。结球期要保证水肥供应，满足叶球迅速生长的需要。在植株生长期间要注意地膜维护和防治杂草。及时防治病虫害，可选用 5% 氟啶脲乳油 2 000 ～ 2 500 倍液，或 1.8% 阿维菌素乳油 3 000 倍液于菜青虫卵孵化盛期和小菜蛾二龄幼虫盛期喷雾防治；用 10% 吡虫啉可湿性粉剂 1 500 倍液，或 4.5% 氯氰菊酯乳油 4 000 倍液喷雾防治蚜虫。

6. 收获

5 月中下旬叶球生长紧实后要及时采收。

（三）大葱栽培技术

1. 品种选择

选择章丘大葱、赤水大葱等品种。

2. 育苗

大葱对播种期要求非常严格，一般前一年秋分过后即播种，整地施肥，每亩施硫酸钾复合肥 15 ～ 20kg。然后做畦，畦宽 1m 左右、长 7m，便于管理。苗床与栽植田的面积比为 1∶6 ～ 1∶4。按播种量计算，500g 种子可栽植 1 000m^2。播前最好浸种催芽。为使幼苗生长整齐，最好采用条播，按行距 10 ～ 15cm，开深 1.5 ～ 2.0cm 的浅沟，顺沟灌水，水渗下后均匀播种于沟内。全畦播后整平畦面。冬前苗床管理要做到控制肥水，防止幼苗生长过快。注意及时中耕防除杂草。冬前浇封冻水。翌年春季及时浇返青水。视苗情追肥 1 ～ 2 次，每次每亩追施尿素 8kg。

3. 及早定植

5 月下旬至 6 月上旬，春甘蓝收获后及时清理田园，整地开沟。按行距 70cm 开沟，沟深 15 ～ 20cm，在沟底每亩集中施入腐熟有机肥 3 000 ～ 4 000kg、硫酸钾复合肥 30 ～ 40kg。为防治地下害虫，顺沟增施辛硫磷颗粒 2.0 ～ 2.5kg。深刨沟底，使肥、药、土混合均匀，并将沟内耧细耙平，以备栽植。起苗前2～3天苗床灌水，以便起苗。采用干栽法定植，株距3cm，排葱后覆土4cm，踩实，顺沟灌水。

4. 田间管理

由于是鲜葱销售，因此一定要加强肥水管理。在定植到收获的两个多月，一般要浇水4～5次，每隔10～15天浇1次；追肥1～2次，栽后20天左右随水追肥1次，20天后再追施1次，一般每亩每次施硫酸钾复合肥7.5kg。雨季来临时要注意大雨过后及时排涝，防止沤根，影响大葱生长。

大葱生长过程要及时中耕培土，以软化葱白，提高品质，防止倒伏，增加葱白长度。生长期间一般要培土2～3次，每隔20天培土1次，一般到7月中旬平沟，8月收获时葱沟已变成垄脊。每次培土高度以培到叶鞘和叶身分界处为宜，不能埋住叶身。

5. 病虫害防治

大葱生长期间极易受斑潜蝇为害，使葱叶遍布白点和白线，影响商品品质，因此防治一定要及时。在葱叶上开始出现零星白点时即要喷药防治，可选用2.5%溴氰菊酯乳油1 500～2 000倍液，或1.8%阿维菌素乳油2 000～3 000倍液防治，每隔6～10天喷1次，连喷2～3次。

6. 采收

8月初即可收获新鲜大葱。可分批起葱，也可一次收完，应根据市场行情而定，采收期可延至8月下旬，一般每亩可产新鲜大葱4 000～4 500kg。

（四）秋冬大白菜栽培技术

1. 品种选择

选用中早熟、抗病、丰产、品质佳的品种，如秦白80、秦白2号、金秋68、秦杂2号、金秋70等。

2. 适期育苗

7月下旬至8月上旬育苗，及时遮阴育苗，防止高温，预防苗期病毒病。及时间苗、补苗。

3. 适时定植，加强田间管理

一般在8月底至9月初定植，每亩定植2 000～2 500株。水分管理应掌握莲座期土壤见干见湿，结球期保持土壤湿润的原则。收获前5天停水。在莲座期、结球期结合浇水各追肥1次，每亩每次追施硫酸钾复合肥10～15kg。结球期可用0.7%氯化钙和50mg/kg萘乙酸混合液喷雾2～3次，以促进结球和防止干烧心。

生长期间要注意防治霜霉病和软腐病等病害。一般用75%百菌清可湿性粉剂500倍液，或64%杀毒矾可湿性粉剂500倍液喷雾防治霜霉病；用72%农用链霉素可湿性粉剂3 000 ~ 4 000倍液，或14%络氨铜水剂350倍液喷雾防治软腐病。

4. 采收

一般于11月下旬到霜冻前进行采收，一般每亩产量5 000 ~ 5 500kg。

九、秋莴笋—春莴笋—鲜食玉米种植模式

（一）茬口安排

安康、汉中地区主要种植模式。秋莴笋在8月中下旬播种，9月中旬移苗定植，10月下旬至11月收获完毕；春莴笋在12月至翌年1月大棚育苗，2月地膜覆盖移苗定植，4月收获完毕；鲜食玉米在3月小拱棚播种育苗，4月地膜覆盖移苗定植，6月至7月上旬收获完毕。

（二）秋莴笋栽培技术

1. 品种选择

选择耐热性强、晚熟、不抽薹、对高温长日照不敏感的品种，如二白皮、成都杆等。

2. 育苗

先将种子浸泡12 ~ 24h，用湿纱布包好，放入冰箱在10 ~ 20℃条件下保存。或将种子吊挂在深井里离水面30 ~ 40cm处。催芽期间，每天用清水洗种，4 ~ 5天种子露芽，待播。一般每平方米苗床播种20 ~ 25g。选择疏松肥沃的壤土，并施腐熟有机肥，进行整地。若遇气温较高，播前应浇足水，播后用齿耙浅耙畦面以充分混合种子和土，并稍压紧，再用遮阳网或稻草覆盖保湿，必要时每天喷水1次。出苗后，揭除覆盖物。用竹帘或遮阳网覆盖苗床，亦可在棚架下育苗，或与小白菜混播。用竹帘、遮阳网、棚架遮阳的，每天8:00时盖严，17:00时揭开。温度过高时，可往竹帘或遮阳网上喷水降温。苗期松土、除草、间苗1 ~ 2次。

3. 适期定植

苗龄25 ~ 30天，4 ~ 5片真叶时定植。苗龄过长，易造成未熟先期抽薹。秋莴笋生长快、生长期短，可适当密植，基肥每亩可用高含量硫酸钾复合肥40 ~ 50kg，株行距20 ~ 28cm。定植后，应勤浇水，活棵后应立即施速效氮肥，

少浇水，浅中耕，促进根系发展。团棵后，进行第二次追肥，以速效氮肥为主，适当配施钾肥。当茎部开始膨大时，进行第三次追肥，氮钾肥并用。在笋茎膨大期，为防止窜笋抽薹，提高莴笋的产量和质量，可喷洒 500 ~ 800mg/kg 青鲜素，或 350mg/kg 矮壮素。

4. 采收

10 月下旬至 11 月，当莴笋主茎顶端与最高叶片的叶尖相平时进行采收。

（三）春莴笋栽培技术

1. 品种选择

选择耐寒性强、抽薹迟的品种，如耐寒二白皮系列、耐寒特大新选挂丝红等。

2. 培育壮苗

苗床每平方米施腐熟有机肥 10kg 作基肥，在整苗床时翻挖施入土壤，农家肥与本土泥混匀。播种前，把苗床表土充分整细，浇透水，待水渗下 7 ~ 10cm 时，用板抹平畦面，趁畦面水分刚收汗未干时，再把种子拌和少量的细沙或细土，拌匀后撒播。播后适当压实表土，使种子和泥土紧贴，然后喷洒少量水，并加盖遮阳网或草片保湿；冬季低温育苗，应加盖地膜保温。幼苗出土后，适当通风，白天保持床温 12 ~ 20℃，夜间 5 ~ 8℃。齐苗后，要及时匀苗，在过密的苗子中匀出弱、细、病苗，避免幼苗徒长。

3. 整地施基肥

结合整地，每亩施腐熟有机肥 2 000kg 作基肥，耕后耙平耙碎做成深沟高畦。做成宽 1.4m、沟深 30cm 的高畦，以利排水。

4. 合理密植

一般播种后 30 ~ 35 天，幼苗有 4 ~ 5 片真叶时进行定植。早熟品种的行株距为 30cm×23cm，中晚熟品种为 33cm×26cm；以收获叶片为主的莴笋，行株距为 23cm×17cm。不能栽得过深，栽植深度以埋到第一片叶柄基部为宜。栽后浇足定植水。

5. 田间管理

缓苗后，追施 1 次速效肥外，一般不再浇水施肥，只需加强中耕松土和除草，中耕时不要伤了苗叶和根系。开春后，当茎部开始膨大时应重施 1 次追肥，结合浇水每亩施尿素 20 ~ 25kg，在莴笋根茎膨大期后期，要停止施用化肥，以防裂笋，要经常保持土壤湿润。

6. 采收

4 月进行采收。

（四）鲜食玉米栽培技术

1. **品种选择**

选择早熟或中早熟品种，如津鲜 2 号、垦糯 1 号、京早 8 号等。

2. **播种育苗**

一般在 3 月小拱棚育苗，4 月采取薄膜覆盖移栽，可提早 10 ～ 15 天。

3. **整地**

结合整地，每亩施腐熟有机肥 2 000 ～ 3 000kg、氮磷钾复合肥 30 ～ 40kg，做成宽 120cm、沟深 20 ～ 30cm 的高畦，每畦种植 2 行。

4. **适期定植**

定植前炼苗 5 ～ 7 天，定植株距 25 ～ 30cm，每亩定植 4 000 株左右。

5. **田间管理**

结合浇水，灌浆期追施速效氮肥，利于肥效发挥。苗期采用药饵防治地老虎，喇叭口期防治玉米螟、蚜虫，可采用菊酯类农药，或 Bt 乳剂进行防治，禁用高毒农药。

6. **采收**

适时采收是保证商品品质的关键环节，在正常温度下，鲜食玉米在授粉后 20 ～ 25 天采收为宜，此时商品性及口感均达最佳。过早采收，内容物积累少；过晚采收，口感较硬，不利于市场销售。

十、越冬荷兰豆—夏豇豆—秋青花菜种植模式

（一）茬口安排

安康、汉中地区的主要种植模式。11 月上旬播种荷兰豆，翌年 4 月下旬至 5 月中旬采收；豇豆于 4 月中旬地膜育苗，5 月下旬移栽，7 月采收；青花菜于 7 月上旬播种育苗，8 月上旬定植，10 月中下旬采收。

（二）越冬荷兰豆栽培技术

1. **品种选择**

选择早熟、抗病、优质、高产品种，如台湾小白花、荷兰大荚豆、白姬速豌豆、小青荚等。

2. **整地做畦**

选择地势高燥、排水良好、肥力中等的沙壤土。深耕细耙，早施基肥。结合整地，每亩施有机肥 3 000kg、氮磷钾复合肥 25kg。做成畦面宽 100cm、沟宽 20cm、畦高 20cm 的高畦。

3. **适期播种**

11 月上旬播种。播前晒种 2 ～ 3 天，选择粒大、整齐、健壮无病虫害的种子。为防种子带病菌和虫卵，播前可用 55 ～ 60℃温水浸种 10 ～ 15min，也可用二硫化碳熏蒸种子 10min。按行距 80cm，穴距 20 ～ 30cm 穴播，每穴播 2 ～ 3 粒种子。

4. **田间管理**

（1）中耕除草　株高 7 ～ 10cm 时，开始进行中耕除草，结合中耕向根部进行培土。开春植株长至 15cm 左右时，结合追肥，再中耕除草 1 次。

（2）搭架　株高 15 ～ 20cm 时搭架，及时引蔓上架。

（3）水肥管理　一般从播种至植株抽蔓开花前，视天气和土壤墒情适当浇水。在抽蔓发棵时开始浇水，第一次灌水至开花前，一般每周浇水 1 次，开花后 3 ～ 4 天浇水 1 次。植株进入结荚期后不能缺水，需经常保持地面湿润，以保证茎叶生长及豆荚膨大所需水分。在抽蔓开花时追肥 1 次，以钾肥为主。嫩荚发育初期再追肥 1 次，追施复合肥 20 ～ 25kg，施后应视土壤墒情立即浇水，一般每采收 1 次嫩荚追肥 1 次。

（4）病虫防治　荷兰豆常见病虫害主要有褐斑病、白粉病及蚜虫、潜叶蝇等。褐斑病可用 50% 甲基硫菌灵可湿性粉剂 500 倍液，或 75% 百菌清可湿性粉剂 600 倍液喷雾防治。白粉病可用 15% 三唑酮可湿性粉剂 1 500 倍液喷雾防治。蚜虫可用 10% 吡虫啉可湿性粉剂 1 000 倍液喷雾防治，连喷 2 ～ 3 次。潜叶蝇可用 40% 敌百虫可湿性粉剂 800 ～ 1 000 倍液喷雾防治。

5. **采收**

一般开花后 10 天即可采收。采收标准：色泽鲜绿，品质鲜嫩，无粗纤维感，鲜荚长 4 ～ 6cm，宽 1.2cm 左右，厚不超过 0.55cm。

（三）夏豇豆栽培技术

1. **品种选择**

选择耐热性好的品种，如之豇 28–2、扬豇 40、宁豇 3 号等。

2. **适时播种**

4 月中旬采用地膜育苗；5 月下旬，荷兰豆采收结束后立即移栽。行距

60 ~ 70cm，穴距 30 ~ 35cm，每穴 2 ~ 3 株，每亩栽苗 7 000 ~ 8 000 株。

3. 肥水管理

苗期追肥量不大，每亩追施尿素 3 ~ 5kg，开花结荚后，每亩追施复合肥 50kg。采收开始后每隔 5 天喷施 0.1% ~ 0.2% 磷酸二氢钾，对结荚有利，采收 25 ~ 30 天后，每亩重施 1 次复合肥 30 ~ 35kg，可在畦边开沟施入或直接撒在畦面上。开花结荚前应控制浇水以防徒长，开花结荚后，保持土壤湿润。

4. 采收

花后 10 ~ 20 天，豆粒略明显采摘。在嫩荚基部 1cm 处掐断或剪断，不能损坏其他花序，采收宜在下午进行，避免碰伤茎蔓和叶片。

（四）秋青花菜栽培技术

1. 品种选择

选择成熟期在 70 ~ 90 天的中熟品种，如优秀、碧绿依等。

2. 播种育苗

一般在 7 月上旬育苗，最晚不迟于 7 月底。采用穴盘育苗，营养土用 2 年内未种过十字花科作物的过筛菜园土 70%、腐熟有机肥 30%、过磷酸钙 2% ~ 3% 配制而成，播种前用适量多菌灵或敌克松、辛硫磷等农药药液浇透，备用。育苗期间注意防高温暴雨，保持土壤湿润。齐苗后，当幼苗长到 2 ~ 3 片真叶时，进行分苗。

3. 定植

苗龄 30 天，5 ~ 6 片真叶时进行定植。定植宜选择阴天或晴天的傍晚进行，株距 45cm，行距 50cm，每亩定植 3 300 株左右。

4. 田间管理

前期生长缓慢，此时，土壤蒸发量大，易板结，须进行中耕除草，每 10 天左右 1 次，直到封行为止。定植活棵后，追施腐熟稀粪水 1 000 ~ 1 500kg；现蕾前，每亩穴施氮磷钾复合肥 15kg，施用后浇水；花蕾群膨大前期，每亩穴施尿素 10 ~ 15kg，施用后浇水；主花球采收后，视品种特性及植株长势，适当追施速效氮肥，促进侧花蕾生长。生长期间，保持土壤湿润；在营养生长旺盛期和花球膨大期间，要保持水分充足。雨水多时应注意及时排水降渍，以生产主花球为主的品种，要及时抹除腋芽（侧芽）。

5. 病虫害防治

青花菜主要病虫害有黑腐病、霜霉病、菜青虫、小菜蛾、斜纹夜蛾、甜菜夜蛾、蚜虫。可使用银灰色遮阳网覆盖栽培，驱避苗期蚜虫，减轻病毒病的发生；在播种出苗后 4 周，或定植缓苗后，采取黄板诱杀，紧靠菜地四周张挂 20cm×20cm 的黄板，板上涂机油或黏液或蜜液，诱杀蚜虫，每 30 ～ 80m^2 放置 1 块较适宜。霜霉病可用 53% 精甲霜灵 · 锰锌可湿性粉剂，或 72% 霜脲 · 锰锌可湿性粉剂，或 50% 烯酰吗啉可湿性粉剂等喷雾防治；黑腐病可用 50% 腐霉利可湿性粉剂，或 75% 百菌清可湿性粉剂等喷雾防治；菌核病可用 80% 波尔多液可湿性粉剂喷雾防治；小菜蛾、菜青虫、夜蛾类害虫可用 5% 氟虫腈悬浮剂，或 10% 溴虫腈悬浮剂，或 5% 氟虫脲可分散液剂等喷雾防治。

6. **采收**

根据品种特性，花球长至 12 ～ 15cm，各小花蕾尚未松开，整个花球保持紧实完好，呈鲜绿色，为采收适时，应及时采收。采收方法是用利刀将花球连同下部 10 ～ 15cm 长的花茎一起割下，花球周围保留 3 ～ 4 片小叶，可以保护花球。采收时间以清晨和傍晚为好。

十一、越冬菠菜—春甘蓝—夏西瓜—秋青花菜种植模式

（一）茬口安排

关中地区中、西部一种种植模式。越冬菠菜 10 月上中旬播种，翌年 2 月底至 3 月初前采收完；春甘蓝在 12 月中下旬利用阳畦或日光温室育苗，3 月上旬拱棚定植，5 月下旬至 6 月上旬采收；夏茬西瓜 5 月上中旬育苗，6 月上中旬定植，7 月下旬至 8 月上旬采收；青花菜 7 月上中旬育苗，8 月中旬定植，至 10 月上旬采收。

（二）越冬菠菜栽培技术

1. **品种选择**

选用刺籽菠菜或尖叶菠菜等耐寒性强的品种，如快绿、速生大叶等。

2. **整地播种**

结合整地，每亩施磷酸二铵 35kg、碳酸氢铵 50kg，整地要精细，采用机播或人工撒播，每亩用种约 2kg，不能播得太深，以肉眼从地表看不见浮籽为好，播后镇压。

3. **田间管理**

苗出土后，要进行一次浅锄松土，以达到除草保墒作用。当植株长出 3 ～ 4

片叶时，要保持土壤湿润，并酌情追肥；当植株长出 5 ～ 6 片叶时，要及时浇冻水，浇水时机应掌握在表层土壤昼化夜冻之际。冻水最好用稀粪水，有利于菠菜早春返青后加速生长。

4. **采收**

2 月底至 3 月初前采收上市，正好填补市场绿叶菜较少的当口。

（三）春甘蓝栽培技术

1. **品种选择**

选用抗寒性强、结球紧实、品质好、不易抽薹、适于密植的早熟品种，如 8398、中甘 12、鲁甘 1 号、95-1 等。

2. **培育壮苗**

播前育苗床要施足充分腐熟有机肥，并且用多菌灵进行杀菌消毒，深翻耙平。选择饱满种子，用 18℃温水浸种 2h，然后保持 15 ～ 18℃催芽。在晴天上午，浇足底水，水渗后将发芽的种子均匀撒播在畦面上，覆土 1cm，每平方米播种量约 4g，每亩需苗床面积约 $5m^2$。出苗前不要通风，白天畦温保持 20 ～ 25℃，夜间 10 ～ 16℃。苗出齐后适当通风，白天畦温 18 ～ 20℃，夜间 10 ～ 12℃，在幼苗 5 片真叶后畦温不能低于 10℃，防止秧苗通过春化阶段，发生先期抽薹。定植前 1 周可加大通风，进行秧苗低温锻炼。

3. **精细整地，提早扣棚**

前茬收获后，每亩施腐熟有机肥 4 000 ～ 5 000kg，深翻 20cm，作成 1m 或 1.5m 宽的平畦，在定植前 25 天扣棚烤地。

4. **合理密植**

选择晴天上午定植，移苗时要保护好土坨，刨沟后浇水摆苗，水渗后覆土。也可先开沟，再顺沟栽苗，后浇明水，每亩定植 5 500 ～ 6 000 株。

5. **加强田间管理**

（1）温度管理　定植后要注意防寒保温，下午 16 时至次日 9 时，四周要盖草苫子。缓苗期间 7 ～ 10 天内，一般不放风，提高棚温，白天 25 ～ 27℃，夜间 11 ～ 15℃；缓苗后进行降温蹲苗，约 7 ～ 10 天，白天 15 ～ 20℃，夜间 12 ～ 14℃。生长前期棚内气温超过 20℃时开始放风，当棚内夜间最低气温稳定在 10℃以上时，撤除棚内小拱棚。

（2）水肥管理　定植后 15 天左右进行第一次追肥，结合浇水每亩施硫酸铵 15kg，以后适当控水进行蹲苗，当球叶开始抱合时结束蹲苗，并进行第二次追肥，每亩追施磷酸二铵 30kg，或随水冲施腐熟人粪尿 800kg。此后每隔 7 天浇 1 次水，采收前 1 周停止浇水。

6. 采收

为争取早上市，在叶球八成紧时即可陆续上市供应。一般开始时 3 ～ 4 天采收 1 次，以后隔 1 ～ 2 天采收 1 次。

（四）夏西瓜栽培技术

1. 品种选择

选择早熟抗病、高产、优质耐高温、光合能力强的良种。选择黑美人京欣系列小西瓜；无籽西瓜可选择黑蜜 1 号、黑蜜 2 号等品种。

2. 播种育苗

于 5 月上中旬采用塑料小拱棚穴盘（50 孔）育苗，苗龄 20 天左右为宜，这时西瓜有 2 叶 1 心或 3 叶，移栽前 5 ～ 7 天晚上揭开薄膜进行炼苗。

3. 整地定植

前茬收获后立即进行翻地，翻地前重施基肥，以磷钾肥为主，氮肥补充，微量元素肥料调剂，一般每亩施腐熟有机肥 4 000 ～ 5 000kg、过磷酸钙 25kg、尿素 10kg、多元复合肥 5 ～ 7kg，充分耙匀后，做成宽 1.5m 或 3m 的畦，畦间挖宽 40cm、深 25 ～ 30cm 的沟，以备排灌。畦宽 1.5m，栽单行，畦宽 3m，栽双行，株距 0.6m，每亩栽 700 ～ 800 株，移栽后 3 ～ 5 天内适当遮阴，促进缓苗。

4. 田间管理

西瓜移栽后正值夏季，雨水较多，需防雨涝。移栽后 10 ～ 15 天开始整枝，采取三蔓整枝法，即每株可留 3 条蔓，多余蔓应及早摘除。西瓜坐果有拳头大小时每亩追施尿素 5kg、硫酸钾 10kg，或多元复合肥 15kg，追肥后及时浇水，促进西瓜膨大。西瓜雌花开放后，人工辅助授粉，以提高坐果率，由于雌花只在 7:00 时至 9:00 时受精率最高，此时进行人工辅助授粉，其坐果率可达到 98%。瓜坐稳后，当主侧蔓长至 25 节时进行摘心。

5. 采收

西瓜成熟后及时采收，以利下茬作物的安排。

（五）秋青花菜栽培技术

1. 品种选择

选择早熟、抗病、适应性强的品种，如惠绿早生、中青 2 号、碧松、绿丰、

艾伦特等。

2. 育苗定植

7 月上中旬采用拱棚内盖遮阳网育苗。因秋季气温较高，不需催芽，直接播种即可。播种后 5 ～ 7 天即可出苗，生长前期要注意防雨，生长后期已逐步进入高温、干旱季节，应及时给苗床补充水分。因幼苗处于高温多湿环境，应注意加强病虫害的防治。

3. 整地定植

从播种到定植约需 30 天，4 ～ 5 片真叶定植。定植前应深翻整地，施足基肥，每亩施腐熟有机肥 4 000 ～ 5 000kg，过磷酸钙 20kg，氮磷钾复合肥 20kg 及镁、硼等微量元素肥少量，充分耙匀后，做成宽 1.2m 的平畦。定植前如遇高温干旱可在前 1 ～ 2 天对定植田浇透水。定植时间应在傍晚进行，可采取对称式或“品”字形定植，每畦定植两行，株距 35 ～ 45cm，定植后及时浇水，以利缓苗。

4. 田间管理

（1）中耕施肥　封行前结合除草，进行中耕松土 2 次，大雨前后及时排涝降渍，雨过天晴要松土透气，生长期间追肥 3 次：第一次在定植后 1 周，结合浇水追施提苗肥，每亩追施尿素 10kg；第二次在植株叶龄 12 ～ 13 片时，结合浇水追施发棵肥，每亩追施尿素 15kg；第三次在现蕾时，结合浇水每亩追施氮磷钾复合肥 25kg、尿素 10kg。

（2）病虫害防治　病害主要是黑根病。发病初期，可用 5% 井冈霉素水剂 1 500 倍液，或 72.2% 霜霉威盐水剂 800 倍液 +50% 福美双可湿性粉剂 800 倍液喷雾防治，每亩用量 3 升。虫害主要是菜青虫、小菜蛾、甜菜夜蛾和斜纹夜蛾，可选用 1% 甲氨基阿维菌素苯甲酸盐乳油 2 000 倍液，或 5% 抑太保乳油 1 500 倍液，或 5% 锐劲特悬浮剂 2 500 倍液，或 10% 高效氯氰菊酯乳油 1 500 倍液轮换均匀喷施进行防治。

（3）及时整枝　现蕾前后，及时去除主茎以下侧枝，抹掉细弱侧枝可以节约养分，供主枝花球生长。

5. 采收

应适时采收，采收时间以清晨温度较低时为宜。收主球时，连茎秆长 25cm 切断，除去叶柄后立即包装运送市场。

第六章 蔬菜生产机械

导读：据统计分析，蔬菜劳动力成本占到蔬菜生产成本的50%左右。提高蔬菜生产机械化是降低蔬菜生产成本，提高蔬菜生产效益的有效途径。蔬菜生产机械主要包括土地整理、起垄、播种、定植、蔬菜育苗与嫁接、喷药、收获等蔬菜机械设备。近年来，随着我国农业机械化技术研究和新型机械的引进，生产中呈现出一批成本低、效率高、使用方便的机械设备。本章通过实地考察、网络查询、相关材料查阅及专家咨询，收集了世界范围内蔬菜全产业链构成中涉及的机械设备，对设备的性能与功能做了简要陈述。

近10年来，我国蔬菜生产成本年均涨幅在10%以上，尤其是人工费用上涨最快，年均涨幅达18%，至2012年人工成本已占到蔬菜生产总成本的59%（全国成本调查网，2014）。随着我国城镇化进程的加快和农村富余劳动力向非农产业的转移，劳动力成本还将不断提高，蔬菜产业亟须发展机械化生产以提高劳动生产率（图6-1）。

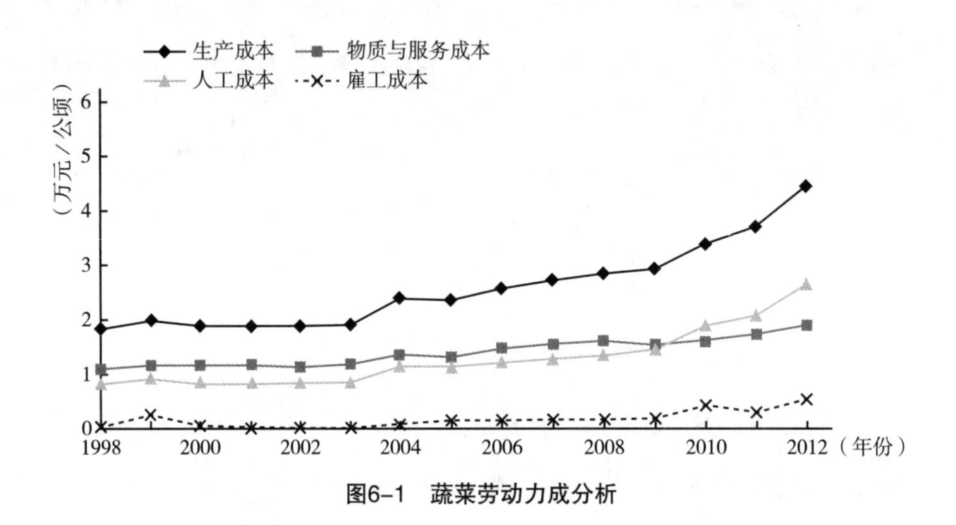

图6-1　蔬菜劳动力成分析

第一节　蔬菜种植机械

一、起垄机械

（一）起垄机的特点

起垄机是一种手扶拖拉机（图6-2），集多样化的功能于一体，主要包含碎土、翻土、起垄和开沟等。经过多年研究，起垄机的应用效果获得了业内的一致肯定和认可。

结构参数：根据作业需求，起垄整形机一次作业应完成起垄、整形、镇压等作业环节，因此，该起垄整形机主要结构包括起垄铧、整形铧、镇压辊、限深轮、机架、划印器、牵引架等。根据农艺的要求和动力计算，作业参数主要为：耕宽 B=440cm，起垄宽度 b=130cm，起垄高度 H=14cm，配套拖拉机动力 P ≥ 66.2kW，作业速度 V=6 ~ 8km/h。整机采用先开沟、起垄后镇压的作业方式。由于配套拖拉机的后轮距为 180cm，可调最大轮距为 200cm，机具耕幅大于拖拉机两后轮外缘间的距离，作业时为了避免漏耕和保证拖拉机工作时的稳定性，机具采用三点全悬挂的方式。

图6–2　1ZQ ~ 440型起垄整形机

工作原理：该起垄整形机设计配套动力为 66.2 ~ 88.2kW 轮式拖拉机。作业时机具与拖拉机采用三点悬挂方式连接，始终保证作业过程中起垄整形机和拖拉机相对位置的一致性。作业时起垄铧将两侧的土壤翻到中间形成垄体，而土壤被翻区域形成垄沟。

同时两侧呈对称分布的整形铧在起垄刮板和镇压辊的配合下，形成梯形垄床，并完成对垄床的镇压作业。通过调节限深轮的高度和起垄铧深度，完成不同高度垄床的起垄作业。另外，起垄整形机可根据农艺要求，通过对起垄铧、整形铧、镇压辊在机架上的位置进行调整，并改变镇压辊长度，来实现不同行距大垄的起垄作业。

（二）旋耕机特点

1. 概述

旋耕机是用于播前整地的高效率农机具，以旱田耕作为主。旋耕作业也是保护性耕作的重要手段。作为农业机械化的基础环节，耕作机械技术始终走在农机发展的前列，并伴随着先进农艺技术的产生和设计制造技术的不断改进，而不断创新和发展。功能上也由单一的旋耕机发展多功能旋耕起垄机。旋耕起垄机是一种深受农户欢迎的农机具，广泛应用于蔬菜、花卉、烤烟等经济作物的种植中，它具有一次完成旋耕和起垄作业任务的特点，作业效率高，市场前景广阔。

旋耕起垄机的主要传动形式有中央传动和侧边传动两种，其中侧边传动的优点是无漏耕现象，但缺点是轴的强度较差；中央传动的优点是轴的刚性好，但缺点是中央存在漏耕现象。

工作时，通过拖拉机的动力输出轴带动小锥齿轮，经大锥齿轮将动力传递至双级圆柱齿轮变速箱，经减速后驱动旋耕起垄刀轴旋转，固定在刀轴上的起垄刀片旋转直接击碎泥土，从而起到旋耕松土的作用。同时，起垄刀片从两边螺旋分布，刀片旋转时将泥土推向中间并在仿形起垄板的作用下形成垄畦，从而达到起垄目的。

2. 主要类型与特点

（1）英国 Baselier 公司研制的旋耕起垄机　对土壤先进行旋耕，然后再对旋耕后的土壤起垄、整型，其起垄效果较好（图 6–3）。

温室起垄机是一种温室横向起垄机具，主要由机架、行走轮、传动机构、驱动部分及起垄器等构成（图 6–4）。机架前部焊有用于与拖拉机挂接的三点悬挂架，温室起垄机通过悬挂拉杆悬挂于拖拉机后部，在拖拉机的带动下，行走轮驱动传动机构的主动链轮转动，主动链轮通过链条传动将动力传递至从动链轮，从动链轮带动驱动部分周期性运动，起垄器与驱动部分通过螺栓紧固，驱动部分的周期性运动转化为起垄器的周期性运动，即完成起垄器周期性的入土出土动作，起垄器的运动轨迹是一个正弦波形轨迹，实现了温室正弦波形垄的起垄作业。

图6–3　Baselier公司旋耕起垄机

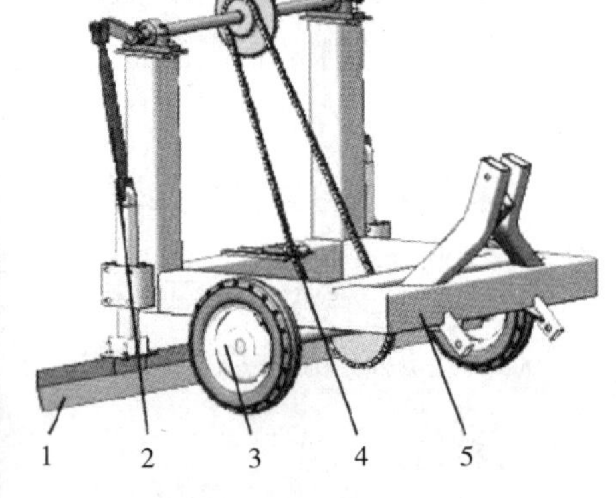

1. 起垄器　2. 驱动部分　3. 行走轮
4. 传动机构　5. 机架

图6–4　旋耕起垄机模型

（2）3TG–6 型开沟培土 / 起垄 / 起垄覆膜机

特点和用途：适用于旱田、水田旋耕作业；烟草、甘蔗、葱、姜、葡萄埋藤的培土作业；果园、大棚的排水沟作业；山地、丘陵、梯田等小地块的马铃薯开沟培土作业，是马铃薯种植的专用设备；能够在烟草、马铃薯、辣椒、白菜、花生等作物种植过程中进行起圆垄作业；可以用于草莓、人参、洋葱、菠菜、鲜花的种植中进行起方垄的作业；能够将起垄和覆膜作业一次性完成，满足各种蔬菜的种植农艺要求（图 6–5）。

图6-5　3TG-6型开沟培土/起垄/起垄覆膜机

主要技术参数见表 6-1。

表6-1　3TG-6型开沟培土/起垄/起垄覆膜机

项　　目	技术参数	项　　目	技术参数
配套动力：凯马 186F（kW）	6.3	起垄宽度（cm）	40~120
选配：凯马 178F（kW）	4.05	起垄高度（cm）	15~40
选配：罗宾 EY28B（kW）	4.05	覆膜作业幅宽（cm）	40~120
外形尺寸（mm）	1650×760×1010/1930×1000×1010/2800×1300×1010	使用膜（cm）	70~150
结构质量（kg）	190/205/220	作业效率（亩 /h）	2~5
耕幅（cm）	100	行走胶轮、铁轮	各一套
耕深（cm）	≥ 20	深旋刀、开沟刀	各 1 组
开沟器幅宽（cm）	13~48	起垄刀	1 组
开沟深度（cm）	10~35		
主要配置：发动机 1 台，变速箱总成 1 套，传动链盒 1 套，工具盒 1 套，4.00~8 胶轮 2 个，多功能中耕机含开沟器 1 套，开沟铁轮 1 套，起垄机含起垄器 1 套，覆膜机 1 套			

二、播种机械

（一）概述

蔬菜田间播种机械化技术研究始于 20 世纪中期。目前，欧美等国家广泛使用气力式精密播种机械，并开始向精密和联合作业的方向发展，播种机械上采用监视装置及自动控制技术以提高播种精度。莴苣、洋葱、甘蓝、芹菜、大白菜、萝卜等蔬菜均已实现精量播种机械化。我国的蔬菜精量直播机械化还处于起步阶段，因受种子丸粒化、排种精度等关键技术制约，蔬菜直播机械性能还需进一步提升。

叶菜类蔬菜品种众多，主要有小白菜、菠菜、苋菜、芹菜、甘蓝、洋葱、大蒜等。叶菜播种方式多为条播，条播即将种子按行播在苗床上，按照农艺要求保持合理行距。根茎类蔬菜主要包括萝卜、胡萝卜、马铃薯、牛蒡、香椿、莴苣、竹笋等，具有较高的营养价值。该类蔬菜播种方式多为穴播，穴播即在播行上按照适宜的株距进行播种，每穴中播有一定数量的种子。果菜类蔬菜主要包括黄瓜、甜瓜、南瓜、番茄、辣椒、豌豆、毛豆等，播种方式多为育苗移栽。育苗移栽具有成苗速度快、幼苗长势均匀、可实现远距离运输及节省种子等优点。穴盘育苗是常见的育苗移栽方式，播种时将种子播在含有基质的穴盘中，使每穴保持一粒种子。

播种机的核心部件是排种器，排种器的性能决定了播种机的播种精度。按照排种器的排种原理可将播种机主要分为机械式播种机和气力式播种机。

（二）主要类型与特点

1. 2BS-JT10 型璟田播种机

上海康博实业有限公司生产的 2BS-JT10 型璟田播种机（图 6-6），2018 年春季在武汉市东西湖区农科所蔬菜基地进行了试验应用，效果较好。主要适宜精选的菠菜、小白菜、油麦菜、萝卜、大白菜等小颗粒蔬菜种子的直播。采用直立式冷风四冲程单缸发动机，在转速 1 800r/min 条件下，最大输出功率 2 984W，排量 124cm^3，穴播最小株距为 5cm，可播种 4 ~ 10 行，作业效率 2 001 ~ 3 335m^2/h。

该机不仅省工，而且播种精度比较高，一次性实现前轮压平、开沟开槽、种子落槽、后轮盖土 4 道工序。更换不同的滚轮，还可适应不同的作物种子，操作简单省力。

2. 2BQS-8X 型气力式蔬菜播种机

功能：该机根据播种不同蔬菜种子需要（图 6-7），一次可完成浅层开沟、精密播种、圆轮压种、双侧覆土、整体镇压等作业工序。可以在垄上或者整地成畦的细碎土壤上播种作业，实现一机多用，行距和株距可据需要适时调整。该机可负压吸种、正压吹杂，实现高速精密播种，防止出现空穴漏播现象。

主要特点：第一，该机在整地效果好、土壤细碎环境下作业，效率高、效果好、播种均匀、深浅一致；第二，播种开沟器采用防风设计，播种作业时，5 级以下风力不影响播种精度；第三，仿形与四连杆机构的组合使用，保证排种器在播种过程中播深一致；第四，微型镇压轮直接压种，保证种子与土壤充分接触，

图6-6　璟田2BS－JT10 型精密蔬菜播种机

图6-7　2BQS-8X型气力式蔬菜播种机

吸收水分与养分，不会出现地表露种现象；第五，正压过滤系统，保证正压管道内清洁，有效防止排种器堵塞，避免漏吸种现象；第六，优质不锈钢精制而成的播种盘，坚固耐用，播种精度高，耐腐蚀，不易损坏，寿命长；第七，排种器模块化处理，可以自由组合，以满足不同蔬菜播种行距的要求。

3. 穴盘精量播种机

是蔬菜育苗环节的关键装备，可分为针式播种机（图 6-8）、板式播种机和滚筒式播种机 3 种类型。

穴盘育苗精量播种机整个播种过程由播种机＋覆土机全自动完成；全部机械自动化＋气动自动化，流水线作业。

播种机工作流程是：第一步，无级调速伺服电机带动输送带运行，输送带带动穴盘前走，穴盘运行到基质料斗下面后，由光电开关自动控制填料机的无级调速伺服电机运转与停止，自动给穴盘填加基质，填满基质的穴盘，继续被输送带带着向前走。第二步，穴盘依次通过刮平机构，压实（扫平）机构，基质被刮平和压实。第三步，穴盘运行到打窝机构处，由光电开关自动控制打窝机构的气缸运行与停止，在穴盘的每个穴的中心位置整排自动打窝。第四步，穴盘运行到落种排下面时，由光电开关控制播种机构的气缸运行与停止，播种机构的气缸控制播种排的吸种针头自动吸种落种，种子通过落种排整排落到打窝机构打的窝的中央。种子在种子盘中不停地跳动，这样种子容易被吸种针头吸住。第五步，种子在种子盘中的震动是靠振动器自动来完成。播

图6-8　针头式气吸自动种子穴盘精量播种机

种机的全部工作就算成了。

覆土机工作流程：第一步，播满种子的穴盘，运行到覆土机的输送带上。第二步，无级调速伺服电机带动输送带运行，输送带带动穴盘前走，穴盘运行到基质料斗下面后，由光电开关自动控制覆土机的无级调速伺服电机运转与停止，自动给穴盘填加基质，覆上基质的穴盘，继续被输送带带着前走。第三步，穴盘通过压实（扫平）机构，基质被压实。覆土机工作完成。一盘播满种子的穴盘就可以下线了。

特点：第一，伺服电机带动输送带运转，输送带输送穴盘，电机无级调速、运行平稳；第二，主框架的四个腿带脚轮，能调整播种机的高度，移动灵活方便；第三，一套播种机配三套吸种排、三套落种排、三套打窝机构和不同内径的吸种子针头；第四，适合直径 0.3 ～ 4.0mm 的不同种子，种子形状基本不限；第五，种子能够精准点播在穴盘的穴孔中，播种率高达 95% 以上；第六，每小时播种在 250 ～ 300 盘。

4. 穴盘苗全智能分选—移栽—补苗一体机

工厂化育苗中，穴盘苗必须经过一次到数次从高密度盘向低密度盘的移栽，并将坏苗和弱苗进行分选和补栽，目前主要由人工来实现，而现有机械化作业的分选可靠性差、流水线庞大，系统复杂。国内有团队研发了智能穴盘苗分选—移栽—补栽一体机（图 6–9），通过基于深度视觉的近景途中无停顿检测技术突破和穴盘链式输送、多爪间隔取苗的结构扁平化、直线—SCARA 组合式单爪补栽等优化设计，实现了缺苗、弱苗、作业损伤的同步检出和秧苗分选—移栽—补栽的一机集成高速作业，且整机比现有单一功能的换盘移栽机尺寸、重量和功耗减少了 20% 以上，比秧苗分选—移栽—补栽流水线减少占地和成本 70% 以上，有效适应了我国国情并提高了全环节作业效率。

图6–9　穴盘苗全智能分选—移栽—补苗一体机

三、定植（移栽）机械

（一）国外移栽机

欧美等发达国家注重蔬菜育苗、整地、移栽各环节的技术配套，已基本实现了蔬菜机械化移栽，正在向高速化、自动化方向发展。意大利 FERRARI 公司的 Futura 系列全自动移栽机的移栽速度可以达到每分钟每行 130 株。移栽机械的研究开发在我国虽然已有很长的历史，也开发了不少型号的移栽机，但仍以半自动移栽机为主，需人工取苗放置于输送装置或栽植器，因此存在人工辅助劳动量大、移栽效率低的问题，移栽速度仅每分钟每行 30 ~ 45 株。另外，由于育苗方式不配套、种植农艺不规范、整地质量差等原因，机械移栽的质量也有待提高。从提高效率的角度来看，今后我国应注重以下两种提高投苗速度技术的研究：一是针对穴盘（包括塑料和泡沫两种材质）育苗的自动取苗、投苗技术；二是针对基质块育苗的人工整排取苗、自动分苗技术。

移栽机的分类（图 6–10）、不同移栽机的基本性能（表 6–2）如下。按秧苗

（a）洋马PF2R全自动双行移栽机

（b）意大利Hortech 蔬菜移栽机

（c）井关PVHR2–E18 移栽机

（d）鼎铎2ZB–2移栽机

图6–10　国内外4种移栽机示意

带土与否分为裸苗栽植机和钵苗栽植机；按自动化程度分为手动栽植器、半自动栽植机和全自动栽植机；按栽植器结构特点分为盘夹式、链夹式、盘式、导苗管式、吊筒式、带式喂入栽植机等。

表6-2　4种移栽机基本性能

移栽机	动力来源	功率（kW）	栽植行数	移栽行距（cm）	移栽株距（cm）
洋马 PF2R 全自动双行移栽机	自带	7.2	2	45~65	26~80
Hortech 蔬菜移栽机	牵引	59（配套动力）	4	40	30~60
井关 PVHR2-E18 移栽机	自带	1.5	2	30~40、40~50	30、32、35、40、43、48、50、54、60
鼎铎 2ZB-2 移栽机	自带	1.7（电动）	2	20~50	10~60

移栽机	环境适应			品种适应			机械配套适应			作业成本		
	土质	土壤表层含水率（%）	转弯、掉头	蔬菜种类	株高（cm）	株行距适应	育苗机械	整地机械	动力来源	作业人数	作业时间（min/亩）	耗油量（L/亩）
洋马 PF2R 全自动双行移栽机	能	30	能	茄果类、甘蓝类	15（严格）	能	能	能	自走	1（全自动）	36.36	0.80
Hortech 蔬菜移栽机	能	30	半径过大	茄果类、甘蓝类、普通白菜（青菜）	15	能	能	能	牵引	3（含1名驾驶员）	47.00	1.58
井关 PVHR2-E18 移栽机	能	30	能	茄果类、甘蓝类	10~15	能	能	能	自走	1	46.70	0.62
鼎铎 2ZB-2 移栽机	能	30	能	茄果类、甘蓝类、大多数叶菜	10~20	能	能	能	自走	1	117.30	电动

移栽机	漏栽率（%）	重栽率（%）	倒伏率（%）	伤苗率（%）	埋苗率（%）	栽植合格率（%）	栽植频率（株/min·行）	栽植效率（株/h）	平均株距（cm）	株距变异系数（%）	栽植深度变异系数（%）	栽植深度合格率（%）
洋马 PF2R 全自动双行移栽机	030	0	2.00	0	0	93.00	57.00	6600	33.00	1.00	7.00	93.00
Hortech 蔬菜移栽机	0	0.67	0.67	0	0	98.03	47.40	5106	32.25	6.53	18.61	100.00
井关 PVHR2-E18 移栽机	2.43	0	3.56	0	0	93.94	44.40	4296	39.33	2.89	634	96.67
鼎铎 2ZB-2 移栽机	1.91	2.26	0.69	0	0.87	94.29	37.90	4280	22.50	2.22	5.80	93.00
性能指标	≤ 5	≤ 4	≤ 7	≤ 5	≤ 5	≥ 90	≥ 35	—	—	≤ 15	—	≥ 75

以结球生菜、花椰菜、青花菜等低密度移栽蔬菜为对象，进行低密度移栽机筛选和验证分析。在对农业环境适应性方面，4 种移栽机均表现出较强适应性，能满足正常农业生产条件下对土质和土壤表层含水率的要求。但是由于 Hortech 蔬菜移栽机机型自重和外形尺寸较大，需要动力（拖拉机）牵引，在小型棚室内使用受到限制，转向和拐弯不如其他 3 种移栽机方便灵活。

在栽植品种适应性方面，4 种移栽机均能满足低密度甘蓝类、花菜类、生菜等的移栽，在株行距配置上也符合上海地区原有的农业生产习惯。除了洋马 PF2R 全自动双行移栽机需要配备特定的育苗流水线和育苗盘，并对株高有严格要求外，其他 3 种移栽机在株高、株型等方面的适应性都相对宽松，其中鼎铎 2ZB−2 移栽机的适应范围更广。

在机械配套适应性方面，4 种移栽机均能够与育苗设备、耕整地机械、做畦机械、动力机械等良好适应。

在作业成本方面，4 种移栽机各有优势。洋马 PF2R 全自动双行移栽机只需 1 人操作，取苗、栽植都是自动化操作，相比其他移栽机的半自动化操作，在节省人力方面具有独特的优势；鼎铎 2ZB−2 移栽机依靠电力驱动，节省资源，安全无污染，熟练工可以 1 人操作，在节能环保上优势极明显，但其工作效率低、作业时间较长；井关 PVHR2−E18 移栽机的效率和成本介于洋马 PF2R 全自动双行移栽机和鼎铎 2ZB−2 移栽机之间，优劣势较平衡；Hortech 蔬菜移栽机需要牵引作业，油耗较大，而且需要 2 名非常熟练的工人同时进行取苗、投苗工作，才能保证移栽密度，人工取苗和投苗速度决定移栽效率，在露地作业时移栽效率更加突出。

（二）国内移栽机

1. 2ZB−2 移植机

技术参数如表 6−3。

表6−3　2ZB−2移植机技术参数

名　　称	移　植　机
型号	2ZB−2
机体尺寸长（mm）× 宽（mm）× 高（mm）	2200 × 1300 × 1560
机体质量（重量）(kg)	380

续表

名称			移植机
发动机	型号		F165
	种类		空冷 4 冲程 OHV 汽油发动机
	发电机功率（kW）		3
	输出电压 / 蓄电池容量（DCV/AH）		48/12
	使用燃料		无铅汽油
	燃料容量（L）		1.8
行车部	车轮外径	前轮（mm）	460
		后轮（mm）	650
	轮距调节（cm)		80 ~ 100
种植部	种植行数（条）		2
	种植行距（cm）		25 ~ 50
	种植高度		4 ~ 25
	种植株距（cm)		10 ~ 60
	株距调节方式		无级
	种植方法		侧开接苗盒式
	种植效率（株 /h)		3000 ~ 8000
适用苗			钵苗、裸苗、带土苗、其他
适用标准			JBT10291-2013

特点：一是操作、调整既简单又快速（图 6-11）。株距 10 ~ 60cm，行距 25 ~ 50cm，深度 0 ~ 10cm 无级可调。二是小而快、效率高。每小时可移栽 3 000 ~ 8 000 株苗。三是适应性极强。适于平地栽植，垄上栽植，膜上栽植。钵苗、裸苗、带土苗都可移栽。四是电动农机在大棚内无排放，无污染。绿色环保，电池充满电可持续工作 3 ~ 4h。五是智能控制。计算机数字控制，定值精度高，定值距离误差不超过 2cm；

图6-11　2ZB-2移植机

数字显示，直观方便。

陕西鼎铎机械有限公司生产的2ZB-2型移栽机（图6-12）采用三点悬挂与轮式拖拉机配套，集镇压、起垄、铺管、覆膜、栽植等功能于一体，实现多功能联合作业，以满足不同地区的蔬菜种植农艺要求。覆膜移栽同时作业，可保证秧苗在膜上位置的准确性；独立的镇压扶垄技术，适应复杂的田地条件和不同的垄型状况，保证栽植深度一致；采用水平投苗台，降低人的劳动强度，提高工作效率；可根据需求，加配移栽后覆膜、定点施肥和浇水等装置。

图6-12　鼎铎2ZB-2型秧苗移栽机

图6-13　2SY-X型蔬菜移栽机

2. 2SY-X 型蔬菜移栽机

山西省长治市农业机械研究所成功研制2SY-X型蔬菜移栽机（图6-13）。它是典型的导管式旱地移栽机。田间行走时，操作液压手柄将整个移栽机升起，实现行走。作业时，将移栽机放下，调整行距、株距、深度至符合种植要求即可开始作业。安装在机组前方的开沟起垄机构按一定深度开出种沟，铺膜机构进行铺膜；排肥机构按作业前设定的排肥量在距离秧苗根部5～6cm处排肥；动力由地轮传递至主轴链轮带动栽植机构实现定穴移栽；注水机构实现定时定量注水；安装在机组尾部的培土铲在注水后的秧苗部位培土，完成整个作业过程。地头转弯时，操作液压手柄将机具升起，实现机组转弯。将变速杆置于空挡位置，拉起手刹，即可实现制动。

栽植机露地作业如下（图6-14）。

图6-14　栽植机露地作业

第二节　蔬菜收获机械

目前，国内对于叶类蔬菜的收获机具研究起步较晚，研究相对较少，因此其应用非常薄弱。机械化水平较低，与产业地位不相符，与产业需求不对应，有较大的提升空间和迫切的提升需求。

在蔬菜生产过程中，收获作业占整个作业量的40%左右。由于不同蔬菜之间的生态学特性有差异，蔬菜的统一收获有着较大的复杂性。目前国内蔬菜收获大部分由人工完成，人工收割效率低，劳动强度大，近些年随着劳动力价格增长，人工收获费用在蔬菜生产成本中所占的比例也大幅度提升，因此，近些年市场上出现了一些蔬菜收获机械。为提高蔬菜收割效率、减轻人工劳动强度、增加产品效益、保证国内蔬菜产业健康稳定发展，加快蔬菜收割机的设计与研究已成为蔬菜生产产业化的迫切需要。农业科技中央一号文件与现代农业发展规划中，强调实现精准农业。农机化科技发展要以主要农作物机械化共性技术等研究为重点，提倡原始创新与集成创新，大力发展农业机械装备。加快农业机械化，加强先进适用、安全可靠、节能减排、生产急需的农业机械研发推广，并优化农机装备结构，加快发展现代设施农业，提高设施农业装备智能化、自动化水平。近些年来，机械的节能减排显得越来越重要，用高效、低排、低耗的“低碳农机”装备现代农业已经成为当务之急。

一、茎菜和叶菜的收获机械

食用茎菜和叶菜的有结球（甘蓝、白菜和莴苣）和不结球（芹菜、菠菜）2 种形态。结球蔬菜的收获有切割法和拔取法，不结球蔬菜采用切割法收获。切割收获机是将茎、叶切割下来并输送到菜箱中，根部留在土壤中；拔取式收获机是将结球蔬菜拔取后再切根和分离零散外叶，这类收获机多为一次性收获。

二、地下根和茎的收获机械

胡萝卜、萝卜、洋葱等蔬菜生长在土壤中，收获时用工量可占全部栽培用工量的 50% 以上，而且劳动强度大，所以这类机械发展较早，机械化程度较其他类蔬菜高，一些机器也较成熟；一般采用拔取式和挖掘式。拔取式收获机是先把植株从土壤中拔出，然后分离茎叶和土块，剩下有用的根茎；这类蔬菜多为联合收获形式，也有拔取铺放机和捡拾机。挖掘式收获机是先切除地面的茎叶，然后将地下的食用部分挖出，再分离土块和杂草等物；按完成工序的方式分为一次性收获的联合收获机和分段收获的茎叶切割机和挖掘收获机两种。

三、果菜类收获机械

果菜类包括番茄、黄瓜、辣椒、茄子、丝瓜等。这类蔬菜的特点是果实鲜嫩，成熟期不一致，对机械作用很敏感。现有的机械多适用于加工用果菜的一次性收获，选择性收获机械还处于研制阶段，生产上适用的较少。国内外研制和应用较多的果菜类收获机为黄瓜收获机和番茄收获机。

意大利 HORTECH 公司研制的 SLIDE FW 型叶菜无序收获机（图 6–15・a），采用摩擦力较大的输送带，将切割后的叶菜输送上去，操作简便，作业效率高，适用范围广。SLIDE VALERIANA 型叶菜无序收获机（图 6–15・b）在 SLIDE FW 型叶菜无序收获机的基础上增加了振动和仿形装置，振动装置是为了把切割后的叶菜上附带的泥土去掉，仿形装置是为了适时调整切割高度，达到最佳切割效果。日本川崎公司研制的风送型叶菜无序收获机（图 6–15・c）主要是利用风机将切割下来的叶菜吹到收集袋中，只能适用于质量轻、体积小的叶菜。意大利

HORTECH 公司研制的 SLIDE TW 型叶菜有序收获机（图 6–15 · d）采用对行的柔性夹持输送带，将切割后的叶菜整齐地输送上去，大大降低了工人的劳动量，实现了从无序收获到有序收获的突破。

杜冬冬等根据甘蓝的物理特性，研制了一种适宜在南方田间作业的甘蓝收获机（图 6–16），采用单行收获的方式，配有专用的动力底盘及液压动力系统。利用引拔铲配合拨轮的方式拔取甘蓝；采用双圆盘割刀，实现了切割受力的平衡；利用剥叶辊和甘蓝间的摩擦剥掉多余的包叶。该甘蓝联合收获机可一次性完成拔取、切根、剥叶、输送等作业。

4GDS–1.0 型蔬菜收获机（图 6–17）采用清洁能源锂电池为动力，解决了采用汽油机为动力，采用为双边驱动形式，在大棚收获时带来的二次污染问题。适合大棚蔬菜机械化收获。适用的蔬菜品种有秧草、苋菜、茼蒿等，适合收获高度 3 ~ 32cm，收获效 3 亩 /h。

（a）SLIDE FW型叶菜无序收获机（意大利）

（b）SLIDE VALERIANA型叶菜无序收获机（意大利）

（c）风送型叶菜无序收获机（日本）

（d）SLIDE TW型叶菜无序收获机（意大利）

图6–15　叶菜收割机

图6-16　自走式甘蓝收获机

图6-17　4GDS-1.0型蔬菜收获机

四、智能收获装备

基于双目视觉、配置激光切割式末端执行器的自动采摘系统和含全新双伸缩四回转机械臂的采摘机器人（图6-18），并在快速无损采摘、手眼协调控制、串果减振防脱等研究上形成了鲜明特色。针对双目视觉易受自然环境影响、识别定位算法复杂和机器人作业效率过低的问题，进一步开发了基于腕部消费级RGB-D传感器的小型升降和就近放果型采摘机器人，底盘宽度仅550mm，整机重量低于70kg，并在基于深度信息的快速识别定位和手眼伺服、远近景组合快速采摘等方面实现了重要进展，有望为快速推进采摘机器人技术的实用化打开突破口。

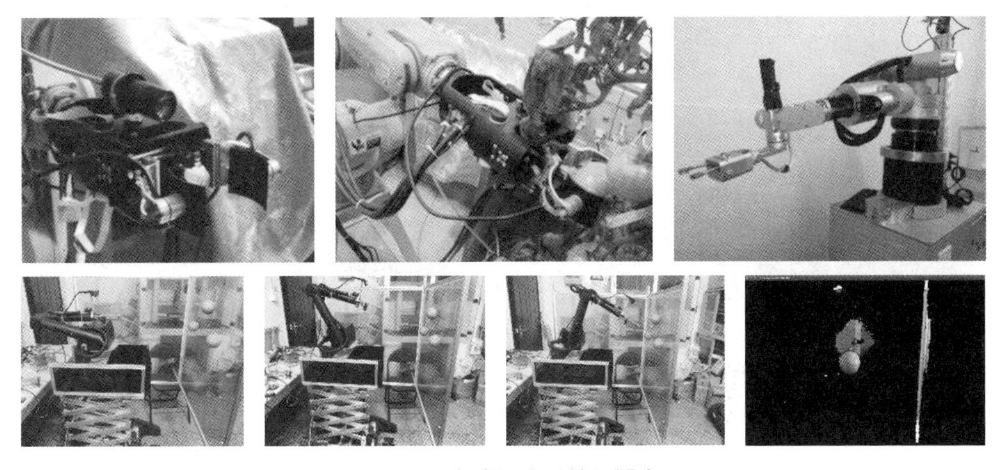

图6-18　各类温室采摘机器人

第三节　蔬菜的分级包装设备

清理好的蔬菜需要按照物料的不同尺寸、形状、重量、颜色及内在品质分成不同等级。实现蔬菜的分级包装是蔬菜商品化处理的重要环节，一方面可以降低加工过程原料损耗率，提高原料利用率，便于自动化生产；另一方面保证成品的规格和质量，可以实现分类销售，有利于提高蔬菜的商品价值。

一、蔬菜分级的作用

一是产品标准化、规格一致，有利于产品包装、收购、贮藏、运输及销售。二是等级分明，便于按质论价，实现优质优价，达到效益最大化。三是对于某些可在不同成熟期采收的蔬菜，通过分级可使成熟一致的产品在同一包装，有利于贮藏保鲜。比如生熟番茄混杂一起，必然是以生催熟，缩短贮运保鲜期（图6-19，图6-20）。

图6-19　蔬菜生产流水线

图6-20　番茄分级示意

二、蔬菜分级机械的发展

蔬菜分级机械发展经历的三个阶段：第一阶段是按照重量、大小进行简单分级，实际上就是按照规格分级；第二阶段是在重量、大小分级的基础上，采用三维视觉成像技术，可对产品表面颜色、形状、体积、密度、瑕疵、表皮褶皱、腐烂等指标进行分级，目前主要应用于国内外一些生产规模比较大的产地；第三阶段是在对重量、表面颜色、大小、形状、体积、密度、瑕疵、表皮褶皱、腐烂等指标进行分级的基础上，采用了内部品质无损检测技术，可对产品的糖度、酸度、内部缺陷等生理指标进行分级，目前仅应用于一些生产规模较大、档次较高的产品。

三、果蔬分级机

（一）果蔬分级机种类

滚筒式分级机、辊轴分级机、回转带分级机、精选机。

（二）果蔬分级机实例

滚杠式果蔬分级机（图 6-21）通过滚杠输送带的转动使果蔬循环前进，通过调整设定滚杠与滚杠之间的间距使果蔬实现从小到大的分级，每段的间距可根据客户对果蔬的要求来自由设定。经过果蔬分级机加工后的果实光泽鲜艳、大小均匀、外形美观，提升了果品档次，增加了果品的附加值，提高了果品的经济效益。

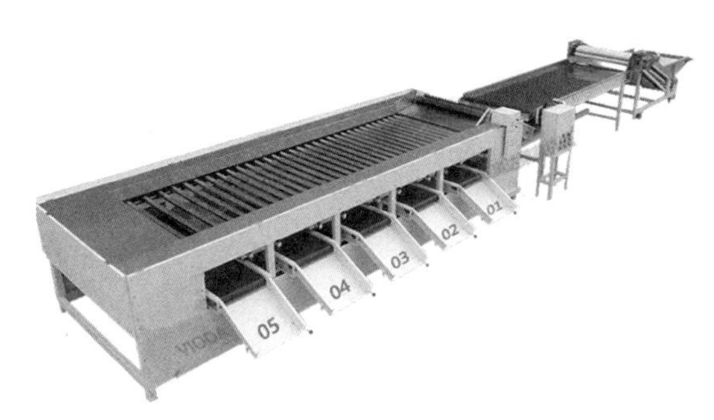

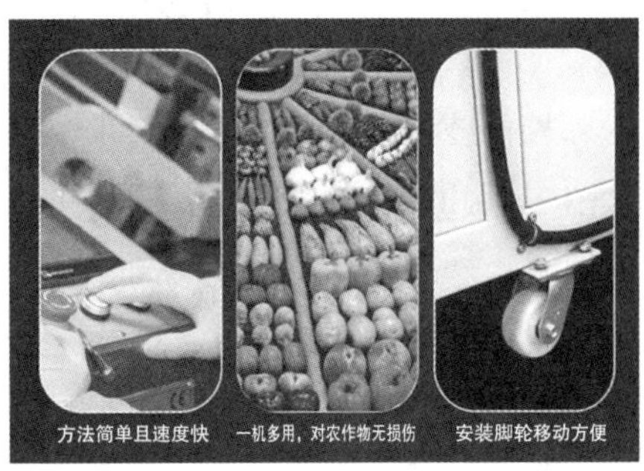

图6-21　滚轴式果蔬分级机

果蔬分级机是由提升机，捡果平台和分级机组成，提升机是自动提升，通过滚杠自动旋转来达到均匀上料，进入的拣果台挑去次品的果，分级机是滚杠式分级机，滚杠式分级机是通过轴承旋转动，带动分级床上的滚杠，向前平行移动，并逐步增大滚杠之间的间隙，而达到水果相对应的尺寸，使果蔬从滚杠之间的间隙落到出果输送带上，完成果蔬大小分级的目的。果蔬分级机的分选规格可以随意调节大小。

第四节　防病打药植保机械

病虫害是蔬菜种植过程中的重要影响因素，不仅会影响蔬菜的外观，还会影响其长势、产量及质量。据调查，我国露地蔬菜与设施蔬菜病虫有 1 600 余种，常年发生的有 500 余种，每年必须防治的病虫有 50 ~ 70 种，其中难以防控的有 10 余种，一般产量损失 20% ~ 30%，严重时损失达 50%，甚至绝收。

目前，欧美发达国家植保机械以中、大型喷雾机为主，有悬挂式、牵引式和自走式喷杆喷雾机，并采用了大量的先进技术，现代微电子技术、仪器与控制技术、信息技术等许多高新技术现已被广泛地应用。

常温烟雾施药技术是 20 世纪 90 年代发达国家设施农业普遍使用的高效施药技术（图 6-22），其工作原理是通过高速、高压气体或超声波原理在常温下将药液破碎成超微粒子（20 ~ 50μm），药液能在设施内充分扩散，长时间悬浮，对病虫进行触杀、熏蒸，同时对棚室内设施进行全面消毒灭菌，农药利用率高达 50% ~ 60%。该技术优点主要有：一是省药、节水；二是施药均匀、扩散性能好，药剂附着沉积率高，尤其适合棚室内作物病虫害防治；三是对药剂适应性广；四是不损失农药有效成分。在常温下将药液物理破碎呈烟雾状，药剂有效成分无任何损失。

一、3WSH-500 型自走式喷杆喷雾机

性能参数：配备进口 16.9kW 水冷柴油机。重量轻，瞬间加速能力强，适合水田下陷起步，轮陷 40cm 以内正常行驶作业，适宜平整及坡度不大的大田使用。采用自走式结构，四轮驱动机构和液压四轮转向新型结构，操作简单，转弯半径小，通过能力强。轮距 1.5m，最高行驶速度每小时 20km，自带水泵，可实现自动加药。离地间隙高，车身底盘离地高度 1.1m。分段设计的不锈钢喷杆高度 1.7m、喷幅 12m，喷杆自动伸展、自动调整高度，操作方便；三缸分流阀合理配置，可控制性

悬挂式露地蔬菜喷杆喷雾机

牵引式喷杆喷雾机

自走式露地蔬菜宽幅防飘喷杆喷雾机

夜间作业的自走式宽幅露地蔬菜喷杆喷雾机

大型设施温室蔬菜水肥药一体化自动喷杆喷雾机

大型设施温室蔬菜常温烟雾机

图6–22 蔬菜植保机械

好。配备22个进口扇形喷头，喷头间距50cm，并具有防滴漏装置。雾化好，防飘移，喷雾作业质量高，药液用量少；压力恒定、稳定流量、行驶平稳，可实现精准施药。药箱500L，正常作业20 ~ 25min喷完，可作业面积1.7 ~ 2hm^2，适配300kg自动施肥器（图6–23）。

图6–23 3WSH–500型自走式蔬菜专用喷雾机

二、MG-1P型电动蔬菜植保无人机

图6-24 MG-IP型电动蔬菜植保无人机

大疆全新MG-1P系列植保无人机（图6-24）能有效提高作业效率。MG-1P在自主作业模式时，通过优化航线飞行算法，降低了转弯时的速度损失，整体作业效率提高20%。配合5m的喷幅，每小时喷洒作业90亩。123°广角摄像头支持高清数字图传，实时显示周边田间信息，配备的双照探灯，可夜间作业。MG-1P系列可利用摄像头确定边界点，新一代的高亮屏遥控器，采用全新双频数字传输系统，飞行控制距离为3km。新一代MG-1P产品独有的"一控多机"功能，让一个飞手同时可操控5台植保无人机。MG-1P系列配备了微波全向雷达，整合3个预测定高雷达和1个避障雷达，仿地飞行能力强，根据地形变化调整作业高度，定位精度高，采用厘米级定位，充分适应田间安全作业需求。8轴设计提供强大的动力冗余，配合自适应保护功能，当一个电机发生故障时，植保机也能安全作业。喷洒系统采用全新航天复合材料，提高了抗腐蚀能力，配合流量闭合控制技术使施药更精准。

JT3YC1000D-Ⅲ背负式高效常温烟雾施药机由移动线缆小拖车和背负式高效常温烟雾施药机两部分组成（图6-25）。背负式高效常温烟雾施药机由电能驱动雾化器产生高速气流与特殊喷嘴结构形成高速流体涡流场，极大地提高了药液在常温下的雾化效果，在涡流场内药液被雾化成平均直径为50μm的雾滴，雾化的药液雾滴在高速气流的作用下被送至远处弥散。该常

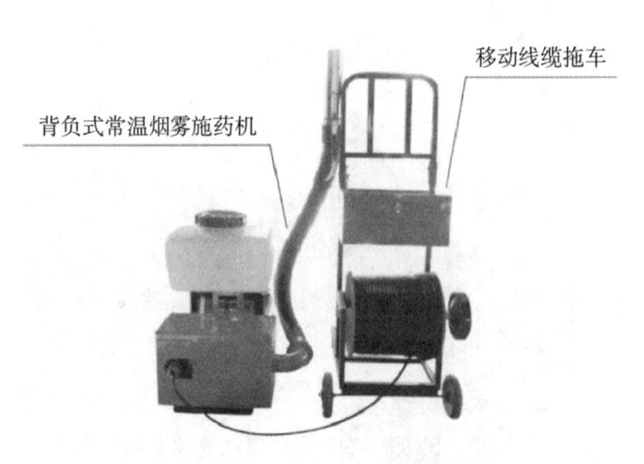

图6-25 JT 3YC1000D-Ⅲ背负式高效常温烟雾施药机

温烟雾施药机具有雾化效果好、风量大、射程远、操作时间短、噪声小、开闭灵活等优点。工作时直接使用棚室电源，操作灵活、轻便，可用于温室、大棚、弓棚的高效施药，还可用于食用菌消毒、防病、增湿和仓储、养殖场等场所的消毒作业。

三、温室遥控风筒式施药机

设施栽培环境相对封闭、施药频次大，而我国设施结构不一、栽培品种与规格多样、轮作换茬频繁，客观上要求移动施药装备能够人机分离、小型灵活、通用性强、低量化并灵活适应叶菜、果菜和地面、高架、吊蔓等各类栽培模式。同时，现有施药装备面临作物下层和叶片背面无法得到均匀喷施的问题。为此，开发了遥控式喷筒微风送式小型施药机（图 6–26），车身宽度小于 600mm，整机空载重量小于 70kg，药液耗量 1.5 ～ 5L/min，风筒高度、倾角、风速、雾量可调，可灵活适用于各类设施作物和栽培模式。实现全程遥控作业及原地转向，并由侧倾微风扰动实现作物冠层和叶片正背面的均匀喷施。试验表明，其药液沉积密度和均匀性均显著优于现有植保装备，可有效满足我国各类温室、大棚的植保作业需要。

图6–26 温室遥控风筒式施药机

第五节 蔬菜嫁接机械

一、概述

我国是世界上最大的设施农业国家之一，在设施农业中嫁接种植是克服连作病害最有效的方法，如黄瓜在新建大棚的枯萎病发病率在 12% 左右，第二年连种的枯萎病发病率上升到50%以上。除枯萎病外，嫁接种植对线虫病、青枯病、黄萎病和根结线虫病等土传病害，对霜霉病、病毒病、白粉病和叶霉病等非土传病害也表现一定的抗性。同时通过嫁接，能有效改善蔬菜品质，提高蔬菜质量，提高耐寒、耐旱特性等。

嫁接时，砧木苗和穗木苗胚轴径尺寸在2 ~ 4mm，幼苗脆嫩，手工嫁接需娴熟的手法和较高的熟练程度，且劳动强度大、嫁接效率低，砧穗成活率难以得到保证。另外，嫁接农时非常短，短时间内完成嫁接工作任务艰巨。

自动嫁接技术是指将传统的人工嫁接过程由机械自动化的方式替代，实现嫁接过程中取苗、供苗、嫁接贴合、排苗栽植等作业全部或部分自动化甚至智能化，从而提高嫁接工作效率和嫁接苗成活率。

图内外典型嫁接机机型和嫁接机信息见图6-27和表6-4。

(a)日本GRF800-U型　(b)日本GR803-U型　(c)韩国GR-800CS型　(d)荷兰ISO Graft 1200型

(e)荷兰ISO Graft 1100型　(f)荷兰ISO Graft 1000型　(g)西班牙EMP-300型　(h)意大利GR300/3型

(i)中国2JSZ-600型　(j)中国BMJ-500Ⅱ型　(k)中国2JC-600B型　(l)中国2TJ-800型

图6-27　国内外典型嫁接机机型

表6-4　国内外典型嫁接机信息

国家	研发机构	型号	自动化程度	嫁接效率/（株/h）	成功率（%）	人数	嫁接方法	夹持物	适用对象
日本	井关农机株式会社	GRF800-U	全自动	800	95	1	贴接法	嫁接夹	葫芦科穴盘苗
日本	井关农机株式会社	GR803-U	半自动	900	95	3	贴接法	嫁接夹	葫芦科穴盘苗

续表

国家	研发机构	型号	自动化程度	嫁接效率/（株/h）	成功率（%）	人数	嫁接方法	夹持物	适用对象
荷兰	1SOCroup	ISOgraft1200	半自动	1050	99	1	平接法	橡胶夹	茄科穴盘苗
荷兰	1SOgroup	ISOgraft 1100	半自动	1000	95	2	平接法	橡胶夹	茄科穴盘苗
荷兰	1SOgroup	ISOgraft 1000	全自动	1000	95	2	平接法	三角套管夹	茄科穴盘苗
西班牙	Conic System	EMP−300	半自动	300	95	1	贴接法	套管夹	茄科穴盘苗
意大利	Atlantic Man.SRL	GR300/3	手动	300	98	1	贴接法	嫁接夹	葫芦科穴盘苗
意大利	Atlantic Man.SRL	GR300	手动	300	98	1	贴接法	嫁接夹	茄科穴盘苗
韩国	Helper Robotech	GR−800CS	半自动	800	95	2	贴接法	嫁接夹	葫芦科、茄科穴盘苗
中国	中国农业大学	2JSZ−600	半自动	600	95	2	贴接法	嫁接夹	葫芦科幼苗
中国	中国农业大学	BMJ−500 Ⅱ	半自动	300	92	1	贴接法	嫁接夹	葫芦科营养钵苗
中国	华南农业大学	2JC−600B	半自动	600	92	2	插接法	无需	葫芦科幼苗
中国	北京农业智能装备技术研究中心	2TJ−800	半自动	800	95	2	贴接法	嫁接夹	葫芦科、茄科穴盘苗

二、嫁接机的主要类型

（一）2JSZ-600 型蔬菜半自动嫁接机

中国农业大学张铁中率先在国内开展蔬菜嫁接机研究，1998 年成功研制出 2JSZ−600 型蔬菜半自动嫁接机（图 6−27・i），嫁接机采用单子叶贴接法，实现了砧穗木的取苗、切削、接合、嫁接夹固定、排苗作业的自动化。嫁接时砧木可直接带土进行嫁接，嫁接效率可达 600 株 / 小时，成功率可达 95%，适用于西瓜、甜瓜、黄瓜等瓜科蔬菜苗的自动化嫁接作业。其后，在此基础上，研制出采用双臂方式嫁接的机型，嫁接效率提高了 30%。此后，中国农业大学继续对蔬菜嫁接机展开了不同程度的研究，分别针对瓜科、茄科等不同育苗形式的幼苗展开不同机型的研究，包括针对营养钵苗的茄科嫁接机、营养钵苗的瓜科嫁接机、穴盘苗的茄科嫁接机以及穴盘苗的瓜科嫁接机。

（二）2JC-600B 型半自动嫁接机

华南农业大学研制的 2JC−600B 型半自动嫁接机（图 6−27・k），采用插接法进行自动嫁接作业，主要针对葫芦科幼苗的嫁接。该机为半自动嫁接机，由 2 人操作，分别完成砧穗木幼苗的供苗作业，在操作者确保完成上苗作业后触发脚踏开关，砧木子叶采用气吸式固定，并由相应的砧木打孔机构、穗木切削机构、砧穗木对接机构、自动卸苗机构完成嫁接作业的自动化，嫁接效率可达 600 株 /h。嫁接机进行自动夹持、切削及卸苗作业，上苗时间越长，生产率越低，但上苗效果越好，嫁接成功率也就越高，该机正常作业的砧木上苗时间一般为 3.5s。气吸夹保持吸附砧木子叶直到完成 1 株苗的嫁接作业过程，嫁接成功为嫁接后接穗不脱落且接穗伤口与砧木伤口贴合牢靠。

（三）GR800 型半自动嫁接机

20 世纪 90 年代，日本井关公司与日本生研机构合作率先推出了商品化的 GR800 型半自动（人工单株上、下苗）瓜科嫁接机（图 6–28・a）。该机采用的上苗方式为人工单株上苗，砧木和接穗的上苗方式采用缝隙托架上苗，运动部件的动力为气动方式。GR800 型半自动瓜科嫁接机的嫁接成功率可达 90% 以上，嫁接生产能力为 800 株 /h。

（四）AG1000 型全自动嫁接机

AG1000 型全自动嫁接机（图 6–28・b）采用的上苗方式为 128 穴穴盘整盘上苗，一个作业循环嫁接一行 8 株苗，完成的嫁接苗以穴盘整盘自动下苗。AG1000 型全自动嫁接机的嫁接成功率可达到 97%。但是，AG1000 型全自动嫁接机对培育所需的砧木苗和接穗苗在形态和尺寸方面的要求非常高，导致其在生产中较难发挥作用。

（a）井关公司研发的GR800型半自动嫁接机　（b）洋马公司研发的AG1000型全自动嫁接机

图6–28　蔬菜嫁接机

各类嫁接方法（图 6–29）与疏散嫁接机工艺流程（图 6–30）如下。

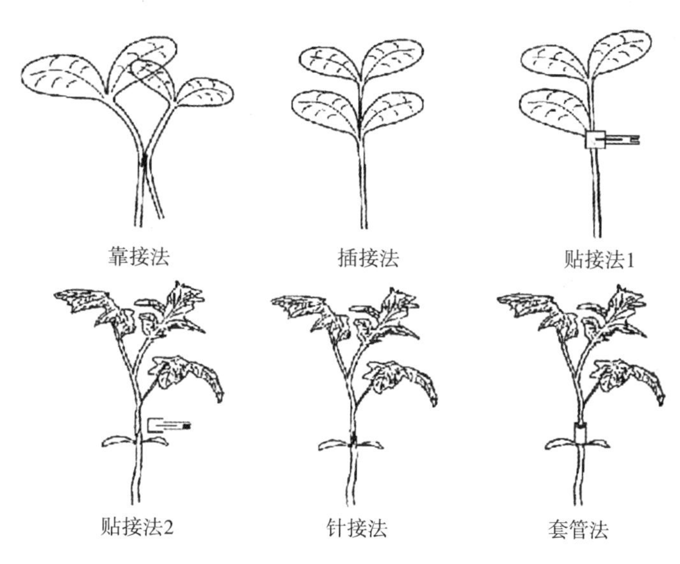

图6-29　各类嫁接方法示意

右侧夹苗钢片夹住了接穗（Scion holding）

左侧夹苗钢片夹住了砧木（Stock holding）

接穗上移，三角刀切开接穗和砧木（Scion up & Cutting）

刀后退，接穗下移并将切开部插进砧木里（Scion down & Insertion）

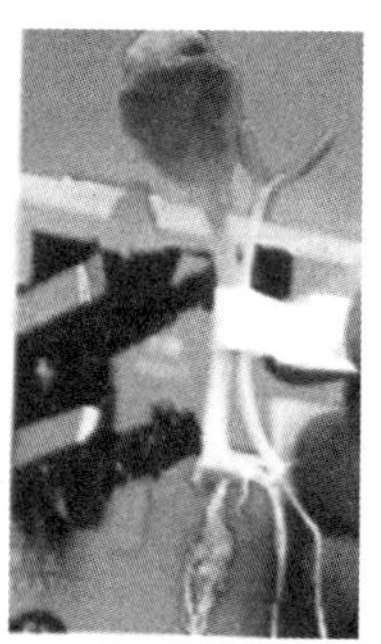

用夹子夹住嫁接苗，从机器里取出来（Pull out）

图6-30　蔬菜嫁接机工艺流程

第六节　基质搅拌机和基质装袋机

一、基质搅拌机

随着工厂化育苗的发展，育苗基质的需求量越来越大。育苗基质（营养土）是影响苗生长质量的关键因素，只有经科学配比及搅拌均匀的育苗基质才能生产出苗壮优质的种苗。小规模育苗，通常采用人工方式处理育苗基质；但对于现代化大规模工厂化育苗生产，靠人工处理育苗基质无法满足生产需求。而基质搅拌机的结构形式也是基质质量的决定因素，育苗营养土基质制备是蔬菜生产过程中很重要的环节，必须把各种原料肥料等进行充分搅拌混合，保证育种后的透气吸水营养均衡，还不破坏基质内部结构，才能土肥苗壮。

蔬菜育苗的营养土基质搅拌机由机架、搅拌轴、上混拌桶、下混拌桶、输送机等部分组成，搅拌轴通过立式轴承座安装在机架上，搅拌轴上设有右旋螺旋叶片，混拌电机安装在机架上，混拌电机驱动搅拌轴转动，上混拌桶、下混拌桶内壁按左旋螺旋线设有导料板，上混拌桶设有投料口，下混拌桶上设有出料口、出料口闸板，输送机布置在出料口下方（图 6−31）。由此可见，使用本机构能使基质搅拌均匀，保持良好的透气保水的性能，提高育种的质量和效率。

基质搅拌机主要用于粉状及颗粒状物料的搅拌。如饲料的搅拌和种植业基质的搅拌及种子搅拌。搅拌均匀，生产效率高（图 6−32）。

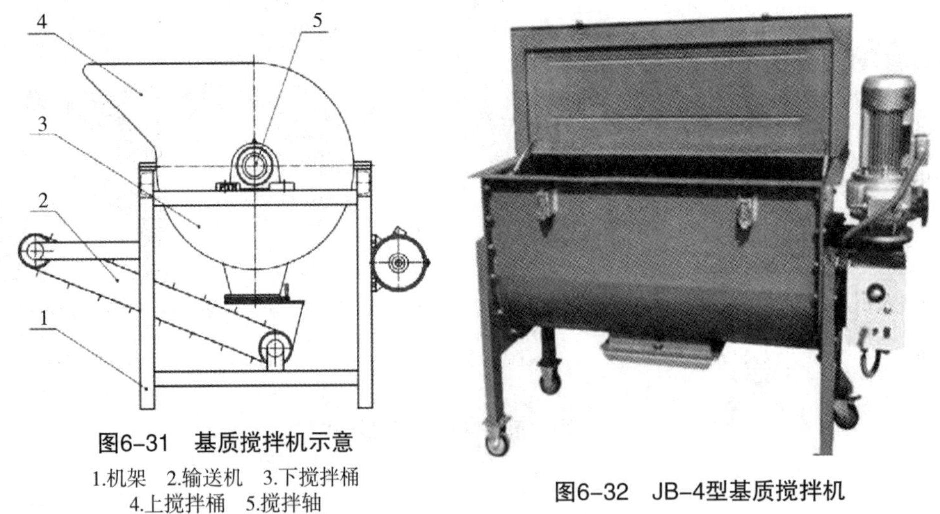

图6−31　基质搅拌机示意

1.机架　2.输送机　3.下搅拌桶
4.上搅拌桶　5.搅拌轴

图6−32　JB−4型基质搅拌机

技术指标：外形尺寸（长 × 宽 × 高）1 620mm × 630mm × 1 300mm；电机功率 1.5kW；主轴转速 6.5 ～ 32.5r/min（无级调速）；轴距 1 200mm；轮距 540mm。

结构特点：一是本机为侧下方垂直出料，搅拌器内外螺旋搅龙在旋向配置上为相反配置。工作进行中，外螺旋输送物料过程中内螺旋同时完成物料搅拌，物料搅拌均匀。二是本机装有 4 个脚轮，其中两个为转向轮，既可水平旋转又可沿轮轴方向转动且转向轴可全部锁定。移动灵活、方便，可以在任何地方稳定停放，就近进行物料搅拌，渐少物料运输。三是本机上盖开启采用气缸顶杆支撑机构。开起省力、灵活、方便。四是本机采用组合式无级调速变速器，调速范围大：为 6.5 ~ 32.5r/min，可根据不同物料和生产效率需要进行调整。

二、基质装袋机

基质装袋机特点：适用对象为草炭土、蛭石、珍珠岩、育苗基质、营养土等的装袋，标准配置有主称体（与物料接触部分为 304 不锈钢）、三米输送机、缝包机、控制系统，称量范围 5 ~ 50kg，称量速度 300 ~ 400 包 /h，称体高度 2 670mm，功率 1kW。

DCS-Z-S-50 单斗包装秤工作过程：按启动按钮，设备启动，弧形门气缸动作，启动大投，下料速度较快，物料落尽称量斗里，当接近设定重量时，弧形门气缸动作，关闭大投，启动小投，下料速度较慢，精确控制重量。套上袋子后，称量斗门打开，称量斗里称好的物料直接落进袋子里，夹袋嘴松开，袋子落到输送机上，随后缝包机将袋口封上。称量斗放完料之后，称量斗门随即自动关闭，接着进行下一次下料过程（图 6-33）。

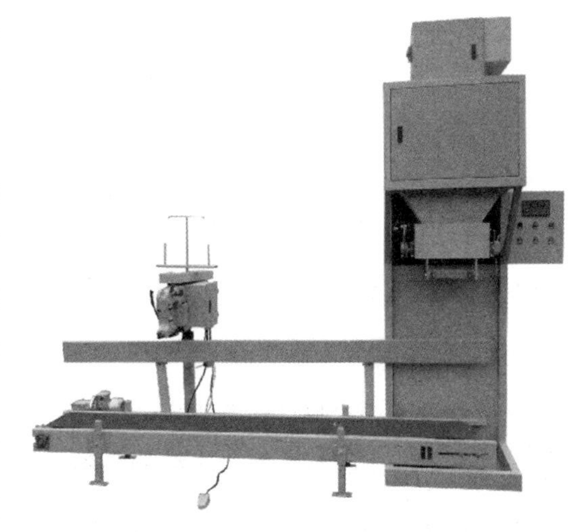

图6-33　DCS-Z-S-50单斗包装秤

第七节　蔬菜施肥机与水肥一体化设备

一、田间精准施肥机

施肥可以与播种或中耕同时进行，也可在种植前或管理过程中单独进行。蔬菜地可以施用颗粒状或粉状化肥、固体有机肥、液体有机肥等，其采用的机具大多与大田作物相同。

支持精细农作的变量处方施肥机（图 6-34）的基本工作过程：过量施用肥料和杀虫剂不仅浪费，还将使农田受到污染，因而在精细农作中要通过电子地图提

图6-34 VRS变量处方施肥机

供的处方信息，对地块中的肥料撒施量进行定位控制调整。国外已研制有监测土壤肥力的实时传感器，它应用作业中切入土中的两个圆盘犁刀之间加入电位差，使在两个圆盘犁刀之间的土壤形成电磁场，由于电磁场的性质受土壤特性的影响，因而产生可以控制并调整肥料投入数量的信号，最终通过排肥管道的调节电磁阀门实现肥料的变量投入。氮肥实时投入量的控制信号由传感器输出，加上农艺学的要求和产量目标综合决定。

美国 Ag-Chem 仪器装配公司生产的“SOILECTION”施肥系统可进行干式或液态肥料的撒施。它通过电子地图内叠存的数据库处方，可同时分别对磷肥、钾肥和石灰的施用量进行调整。该设备用气动或气流方法可将干肥料喷撒到 22m 的幅宽，并配备有 4 个分离的肥料仓，两个为微型营养物或除剂料仓，另两个为化学品料罐，它可实时配制 8 种不同成分的混合肥料。

图6-35 蔬菜施肥机2BGJ-4

该机（图 6-35）适用于秸秆还田机地播种谷子、蔬菜、高粱，一次作业可完成平地、开沟、播种、施肥、镇压、覆土、打竖畦等项工序。其主要由旋耕开沟机构、播种机构、施肥机构、镇压机构和机架等组成。每行 60m，连续 3 个行程，均能连续作业，无堵塞，能保证播种质量。

二、设施园艺水肥智能管理装备

针对温室水肥精确灌施需要，开发了多灌区自动灌溉施肥机。采用脉冲宽度调制技术控制吸肥器，通过调整 PWM 的占空比、频率等参数，控制母液、酸液或碱液单位时间内的流入量，实现营养液浓度的精确调配；通过营养液余液回收管道，对余液进行回收，采用紫外线和臭氧对余液进行灭菌消毒，按比例添加入新配营养液。提出了基于作物生长信息的营养液管理策略。根据作物株高、茎粗和果实生长速率等生长信息来调整灌溉量和营养液浓度的水肥供应方法，实现依据作物需求进行精确灌溉和施肥。并在此基础上，研发了6、4、3通道三类多通道多灌区自动灌溉施肥机（图6-36）。该设备能够实现8个灌溉区的灌溉作业，EC值控制误差为0.05mS/cm，pH值控制误差为0.01，灌溉量控制误差为0.9%，营养元素配比误差为3.4%。

图6-36　多通道多灌区自动灌溉施肥机

目前国产小型施肥系统，水肥管理粗放，不能达到节水节肥的目的。现有装置大多没有混肥搅拌和沉积排出装置，易发生沉积和堵塞，造成故障率高。针对日光温室、钢架大棚的水肥一体化系统的现状结合种植农艺要求，以轻简化、低成本、易操控为目标，开发了轻简式水肥一体化装备（图6-37），基于远端压力反馈的变频恒压技术实现水肥的精确配比和远端管路的恒压灌溉，解决了中小农户灌溉系统普遍存在的灌溉压力波动较大的问题。通过加装基于EC反馈的自启动母液混肥搅拌和管路定时冲洗等配套装置，降低固体颗粒的沉积，提高营养液的利用效率，减少管道堵塞。在不同钢架大棚与日光温室内的试验表明，该水肥一体化系统能够实现8个灌区作业，水肥调控误差小于5%。能够较好地满足中小农户日光温室的生产需求。

图6-37　轻简式水肥一体化装备

三、叶面施肥机

近年来，叶面施肥成为强化作物营养和防止某些缺素病状的高效补肥措施。温室小型叶面肥智能高效喷施机（图6-38），采用超小机身和渐缩喷筒风送作业方式，具有多维的双风筒回摆、展合、微调机构，适应不同栽培模式的叶菜、果菜叶面施肥需要；基于深度视觉的自主导航与对靶喷施系统，实现

图6-38 小型叶面肥智能高效喷施机

人工少量遥控换行和行间全无人自主作业；同时可依据不同叶面肥规格、作业对象、栽培模式、生长阶段，实现手动/自动的作业参数调整，完成作物目标位置叶面肥的精准均匀喷施，提高了喷肥作业效率，有效降低用肥量与劳动强度。

第七章
蔬菜主要病虫害发生规律与防治

导读：如何解决设施蔬菜病虫为害，实现绿色防控是社会关注、农民关心的热点问题。本章是笔者从事设施蔬菜病虫研究近30年成果的总结和提升，主要阐述了黄瓜霜霉病、烟粉虱等18种灾害性病虫在设施条件下发生的新特点及发生规律，并提出符合绿色防控技术内涵的防控措施，与传统的防治技术相比更强调节约能源、与自然界的协调，从源头解决蔬菜的安全问题，达到提高蔬菜产品质量、改善生态环境的目的。

第一节　陕西省蔬菜病害类型与危害

一、病害对蔬菜的危害性

蔬菜病害是蔬菜生产中的重要生物灾害，随着蔬菜的大面积发展，尤其是设施蔬菜的发展，为病害的滋生繁衍提供了理想的生态环境和丰富的寄主种类，导致病害发生种类多、危害日趋加重，甚至突发成灾。例如，蔬菜根结线虫病猖獗发生，导致一些菜农弃棚不种或改种其他粮食作物，中国每年仅危害蔬菜造成经济损失就达 200 亿元；番茄黄化曲叶病毒病在 2000 年左右传入我国境内，2005 年开始在我国南方大面积蔓延，流行速度十分迅速，2006—2007 年，江苏省受害异常严重，温室内番茄发病率达 100%，所有番茄几乎绝收。时至今日，番茄黄化曲叶病毒病已在中国的山东、云南、广东、广西、上海、浙江、江苏、河南、甘肃、宁夏、山西、陕西、北京、天津、四川、河北、重庆、福建、安徽、辽宁、内蒙古等地发生。2009 年该病在山东省发生面积近 1.5 万公顷，发病田病株率一般在 20% ~ 30%，严重时达 60% ~ 80%，其中近 0.7 万公顷严重减产或绝收。全国 2009 年发生面积 20 万公顷，经济损失数十亿元。2010 年在陕西突然暴发，渭南、杨凌、西安、咸阳等地严重发生，发病田病株率一般在 30% ~ 40%，重的达 60% ~ 80%，相当一部分棚室毁种，给菜农造成十分严重的经济损失；黄瓜霜霉病（*Pseudoperonospora cubensis*）从点片发生蔓延到全棚仅需要 5 ~ 7 天，一般棚室产量损失 10% ~ 20%，发病严重的损失 50% 以上，甚至导致绝收；番茄早疫病从零星发病蔓延到全棚约需 10 天，每年有 3% 棚室绝收；番茄叶霉病从始发病到病株率达 100%，约需 15 天，叶片大量枯死，被迫提早拉秧；韭菜灰霉病从点片发生蔓延到全棚时间不超过 36h。十字花科蔬菜根肿病是危害十字花科蔬菜严重的世界性病害之一，最初记载是在 13 世纪的欧洲，19 世纪十字花科根肿病在苏联北部及中部地区大面积流行并造成毁灭性灾害。近年来此病在世界范围内日趋严重，尤其在欧洲、北美、日本等地区，根肿病已成为一种主要病害，给蔬菜生产造成严重威胁。在我国，根肿病主要发生在华东和华南的一些十字花科作物的主要产区。浙江、上海、江苏、江西、安徽、湖南、福建、广东、广西、云南、辽宁、吉林、黑龙江、北京、西藏、山东、四川等省、市（区）都有发生。近年来在我省十字花科蔬菜主产区太白县发生普遍且发病呈逐年上升态势，给菜农造成了严重的经济损失，极大制约了蔬菜产业的发展，现已成为当地蔬菜发展中亟须解决的突出问题。葫芦科霜霉病、灰霉病及番茄的晚疫病、十字花科的菜青虫等常发性病虫仅在陕西常年发生面积就达 800 万亩次以上，造成蔬菜产量损失达 20% 以上。且随着蔬菜面积迅速扩张，种植年限的延长，病虫害的问题会越来越突出。由于各种病虫的危害，蔬菜常年减产减收损失率达 20% ~ 30%。控制病虫害的发生及危害已成为广大菜农迫切需要解决的问题，也是无公害蔬菜发展中最难解决的技术问题之一。可见做好病虫害的防治研究工作，是确保蔬菜优质高产及可持续发展的关键。

二、蔬菜病害的分类

蔬菜上发生的病害多达 1 500 多种，按照致病因素的性质分类，分为传染性病害和非传染性生理病害两大类，其中传染性病害又分为真菌性病害、细菌性病害、病毒性病害、类病毒病害、线虫性病害及寄生性种子植物病害等；按照植物受害部位分类，分为根部病害、茎部病害、叶部病害、花部病害、果实病害、维管束病害等；按症状分类，可分为叶斑病、腐烂病、萎蔫病等；按照传播方式分类，分为气传病害、土传病害、种传病害、虫传病害等；按照病原物生活史分类，分为单循环病害、多循环病害；按照被害植物的类别分类，分为大田作物病害、经济作物病害、蔬菜病害、果树病害、观赏植物病害、药用植物病害等；按照病害流行特点分类，分为单年流行病害、积年流行病害。

三、病害田间分布特点

田间分布特点因病因不同而不同，正确了解病害田间分布特点有助于病害的准确识别和防治。

（一）传染病害分布特点

传染性病害是由微生物侵染而引起的病害。蔬菜传染性病害的发生发展包括以下 3 个基本的环节：一是病原物与寄主接触后，完成初侵染。二是初侵染成功后，病原物数量得到扩大，并通过气流、水、昆虫及人为等途径传播，进行不断的再侵染，使病害不断扩展。三是由于寄主组织死亡或进入休眠，病原物随之进入越冬阶段，病害处于休眠状态。到翌年开春时，病原物从其越冬场所经新一轮传播再对蔬菜进行新的侵染。

传染性病害在田间的发生及分布具有如下特点。

第一，循序性。病害在发生发展上有轻、中、重的变化过程，病斑在初、中、后期其形状、大小、色泽会发生变化，因此，在田间可同时见到各个时期的病斑。

第二，局限性。田块里一般有一个发病中心，即一块田中先有零星病株或病叶，然后向四周扩展蔓延，病健株会交错出现，离发病中心较远的植株病情有减轻现象，相邻病株间的病情也会存在着差异。

第三，点发性。除病毒、线虫及少数真菌、细菌病害外，同一植株上，病斑在各部位的分布没有规律性，其病斑的发生是随机的。

第四，有病症。除病毒和类菌原体病害外，其他传染性病害都有病征。如细菌性病害在病部有菌脓物遗留，真菌性病害在病部有锈状物、粉状物、霉状物、棉絮状物等遗留。

（二）非传染性生理病害分布特点

非传染性生理病害是由非生物因素即不适宜的环境条件引起的，这类病害没有病原物的侵染，不能在蔬菜个体间互相传染。设施栽培条件下蔬菜生理性病害的发生往往较露地栽培为重，大多表现为复合症状，不易诊断，如番茄2，4-D产生的药害与辣椒、番茄等茄科蔬菜蕨叶型病毒病均表现为蕨叶；黄瓜缺素症与根结线虫危害均表现为叶片发黄；番茄褪绿病毒病与番茄缺镁症状均表现为叶脉间褪绿，症状极为相似，很难区分。非传染性生理性病害在田间的发生及分布具有以下几个特点。

第一，突发性。非侵染性病害在发生发展上，发病时间多数较为一致，往往有突然发生的现象。病斑的形状、大小、色泽较为固定。

第二，普遍性。发生面积比较大，普遍均匀，通常是成片或整个棚普遍发生，常与温度、湿度、光照、土质、水、肥、废气、废液等特殊条件有关，无发病中心，相邻植株的病情差异不明显，甚至附近某些不同的作物或杂草也会表现类似的受害症状。

第三，散发性。多数是整个植株呈现病状，且在不同植株上的分布比较有规律，若采取相应的措施改变环境条件，植株一般可以恢复健康。

第四，无病症。非侵染性病害在田间发生只有病状，没有病征，这是和侵染性病害田间最根本的区别。

四、传染性病害症状特点

同一种病原侵染不同种类的蔬菜，表现症状不同。不同病原侵染同一种蔬菜的不同部位，表现症状不同；即使同一种病原侵染同一种蔬菜，在蔬菜不同发育阶段表现症状也有差异。

（一）斑点

蔬菜受到病原菌的侵染，使蔬菜的细胞和组织受到破坏而死亡，形成圆形、多角形、椭圆形等形状不同的病斑，在不同的器官上表现不同。在叶片上表现为叶斑、环斑，如黄瓜霜霉病表现为多角形，番茄早疫病表现为同心轮纹形，辣椒炭疽病表现为圆形，黄瓜灰霉病表现为菱形或“V”字形，瓜类蔓枯病表现为“V”字形或半圆形，黄瓜细菌性角斑病、辣椒疮痂病表现为坏死斑脱落形成穿孔。在果实枝条上表现为疮痂、蔓枯、溃疡，如辣椒疮痂病、黄瓜蔓枯病等。在茎上发生条斑或近地面处坏死，如番茄条斑型病毒病、辣椒疫病、各类蔬菜猝倒病、立枯病等。在根系上发生的出现根系坏死，如蔬菜根腐病、茄科蔬菜青枯病等。

（二）变色

蔬菜受害后植株全株或局部失去正常的绿色，包括褪绿、黄化等，如辣椒花叶病毒病、番茄褪绿病毒病、辣椒类菌原体病害、瓜类褪绿黄化病毒病等。变色大多是由病毒病侵染引起的。

（三）腐烂

蔬菜受病原物侵染后病组织坏死腐烂，主要表现为干腐、湿腐、软腐等，如茄子绵腐病、辣椒软腐病等。腐烂大多是由真菌和细菌侵染引起的。

（四）萎蔫

因蔬菜植株的输导组织维管束被病原菌侵染破坏，使输导组织作用受阻，植株地上部分得不到充足水分，发生萎蔫现象，如黄瓜枯萎病、番茄青枯病、茄子黄萎病、辣椒疫病、黄瓜蔓枯病等。

（五）畸形

蔬菜受病原物侵染后细胞数量大量增多，生长过度或生长发育受到抑制引起畸形。在枝条上表现为丛生；在叶片上表现为皱缩、卷叶、扭曲等，如茄果类蔬菜病毒病、辣椒类菌原体病害；在根部表现为根瘤、根肿等，如蔬菜根结线虫、十字花科蔬菜根肿病，畸形大多由根结线虫、病毒侵染造成，少数由真菌和细菌侵染造成。

五、侵染性病害病征类型

（一）霉状物

真菌病害的常见特征，常见有霜霉、灰霉、青霉、绿霉、煤霉、黑霉等不同颜色的霉状物，如黄瓜霜霉病、黄瓜和番茄灰霉病、番茄叶霉病、豇豆煤霉病、番茄黑霉病、黄瓜黑星病等。

（二）粉状物

真菌病害的常见特征，常见有白粉、黑粉、铁锈色等不同颜色的粉状物，如黄瓜和辣椒白粉病、茭白黑粉病、马铃薯黑粉病、葱类黑粉病、十字花科蔬菜根黑粉病、豆类锈病等。

（三）小黑点

真菌病害的常见特征，常见有分生孢子器、分生孢子盘、分生孢子座、闭囊壳、子囊壳等，如辣椒炭疽病、番茄早疫病、番茄晚疫病等。

（四）菌核

真菌中丝核菌和核盘菌侵染引起的常见特征，病症表现较大、颜色较深，主要是越冬病原菌的形态结构，如葫芦科、茄科、十字花科菌核病。

（五）菌脓

细菌病害的常见特征，常见有菌脓（失水干燥后变成菌痂），如黄瓜细菌性角斑病、辣椒疮痂病、软腐病等。

由于植物病毒和类菌原体是细胞内寄生物，因此只有病状，而不产生病征。如番茄黄化曲叶病毒病、辣椒类菌原体病等。

六、传染性病害田间诊断方法

（一）细菌性病害

病状主要表现为组织坏死（斑点和叶斑）和萎蔫两大类型。多数是点发性病害。以条斑（平行脉）、角斑（网状脉）、腐烂、枯萎、溃疡、畸形等类型最为常见。病部多呈水渍状或油渍状边缘、半透明。对光观察有透明感，腐烂组织常黏滑并有恶臭，枯萎组织的切口常分泌出混浊液，这是其他病害所没有的现象，如大白菜软腐病、黄瓜细菌性角斑病、豆类细菌性斑点病、番茄青枯病、辣椒疮痂病等。

其病征表现是高湿时分泌出淡黄色溢滴，即菌脓，干后呈鱼子状小胶粒或呈发亮的菌膜平贴于病部表面，无霉层。田间发病初期有发病中心。多有随工作人员行走的方向传播蔓延趋势。苗势嫩绿、枝叶郁闭和水涝地最有利于发病。简而言之，细菌性病害有病斑，无霉层，有发病中心。

（二）真菌性病害

病状多数是点发性病害。以茎、叶、花、果上产生各种各样的局部病斑最为常见，病部多呈斑点、条斑、枯焦、炭疽、疮痂、溃疡等；其次是凋萎、腐化及各种变态、矮化等畸形，如黄瓜霜霉病、灰霉病、炭疽病、蔓枯病、辣椒炭疽病、疫病、猝倒病、甘蓝软腐病、花椰菜灰霉病、番茄早疫病、晚疫病、叶霉病、枯萎病、茄子绵疫病、晚疫病、菌核病及白粉病等。

病部中后期大多长有霉状物、霜霉状物、粉状物、锈状物、棉絮状物、颗粒状物等。田间发病初期常有发病中心。多有随大棚通风风向传播蔓延趋势。高温高湿、苗势嫩绿、枝叶郁闭、土质黏重、排水不良等都有利于多数真菌病害的发生。简而言之，真菌性病害有病斑，有霉层，有发病中心。

（三）病毒性病害

病状多数是系统侵染的全株性病害，几乎所有的蔬菜都可感染病毒病害。初发时常从植株个别叶片或枝条开始，随后发展至全株。以枯斑、花叶、黄化、矮缩、簇生、畸形、萎缩、坏死等为常见。一般嫩叶比老叶更为鲜明。易受外界影响而发生变化。如花椰菜病毒病、番茄病毒病、茄子病毒病、辣椒病毒病、黄瓜病毒病、丝瓜病毒病、菠菜病毒病、芹菜病毒病等。病毒病发病症状中没有脓溢、穿孔、破溃等现象，这是田间鉴别病毒病的主要依据之一。病部外表不显露病征。田间分布分散，病健明显交错，无发病中心，但棚边四周有时发生较重，病情常与某些昆虫发生有关，或随种植年限延长而加重。定植期往往与病害的发生关系甚为密切。传播和侵染除可通过汁液摩擦传染和嫁接传染外，许多病毒还能借助昆虫介体而传染。简而言之，病毒性病害无病斑，无霉层，无发病中心。番茄和辣椒蕨叶形病毒病的症状与一些由植物激素引起的番茄和辣椒的药害症状的主要区别是前者叶片色泽不均匀，整体发黄，叶片变薄、柔软，叶脉扭曲，田间病健往往交错分布；后者叶色往往变为深绿，叶片变厚、较硬，叶脉变粗、发白，往往病健株不交错出现，分布均匀，表现为全田发病。

（四）线虫性病害

病状主要表现为叶片由下向上均匀发黄，生长衰弱，叶片稍萎垂，茎、芽、叶坏死，植株矮化、黄化，根部膨胀，呈瘿瘤、虫瘿、根结、胞囊状。病状以局部畸形为主，危害部位大多数在地下根部，如蔬菜根结线虫病等。

（五）寄生性种子植物病害

按寄生物对寄主的依赖程度或获取寄主营养成分的不同，可分为全寄生和半寄生。全寄生是指从寄主植物上夺取它自身所需要的所有生活物质的寄生方式，如列当和菟丝子。半寄生是指对寄主的寄生关系主要是水分的依赖关系，还可以进行光合作用，如桑寄生和槲寄生。寄生植物寄生到蔬菜上后，吸取蔬菜养分，导致蔬菜因缺少水分和养分而枝叶发黄，最后枯死。

第二节　陕西省蔬菜虫害种类与危害

一、虫害对蔬菜的危害性

虫害是蔬菜可持续发展的重要瓶颈之一，随着蔬菜的大面积发展，尤其是设施蔬菜的发展，为害虫安全越冬提供了理想的生态环境和丰富的寄主种类，导致害虫发生期延长、为害加重，使一些害虫在设施栽培条件下得以周年繁殖，由过去露地种植下的季节性发生变为周年性发生为害，其发生为害期长达8～10个月。如被世界昆虫学家称为“超级害虫”的烟粉虱 *Bemisia tabaci*（Gennadius），在陕西自然条件下无法越冬，随着设施农业的发展，为其正常越冬创造了适宜的温度条件，近年来在我省乃至我国北方地区暴发成灾，发生高峰期，一般百株虫口密度达50万～80万头，防治难度十分大。再如斑潜蝇，1694年建立斑潜蝇属以来，世界迄今已知370余种，约有75%的种类是单食性或寡食性的，大约150种可为害或取食栽培作物和观赏植物，现已扩散至北美洲、中美洲和加勒比地区、南美洲、大洋洲、非洲、亚洲的许多国家和地区。20世纪90年代初传入我国的美洲斑潜蝇（*Liriomyza sativae* Blomhard）、南美斑潜蝇（*L.huidobrensis* Blomhard），现广泛分布于我国所有省份。随着设施蔬菜栽培面积的增加及生态条件的改变，分布区域不断北移，为害逐年加重，成为蔬菜生产上发生面积大、为害重、防治难度大的害虫之一。害虫除了以刺吸或咀嚼直接为害蔬菜外，还分泌蜜露造成霉污病和传播病毒引起蔬菜病毒病蔓延，造成间接为害，往往间接为害造成损失大于直接为害造成的损失。加之，设施栽培蔬菜由于蔬菜植株长势较露地蔬菜差，自然补偿能力弱，害虫为害后造成损失往往大于露地栽培蔬菜。

二、蔬菜害虫的分类

根据昆虫形态特征蔬菜害虫分同翅目害虫，如桃蚜 *Myzus persicae*（Sulzer）、烟粉虱 *Bemisia tabaci*（Gennadius）、温室白粉虱 *Trialeurodes vaporariorum*（Westwood）；鳞翅目害虫，如菜粉蝶 *Pieris rapae*（L）、棉铃虫 *Helicoverpa armigera*（Hübner）、甘蓝夜蛾 *Mamestra brassicae* Linnaeus、斜纹夜蛾 *Spodoptera litura*（Fabricius）；鞘翅目害虫，如黄守瓜 *Aulacophora indica*（Gmelin）、铜绿金龟子 *Anomala corpulentamotschulsky*、茄二十八星瓢虫 *Epilachna vigintioctopunctata*（Fabricius）、大猿叶甲 *Colaphellus bowringi* Baly；缨翅目害虫，如烟蓟马 *Trips tabaci*、花蓟马 *Frankliniella intonsa*（Trybom）、棕榈蓟马 *Thrips palmi* Karny；双翅目害虫，如美洲斑潜蝇 *Liriomyza sativae* Blomhard、南美斑潜蝇（*L.huidobrensis* Blomhard）、番茄斑潜蝇 *Liriomyza bryoniae*（Kaltenbach），葱潜叶蝇 *Liriomyza chinensis*（Kato）；蜱螨目害虫，如叶螨、二斑叶螨 *Tetranychus urticae* Koch、截形叶螨 Tetranychus truncatus、茶黄螨 *Polyphagotarsonemus latus*（Banks）；

真螨目害虫，如叶螨、朱砂叶螨 Tetranychus cinnabarinus。根据昆虫口器，分为咀嚼式害虫，如斜纹夜蛾、叶甲等，主要取食蔬菜作物叶片、茎秆，造成寄主植物残缺不全；刺吸式昆虫，如蚜虫、粉虱、叶蝉等，为害植物叶片，出现斑点或变色、皱缩或卷曲；锉吸式昆虫，如蓟马类昆虫，主要吸食植物汁液。根据昆虫的栖息场所，分为地下害虫，如蛴螬、金针虫等；地上害虫，如棉铃虫、斜纹夜蛾、烟粉虱等。根据昆虫能否在当地越冬，分为常发性害虫，突发性害虫。根据昆虫食性分为植食性害虫，蔬菜大多害虫为植食性害虫；腐食性害虫，如屎壳郎。根据取食方式分，潜叶性害虫，如南美斑潜蝇、美洲斑潜蝇；钻蛀性害虫，如棉铃虫、玉米螟；潜根性害虫，如根蛆。

三、危害特点

（一）咀嚼式害虫

1. 造成缺刻

一般具有咀嚼式口器害虫为害造成的显著特点造成缺刻，主要以幼虫取食叶片，常咬成缺口或仅留叶脉，甚至全食光。不同种类蔬菜害虫为害特点有差异，如菜青虫 1 ~ 2 龄幼虫在叶背啃食叶肉，叶片出现小型凹斑，3 龄以上幼虫可将叶片吃成孔洞或缺刻，严重时可将叶片吃光，只残留叶脉和叶柄，使幼苗死亡。幼虫排出大量粪便，污染叶片和叶球，遇雨可引起腐烂，使蔬菜品质变劣；在大白菜上造成的伤口为软腐病菌提供了入侵途径，诱发软腐病造成更大损失。黄守瓜取食叶片时以身体为中心、身体为半径旋转咬食一圈，在叶片上形成一个环形或半环形食痕或圆形孔洞。

2. 形成虫道

斑潜蝇类害虫危害的典型特征，如美洲斑潜蝇和南美斑潜蝇的幼虫潜入叶片和叶柄取食危害，前者在叶片正面形成先细后宽的蛇形弯曲或蛇形盘绕虫道，其内有交替排列整齐的黑色虫粪，老虫道后期呈棕色的干斑块区；后者幼虫取食叶片背面叶肉，形成 1.5 ~ 2mm 宽的弯曲虫道，虫道沿叶脉伸展，但不受叶脉限制，若干虫道可连成一片形成取食斑，后期变枯黄。番茄斑潜蝇幼虫孵化后潜食叶肉，呈曲折蜿蜒的食痕，严重的潜痕密布，致叶片发黄、枯焦或脱落。虫道的终端不明显变宽。豌豆潜叶蝇在栅栏组织和海绵组织交替钻蛀，隧道在叶正反两面，无论是叶正面或叶背面观察隧道都时隐时现，幼虫老熟后在隧道内化蛹，不钻出叶片。

（二）刺吸式害虫

1. **形成斑点**

叶螨在叶片的背面取食，刺穿细胞，吸取汁液，受害叶片先从近叶柄的主脉两侧出现苍白色斑点，随着为害加重，可使叶片变成灰白色及至暗褐色，严重者叶片焦枯以至提早脱落。

2. **造成植株生长异常**

蚜虫为害植物造成植物茎、叶、花蕾、花的生长停滞或延迟，以致叶黄，花蕾不能开放或脱落，使植株衰弱，特别是再遇到不良环境，常造成整株整片枯死。叶螨为害除形成斑点外，有些种类的叶螨还释放毒素或生长调节物质，引起植物生长失衡，以致幼嫩叶呈现凹凸不平的受害状，大发生时蔬菜叶片出现焦枯现象。刺吸式害虫为害还造成植株叶片卷曲、皱缩、枯萎或变为畸形。

3. **形成煤污病**

蚜虫、烟粉虱、白粉虱等害虫分泌的排泄物蜜露，透明黏稠，影响蔬菜植株叶片的光合作用，阻滞蔬菜正常生理活动，同时又是病菌的良好培养基，导致叶片表面形成一层霉层，即蔬菜霉污病。

（三）锉吸式害虫

锉吸式口器的昆虫大多以成虫、若虫取食寄主植物的心叶、嫩芽、花器和幼果汁液，受害处形成白色有光泽的斑痕，嫩叶嫩梢受害，组织变硬缩小，茸毛变灰褐或黑褐色，严重时叶片扭曲，变厚变脆，叶尖枯黄变白。植株生长缓慢，节间缩短，幼瓜（果）受害，果实硬化，瓜（果）毛变黑，造成落瓜（果）。

第三节　陕西省蔬菜主要病虫害发生规律

一、蔬菜主要病害发生规律与防治措施

（一）黄瓜霜霉病

1868 年在古巴最早报道瓜类作物霜霉病，1888 年日本东京附近发现黄瓜感

染霜霉病害，1889美国亦有相同报道。黄瓜霜霉病在我国广泛分布，俗称“跑马干”“黑毛”“火龙”，是一种气流传播，潜育期短，再侵染频繁，暴发性、流行性极强的叶部病害。霜霉病一旦侵染，如条件适宜，病情发展极为迅速，短时间内可造成叶片大量枯死。一般减产20%～30%，重者达40%～50%，甚至黄瓜未采收就拉秧而造成绝收。该病菌在自然条件下不仅侵染黄瓜，还对葫芦科的甜瓜、西瓜、南瓜、丝瓜、冬瓜、葫芦及蛇瓜等12种瓜类蔬菜造成危害，其中受害最严重的是黄瓜、甜瓜、南瓜和西瓜。霜霉病是世界各国瓜类作物的主要病害，近年来随着抗性种质资源的挖掘和利用以及防治技术体系日益完善，其发生危害趋于稳定或下降趋势。

1. 症状特点

霜霉病主要危害黄瓜叶片，偶尔也危害茎、卷须和花梗。苗期、成株期均可发病。苗期子叶发病，其正面初呈褪绿色黄斑，扩大后变黄褐色，潮湿时子叶背面产生灰褐色霉层，使子叶很快变黄、枯干，最后枯死。成株期发病，初发病时在叶片背面出现水浸状绿色透明小斑点，病斑扩展后因病斑受叶脉限制而呈多角形。早期呈水浸状绿色，以后变黄色至褐色，后期病斑及附近叶肉呈铁锈色。发病严重时叶片布满病斑，互相连片，致使叶缘卷曲干枯，最后叶片枯黄。病叶由下向上逐渐蔓延，严重时，全叶病斑连成片，呈黄褐色，全叶卷缩、枯死，植株生长受抑制，病株瓜条形小质劣。潮湿时病斑处密生黑色霉层（区别于黄瓜细菌性角斑病），即病原菌孢子囊及孢子梗。在温室栽培中，湿度大时叶面亦能长出霉层。叶背病斑的坏死处会渗出无色或浅黄色小液滴。病斑很快扩展，1～2天内因其扩展受叶脉限制而呈多角形，尤以早晨的水浸角状病斑最明显，中午稍微隐退，利用这一典型症状可作为判断药剂喷施后病害是否得到控制的主要特征，即药剂喷施后于第二、第三天早晨棚室内露水未干前，翻看叶背面病斑周围水浸状的水晕是否存在，若存在说明病害还在不断地发展，需要继续喷药或者更换农药品种进行防治；若水浸状的水晕消失，说明病害已得到有效控制。抗病品种叶片褪绿斑扩展缓慢，病斑较小，呈多角形甚至圆形，病斑背面霉层稀疏或没有霉层。

2. 病原特征

黄瓜霜霉病是由古巴假霜霉菌［*Pseudoperonospora cubensis*（Berk. et Cert）Rostovzev］侵染所致，属鞭毛菌亚门假霜霉属，是一种专性强寄生菌，寄生特点决定了侵染发病与寄主无明显直接关系。菌丝体无隔膜，无色，在寄主细胞间扩展蔓延，以卵形或指状分枝的吸器伸入寄主细胞内吸收养分。无性繁殖产生孢囊梗和孢子囊。孢囊梗由寄主叶片的气孔伸出，单生或2～5根丛生，无色，大小为（200 ～ 460）μm×（4 ～ 9.5）μm。基部稍膨大，主干长 105μm，主干上有 3 ～ 5 次锐角分枝，分枝顶端产生孢子囊。孢子囊呈淡褐色，椭圆形或卵圆形，顶端具乳突，大小为（15 ～ 31.15）μm×（11.5 ～ 20）μm。孢子囊在水中萌发产生 6 ～ 8 个游动孢子。游动孢子无色，圆形或卵形，有 2 根鞭毛，在水中游动 30 ～ 60min 后形成休止孢，再萌发产生芽管，从寄主气孔侵入。孢子囊在较高温度和湿度不充足的条件下，也可以直接萌发产生芽管侵入寄主。曾有人报道该病菌产生有性孢子，但至今没有卵孢子萌发及接种成功的报道，且卵孢子在一般情况下又极少见，因此卵孢子在生活史和病害侵染循环中的作用尚不清楚。病菌适宜于高湿条件下生长繁殖，其孢子囊的产生、萌发及游动孢子的萌发、侵入均要求很高的湿度和水分。叶片上有水膜时，15℃下孢子囊经 1.5h 即可萌发，2h 后游动孢子随即萌发并侵入寄主。若叶片上无水膜，即使接种病菌也很难发病。在高湿时病斑上产生孢子囊的速度快、数量大。如空气相对湿度为 50% ～ 60% 时则不能产生孢子囊。在饱和湿度或叶面有水膜的条件下，可产生大型孢子囊。孢子囊在 5 ～ 32℃都可萌发，萌发适温为 15 ～ 22℃，温度升高孢子囊可直接萌发产生芽管。病菌在 10 ～ 26℃均可侵入寄主，侵入适温为 16 ～ 22℃，产生孢子囊的最适温度为 15 ～ 20℃。孢子囊抗逆性差，寿命短，一般只存活 1 ～ 5 天。24 ～ 25℃干燥条件下病叶上的孢子囊只存活 2 ～ 3 天。孢子囊的形成要求光照和黑暗交替，增加光照（特别是红光和蓝光照）有利于孢子囊的产生。国外报道，病菌存在不同的专化型或生理小种，但是我国有的学者提出我国的黄瓜霜霉病菌不存在生理分化现象。

3. 侵染循环

黄瓜霜霉病菌是一种活体营养的寄生菌，必须依靠植物生活的细胞才能营寄生生活，细胞死亡后营养菌丝也随之死亡。每年初侵染的病菌来源因地区和黄瓜栽培情况而不尽相同，在南方地区，全年均有黄瓜栽培，病菌孢子囊在各茬黄瓜上不断侵染危害，周年循环。华北、东北、西北等黄瓜栽培区，冬季病菌在保护地黄瓜上侵染危害，并产生大量孢子囊，第二年逐渐传播到露地黄瓜上；秋季黄瓜上的病菌再传到冬季保护地黄瓜上危害并越冬，以此方式完成周年循环。产生的孢子囊主要是通过气流和雨水传播。孢子囊萌发后，从寄主的气孔或直接穿透寄主表皮侵入。田间发病多从通风不良、湿度比较大的大棚前沿开始发病，形成中心病株，并继续向四周扩大蔓延，特别是顺风一面蔓延很快。在适宜环境条件下，病菌自侵入至症状出现，其潜育期为 4 ～ 5 天，如果环境条件不适宜，潜育期可延长至 6 ～ 10 天。品种间虽略有差异，但差异不大。病斑的扩展长度与病斑的日龄的关系为 S 形曲线，病斑出现后在前 4 天里增长较慢，每天病斑长度增长量不足 0.7cm；在第五天和第六天病斑增加较快，每天病斑增长 1.2 ～ 1.7cm；第七天病斑增加又变慢，每天增加量为 0.7cm；第 8 天以后病斑基本不扩展。此外，病斑的日龄与病斑产生游动孢子囊的多少关系也十分密切，病斑在 1 ～ 7 日龄时，随着病斑日龄的增加产生游动孢子的潜能逐渐增加，当病斑日龄为 6 ～ 10 日龄时，随着病斑日龄的增加，病斑产生的游动孢子潜能则逐渐减少。病叶上产生的孢子囊成熟后随气流和雨水传播进行再侵染。

4. 发病因素

研究结果表明，设施栽培条件下黄瓜霜霉病的发生和流行是由寄主（植株）、菌源和环境条件共同作用的结果，但各因素对霜霉病发生及流行的影响权重明显不同。对霜霉病的流行来说，环境条件起决定作用，其次是菌源的数量，再次是寄主生长发育状况。在环境条件中，棚室内的空气湿度又是影响流行程度的主导因素。

（1）环境与霜霉病发生的关系

①温度　田间试验观察结果表明，温度主要影响病害发生的时期和病原菌繁殖。孢子囊产生和侵染的适温为 15 ～ 20℃。病菌侵染以后，潜育期与温度的关系十分密切，平均温度为 15 ～ 16℃时，潜育期为 5 天，17 ～ 16℃时为 4 天，20 ～ 25℃时为 3 天。自然条件下，在满足湿度要求的条件下，气温 10℃时，田间即可发病；20 ～ 24℃时最有利于病害发展；气温高于 30℃时，即使满足湿度条件，病害也不会发生，说明高温成为病害进一步发展的限制因子；在相对湿度大于 60%，温度高于 40℃时，病菌的致病力随着高温时间的延长而变弱；45℃以上的高温超过 1h，病菌基本上无致病性。

②湿度　湿度对霜霉病的流行起决定性作用，主要影响病害流行的程度。叶片保湿时间与病斑产生游动孢子的关系甚为密切，保湿 6 ～ 8h，病斑产生孢子囊数量较少；保湿 10h 后开始产生大量孢子；在 24h 内，随着保湿时间延长，病斑产生孢子囊数量依次增多，二者呈显著直线相关关系。即 $y=-67.69+15.71x$（x 表示保湿时间，y 表示游动孢子产生数量），$r=0.9977$。特别是因为游动孢子的活动只能在水中进行，所以叶表水滴便成了病菌侵入和病害流行的关键。设施栽培环境条件下黄瓜叶片水滴形成的途径主要有：一是叶片结露。尽管夜间的蒸腾作用已经明显减弱，但仍可增加近叶表层的水汽和降低叶片表层的温度。因此，在棚内空气湿度较高（90% 以上）但尚未达到 100% 的情况下，密布刺毛的叶表因湿度已饱和而开始结露。并由于叶背气孔比叶面多 1/2 左右，所以结露量也以叶背为

多。二是雾滴沉降。日落后，逐渐上升的棚内水气不但被吸附成膜下水滴，而且还凝成细雾并不断沉降，结果使叶面的水滴总量多于叶背。三是吐水扩散。叶缘吐水本来是在根压高而蒸腾弱的情况下，导管水从叶缘水孔泌出并陆续滴落的生理现象，而黄瓜叶缘吐水形成的原因主要是设施栽培条件下蒸腾残留物基本不受雨水冲刷，叶缘吐水向叶面扩散主要是蒸腾残留物的遇水溶解过程，当叶面水膜与吐出的水滴相遇时，水滴在引力的作用下向水膜扩散。另外，因受背面隆起叶脉的限制，吐出的水滴只能湿润叶背的边缘。

由于病菌侵入以叶背气孔为主，叶背结露与病害流行的关系最大。而结露的时间和数量又取决于棚内的空气湿度，当叶片所处环境湿度达到 90% 后开始结露，高于 95% 时大量结露，棚内湿度过高是霜霉病严重流行的主导因素。基于湿度对黄瓜霜霉病流行影响如此之大，因此在棚室各项管理措施上，都必须以降湿为前提。

③光照　光照对黄瓜霜霉病病斑产生孢子囊的潜能有一定的影响，在 12h 直射光和 12h 黑暗条件下黄瓜霜霉病病斑产生游动孢子囊数量最多，产孢子量为 323 个；在 12h 散射光和 12h 黑暗条件下病斑产生游动孢子囊数量次之，产孢子量为 267 个；在完全黑暗条件下产生游动孢子囊数量最少，产孢子量为 213 个。仅从光照条件来分析，设施栽培条件不利于孢子囊产生。

（2）菌源与霜霉病发生的关系　由于霜霉病侵染潜伏期短，侵染效率高，再侵染频繁，对温度适应范围广，具备流行病原的基本特点。因此，菌源不是影响霜霉病流行程度的主要原因，而只是能否流行的必备条件。黄瓜霜霉病病原菌的致病力严格受湿度等环境条件的制约。加之病原菌是只能在活体上寄生的强寄生菌，所以除对少数抗病品种外，病菌的寄生力显著大于植株的抵抗力。

（3）寄主植物与霜霉病发生的关系

①寄主植物的营养状况与病害发生的关系　试验结果表明，黄瓜植株长势及营养状况与霜霉病的发生没有直接关系。在黄瓜生长发育的初期，分别用矮壮素 1 000 倍液灌根和 B9500 倍液喷雾处理，结果显示处理较对照叶片明显增厚，叶色显著加深，处理后 30 天病情指数分别为 56.6 和 56.0，与对照病情指数 59.1 没有明显差异，并且在定植后 125 天因霜霉病严重而均拉秧。在黄瓜定植时每亩分别施基肥 0kg、5 000kg、10 000kg、15 000kg，在黄瓜生长期间进行同样比例追肥，结果卷须含糖量随基肥施用量的增加依次提高 1.06%、1.62%、2.62% 和 3.67%，各处理均为发病后 25 天拉秧。在喷药时加葡萄糖液，结果与不加葡萄糖发病没任何差异。黄瓜从播种开始不施用任何肥料，由于缺肥使 2/3 的黄瓜叶片变黄，但由

于夜间湿度基本控制在90%以下，在没使用任何防病药剂的情况下，病情指数始终没超过5。上述结果说明改善黄瓜植株营养状况与霜霉病的发生没有直接的关系。对黄瓜霜霉病而言，与其说植株生长发育的强弱是病害流行的内在原因，还不如说它是病菌繁殖的营养条件。其原因是由黄瓜霜霉病病原菌的生物学特性和侵染特点决定的。

②寄主植物（品种）抗病性　由于霜霉病危害的严重性和防治的困难性，生产者选用品种时，除了考虑丰产性外，抗不抗霜霉病已成为选用与否的首要条件。蔬菜品种抗性是蔬菜本身具有能够减轻病虫危害程度的一种可遗传的生物学特性，由于具备这种特性，抗性品种与敏感品种相比，在同样栽培条件、环境条件和相同霜霉病病菌原的情况下，即使感染霜霉病，流行速度也比较慢，黄瓜不受害或受害较轻。抗性品种能避免或减缓霜霉病流行速度，减轻霜霉病危害损失。特别是连年种植，效果可以累积，更为稳定、显著。耐害性品种可以放宽经济阈值，减轻危害。近年来，与生产需求相比，免疫或高抗的黄瓜品种稀缺，甚至出现匮乏的问题。现在生产上种植的品种对霜霉病大多表现为较抗或感病，品种间抗病性差异较大，由于霜霉病是黄瓜栽培过程中的最主要病害之一，因此选用抗病品种仍为霜霉病综合防治的一个重要组成部分。种植抗性品种或耐病品种已成为防治霜霉病的重要技术措施，具有预防霜霉病、减少农药使用、保护环境等作用。属于病虫绿色防控技术范畴，易与其他防治措施相协调，且无需增加防治成本。

5. 防治措施

（1）选用抗病品种　不同黄瓜品种对霜霉病的抗性差异较大，应因地制宜选择抗病品种。如津研2号、津研4号、津研6号等。

（2）生态防治　棚室栽培通过实施全田地膜覆盖（或生产行用地膜覆盖，操作行用秸秆覆盖），减少土壤水分蒸发，降低空气湿度。灌水采取膜下暗灌或滴水灌溉，灌水时间，在棚室昼夜通风时段内上午或下午；在白天通风，晚上关闭通风口时段内选择晴天上午浇水；严禁下午或阴雨天浇水，以防夜间叶面结露，且灌水后及时关闭通风口升温后再打开通风口降低湿度。温度采取四段变温管理，即上午25～30℃，最高不超过32℃；下午25～20℃；上半夜20～15℃；下半夜10～15℃。

（3）高温闷棚　在棚室黄瓜霜霉病大流行，且药剂又无法控制时，选用高温闷棚方法。即在天气晴朗的上午浇水，中午关闭通风口，使棚室内植株上部温度升至44～46℃后，不要超过48℃，持续2h，然后缓慢打开通风口进行通风（切忌通风降温过快）。可杀死棚内的霜霉病菌，每隔7天进行1次，连续2～3次，有效控制病情的发展。对于霜霉病已扩展至植株顶部，可先摘除植株生长点以下的病叶并落蔓，然后再进行高温闷棚，可起到事半功倍的效果。

（4）均衡施肥　在施足基肥的基础上，生长期不宜过多地追施氮肥，提高磷钾肥数量，补充中微量元素，如硼、钙等，以提高植株的抗病性。此外，植株发病常与其体内碳氮比失调有关，碳元素含量相对较低时易发病。根据这一原理，通过叶面喷肥，提高碳元素比例，可提高黄瓜的抗病力。

（5）药剂防治

①烟剂熏蒸　选用45%百菌清烟剂、霜·锰锌烟剂或霜脲氰·锰锌烟剂，每亩用250～350g在傍晚闭棚后点燃，早晨及时放风排烟，7～10天1次，连用2～3次。

②药剂喷雾法　霜霉病发展迅速，易于流行，因此，药剂防治一定要在黄瓜霜霉病点片发生是及时喷雾防治。药剂可选用40%乙磷铝可湿性粉剂200倍液，或70%代森锰锌可湿性粉剂1 500倍液，或75%百菌清可湿性粉剂600倍液，或25%甲霜灵可湿性粉剂800倍液等进行防治，一般7～10天喷1次，连用2～3次。药剂喷雾应和科学通风相结合，以提高防治效果。

（二）黄瓜灰霉病

黄瓜灰霉病过去主要发生在长江以南地区，在气候干燥的长江以北地区，露地栽培条件下黄瓜灰霉病的发生很轻，一般不作为防治对象。但在设施栽培条件下由于低温高湿的环境条件，灰霉病的发生十分严重，对黄瓜瓜条危害率几乎等于损失率，其危害有逐年加重趋势，由于该病原菌在土壤中度过寄主中断期，易对专一性杀菌剂产生抗药性，因而种植黄瓜年限越长的保护地该病原菌积累越多且发病越重，防治难度很大，一旦流行，一般药剂防效均比较差，往往造成严重损失。灰霉病菌对黄瓜的危害，除侵染花器，引起瓜条发病逐年加重外，还表现为侵染部位不断地扩展。20世纪90年代以前黄瓜灰霉病主要危害黄瓜瓜条，只有当感染灰霉病菌的花器落至茎干或叶片上才引起发病，还未发现直接侵染黄瓜茎蔓和叶片，引起大面积发病。而到21世纪初期后发现黄瓜生长中后期，该病直接从采摘后的伤口处侵染，大面积发病，导致黄瓜植株死亡。一般危害造成损失10%～15%，严重危害造成损失30%以上。黄瓜灰霉病菌除危害黄瓜外，还危害西葫芦、番茄、甜椒、茄子、韭菜、菜豆、莴笋、辣椒、白菜、甘蓝、草莓、葱等多种蔬菜。目前已成为北方地区设施栽培黄瓜生产中危害重、防治难度最大的真菌性病害。

1. 症状特点

黄瓜灰霉病以危害黄瓜幼瓜为主，其次是花、叶和茎。幼苗受害，病菌常从叶缘侵入，空气潮湿时，表面产生淡灰色的霉层。成株叶片或叶柄发病，一般是由脱落的病花或病卷须附着在叶片上引起发病，或病原菌直接从伤口侵染引起发病，叶部病斑从叶尖向基部呈“V”形扩展，初为水浸状，后呈浅灰褐色，病斑中间有时生出灰色斑，病斑大小不一，大的直径可达 20 ~ 26mm，边缘明显，有时有明显的轮纹，病斑表面着生少量灰霉，发病严重的腐烂而使叶片萎蔫下垂。幼瓜发病，病菌多从花上开始侵入，使花瓣腐烂，并长出淡灰褐色的霉层，进而向幼瓜扩展，致幼瓜头部呈水浸状，使幼瓜迅速变软、萎缩、腐烂，表面密生灰色霉层，稍加触动可见烟雾粉状物飞散。大瓜条被害，一般是于瓜条头部首先发黄，后长白霉，白霉很快变为灰褐色，进而被害瓜条腐烂。若烂瓜或烂花附着在茎蔓时，能引起茎节发病腐烂，瓜蔓折断，植株枯死。被害部位均可见到灰褐色的霉状物。有时病菌可直接侵入果实，但不扩展，瓜条上形成外缘淡绿色、中央绿白色、直径 1cm 左右的小斑点，严重时果实畸形，果实品质变差。

2. 病原特征

黄瓜灰霉病属真菌性病害。其病原为灰葡萄孢菌（*Botrytis cinerea* Pers.）。有性世代为［*Sclerotinia fuckeliana*（de Bary）Fuckel］，称为富克葡萄孢盘菌。病菌分生孢子梗直立，数根丛生，无色至褐色，顶端有 1 ~ 2 次分枝，分枝顶端着生大量分生孢子。分生孢子球形或卵圆形，单细胞。近无色，大小为（6.3 ~ 11.3）μm×（7.5 ~ 17.5）μm，平均 9.6 ~ 15.2μm。孢子梗大小为（1 200 ~ 2 600）μm×（10 ~ 19.3）μm。菌核黑色，呈扁平鼠屎状。分生孢子萌发的温度范围为 10 ~ 25℃，最适温度为 20℃；在 pH 值 3 ~ 12 条件下均能萌发，最适 pH 值为 5；分生孢子在各种营养物质中均能萌发，在 10% 的蔗糖液中萌发最好，其次为黄瓜汁液；分生孢子的致死温度为 56℃，5min。灰霉病菌在大多数培养基上均能良好生长，其中 PDA ＋黄瓜（1∶1）培养基最适宜菌丝生长，产生孢子的最适培养基为 PDA。病菌在 5 ~ 30℃范围内均能生长，适温为 20 ~ 25℃，30℃以上时生长受抑制；在 10 ~ 30℃条件下均能产生孢子，最适产生孢子温度为 20℃；在 pH 值 3 ~ 12 条件下均能生长及产生孢子，适宜 pH 值为 4 ~ 7，最适 pH 值为 5。黑暗或交替光照条件，有刺激产生分生孢子的作用，交替光照条件下产生孢子效果最好。

3. **侵染循环**

在露地栽培条件下，病菌以菌丝、菌核或分生孢子附着在病残体上，或遗留在土壤中越冬，分生孢子在病残体上存活 4 ~ 5 个月，翌年越冬病原菌遇到适宜的温湿度等环境条件，萌发侵染，成为第二年发病的初侵染源。在设施栽培条件下，棚室内周年有寄主存在，温湿度完全可以满足灰霉病病原菌的生长繁育，病原菌无明显的越冬现象，病害可周年发生。发病的瓜、叶、茎、花上产生的分生孢子依靠气流、灌水等农事作业传播，由伤口或花器等侵入，进行重复再侵染，黄瓜结瓜期是病菌侵染和发病的高峰期。被害的雄花落在叶片、瓜条、茎蔓上造成快速侵染传病，或病原菌从伤口侵入引起发病。北方春季连阴天多的年份，气温偏低、棚室内湿度大，病害重。长江流域 3 月中旬以后棚室温度在 10 ~ 15℃，加上春季多雨，病害蔓延迅速。气温高于 30℃或低于 4℃，相对湿度 94％以下时病害停止蔓延。黄瓜结瓜初期、盛期和结果末期灰霉病初侵染部位均以残留花瓣为主，占总侵染数的 90.7％ ~ 93.0％，侵染柱头占 5.0％ ~ 6.3％，花萼处侵染仅占 1.9％ ~ 3.4％。萎蔫的花瓣和较老叶片的尖端坏死部分最容易受侵染。

4. **影响发病因素**

（1）连作年限与灰霉病发生的关系　田间试验结果表明，黄瓜灰霉病的发生程度与连作年限呈显著的正相关，即连作年限越长，发病越重。连作 0 年、2 年、4 年、6 年，灰霉病病瓜率分别为 7.4%、9.4%、16.7% 和 32.6%。方差分析结果显示，连作 2 年与 0 年发病程度之间差异均不显著，连作 4 年和 6 年与 0 年之间差异均达极显著水平。此外，灰霉病始发期与连作种植年限也有密切关系，连作年限越长，灰霉病始发期越早，连作 1 年的黄瓜灰霉病始发期为 3 月 15 日，连作种植 4 年的黄瓜棚灰霉病的始发期为 2 月 25 日，种植 6 年的黄瓜棚灰霉病始发期为 2 月 5 日，说明避免连作对推迟黄瓜灰霉病发生时间、减轻危害有显著效果。

（2）摘花与套袋对黄瓜灰霉病侵染率的影响　黄瓜摘花后灰霉病菌失去最佳侵染部位，套袋阻隔了病原菌的直接侵染，从而使黄瓜灰霉病侵染概率降低。但摘花与套袋处理时期不同对灰霉病侵染影响不同，花前摘花及套袋对降低黄瓜灰霉病侵染机会效果最佳，侵染概率分别降低 94.7% 和 95.6%，开花期摘花及套袋效果次之，花败后摘花及套袋侵染概率降低最少。结果说明摘花和套袋能减低灰霉病的流行速度，减轻其危害。摘花及套袋时间越早，对降低侵染概率效果越好。但从田间可操作性看，开花前及花器萎蔫前分别为套袋及摘花的最佳时期，1 天内摘花时间以上午 9 时后为宜，以利摘花后伤口愈合。套袋时间应避开中午高温时段，以免高温灼伤幼瓜。

（3）温湿度与灰霉病发生的关系　设施内温度 16 ～ 20℃，相对湿度持续 90% 以上，光照不足，最利于病菌的繁殖危害。持续的低温高湿是引起黄瓜灰霉病流行成灾的关键因子，北方冬春季节，天气经常表现为低温寡照，设施内光照强度不足自然光照强度的 50%，当年 12 月至翌年 2 月间阴雨雪天气占到 40% 以上，有些地区占到 70% 以上，若遇倒春寒，设施内温度、光照等环境条件更差，如此的环境条件非常适合黄瓜灰霉病的发生及危害。

（4）黄瓜长势与灰霉病发生的关系　黄瓜灰霉病病菌属弱寄生菌，其发生与黄瓜生长发育状况密切相关，黄瓜长势越差，发病越严重；反之，长势越好，发病越轻。设施栽培深冬及早春棚室内环境条件不能较好满足黄瓜正常生长发育的需要，使黄瓜处于亚健康状态，长势比较弱，自身抗病性差，是导致黄瓜灰霉病严重发生的内因。

（5）栽培管理水平与灰霉病发生的关系　棚室保温设施条件差，棚室结构不合理，通风不良或黄瓜生长期间放风不及时，大水漫灌，栽植密度过大（超过 4 500 株 / 亩），造成黄瓜棚室湿度处于饱和或接近饱和状态。有机肥使用量少，不注意平衡施肥，单施氮磷钾，忽视微量元素的施用，营养不均衡，导致黄瓜植株生长发育不良，植株抗病性降低，加重病害的发生。

5. 防治措施

黄瓜灰霉病是弱寄生性病害，因此对该病的防治要始终坚持提高植株抗病性为中心，重视健身栽培在该病防治中的作用，避免过分依赖化学农药防治。

（1）增加透光性，提高棚室温度　使用透光性好的 PO 膜或者其他无滴、消雾性能好的大棚膜，定期采用除尘条，随风来回清理棚膜上的灰尘，增强棚膜透光性。提升棚室内温度，尤其是在深冬季节，白天棚室内温度升至 32℃以上方可通风降温，以利白天棚室蓄热，保证最低夜温不低于 15℃，使黄瓜秧苗健康生长，提高抗性，免受灰霉病菌的侵染。

（2）降低棚内湿度，创造不利于灰霉病发生环境　棚室采用滴灌或膜下暗灌，控制灌水量；全田地膜覆盖（或生产行用地膜覆盖，操作行用秸秆或锯末覆盖），减少土壤水分蒸发，降低空气湿度；深冬季节或者遇到连续雨雪、雾霾天气，中午间歇进行通风换气，降低棚室内湿度；选择晴天上午灌水，灌水后及时关闭通风口，升温至 32℃，通风排湿，如此反复 2 ～ 3 次，创造不适宜灰霉病原菌繁殖的环境条件，控制灰霉病的发生及危害。

（3）增施钾肥、钙肥，延缓叶片衰老，提高植株抗病性　黄瓜生长期保证钾肥和钙肥的足量供应，低温往往导致秧苗选择性吸收氮肥，对钾肥、钙肥的吸收能力减弱。采取叶面喷施糖、钙肥和氨基酸，每15天左右冲施1次钾肥，延缓叶片衰老，提高抗病性，抑制灰霉病的发生。

（4）清除病残体，减少病原菌数量　发现病叶、病果，在中午温度25℃以上（有利于摘除伤口愈合）用塑料袋套住摘除，带到棚外集中处理。适时打掉植株中下部老叶、黄叶等，增强株间通风透光条件，减少不必要的养分消耗，恶化病原菌繁殖的环境条件，减少病菌数量。

（5）药剂防治

①对花进行保护　在灰霉病发生高峰期，为了避免病菌从花器侵染，可在蘸花药剂中加入25g/L咯菌腈悬浮种衣剂或50%咯菌腈可湿性粉剂200倍液或50%腐霉利可湿性粉剂，预防灰霉病从花器侵入。

②药剂熏蒸　选用10%速克灵烟剂，或45%百菌清烟剂，15%克菌灵用暗火点燃熏蒸10h左右，于第二天打开通风口排烟。其防治效果优于喷雾防治，尤其在深冬季节防治效果更为显著。

③药剂喷雾防治　在灰霉病发病初期，选择晴天及时叶面喷药控制其蔓延危害，可选用药剂有50%腐霉利可湿性粉剂1 000 ~ 1 500倍液，或10%多抗霉素可湿性粉剂800 ~ 1 000倍液，或50%啶酰菌胺（凯泽）水分散粒剂1 200倍液，或400g/L嘧霉胺悬浮剂1 000倍液，隔7天1次，连喷3 ~ 4次。叶面喷雾注意喷药时间，在棚室昼夜通风时段内，一般下午3时以后喷施，在白昼通风夜间关闭通风口时段内上午喷施。

（三）黄瓜白粉病

黄瓜白粉病俗称白毛病，全国各地均有发生，是黄瓜生产上的重要病害。北方温室和大棚内最易发生此病，其次是春播露地黄瓜，而秋黄瓜发病相对较轻。过去主要发生在黄瓜生长发育的中后期，近年来，黄瓜苗期也严重发生。除危害黄瓜外，也危害西葫芦、冬瓜、南瓜、甜瓜等。白粉病发生后，白色粉末状霉层覆盖叶面，影响叶片的光合作用，使正常新陈代谢受到干扰，造成早衰，对黄瓜的正常生长发育影响较大，一般年份减产在10%左右，流行年份减产在20% ~ 40%。随着瓜类作物种植面积增加，种植年限的延长，加之病原菌变异等原因，其发生危害逐年加重。

1. 症状特点

植株从苗期即可受害，过去以中后期发病为多，近年来黄瓜苗期也严重发生。主要危害叶片，其次是叶柄和茎，一般不危害瓜条。发病初期，叶片正面或背面产生白色近圆形的小粉斑，逐步扩大发展成圆形或椭圆形病斑。条件适宜时，逐渐扩大成片，成为边缘不明显的大片白粉区，甚至布满整个叶片，好像撒了层白粉。抹去白粉，可见受害部位褪绿，叶片枯黄。一般情况下下部叶片比上部叶片多，叶片背面比正面多。病叶自下而上蔓延，后期在白粉霉层上聚生或散生黑色小粒点，即病原菌的闭囊壳。叶片逐渐变为灰白色至灰褐色，且质地变脆，失去光合作用能力，最后导致整个叶片枯黄坏死，但不脱落。茎蔓叶柄与叶片相似，但病斑较小，白粉也少。

2. 病原特征

黄瓜白粉病是由瓜单囊壳菌［*Sphaerothecacucurbitae*（Jacz.）Z Y Zhao］、葫芦科白粉菌（*Erysiphe cichoracearum*）侵染所致。均属子囊菌亚门。瓜单囊壳菌闭囊壳球形或扁球形，暗褐色，附属丝丝状，略带褐色，直径（70 ~ 120）μm，内有 1 个子囊，子囊内含 6 个子囊孢子，子囊孢子单胞，椭圆形，大小为（15 ~ 26）μm×（12 ~ 17）μm。葫芦科白粉菌闭囊壳球形，褐色，产于菌丝层内，闭囊壳内有 6 ~ 21 个子囊，通常为 10 ~ 15 个，子囊内含 2 个子囊孢子，少数 3 个，子囊孢子单胞，椭圆形，大小为（19 ~ 36）μm×（11 ~ 22）μm。我国黄瓜白粉病的病原菌记载较为混乱，其种类需进一步研究和确定。病菌产生分生孢子的温度范围为 15 ~ 30℃，在高于 30℃或低于 1℃条件下很快失去生活力。白粉病对湿度要求不严，最适宜发病湿度为 75% 左右。相对湿度达 25% 以上时，分生孢子就能萌发，孢子遇水时，易吸水破裂，对萌发不利。

3. 侵染循环

北方寒冷地区，在露地栽培条件下，由于白粉病菌分生孢子寿命短，抗逆能力差，而菌丝又不能离开生活的寄主而生存，在没有设施栽培环境条件下，分生孢子和菌丝都不能正常越冬。病原菌常于秋末气温降低，寄主衰老的条件下，病株上的菌丝进行有性繁殖，形成闭囊壳并产生大量的子囊孢子，随病株残体越冬，翌年气温回升，条件适合时释放子囊孢子，从黄瓜叶片直接侵入，完成初侵染。在冬季严寒的吉林、黑龙江等东北地区，在冬季很长一段时间不能种植黄瓜，每年春季黄瓜发生的初侵染源，可能来自南部发病较早的临近地区。尚未发现产生有性世代。在有设施黄瓜种植的北方地区，瓜类作物连茬的温室、大棚是病菌的主要越冬场所，以分生孢子和菌丝在温室内植株上不断进行再侵染，第二年春天产生的分生孢子通过气流等途径传播到早春栽植的大棚黄瓜上，然后再传到早春露地黄瓜、夏秋茬黄瓜及秋季大棚，最后又传到温室大棚进行越冬。南方温暖地区，一年四季都可以种植黄瓜或其他瓜类作物，白粉病可以周年发生，病原菌不存在越冬问题，以菌丝或分生孢子在黄瓜上或其他瓜类作物上进行周年侵染危害，在该类地区白粉病很少产生有性世代。子囊孢子或分生孢子借气流或雨水传播，闭囊壳可随土壤、肥料移动传播落在寄主叶片上，先端产生芽管和吸器从叶片表皮侵入，菌丝体附生在叶表面，从萌发到侵入需 24h，每天可长出 3 ~ 5 根菌丝，5 天后在侵染处形成白色菌丝丛状病斑，7 天后成熟，形成分生孢子飞散传播，进行频繁再侵染。条件适宜时，白粉病在几天之内就可迅速传遍整个大棚。温室大棚在淹水或干旱情况下，白粉病发病重，这是因为干旱降低了寄主表皮细胞的膨压，对表面寄生并直接从表皮侵入的白粉菌的侵染有利，尤其当高温干旱与高温高湿交替出现时，或持续闷热，白粉病极易流行。设施栽培黄瓜白粉病较露地黄瓜白粉病发生早而重。在陕西越冬茬黄瓜，白粉病发生高峰期在 3 月以后，早春茬大棚黄瓜在 5 月以后，春季露地黄瓜在 6 月以后，夏季黄瓜发生较轻，秋茬及秋延黄瓜在 9 月中旬以后。

4. 影响发病因素

（1）温湿度与白粉病发生的关系　白粉病病菌分生孢子的萌发需要较高的温度，以 15 ~ 30℃为最适宜，低于 10℃或高于 30℃时，白粉病菌的分生孢子抗逆性比较差，寿命短，很快失去活力。白粉病病菌对湿度的要求范围较宽，湿度升高更有利于白粉病病菌分生孢子的萌发和侵入，但由于白粉病病菌分生孢子的高渗透压，水滴的存在导致分生孢子吸水过多，膨压升高而使细胞壁破裂，对其萌发及侵入反而不利。当湿度降低到 25% 以下时，分生孢子仍可萌发并侵入危害。往往在寄主受到一定干旱的影响下，降低了寄主表皮细胞的膨压，对表面寄生并直接从表皮侵入的白粉病病菌有利，导致发病更重。王爱英等研究认为，在持续降雨 1h 后的 24h 内，最低相对湿度不低于 47%，温度在 16 ~ 26.5℃，其中降雨是黄瓜白粉病流行的主导因素。温室或大棚黄瓜白粉病往往发生较重，其主要原因是温室或大棚容易达到白粉病发生的温湿度要求。高温干旱或过多降雨均会减缓白粉病的流行速度。

（2）黄瓜品种与白粉病发生的关系　黄瓜品种与白粉病的发生关系密切。席亚东等对比不同黄瓜品种（材料）对白粉病的抗病性进行了研究，结果表明，不同品种对白粉病病菌的抗性均有差异。在生产上选育和种植抗病品种是防治黄瓜白粉病的一项重要措施，对控制白粉病的发生具有重要作用。

（3）栽培管理水平与白粉病发生的关系　栽培管理水平与白粉病的发生关系十分密切。管理水平高，有机肥充足，配方施肥，合理灌水，黄瓜生长发育健壮，合理密植，田间通风透光条件好，黄瓜白粉病发生期晚，发生危害程度比较轻。

否则，棚室管理粗放，瓜秧衰弱或浇水不当，氮肥施用过多，栽植密度过大，均会加重白粉病的发生及危害。

5. 防治措施

（1）选用抗耐病品种　黄瓜不同品种间抗病性有差异，因此，在黄瓜白粉病发生严重的种植区选用圣保罗 F1、津瑞 100、津春 4 号、津优 30 号等高抗和中抗品种。

（2）加强栽培管理　培育壮苗，避免过量施用氮肥，增施磷、钾肥，适时适量用水，增强植株抗病性，防治早衰；铺盖地膜降低湿度，阴天不浇水，晴天多放风，降低棚室内的相对湿度，防止温度过高或过低；合理密植，及时摘除老叶、病叶，改善通风透光，恶化白粉病繁殖的环境条件。

（3）药剂防治　药剂防治该病一定要注意在发病初期及时选用对路的农药品种，若病害已经流行，常规药剂常规方法，几乎控制不住白粉病的发生及流行。通过多年的药效试验及示范，可选用的药剂有 25% 嘧菌酯悬浮剂 1 500 倍液，或 10% 苯醚甲环唑水分散粒剂 2 000 倍液预防。点片发生时叶面喷施 32.5% 苯醚甲环唑·嘧菌酯悬浮剂 1 500 倍液，或 25% 戊唑醇水乳剂 3 000 倍液，或 6% 氯苯嘧啶醇可湿性粉剂 1 500 倍液，或 50% 醚菌酯水分散粒剂 3 000 倍液，或 8% 氟硅唑微乳剂 1 200 倍液，每隔 7 天喷施 1 次，连续喷施 2 ~ 3 次。

（四）黄瓜蔓枯病

黄瓜蔓枯病，又称蔓割病、黄瓜黑腐病。各地均有发病，常造成 20% ~ 30% 的减产。除危害黄瓜外，还危害甜瓜、丝瓜、冬瓜、西瓜等，棚室越冬茬、冬春茬及露地秋茬发病重，主要表现为死秧。随着连作种植年限的延长，黄瓜蔓枯病危害有逐年加重的趋势，可能会成为未来葫芦科蔬菜的灾害性病害，应引起高度重视。

1. 症状特点

主要危害瓜蔓、叶，果也可受害。以茎基部及嫩茎节部发病较多。一般由茎基部向上发展，以茎节处受害最常见。近地面茎基部发病，初呈暗绿色水浸状，长圆形或梭形。病部缢缩，其上的叶片逐渐枯萎，最后造成全株枯死。由于病情发展迅速，病叶枯萎时仍为绿色。茎部被害，病部缢缩并扭折，受害部位以上枝叶枯萎，受害部位有时流出琥珀色树脂胶状物，发病严重时茎干皱缩纵裂成乱麻状物。叶片被害，病斑直径 10 ~ 35mm，少数更大。多从叶缘开始发病，形成黄褐色至褐色“V”形病斑。湿度大时，病斑扩展很快，常常造成全叶腐烂。湿度小时，病斑边缘暗绿色，中部淡褐色，干枯易破裂穿孔。果实被害，形成暗绿色近圆形凹陷的水浸状病斑，很快扩展到全果。病果皱缩软腐，表面长有灰白色稀疏的霉状物。蔓枯病与枯萎病的主要区别是前者维管束不变色，后者维管束变为褐色，也不会全株枯死。

2. 病原特征

黄瓜蔓枯病是由西瓜壳二孢菌（*Ascochyta citrullina* Smith）侵染所致，有性时期称甜瓜球腔菌 [*Mycosphaerellamelonis* (Pass.) Chiu et Walker]，属子囊菌亚门真菌。菌落在 PDA 培养基上生长速度缓慢，菌落近圆形，初为乳白色，后期变为淡黄色，气生菌丝发达。分生孢子器多为聚生，初埋生后突破表皮外露，球形至扁球形，直径为 162.6 ~ 166.6μm，平均为 165.7μm；顶部呈乳状突起，孔口明显，直径为 26.1 ~ 29.9μm，平均为 29.0μm。分生孢子椭圆形或圆筒形，无色透明，双细胞，大小为（11.2 ~ 11.4）μm×（4.1 ~ 4.3）μm。子囊座半埋生于寄主茎蔓表皮下，子囊座中形成 1 个子囊腔。子囊腔球形至扁球形，直径为 126.4 ~ 133.2μm，平均为 130.6μm，顶部略外露，壁膜质，黑褐色，孔口周缘壁深黑色，孔口直径为 26.6 ~ 30.6μm，平均为 29.6μm。子囊多为圆筒形，无拟侧丝，无色，稍弯，大小为（100.9 ~ 106.9）μm×（11.1 ~ 11.5）μm。子囊孢子椭圆形，无色双胞，两细胞大小相等，分隔处缢缩明显，子囊孢子大小为（13.7 ~ 14.1）μm×（6.6 ~ 7.0）μm。菌丝生长适宜的温度范围是 20 ~ 30℃，最适温度为 25℃，低于 20℃或高于 30℃时菌丝生长速度明显下降。分生孢子萌发的适宜温度范围是 20 ~ 30℃，最适温度为 30℃左右，低于 20℃或高于 30℃时萌发率明显下降。分生孢子的致死温度为 45.5℃。病菌分生孢子在 pH 值 3 ~ 6 均能萌发，最适为 pH 值 5 ~ 6，pH 值高于 6 或低于 5 时，孢子萌发率迅速下降。

3. 侵染循环

病菌主要以分生孢子器或子囊壳随病株残体在土壤中越冬，或以分生孢子附着在种子表面或黏附在架材、棚室骨架上越冬。种子也可带菌传播。翌春条件适宜时，病菌从水孔、气孔、伤口等处侵入，引起发病。病部产生的分生孢子借风雨、灌溉水及农事操作传播，带菌种子可随种子调运进行远距离传播。孢子发芽后，可从气孔、水孔或伤口侵入。陕西日光黄瓜蔓枯病发生高峰期为 4 月至 5 月，早春茬棚室黄瓜发生高峰期为 5 月至 6 月，露地黄瓜发生高峰期为 6 月至 9 月。长江中下游地区黄瓜蔓枯病发病盛期为 5 月至 6 月和 9 月至 10 月。

4. **影响发病因素**

（1）温湿度与蔓枯病发生的关系　蔓枯病病菌喜温暖、高湿条件，适宜温度为 20 ～ 25℃，适宜相对湿度在 65% 以上。露地栽培若遇夏秋雨季发生，雨日多，或忽晴忽雨、天气闷热等气候条件下易流行。

（2）连作年限与蔓枯病发生的关系　连作年限与黄瓜蔓枯病的发生有密切关系，连作年限越长，发病越重。连作 0 年、1 年、3 年、5 年和 7 年，蔓枯病发病株率分别为 0.6%、2.9%、12.6%、31.5% 和 51.9%。其原因是连作年限越长，土壤中累积的病原菌越多；另外连作年限越长，黄瓜长势越差，抗病性越低。

（3）栽培管理与蔓枯病发生的关系　设施栽培通风不及时、种植密度过大、长势弱、光照不足时发病重。露地栽培排水不良、缺肥以及瓜秧生长不良等均会加重病情。

5. **防治措施**

（1）实行轮作　黄瓜蔓枯病是典型土传病害，土壤是病原菌越冬场所，连作年限越长，发病越重，通过轮作 2 ～ 3 年，中断病原菌寄主，使病原菌因饥饿而死亡，达到控制病害发生的目的。

（2）加强栽培管理　采用配方施肥技术，施足充分腐熟有机肥。收获后及时彻底清除病残体烧毁或深埋。保护地栽培要以降低湿度为中心，实行垄作，进行全膜覆盖，膜下暗灌或滴灌；合理密植，加强通风透光，减少棚室内湿度和滴水，黄瓜生长期间及时摘除病叶；露地栽培避免大水漫灌，发病后适当控制浇水。

（3）种子处理　播种前先用 55℃温水浸种 15min，并不断搅拌，然后用温水浸泡 3 ～ 4h，再催芽播种；也可用 40% 甲醛 100 倍液浸种 30min，用清水冲洗后催芽播种。

（4）药剂防治

①药剂熏蒸　发病前选用 45% 百菌清烟剂 250g/ 亩，傍晚密闭烟熏 10h 左右，根据病情隔 7 天再熏蒸 1 次。

②喷粉尘剂　于早上或傍晚叶面喷施 6.5% 甲基硫菌灵·乙霉威粉尘剂每亩 1kg，具体方法为先关闭棚室通风口，喷头向上，使粉尘均匀飘落在植株上，根据病情隔 7 天再喷施 1 次。

③涂茎防治　发现茎上有病斑时，选用 70% 甲基硫菌灵可湿性粉剂 50 倍液，或 40% 氟硅唑乳油 100 倍液，用毛笔蘸药涂抹病斑。

④喷雾防治　在黄瓜定植缓苗后，在植株周围地面喷施 70% 的代森锰锌可湿性粉剂与 80% 百菌清可湿性粉剂按 1∶1 比例混合成 300 ～ 400 倍液，或 30% 甲霜

恶霉灵 600 倍液，或 38% 恶霜嘧铜菌酯 800 倍液，能有效防治蔓枯病的发生。

（五）早疫病

早疫病是番茄生产中的常发性病害，尤其是设施栽培条件下发生更为严重，在陕西的陕北黄绵土地区发生显著重于关中垆土种植区，危害常引起落叶、落果和断枝，一般可减产 20% ~ 30%，严重时减产高达 50% 以上。

1. 症状特点

早疫病又称轮纹病，可侵染叶、茎、花、果实。此病大多在结果初期开始发生，结果盛期发病较重。老叶一般先发病。苗期染病，茎部变黑褐色。成株期染病，发病叶片初呈针尖大的小黑点，后发展成近圆形褐色或黑褐色小病斑，并逐渐扩大呈黑褐色轮纹斑，边缘深褐色，中央灰白色，稍凹陷，有同心轮纹，再后多个病斑融合造成叶片变黄干枯。茎部病斑多数在分枝处发生，灰白色，椭圆形，稍凹陷，病株后期茎秆上常布满黑褐色的病斑；果实染病，多在果柄处或脐部形成黑褐色病斑凹陷，有同心轮纹，病果提前脱落。

2. 病原特征

番茄早疫病是由茄链格孢菌［*Alternaria solani*（Ellis et.martin）Jones etgrout.］侵染所致，属半知菌亚门链格孢属真菌。分生孢子梗单生或簇生，圆筒形，有 1 ~ 7 个隔膜，大小为（40 ~ 90）μm×（6 ~ 8）μm。分生孢子棍棒状，顶端有细长的嘴胞，黄褐色，具纵横隔膜。

3. 侵染循环

病菌主要以菌丝体及分生孢子随病残组织遗留在田间越冬，或附着在种子上越冬，成为翌年初侵染源。当棚室温度平均达 15℃，相对湿度 75% 以上时，越冬菌源便可产生新的分生孢子，分生孢子在室温下可存活 17 个月。病菌一般从番茄叶片、花、果实等的气孔、皮孔侵入，也能从表皮直接侵入，形成初侵染循环。病菌侵入寄主组织后只需 2 ~ 3 天就可以形成病斑，再经 3 ~ 4 天在病部就可以产生大量分生孢子，通过气流和雨水飞溅传播，进行多次再侵染，导致病害不断扩大蔓延。病菌生长温度范围很广（1 ~ 45℃），最适温度为 26 ~ 28℃。该病菌潜伏期很短，分生孢子在 26℃水中经 1 ~ 2h 即萌发侵入，在 25℃条件下接菌，24h 即可发病。适宜相对湿度 31% ~ 96%，相对湿度 86% ~ 98% 时萌发率最高。

4. 影响发生因素

（1）温度与早疫病发生的关系　温度与番茄早疫病发生关系密切，既影响发病主株率及发病程度，又影响病害流行速度。5 ~ 30℃范围内番茄早疫病均可发病；

20 ~ 30℃发病率高，病情扩展速度快，潜育期为 64h；5 ~ 10℃虽可发病，但发病率低，病情扩展速度慢，潜育期为 112h。

（2）相对湿度与早疫病发生的关系　相对湿度是影响番茄早疫病的重要因素之一，相对湿度 42%、66%、76%、84%、90%、98%，茎叶感染率分别为 15.4%、39.7%、50.2%、61.4%、67.6%、69.9%，试验结果说明，相对湿度 42% ~ 98% 范围内均可发病；84% ~ 98% 茎叶感染率达 61.4% ~ 69.9%，且病情扩展快；相对湿度 42% 虽可发病，但病情扩展缓慢，潜育期 3 ~ 5 天。

（3）日照与早疫病发生的关系　番茄植株上的病斑形成分生孢子，需要光的诱导，在黑暗状态下处理病叶，温、湿度均适宜，均不会形成分生孢子，而在田间，昼夜总是存在，在适宜的温、湿度条件下，便能诱导分生孢子的形成。

（4）菌源数与早疫病发生的关系　菌源数高低是决定早疫病能否流行的先决条件，病源数量的积累又与环境条件、寄主状况有着直接关系。每平方厘米 1.5 个左右孢子开始侵染，大约经过 15 天左右的积累，每平方厘米 29 个左右孢子；在经过 3 ~ 4 天的积累，每平方厘米 20 个左右，番茄早疫病流行。

（5）寄主叶片生理年龄与早疫病发生的关系　叶片展开期距 X（d）与感病期距 Y（d）呈显著的正相关，其回归方程为 $Y=1.7+0.81x$。经 t 测验，$t=1.9547>t_{0.1}=1.86$。即番茄叶片生理年龄大，早疫病感染时间越长。这一结论为早疫病的生态预报提供了科学依据。

（6）番茄植株含糖量与早疫病发生的关系　番茄早疫病是一种低糖病害，田间测定结果显示，凡植株含糖量低于 1.8%. 的皆为病株，含糖量高于 1.8% 的皆为健株。当番茄植株含糖量低于 1.85% 时，病菌很易侵入，导致早疫病发生；反之，提高植株含糖量至 1.9% 以上时，植株抗病能力显著强，早疫病发生受到抑制。番茄植株含糖量越低，早疫病发生越重，两者呈显著的负相关。

5. 防治措施

（1）品种的选择　选择抗病品种，如迪丽雅、欧缇丽、凯旋 158 等品种较抗病，在重病区可选用。一般早熟品种、窄叶品种发病偏轻，高棵、大秧、大叶品种发病往往较重。

（2）轮作　基于病原在土壤中越冬，且有 1 年以上的存活期，因此，实行与非茄科作物进行 2 年以上的轮作，恶化病原菌生长发育的条件，降低病原基数，减轻早疫病的危害。

（3）种子的处理　用 70℃干热处理 72h，在播前可用 52℃温水浸种、自然降温处理 30min，然后冷水浸种催芽。

（4）培育壮苗　通过调节苗床的温度和湿度、改善育苗期间的光照条件、2叶1心及时分苗等措施，培育壮苗，挺高植株抗病能力。

（5）加强田间管理　实行高垄栽培，施足腐熟的有机底肥，适时施肥，合理密植，定植缓苗后要及时封垄，促进新根发生。调控控制温湿度，加强通风透光管理，及时摘除下部病、老叶，深埋或烧毁，以减少传病的机会。

（6）药剂防治　选用药剂为50%异菌脲可湿性粉剂1 000 ～ 1 500倍液、56%嘧菌酯百菌清悬浮剂600倍液、65%抗霉威可湿性粉剂1 000 ～ 1 500倍液、4%嘧啶核苷类抗菌素500倍液、50%甲基硫菌灵可湿性粉剂500倍液、50%克菌灵可湿性粉剂1 000倍液、38%恶霜嘧铜菌酯可湿性粉剂、50%乙烯菌核利可湿性粉剂1 000倍液。每隔7天喷1次，连喷2 ～ 3次，效果显著。

（六）晚疫病

晚疫病是番茄上的重要病害之一。无论露地还是设施栽培番茄上均普遍发生，并造成严重危害。在大流行条件下，可使番茄减产20% ～ 40%。

1. 症状特点

番茄幼苗、叶、茎和果实均可受害，以叶片和处于成熟期的青果受害最重。从幼苗开始发病，叶片出现暗绿色水浸状病斑，叶柄处腐烂，由叶片向茎部发展，呈黑褐色，腐烂，潮湿时病斑边缘会产生稀疏的白色霉层。幼茎基部呈水浸状缢缩，导致幼苗萎蔫，植株折倒枯死。成株期叶片染病，多从植株下部叶尖或叶缘开始发病，初为暗绿色水浸状病斑，扩大后转为褐色。高湿时，病斑背面病健交界处长出稀疏白色霉层。茎秆和叶柄上病斑呈水浸状，褐色，凹陷，后变为黑色腐败状，导致植株萎蔫。青果期易被害，果实上病斑有时有不规则云纹，最初近果柄处形成油渍状暗绿色病斑，后渐变为暗褐色至棕褐色，边缘明显，微凹陷。病果质地坚硬，不变软，在潮湿条件下，病斑上有少量白霉。

2. 病原特征

番茄晚疫病是由致病疫霉菌［*Phytophthora infestans*（Mont.）de Bary］侵染所致。属鞭毛菌亚门真菌。病菌菌丝分枝，无色无隔，较细，多核。孢子囊梗无色，单根或多根成束，大小为（624 ～ 1 136）μm×（6.27 ～ 7.46）μm。孢子囊梗从气孔伸出，具节状膨大。该菌菌丝能产生无限生长的孢囊梗，孢子囊顶生或侧生，卵形或近圆形，顶端有乳突，基部具短柄。菌丝发育适温为24℃，最高30℃，最低10℃。孢子囊形成温度3 ～ 36℃，相对湿度大于90%；最适温度18 ～ 22℃，相对湿度100%。该病菌只危害番茄和马铃薯，但对番茄致病性较强。

3. 侵染循环

晚疫病病菌主要以菌丝体在马铃薯块茎及棚室越冬茬或长季节栽培的番茄、茄子等植株上越冬，或以卵孢子、厚垣孢子或菌丝体随病残体在土壤中越冬。当土壤潮湿而温度合适时，卵孢子、厚垣孢子萌发产生游动孢子，菌丝体也进一步生长产生孢子梗释放游动孢子。这些游动孢子在土壤中游动，当接触到感病的番茄寄主时侵染根部。低温潮湿时菌丝体和游动孢子产生则多，使病害进一步发展。干旱炎热或过于寒冷时病菌以卵孢子、厚垣孢子或菌丝体存活，春季借气流或雨水传播到番茄植株上，从气孔或表皮直接侵入，也可以从茎的伤口、皮孔侵入，在田间形成中心病株，病菌的营养菌丝在寄主细胞间活细胞内扩展蔓延，经 3 ~ 4 天潜育，病部长出菌丝和孢子囊，借风雨传播蔓延，进行多次重复侵染，引起病害流行。

4. 影响发生因素

（1）病原基数与晚疫病发生的关系　番茄种植区域地势相对平坦，水肥条件好，近年来，随着露地番茄和设施棚室多茬次的栽培，使土壤中的病菌逐年积累，危害加重。再加上菜农对田间的病株处理不彻底，植株病残体堆积田间地头，没有进行深埋或烧毁，落叶残果随处可见，造成田间积累了足够的菌源。只要田间出现浇水过大，或种植密度过大，或通风不及时，或偏施氮肥过量，加之温度合适、湿度高时有利于其发生，往往造成晚疫病大流行。

（2）温湿度与晚疫病发生的关系　晚疫病病菌喜好低温度、高湿度条件，在此环境下容易发生病害。晚疫病病菌生长温度范围为 10 ~ 30℃，适宜温度是 20℃左右，病菌萌发侵染的温度范围为 6 ~ 15℃，适宜温度是 10 ~ 13℃，20 ~ 23℃时菌丝在寄主体内繁殖速度最快，潜育期最短。棚内的空气湿度达到 85% ~ 97% 时，有利于病害的发生，特别是叶面有露水时，病菌容易萌发侵染番茄（叶面有水滴是发病的决定条件）。一般在白天温暖但不超过 24℃，夜间冷凉但不低于 10℃，早晚露水多或连日阴雨，棚内空气湿度长时间在 75% ~ 100% 时，晚疫病就会发生并容易流行。研究表明，日光温室、大棚白天温度在 22℃左右，相对湿度高于 95%，持续 8h，夜间温度 10 ~ 13℃，叶面结露或叶缘吐水持续 12h，致病疫霉菌即可完成侵染发病。气温 15 ~ 20℃，相对湿度高于 85%，持续 2h 时，晚疫病严重发生。设施番茄生产中，从 11 月中旬到翌年 3 月底，棚室内平均温度多在 16 ~ 22℃，且相对湿度居高不下，甚至处于饱和状态，最适合晚疫病的发生和流行。因此，不论是反季节番茄还是长季节栽培的番茄都会发生晚疫病，且持续时间越长，流行越广，成灾危害越严重。

（3）栽培管理水平与晚疫病发生关系　在栽培上，凡是地势低洼，土质黏重，灌水过多过量，植株茂密徒长，偏施氮肥，搭架、打杈、去除老叶和绑蔓不及时，病害都容易发生。土壤贫瘠，管理跟不上，植株生长瘦弱，喷药防病不及时，均会降低对病害的抵抗力而加重病害的发生。

（4）病菌抗性与晚疫病发生的关系　生产中不合理的用药可导致病菌抗药性的迅速增强。通过调查与田间观察发现，番茄晚疫病普遍对 50% 烯酰吗啉水分散粒剂、72% 克露可湿性粉剂、58% 甲霜灵・锰锌可湿性粉剂、72.2% 普力克水剂、75% 易保水分散粒剂等药剂产生了明显的抗药性，应进一步加强监测，提出相应对策。

5. **防治措施**

（1）选用抗病品种　番茄品种对晚疫病的抗性有明显差异，不同种植区域番茄主栽品种不同，这是生产过程中的关键一步，目前我区抗晚疫病效果良好的品种有圆红、中蔬 4 号、中蔬 5 号、渝红 2 号、京丹 1 号等。

（2）实行轮作　病菌主要在土壤或病残体中越冬，为避免因病菌积累引起突然大发生，应采取与非茄科蔬菜进行 2 ～ 3 年轮作。

（3）培育无病壮苗　选择在无番茄晚疫病的棚内育苗，若要在有晚疫病发生棚室育苗，应在育苗前进行棚室处理，即按每立方米用硫黄 0.25kg、锯末 0.5kg，混匀后分几堆点燃熏烟一夜，或采用 45% 百菌清烟剂，标准棚每棚 100g 喷施。育苗土必须严格选用没有种植过茄科作物的土壤，提倡用营养钵、营养袋、穴盘等培育无病壮苗。定植前仔细检查剔除病株。

（4）加强田间管理　选择地势高燥、排灌方便的地块种植，合理密植。培育无病壮苗，合理施用氮肥，增施钾肥。雨后及时排水。加强通风透光，保护地栽培时要及时放风，避免植株叶面结露或出现水膜，以减轻发病程度。收获后彻底清除病株落叶，尽量减少传染源。

（5）种子处理　防治疫病要从各个细节抓起，对种子进行消毒便是很关键的一点。首先将种子用 70% 代森锰锌可湿性粉剂 500 倍液喷洒，然后放在 55℃的水中浸种 30min，沥水后则可催芽。

（6）化学防治　常用的药剂有 58% 甲霜灵锰锌可湿性粉剂 500 倍液、60% 恶霜・锰锌可湿性粉剂 500 倍液、75% 百菌清可湿性粉剂 600 倍液、50% 多菌灵可湿性粉剂 500 倍液，隔 7 ～ 10 天喷 1 次，连续防治 3 ～ 4 次。

（七）番茄叶霉病

番茄叶霉病在我国大多数番茄生产区均有发生，是棚室番茄栽培中的又一主

要病害，且仅危害番茄，以叶片受害为主。温室内光照弱，通风不良，湿度过大，有利于病菌繁殖，田间从开始发病到流行成灾，一般需15天左右。与露地栽培相比，该病由番茄结果后期（4月至5月）发生提早到结果盛期（2月至3月）流行危害，使病害的危害期显著延长，造成严重损失。一般可造成减产20%～30%。

1. 症状特点

主要危害叶片，严重时也危害叶柄、茎、果实。叶片感染，初期叶片正面出现不规则或椭圆形淡黄色褪绿斑，边缘不明显，叶背部初生白色霉斑，霉斑多时，布满叶背并相互融合，颜色变成灰紫色或墨绿色，湿度大时，叶片正面病斑长出霉层。随着被害叶片背面病斑的扩大，正面病斑逐渐由绿变黄，直至整个叶片枯黄。随着病情扩展，叶片自下而上逐渐卷曲，病株下部叶片先发病，后逐渐向上蔓延，使整株叶片呈黄褐色干枯，发病严重时叶片卷曲。病花常在坐果前枯死。茎染病症状与叶片相似。果实染病多围绕果蒂形成黑色硬质病斑，凹陷不能食用。

2. 病原特征

番茄叶霉病是由黄枝孢菌［*Cladosporium fulvum* Cooke，异名褐孢霉 *Fulvia fulva*（Cooke）Cif.］侵染所致，属半知菌亚门真菌。分生孢子梗成束地由寄主气孔中伸出，多隔，稍具分枝，有1～10个隔膜，许多细胞上端向一侧膨大，其上产生分生孢子，分生孢子串生，孢子链通常分枝，分生孢子圆形或椭圆形，大小为（10～45）μm×（5～8.8）μm。

3. 侵染循环

病菌以菌丝体、菌丝块及分生孢子在病残体和种子上越冬。冬季温室番茄上可连续危害，并成为早春菌源。病株产生的分生孢子通过气流传播，叶面有水湿条件即萌发，长出芽管经气孔侵入，菌丝蔓延于细胞间，后在病斑上产生分生孢子进行扩大再侵染。

4. 影响发生因素

（1）温度与叶霉病发生的关系　病菌发育温度界限为9～34℃，最适温度为20～25℃。在温度低于10℃或高于30℃时，病情发展可受到抑制。而光照充足，温室内短期增温至30～36℃时，对病害有明显的抑制作用。在温度22℃左右，相对湿度高于90%的条件下，病菌迅速繁殖，病害严重发生。在10℃时叶霉病潜育期为27天，20～25℃时为13天，30℃以上时潜育期延长，不利于病菌扩展。

（2）湿度与叶霉病发生的关系　相对湿度大于80%时有利于病菌侵入和孢子形成，相对湿度大于90%，且温度20～25℃的高温高湿条件下，10～15天就可使全棚番茄普遍发病，流行成灾，甚至出现大量干枯叶片。但若相对湿度低于80%，则不利于分生孢子形成及病菌侵入和病斑扩展。春季大棚遇上连阴雨雪天气，加之通风不及时，棚内温度高，湿度大，可使病害迅猛发展蔓延。而晴天光照充足，棚内短期增温至 30 ~ 36℃时，对病菌有明显的抑制作用。

（3）栽培管理与发病的关系　栽培密度过大，植株生长过旺，田间郁闭，通风透光不良，也是加重病害蔓延危害的重要条件。在陕西及北方设施栽培条件下，温室、大棚环境，尤其是早春温室、秋延大棚番茄生产，湿度高、光照差，特别有利于病害的发生。因此，一般年份，3 月至 5 月和 8 月至 10 月正是病原菌生育适温期，也是叶霉病发生危害的高峰期，发病明显重于露地栽培番茄。如 2012 年番茄叶霉病 3 月 25 日开始发病，到 4 月 15 日调查，病株率达 100%，病情指数 34.5，且迅速蔓延，达到难以控制的程度，到 5 月上中旬叶片已大量枯死，被迫提早拉秧。

5. 防治措施

（1）选用抗病品种　番茄品种间抗病性有显著差异，高抗叶霉病的番茄品种有佳粉 15、佳粉 16、佳粉 17、中杂 7 号、沈粉 3 号、佳红 15 等，可因地制宜，选用种植。

（2）合理轮作　番茄与非茄科作物进行 3 年以上轮作，以降低土壤中菌源基数，减轻叶霉病的危害。

（3）种子消毒　采用温汤浸种，利用种子与病菌耐热力的差异，选择既能杀死种子内外病菌，又不损伤种子生命力的温度进行消毒。宜选择用 55℃温水浸种 30min，以清除种子内外的病菌，取出后在冷水中冷却，用高锰酸钾浸种 30min，取出种子后用清水漂洗 2 ~ 3 次，最后晒干催芽播种。

（4）加强棚室管理　及时通风，适当控制浇水，浇水后及时通风降湿；采用双垄覆膜、膜下灌水的栽培方式，除可以增加土壤湿度外，还可以明显降低棚室内空气湿度，从而抑制番茄叶霉病的发生与再侵染，并且地膜覆盖可有效地阻止土壤中病菌的传播。及时整枝打杈，摘除植株下部的病老叶片。实施配方施肥，避免氮肥过多，适当增加磷、钾肥。

（5）药剂防治　叶霉病初发时，选用 41% 聚砹嘧霉胺 25ml+50% 百菌清或 6% 嘧菌酯 20ml，兑水 15kg，每 5 ~ 7 天用药 1 次，连用 2 ~ 3 次。

发病较重时选用 25% 啶菌恶唑或 58% 恶霜嘧铜菌酯 30ml+41% 聚砹嘧霉胺 25ml+50% 百菌清或 6% 嘧菌酯百菌清 20ml 兑水 15kg，3 ~ 5 天用药 1 次。最佳施药温度为 20 ~ 30℃。

（八）番茄黄化曲叶病毒病

番茄黄化曲叶病毒病是由番茄黄化曲叶病毒（Tomato yellow leaf curl virus，TYLCV）引起的植物病害，素有“植物癌症”、番茄“SARS”之称。由于缺乏有效的抗性资源和防治方法，每年对我国农作物生产造成巨大损失，严重影响农业安全生产和出口创汇。现已成为番茄生产中常发性病害。

1. 症状特点

番茄苗期感染番茄黄化曲叶病毒后，表现生长迟缓或停滞，节间变短，番茄植株严重矮化，株高常常不足健株的1/5，感染初期顶部叶片常褪绿发黄，变小变厚，叶质脆硬，叶片发生褶皱、向上卷曲，叶片边缘至叶脉区域黄化。花蕾形成比较少，花器凋枯，几乎不能结果，即使个别花器形成果实，果实特小，不足健果的1/5，也不能转色。感染后期有些叶片的叶脉变紫色，且变形焦枯，新叶出现黄绿不均斑块，且有凹凸不平的皱缩或变形，严重时叶片变细。结果期以后感染，植株矮化，但没有苗期感染明显，一般是健株的2/3至4/5。感染的叶片与苗期感染相似，但叶片黄化程度、叶片的变小的程度、凹凸不平的褶皱和向上卷曲的程度均没有苗期明显，下部老叶正常或症状不明显；开花结果困难，坐果少，果实变小，畸形果多，膨大速度慢，成熟期的果实不能正常转色，形成黄绿红相间的花脸果。果肉硬，果浆酸，部分果实开裂或表面褐化，上部果实易发生脐腐病。

2. 病原特征

番茄黄化曲叶病毒是一组具有双生颗粒形态的单链环状植物DNA病毒。病毒粒子为双联体结构，每个粒子大小为18nm×30nm，无孢膜，由2个不完整的二十面体组成（T=1），共有22个五聚体壳粒。病毒的外壳蛋白由单个多肽组成，分子质量为28 ~ 34kDa，每个壳粒结构估计有5个外壳蛋白分子，基因组大小为2.5 ~ 3.0kb。

3. 侵染循环

番茄黄化曲叶病毒经由烟粉虱侵染植物表皮细胞，经细胞内转运进入细胞核。番茄黄化曲叶病毒DNA在细胞核中开始复制、转录和翻译，新合成DNA和外壳蛋白组装成子代病毒。新合成病毒通过胞质通道或胞间连丝扩展到相邻细胞，达到系统侵染目的。在虫媒取食后又传播到其他植株，开始新的侵染循环。病毒在番茄植株内和烟粉虱体内越冬，待温度适宜时，植株体内病毒DNA又开始复制、转录和翻译，新合成DNA和外壳蛋白组装成子代病毒。烟粉虱开始传播，造成番茄黄化曲叶病毒病再次出现流行高峰。番茄受番茄黄化曲叶病毒侵染后，其叶片叶绿素含量、净光合速率、气孔导度均比健康叶片显著降低，机理尚不明确。田间一旦出现病株或带毒烟粉虱，番茄黄化曲叶病毒病在田间就很难控制其流行，生产上一定要控制其初侵染原，方可收到事半功倍之效。

4. 影响流行因素

（1）品种与番茄黄化曲叶病毒病发生的关系　番茄品种是决定番茄黄化曲叶病毒病流行与否的内在因素，不同番茄品种对番茄黄化曲叶病毒的抗病性有显著差异。品种按照抗病性程度分为免疫、高抗、抗病、中感、感病、高感等级别。在生产上可以因地制宜选用抗耐品种。

（2）烟粉虱与番茄黄化曲叶病毒病发生的关系　烟粉虱是番茄黄化曲叶病毒唯一传播媒介，烟粉虱虫口密度与番茄黄化曲叶病毒病关系十分密切，烟粉虱虫口密度与番茄黄化曲叶病毒病的病株率呈现正相关，密度越大，发病越早，病情指数越高。如烟粉虱接虫密度为1头时，接虫10天未见发病，20天发病株率为12.1%，病情指数为1.4。接虫密度为5头时，第十天出现症状，病株率达到25.2%，病情指数为1.3。接虫密度20头时，第十天的病株率即可达到98.6%，病情指数为13.9。

（3）定植期与番茄黄化曲叶病毒病发生关系　试验结果表明，番茄定植期与番茄黄化曲叶病毒病的发生程度关系密切。早春茬番茄随着定植期推迟，番茄黄化曲叶病毒病发生依次加重，秋延茬和越冬茬番茄随着定植期的推迟，番茄黄化曲叶病毒病发生依次减轻，在生产上可通过调整定植期，控制番茄黄化曲叶病毒病的发生。

（4）栽培管理水平与黄化曲叶病毒病病发生关系　植株生长期间发现感病植株，及时拔除并掩埋，番茄收获后，彻底清除植株秸秆、落叶和周边的各种杂草，保持田间卫生，虫源少，发病比较轻；反之，发病重。此外，加强肥水管理，及时整枝打叉，促进植株健壮生长，生育期间叶面及时喷施芸薹素内酯、过磷酸钙、叶面宝、S诱抗素等，提高抗病能力，发病轻，危害造成损失小；反之，发病重，危害造成损失大。

5. 防治措施

（1）选用抗病品种　番茄不同品种对番茄黄化曲叶病毒抗性差异明显。因地制宜选用适合当地气候、土壤条件和消费习惯的番茄品种。

（2）培育无病无虫苗　清除苗床周围杂草，减少苗床周围烟粉虱种群数量，苗床使用45 ~ 60目防虫网覆盖。在番茄苗期2 ~ 3片叶开始，每5天喷施1次黄化曲叶病毒疫苗，连续喷施3次预防。并用黄化曲叶病毒灵B 2 000倍液在分苗时和定植前灌苗床 2 次。

（3）加强栽培管理　适当控制氮肥用量和保持田间湿润。施肥灌水做到少量多次，做到不旱不涝，适时放风，避免棚内高温，调控田间温湿度，增施有机肥，夏季栽培可采用 4 ～ 6 帧的遮阳网，促进植株生长健壮，提高植株的抗病能力。

（4）外阻内诱　在棚室通风口和出入口设置 45 ～ 60 目防虫网，阻止烟粉虱迁入。在棚室内番茄定植后，每 $10m^2$ 悬挂一张 20cm × 30cm 黄板，诱集迁入的烟粉虱。

（5）药剂防治　番茄苗期未感染番茄黄化曲叶病毒，接种疫苗 + 定植灌根 + 缓苗后喷施 80% 黄化曲叶病毒灵可溶性粉剂 4 次，或苗期接种疫苗 + 定植灌根 + 缓苗后喷施 80% 黄化曲叶病毒灵可溶性粉剂 4 次 +1 ～ 2 穗果喷施 2 次 80% 黄化曲叶病毒灵可溶性粉剂，对番茄黄化曲叶病毒具有较好的防治效果。若已经感染番茄黄化曲叶病毒，选用黄化曲叶病毒灵 B 2 000 ～ 3 000 倍液灌根，3 ～ 4 天喷 1 次黄化曲叶病毒灵 A 或黄化曲叶病毒疫苗，连喷 4 ～ 5 次。

（九）辣椒疫病

辣椒疫病是辣椒生产上的一种毁灭性的土传病害，各地均有发生。随着保护地辣椒栽培面积的逐年上升，尤其是连作面积的增加，辣椒疫病日趋严重，受疫病危害后，轻则落叶，严重的整株死亡，一般损失可达 20% ～ 30%，重者毁种绝收，成为辣椒生产上的重要障碍。该病发生周期短，蔓延流行速度快，不仅危害辣椒，还危害番茄、茄子、西葫芦和冬瓜等蔬菜，给防治工作带来很大困难。

1. 症状特点

辣椒苗期、成株期均可受疫病危害，整个生长期茎、叶、果实均可发病。幼苗期发病，病部呈水浸状、缢缩，造成幼苗折倒或湿腐，继而枯萎死亡，即苗期猝倒病。成株期发病，茎部发病多在茎基部和分杈处，最初产生水浸状暗绿色病斑，后扩展成环绕表皮不规则暗褐色条斑，茎基部常发生黑色软腐、坏死，由土表下向上发展，病部以上枝叶迅速凋萎，引起植株萎蔫，最后枯死，严重时成片枯死。叶片发病，出现暗绿色、水浸状、边缘不明显的圆形大斑，直径 2 ～ 3cm，边缘黄绿色，中央暗褐色，天气潮湿时迅速扩大，发展到叶柄。果实多从果蒂部发病，形成暗绿色水渍状不规则形病斑，很快遍及全果，呈暗绿色至暗褐色，病部水浸状凹陷，并很快腐烂，潮湿时病部表面长出白霉。根系被侵染后变褐色，皮层腐烂导致植株青枯死亡。且症状常因发病时期、栽培条件而略有不同。塑料棚或北方露地，初夏发病多，首先危害茎基部，症状表现在茎的各部，其中以分杈处茎变为黑褐色或黑色最常见，且主要危害成株，植株急速凋萎死亡；如被害茎木质化前染病，病部明显缢缩，造成地上部折倒，成为辣椒生产上的毁灭性病害。

2. **病原特征**

辣椒疫病是由辣椒疫霉菌（*Phytophthora capsici* Leonian）侵染引起的真菌性土传病害。菌丝丝状，无隔膜，生于寄主细胞间或细胞里，宽 3.75 ~ 6.25μm；孢子囊梗无色，丝状；孢子囊顶生，单胞，卵圆形，大小为（28.0 ~ 59.0）μm×（24.8 ~ 43.5）μm；厚垣孢子球形，单胞，黄色，壁厚平滑；卵孢子球形，直径 25 ~ 35μm，游动孢子直径大约 5μm，但有时见不到。

3. **侵染循环**

病菌主要以卵孢子、厚垣孢子在病残体或土壤及种子上越冬，其中土壤中病残体带菌率高，是主要初侵染源。北方寒冷地区病菌不能在种子上越冬，其主要来源是土壤中和在病残体上越冬的卵孢子。在条件适宜时，越冬后的病菌经雨水飞溅或灌溉水传到辣椒茎基部或近地面果实上，引起发病。发病后产生新的孢子囊和萌发后形成的游动孢子，又借风雨或灌溉水进行再侵染，引起病害迅速蔓延。病菌生长发育适温为 30℃，最高 38℃，最低 8℃。在条件适宜情况下，即田间温度为25 ~ 30℃，85%以上高湿连作茬栽培时，自发现病株到全田发病仅7天左右，周期短，流行快，发病迅速。其田间流行表现为暴发和蔓延 2 种形式。

暴发型是指在适宜的生态环境条件下，越冬的卵孢子萌发侵染根系和地下部分，造成辣椒植株在 10 ~ 20 天短期内大面积枯死，辣椒除根系变褐腐烂青枯外，无其他明显症状，即无再侵染过程。在大雨或灌水后土壤积水情况下发生，病株率在 20% ~ 80%，毁灭性大，损失极为严重。

蔓延型是在田间环境条件适宜时，发病株上产生大量孢子囊，借气流或雨水溅射传播，侵染辣椒地上部分。田间有明显的发病中心，由点到片，由片到面，重复侵染，频繁发生。蔓延型发病部位集中在茎秆或枝杈处，形成黑色条斑。田间出现时间主要在辣椒初果期，且随温度和垄内湿度的提高，蔓延速度加快，高峰期多出现在盛果期。

疫病的暴发和蔓延主要取决于各自受控的环境条件。在一般情况下，暴发过后常伴随着大流行过程，暴发越烈，蔓延流行越重，但不适的环境条件会使蔓延速度减缓或停止。这一点与南方诸省相比存在一定差异。

4. **影响发病因素**

（1）耕作栽培方式　研究表明，粮椒轮作、麦椒间套田辣椒疫病发病较轻；

重茬连年种植，或与茄科蔬菜轮作则发病重。起垄地膜栽培发病较轻；平畦栽培或高密度栽培，田间排水不畅，湿度大时发病重。

（2）温湿度　辣椒疫病的发生和流行与温度、湿度呈正相关关系。其中温度是疫病爆发的基本条件，暴雨是辣椒疫病发生的先决条件。一般温度越高，湿度越大，发生流行越重，当旬平均气温在20℃以上时，如突遇大雨或大雨后天气突然转晴，辣椒疫病即可暴发；当旬平均气温在25℃以上，田间湿度在80%以上，且辣椒封垄郁闭时，疫病则迅速蔓延流行；土壤湿度95%以上，持续4 ~ 6h，病菌即完成侵染，2 ~ 3天就可发生1代，因此成为发病周期短、流行速度迅猛异常的毁灭性病害。

（3）灌水　在适宜的温度条件下，灌水方式、灌水量、灌水时间是诱发辣椒疫病的主要因素。单水口、大水漫灌，极易暴发流行；多水口、不上垄小水浅灌发病轻；午间高温灌水发病重于早、晚灌水；雨前雨后或久旱大水漫灌发病重。

（4）品种抗病性　辣椒疫病的发病程度与品种关系密切，如陕椒2001线辣椒和高抗疫病棚室专用型辣椒一代杂种淮椒3号发病轻，而湘研菜用大辣椒系列品种发病重。

5. **防治措施**

（1）轮作　辣椒疫病是典型土传病害，通过轮作，减少土壤中的病原菌数量，改善土壤环境条件和养分供应，达到控制病害发生的目的。

（2）选用抗病品种　利用辣椒抗病性差异的原理，因地制宜选择适宜当地栽培的辣椒品种。

（3）加强温湿度管理　加强通气，调控棚室内的温度与空气相对湿度，使温度白天维持在25 ~ 30℃，夜晚维持在14 ~ 18℃，空气相对湿度控制在70%以下，以利于辣椒正常的生长发育，不利于病害的侵染发展，达到防治病害之目的。

（4）药剂防治　叶面喷雾可选用药剂有38%恶霜嘧铜菌酯800倍液，或58%甲霜灵锰锌可湿性粉剂600倍液，或64%噁霜·锰锌M8可湿性粉剂500倍液，或25%甲霜灵可湿性粉剂700倍液，或56%嘧菌酯百菌清600倍液，或4%嘧啶核苷类抗菌素500倍液，或75%百菌清可湿性粉剂600倍液，或77%氢氧化铜可湿性粉剂400倍液。喷药间隔7 ~ 10天，连续2 ~ 3次，尤其在5月至6月雨后天晴时注意及时喷药，防治效果更好。

药液灌根封锁发病中心，灌根可选用50%甲霜铜可湿性粉剂600倍液，或30%甲霜恶霉灵600倍液，或25%甲霜灵可湿性粉剂700倍液，或72%霜脲·锰锌可湿性粉剂600倍液对病穴和周围植株灌根，每株灌药液量250克，灌1 ~ 2次，间隔期 5 ～ 7 天。

（十）辣椒炭疽病

辣椒炭疽病是辣椒、甜椒上的一种重要病害，可引起辣椒幼苗死亡，叶果腐烂，通常病果率为 10% 左右，严重时病果率达 30% ～ 40%，对辣椒的品质、产量均有影响。

1. 症状

辣椒整个生育期均可感染发病，以叶片、果实受害严重。叶片受害，先产生水浸状的褪绿斑，渐渐变成褐色，病斑近圆形，中央灰白色，周围深褐色，病叶易脱落。病斑若发生在叶缘或受叶脉的限制，形成不规则的斑点。条件适宜流行时，叶上的病斑初呈水渍状，很快向整个叶片扩展，使叶片像水烫过一样的萎蔫，病叶脱落，形成光秆，只剩顶部小叶。果实受害，表面初生水浸状黄褐色病斑，扩大成长圆形或不规则形，凹陷，并有稍隆起的同心轮纹，其上密生无数的黑色小点，病斑边缘红褐色，中间灰色到灰褐色。潮湿时，病斑产生浅红色黏稠物质，即分生孢子。干燥时，病斑常干缩，呈膜状，破裂。

2. 病原

辣椒炭疽病是典型的真菌性气传病害，是由辣椒刺盘孢菌［*Colletotrichum capsici*（Syd.）Butl & Bisby］、果腐刺盘孢（*Colletotrichum coccodes*）和辣椒盘长孢状刺盘孢菌（*Colletotrichumgloeosporioides*）侵染所致，均属半知菌亚门真菌。其中辣椒刺盘孢菌是黑点炭疽病的病原，载孢体盘状，多聚生，初埋生后突破表皮，黑色，顶端不规则开裂。刚毛散生在载孢体中，数量较多，暗褐色，顶端色浅，较尖，2 ～ 4 个隔膜。分生孢子梗具分枝，有隔膜，无色。分生孢子镰刀形，顶端尖，基部钝，大小为（7.8 ～ 23.3）μm×（2.3 ～ 3.6）μm，单胞无色，内含油球。附着孢棒状，网球形褐色。果腐刺盘孢是黑色炭疽病病原，分生孢子盘生暗褐色刚毛，分生孢子长椭圆形。辣椒盘长孢状刺盘孢是红色炭疽病病原，分生孢子盘无刚毛，分生孢子椭圆形。

3. 侵染循环

病菌主要以拟菌核随病残体在土壤中越冬，也可以菌丝潜伏在种子内，或以分生孢子附着在种皮表面越冬，成为翌年初侵染源。越冬后的病菌，在适宜条件下产出分生孢子，借气流、雨水、昆虫传播形成再侵染，传播蔓延，病菌多从伤口侵入，发病后产生新的分生孢子进行重复侵染。适宜发病温度为 12 ～ 33℃，温度 25 ～ 28℃、相对湿度 95% 左右的环境最适宜该病害发生，相对湿度低于 70%

则不利于病害发生。分生孢子萌发适温为 25 ～ 30℃，适宜相对湿度在 95% 以上。一般温暖多雨的年份和地区有利于病害的发生。

4. 影响发病因素

高温多雨则发病重。排水不良、种植密度过大、施肥不当或氮肥过多、通风条件差，都会加重此病的发生和流行。久旱遇雨，雨后骤晴及温暖高湿有利于病害流行，损失较重。果实损伤有利于发病，果实越成熟越容易发病。辣椒品种间抗病性有差异，通常甜椒比尖椒感病。

（1）温湿度与炭疽病发生的关系　病菌发育温度范围为 12 ～ 33℃，高温高湿有利于此病发生。如平均气温 26 ～ 28℃，相对湿度大于 95% 时，最适宜发病和侵染，空气相对湿度在 70% 以下时，难以发病。病菌侵入后 3 天就可以发病。露地栽培条件下久旱不雨，雨后骤晴尤其暴雨过后，设施栽培辣椒受旱后灌溉，炭疽病往往快速流行，出现大量落叶落花落果。

（2）辣椒品种与炭疽病发生关系　辣椒品种间抗病性有差异，免疫品种有兴蔬绿燕、675 等；高抗品种有福湘 5 号、683、满分 106 等；中抗品种有福冈 5 号、新玉美人、长龙 8 号、满分丘北、朝天椒等；感病品种有紫尖椒、红贵 403、博辣 2 号、川早辣 1 号等，常年炭疽病流行种植区选用高抗或中抗品种。

（3）栽培管理水平与炭疽病发生的关系　地势低洼、土质黏重、排水不良、种植过密通透性差、施肥不足或氮肥过多、管理粗放，引起表面伤口，果实受烈日暴晒等情况，都易于诱发此病害，都会加重病害的侵染与流行。

5. 防治措施

（1）选用抗病或无病品种　选择适合当地且抗炭疽病的品种种植，以减轻炭疽病的危害。应从无病植株上的果实留种，以防种子带菌。

（2）种子处理

①温汤浸种　播前用 55℃的温水浸种 20min，然后取出放入冷水中冷却，晾干后催芽播种。

②药剂处理种子　用 4% 农抗 120 瓜菜烟草专用型 100 倍液浸种 12h，捞出晾半干后直接播种；或用 70% 敌克松可湿性粉剂 600 倍液，或 50% 多菌灵可湿性粉剂 500 倍液浸种 5 ～ 10h，然后捞出装入布袋放在 25℃左右条件下催芽。

（3）轮作　与非茄科类蔬菜实行 2 ～ 3 年轮作或水旱轮作，最好与葱、姜、蒜等非茄科作物轮作，科学安排间作套种，以降低病源，减少病害的发生。

（4）加强田间栽培管理　根据辣椒品种特性和水肥条件，合理密植，雨后及时排水，及时清除病叶、病果及残株，增施磷钾肥，棚室栽培需及时通风排湿，避免高温高湿。

（5）药剂防治　发病初期用 80% 炭疽福美可湿性粉剂 600 倍液，或 50% 福美双可湿性粉剂 500 倍液，或 25% 阿米西达悬浮剂 1 000 倍液，每隔 7 ～ 10 天喷雾 1 次，连喷 2 ～ 3 次。喷药时应选晴天 9 时至 10 时或 16 时至 18 时进行；喷后遇雨应补喷，喷药注意均匀周到，尤其注意中下部叶片背面均匀见药。

（十一）茄子黄萎病

茄子黄萎病是茄子生产上一种典型的土传病害。又称“半边疯”、凋萎病、黑心病，全国各地均有发生。在茄子生长前期一般不表现症状，或症状较轻，多在门茄坐果后表现症状，往往不能准确识别，常常延误防治时机，造成较大损失。发病后一般减产 10% ～ 40%，严重时损失更大。随着茄子保护地栽培面积的扩大，连作种植年限延长，其发生有加重的趋势。

1. 症状特点

茄子黄萎病在茄子整个生长期均可发生，一般 5 ～ 6 叶开始发病，门茄坐果后出现明显症状。田间症状类型主要有以下 4 种。

（1）黄色斑块型　是茄子黄萎病最典型的症状，发病时多见此症状。主要发生在成株期，病情自下向上发展，初期叶缘及叶脉间出现不规则的褪绿黄斑，然后黄斑不断扩大和联合，逐渐发展到半边叶或整叶发黄，颜色逐渐由黄色变为褐色，最后呈失水萎蔫状。发病初期病株在晴天中午萎蔫，早晚尚能恢复，经一段时间后不再恢复，叶缘上卷，叶片变褐脱落，并不断由植株下部向上方发展，病株逐渐枯死。由于黄萎病症状常常发生在半个叶片或半边植株上，再由半叶向全叶发展或由植株一侧向另一侧发展，故有“半边疯”之称。严重发病时，全株叶片会落光。纵切根茎部，可见维管束为黄褐色或棕褐色。

（2）网状斑纹型　病株叶片上的叶脉变黄，病斑呈网状斑纹形。此症状在田间发生较少。

（3）萎蔫型　发病植株叶片自下而上呈现失水萎蔫状，下部叶片枯死，上部叶片萎蔫。

（4）矮化型　发病植株茎节间缩短，有的病株整株矮缩枯死，叶片全部脱落。发病严重的多见此症状。

2. 病原特征

通过形态特征及生物学特性对黄萎病病菌鉴定结果表明，引起茄子黄萎病的病原菌主要有大丽轮枝菌（*Verticillium dahliae* Kleb.）、黑白轮枝菌（*Verticillium alboatrum* Reinke et Berth.)、变黑轮枝菌（*Verticillium nigrescens* Pethybr.）等。茄子黄萎病病菌的种群组成与地理分布和茄子品种有关。我国大部分地区茄子黄萎病是由大丽轮枝菌引起的，部分地区是由黑白轮枝菌（黄萎轮枝菌）引起，而嫁接茄子黄萎病是由大丽轮枝菌引起。菌丝初无色，老熟时转为灰黑色，有隔膜。菌落一般近圆形，边缘光滑，中心微突而且有明显的黑色或灰黑色交替的同心轮纹。分生孢子单细胞，长椭圆形，无隔，无色透明；分生孢子梗无色纤细，基部略膨大，常由 2 ~ 3 层轮状的枝梗及上部的顶枝或 1 层轮枝和 1 个顶枝组成。

3. 侵染循环

病菌以休眠菌丝、厚垣孢子、微菌核随病株残余组织在土壤中越冬，成为翌年的初次侵染源，黄萎病病菌在土壤中可存活 6 ~ 8 年，其中微菌核可存活 14 年左右。因此，带菌土壤是本病的主要侵染源，带有病残体的肥料也是病菌的重要来源之一。病菌也能以菌丝体和分生孢子在种子内越冬，是病害远距离传播的主要途径之一。但在干燥休闲的土壤里只能存活 1 年，在土壤水分饱和的情况下很快死亡。病菌另一个传染途径是田间灌溉水、农具、农事操作等。病菌在适宜的环境条件下，从根部伤口或直接从幼根的表皮和根毛侵入，在植株的维管束内繁殖，并向植株枝叶及根系扩散，引起植株系统性发病，最后干枯死亡。

4. 影响发病因素

（1）温湿度与发病的关系　茄子黄萎病病菌的发育适温为 20 ~ 25℃，最高 30℃，最低 5℃。气温在 28℃时病害发生受到一定抑制，菌丝、菌核在 60℃时经过 10min 后即可致死。如早春气温偏低，定植时根系伤口愈合慢，有利于病菌侵入；从茄子定植到开花，日均温度低于 15℃，持续时间长，发病早而重。

（2）前茬作物与发病的关系　黄萎病属土传病害，若前茬为茄子、辣椒、番茄、马铃薯等易受黄萎轮枝孢菌侵染的蔬菜，病害发生重。而前茬为葱、蒜、韭菜、芹菜等蔬菜时不利于发病。

（3）土壤环境与发病的关系　地势低洼，容易渍水，土壤黏性重的田块，天旱时易龟裂，引起断根，造成大量伤口，发病加重。同时，土壤线虫和地下害虫为害重时会有利于茄子黄萎病的发生发展。

（4）栽培技术与发病的关系　施用未腐熟的有机肥或缺肥，生长不良，定植时或中耕除草时等农事操作伤根多，病害发生重。偏施氮肥，植株生长幼嫩，抗病力差，发病重。

5. 防治措施

（1）选用抗病品种　茄子品种间抗病性有显著差异，在茄子黄萎病发生严重或重茬地选用长茄1号、黑又亮、长野郎、冈山早茄、吉茄1号、辽茄3号、长茄3号、鲁茄1号等抗病品种。

（2）轮作　茄子黄萎病是典型土传病害，轮作是控制该病发生最有效措施，与非茄科作物轮作4年以上能有效控制其发生与流行，尤其与葱蒜类轮作效果更好。

（3）加强栽培管理　施足腐熟的有机肥，增施磷、钾肥，门茄坐果后，追施植物生长调节剂果宝等或茄科类专用叶面肥（沃丰素）2 ~ 3次，或每次每亩追氮肥10 ~ 15kg，促进植株健壮生长，提高植株抗性。适时定植，10cm地温稳定在15℃以上定植，定植时和定植后避免浇冷水，并注意提高地温。7月中旬至8月中旬高温季节，小水勤浇，保持土壤处于湿润状态，保证地面不龟裂，以免拉伤根系，造成伤口。

（4）嫁接换根　利用砧木的抗病性，进行嫁接栽培，可选用的抗性砧木野茄2号、云南野茄、日本赤茄、托洛巴姆，防治效果可达95%以上。

（5）药剂防治　用10%的世高水分散粒剂100倍液，或50%多菌灵可湿性粉剂500倍液，或70%甲基托布津可湿性粉剂800倍液，或75%敌克松可湿性粉剂800倍液灌根，发病初期每隔7天灌1次，每株灌药液250ml，连灌2 ~ 3次，可明显减轻茄子黄萎病的危害。

（十二）芹菜斑枯病

芹菜斑枯病又名芹菜晚疫病、叶枯病，俗称“火龙”“桑叶”等。是冬春茬保护地及采种芹菜的重要病害，发生普遍而又严重，对产量和质量影响较大。此病不仅在生长期间为害，在采收后、贮运和销售过程中，还可继续危害造成损失。

1. 症状特点

芹菜斑枯病主要危害叶片，其次是叶柄、茎基部和种子。一般老叶先发病，后向新叶发展。叶片上初期病斑为淡褐色油浸状小斑点，扩大后病斑有2种类型。一种病斑较小，直径2 ~ 3mm，多个病斑融合，病斑边缘黄褐色，中间黄白色，病斑外部常有一圈黄色晕环，在病斑边缘聚生许多小黑色；另一种病斑较大，直径3 ~ 10mm，初为淡褐色油渍状小斑点，后逐渐扩大，中部呈褐色坏死，外缘多为深红褐色且明显。一般没有黄色晕圈，中间散生少量小黑点。叶柄、茎上病斑初为淡褐色油渍状小斑点，后逐渐扩大，中部呈褐色坏死，外缘多为深红褐色且明显，中间散生少量小黑点。植株生长受阻，株高仅为正常植株的一半，食用价值降低。

2. 病原特征

芹菜斑枯病是由芹菜小壳针孢（*Septoria apii* Chest）和芹菜大壳针孢

（*Septoria apiigraveolengin* Dorogin）侵染所致，均属半知菌亚门真菌。分生孢子器埋生于表皮组织下，大小为（87 ~ 155.4）μm×（25 ~ 56）μm，遇水从器孔口逸出孢子角和器孢子。孢子无色透明，长线形，顶端较钝，具隔膜，0 ~ 7 个，多为 3 个，大小为（35 ~ 55）μm×（2 ~ 3）μm。该菌分生孢子萌发时，隔膜增多或断裂成若干段，发育适温为 20 ~ 27℃，高于 27℃生长发育趋缓。病原菌属专性寄生，只侵害芹菜。

3. 侵染循环

病原菌主要以菌丝体在种皮内或病残体上越冬，且可存活 1 年以上。播种带菌种子，出苗后即染病，产生分生孢子，在育苗畦内传播蔓延。在病残体上越冬的病原菌，遇适宜温、湿度条件时，产出分生孢子器和分生孢子，借助风或雨水飞溅将孢子传到芹菜上，遇有水滴存在，孢子萌发产出芽管，经气孔或直接穿透表皮侵入植株，经 5 ~ 10 天潜育期，病部又产生分生孢子进行再侵染。在陕西日光温室栽培芹菜上，11 月至 12 月和翌年 3 月至 4 月发生严重。在露地栽培芹菜上，主要是 9 月至 10 月和翌年 4 月至 5 月发生严重。

4. 影响发病因素

（1）温湿度与斑枯病发生的关系　斑枯病的发生和流行需要冷凉多湿的条件。在温度 20 ~ 25℃，湿度 95% 以上条件下发病严重。温室芹菜温度易满足，在灌水过多、放风排湿不及时，造成湿度较大，棚内昼夜温差大、结露多时，均能诱发斑枯病的严重发生。

（2）生长发育阶段与斑枯病发生的关系　芹菜不同生长发育阶段与斑枯病的发生关系密切，成株期以前发病比较轻，在成株期至采收期最易感病。其原因一方面是在芹菜生长发育的前期，植株抗病性比较强；另一方面，前期植株比较小，株间通风透光条件好，湿度比较小，成株期以后，株间通风透光条件比较差，株间湿度比较大，有利于斑枯病的发生。

（3）田间管理水平与斑枯病发生的关系　田间管理粗放，缺肥、缺水，栽植过密，植株生长不良，抗病力下降，发病严重。反之，管理水平比较精细，科学配方施肥，合理密植，发生比较轻。

5. 防治措施

（1）加强栽培管理　施足腐熟有机底肥，注意增施硼肥，追肥控制氮肥，增施磷钾肥，重视叶面喷施硼肥，培育壮苗壮株，增强植株抗性。清洁田园，及时去除病残体。保护地栽培选择合适的播期，合理密植，改善株行间通风透光条件。注意降温排湿，白天将温度控制在 15 ~ 20℃，高于 20℃要及时放风，夜间控制在 10 ～ 15℃，缩小日夜温差，减少结露，切忌大水温灌。选择无病地、无病株上采种，实行 2 ～ 3 年轮作。

（2）温汤浸种　用 48 ～ 50℃温水浸泡 30min，边浸边搅拌，后移入冷水中降温，晾干后播种。

（3）药剂防治

①烟剂熏蒸　每亩用 45% 百菌清烟剂 200 ～ 250g，或扑海因烟剂 150g，或 15% 杀毒矾烟剂 300 ～ 400g，或 15% 扑霉灵烟剂 300g，分散 5 ～ 6 处点燃熏蒸，每 10 天左右熏蒸 1 次。

②喷粉防治　每亩喷 5% 百菌清粉尘剂或 5% 杀毒矾粉尘剂 1 000g。

③药剂喷雾　可选用 50% 的多菌灵可湿性粉剂 600 ～ 800 倍液，或 75% 百菌清可湿性粉剂 600 倍液，或 58% 甲霜灵・锰锌可湿性粉剂 500 倍液，或 60% 琥铜乙磷铝可湿性粉剂 500 倍液，或 40% 多硫悬浮剂 500 倍液叶面喷雾，每隔 7 ～ 10 天喷 1 次，连续 2 ～ 3 次。

（十三）韭菜灰霉病

韭菜灰霉病，俗称“白点病”“水火风”，是韭菜生产中的主要病害。近年来，随着保护地韭菜种植面积的不断扩大，棚室内湿度相对较高，常年造成韭菜灰霉病的流行，一般年份病叶率为 15% ～ 20%，严重年份病叶率达 80% 以上，严重影响设施栽培韭菜的产量与品质，降低菜农的经济收入。

1. 症状特点

韭菜灰霉病主要危害展开的叶片，常见症状主要有 3 种类型，即白点型、干尖型和湿腐型，设施栽培韭菜受害后症状多表现为白点型，占到 90% 以上。

（1）白点型　叶片被害初期，在叶片正面或背面产生白色至浅褐色小斑点，由叶尖向下发展逐渐扩大成梭形或椭圆形病斑，大小为（1 ～ 3）mm×（1 ～ 5）mm，田间湿度过大时，可见浅褐色霉层。后期病斑常相互融合产生大片枯死斑，叶面上部或全叶枯萎、卷曲、枯焦呈“烫发”状，气候潮湿时病斑表面产生稀疏霉层。

（2）干尖型　叶片发病，一般从叶尖向下发展，形成枯叶。也可从收获的伤口处侵入，导致植株基部发病，由割茬刀口处向下腐烂，初呈水渍状，逐步变为淡绿色，病斑扩散后多呈半圆形或“V”形，向下延伸 2 ～ 3cm，有褐色轮纹，湿度大时，表面生有灰褐色至灰绿色茸毛状霉层，有时在枯死处可见到呈黑褐色或黑色的圆形或不规则菌核。

（3）湿腐型　病害流行、田间湿度大时叶片上不产生白点，枯叶上密生灰色至污绿色茸毛状霉层，且有霉味。在采收扎成捆贮运期间，传染的速度加快，病叶继续发展腐烂并呈深绿色，以致完全湿软腐烂，表面产生灰霉，造成严重的经济损失。

2. 病原特征

韭菜灰霉病是由半知菌亚门葡萄孢属真菌（*Botrytissguamosa* J.C. Walker）侵染引起的，以葱鳞葡萄孢菌较为常见，灰葡萄孢菌也可引起该病的发生。菌丝近透明，直径变化大，中等的5μm，有隔，分枝基部不缢缩。分生孢子梗在寄主叶内伸出，在培养基上则由菌核上长出，密集或丛生，直立，衰老后梗渐消失。孢子梗淡灰色至暗褐色，有0～7个分隔，基部稍膨大，表面常有疣状突起，分枝处正常或缢缩，分枝末端呈头状膨大，其上着生短而透明小梗及分生孢子。孢子脱落后，侧枝干缩，形成波状皱折，最后多从基部分隔处折倒或脱落，主枝上留下清楚的疤痕。分生孢子卵形至椭圆形，光滑，透明，浅灰色至褐绿色，一般不残留小梗。田间未发现菌核，在PDA培养基上可形成，片状，呈现黑褐色至黑色，厚度约0.5～1.5mm，圆形不整齐。菌丝在15～30℃范围内均可生长，适宜温度为21℃左右；高于27℃时生长受影响，33℃以上不能生长。

3. 侵染循环

病菌以菌丝体或分生孢子及菌核附着在病残体上，或遗留在土壤中越冬。越冬、越夏的分生孢子在病残体上可存活4～5个月，成为棚室下茬作物的初侵染源。病菌借助气流、水及农事操作传播蔓延。陕西关中地区棚室韭菜灰霉病发病初期在3月中旬，4月中旬到5月上旬为发病高峰期，5月中旬到6月上旬为发病末期。露地栽培韭菜灰霉病发生很轻，几乎不作为防治对象。

4. 影响发生因素

（1）温湿度与韭菜灰霉病发生的关系　该病的发生与温湿度关系密切，菌丝生长适温为15～21℃，高于27℃时菌丝停止生长形成菌核，秋末至春季的棚室温度条件非常适合该病的发生。湿度是诱发灰霉病的主要因素，空气相对湿度在85%以上时分生孢子萌发侵染，在水滴中萌发率最高，发病重，低于60%则发病轻或不发病。另外夜间韭菜受冻，白天棚膜滴水，韭菜叶面附近有水膜，高温同时湿度又大，适宜其蔓延流行。

（2）水肥管理与韭菜灰霉病发生的关系　韭菜为浅根性、跳根生长的叶菜类，需要土表有充足的水肥。田间调查结果表明，棚室地势低洼潮湿、光照不足，氮肥施用过多，钾肥不足，发病较重。扣棚后浇水过多，增加棚内湿度，促进了灰霉病的发生与流行。

（3）品种与韭菜灰霉病发生的关系　对关中地区栽培的韭菜品种进行了多地多点病害发生程度调查，结果表明，当地栽培的所有品种均不同程度地发病，不同品种的灰霉病发生程度差异显著，其中河南791、平韭2号发病最轻，其发病率分别为32.2%和31.4%，病情指数分别为18.4和17.6，抗病性较强；其次为雪韭、独根红和黄苗，发病率分别为62.5%、61.9%和72.6%，病情指数分别为35.6、40.3和40.9；寿光马蔺韭和汉中冬韭发病较重，发病率分别为85.2%和100%，病情指数分别为75.8和84.6，为易感品种。

（4）连作年限及收割次数与韭菜灰霉病发生的关系　对不同连作年限的韭菜灰霉病的发生程度进行调查，发现随着连作年限的延长，灰霉病病叶率增长，病情指数加重，其中连作1年、2年、3年、4年和5年的第一茬收割韭菜灰霉病发病株率分别为13.9%、15.6%、23.8%、33.3%和46.2%，病情指数分别为3.2、3.8、13.2、14.3和21.5，在第二茬和第三茬上病叶率和病情指数也呈现相同趋势。各连作年限中第一茬发病较轻，第二茬、第三茬灰霉病逐渐加重，如第一年的1至3茬病叶率分别为13.9%、31.9%和34.5%，病情指数分别为3.2、8.4和12.4；第五年的1至3茬病叶率分别为46.2%、98.2%和100%，病情指数分别为21.5、40.9和56.9。其原因是割刀伤口促进了灰霉病的传染。

5. 防治措施

（1）选用抗病品种　因地制宜选用河南791、平韭2号、克霉1号、中韭2号、铁苗、黄苗等抗病品种。

（2）轮作倒茬　轮作倒茬是控制灰霉病危害的有效途径，种植3年后与葱、蒜等非百合科的十字花科、葫芦科蔬菜等其他农作物轮作，能显著降低菌源量，减轻灰霉病的发生及危害。

（3）培育壮苗　定植前，每亩施腐熟有机肥4 000 ~ 5 000kg、复合肥50kg。生长期间及时追施氮磷钾三元复合肥。合理浇水，采用渗灌或滴灌，避免大水漫灌。

（4）加强田间管理　适时中耕除草、晒茬培土促进植株健壮生长，增强植株的抗病能力。清洁田园，每茬韭菜收获后，及时将废弃的病老叶、残体清理，并集中深埋处理。适时通风降湿是防治该病的关键之一。通风量要根据韭菜的长势确定，刚收割的韭菜或外界温度较低时，通风量要小或延迟通风，严防扫地风。尤其在阴雨天气，在中午温度较高时，适时通风排湿。

（5）药剂防治　发病初期，每亩可选用65%甲硫霉威可湿性粉剂110 ~ 120g，或40%嘧霉胺悬浮剂30 ~ 45g，或50%氯溴异氰尿酸可湿性粉剂80 ~ 90g，或

40%腐霉利可湿性粉剂 45 ~ 60g 兑水 30 ~ 45kg 喷雾，7 天喷 1 次，连喷 2 ~ 3 次。

（十四）甘蓝根肿病

甘蓝根肿病是一种世界性病害，也是典型的难于防治的土传病害，任何十字花科植物都能被这一病原菌侵染。在环境条件适宜时可导致十字花科作物的产量和品质大幅降低，而且发生过根肿病的田间土壤将长期带菌，不再适宜栽培十字花科植物。近些年，我国十字花科作物的发病面积逐年扩大，这严重制约着十字花科蔬菜产业的发展。在我国北至黑龙江，南至广东、广西均有分布。在陕西十字花科蔬菜种植区不同程度均有发生，尤其是太白县发生面积急剧增加，给甘蓝生产造成严重的经济损失。

1. 症状特点

苗期感染，幼苗矮小，叶色逐渐变淡，中午常出现萎蔫症状，病苗根部出现肿瘤。成株期感病，发病初期，地上部往往看不到明显症状，但叶色变淡，生长缓慢，植株矮小。随着病害的发展，叶片自下而上逐渐出现萎蔫，晴天中午加重，初期夜间还可恢复，后期则整株枯萎，病害后期往往伴随发生软腐病。在地下部病根组织大量异常增生，在增生部位膨大形成瘤状根，主根肿大，瘤体多靠近上部，组织脆硬，有的根部腐烂，有臭味，作物根系生长和吸收能力降低，引起甘蓝萎蔫、黄化、落叶。

田间根肿病与根结线虫病的症状类似，在生产中经常会难以区分二者的危害症状，因此正确识别二者，对症下药，采取科学有效的防治措施，显得尤为重要。根肿病在土表就可以看到植株的根茎交界处有肿大的瘤体，主根、侧根均可受害，主根肿瘤较大，受害重，侧根多呈大小不一，形似指状、短棒状或球形的瘤体。甘蓝根结线虫病侧根受害严重，并在发病根上形成大小不一、念珠状、相互连接的根瘤。根肿病病部肿瘤大于根结线虫危害形成的根结。

2. 病原特征

甘蓝根肿病是由芸薹根肿菌（*Plasmodiophora brassicae* Woronin）侵染所致，属鞭毛菌亚门真菌。在根上，不正常膨大的细胞内长出大量鱼卵状排列的圆形或近圆形休眠孢子，聚合成不坚实的团，休眠孢子囊团淡黄色，单个休眠孢子囊无色，表面不光滑，直径 2.1 ~ 4.2μm，平均 2.9μm。扫描电镜放大 10 000 倍时，可见休眠孢子囊并非紧密排列，有时可见到两个细胞中的休眠孢子囊团由一种絮状物连接，这种无色絮状物上有许多大小不一的暗色斑点，好似被溶蚀的空洞，休眠孢子囊直径为 2.0 ~ 2.5μm。

3. 侵染循环

病原菌以休眠孢子囊随病残体在土壤中越冬或越夏，孢子囊遇到适宜条件萌发形成游动孢子，侵染寄主主根 1 ~ 3cm 处的根毛和皮层中柱（维管柱），侵染后由于病菌的刺激作用，其薄壁细胞大量分裂和增大而形成肿瘤，在寄主根部内首先产生游动孢子囊，最后形成休眠孢子囊，肿块破裂后，休眠孢子又进入土壤中度过寄主中断期。病菌抗逆性很强，无寄主条件下，在土中存活 7 年以上，最长可达 10 年。病菌借带菌土壤和感病菜苗远距离传播，随灌溉水、雨水、带菌农家肥和被污染的农机具、人畜、昆虫、线虫等在田间传播。在适宜条件下，经 18min 病菌即可完成侵入。菌土接种、蘸根接种、小肿块接种的发病率相比较，以菌土接种发病最严重，发病率为 86.9%，病情指数 53.9。光对休眠孢子萌发有明显抑制作用。

4. 影响发病因素

（1）栽培制度与根肿病发生的关系　甘蓝根肿病是典型的土传病害，甘蓝连作年限越长，复种指数高，田间根肿病休眠孢子囊不断累积导致发病越重。

（2）温湿度与根肿病发生的关系　根肿病病原菌孢子囊的生存温度为 9 ~ 30℃，气温在 19 ~ 25℃有利发病，最适温度为 24℃，9℃以下或 30℃以上时很少发病。病原菌致死温度为 45℃。土壤含水率 70% ~ 90% 时有利于病原孢子的萌发和侵染。因此甘蓝根肿病在高海拔夏季冷凉地区发生往往重于低海拔夏季炎热地区。

（3）土壤环境与根肿病发生的关系　土壤偏酸（最适 pH 值 6.0 ~ 6.7），缺钙，透气性差，均有利于根肿病的发生。但土壤带菌量较高时，即使土壤为碱性，根肿病也能严重发生。在中国南方红壤土地区的发生重于北方垆土和壤土区。在陕西陕南黄褐土地区甘蓝根肿病的发生重于关中垆土地区，关中垆土地区的发生重于陕北砂壤土地区。低洼及水改旱菜地，若过量施入化肥，易引起酸化，发病重。

5. 防治措施

（1）选用抗病品种　目前，生产中虽然没有免疫和高抗品种，但品种间抗病性有显著差异，因地制宜选用品种。可选用的甘蓝抗性的品种有威风、寒将军系列、西园 6 号，白菜抗性的品种有春福皇系列、康根白菜系列、胶白 6 号、胶白 8 号，其他抗性品种有青杂 3 号、改良青杂 2 号等。

（2）培育无菌壮苗　采用穴盘或土壤隔离育苗方法，播种前用 2.5% 适乐时悬浮种衣剂 500ml 对水 2kg，将药液充分混匀后倒入种子上迅速搅拌，直至药液均匀分布在每粒种子上为止，或用种子重量 0.3% 的 40% 拌种双粉剂拌种或用 55℃

的温水浸种15min，对种子进行消毒处理。营养土一般选用商品有机质或过筛腐殖土，使用腐殖土时，每立方米先加入腐熟细鸡粪10kg拌匀，再加入种子量0.3% ～ 0.4%的50%扑海因可湿粉剂，或50%多菌灵、50%福美双、75%百菌清1 000倍溶液消毒。隔离育苗时，先在苗床底部铺一层农膜，然后将膜四周折起向上至苗床外沿12cm左右。

（3）科学轮作　在根肿病发生严重的田块实施科学轮作措施，如水旱轮作或与非十字花科蔬菜轮作，是避病栽培的有效措施。一般通过与非十字花科蔬菜3 ～ 5年的轮作，能有效防治根肿病的发生。

（4）科学栽培管理　采用深沟高畦栽培，一般畦沟深20cm，宽30cm左右，田间持水量保持50%左右，雨前及时清理沟渠杂草，防止雨后及灌溉后田间积水。改良土壤酸碱度，整地时一般每亩施入石灰100kg左右，调节土壤pH值调至6.7左右，使土壤中交换性钙含量达到1 210mg/kg以上。对排水不良、地势低洼田块修筑排水及防洪渠系，防止雨后及灌溉后田间长期积水。施用充分腐熟的有机肥，促进蔬菜作物健壮生长，提高植株抗病性。封锁发病田块，根肿病目前分布呈岛屿状，应及时进行田间调查，实行检疫，封锁病区并严禁从病区调出调入种子、种苗和农机具等，防止外源侵害和扩大发生流行，这一点十分重要，否则传入后，有效防治办法不多，给十字花科蔬菜生产造成严重经济损失。

（5）药剂防治

①苗床消毒　苗期是否感病关系着田间最终发病的迟早与严重程度。因此，苗床消毒是综合防治中最为关键的技术环节。

②种子消毒　虽然种子不带菌，但种子表面的泥土带有根肿菌休眠孢子，可导致非病区发病，做好种子处理对预防病原菌传入和扩散具有重要作用。具体方法是用55℃温汤浸种15min或用40%甲醛100kg倍液浸种20 ～ 30min，用清水冲洗2 ～ 3次后播种，降低病菌的传播风险。

③施药土　播种前选用50%多菌灵可湿性粉剂2kg或75%五氯硝基苯可湿性粉剂1.5 ～ 3.0kg加细土100混匀，均匀条施或穴施。

④灌根　发病初期选用70%甲基硫菌灵可湿性粉剂800倍，或60%百菌通可湿性粉剂600倍，或50%多菌灵可湿性粉剂500倍，或75%五氯硝基苯可湿性粉剂700 ～ 1 000倍液，每穴0.25 ～ 0.5kg。

⑤生防菌剂灌根　播种前期用100亿CFU/g枯草芽孢杆菌XF-1可湿性粉剂100倍液灌根，对根肿病具有明显防治效果。

（十五）蔬菜根结线虫

线虫（nematode）属于动物界线虫动物门，是一类低等的无脊椎动物。种类多，分布广，生态多样，全世界线虫种类估计在50万种以上，其种类数量仅次于昆虫，位居第二，且许多种是植物的重要寄生有害生物。有超过3 000种植物发生根结线虫为害，几乎每种植物都可被一种或几种线虫寄生为害。蔬菜产量损失一般达20%～50%，严重的达60%以上，有的甚至导致绝收；中药材产量一般损失10%～20%，严重的达30%以上。且发生面积和为害程度有逐年加重的趋势，严重威胁陕西蔬菜产业的可持续发展。

1. 症状特点

（1）地上部症状　根结线虫主要侵染黄瓜、番茄等蔬菜根系，刺激根系形成根结，破坏了根部组织的正常分化和生理活动，水分和养分的运输受到阻碍，导致植株矮小、瘦弱，近底部的叶片极易脱落，上部叶片黄化，类似肥水不足的缺素症状。危害较轻时，症状不明显。危害较重时，植株的地上部营养不良，植株矮小，叶片变小、变黄，光合作用降低，不结瓜（果）或发育不良，畸形瓜条（果）增多，在中午温度较高时植株萎蔫，早晚气温较低或浇水充足时，暂时萎蔫又可恢复正常。随着病情的发展，萎蔫植株早晚不能复原，植株逐渐枯死。严重受害后，干旱时极易萎蔫枯死，造成减产。由于症状与蔬菜缺素症极为相似，生产上很难及时准确诊断。

（2）地下部症状　植株地下部的侧根和须根受害重，侧根和须根上形成大量大小不等的瘤状根结（瘿瘤），似根瘤菌，菜农常误认为是根瘤菌。根结大时使地面龟裂，根结外露。根结多生于根的中间，初为白色，后为褐色，表面粗糙，最后腐烂，完全丧失根系的功能。当根结线虫的2龄幼虫侵染危害后造成伤口，常常诱发土壤中某些病原菌（如镰刀菌属及丝核菌属等真菌）的侵染，形成与黄瓜根腐病、枯萎病等土传病害的混合发生，使根系加速腐烂，植株提早枯死，加重危害。

（3）影响症状表现的因素　根结线虫侵染后症状表现与初侵染虫口密度、温度条件、寄主特性等因素密切相关。当在虫口密度一定的条件下时，温度越高，症状表现时间越短，在田间10cm地温范围在14.7～19.0℃时，南方根结线虫侵染后20天才表现症状，25天后受害株率和根结数量最高分别为20%和11.2个/株；10cm地温在23.4～27.7℃变化，当月均地温为27.4℃时，最短3天后就表现明显症状，即根系上产生根瘤，25天后受害株率和根结数量最高分别为72.6%和35.6个/株。当在温度一定条件下时，症状表现时间与南方根结线虫虫口密度呈显著负相关，在一定虫口密度范围内，虫口密度越高，症状表现所需时间越短，反之，则长。如100g土壤分别含5头、10头、20头、40头、60头和160头线虫时，症状表现时间分别为30天、20天、15天、10天、6天和7天。此外，不同寄主被侵染后症状表现时间差异也比较明显，西瓜、苦瓜、黄瓜、南瓜、西葫芦和大青菜比较短，一般10天均表现出明显发病症状，最短4 ~ 5天表现症状；其次为番茄、豇豆、茄子和甘蓝，15天出现症状；芹菜、辣椒比较长，30天以后才发现症状；而韭菜和葱30天仍未发现明显症状，一般在60天以后才表现轻微症状。同一种蔬菜，感病品种表现症状时间短，抗病品种表征时间相对较长。利用黄瓜易感染，且短期内表现出明显症状的特点，可在待检测的有机肥和土壤中种植黄瓜，以简单快速鉴别有机肥和土壤是否带有线虫。

2. 线虫种类及形态特征

蔬菜根结线虫属于垫刃目（*Tylenchida*）、垫刃亚目（*Tylenchina*）、垫刃总科（*Tylenchoidea orley*，1960）、异皮科（*Heteroderidae*）、根结亚科（*Meloidogyninae*）、根结属（*Meloidoyne*）。世界上共报道了60多个有效种。其中南方根结线虫（*Meloidogyne incognita*）、爪哇根结线虫（*M.javanica*）、花生根结线虫（*M.arenaria*）和北方根结线虫（*M. hapla*）是热带、亚热带和温带地区最主要的种类，也是根结线虫中的优势种。4种常见根结线虫的数量占到群体总数的95%以上。南方根结线虫是陕西蔬菜根结线虫的优势种，约占群体总数90%以上。根结线虫为雌雄异体。雄成虫为线状，线虫由此而得名，尾端稍圆，无色透明，雌成虫梨形，幼虫呈细长蠕虫状，卵囊椭圆形，通常为褐色，表面粗糙，常附着许多细小的砂粒。在我国，目前主要根据形态特征来鉴定根结线虫种类，主要将雌虫会阴花纹特征作为鉴别的主要依据（表7-1）。

表7-1　常见4种根结线虫会阴花纹特征

种类	侧区	背弓形状	侧线纹理	尾部
南方根结线虫	无明显侧线，有侧区	高，方形至梯形	线纹乱，较粗	较平滑，常有轮纹
北方根结线虫	形成翼状突起，无或有侧线痕迹	低，圆或扁平	线纹细，背腹线不连续	有的有纹，但总有刻点存在
花生根结线虫	形成肩状突起，无侧线，有细纹	低，圆或略方	线纹不连续或者起伏较大	有的有轮纹
爪哇根结线虫	侧线明显	低或较低，圆形或略方	线纹密，常形成轮纹状	常有轮纹

3. 生活史

蔬菜根结线虫的整个生活史分为3个阶段，即卵、幼虫和成虫。从卵开始发育，由全部或部分埋藏在植株根内的雌虫产出，雌虫产卵时会分泌胶质介质，这种胶质物能把卵聚集在一起，形成卵块或卵囊。生活周期为3 ~ 4周，而且雌虫并不一定一次就产下所有的卵，因此，同一个卵囊中的卵发育阶段也不完全相同，一个卵囊中一般包括几百甚至上千个卵。卵产下几小时后，如果条件适宜就开始发育。根结线虫的发育包括卵的发育及卵后发育。卵的发育从单个卵细胞分裂开始，一分为二,二分为四，直到完成形成一个具有明显口针卷曲在卵壳中的幼虫，这就是根结线虫的1龄幼虫，它在卵内就已经发育成熟，蜕皮后变为2龄幼虫并破壳而出。卵后发育从2龄幼虫开始，2龄幼虫具有侵染性，一经孵出后很快就离开卵块，孵出后就主动寻找寄主的根以获取营养。一般情况下，2龄幼虫会受到根的分泌物质的诱导而找到寄主，通常从根尖侵入根内，一旦找到合适的寄主后就不再移动，永久定居在根内并长大，2龄幼虫再蜕2次皮后变成4龄幼虫。这期间幼虫的体形会发生变化，从线形变成一头尖的长椭圆形，体内的生殖腺也逐渐发育成熟。4龄幼虫在第4次蜕皮之后，雄虫变成细长形，进入土壤中活动，它具有发达的口针，但缺乏发育完整的食道腺体，因而不取食，成熟的雄虫一般存活几周。雌虫形状变成梨形，它具有完整的消化系统，继续留在根内寄生生活并产卵，完成其生活周期。如果雌虫身体完全埋在根内，则产下的卵也在根内，这些卵将进行孤雌生殖。如果雌虫阴门暴露在根外，则可与雄虫交配，进行有性生殖。有的雄虫成熟后，还留在根内，也会与根内的雌虫交配进行有性生殖，可以连续产卵2 ~ 3个月。至于雌虫的生命周期有多长还未有相关报道。

根结线虫在陕西温室蔬菜的整个生育期均可发生，越冬茬蔬菜10月定植后即可侵染，但棚内温度低，侵染率较低，危害较轻。翌年2月下旬后随着棚内温度的提高，侵染率增加，4月上旬至5月下旬为侵染及危害的高峰期，6月上旬以后，由于寄主根系老化，侵染率下降。以卵或2龄幼虫随病残体在土壤中度过寄主中断期。在土壤中主要分布在5 ~ 30cm深土层内，以5 ~ 10cm深土层内分布数量最多，适宜土壤pH值4 ~ 6。病土、病苗、灌溉水及病残体是近距离传播的主要途径，远距离传播途径主要是种苗、粪肥，其次是流水、风、病土搬迁和农机具等。

4. 影响发生因素

（1）设施蔬菜栽培与根结线虫发生关系　由于设施栽培生态系统发生了重大变化，为南方根结线虫、爪哇根结线虫越冬提供了适宜的栖息环境和周年发生的寄主植物，使根结线虫正逐渐北移，致使北方地区蔬菜根结线虫大面积发生危害。

（2）品种与根结线虫发生的关系　目前除番茄、辣椒等茄科蔬菜尚有部分抗病品种外，葫芦科、十字花科蔬菜、豆科蔬菜无抗病资源。大面积栽培种植感病品种，是导致蔬菜根结线虫病大面积成灾的重要因素。

（3）连作与根结线虫发生的关系　研究结果表明，棚室连作种植年限的长短与蔬菜根结线虫的发生呈显著正相关。均随棚室土壤连作种植年限的延长，根结线虫危害依次加重。其原因可能是连作年限越长土壤环境越有利于蔬菜根结线虫的发生，且受根结线虫危害后自然补偿力降低。

（4）人为因素与根结线虫发生关系　根结线虫靠自身移动或自然因素传播的距离很有限，通常主要通过带虫种苗或施用外来含有根结线虫的肥料、农机具人为因素作远距离传播，造成蔬菜根结线虫迅速扩散，发生面积快速增加，危害加重。

（5）温度与根结线虫发生的关系　南方根结线虫在土温 25 ~ 30℃，土壤含水量为 40% 左右时，发育非常快，10℃以下时，幼虫基本停止活动。在 55℃温度条件下，瞬间死亡，44℃温度条件下，半数致死时间需 16.3min。土温在 −1℃条件下处理，对 2 龄幼虫致死时间需要 775.2 h；当温度降到 −5℃时，144 h 即可致死；温度降到 −10℃时，仅 16.6h 就会被致死，说明温度与根结线虫的发生关系十分密切。

5. 防治措施

（1）选用抗根结线虫品种　选用高抗线虫品种是防治根结线虫最根本有效的方法。目前，生产上应用的抗线虫番茄品种有罗曼娜、奥特、耐莫尼塔、FA−593、FA−1420、FA−14150、春雪红、千禧等这些品种抗根结线虫能力较强，在番茄全生育期不使用任何药剂，即可控制其为害。

（2）控制传染源，切断传播途径　严禁从有根结线虫区内取土，翻地前应尽量清洁农机具；避免从有根结线虫区内移苗；也避免与有分布根结线虫区串水灌溉。

（3）定植前施药　蔬菜定植前每亩用噻唑磷 2 ~ 3kg，与适量细土或细沙混匀后穴施、撒施、沟施均可。能有效减少根结线虫侵染危害。

（4）处理土壤

①垄沟式太阳能处理土壤　根结线虫重度发生的棚室，于 6 月至 7 月棚室休闲期，在其内南北向深翻土壤做成波浪式垄沟，垄呈圆拱形，下宽 50m，高 60cm，垄面上覆盖 0.005mm 地膜，然后密闭棚室通风口，累计晴天 7 天。然后将垄变沟，沟变垄，重新密闭棚室通风口，继续累计晴天 7 天以上。

②土壤低温处理土壤　根结线虫重度发生的棚室，将蔬菜种植一年一大茬改为一年两茬，休闲期调整至 1 月份，在棚室内南北向开挖深 60cm 相间的垄沟（垄沟的规格同垄沟式太阳能消毒），白天在棚膜上加盖草苫或保温被等保温设施，晚

上揭开保温设施，使棚室 0 ～ 20cm 土壤降至 −5 ～ −3℃，持续 15 天。然后晚上加盖保温设施，白天揭开，促使土壤解冻后，垄倒成沟，沟倒成垄，白天加盖保温设施，晚上揭开，持续 15 天。

③太阳能 − 碳酸氢铵处理土壤　根结线虫重度发生的棚室，选择 6 月至 8 月棚室休闲期，于上午或下午 18 时以后每亩耕层土壤中施入碳酸氢铵 250 ～ 300kg，随时撒施随时深翻土壤 20 ～ 30cm，覆盖 0.005mm 地膜，密闭日光温室，持续 20 ～ 25 天，然后打开棚室通风口，揭去地膜，翻耕土壤晾晒 3 ～ 5 天，即可种植作物。

④阿维菌素处理土壤　每平方米用 1.8% 的阿维菌素乳油 1ml，稀释 500 倍液，用喷雾器喷雾，与土混匀，或定植时开沟或按穴浇灌阿维菌素 500 倍液，对根结线虫防效 50% 左右。

⑤棉隆处理土壤　在温室大棚休闲期间，将 98% 棉隆颗粒剂按 20 ～ 30g/ ㎡的用量均匀撒施土壤表面，将其与土壤混合均匀，然后在土壤表面洒水，盖上塑料膜，4 周后揭膜、散气、整地移栽。也可撒药后立即翻动土壤至 20cm 深，盖膜密封，灌水。7 ～ 10 天后揭膜，松土 1 ～ 2 次，过 7 ～ 10 天后种植作物。这种方式注意施药均匀，以免发生药害。

⑥威百亩处理土壤　耙地深翻，做成畦，随水每亩冲施 40% 威百亩水剂 12 ～ 15kg，后盖膜熏闷，连续闷杀 15 天，放气 2 天。能有效杀灭线虫且对土传病害引起的作物死棵现象有较好的预防效果。

⑦石灰氮（氰氢化钙）处理土壤　石灰氮是一种高效的土壤消毒剂，分解的中间产物单氰氨和双氰氨都具有消毒、灭虫、防病的作用。具体处理方法为：定植前每亩耕层土壤中施入石灰氮 75 ～ 100kg、麦草 1 000 ～ 2 000kg 或鸡粪 3 000 ～ 4 000kg，做畦后灌水，灌水量要达到饱和程度，覆盖透明塑料薄膜，四周盖紧、盖严，让薄膜与土壤之间保持一定的空间，以利于提高地温，增强杀菌灭虫效果。密闭棚室 20 ～ 30 天。闷棚结束后通风，应用此种方法的最佳时间应选择在夏季气温高、雨水少、日光温室闲置时期，一般是 6 月下旬至 7 月下旬。

二、蔬菜主要虫害发生规律与防治措施

（一）粉虱

陕西蔬菜田发生的粉虱有温室白粉虱（*Trialeurodes vaporariorum*）和烟粉虱

[*Bemisia tabaci*（Gennadius）]，两者均为典型的R类害虫。前者1975年始发于北京，现除南极洲外，该虫在其他各大洲均有分布。后者在我国1949年就有记载。在很长一段时间内，烟粉虱并不是我国重要害虫，仅在台湾省、云南省有过烟粉虱严重为害棉花的记录，在海南有中等为害棉花的记录。但近几年来，我国的烟粉虱暴发成灾。在广东省，自1997年烟粉虱在东莞发生为害以来，逐年加重，至2000年在广东部分地区大发生。1996年此虫在新疆地区被发现，随后扩散至周围地区。1999年，新疆农业科学院吐鲁番长绒棉研究所试验地的棉花受到烟粉虱严重为害，棉花棉絮布满蜜露，纤维污染和煤污病都非常严重。2000年在华北地区，烟粉虱也大面积暴发，包括了北京、天津、河北、山西等地。2005年左右陕西发现，近年来种群数量很大，在菜粮棉混作区为害十分严重，目前在陕西区域内呈岛屿状分布。随着陕西越冬设施蔬菜的发展，目前该害虫的分布已遍及我国北方绝大多数地区。粉虱为害范围广，寄主植物达65科260多种，除严重为害黄瓜外，还对甜瓜、西瓜、番茄、辣椒、甘蓝、白菜、油菜、萝卜、莴苣、芹菜、菜豆等蔬菜造成严重为害。

1. 为害特点

烟粉虱和温室白粉虱对黄瓜的为害特点基本一致，其为害性均表现在两个方面，一是直接为害，以若虫和成虫刺吸蔬菜叶片的汁液，使蔬菜叶片出现黄白色斑点，造成蔬菜植株衰弱干枯，瓜条（果）畸形。二是间接为害，也均包括两个方面：其一，粉虱的若虫和成虫吸食蔬菜植株汁液的同时，还分泌大量蜜露，诱发煤烟病，严重时蔬菜叶片呈黑色，影响叶片的光合作用，导致蔬菜生长不良，大大降低了蔬菜的产量和品质，在生产中，烟粉虱和温室白粉虱诱发蔬菜煤烟病的为害性往往大于直接为害性；其二，烟粉虱和温室白粉虱都能够传播植物病毒，是许多病毒病的重要传毒媒介，如烟粉虱传播番茄黄化曲叶病毒，导致番茄植株矮化，叶片变黄卷曲，严重减产，甚至绝收。烟粉虱和白粉虱传播番茄褪绿病毒，导致叶片黄化，光合作用降低，番茄产量减少和品质劣变，其为害性大于诱发煤污病的为害性。

2. 形态特征

（1）烟粉虱

①成虫　雌成虫体长（0.91±0.04）mm，翅展（2.13±0.06）mm；雄虫体长（0.65±0.05）mm，翅展（1.61±0.06）mm。虫体淡黄白色到白色，复眼红色，肾形，单眼2个，触角发达7节。翅白色无斑点，被有蜡粉。前翅有2条翅脉，第一条脉不分叉，停息时左右翅合拢呈屋脊状。足3对，跗节2节，爪2个。

②卵　椭圆形，有小柄，与叶面垂直，卵柄通过产卵器插入叶内，卵初产时淡黄绿色，孵化前颜色加深，呈琥珀色至深褐色，但不变黑。卵散产，在叶背分布不规则。

③幼虫　1 ~ 3 龄若虫椭圆形。1 龄体长约 0.27mm、宽 0.14mm，有触角和足，能爬行，有体毛 16 对，腹末端有 1 对明显的刚毛，腹部平，背部微隆起，淡绿色至黄色，可透见 2 个黄色点。一旦成功取食合适寄主的汁液，就固定下来取食直到成虫羽化。2、3 龄体长分别为 0.36mm 左右和 0.50mm 左右，足和触角退化至仅 1 节，体缘分泌蜡质，固着为害。4 龄若虫又称伪蛹，淡绿色或黄色，长 0.6 ~ 0.9mm。

④蛹　蛹壳边缘扁薄或自然下陷，无周缘蜡丝；胸气门和尾气门外常有蜡缘饰，在胸气门处呈左右对称。背蜡丝的有无常随寄主而异。管状肛门孔后端有 5 ~ 7 个瘤状突起。

（2）温室白粉虱

①成虫　成虫体长 1 ~ 1.5mm，淡黄色。翅面覆盖白蜡粉，停息时双翅在体上合成屋脊状，但较平，如蛾类，翅端半圆状遮住温室白粉虱整个腹部，翅脉简单，沿翅外缘有一排小颗粒。

②卵　长约 0.2mm，侧面观长椭圆形，基部有卵柄，柄长 0.02mm，从叶背的气孔插入植物组织中。初产淡绿色，覆有蜡粉，而后渐变褐色，孵化前呈黑色。

③幼虫　1 龄若虫体长约 0.29mm，长椭圆形；2 龄约 0.37mm，3 龄约 0.51mm，淡绿色或黄绿色，足和触角退化，紧贴在叶片上营固着生活；4 龄若虫又称伪蛹，体长 0.6 ~ 0.7mm，椭圆形，初期体扁平，逐渐加厚呈蛋糕状（侧面观），中央略高，黄褐色，体背有长短不齐的蜡丝，体侧有刺。

④蛹　体色为半透明的淡绿色，附肢残存，尾须更加缩短。随着发育进度推进，体色逐渐变为淡黄色，背面有腊丝，侧面有刺。蛹末期，成匣状，复眼显著变红，体色变为黄色，成虫在蛹壳内逐渐发育起来。

3. 生活史

（1）烟粉虱　烟粉虱在陕西 1 年发生 6 ~ 12 代，在自然条件下不能越冬，多以伪蛹在温室大棚作物上越冬，在温室栽培的蔬菜和花卉等作物上度过越冬阶段的烟粉虱是翌年春季的主要虫源。以烟粉虱平均密度作为种群数量动态的测定指标，以聚块性指数和丛生指标作为种群空间动态的 2 个测定指标，将温室大棚烟粉虱种群划分为 3 个阶段，即建立期、发展期和暴发期。3 月随着棚室内温度的升高，烟粉虱数量逐渐增加，4 月下旬以后数量剧增，到 5 月下旬数量达到全年最高峰。进入到 6 月，棚室内温度升高，寄主植物组织老化，不适宜烟粉虱的栖息，成虫开始向棚室外逐渐迁移，6 月至 9 月在露地作物上造成严重为害。10 月以后，随着气温的下降及露地作物组织老化，不适宜其发生，成虫死亡率增加，部分成虫转入温室大棚，露地虫口数量急剧减少，从而完成全年的发生循环。温室内烟粉虱 11 月发生数量较大，是温室内全年发生的第一个高峰，随后，随着温度降低，数量减少，12 月中旬以后棚室内数量很少，大多以伪蛹在棚室内越冬，个别温度较高的棚室偶尔见到烟粉虱成虫，但数量较少。烟粉虱在棚室蔬菜上，其主要为害时期为晚春初夏和晚秋初冬 2 个季节。烟粉虱成虫个体间相互吸引，分布的基本成分是个体群；成虫在一切密度下均是聚集的，聚集强度与密度有关。成虫在空间上始终都是处于“聚集—扩散—再聚集—再扩散”的动态过程中。烟粉虱传毒效率以春末至夏季最高，早春烟粉虱数量少，带毒率比较低，传毒效能也较低。秋季虽然烟粉虱数量较多，但田间湿度比较大，带毒率也较低，传毒效能也较低。

（2）温室白粉虱　温室白粉虱在陕西温室内 1 年可发生 10 余代。不能在自然条件下过冬，以各虫态在温室越冬，无滞育、休眠现象，在温室内仍能继续为害。成虫羽化后 1 ～ 3 天可交配产卵，平均每雌产 142.5 粒。也可进行孤雌生殖，其后代为雄性。白粉虱卵以卵柄从气孔插入叶片组织中，与寄主植物保持水分平衡，极不易脱落。若虫孵化后 3 天内在叶背可做短距离游走，当口器插入叶组织后就失去了爬行的机能，开始营固着生活。粉虱发育历期：16℃ 31.5 天，24℃ 24.7 天，27℃ 22.6 天。各虫态发育历期，在 24℃时，卵期 7 天，1 龄 5 天，2 龄 2 天，3 龄 3 天，伪蛹 6 天。温室白粉虱繁殖的适温为 16 ～ 21℃，在生产温室条件下，约 1 个月完成 1 代。冬季温室作物上的白粉虱是露地春季蔬菜上的虫源，进入 3 月份，随着温度的升高，温室白粉虱数量增加，4 月中旬以后数量急剧增加，5 月温室内数量达到全年发生最高峰。进入 6 月，温度升高，寄主植物组织老化，营养条件恶化，种群竞争加剧，通过温室通风或随菜苗向露地移植而使粉虱迁移扩散至露地。7 月至 9 月在露地作物上严重为害。进入 10 月，随着温度降低，寄主植物组织老化，湿度增加，不适宜其发生，死亡率提高，数量下降，部分成虫迁移到温室继续为害。11 月为温室白粉虱全年发生为害的第一个高峰。白粉虱的蔓延，人为因素起着重要作用。白粉虱的种群数量，由春至秋持续发展，夏季的高温多雨抑制作用不明显，到秋季数量达高峰，集中为害瓜类、豆类和茄果类蔬菜。在陕西由于温室和露地蔬菜生产紧密衔接和相互交替，可使白粉虱周年发生。此外，白粉虱还可随花卉、苗木运输远距离传播。

4. 生活习性

（1）趋嫩性　烟粉虱和白粉虱成虫均具有趋嫩习性，在黄瓜、番茄等蔬菜上随着植株的生长不断追逐顶部嫩叶产卵，在黄瓜植株上自上而下的分布为：新产的绿卵、变黑的卵、初龄若虫、老龄若虫、伪蛹、新羽化成虫。了解这一习性，对指导田间施药、悬挂黄板诱杀或监测虫情具有重要指导意义。

（2）趋黄性　趋性是以反射作用为基础的进一步的高级神经活动。是对任何一种外部刺激来源的定向运动，这些运动带有强迫性，不趋即避。田间试验结果表明，烟粉虱对黄、绿、红、青、紫、蓝、灰、黑、粉红和白色等 10 种不同颜色的诱虫板趋性差异显著。在 44 天内，黄板的诱集效果最好，占总诱集量的 55.1%，其次为绿板和红板，分别占总诱集量的 26.7% 和 10.5%，其余 7 种色板对烟粉虱几乎没有趋性。温室白粉虱具有类似的趋黄习性。

（3）抗逆性及光敏感性　烟粉虱和温室白粉虱对高温适应能力不同，前者对高温适应能力更强，可忍耐 40℃高温，这是烟粉虱在夏季高温季节依然猖獗的主要原因。而温室白粉虱对高温敏感，一般只忍耐 33 ～ 35℃，在高温的夏季种群受到抑制。烟粉虱对低温的适应性显著低于温室白粉虱。烟粉虱成虫在 4℃和 0℃暴露时的致死中时分别为 13.9h 和 12.1h；在 −2℃和 −6℃暴露时的致死中时分别为 4.7h 和 1.7h；在 2℃条件下暴露 12 天，卵、2 ～ 3 龄若虫、伪蛹均不能存活，成虫暴露 4 天后全部死亡。而温室白粉虱卵、伪蛹在 2℃条件下暴露 12 天后，其成活率均超过 45%，成虫在 2℃条件下暴露 7 天后仍有 60% 以上的存活率。基于白粉虱对低温适应性更强，因此，自然越冬范围更宽。显然，烟粉虱和白粉虱在陕西乃至西北地区自然条件下不能过冬。光周期对烟粉虱种群增长影响显著，表现为光照时间越长（9 ～ 16h），越有利于该虫的发育，其发育速率、存活率、成虫寿命及产卵量、种群增长指数都随之增大。至少在 12h 以上的光照条件下，才有利于烟粉虱种群的增长。

（4）对寄主的选择　烟粉虱是一种寄主范围非常广泛的世界性害虫，寄主包括 74 科 420 多种植物。除为害十字花科、茄科、葫芦科蔬菜外，还可为害棉花、花卉、豆科作物等。烟粉虱在寄主选择过程中存在很大的可塑性。如在棉花、烟草、番茄、甘蓝 4 种寄主共同存在时，烟粉虱成虫喜欢取食烟草，排列顺序为：烟草＞番茄＞棉花＞甘蓝；产卵量排列顺序为：烟草＞番茄＞甘蓝＞棉花。当只有番茄和烟草两种寄主植物时，烟粉虱成虫则趋向于取食烟草，但在番茄上产卵。只有烟草和甘蓝时，烟粉虱倾向于取食烟草并产卵。只有棉花和番茄时，烟粉虱对两种寄主没有明显的趋向。只有棉花和烟草时，烟粉虱显著地喜好在烟草上产卵。只有棉花和甘蓝时，烟粉虱趋向在棉花上取食产卵，但没有达到显著水平；同样只有番茄和甘蓝时，烟粉虱喜好在番茄上取食产卵，但没有达到显著水平。温室白粉虱的寄主范围没有烟粉虱宽泛，主要为害十字花科、茄科、葫芦科蔬菜。

5. 影响发生因素

（1）设施蔬菜种植面积与粉虱发生的关系　设施蔬菜种植面积与烟粉虱和白粉虱的发生密切相关，从烟粉虱和温室白粉虱在陕西、宁夏等西北地区自然分布特点看，烟粉虱和温室白粉虱分布区域均有设施农业种植，春季以设施大棚为中心，烟粉虱和白粉虱向四周扩散。设施集中连片种植区其发生数量显著重于零星种植区，老菜区发生重于新菜区。其原因是设施蔬菜的种植为在自然条件下不能越冬的烟粉虱和温室白粉虱创造了适宜的越冬条件，并提供了周年发生所需的食料条件。

（2）种植方式与粉虱发生的关系　田间调查结果表明，前后两茬作物间休闲期明显的棚室烟粉虱和白粉虱发生时期晚，发生数量比较少；作物插花种植，烟粉虱发生期早，发生数量比较大。其原因是后者棚室内一直有作物存在，蔬菜定植后烟粉虱和白粉虱就地转移到蔬菜上，蔬菜上二者发生基数大，为害重；后者主要是棚室内蔬菜定植前无寄主存在，发生基数小，为害也比较轻。

（3）温湿度与粉虱发生的关系

①温度　温度是影响烟粉虱发育历期、发生时期和发生数量最为关键的生态因子。不同虫态对温度的适应性存在很大差异，在一定温度范围内，发育历期随着温度的升高而缩短，反之，则延长。在 20 ~ 32℃，寿命随温度的升高而随之缩短，20℃时雌虫平均寿命为 36.4 天，但 32℃时只有 12.5 天。温度对烟粉虱各虫态的存活率也有显著影响，在 26℃条件下，烟粉虱从卵发育到成虫的存活率最高，达 67.3%，而在 35℃条件下仅为 27.6%。温度对烟粉虱产卵量的影响则是随着温度升高，产卵量随之下降，单雌最高产卵量出现在 20℃时，达 163.5 粒，在 32℃时最少，仅为 79.6 粒。温度对温室白粉虱的发育历期、成活率、产卵量等的影响表现出较为类似的规律。

②湿度　湿度是影响烟粉虱的又一重要生态因子，对烟粉虱的寄主选择和生命表参数均有显著影响，湿度过高或过低都可抑制烟粉虱的新陈代谢而使发育延缓。有试验结果说明，60% 左右的相对湿度有利于烟粉虱的生长发育和种群增长。温室白粉虱对空气相对湿度变化的响应与烟粉虱基本一致。高温闷杀烟粉虱和温室白粉虱时空气相对湿度均设定为 45% ~ 55%。相对湿度低于或高于这一范围，均影响高温对烟粉虱和温室白粉虱的闷杀效果。

（4）天敌因素与粉虱发生的关系　烟粉虱和温室白粉虱的主要天敌有：南方小花蝽（*Orius similis*）、食虫齿爪盲蝽（*Deraeocoris punctulatus*）、东亚小花蝽（*Orius saunteri*）、微小花蝽（*Oriusminutus*）、龟纹瓢虫（*Propylaea japonica*）、六斑月瓢虫（*Chilomenes sexmaculata*）、双带盘瓢虫（*Coelophora biplagiata*）、四斑月瓢虫（*Chilomenes quadriplagiata*）、异色瓢虫（*Leis axyridis*）、中华草蛉（*Chrysopa sinica*）、青翅蚁形隐翅虫（*Paederus fuscipes* Cureis）、八斑球腹蛛（*Theridion octomaculatum*）、华丽肖蛸（*Tetragnatha nitens*），以上这些捕食性天敌均可捕食烟粉虱和温室白粉虱各种虫态。寄生性天敌有双斑蚜小蜂（*Encarsia bimaculata*）和丽蚜小蜂（*Encarsia formosa*）。

6. **防治措施**

依据烟粉虱和白粉虱不能在陕西自然条件下越冬生态习性，对其防治策略是主攻棚内，兼顾棚外。抓住隔断内外迁移、压低基数、黄板诱杀、环境调控和关键时期农药调控5个环节进行防控。

（1）压低基数　培育无虫苗，控制烟粉虱的初始种群数量；育苗前清除残株和杂草；在防虫网室内育苗，以防止成虫迁入；生产上做到清除杂草；采收完毕应及时清园，恶化烟粉虱和白粉虱生存环境，减少其发生基数。

（2）设置防虫网　在大棚上下通风口和出入口设置40～60目防虫网，阻隔烟粉虱和白粉虱春季由棚室内往外迁移和秋末由外向棚室内迁移。需注意在设置防虫网时通过高温闷棚或药剂熏蒸等措施消灭棚室内的粉虱。

（3）悬挂诱虫板　利用粉虱的趋黄习性，在粉虱发生初期，在棚室内每亩悬挂40cm×25cm黄色诱虫粘板20～25块；黄板高度以高出作物生长点5～10cm为宜。

（4）化学防治

①药剂喷雾　烟粉虱发生初期，选用10%吡虫啉可湿性粉剂1 500倍液、10%烯啶虫胺水剂3 000倍液、10%氟啶虫酰胺3 000倍液、24%螺虫乙酯悬浮剂2 000倍液、1.8%阿维菌素3 000倍液、20%啶虫辛乳油1 000倍液、3%啶虫脒乳油2 000倍液喷雾，喷雾一般以早晨粉虱成虫活动较弱时进行。

②药剂熏蒸　利用棚室密闭性条件，每亩选用20%异丙威烟剂250g，或22%敌敌畏烟剂500g，或30%白粉虱烟剂320g，或熏虱灵烟雾剂600克，于傍晚关闭通风口进行熏杀，每隔7～10天1次，熏杀2～3次。

（5）生物防治　在保护地蔬菜定植后，即挂诱虫黄板监测，当平均每株有粉虱成虫0.5头左右时，即可第一次放丽蚜小蜂，每隔7～10天放蜂1次，连续放3～5次，放蜂量以蜂虫比为3∶1为宜。放蜂的保护地要求白天温度能达到

20 ~ 35℃，夜间温度不低于 15℃，且具有充足的光照。一般在丽蚜小蜂处于蛹期时（也称黑蛹）时释放，也可以在蜂羽化后直接释放成虫。

（二）斑潜蝇

斑潜蝇是典型的 R 类昆虫，许多国家已将其列为最危险的检疫害虫。自 1694 年建立斑潜蝇属以来，世界迄今已知 370 余种，约有 75% 的种类是单食性或寡食性的，大约 150 种可为害或取食栽培作物和观赏植物，其中 23 种具有重要的经济意义。尤其是 20 世纪 90 年代初传入我国的美洲斑潜蝇（*Liriomyza sativae* Blomhard）、南美斑潜蝇（*L.huidobrensis* Blomhard），现已广泛分布于中国所有省份。随着设施蔬菜栽培面积的增加及生态条件的改变，分布区域不断北移，为害逐年加重，成为黄瓜、番茄、辣椒、豇豆、菜豆、芹菜、西瓜等蔬菜作物生产上发生面积大、为害重、防治难度大的害虫之一。

1. 为害特点

棚室蔬菜全生育期均受斑潜蝇为害，以雌成虫飞翔刺伤叶片，取食汁液并产卵于其中，卵期 2 ~ 4 天，孵出的幼虫即潜入叶片和叶柄取食为害。美洲斑潜蝇以幼虫取食叶片正面叶肉，在叶表面组织形成蛇形弯曲不规则的白色隧道，隧道先端常较细，随幼虫长大，后端隧道较粗。虫道内有交替排列整齐的黑色虫粪，老虫道后期呈棕色的干斑块区，一般 1 虫 1 道，1 头老熟幼虫 1 天可潜食 3cm 左右。南美斑潜蝇的幼虫主要取食叶片背面叶肉，多从主脉基部开始为害，形成 1.5 ~ 2mm 较宽的弯曲虫道，虫道沿叶脉伸展，但不受叶脉限制，若干虫道可连成一片形成取食斑，后期变枯黄。两种斑潜蝇成虫为害基本相似，在叶片正面取食和产卵，刺伤叶片细胞，形成针尖大小的近圆形刺伤“孔”，造成为害。“孔”初期呈浅绿色，后变白，肉眼可见。幼虫和成虫的为害可导致幼苗全株死亡，造成缺苗断垄；成株受害，可加速叶片脱落，造成减产。美洲斑潜蝇主要是为害番茄的叶片，破坏叶绿素，影响光合作用。在田间斑潜蝇为害一般产量降低 5% ~ 10%，严重者达 20% 以上，防治费用占总防治费用的 15% 左右，且有逐年加重的趋势。

2. 形态特征

（1）美洲斑潜蝇

①成虫　虫体较小，体长约为 2.0mm，翅长 1.3 ~ 2.2mm，前翅具有一个小的中室。头额、颊和触角为黄色，头顶鬃着生处黑色，上眼眶鬃 2 根，等长，下眼眶鬃 2 根，细小，中鬃不规则排列 4 行，中侧片黄色，足基节、腿节、跗节暗褐色。中胸部以黄色为主。

②卵　米色，半透明，大小为（0.2 ~ 0.3）mm×（0.1 ~ 0.15）mm。

③幼虫　蛆状，初无色，后变为浅橙黄色至橙黄色，长 3mm。

④蛹　椭圆形，橙黄色，腹面稍扁平，大小为（1.7 ~ 2.3）mm×（0.5 ~ 0.75）mm。美洲斑潜蝇的形态与番茄斑潜蝇极相似，前者蛹后气门 3 孔，而后者蛹后气门 7 ~ 12 孔。

（2）南美斑潜蝇

①成虫　体长 2.6 ~ 3.5mm，较美洲斑潜蝇与其他种类大，翅长 1.7 ~ 2.3mm，头额部黄色，上眼眶鬃 2 根，等长，下眼眶鬃 2 根，较短，中鬃散生，不规则排列 4 行。中侧片大部分黑色，仅上部黄色。触角 1 ~ 2 节黄色，第三节褐色。足的基节、腿节有黑纹且为黑色。雄性外生殖器：端阳体与骨化强的中阳体前部体之间以膜相连，呈空隙状，中间后段几乎透明。精泵黑褐色，柄短，叶片小，背针突具 1 齿。

②卵　椭圆形，乳白色，大小为（0.27 ~ 0.32）mm×（0.14 ~ 0.17）mm，微透明。散产于黄瓜叶片上下表皮之下。

③幼虫　初孵化时半透明，随着虫体长大，渐变为乳白色，老熟幼虫体长 2.3 ~ 3.2mm，后气门突起具 6 ~ 9 个气孔。

④蛹　初期呈黄色，逐渐加深直至呈深褐色，后气门突具。后气门突起与幼虫相似，后气门 7 ~ 12 孔，大小为（1.7 ~ 2.3）mm×（0.5 ~ 0.75）mm。

3. 生活史

美洲斑潜蝇由南到北，年发生世代数逐渐减少，种群发生高峰依次推迟。在我国海南 1 年发生 21 ~ 24 代，周年发生，无越冬现象，以当年 11 月至翌年 4 月发生量最大。在山东、山西、河南和北京等地全年发生 10 ~ 13 代，其中露地 8 ~ 9 代，保护地 2 ~ 4 代，每年 4 月气温回升时，越冬蛹开始羽化，随着外界温度升高，通过温室通风口向棚室外迁移，6 月至 9 月为露地发生高峰期。在陕西年发生 14 ~ 15 代，日光温室内发生 6 ~ 10 代，世代重叠，以各种虫态在日光温室内取食为害并越冬，但不能在田间自然条件下越冬。10 月中旬至翌年 6 月下旬主要为害温室蔬菜，高峰期为 3 月至 5 月。10 月上旬温室蔬菜定植后，斑潜蝇逐渐迁入并在叶片上产卵为害，11 月下旬到 12 月上旬形成第一个发生高峰期。进 12 月中旬后，随着气温的下降，斑潜蝇种群数量也随之下降。2 月下旬以后，种群数量急剧增加，3 月下旬至 5 月上旬为第二个发生高峰期。5 月中旬以后，由于棚内温度过高，种群数量迅速下降。并迁至棚外，为害露地作物。南美斑潜蝇的发生期和美洲斑潜蝇基本相似，但在日光温室黄瓜生长发育前期发生量比较小，2

月以后随着棚内日平均温度的升高，发生数量逐渐增加，其发生高峰期较美洲斑潜蝇第二个发生高峰期推迟 10 ～ 15 天，一般只有一个发生高峰。

4. 生活习性

（1）垂直分布习性　美洲斑潜蝇幼虫在黄瓜、番茄等蔬菜植株上的垂直分布具有明显的层次性，以下部密度最大，中部次之，上部最小。南美斑潜蝇也具有这一习性。而成虫则主要在植株的上层飞翔活动。

（2）扩散迁移习性　美洲斑潜蝇的扩散迁移分为 4 个阶段：第一阶段，迁移定居期，田间呈聚集分布；第二阶段，扩散急剧增加期，种群数量迅速上升，为害加重；第三阶段，扩散稳定期，株间扩散不断进行，使单株种群密度趋于均衡，田间呈均匀分布；第四阶段，种群数量减退期，温室黄瓜生长后期，植株衰老，茎叶营养减退，温度升高，不适宜成虫迁飞活动及幼虫为害，便向棚外露地作物上迁移，种群数量迅速下降，为害减轻。南美斑潜蝇也具有这一习性。

（3）抗逆性　在 0 ～ 30℃，随着温度的升高，羽化率依次提高；当温度超过 30℃时，随着温度升高，羽化率依次下降；当温度超过 35℃时，蛹孵化率明显受到抑制；当温度超过 45℃，蛹完全被致死。羽化对土壤的相对湿度要求偏低，当土壤相对湿度分别为 50%、60%、70%、80% 和 95% 时，其羽化率依次为 53.4%、64.9%、62.4%、74.9%、16.5% 和 1.5%。土壤相对湿度达 100%，超过 20h 时，蛹不能羽化。且随着湿度的提高，抗高温能力依次下降。掌握这一生态习性，对指导田间高温闷棚灭蛹及制定综合防治措施具有重要指导意义。

（4）趋黄性　试验观察结果表明，美洲斑潜蝇对不同颜色的趋性有显著差异。以浅黄色、中黄色诱集效果最佳，分别占总诱集量的 36.6% 和 33.6%；橘黄色诱集效果次之，占总诱集的 25.9%，白色、红色诱集效果最差，分别占诱集总量的 0.6% 和 0.6%。说明美洲斑潜蝇对浅黄色、中黄色有显著的趋向性，对白、红颜色几乎无趋向性。

5. 影响发生因素

（1）温湿度与斑潜蝇发生的关系　温度是影响美洲斑潜蝇种群数量的重要因素之一。美洲斑潜蝇的世代发育起点温度与有效积温分别为 8.77℃和 295.69 日度，适宜温度为 20 ～ 30℃，在此温度范围内，各虫态的发育历期随温度升高而缩小，在 35℃高温下，幼虫可以继续发育，而蛹不能发育。因此，35℃是美洲斑潜蝇发育的上限温度。温度对成虫寿命也有一定影响，在 15℃时，雌、雄虫寿命分别为 21.0 天和 11.5 天，30℃时分别为 14.3 天和 8.6 天。

湿度是影响美洲斑潜蝇蛹生长发育与存活的另一个重要因素。相对湿度和土壤含水量对成虫羽化有显著影响，高温低湿及高温高湿对成虫羽化均不利，20 ~ 30℃时，蛹存活及羽化最适宜的相对湿度为 65% 和 85%，相对湿度低于 45% 或者高于 95% 时羽化率都低于 60%；土壤含水量在 25% 时，成虫羽化率在 84% 以上，当含水量达到 40% 时，大部分蛹都不能正常羽化。在 30℃条件下，相对含水量 60% 的土壤最适宜蛹的发育，其蛹期最短，羽化率最高；而相对含水量 100% 和 0% 的土壤均不利于蛹的发育，其蛹期延长，羽化率较低。

（2）种植方式与斑潜蝇发生的关系　温室蔬菜种植方式与美洲斑潜蝇种群数量及为害性密切相关。蔬菜单作种植模式较间作或套种（前茬未收获、后茬蔬菜育苗或在宽行内种植其他蔬菜作物）模式美洲斑潜蝇发生量小，始发期晚，为害高峰期迟。前者始发期为 11 月 25 日，为害高峰期为第二年的 4 月 25 日。后者始发期为 10 月 5 日，有两个发生高峰期，第一个高峰期为 11 月 20 日；第二高峰期为第二年的 4 月 5 日。其主要原因是蔬菜单作种植模式前后两茬作物之间有明显的休闲期，棚内无寄主植物，虫源基数小；后者由于棚内一直有寄主植物存在，定植前也难以进行高温或药物处理，加之寄主植物丰富，为美洲斑潜蝇提供了稳定的栖息场所及充足的食料条件，虫源基数大，发生早而重。

（3）温室蔬菜栽培面积与斑潜蝇发生的关系　设施蔬菜栽培面积迅速扩大，为远距离迁飞能力有限且在陕西自然条件下不能越冬的美洲斑潜蝇提供了稳定的栖息场所及充足的食料条件，导致斑潜蝇发生面积逐年扩大，为害逐年加重。

（4）天敌因素与斑潜蝇发生的关系　天敌是制约害虫种群数量的关键因素之一。往往许多害虫由暴发到种群衰退，不是人为因素，而是自然天敌有效控制的结果。多年在陕西调查研究结果，美洲斑潜蝇的主要天敌有丽潜蝇姬小蜂（*Chrysonctomyia formosa*）、黄潜蝇釉姬小蜂（*C.oscindis*）、底比斯釉姬小蜂（*C.pentheus*）、异角姬小蜂（*Hemiptaisenns varicorhis*）4 种寄生蜂，其寄生率仅为 5.8% ~ 13.2%，平均 7.1%，还未发现其他能有效控制该虫的天敌种群。这也是斑潜蝇近几年在陕西迅速暴发成灾的重要原因之一。

6. 防治措施

（1）压低发生基数　前茬蔬菜收获完毕，及时清洁田园，在斑潜蝇发生高峰期及时摘除中下部有虫叶，带出田外集中深埋、沤肥或烧毁；实施与非喜食蔬菜轮作；夏季深翻土壤高温闷棚。压低斑潜蝇发生基数，减轻为害。

（2）高温闷棚　用太阳能进行高温消毒杀虫。在夏秋季节，利用北方高温条件，在棚室闲置期，密闭大棚室通风口 7 天左右，使设施内最高气温达 60 ~ 70℃，杀死斑潜蝇。

（3）设置防虫网　防虫网设置方法同粉虱防治，只是防虫网密度宜选择30 ～ 40 目。

（4）悬挂诱虫板　悬挂方法同粉虱防治。

（5）药剂防治　药剂防治斑潜蝇掌握好用药时间。一般在低龄幼虫时期防治效果明显。通常植株在苗期 2 ～ 4 片叶或 1 片叶上有 3 ～ 5 头幼虫时，进行喷药防治。防治成虫一般在早晨晨露未干前，防治幼虫一般在上午 8 时 30 分至 11 时前施药效果最佳。可选用药剂有 10％吡虫啉 1 500 ～ 2 000 倍液，或 20％甲氰菊酯 2 000 倍液，或 5％顺式氰戊菊酯乳油 2 000 倍液，或 98% 巴丹原粉 1 500 ～ 2 000 倍液，或 1.8% 阿维菌素乳油 3 000 ～ 4 000 倍液，或 1% 增效 7051 生物杀虫素 2 000 倍液，或 5% 氟啶脲乳油 2 000 倍液等。

（三）菜粉蝶

菜粉蝶（*Pieris rapae* Linne），别名菜白蝶，幼虫又称菜青虫。属鳞翅目粉蝶科。分布整个温带，包括美洲北部一直到印度的北部。在国内各省均有发生，尤以北方发生最重，是大白菜、花椰菜、甘蓝、萝卜等十字花科蔬菜上的重要害虫，常年暴发成灾，造成严重的经济损失。

1. 为害特点

主要以幼虫为害蔬菜叶片，幼虫 2 龄前仅啃食叶肉，留下一层透明表皮，3 龄后蚕食叶片，形成孔洞或缺刻，严重时叶片全部被吃光，只残留粗叶脉和叶柄，造成绝产。菜青虫取食时，边取食边排出大量虫粪，污染叶片和菜心，降低蔬菜质量。3 龄前多在叶背为害，3 龄后转至叶面蚕食，4 ～ 5 龄幼虫的取食量占整个幼虫期取食量的 97% 以上。由于菜青虫为害造成伤口，易引起十字花科蔬菜软腐病的流行。

2. 形态特征

卵：竖立呈瓶状，高约 1mm，初产时淡黄色，后变为橙黄色。

幼虫：共 5 龄，体长 28 ～ 35mm，幼虫初孵化时灰黄色，后变青绿色，体圆筒形，中段较肥大，背部有一条不明显的断续黄色纵线，气门线黄色，每节的线上有两个黄斑。密布细小黑色毛瘤，各体节有 4 ～ 5 条横皱纹。

蛹：长 18 ～ 21mm，纺锤形，体色有绿色、淡褐色、灰黄色等；背部有 3 条纵隆线和 3 个角状突起。头部前端中央有 1 个短而直的管状突起；腹部两侧也各有 1 个黄色脊，在第二、第三腹节两侧突起成角。

成虫：体长 12 ～ 20mm，翅展 45 ～ 55mm，体黑色，胸部密生白色及灰黑色长毛，翅白色。雌虫前翅前缘和基部大部分为黑色，顶角有 1 个大三角形黑斑，中室外侧有 2 个黑色圆斑，前后并列。后翅基部灰黑色，前缘有 1 个不规则的黑斑，翅展开时与前翅后方的黑斑相连接。常有雌雄二型，更有季节二型的现象，随着生活环境的不同而其色泽有深有浅，斑纹有大有小，通常在高温下生长的个体，翅面上的黑斑色深显著而翅里的黄鳞色泽鲜艳；反之，在低温条件下发育成长的个体则黑鳞少而斑形小，或完全消失。

3. 生活史

菜粉蝶年发生世代数因地区和蔬菜栽培模式的不同而差异明显。我国东北、华北、西北地区 1 年发生 4 ~ 5 代，上海 1 年发生 5 ~ 6 代，长沙 1 年发生 8 ~ 9 代，广西 1 年发生 7 ~ 8 代。各地均以蛹越冬。越冬场所多在受害菜地附近的篱笆、墙缝、树皮下、土缝里或杂草及残株枯叶间。在北方露地栽培甘蓝等蔬菜，4 月中下旬越冬蛹羽化，5 月达到羽化盛期。羽化的成虫取食花蜜，交配产卵，第一代幼虫于 5 月上中旬出现，5 月下旬至 6 月上旬是春季为害盛期。2 ~ 3 代幼虫于 7 月至 8 月出现，此时因气温高，虫量显著减少。至 8 月以后，随气温下降，又是秋甘蓝、萝卜等蔬菜生长季节，有利于其生长发育。8 月至 10 月是 4 ~ 5 代幼虫为害盛期，蔬菜常受到严重为害，10 月中下旬以后幼虫化蛹越冬。在适宜条件下，卵期 4 ~ 8 天；幼虫期 11 ~ 22 天；蛹期约 10 天（越冬蛹除外）；成虫期约 5 天。在北方温室栽培，菜青虫可周年发生，没有明显越冬现象，年发生世代数较露地增加 1 ~ 2 代。

4. 生活习性

（1）成虫活动习性　菜粉蝶成虫晚上蛰伏，白天活动，尤以晴天中午更活跃。羽化的成虫取食花蜜，补充营养。

（2）产卵习性　成虫产卵时对十字花科蔬菜具有很强的趋性，尤以厚叶类的甘蓝、花椰菜着卵量最大，夏季卵多产于叶背面，冬季多产于叶正面。卵散产，每次只产 1 粒，每头雌虫一生平均产卵百余粒，以越冬代和第一代成虫产卵量较大。

（3）幼虫取食习性　初孵幼虫先取食卵壳，然后再取食叶片。1 ~ 2 龄幼虫有吐丝下坠习性，幼虫行动迟缓，大龄幼虫有假死性，当受惊动后可蜷缩身体坠地。幼虫咬食甘蓝叶片，2 龄前仅啃食叶肉，留下一层透明表皮，3 龄后转至叶面蚕食，4 ~ 5 龄幼虫进入暴食期。幼虫老熟时爬至隐蔽处，分泌黏液将臀足粘住固定，吐丝将身体包裹，再化蛹。

（4）寄主范围　菜粉蝶寄主范围广，喜食十字花科植物，其次是菊科、旋花科、百合科、茄科、藜科、苋科等8科35种植物，尤以偏嗜取食含有芥子油醣苷、叶表光滑无毛的甘蓝和花椰菜。

5. 影响发生因素

（1）温湿度与菜粉蝶发生的关系　温湿度与菜粉蝶的发育关系密切，温度决定菜粉蝶的发育速率和分布范围，湿度决定幼虫发生量的大小。在一定范围内，随着温度升高，菜粉蝶发育加快。卵的发育起点温度为8.4℃，有效积温56.4日度；幼虫的发育起点温度为6℃，有效积温217度日；蛹的发育起点温度为7℃，有效积温150.1日度。菜粉蝶幼虫发育的最适温度为20 ~ 25℃，相对湿度76%左右，与甘蓝类作物发育所需温湿度十分吻合。

（2）栽培模式与菜粉蝶发生的关系　在北方地区，一年四季分明，在露地栽培条件下，冬季由于低温胁迫，不适宜菜粉蝶幼虫的生长发育，使其进入休眠状态；而在温室栽培条件下，温度完全能满足菜粉蝶的生长发育，菜粉蝶可周年发生为害，发生世代数增加，为害期延长，为害加重。

（3）田间环境与菜粉蝶发生的关系　植株栽植密度大时，株行间郁闭，通风透光条件差，棚室潮湿时，均有利于菜粉蝶的发生，氮肥使用过多，生长幼嫩时，菜粉蝶发生严重。

（4）天敌与菜粉蝶发生的关系　菜粉蝶幼虫的天敌包括捕食性天敌和寄生性天敌。捕食性天敌是幼虫的重要天敌类群，但栽培季节对捕食性天敌影响比较大，不同栽培季节甘蓝田的捕食性天敌数量及优势种也不同。一般春甘蓝田天敌种类数较秋甘蓝多，但天敌数量秋甘蓝较春甘蓝多。调查研究结果表明，春甘蓝捕食性天敌有15种，其中捕食性昆虫4种，蜘蛛11种。中华跃蛛、八斑球腹蛛、草间小黑蛛、四斑锯蟹蛛、拟水狼蛛、异色瓢虫、三突花蛛和龟纹瓢虫数量较多，占捕食性天敌数量的90%以上。秋甘蓝田天敌有10种，其中捕食性昆虫2种，蜘蛛8种。八斑球腹蛛、草间小黑蛛、三突花蛛、叶斑圆蛛和拟水狼蛛数量较多。而八斑球腹蛛种群数量极为丰富，占捕食性天敌数量的60%以上。7月至8月因高温多雨，寄主缺乏，天敌增多，菜青虫虫口数量显著减少。秋季捕食性天敌数量减少，菜青虫数量增多，出现一年中的第二个发生高峰。

6. 防治措施

（1）合理布局　尽量避免十字花科蔬菜周年连作。在一定时间、空间内，切断其食物源。早春可通过覆盖地膜，提早春甘蓝的定植期，避过第二代菜青虫的危害。

（2）压低发生基数　十字花科蔬菜收获后，及时清除田间残株，消灭田间残留的幼虫和蛹，压低发生基数。

（3）防虫网阻隔防治　由于菜青虫抗药性产生快，药剂防治难度越来越大，利用棚室的骨架，在棚膜下设置 10 ～ 15 目防虫网，完全阻隔菜粉蝶迁入，可以不使用化学杀虫剂，即可有效控制菜青虫的危害。

（4）药剂防治　防治菜青虫药剂可选用 1.7% 阿维·高氯氟氰可溶性液剂 2 000 ～ 3 000 倍液，或 15% 阿维·毒乳油 1 000 ～ 2 000 倍液，或 2% 阿维·苏云菌可湿性粉剂 2 000 ～ 3 000 倍液，或高效 Bt 可湿性粉剂 750 ～ 1 000 倍液，或 20% 灭幼脲 1 号悬浮剂 1 000 倍液，或 25% 灭幼脲 3 号悬浮剂 1 000 倍液喷雾。喷雾防治时要注意抓住防治适期，在田间卵盛期，幼虫孵化初期喷药，于早上或傍晚在植株叶片背面正面均匀喷药，可有效防治菜青虫的危害。

（四）小菜蛾

小菜蛾［*Plutella xylostella*（L.）］，别名小青虫、两头尖、吊丝虫，是世界性迁飞害虫。食性较专一，主要为害甘蓝、紫甘蓝、青花菜、薹菜、芥菜、花椰菜、白菜、油菜、萝卜等蔬菜，是典型的十字花科蔬菜害虫。由于小菜蛾的自身生物学特点、适宜气候条件以及抗药性的增强，导致小菜蛾的为害呈逐年加重趋势。为害严重时可达到绝产的程度，全世界每年因此造成的损失和防治费用已高达 40 亿～ 50 亿美元。

1. 为害特点

初龄幼虫仅取食叶肉，留下表皮，在菜叶上形成一个个透明的斑，即“开天窗”，3 ～ 4 龄幼虫可将菜叶啃食成孔洞和缺刻，严重时全叶被吃成网状。在苗期常集中心叶为害，影响包心。在留种株上，为害嫩茎、幼荚和籽粒。

2. 形态特征

（1）卵　椭圆形，稍扁平，长约 0.5mm，宽约 0.3mm，初产时淡黄色，有光泽，卵壳表面光滑。

（2）幼虫　初孵幼虫深褐色，后变为绿色。末龄幼虫体长 10 ～ 12mm，纺锤形，体节明显，腹部 4 ～ 5 节膨大，雄虫可见一对睾丸。体上生稀疏长而黑的刚毛。头部黄褐色，前胸背板上有淡褐色无毛的小点组成的两个“U”字形纹。臀足向后伸超过腹部末端，腹足趾钩单序缺环。幼虫较活泼，触之，则激烈扭动并后退。

（3）蛹　长 5 ～ 8mm，黄绿色至灰褐色，外被丝茧极薄如网，两端通透。

（4）成虫　体长 6 ～ 7mm，翅展 12 ～ 16mm，前后翅细长，缘毛很长，前后翅缘呈黄白色三度曲折的波浪纹，两翅合拢时呈 3 个接连的菱形斑，前翅缘毛长并翘起如鸡尾，触角丝状，褐色有白纹，静止时向前伸。雌虫较雄虫肥大，腹部末端圆筒状，雄虫腹末圆锥形，抱握器微张开。

3. 生活史

小菜蛾在中国南至海南、北至黑龙江均有发生，发生世代数因地区和栽培模式的不同而差异较大。在北方地区露地栽培甘蓝 1 年发生 4 ~ 5 代，长江流域 1 年发生 9 ~ 14 代，华南地区 1 年发生 17 代。在北方以蛹在残株落叶、杂草丛中越冬；在南方和北方日光温室内终年可见各虫态，无越冬和滞育现象。1 年内为害盛期因地区的不同而不同，东北、华北、西北地区以 5 月至 6 月和 8 月至 9 月为害严重，且春季重于秋季。在新疆则 7 月至 8 月为害最重。在南方以 3 月至 6 月和 8 月至 11 月是发生盛期，而且秋季重于春季。成虫羽化后很快即能交配，交配的雌蛾当晚即产卵。雌虫寿命较长，产卵历期也长，尤其越冬代成虫产卵期可长于下一代幼虫期。在适宜条件下，卵期 3 ~ 11 天，幼虫期 12 ~ 27 天，蛹期 8 ~ 14 天，成虫期 11.8 ~ 46.4 天。

4. 生活习性

（1）趋光性　小菜蛾成虫具有较强的趋光性，昼伏夜出，白昼多隐藏在植株丛内，受惊扰时在株间作短距离飞行，日落后开始活动，以 17 时 ~ 23 时是上灯的高峰期。在生产上可利用这一习性进行灯光诱杀。

（2）避光习性　幼虫具有避光习性，初孵出的幼虫在叶片背面潜伏短暂的时间后，随即钻蛀进入叶片的上下表皮之间，蛀食下表皮和叶肉。

（3）产卵习性　成虫羽化后很快即能交配，交配的雌蛾当晚即产卵。卵多产于叶背叶脉附近，卵散产，偶尔 3 ~ 5 粒在一起。繁殖能力强，平均每雌产卵 250 粒左右，最多可达约 600 粒。产卵期长，从而造成世代重叠现象，增加了防治难度。

（4）幼虫取食习性　幼虫孵出后取食叶肉，2 龄后多在叶背取食，留下半透明的上表皮，3 龄后进入暴食期，可将叶片咬成孔洞，严重时仅剩叶脉，使甘蓝失去商品价值。幼虫较活跃，遇惊扰即迅速扭动并倒退或吐丝下坠，但稍静片刻又沿线返回叶片上继续取食。

（5）生态适应性强　冬天能忍耐短期 −15℃的严寒，在 −1.4℃的环境中还能取食活动。夏天能忍耐 35℃以上酷暑。体小，只需要有少量食物就能存活，易于躲避敌害。幼虫对食料质量要求极低，在发黄的老叶片上取食也能完成发育。

（6）生活周期短　小菜蛾生活周期较短，在最适温度条件（28 ~ 30℃）下，取食甘蓝完成 1 代最快仅需要 10 天，给防治带来很大困难。

5. **影响发生因素**

（1）食料条件与小菜蛾发生的关系　随着种植业结构调整，蔬菜生产发展迅速，尤其十字花科蔬菜种植面积逐年扩大，为食性相对专一的小菜蛾提供了丰富的食料，促使其严重发生。

（2）温湿度与小菜蛾发生的关系　小菜蛾发育的最适温度为 20 ～ 30℃，即春、秋两季。此时正值十字花科蔬菜生长期，十分有利于小菜蛾的大发生。在露地栽培条件下，降水量大对小菜蛾的发生有明显的抑制作用，主要表现为雨水的冲刷；而在设施栽培条件下，由于棚膜的屏障，避免了雨水的冲刷，有利于小菜蛾的发生。

（3）栽培模式与小菜蛾发生的关系　在北方地区露地栽培条件下，小菜蛾冬季缺乏食料，温度不适宜，发生期较长江以南地区短；而设施种植，由于环境的变化，其发生世代数塑料大棚较露地增加2 ～ 3代，日光温室增加4 ～ 5代。此外，设施栽培小菜蛾越冬死亡率低，翌年发生基数高，发生早而重。

（4）化学农药使用与小菜蛾发生的关系　一般情况下，化学农药使用量越大，使用次数越频繁，对小菜蛾种群杀伤力越大。但小菜蛾对农药易产生抗药性，且随着虫害的发生日益加重，菜农防治小菜蛾的用药量也在不断增加，小菜蛾抗药性仍在不断地发展，使防治更加困难，形成了用药量不断加大，小菜蛾种群数量随之增长、抗药性更易产生的恶性循环，从而导致了小菜蛾大发生。

6. **防治措施**

（1）合理轮作　尽量避免大范围内十字花科蔬菜周年连作，以免虫源周而复始，与莴苣、马铃薯等非喜食作物轮作，或与番茄间作，可抑制小菜蛾发生。

（2）诱杀成虫　利用小菜蛾成虫的趋光性，在成虫发生期的晚间在田间设置黑光灯诱杀成虫，一般每 10 亩设置一盏黑光灯，可诱杀大量小菜蛾成虫，减少虫源。

（3）利用性激素　利用人工合成的昆虫性激素诱杀小菜蛾，每亩放置 10 ～ 15 个诱芯，并且 7 ～ 10 天更换 1 次。

（4）药剂防治　防治小菜蛾可选用药剂有 25% 灭幼脲 3 号胶悬液 1 000 倍液 + 25 杀虫双水剂 500 倍液，或 2.5% 氟啶脲乳油 2 000 倍液 +25% 杀虫双水剂 500 倍液或 40% 菊杀乳油 2 000 ～ 3 000 倍液喷雾防治，或用 0.3% 苦参碱 500 倍液，或 BT 乳剂 600 倍液、甘蓝夜蛾核型多角体病毒 600 倍液喷雾防治。

（五）韭菜迟眼蕈蚊

韭菜迟眼蕈蚊属双翅目，眼蕈蚊科，是葱蒜类蔬菜的重要害虫，尤其喜食韭菜，其幼虫俗称韭蛆，是造成目前韭菜减产和农药残留超标的主要原因之一。主要为害韭菜、大葱、洋葱、小葱、大蒜等百合科蔬菜，偶尔也为害莴苣、青菜、芹菜等，分布于北京、天津、山东、山西、辽宁、江西、宁夏、内蒙古、浙江、台湾等地，是葱蒜类蔬菜的主要害虫之一。陕西保护地韭菜受害最重，其次为大蒜、洋葱、瓜类和莴苣，可造成韭菜产量损失 30% ~ 80%。

1. **为害特点**

幼虫生活在土壤表层，群集在韭菜地下部的鳞茎和柔嫩的茎部蛀食为害。初孵幼虫先为害叶鞘基部和鳞茎的上端；春秋季主要为害嫩茎，导致根茎腐烂。受害韭菜地上部分生长细弱，叶片发黄萎蔫下垂，最后韭叶枯黄死亡。夏季气温高时，幼虫向下移动，为害韭菜鳞茎，致使整个鳞茎腐烂，严重时整墩韭菜枯死。受害严重地块平均幼虫达 89.7 头 /m^2。

2. **形态特征**

韭菜迟眼蕈蚊（*Bradysia odoriphaga* Yang et Zhang），幼虫名为韭蛆，属双翅目长角亚目眼蕈蚊科迟眼蕈蚊属。成虫体长 2.0 ~ 5.5mm、翅展约 5.0mm，体背黑褐色，复眼相接，触角丝状，16 节，有微毛。前翅前缘脉及亚前缘脉较粗，足细长，褐色，胫节末端有刺 2 根。腹部细长，雄蚊腹部末端具 1 对铗状抱握器，雌虫腹末粗大，有分两节的尾须。卵椭圆形，乳白色，表面光滑，近孵化时一端有黑点。幼虫细长，圆筒形，长 7 ~ 8mm，无足，半透明，头部黑色。蛹为裸蛹，长约 3mm，直径 0.5 ~ 0.7mm，长椭圆形，初期黄白色，后转黄褐色，羽化前呈灰黑色，头铜黄色，有光泽。

3. **生活史**

韭菜迟眼蕈蚊在温棚栽培韭菜田 1 年发生 6 代，比露地增加 1 代。温棚栽培韭菜一般在 12 月上中旬扣棚，翌年 3 月份陆续揭棚，韭菜迟眼蕈蚊 4 月中旬至 6 月下旬为第一代，5 月下旬至 7 月下旬为第二代，6 月下旬至 9 月下旬为第三代，8 月下旬至 11 月上旬为第四代，9 月下旬至翌年 2 月上旬为第五代，1 月上旬至 4 月中旬为第六代，为越冬代。棚内温湿度适宜韭菜迟眼蕈蚊为害，12 月下旬至翌年 1 月中旬达为害高峰，以越冬代为主。据调查，此期间若不防治，会造成 10% ~ 40% 韭菜的被害，严重地块被害率达 60%；揭棚后，进行浇水管理的田块，韭蛆继续为害，3 月中下旬至 5 月初形成春季为害高峰，以第二、第三代为主。5 月至 8 月，保护地一般为韭菜养根季节，土壤含水量低，韭蛆发生量小。9 月份韭菜田恢复浇水后，韭蛆形成秋季为害高峰，以第四代为主。韭菜迟眼蕈蚊以老熟幼虫在韭菜鳞茎内或韭菜根际周围 3 ~ 4cm 表土层以休眠方式越冬，在保护地内则无越冬现象，可继续繁殖为害。韭菜迟眼蕈蚊发育到蛹期，几乎可以100%羽化为成虫。

4. 生活习性

成虫飞翔能力差，活动范围为10m左右，不取食，喜欢趋腐殖质，喜在弱光环境下生活，有趋光性和趋味性，上午9时至11时为活动高峰期，也为交尾高峰，夜间很少活动。雄虫有多次交尾习性，交尾后1 ~ 2天开始产卵，产卵趋向寄主附近的隐蔽场所，多产于土缝、植株基部与土缝间、叶鞘缝隙，堆产，少数散产，每雌可产卵100 ~ 300粒，雌虫不经交尾也可产卵但不能孵化，产完卵即刻死亡。幼虫孵出后，为害韭株叶鞘基部和鳞茎的地上部分，而后蛀入地下部分，在鳞茎内为害。老熟幼虫将要化蛹时逐渐向地表活动，多在近土表1 ~ 2cm处化蛹，少数在根茎内化蛹。田间韭菜迟眼蕈蚊幼虫呈聚集分布，分布的基本成分是个体群，其聚集性随密度的增加而增大。新鲜韭菜植株、大蒜乙醇提取物、大蒜素及多硫化钙对成虫有明显的引诱作用。

5. 影响发生因素

（1）温度与韭菜迟眼蕈蚊发生的关系　韭菜迟眼蕈蚊在15 ~ 30℃温度范围内，随着温度的升高发育历期缩短，存活率降低，成虫寿命也逐渐缩短。在20℃下卵期平均为5.5天，幼虫期10.9天，蛹期3.5天。从总的存活率来看，韭菜迟眼蕈蚊在10℃下存活率较高，为92.2%；20℃和15℃下次之，分别为78.4%和78.6%；25℃下存活率为73.1%；30℃下存活率最低，只有49.0%。不同温度条件下其死亡主要集中在卵期、幼虫阶段。相同温度下雄成虫的寿命较雌成虫略长。雄成虫的寿命在10℃时最长为7.3天，几乎是30℃时的4倍，25℃、20℃时为4.7天，15℃时为5.3天。雌成虫在10℃时平均寿命为7.7天，几乎是30℃和25℃时的5倍；20℃、15℃时寿命分别为4.0天和4.3天。单雌产卵量在20℃时平均可达249.3粒。30℃以上高温高湿的环境有的只产几粒卵甚至不产卵便死亡。幼虫的垂直分布随土壤温度的季节变化而变化，春秋上移，冬夏下移。这是春秋季发生严重的原因之一。

（2）湿度与韭菜迟眼蕈蚊发生的关系　幼虫性喜潮湿，土壤湿度以20% ~ 24.7%最为适宜。土壤湿度过大和干燥不利于各虫态的存活和发育。同时，土壤湿度对韭菜迟眼蕈蚊的发生也较为敏感，夏季由于高温、土壤干湿不匀，对韭菜迟眼蕈蚊的发生极为不利；冬季如采取薄膜覆盖，土壤湿度适合于韭菜迟眼蕈蚊的发生和为害。

（3）土壤质地和施肥与韭菜迟眼蕈蚊发生的关系　土壤质地和施肥种类水平

与虫口密度有密切的关系，中壤土发生最多，虫口密度平均达到 200 头 /m^2；轻壤土 60.7 ～ 89.7 头 /m^2；沙质土壤 36.8 头 /m^2。凡施用未经腐熟的有机肥特别是饼肥之类易发生，施肥水平高的发生也偏重。曾有实验表明，成虫对未腐熟的粪肥没有趋性，因此施肥与韭蛆的发生为害关系十分密切。

（4）连作年限与韭菜迟眼蕈蚊发生的关系　韭菜是多年生宿根蔬菜，如果管理得当，可连续采收 10 年。但连作为韭蛆提供了丰富的食物，虫量逐渐累积致使为害逐年加重，通常 1 年和 2 年的韭菜韭蛆发生较轻，3 年以上的韭菜韭蛆为害严重。

6. 防治措施

（1）糖醋液诱杀　5 月上旬至 6 月下旬为 1 期，9 月上旬至 9 月下旬在韭菜田使用糖、醋诱杀（糖:醋:水比例为 1.5∶1.5∶7），用口径 40 ～ 50cm 的陶盆或瓷盆装诱杀液，盆底离地面 1m 左右，用木桩或砖墩固定好盆。离盆口 30cm 的正上方设置 40w 灯泡，每晚开灯 2h，每亩韭菜田放置 2 ～ 3 盆，不设置灯泡的放 4 ～ 5 盆，放盆位置离韭菜地 5m 外，每隔 2 ～ 3 天加 1 次诱杀液，加液后滴 1 ～ 2ml 菜油，增加诱杀效果。受自然条件限制较大，露天种植效果不佳，对成虫无效。

（2）日晒高温覆膜法　中国农业科学院蔬菜花卉研究所提出日晒高温覆膜防治韭蛆的新方法。即：在 4 月下旬至 9 月中旬，选择光线强烈的晴天，割除韭菜，覆盖厚度为 0.008 ～ 0.012mm 浅蓝色无滴膜，四周用土壤压严，待膜内土壤 5cm 深处温度 40℃以上持续 3h，揭开塑料膜，韭蛆的幼虫、卵、蛹、成虫均可死亡。

（3）合理轮作　韭菜与韭蛆非喜食蔬菜进行轮作 3 年，减少虫源的积累对韭蛆具有明显防治效果。

（4）春季晒根　根据韭蛆生长发育的适宜温度，在春季土壤解冻至韭菜萌发前或秋季韭菜扣棚前，对韭菜进行晒根。用土铲将韭菜畦表土挖开翻晒，或对韭菜进行划锄，使其在 −4℃低温、晴天日照的环境条件下暴露，经过 5 ～ 6 天，韭蛆自然冻死、晒死、干死。该方法利于韭菜断根，促进生长。但仅对地表 10cm 以上的韭蛆有显著防治效果，费工费时，在生产中推广受到一定影响。

（5）悬挂粘虫板　利用韭菜迟眼蕈蚊趋黄性，在成虫发生盛期将黄板悬挂于韭菜上方，对其进行诱杀，设置高度 45 ～ 65cm，以每亩悬挂 20cm×25cm 粘虫板 60 块。该方法操作方便，在设施种植条件下，诱杀成虫效果明显。但受自然条件限制较大，露天种植效果不佳。对韭蛆无效。

（6）覆盖防虫网阻隔　覆盖防虫网对韭蛆成虫起到有效的隔离作用。在成虫羽化出土前，将韭菜田加盖棚架式结构的 30 目防虫网，高度不低于 1.5m，可设内外 2 层门，四周压严压紧，接好缝，以防止成虫飞入产卵。

（7）生物药剂防治　目前防治效果较好的生物源农药有 0.3% 印楝素乳油 400ml/ 亩、1% 苦参碱可溶性液剂 2 000ml/ 亩、苏云金杆菌 5 ～ 6kg/ 亩、400 亿孢子 /g 球孢白僵菌可湿性粉剂 120g/ 亩。

（8）化学药剂防治　可选用的化学药剂有 2.5% 溴氰菊酯 1 500 ～ 2 000 倍液，或 20% 杀灭菊酯乳油 1 000 ～ 1 500 倍液，或 10% 吡虫啉可湿性粉剂 2 000 ～ 2 500 倍液，或 20% 啶虫脒可湿性粉剂 3 000 ～ 4 000 倍液。

第八章
陕西省蔬菜包装、贮藏与销售

导读：蔬菜是一类水分含量高的鲜活农产品，科学的贮藏包装是保持蔬菜新鲜度和高品质的重要措施。销售是实现蔬菜商品化获得生产效益与收入的途径。蔬菜采摘后由于其旺盛的呼吸、微生物的活动及水分的蒸发作用，很容易出现变质和腐烂等现象。若在采摘运输和贮藏过程中没有采取适当的保鲜措施，会导致蔬菜品质下降，造成不必要的损失。因此，为了减少蔬菜采摘后季节性短缺和腐败浪费，必须重视蔬菜采摘后的流通、包装、贮藏、运输环节。本章主要介绍了陕西蔬菜包装运输、贮藏销售的方法与途径和陕西蔬菜销售的市场情况。

第一节　陕西省蔬菜包装运输方法

一、蔬菜包装

包装是蔬菜产品实现标准化和商品化的重要手段，通过包装，确保流通过程中安全运输、方便贮运，促进销售、提高价值。

（一）包装要求

1. 保护产品免受机械伤

包装可以减少蔬菜在商品处理和流通销售环节中的机械损伤，对蔬菜具有保护作用。根据蔬菜的采收品质、价值、货架期等选用相应的包装形式与包装容器，容器内根据需要可以加设适当的缓冲衬垫、隔挡件等。

2. 方便贮运

包装应有足够的强度承受堆叠压力，包装件结构尺寸应注意运输工具的装载率，最大限度地利用装载空间。同时，还应具有耐贮藏库高湿的特性，大包装一般为塑料箱或高强度的瓦楞纸箱。小的消费包装则以塑料薄膜袋或泡沫托盘加保鲜膜，既便于销售和贮藏在家庭冰箱的货架上，又能保护产品品质。

3. 阻止水分丧失

新鲜蔬菜在采后贮运销售环节中容易失水萎蔫。在贮运过程中产品周围应维持高湿环境，尽量减少水分损失。包装时加塑料膜垫可以起到部分阻隔水汽的作用，在塑料包装箱上设置通风口，不仅满足气体交换需要，同时保持较高的饱和湿度。瓦楞纸箱的内表面选用阻气的聚乙烯蜡层，也有很好的阻止水分散失作用。不开孔的内层塑料包装在阻碍水蒸气散失时，也阻隔了所有的通风换气，而在内包装塑料袋上开孔，可以保证强制通风冷却时的效果，又能减少水分散失。

（二）包装类型

根据使用目的不同，蔬菜包装可分田间包装、运输包装和销售包装。运输包装又叫大包装或外包装，销售包装也叫小包装或内包装。

1. 田间包装

田间包装也叫包装场所包装，一般有两种形式，一种是生产者或经营者设置的临时性或永久性的包装场，规模较小，多进行产品包装；另一种是在商业部门或者经营单位设置的永久性包装场，规模较大，设施齐全，多进行商品包装。包装场所选择的原则是靠近产地、交通便利、地势高燥、场地开阔，同时还应远离能够散发刺激性气体或者毒气的工厂等污染源。

2. 运输包装

运输包装是为满足运输要求而进行的商品包装，具有保护商品、方便贮运、装卸等作用。运输包装要求设计用量少，容积大，包装时对商品合理排列、节省容积，主要有如下方法。

（1）集合包装　集合包装是在单件包装的基础上，把若干单件组合在一起，以适应港口化机械作业的要求。集合包装的方式主要是采用集装箱包装，重量在 5 ～ 10 吨，需要空调装置、冷藏设备。具有装运快、减少装卸环节、交接手续方便等优点。但要求有专用码头、车站，配备相应的机械、设施、车辆等，为实际操作带来一定的限制。

（2）托盘组合包装　托盘用木材、塑料、铝合金、钢材等制成，是一种搬运工具。托盘的下边有插口，供铲车的铲叉插入，将包装好的蔬菜放在托盘上进行装卸，每组托盘包装 1 ～ 1.5 吨。

托盘组合包装的优点在于装卸和堆码方便，便于在仓库中堆码，可有效保护商品，提高工效、简化包装、促进包装标准化。

3. 销售包装

销售包装分为批发包装和零售包装两种，因为随商品一同出售给消费者，与消费者直接见面，因此要求造型设计、包装装潢和文字说明必须经过精心设计。

（1）批发包装　总的要求是净重尽可能地大，承重效果好，商标和外观突出明显，手工搬运方便。

净重尽可能大，不但可以节省包装材料和费用，还有一个十分重要的原因，即很多批发市场的搬运是由专业的搬运公司承包的，这种搬运公司都以件收费，不论重量的大小，净重小无疑增加了蔬菜经营者的负担。

一般批发市场的档口面积都很有限，堆码的层数都尽可能地高。甚至高于海运集装箱的高度，这就要求包装箱的承重效果达到一定的要求，以防止下层塌箱。

商标和外观图案要求明显，在批发市场，垛起的产品，箱体图案、色泽所传达的不但是产品本身的信息，更应该表达该产品的生产经营者的品牌和声誉。这种广告效应会比通过媒体发布更直接、更有效。

手工搬运方便，就要求包装箱的两侧留有手孔。同时，单箱毛重不大于搬运者的最大承受能力。这与上面提到的单箱净重尽可能大相矛盾，但需要注意的是如果单箱重量超过了搬运工的承受能力，会大大降低搬运效率，摔箱和碰撞机会大大增加，产品的伤害损耗也随之增加。

（2）零售包装　零售包装会根据蔬菜的大小、质地、承重来选取不同的包装材料进行包装。零售包装要求美观，商标和外观突出明显，便于消费者携带，对蔬菜有一定的装纳、保护作用。零售包装的种类材料有很多：包装塑料袋、保鲜膜、PET 一次性托盘、网袋等。

①塑料袋　材料为 PE、OPP 等新材料。包装规格根据蔬菜大小定制而多种多样，装载产品的重量一般为 500 ～ 2 000g。过重不便于消费者携带，过轻不满足消费者的消费需求。包装塑料袋一般有气孔，便于蔬菜通风换气，防止因耗尽氧气而加快蔬菜腐败，有的包装袋上还配有自封口，便于商家包装。一般用于包装一些精品叶菜、购买量小的蔬菜，如菠菜、茼蒿、大葱、香菜等。

②保鲜膜　材料为 PE、PVDC 等，一般宽度为 20 ～ 30cm，长度 1 000cm。可以直接在不同形状大小的蔬菜上进行覆盖包装。可以保湿保鲜、便于包装携带。一般会配置一台保鲜封膜机使用。一般保鲜膜用于包装一些散称的蔬菜，如大白菜、油麦菜等。

③ PET 一次性托盘　材料是 PET，规格多样，一般使用的规格有 21cm × 16cm × 4cm，将蔬菜排放在托盘上再用保鲜膜覆盖。一次性托盘便于消费者速选，又便于摆放上货架，具有美观、大方的特点。一般适用于精品瓜类、菌类等形状便于排列整齐的蔬菜，如黄瓜、豆芽、金针菇、山药等。

④网袋　材料一般为 PE，可装载产品的重量一般为 1 ～ 3kg。网袋或网兜通气性好，又便于装纳，适用于一些果实类蔬菜，如番茄、菜豆等。

⑤泡沫塑料箱　泡沫塑料箱是近几年出现的一种外包装形式，它是用聚苯乙烯发泡制成，不但具有良好隔热性和缓冲性，而且重量轻、成本较低。与材料厚度相同的瓦楞纸箱相比，泡沫塑料箱的隔热性能为常用瓦楞纸箱的 2 倍。如果再考虑泡沫塑料箱气密性高的特性，其隔热性能比瓦楞纸箱更高。

（三）包装容器及材料

（1）采收篮　材料有柳条、竹器，内衬软布。篮子的深度不宜过大，一般以 20cm 为宜，大小以装载产品的重量不超过 5kg 为好。过深会造成下部蔬菜的损伤，过重会使采摘工人负担过重，影响采收质量。采收篮一般有较高的篮把，以便于采果工人背在肩上，或担在扁担上，方便采收。

（2）采收筐　采收筐一般是由塑料或竹条制成。其中，塑料筐以铁耳斜形筐最好。这种采收筐的空筐可以叠放，便于周转。筐体的强度高，周转次数多。采收筐装载蔬菜产品的净重在 15 ～ 20kg。一般放置在地上。采收筐也可以作为产地周转筐使用。

（3）木箱　由木板、条板、胶合板或纤维板等为材料制成的各种规格的长方形箱，其中以木箱弹力大、耐压、抗湿。但由于自重较大、价格高、应用受到限制，纤维板箱重量轻、价格低廉，但在潮湿的贮藏库中易吸水而失去强度，其堆码高度受到很大限制。如果地板用质地较硬的材料，箱内分割，箱外衬垫，箱壁用树脂或石蜡涂被，以防止吸水，也可以增加箱的坚固性。

（4）纸箱　纸箱是当前全世界果蔬包装的主要容器，尤其瓦楞纸箱具有经济、牢固、审美、食用等特点，在果蔬包装销售及外贸上广泛使用。瓦楞纸箱有以下优点：一是可以工业化生产，品质有保证。二是自重轻、使用前可折叠平放、占空间小且便于运输。三是具有缓冲性、隔热性以及良好的耐压强度，容易印刷，废旧品处理方便等。由此可见其具备作为包装材料的最适条件。瓦楞纸箱从结构上分有单瓦楞、双瓦楞和三层瓦楞等几种，可根据不同产品对强度的不同要求加以选用。瓦楞纸箱的缺点是抗压力较小，贮藏环境湿度大时容易吸潮变形。

（5）塑料箱　塑料箱是蔬菜贮运和周转中使用较广泛的一种包装容器。可以用多种合成材料制成，最常用的是较硬的高密度聚乙烯制成的多种规格的包装箱。塑料箱强度大、箱体结实，能够承受一定的挤压、碰撞压力，使产品能堆码至一定高度，提高贮运空间的利用率，且原料易得、便于工厂化生产，可根据需要制成多种标准化的规格，外表光滑、易于清洗，能够重复使用，因此，塑料箱是蔬菜传统包装容器的替代物之一。

（6）网袋　用天然或者合成纤维编制而成的网状袋子，规格因包装产品的种类而异，多用于马铃薯、洋葱、大蒜、胡萝卜等根茎类蔬菜的包装。网袋包装较之传统的麻袋包装费用低、而且轻便还可以回收利用。但是，它保护产品损伤的功能很低，只能用于抗损伤能力较强、并且经济价值较低产品的包装。

（7）大型周转包装箱　指将产品从采收后集中在一起的包装，一般放置在地头的机动车道路旁，高度在 600 ～ 800cm，容积都大于 $1m^3$。

大型周转包装箱以塑料箱为主，分箱体四壁通透和密闭两种。周转包装箱的内壁需要用软布或发泡塑料衬垫。箱底必须为无孔的密闭板，以防止下层产品压

伤。通透的箱体通风良好，但有可能造成与四壁接触的产品损伤，适合较耐挤压的，且呼吸强度较高的产品使用。密闭箱体可以减少挤压损伤，但对于常温下呼吸强度过高的产品，会引起箱体中部呼吸热积累，产品的温度升高。解决的方法是在箱体中部竖直放置一个或多个多孔通风管。

大型周转包装箱的底部为叉车卡板结构，便于叉车搬运。四柱为等腰直角三角形界面，能承受 4 ~ 5 层或更多层箱的承重能力。箱顶和箱底设计成可以叠放并固定的结构，以便多层叠放后稳固，使周转箱可以在包装加工厂和冷库中尽量集约化占地。

目前，由于我国的蔬菜生产农场较小，机械化装备薄弱，这种大型周转包装箱很少使用。其优势必须在规模化生产和机械化运作的前提下才能发挥出来。

（四）包装方法

1. 塑料薄膜包装

选择具有适当透气性、透湿性的薄膜，可以起到简易气调效果；可与真空充气包装结合进行，以提高包装的保鲜效果。这种包装方法要求薄膜材料具有良好的透明度，对水蒸气、氧气、二氧化碳透过性适当，并具有良好的封口性能，安全无毒。

2. 浅盘包装

将果蔬放入纸浆模塑盘、瓦楞纸板盘、塑料热成型浅盘等，再采用热收缩包装或拉伸包装来固定产品。这种包装具有可视性，有利于产品的展示销售。芒果、白兰瓜、香蕉、嫩玉米穗、苹果等都可以采用这种包装方法。

3. 打孔膜包装

密封包装果蔬时，某些果蔬包装内易出现厌氧腐败、过湿状态和微生物侵染，因此，需用打孔膜包装以避免袋内 CO_2 的过度积累和过湿现象。许多绿叶蔬菜和果蔬适宜采用此法。在实施打孔膜包装时，穿孔程度应通过实验确定，一般以包装内不出现过湿所允许的最少开孔量为准。这种方法也称有限气调包装。

4. 简易薄膜包装

常用 PE 薄膜对单个果蔬进行简单裹包拧紧，该方法只能起到有限的密封作用。

5. 硅窗气调包装

用聚甲基硅氧烷为基料涂覆于织物而制成的硅酸膜，各种气体具有不同的透过性，可自动排除包装内的 CO_2、乙烯及其他有害气体，同时透入适量 O_2，抑制和调节果蔬呼吸强度，防止发生生理病害，保持果蔬的新鲜度。一般根据不同果蔬的生理特性和包装数量，选择适当面积的硅胶膜，在薄膜袋上开设气窗黏结起来，因此称之为硅窗气调包装。

二、蔬菜运输

蔬菜采收后，除了就地供应外，大量的运输至更远的城乡超市、批发市场集中销售，有的甚至远销海外。在运输过程中气候条件变化莫测，因而，需要加强管理，尽量满足运输中的需求。

（一）基本要求

1. 快运快装

蔬菜采收之后要根据蔬菜的种类，运输距离的长短以及运输工具的不同，在对蔬菜进行预冷、药剂处理、包装后尽量缩短运输时间，尽快到达目的地进行装运。否则，由于蔬菜的生命活动，会不断的消耗体内储藏的营养物质，降低品质。

2. 轻装轻卸

绝大部分蔬菜含 80% ~ 90% 的水分，属于新鲜易腐性货物，在搬运、装卸过程中出现挤压、碰撞、跌落等情况容易造成蔬菜破损，导致呼吸作用增强，甚至腐烂。所以，在蔬菜的运输过程中要轻装轻卸，做好防碰、防震等措施。

3. 通风防热

蔬菜运输一定要采用通风装载，堆码不宜过高，堆间应留有适当的空间，以便通风。如用棚车、敞车运输，可将棚车门窗开启，或将敞车侧板吊起。

4. 车辆消毒

装菜之前，车辆仔细清扫，彻底消毒，确保卫生。

5. 不宜混装

因各种蔬菜所产生的挥发性物质互相干扰，影响运输安全。尤其是不能和产生乙烯的菜（如番茄）装在一起。由于微量的乙烯也可能使其他菜早熟，如辣椒会过早变色；乙烯也会损伤莴苣和胡萝卜，使莴苣发生锈斑，使胡萝卜产生苦味。

（二）运输方式及工具

1. 运输方式

根据运输线路不通，蔬菜运输可分为陆路运输、铁路运输和冷藏集装箱运输 3 种。

（1）陆路运输　由于高速公路的发展，采用汽车运输易腐蔬菜，具有快速灵活、装卸方便的优点。因而各种类型的公路冷藏车应运而生，如冷藏汽车，在底盘上安装隔热良好的车厢，容量 4 ～ 8 吨，车厢外装有机械制冷设备，也可以在车厢内加冰冷却，这种车辆宜于短途运输，近来又发展了平板冷藏拖车，是一节单独的隔热拖车车厢，车轮在车厢底部的一端，另一端挂在卡车或拖拉机上牵引行进，其好处是移动方便，灵活而经济，既可用汽车牵引在公路上运输，又可停放在平板火车上作远距离运输。

（2）铁路运输　铁路运输是我国易腐产品运输的主要形式之一，具有运输量大、速度快、运输费低等优点。目前，我国在铁路运输中除采用无温度调节控制设备的普通棚车外，主要是使用有控温设备的保温车。所谓保温车，是采用机械制冷和加温，可以满足蔬菜运输时对温度的要求。装载量可达 500 ～ 600 吨。

（3）冷藏集装箱运输　集装箱是现代运输技术的新发展。冷藏集装箱则是在集装箱的基础上，增加制冷装置，用来装新鲜易腐产品，使用时比前面叙述的几种公路冷藏车更为方便。一般车厢长 6.9 ～ 12m，容量为 20 ～ 40 吨。从产地装满产品后，可以不动内部产品进行公路和铁路的交换运输，既节省人力、时间，又保证产品质量，是现代运输工具中的一大革新。

2. 运输工具

蔬菜运输工具多种多样，根据不同运输方式选择不同的运输工具。

（1）公路运输

①普通汽车或箱式汽车　普通汽车或厢式汽车与冷藏汽车比较具有费用低、装载量大的优点，但普通汽车运输的蔬菜质量很难保障，长途运输更是如此。

普通汽车运输蔬菜要注意下面几点：一是防超载。超载运输对蔬菜的质量有较大的影响，特别是下层的产品挤压及长途运输过程中的振动，虽表面无损伤，但大型瓜果内部都会出现裂伤。二是防冻害。陕西的冬季，气温一般都在 0℃以下，产品容易发生冻害。蔬菜在低温下产生的呼吸热很少，根本不足以抵御空气的寒冷。需用棉絮、草帘在车的上下四周垫盖防寒，运输时间选在一天温度最高的白天。三是防高温。陕西的夏季，气温可达 30℃以上，利用货车运输，蔬菜的质量会迅速下降。应对运输产品预冷，减少田间热；夜间运输，防止暴晒；向货车箱顶部不断淋水，以降低温度；产品用稳固而又通风的容器盛装；确保车厢四周通风透气性良好。四是防淋雨。不论什么季节，雨淋对包装容器的支持力和产品的质量影响都很大，因此要注意防止。五是选择道路。公路运输的道路选择十分重要，低等级的公路或正在修建的公路不但行车速度慢、容易塞车，而且车辆振动剧烈，容易引起机械伤从而降低产品质量。应尽可能走高等级公路或高速公路。

公路运输的安全问题十分重要，避免车祸发生，减少损失和防止伤亡对经营者十分重要。一般长途运输要求有三人同行，两位司机轮流驾驶车，一位具有保鲜运输技术的人员负责产品的质量保证工作。

②保温汽车　在一般卡车的底盘上安装隔热良好的车厢，不设冷源。这种车所装载的货物必须预冷，并且不能长距离运输，以免升温过快。保温汽车的设计，一定要注意顶盖和箱底的保温层加厚。因为夏季的顶盖外部，在热日的暴晒下温度可达 50℃以上；而下部受公路的长期烤烫，温度也很高。在保温车厢的外面刷上白色的油漆，可以有效地反射辐射热，减少升温。

③冷藏汽车　在卡车的底盘上安装隔热良好的车厢，在车厢外安装制冷设备，来维持车内的低温条件。

一般冷藏车没有加湿设备。有的厂商安装了加湿器，可对运输环境进行加湿，但高湿环境会降低包装纤维板的强度。运输最适湿度要综合考虑产品失水和包装材料支撑力，使它们受影响最小。

平板冷藏拖车可以在产地包装场载满产品后，用汽车牵引到铁路站台，安放在平板火车上，运到销售地火车站后，再用汽车牵引到批发市场或销售点。这一系列过程无需机械化的装卸设备，大大节省了时间，减少了产品的搬运装卸次数，避免机械损伤，经历的温度变化小，对保持产品的质量、提高销售价格十分有利。

冷藏汽车运输，一般费用较昂贵，所以装载较满。这就会出现一个车厢内温度均衡的问题。因为目前，我国生产的冷藏汽车的模式大多仿照活动冷库设计。在车头装备蒸发器，冷气从上方直吹，下部的产品要靠缓慢的传导降温。势必导致下层的温度偏高而上层易发生冻伤。冷藏车可以利用旧的制冷集装箱改装，而制冷集装箱的送风是从底部的风道均匀送风，冷却效果有了很大改善。

（2）铁路运输

①普通棚车　在新鲜蔬菜运输中普通棚货车仍为重要的运输工具。车厢内没有温度调节控制设备，受自然气温的影响大。车厢内的温度和湿度通过通风、草帘棉毯覆盖、炉温加热、夹冰等措施调节。毕竟土法保温难以达到理想的温度，常导致蔬菜腐烂损失严重，损失率随着运程的延长而增加。

②通风隔热车　隔热车是一种仅具有隔热功能的车体，车内无任何制冷设备和加温设备。在货物运输的过程中，主要依靠隔热性能良好的车体的保温作用来减少车内外的热交换，以保证货物在运输期间温度的波动不超过允许的范围。这

种车辆具有投资少、造价低、耗能少和节省运营费等优点，在国外已得到广泛运用。

当前陕西新鲜蔬菜的运量增长快，运能与运量的矛盾尖锐。采用隔热车，在运量相对集中的季度和部分短途运输中是很合适的，既缓和了运输工具不足的矛盾，又能减少铁路运营支出而降低运输费用。蔬菜在许多情况下，是以未预冷的状态运输的，这就要求隔热车应具有良好的通风性能，即应成为“通风隔热车”。青椒、菜花、番茄运输允许温度和时间范围比较广，呼吸强度较低，用通风隔热车运输的效果好；黄瓜、芹菜、韭菜运输允许温度和时间范围比较窄，呼吸强度高，不适于用通风隔热车运输，但芹菜、韭菜能忍受0℃的低温，用在车内加冰等辅助措施可以提高运输效果。

③冷藏车　冷藏车的特点是：车体隔热，密封性好，车内有冷却装置，在温热季节能在车内保持比外界气温低的温度，在寒季还可以用于不加冷的保温运送或加温运送，在车内保持比外界气温高的温度。目前的冷藏车有加冰冷藏车、机械冷藏车和冷冻板冷藏车。

加冰冷藏车（冰保车）：通过向车厢顶部的冰箱内加冰和车体隔热层的保温作用来使车厢内的运输产品保持恒定的温度。

我国的加冰冷藏车均为国产车，现在以B6型车顶冰保车为主。该种车车体为钢结构，隔热材料为聚苯乙烯，顶部有7个冰箱（其他冰保车为6个冰箱）。运输货物时冰箱内加冰或加冰盐混合物，通过冰吸热融化而控制车内低温条件。加冰量或冰盐混合比例，根据货物对温度的不同要求而定。在铁路沿线定点设加冰站，使车厢能在一定时间内得到冰和盐的补充，维持较为稳定的低温。

加冰站的制冰设备多用制冰池和冰桶，冰桶中的水在制冰池中冻结成冰，冰质量在25 ~ 50kg，存放在贮冰库，使用时将冰破碎。

冰保车的缺点是盐液对车体和线路腐蚀严重，车内温度不能灵活控制，往往偏高或偏低，沿途需补加冰盐，而且车辆重心偏高，不适合高速运行。

在寒冷季节，车厢内可利用加温设备升温，以防产品遭受低温伤害。

机械冷藏车（机保车）：采用机械制冷或加温，配合强制通风系统，能有效控制车厢内温度，而且装载量比冰保车大大增加。

我国现用的机保车，仅B19型是国产，其他多为进口车，B18、B20、B22型均从德国进口，以B22型性能最好。

B19型机保车每列只有5节车厢，即1辆机械车和乘务车，4辆冷藏车。而大型冷藏列车车厢多，制冷、供电量大，则可将发电机车、制冷机械车、乘务车分开。

机保车由于使用制冷机，可以在车内获得与冷库相同的低温，在更广泛的范围内调节温度，有足够的能力使产品迅速降温，并保持车内均匀的温度，因而能更好地保持易腐货物的质量。机保车备有电源，便于实现制冷、加温、通风、循环、融霜的自动化。由于运行途中不需要加冰，可以加快货物送达，加快车辆周转。与冰保车相比，机保车存在着造价高、维修复杂、需要配备专业乘务人员和维修运用段等缺点。

（3）集装箱运输

集装箱既省人力、时间，又保证产品质量，其突出的特点是：抗压强度大，可以长期反复使用；便于机械化装卸，货物周转迅速；能创造良好的贮运条件，保护产品不受伤害。

集装箱规格很多，我国 1 000kg 集装箱的规格为：外部尺寸 900mm × 1 260mm × 1 144mm，内容积 1.3m^3，箱体自重 186kg，载重 814kg，总重 1 000kg。

集装箱的种类很多，按材料分有铝合金集装箱、玻璃钢集装箱、钢制集装箱等。按结构分有折叠式集装箱、薄壳式集装箱、内柱式与外柱式集装箱等。按功能分有普通集装箱、冷藏集装箱、冷藏气调集装箱、冷藏减压集装箱等。

在普通集装箱的基础上增加箱体隔热层和制冷设备，即成为冷藏集装箱。冷藏集装箱是专为运输新鲜食品（如新鲜蔬菜、鱼、肉等）而设计的。国际冷藏集装箱的规格为：外部尺寸 6 058mm × 2 438mm × 2 438mm，内部尺寸 5 477mm × 2 251mm × 2 099mm，门 2 289mm × 2 135mm，内容积 25.9m^3，箱体自重 2 520kg，载重 17 800kg，总重 20 320kg。

冷藏集装箱可利用大型拖车直接开到蔬菜产地，产品收获后直接装入箱内降温，在短期内即处于最佳贮运条件下，保持新鲜状态，直接运往目的地。这种优越性是其他运输工具不可比拟的。

（三）运输条件的控制

运输中温度、湿度、气体、微生物等环境条件对蔬菜品质的影响，与在贮藏中对蔬菜品质影响的情况是基本类似的。但是，运输环境是运动着的环境，还应当着重考虑运动环境的特点及对蔬菜品质的特别影响。所以运输可被视为在特殊环境下的短期贮藏。

1. 温度

蔬菜腐烂的主要原因是蔬菜的呼吸作用，蔬菜的呼吸强度与环境温度有很大的关系，环境温度愈高，蔬菜的呼吸强度愈大，导致蔬菜变质腐烂也愈快，蔬菜贮放的保质保鲜期也愈短。因此，温度是运输中最受关注的环境条件之一。对温度的控制，在蔬菜运输环节尤为重要。

蔬菜运输可分为常温运输及冷藏运输两类。在运输中，呼吸热的积累常成为一个重要因素，因为蔬菜产品装箱和堆码紧密，热量不易散发。在常温运输中，蔬菜产品的温度很自然地受着外界气温的影响。如果外界气温高，那么由于受呼吸热及外温的共同影响，蔬菜温度一旦上升，就不容易降下来，导致蔬菜大量腐烂。

在冷藏运输中，由于堆垛紧密，冷气循环状况不理想，未预冷的蔬菜冷却速度很慢，而且各部分的冷却速度也不均匀。如果没有预冷，在运输的大部分时间中，蔬菜温度都比要求的温度高。运输要经过很长时间后蔬菜才能降至指标温度。

根据对运输温度的要求。可把蔬菜分为 4 大类：

第一类，适于低温运输的蔬菜。最适条件为 0℃，相对湿度为 90% ~ 95%。绝大部分根茎、叶菜，如白菜、菠菜、菜花、芹菜、胡萝卜，其为喜凉蔬菜（原产于温带、寒带），适宜的存放温度为 0 ~ 2℃，不能低于 0℃。

第二类，适合 10℃温度的蔬菜。番茄、柿子椒、豇豆等蔬菜，适宜存放温度一般在 10℃。

第三类，对冷害敏感的热带、亚热带蔬菜。最适温度常在 10 ~ 18℃，如黄瓜、青番茄、南瓜等。

第四类，对高温相对不敏感的蔬菜。适于常温运输，如葱头、大蒜等。

2. 湿度

在低温运输条件下，由于车厢的密封和产品堆积的高度密集，运输环境中的相对湿度常在很短的时间内将接近 100%，且在运输期间将一直保持这个状态。一般而言，由于运输时间相对较短，这样高湿度不至于影响蔬菜的品质和腐烂率。此外，如采用纸箱包装，高湿度会使纸箱大量吸湿，导致纸箱强度下降，堆积强度降低，包装内蔬菜更易受伤。

3. 气体成分

在常温运输中蔬菜纸箱内气体成分的变化都不大。在低温运输中，车厢体的密闭会使运输环境中会有 CO_2 的积累。但从总体来说，由于运输时间不长，CO_2 积累到伤害浓度的可能性不大。

第二节　蔬菜贮藏方式与管理

一、简易贮藏

简易贮藏是传统的贮藏方式，包括堆藏、沟藏和窖藏 3 种基本形式以及由此衍生出来的假植贮藏和冻藏。简易贮藏作为果蔬产品贮藏方式，有着悠久的历史。它们的共同特点是利用气候的自然低温冷源，虽然受季节、地区、贮藏产品等因素的限制，但其结构设施简单、操作方便、成本低，运用得当可以获得较好的贮藏效果。

（一）堆藏

1. 特点与性能

堆藏是将采收的蔬菜产品堆放在室内或室外平地或浅坑中的贮藏方式。堆藏产品的温度主要是受气温的影响，同时也受土温的影响，所以秋季容易降温而冬季保温困难。这种贮藏方式一般只适用于温暖地区的晚秋贮藏和越冬贮藏，在寒冷地区只作秋冬之际的短期贮藏。

2. 形式与管理

通常堆藏的堆高为 1 ～ 2m，宽度为 1.5 ～ 2m，长度依蔬菜产品的数量而定。一般在堆体表面覆盖一定的保温材料，如薄膜、秸秆、草席和泥土等。根据堆藏目的及气候条件，控制堆体的通风和覆盖，以维持堆内适宜的温湿度条件，防止蔬菜的受热、受冻和水分过度蒸发，保证产品质量。

（二）沟藏（埋藏）

1. 特点与性能

沟藏又称埋藏，是一种地下封闭式贮藏方式，产品堆放在地面以下，所以秋季降温效果较差而冬季的保温效果较好。沟藏主要是利用土壤的保温性能维持贮藏环境中相对稳定的温度，同时封闭式贮藏环境具有一定的保湿和自发气调的作用，从而获得适宜的控制蔬菜质量的综合环境。

2. 形式与管理

沟藏是将蔬菜堆放在沟（或坑）内，上面用土壤覆盖，利用沟的深度和覆土的厚度调节产品环境的温度。用于沟藏的贮藏沟，应该选择平坦干燥、地下水位较低的地方；沟以长方形为宜，长度视蔬菜贮藏量而定，沟的深度视当地冻土层的厚度而定，为 1.2 ~ 1.5m，应避免产品受冻；宽度为 1 ~ 1.5m；沟的方向要根据当地气候条件确定，在较寒冷地区，为减少冬季寒风的直接袭击，沟的方向以南北向为宜：在较温暖地区，多为东西向，并将挖起的沟土堆放在沟的南侧，以减少阳光的照射和增大外迎风面，从而加快贮藏初期的降温速度。

沟藏的产品在采收后首先要进行预贮，使其充分散除田间热，降低呼吸热，在土温和产品温度都接近贮温时，再入沟贮藏。沟藏的管理主要是利用分层覆盖、通风换气和风障、荫障设置等措施尽可能地控制适宜的贮藏温度。随着外界气温的变化逐步进行覆草或覆土、设立风障和荫障、堵塞通风设施，以防降温过低而使产品受冻。为了能观察沟内产品的温度变化，可用竹筒插一支温度计，随时掌握产品的温度情况，同时在贮藏沟的左右开挖排水沟，以防外界雨水的渗入。

（三）窖藏

1. 特点与性能

窖藏在地面以下，受土温的影响很大；同时设有通风设施，受气温的影响也很大。其影响的程度依窖的深度、地上部分的高度以及通风口的面积和通风效果而不同。窖藏与沟藏相比，既可利用土壤的隔热保温性以及窖体的密闭性保持其稳定的温度和较高的湿度，同时又可以利用简单的通风设施来调节和控制窖内的温度和湿度，并能及时检查贮藏情况和随时将产品放入或取出，操作方便。

2. 形式与管理

窖藏的形式很多，具有代表性的主要有棚窖和井窖。

（1）棚窖　是在地面挖一长方形的窖身，以南北延长为宜，并用木料、秸秆、泥土覆盖成棚顶的窖型。棚窖是一种临时性的贮藏场所，在我国北方地区广泛用来贮藏大白菜、萝卜、马铃薯等蔬菜。根据入土深浅可分为半地下式和地下式两种类型。在温暖或地下水位较高的地方多用半地下式，一般入土深 1.0 ~ 1.5m，地上堆土墙高为 1.0 ~ 1.5m。在寒冷地区多用地下式，宽度有 2.5 ~ 3m 和 4 ~ 6m 两种，长度不限视贮量而定。

窖内的温湿度可通过通风换气来调节，因此在窖顶开设若干个窖口（天窗），供产品出入和通风之用，对大型的棚窖还常在两端或一侧开设窖门，以便蔬菜下窖，并加强贮藏初期的通风降温作用。

（2）井窖　是一种深入地下封闭式的土窖，窖身全部在地下，窖口在地上，窖身可以是一个，也可以是几个连在一起。通常在地面下挖直径 1m 的井筒，深 3 ~ 4m，底宽 2 ~ 3m，井窖主要是通过控制窖盖的开、闭进行适当通风来管理的，将窖内的热空气和积累的 CO_2 排出，使新鲜空气进入。在窖藏期间应该根据外界气候的变化采用不同方法进行管理。

入窖初期，应在夜间经常打开窖口和通风孔，加大通风换气，以尽量利用外界冷空气，快速降低窖内及产品温度；贮藏中期，外界气温下降，应注意保温防冻，适当通风；贮藏后期，外界气温回升，为了保持窖内低温环境，应严格管理窖口和通风孔，同时及时检查，剔除腐烂变质产品。

（四）冻藏和假植贮藏

1. 冻藏

冻藏是指利用自然低温条件，使耐低温的蔬菜产品在微冻结状态下贮藏的一种方式。此法主要适用于耐寒性较强的蔬菜，如菠菜、芹菜、芫荽、油菜等。

在入冬上冻时将收获的蔬菜产品放在背阴处的浅沟内，稍加覆盖，利用自然气温下降使其冻结，在整个贮藏期保持冻结状态，无需特殊管理。在上市前将其缓慢解冻，即可恢复新鲜状态。

2. 假植贮藏

假植贮藏是一种抑制生长的贮藏方法，是将连根收获的蔬菜集中密植于沟或窖内，使它们处在微弱的生长状态的一种贮藏方式。主要用于各种绿叶菜和幼嫩蔬菜，如芹菜、莴苣、油菜、甘蓝等。

假植贮藏一般在气温明显下降时将蔬菜连根收获，单株或成簇假植在沟内，只能植 1 层，不能堆积，株行间应留有适当空隙，上盖稀疏覆盖物。这样既可使蔬菜从土壤中吸收少量水分和养分，同时又维持微弱的光合作用，防止黄化。在贮藏期间，注意土壤干燥时应及时灌水，避免蔬菜过度失水，保持蔬菜的新鲜状态，随时采收、供应。

二、土窑洞贮藏

土窑洞贮藏是黄土高原地区果蔬保鲜的重要贮藏方式。结构合理的土窑洞加上科学管理，能充分利用自然冷源，在严寒的冬季保持较低的窑温。利用秋季夜间气温较低的特点进行通风，不仅能降低窑温，还可利用土壤比热容大的特点，使窑洞周围的土层温度逐渐降低，大量的自然冷量积蓄在窑壁周围的土层中。当

春季外界温度回升或夏季外界温度较高时，利用窑壁四周的低温土层调节窑内温度，延长窑内低温的保持时间，为果蔬的保鲜贮藏提供较适宜的温度条件。目前土窑洞的贮藏还是以苹果为主，土窑洞的蔬菜贮藏也有存在。

三、通风库贮藏

通风库贮藏是利用自然低温空气通过通风换气控制贮温的一种贮藏形式。通风库是棚窖的发展，形式和性能相似，但它是砖、木和水泥结构的固定建筑，具有较为完善的通风系统和隔热结构，降温和保温性能较好。

1. 库房及用具消毒

蔬菜贮藏前，要彻底清扫库房，刷洗和晾晒所有设备，将门窗打开进行通风，然后进行库房消毒。用 1% ～ 2% 甲醛溶液或 3% ～ 5% 漂白粉液喷洒，或按每立方米库体 10 ～ 15g 的用量燃烧硫黄熏蒸，也可用浓度为 40mg/m^3 臭氧处理，兼有消毒和除异味的作用；在进行熏蒸消毒时，可将各种器具一并放入库内，密闭 24 ～ 48h，再通风排尽残药。库墙、库顶及架子、仓柜等用石灰浆加 1% ～ 2% 硫酸铜刷白。由于通风库贮量较大，为使蔬菜产品入库时尽可能获得较低的温度，应该在产品入库前对空库进行放风管理，充分利用夜间冷空气预先使库温降低，保证通风库的低温条件。

2. 产品入库和摆放

大型通风库群一般都要同时贮藏多种蔬菜，原则上各种蔬菜按库号分别存放，不要混合，以便分别控制不同的温度、相对湿度，各种蔬菜也不会互相干扰影响。各种蔬菜都应先用容器装盛，再在库内堆成垛，或堆放在分层的货架或仓柜内。包装容器应该规格一致，容量适当，轻便而又坚实耐压，便于堆码；底和四周漏空可以通气，内部光洁以免产品遭受刺伤、擦伤；货架或者仓柜应该是可拆卸的，形式、大小格化，便于管理和清点库存。各种用器的材料应该经久耐用，不易霉烂腐蚀，不会变形，没有异味。

产品入库时，通常会带入一定的田间热，因此入库时间最好安排在夜间，有利于入库后立即利用夜间的低温通风降温。入库后应将所有通风设施，包括排风扇、门、窗全部打开，尽量加大通风量，使产品温度尽快降下来，以免影响贮藏效果。

3. 入库后的管理

贮藏稳定一段时间后，应随气温、库温的变化，灵活调节通风量来控制温度，一般秋季气温较高时，可在凌晨 4 时至 5 时外界气温最低时通风，而白天气温较高时则关闭所有的通风道，以维持库内的较低温度。相反，冬季严寒时，则可在午后 13 时至 14 时外界气温高于库温或接近库温时通风。气温低于产品冷害温度时一般须停止通风。温度更低时，则须加强保暖措施，把所有的进排气口用稻草等隔热性能较好的材料堵塞等。

通风贮藏库的温度与湿度之间的关联度比较大。通风库的通风主要服从于温度的要求，但通风不仅调节温度，也会改变库内的相对湿度。一般来说，通风量越大，库内湿度越低。所以贮藏初期常会感到湿度不足，而中后期又觉湿度太高。湿度低可以喷水增湿，但湿度过高则比较麻烦，除适当加大通风量外，可辅以除湿措施，如用石灰、氯化钙等降低湿度。

四、机械冷藏

机械冷库是在有良好隔热性能的库房内，用机械制冷的方法，将库内温度、湿度等环境条件稳定地控制在产品贮藏的最适状态，从而保持产品的商品品质的建筑。

机械冷库具备良好保温隔热性能的库体结构，装备了完整的制冷设备和通风系统，能够提供稳定的低温条件，从而易于操作管理和调控温、湿度，保证蔬菜适宜的贮藏条件。并且机械冷库的利用率高，可以周年使用，贮藏效果较简易贮藏的好。机械冷藏库的建造投资较高，需要一定的运行成本。

（一）冷库消毒

蔬菜产品腐烂的主要原因是有害微生物的污染，冷藏库在使用前必须进行全面消毒。消毒前须将库内打扫干净，所有用具用 0.5% 的漂白粉溶液或 2% ～ 5% 硫酸铜溶液浸泡、刷洗、晾干，再放入库房内进行消毒。冷库消毒方法有下列几种。

1. 乳酸消毒

将浓度为 80% ～ 90% 的乳酸和水等量混合，按库容用 1ml/m^3 乳酸的比例，将混合液置于瓷盆内于电炉上加热，待溶液蒸发完后，关闭电炉。闭门熏蒸 6 ～ 24h，然后开库使用。

2. 过氧乙酸消毒

将 20% 的过氧乙酸按库容用 5 ～ 10ml/m^3 的比例，放于容器内于电炉上加热促使其挥发熏蒸，或按以上比例配成 1% 的水溶液全面喷雾。因过氧乙酸有腐蚀性，使用时应注意对器械、冷风机和人体的防护。

3. **漂白粉消毒**

将含有效氯 25% ~ 30% 的漂白粉配成 10% 的溶液，用上清液按库容 40ml/m^3 的用量喷雾。使用时注意防护，库房必须通风换气除味。

4. **甲醛消毒**

按库容用 15ml/m^{3}40% 甲醛的比例，将 40% 甲醛放入适量高锰酸钾或生石灰，稍加些水，待发生气体时，将库门密闭熏蒸 6 ~ 12h。开库通风换气后方可使用库房。

5. **硫黄熏蒸消毒**

用量为每立方米库容用硫黄 5 ~ 10g，加入适量锯末，置于陶瓷器皿中密闭熏蒸 24 ~ 48h 后，彻底通风换气后方可使用库房。

（二）产品入库

蔬菜产品进入冷藏库之前要先预冷。由于蔬菜产品收获时田间热较高，增加了冷凝系统的负荷。若较长时间达不到贮藏低温，则会引起严重的腐烂败坏。进入冷贮的产品应先用适当的容器包装在库内按规定方式堆放，尽量避免散贮方式。为使库内空气流通，以利降温和保证库内温度分布均匀，货物应离墙 30cm 以上，与顶部留 80cm 的空间，而货与货之间应留适当空隙。

（三）温度管理

蔬菜入库后应尽快达到贮藏适宜温度，在贮藏期间应尽量避免库内温度波动。蔬菜产品种类和品种不同，对贮藏环境的温度要求也不同。如黄瓜、四季豆、甜辣椒等蔬菜在 0 ~ 7℃就会发生伤害。冷藏库的温度要求分布均匀，可在库内不同的位置安放温度表，以便观察和记载冷藏库内各部分温度的情况，避免局部产品受害。另外，结霜会阻碍热交换，影响制冷结果，所以必须及时除霜。

（四）湿度管理

贮藏蔬菜产品的相对湿度要求在 85% ~ 95%。在制冷系统运行期间，湿空气与蒸发管接触时，蒸发器很容易结霜，而经常性的冲霜会使冷藏库内相对湿度不断降低，常低于贮藏蔬菜对相对湿度的要求。因此，贮藏蔬菜产品时要经常检查库内相对湿度，采用地面洒水和安装喷雾设备或自动湿度调节器的措施来达到对贮藏湿度的要求。

一些冷藏库出现相对湿度偏高，这主要是由于冷藏库管理不善，产品出入频繁，以致库外含有较高的绝对湿度的暖空气进入库房，在较低温度下形成较高的相对湿度，甚至达到“露点”，而出现“发汗”现象，解决这一问题的方法在于改善管理。

（五）通风换气管理

蔬菜产品贮藏过程中，会放出 CO_2 和乙烯等气体，当这些气体浓度过高时会不利于贮藏。冷藏库必须要适度通风换气，保证库内温度均匀分布、降低库内积累的 CO_2 和乙烯等气体浓度，达到贮藏保鲜的目的。冷藏库的通风换气要选择气温较低的早晨进行，雨天、雾天等外界湿度过大时暂缓通风，为防止通风而引起冷藏库温、湿度发生较大的变化，在通风换气的同时开动制冷机以减缓库内温湿度的变化。

五、气调贮藏

气调贮藏是目前贮藏新鲜蔬菜产品效果最好的贮藏方式。气调贮藏可分为两大类，即自发气调贮藏（MA）和人工气调贮藏（CA）。MA 贮藏是指利用新鲜果蔬产品自身的呼吸作用降低贮藏环境中的 O_2 浓度，同时提高 CO_2 浓度的一种气调贮藏方法。自发气调方法比较简单，贮藏效果不如 CA 贮藏。CA 贮藏是指根据产品的需要和人为要求，在专门的气调库中调节贮藏环境中各气体成分的浓度并保持稳定的一种气调贮藏方法。由于 O_2 和 CO_2 的比例严格控制而做到与贮藏温度密切配合，故 CA 贮藏比 MA 贮藏先进，贮藏效果好，是目前发展气调贮藏的主要目标。

气调贮藏的管理与操作在许多方面与机械冷藏相似，包括库房的消毒、商品入库后的堆码方式、温度、相对湿度的调节和控制等，但也存在一些不同。

（一）新鲜蔬菜的原始质量

用于气调贮藏的新鲜蔬菜原始质量要求很高。没有贮前优质的原始质量为基础，就不可能获得蔬菜气调贮藏的效果。贮藏用蔬菜最好在专用基地生产，且加强采前的管理。另外，要严格把握采收的成熟度，并注意采后商品化处理措施的综合应用，以利于气调效果的充分发挥。

（二）产品入库和出库

新鲜蔬菜入库时要尽可能做到按种类、品种、成熟度、产地、贮藏时间要求等分库贮藏，不要混贮，以避免相互间的影响和确保提供最适宜的气调贮藏条件。

气调条件解除后，应在尽可能短的时间内一次出库。

（三）温、湿度管理

新鲜蔬菜采收后应立即预冷，排除田间热后再入库贮藏。经过预冷可使蔬菜一次入库，缩短装库时间及尽早达到气调条件；另外，在封库后应避免因温差太大导致内部压力急剧下降，从而增大库房内外压力差而造成对库体的伤害。贮藏期间的温度管理与机械冷藏相同。

气调贮藏过程中由于能保持库房处于密闭状态，且一般不进行通风换气，故能使库内维持较高的相对湿度，有利于产品新鲜状态的保持。气调贮藏期间可能会出现短时间的高湿度情况，一旦发生这种现象即需进行除湿（如 CaO 吸收等）。

第三节　蔬菜流通与销售

一、蔬菜流通

（一）蔬菜流通渠道的模式

按蔬菜流通渠道中流通环节的多少，蔬菜流通渠道模式可分为二站式、三站式、四站式、五站式、六站式等。

1. 二站式

“二站式”是指生产者（菜民）和消费者直接见面，即菜农通过当地的农贸市场或通过送货上门的方式直接把其生产的蔬菜售卖给消费者，或消费者直接去菜农那儿购买或订货（图 8-1）。这里的消费者不仅仅是指个体消费者，也包括诸如学校、工厂、企业、政府、餐馆等有蔬菜需求的消费大户。这种模式多见于农村的小城镇及大城市的郊区地带，属自产自销，流通环节很少，流通损耗少，但是交易成本大，相对物流成本大，不能形成规模效应，没有附加值。随着经济的发展，蔬菜批发市场、超市的大量出现，虽然这种模式在全国各地都有，但萎缩得比较厉害，总体来说比例很小。

图8-1　二站式蔬菜流通渠道

2. 三站式

“三站式”是指生产者不直接和消费者见面，而是通过一个中间商或企业将其所生产的蔬菜售卖出去，通常由龙头企业或合作组织主导。流通过程（图 8–2）：农户 / 合作组织→零售商 / 中间商贩 / 蔬菜加工企业→消费者。其中，这里的消费者跟上面的意义一致，零售商包括超市（含生鲜超市和综合超市）、集贸市场、菜市场。蔬菜专业合作组织包括蔬菜专业合作社及协会。这种模式流通环节少，流通损耗少，能形成规模，物流成本相对减少，效率提高。但是，农户处于相对弱势地位，农民利益容易受到损害，对农民的收入提高益处相对不大，特别是农户→中间商贩→消费者中农户跟中间商贩的关系很不稳定，其余两种农户和零售商及企业之间的关系往往通过协议或者契约来稳定，但是这种协议或契约往往又会因为市场的不稳定和中间商贩的掺和，也存在着很大风险，所占市场份额也很小。

图8–2　三站式主要蔬菜流通渠道

3. 四站式

“四站式”主要是指在“三站式”基础上加入了批发市场的一种流通渠道模式。流通过程（图 8–3）有农户或专业合作组织→批发市场→零售市场 / 中间商贩 / 蔬菜加工企业→消费者的形式。其中我国以农户→批发市场→零售市场→消费者为最常见，主要表现为批发经营商收购农户的蔬菜后，经批发市场再进入零售市场出售给消费者，这种模式在我国的很多大中城市普遍，市场份额较大。

图8–3　四站式主要蔬菜流通渠道

4. 五站式

“五站式”是指蔬菜流通经历了五个环节的一种流通模式的集合（图 8–4），包括生产者→产地批发市场→销地批发市场→零售市场→消费者，农户→中间商贩→批发市场→零售市场→消费者等，其中以前者居多，表现为产地批发商在产地市场上收购蔬菜然后运送至销地批发市场后，进入销地零售市场再销售给消费者，这是我国蔬菜流通的主要渠道，如北京新发地的蔬菜有来自山东、湖北、湖

图8–4　五站式蔬菜流通渠道

南、河北等地批发市场的蔬菜，而湖北批发市场的蔬菜又有来自河南、江西、山东等地的批发市场等。据估计，该模式占到了整个市场份额的一半以上。

"四站式""五站式"这两种模式中批发市场为蔬菜主要流通渠道，流通环节相对较多，运输的路程较为遥远，蔬菜的损害率高，虽然可形成规模效应但流通费用仍然很高，信息流不通畅，农民利益损害严重，并且流通渠道的稳定性易受其他环境因素影响。

（二）蔬菜流通形式

蔬菜流通过程中，其实体由生产者出发，以蔬菜批发市场为依托，根据物流服务运作主体的不同，有生产者自营、混合物流、第三方物流 3 种形式。

1. 生产者自营

蔬菜自营是指蔬菜生产者、蔬菜加工者根据自己的经营经验和经营习惯自行开展的营销。在这种模式下，他们自己处理包装业务，自己买车进行运输、自己建设仓库进行仓储等业务，也可以向仓储企业购买或租借仓储服务，向运输企业购买或租借运输服务。这样的营销主要适用于企业蔬菜产品品种多、标准化程度低，销售困难；街道企业兼作销售、收款和配送等流通业务；企业组织的蔬菜运输量适中，波动量较小，可长期均衡运输。

2. 混合物流

混合物流就是自营与外包相结合，是组织或企业将一部分营销业务外包给第三方，而自己也同时承担一部分营销业务的运作方式。如一些超市或加工企业自己承担包装、配送业务，将仓储、装卸业务外包给第三方；也有的蔬菜经纪人自己运输，而把仓储、包装业务外包给第三方等。这种模式很灵活，在蔬菜的流通中也很常见，属于一种过渡模式。

3. 第三方物流

第三方物流是由供方与需方以外的物流企业提供物流服务模式。它通过与第一方或第二方的合作来提供其专业化的营销服务。这种模式下，凭借第三方企业的专业优势和提供的优质服务，可以提高物流效率和速度，降低物流成本，增加经济收益。由于我国第三方物流发展滞后，企业数量少、规模小、实力弱，管理水平低、信息系统和网络建设落后，这种模式在我国应用的还很少。

（三）流通组织和机构

蔬菜流通主体通常包括生产者（主要是农户或专业合作社）、中介组织（龙头企业、经纪人、代理商）、合作组织（农业生产合作社、供销合作社、运输合作社）。

1. 生产者

生产者是蔬菜流通的主导者，既负责蔬菜所有权的转移，又负责蔬菜的物流运作。根据合作程度大小，主要有农户主导型和专业合作组织主导型两种类型，农户主导型多以蔬菜大户为主，由蔬菜生产大户自己完成所有权转移及物流等一系列工作，这种形式灵活但抗风险能力较差；专业合作组织主要包括专业合作社及专业协会两种，他们以股份制形式入社、入协的农户组织，主题是农民集体，主要由合作社和协会负责蔬菜的所有权转移和物流工作。

2. 中介组织

蔬菜流通中介组织包括龙头企业、经纪人、代理商，蔬菜的流通先通过中介组织从农户手中收购，然后以高于收购价格的价格外销给下一级流通主体。以农户和龙头企业为例，农户与农业龙头企业实现了产业化经营，产供销的纵向一体化，农户与公司之间可以由契约界定。这种销售方式在一定程度上解决了“小农户”与“大市场”之间的矛盾。企业获得了稳定的、有保证的蔬菜来源，农户通过契约可以顺利销售产品，实现了双赢。

3. 合作组织

目前我国蔬菜流通合作组织主要涉及农民专业合作经济组织（简称合作组织），包括从事种植、采集等农业生产活动的农业生产合作社；在流通领域中的供销合作社，运输合作社。供销合作社为社员采购各种生产资料，出售给社员，同时销售社员生产的产品，以满足其生产上各种需要以及补偿生产价值；运销合作社是指从事社员生产商品联合推销业务的合作社，兼营产品的分级、包装、加工等业务。运销合作社的业务主要集中在蔬菜运销方面，但均不以盈利为目的。此外还有专业协会等合作组织销售蔬菜。合作组织是蔬菜流通的中坚，在蔬菜流通中发挥着重要的作用。

二、蔬菜销售

我国蔬菜销售仍以批发和零售为主渠道。

（一）批发

我国目前蔬菜流通是以批发市场为核心，菜市场、农贸市场、便利店、超市为基础组织，构建的蔬菜流通市场组织。由于批发市场相对农贸市场、便利店等基础组织，能够快速实现蔬菜的集聚、分散，同时经营的差别化能够满足不同档次消费者对蔬菜的需求。由于交易方式直接、方便的特点，自身建设条件的灵活、门槛较低，辐射能力强、建设主体的多元化、信息反应快等诸多优势，所以在很大程度上解决了蔬菜等农产品生产的集中性、区域性、供给阶段性与蔬菜消费分散性、全国性、需求持续性的矛盾，越来越受到各地的重视。

蔬菜批发市场是指专门为蔬菜批发交易提供交易场所和服务的组织机构。批发市场本身不是交易的主体，其目的是为蔬菜流通交易方提供场所和服务的组织。在我国批发市场的创办主体多数为私营市场和股份制市场，政府主导的批发市场比重相对较小，但是基本采用企业化经营。根据地域特点蔬菜批发市场可以划分为：产地批发市场、中转地批发市场、销售地批发市场。

产地批发市场：位于某些产品的集中产区，主要起着集聚货物和外向分货的作用。通过产地批发市场将大量分散生产的蔬菜集合起来，满足较大规模远途贩运与交易需要。在欧美等发达国家，由于代表农场主的合作社实力的足够强大，产地批发市场呈现衰退趋势。但在我国目前由于农业经济组织发展的滞后，产地批发市场在一定时期的存在仍然有积极意义。据统计目前我国产地市场已经发展到 2 430 多个，其中蔬菜产地批发市场 830 多个。

中转地批发市场：主要是产地和销地的中转站。

销地批发市场：起到货物分散的功能。我国最具代表的销地批发市场是建成于 1989 年的深圳市布吉农产品批发市场。目前交易面覆盖全国 30 多个省、市、自治区，有经销商 3 000 多家，市场汇集了全国及世界各地 7 000 多种农产品，经营的蔬菜占深圳市民消费量的 85% 以上，成为目前中国最大的蔬菜集散中心、信息中心、价格指导中心和转口贸易基地。

目前蔬菜市场还存在一定的问题：首先，市场管理欠规范，乱收费、重复收费问题严重，同时市场体系不健全；其次，信息化建设水平低，使得供需信息传递不能有效反馈，容易造成生产者盲目生产，消费者不能理性消费行为的发生；最后，由于重视销地，轻视产地传统观念和习惯的影响，我国产地批发市场的软硬环境建设都是相对较低的。

（二）零售

蔬菜零售市场作为直接面对消费者的终端零售组织，借助其强大的分布网，承担着蔬菜“散货”的重要功能，是流通环节的最后一道工序。我国零售市场主要包括：农贸市场、超市、便利店、菜市场等。农贸市场又称自由市场，是指在城乡设立的可以进行自由买卖农副产品的市场。农贸市场是直接面向终端消费者的场所。据农业部统计，截至 2000 年年底，全国大型农贸市场已经发展到 5 000 多家，已形成包括蔬菜在内的经营品种齐全的网络体系，成为城市蔬菜流通的主导力量。

随着社会发展和人民生活水平提高，消费者对蔬菜的质量和价格的要求越来越高，希望产品在保证质量的前提下，还能够价格低廉。于是，兴起了一些新的零售方式，包括农超对接、网上销售、自采销售、社区销售等。

1. 农超对接

以超市为核心的“农超对接”是指农户和商家签订意向协议书，由农户向超市、菜市场和便民店直接供应蔬菜的新型流通方式，主要是为优质蔬菜进入市场构建通道，且农超对接受国家农业部和商务部的高度重视和重点扶持。这是一种较为流行的销售模式，目前，亚太地区农产品经超市销售的比重不低于 70%，美国达 80%，而中国只有 15% 。

与传统的流通方式相比，农超对接避免了货物流转中赚取差价的各级批发商；同时，减少中间环节，减轻了货物与在流通过程中的损耗。

2. 网上销售

随着互联网的迅速普及以及网络支付、移动支付、物联网等新兴事物的迅速崛起，近年来，网络销售得以快速发展，并大有颠覆传统销售模式之势，蔬菜的网络销售也随之兴起。大胆使用信息化技术和工具进行蔬菜的营销，包括电脑、网络、物流等必备要素。

此种销售方式不但有效地实现了从地头到餐桌安全蔬菜供应链建设，实现了蔬菜的无缝销售，而且使蔬菜质量安全得以保障，生产者与消费者获得了双赢。不过蔬菜的电子商务模式也存在很多问题，包括蔬菜的生命周期短，需要采购精准，平衡断货和损耗。蔬菜标准化程度不高，货源品控非常重要，其易损性也对仓储管理和物流配送提出了很高要求。另外，因蔬菜产品的配货环节较难把控，产品质量标准不统一，品质不佳的产品送到消费者手中会带来很不好的购物体验，从而流失客户。

3. 自采销售

采摘销售即合作社通过发展观光、休闲、采摘农业，以田园观光采摘形式直接销售蔬菜。自采是基于人们对自然的原始兴趣，对绿色健康的热爱而产生。随着经济发展和城市化进程的不断加快，人们很少有机会接触到最自然的蔬菜种植环境，人们渴望重新体验自己动手采摘的乐趣，而合作社利用农业与旅游业交叉的方式，增加蔬菜的附加值，成为了一种新的营销模式。

观光采摘园一般位于城市郊区，消费者于周末和节假日集中前往。此种模式存在的问题主要有：单独运作休闲消费带来的效益短期且不稳定，需进一步与销售渠道对接。

4. 社区销售

社区销售是指农场或农村合作社从定点基地将蔬菜采收或采购后，于周末或某些固定的购菜高峰时段用厢式货车直接送至目标社区进行销售，即钟点菜场。在这种模式中，社区一般免费提供场地，不收摊位和管理费，减少消费者为中间环节付出的代价和更好地保证蔬菜质量，让新鲜的蔬菜能以最实惠的价格被社区消费者购买到，深受社区居民欢迎。

第四节　陕西省蔬菜市场建设与发展建议

一、陕西省蔬菜批发市场发展沿革

蔬菜批发市场是随着我国政治体制改革和市场经济发展而发展的。从整个发展历程来看，陕西省蔬菜批发市场从无到有，从小到大，经历了艰苦探索和曲折发展的过程。整体来看，从20世纪七八十年代的萌芽阶段，经历90年代的盲目发展阶段，再经过新世纪的规范发展，目前陕西省的蔬菜批发市场建设已经有了质的飞跃，基本形成了覆盖城乡的农产品批发市场网络，不同区域之间蔬菜产品批发之间的交流越来越多，“买全省、卖全省”的形式普遍，这大大增加了陕西省蔬菜流通的总长度和复杂度，同时也增加了物流损耗。

陕西省蔬菜批发市场呈现出专业化、集中化、多功能化的发展态势。蔬菜批发市场的基础设施、信息化水平进一步提高，管理模式日益规范、交易方式不断创新、市场服务功能逐步完善。批发市场内的交易大厅、场地道路、水电设施等都有很大程度的升级改造。大部分处于城市内部的批发市场也逐渐向城市外沿搬迁，利用搬迁的契机对市场基础设施进行投入，提高批发市场的总体水平。目前批发市场内部都统一配有电子监控系统、信息发布系统、质量安全检查系统、冷库冷藏设施、有的市场甚至拥有垃圾分类回收、污水循环利用等环保低碳设施。同时，随着科学技术的发展、信息化系统的广泛普及也带来了蔬菜批发市场巨大变革，一些大型的批发市场已经开始了自身的信息化平台建设。当平台建设完成后，批发市场管理者就可以对人事、财务、交易、摊位、价格、利润等方面的资讯进行统一汇总、统一决策、统一监管。

二、陕西省大型蔬菜批发市场简介

（一）西安市朱雀蔬菜果品批发市场

朱雀蔬菜果品批发市场始建于1992年，占地百余亩，经营品种有蔬菜、水果、干菜、肉类、粮油、水产、副食品等60余种类，市场位于古城南郊新二环路南侧，地理位置优越，交通便利。市场有办公楼一座和商业用房多间，固定交易大棚4 000m^2，简易房50余间，设有复秤台、磅秤房、公用电话亭、广播室、值班室、市场信息公布栏等基础设施。配套有招待所、饭店、餐厅、娱乐中心、银行、邮电、库房、冷库、厕所等较为齐全的服务设施。市场近期投资2 000万元进行室内、室外装修、改造及扩建，将新建一座三层仿古超级市场和7 000m^{2}的停车场一处，建立电视监控系统，并与全国各大市场计算机联网，设置电子磅秤等先进设备。市场内设蔬菜批发区、零售区、水果批发区、大肉批发区、牛羊肉批发区、水产批发区、冻货批发区、干菜批发区、副食品批发区、餐饮街10个专业经营批发区。现有摊位2 300多个，平均蔬菜日上市量6 000多吨，日成交额1 000余万元，水果日上市量60吨。目前入场交易的贩运户主要来自川、鲁、湘、鄂、滇、甘、宁、蒙、琼、粤、桂、晋、苏、冀、浙、皖、陕等地。市场坚持“优质服务，公平交易，互通有无，调剂余缺，内引外联，共同发展”的方针，为菜农、果农和贩运专业户提供优惠宽松的收费政策和吃、住、停、存、搬“一条龙”服务。

（二）西安市胡家庙蔬菜批发市场

胡家庙市场地处西安市东郊商贸区，北靠西安货运东站，西邻西安东二环，东接西安至郑州高速公路和312国道，交通便利。胡家庙蔬菜批发市场始建于1991年，1992年正式投入使用，1995年被农业部评为“全国鲜活农副产品定点中心批发市场”并连续多年被评为“省、市级文明市场”。胡家庙蔬菜批发市场地处西安市长缨东路，占地33 350m^2，营业面积30 000m^2。主要由东西两侧两栋两层交易楼和中间四栋蔬菜交易大厅及一个3 000m^{2}的副食交易大厅组成。有全封闭货位（每间35m^2）280个。另外，市场还设有1 500m^{2}的停车场和一个2 000m^{2}的蔬菜交易广场。胡家庙市场主要经营蔬菜、粮油、副食的批发、零售业务，市场全年上市蔬菜品种70多种，日上市量在80万kg左右，旺季达100万～150万kg。除满足全市居民及周边郊县外，30%还远销到西北五省及山西、河北、内蒙古等地，是西北五省“南菜北运”的大型中转站及蔬菜批发集散地。

（三）咸阳市新阳光批发市场

咸阳市新阳光西北农副产品交易中心位于咸阳世纪大道西端，南靠咸户路，西临西宝高速，东通西安，北接渭河三号桥312国道，市场辐射西北各省区，是古丝绸之路西出长安第一站，是目前西北地区设计规模最大、功能最齐全、配套设施最完善的农副产品集散中心。市场占地100万米^2，内设1.6万米^{2}的交易大厅，5万m^2的综合服务楼及储藏、保鲜、加工、配送、信息服务及新技术培训等配套设施，可一次性容纳上千辆大型货车和上万辆三轮车同时进行交易，能为商户提供500多间门面房，日交易量超过5 000吨。市场与全国各大农副产品市场信息联网，集国内外各种蔬菜、水果、粮油及肉食等农副产品的批发、零售、运输、中介等为一体，具有高效、畅通、有序的现代化经销体系；市场交易实行“电子商务”，不受时间、空间、地点、购买方式及付款方法的限制，是农产品体系“入世”后与国内外客商合作及与国际竞争的交易平台。市场年交易量达350多万吨，年交易额超过40亿元。

（四）泾阳县云阳蔬菜批发市场

陕西省泾阳县云阳蔬菜批发市场2003年整体改制，经陕西省人民政府批准成立陕西泾云现代农业股份有限公司，市场位于泾阳县北十千米处的云阳镇，是211国道、咸宋公路和关中环线的交通要道，距咸阳国际机场28km，交通便利，蔬菜资源丰富。陕西泾云现代农业股份有限公司，是泾阳县发展“菜篮子”工程的配套工程之一，以市场为导向，发挥当地资源优势，搞好蔬菜生产和销售，充分发挥其龙头带动作用，创立了公司+协会+农户的经营模式，形成了产、供、销、科、贸、工、农一体化，为千家万户农民和大市场架起了一座产销桥梁，搞活了蔬菜流通，促进了农村产业化的大力发展。云阳蔬菜市场，占地面积10万m^2，建筑面积3.5万m^2，市场内设商业门店、招待所、停车场、交易大厅和长廊交易棚。营业面积7.5万m^2，交易设施齐全，市场内设电子信息中心、农药残留检测中心、安全电子监控中心、电子结算中心，总投资3 000万元。市场管理人员105人，经营户300个，其中信息服务部90个，商业、饮食服务210个。上市批发交易蔬菜一百多个品种。日交易人数高达一万余人，机动车3 000余辆，年交易量85万吨，年交易总额8亿元。

（五）榆林市古城农贸市场

陕西榆林市榆阳区古城农贸市场位于榆阳区长城南路，是市区甚至整个榆林地区销量最大的农贸综合批发市场。市场建于2009年7月，主要经营范围为市场管理、房屋租赁（蔬菜、水果、水产、副食、销售）等。占地57 362m^2亩，拥有门市482间，900余个摊位，经营面积55 000m^2。目前该市场辐射到内蒙古、山西等地，进货渠道多种多样，市场内蔬菜、水果批发量最大，占到总批发量50%以上。2012年古城农贸市场农产品交易量为56吨，交易额22亿元。但该市场一直处于亏损的经营状况，亏损主要是因为市场硬件设施缺陷、交通不便造成的。目前古城农贸市场上本地菜很少，只占到不到20%。夏季时本地菜价还偏低，但由于冬季种植成本高的原因，导致有时本地菜比外地菜还贵的不利局面。

（六）汉中市过街楼蔬菜批发市场

汉中市过街楼蔬菜批发市场位于陕南名城汉中市城区内南环路东段过街楼村，占地面积106亩，总设计投资4 243万元。市场始建于1998年12月，经开业近三年，市场已累计投资2 236万元，随着市场逐渐扩大和繁荣，市场管理体系的不断完善，2001年已被国家农业部命名为国家“鲜活农副产品定点批发市场”。过街楼蔬菜批发市场设立有经理办公室、财务科、行政管理科、治安保卫科、消防管理科、环境卫生管理科等部门，市场建立制定了市场交易管理制度和社会监督制度，管理人员学习制度，财务管理制度，用工管理责任书，市管员工作纪律和工作职责，客商户经营守则，治安消防制度等16项制度。市场管理人员现有29名，固定菜商户68户，214人，流动菜商户120多户，各类交易车辆2 000余辆，每天进入市场人员7 000多人。

过街楼蔬菜批发市场是以蔬菜批发交易为龙头，全方位面向社会，为广大菜商经营户提供产前、产中、产后服务，充分发挥网络信息系统功能，为全国各地客商提供良好的洽谈贸易、批发零售、住宿、文化娱乐等服务环境，形成集产、供、销、贸、工农一体化的大型农副产品集散地。市场拟建设15 000m^2蔬菜交易大厅，22 000m^2商贸综合大楼，设7个交易厅：粮油交易厅，生猪肉食品交易厅，禽蛋交易厅，鲜活水产交易厅，海鲜、冻制品交易厅，果品交易厅，干杂、调味品交易厅。市场交通便利，市区民航直达西安，市中心境内有108国道、316国道连接四川、甘肃、宁夏、西安、湖北、重庆等省或直辖市。铁路阳安线横穿汉中市区，每

天有汉中始发北京、石家庄、汉口、西安列车、成都始发快车途经汉中直达北京、上海。市场水、电、通信齐全，办有信息网站，通过电脑联网已将每日菜价报向国家农业部在中央电视台七频道《经济栏目》定时向全国播放。目前，市场蔬菜日交易量达 350 吨，交易额 30 万元，年交易量 13 万吨，产值过亿元。

（七）宝鸡市人民街蔬菜批发市场

宝鸡市人民街蔬菜批发市场是 1996 年由宝鸡市燃料总公司投资兴建的高档次的消费品市场。2003 年成为国家农业部第九批定点市场，市场位于宝鸡市中山路东端，地处繁华路段，交通十分便捷，市场占地面积 16 000m^2，建筑面积 9 000m^2，设有交易大棚、商品库房、地中衡，有固定摊位、零售摊位 235 个。市场设有治安管理室、工商管理办公室、无公害蔬菜检测站、电子信息工作室及电子信息大屏幕等机构。市场运营以来以热情周到的服务、优惠合理的待遇诚招八方来客，菜源除本省外还有来自全国近 12 个省、市场的多品种反季节新鲜蔬菜，已成为本市最大的蔬菜销售集散地。连续多年被省、市工商局、省精神文明办评为省级文明市场。

三、陕西省蔬菜市场发展建议

（一）规范市场，加快蔬菜产品流通

加快改造农贸市场、逐步完善蔬菜加工、流通、质量监管、技术支持等体系建设，确保蔬菜有效供给。在西安市等大城市建设 1 ～ 2 个无公害蔬菜批发市场，尽快形成以中心批发市场为中枢，地区性专业批发市场为骨干，集贸市场为基础的市场网络。同时，为搞活国内蔬菜产品的流通，建议各级政府从政策、法规上支持运销户走联合发展壮大的路子，提高蔬菜产品整理、包装、运销的水平，实现产品上档次、增效益。大力引进和推广市场适销对路的蔬菜品种，开展标准化技术培训，提高蔬菜产品质量。建立起一整套蔬菜生产、监督、管理和运作体系加强对蔬菜产品的监管。

（二）加大宣传力度，推行品牌战略

通过举办蔬菜节，在各大媒体上宣传陕西省蔬菜，提升品牌影响力，同时进一步完善蔬菜信息网络系统，通过网络宣传使更多的客商了解陕西省蔬菜。面对

蔬菜市场竞争的不断加剧，要发挥产品的质量优势，必须充分认识树立品牌的重要性，创造出在国内外市场上有较高知名度的名牌产品，这是实现产品上档次和产业升级的重要环节，也才能使蔬菜产品在市场竞争中立于不败之地。可利用的优质特产有：陕北的马铃薯、大荔西瓜、黄花菜和胡萝卜，蒲城的大棚西瓜、甜瓜，华县、临潼的草莓，赤水大葱，兴平蒜薹，蔡家坡紫皮蒜，岐山线椒，云阳大棚菜，汉中冬韭和木耳。

（三）建立信息网络，增强和改善市场功能

建立信息网络，及时提供生产、市场、供货信息，帮助各蔬菜批发市场制定指导性价格；研究产销发展趋势和开展主要蔬菜产销形势预测预报，为各地制定指导性计划提供科学依据；及时向生产、加工、流通等各个环节提供科技信息，并建立专家系统，提供快速、准确的科技信息服务，培育良好的产销服务体系。

参考文献

[1] 喻景权，周杰.“十二五”我国设施蔬菜生产和科技进展及其展望［J］. 中国蔬菜，2016，9：18-30.

[2] 王巧莉，王震. 我国设施蔬菜产业发展存在的问题及发展重点［J］. 江西农业，2018，8：61.

[3] 包玉泽，于颖，周怡，等. 中国蔬菜产业的布局及其演化研究:1990-2014年［J］. 干旱区资源与环境，2018，11（32）：53-58.

[4] 农业部办公厅关于印发《全国设施蔬菜重点区域发展规划（2015—2020年）》的通知［J］. 中华人民共和国农业部公报，2015，3.

[5] 孙锦，高洪波，田婧，等. 我国设施园艺发展现状与趋势［J］. 南京农业大学学报，2019，42（4）：594-604.

[6] 李天来. 我国设施蔬菜科技与产业发展现状及趋势［J］. 中国农村科技，2016，05：75-77.

[7] 蒋卫杰，邓杰，余宏军. 设施园艺发展概况、存在问题与产业发展建议［J］. 中国农业科学，2015，48（17）：3515-3523.

[8] 沈阳农业大学科技管理处. 落地装配式全钢骨架结构日光温室研究与应用［J］. 沈阳农业大学学报，2015，5：525.

[9] 白义奎. 落地装配式全钢骨架结构日光温室［J］. 农业工程技术，2016，36（04）：30-33.

[10] 王吉庆. 水源热泵调温温室研制及试验研究［D］. 郑州:河南农业大学，

2003.
[11] 韩丽蓉，王宏丽，李凯，等. 下沉式大跨度大棚型温室的设计及应用研究［J］. 中国农业大学学报，2014，19（4）：161-165.
[12] 马承伟，王平智，赵淑梅，等. 日光温室保温被材料及保温性能评价［J］. 农业工程技术，2018，38（31）：12-16.
[13] 刘妍佼，宋士清，苏俊坡，等. 我国现代农业园区的基本特征、功能、类型研究综述［J］. 中国园艺文摘，2015，2：45-47+79.
[14] 周小琴，查金祥. 农业科技园区：功能定位、建园模式与运行机制［J］. 江苏工业学院学报（社会科学版），2005，6（3）：36-39.
[15] 周小琴，查金祥. 农业科技园区：功能定位、建园模式与运行机制［J］. 江苏工业学院学报（社会科学版），2005，6（3）：36-39.
[16] 李助南. 我国农业科技园区建设的现状与发展对策研究［D］. 北京：中国农业大学，2004.
[17] 郭世荣，孙锦，束胜，等. 我国设施园艺概况及发展趋势［J］. 中国蔬菜，2012，（18）：1-14.
[18] 赵淑梅，王平智，程杰宇，等. 温室常用内保温覆盖材料及保温性能评价［J］. 农业工程技术，2018，38（31）：21-25.
[19] 王乃江，习世宏，郭连金，等. 现代温室技术及应用［M］. 杨凌：西北农林科技大学出版社，2008.
[20] 张真和. 我国发展现代蔬菜产业面临的突出问题与对策［J］. 中国蔬菜，2014，（8）：1-6.
[21] 何启伟，周绪元. 山东蔬菜产业升级的思路与策略［J］. 山东蔬菜，2008，1：2-4.
[22] 王登元. 海城市设施农业发展存在的问题及对策［J］. 现代农业科技，2010，11：246-247.
[23] 刘中会. 寿光蔬菜产业集群研究［D］. 长春：东北师范大学，2009.
[24] 丁永发，孔涛，韩爱英，等. 岱岳区蔬菜产业发展存在的问题及对策［J］. 中国农业信，2013，19：193.
[25] 张文艳. 寿光市蔬菜产业现状与发展对策研究［D］. 杨凌：西北农林科技大学，2012.
[26] 杨晶晶. 通州区设施蔬菜产业现状及发展研究［D］. 扬州：扬州大学，2009.

[27] 马小雄. 酒泉市肃州区现代设施农业发展存在的问题及对策 [J]. 甘肃农业，2014，02：5+7.

[28] 王锦海. 广东发展健康蔬菜的必要性和策略 [J]. 广东农业科学，2008，06：141-142.

[29] 靳增兵. 廊坊市蔬菜产业发展现状及对策研究 [D]. 中国农业科学院，2012.

[30] 万正林，罗庆熙. 我国蔬菜产后现状与发展策略 [J]. 农业工程技术（温室园艺），2006，07：32-33.

[31] 我国设施园艺产业发展战略研究. 中国工程院“我国设施园艺产业发展战略研究”课题组，2018 年 12 月.

[32] 全国设施蔬菜重点区域发展规划（2015-2020），农业部.

[33] 李天来. 我国设施蔬菜科技与产业发展现状及趋势 [J]. 中国农林科技，2016（5）.

[34] 陈永生，胡桧，肖体琼，等. 我国蔬菜生产机械化现状及发展对策 [J]. 中国蔬菜，2014（10）：1-5.

[35] 胡童，齐新丹，李骅，等. 国内外蔬菜播种机的应用现状与研究进展 [J]. 江西农业学报，2018，30（02）：87-92.

[36] 骆海波，万勇，王攀，等. 几种适合设施蔬菜生产应用的农业机械推介 [J]. 长江蔬菜，2018（21）：9-11.

[37] 岳崇勤，夏海荣. 低密度蔬菜移栽机的选型与验证分析 [J]. 中国蔬菜，2018（03）：9-12.

[38] 李宇飞，胡军，李庆达，等. 1ZQ-440 型起垄整形机的设计与试验研究 [J]. 山西农业大学学报（自然科学版），2018，38（11）：48-53.

[39] 姬江涛，贾世通，杜新武，等. 1GZN-130V1 型旋耕起垄机的设计与研究 [J]. 中国农机化学报，2016，37（01）：1-4+21.

[40] 郭英民. 蔬菜机械化提升产业竞争力 [J]. 营销界（农资与市场），2016（22）：97-100.

[41] 李茂强，杨树川，杨术明，等. 温室起垄机的改进设计与分析 [J]. 中国农机化学报，2017，38（08）：59-63.

[42] 李继伟，彭珍凤，卞丽娜，等. 4GDS-1.0 型秧草收获机的研究和开发 [J]. 农业装备技术，2014，40（04）：22-24.

[43] 4GDS-1.0 型蔬菜收获机 [J]. 农业装备技术，2019，45（01）：65.

［44］杨光，肖宏儒，宋志禹，等. 叶类蔬菜收获环节机械化还需跨过几道坎［J］. 蔬菜，2018（06）：1-8.
［45］杜冬冬，费国强，王俊，等. 自走式甘蓝收获机的设计与试验［J］. 农业工程学报，2015，31（14）：16-23.
［46］何雄奎. 蔬菜高效施药装备与技术研发应用［J］. 蔬菜，2018（08）：1-7.
［47］陈越华. 3WSH-500型自走式喷杆喷雾机［J］. 湖南农业，2015（12）：14，24.
［48］郑建秋，李云龙，王晓青，等. 设施专用新型现代化施药机械——JT3YC 1000D-Ⅲ背负式高效常温烟雾施药机［J］. 中国蔬菜，2015（04）：77-78.
［49］杨蒙爱. 瓜类嫁接机配对上苗关键技术研究［D］. 浙江理工大学，2014.
［50］张凯良，褚佳，张铁中，等. 蔬菜自动嫁接技术研究现状与发展分析［J］. 农业机械学报，2017，48（03）：1-13.
［51］赵云汉，庞博，周立洋，等. 基于PLC的青贮料装袋机控制系统设计与研究［J］. 农机化研究，2018，40（12）：70-74.